从入门到精通

Autodesk Civil 3D 2020 建筑场地设计从入门到精通

CAD/CAM/CAE技术联盟◎编著

清华大学出版社
北京

内 容 简 介

本书以 Autodesk Civil 3D 2020 为软件平台，介绍土木工程道路与土石方设计的基本方法。全书共 15 章，分别为：Civil 3D 2020 简介、点、图形绘制和编辑、曲面、地块、路线、放坡、纵断面、道路设计、横断面、管网、材质和土方分析、文件和数据共享、厂区外道路设计综合实例和厂区内道路设计综合实例。各章之间紧密联系，前后呼应。

本书针对初、中级用户以及对建筑制图比较了解的技术人员编写，旨在帮助读者快速、熟练地掌握使用 Autodesk Civil 3D 2020 中文版绘制各种建筑实例的应用技巧，提高建筑制图的设计质量。

为了方便广大读者更加形象、直观地学习，本书以二维码方式提供配套资源，其中包含全书实例操作过程、上机实验录屏讲解 AVI 文件和实例源文件。

图书在版编目(CIP)数据

Autodesk Civil 3D 2020 建筑场地设计从入门到精通/CAD/CAM/CAE 技术联盟编著. —北京：清华大学出版社，2021.3

(BIM 软件从入门到精通)

ISBN 978-7-302-56734-9

Ⅰ. ①A…　Ⅱ. ①C…　Ⅲ. ①场地－建筑设计－计算机辅助设计－应用软件　Ⅳ. ①TU201.4

中国版本图书馆 CIP 数据核字(2020)第 210785 号

责任编辑：秦　娜　赵从棉
封面设计：李召霞
责任校对：赵丽敏
责任印制：杨　艳

出版发行：清华大学出版社
网　　址：http://www.tup.com.cn，http://www.wqbook.com
地　　址：北京清华大学学研大厦 A 座　　**邮　　编**：100084
社 总 机：010-62770175　　**邮　　购**：010-62786544
投稿与读者服务：010-62776969，c-service@tup.tsinghua.edu.cn
质量反馈：010-62772015，zhiliang@tup.tsinghua.edu.cn
印 装 者：大厂回族自治县彩虹印刷有限公司
经　　销：全国新华书店
开　　本：185mm×260mm　　**印　张**：26.5　　**字　　数**：611 千字
版　　次：2021 年 3 月第 1 版　　**印　　次**：2021 年 3 月第 1 次印刷
定　　价：99.80 元

产品编号：085077-01

前言

Preface

Autodesk Civil 3D 是 Autodesk 公司推出的专门针对基础设施领域的三维土木工程设计开发的一款软件。Civil 3D 依托 AutoCAD 软件平台，为勘测员、工程师和制图人员提供了一系列高效的工具，可以帮助他们创建土木工程项目的动态模型。它的应用范围非常广泛，在几乎所有的土木勘察行业领域（地勘、测绘、交通、市政、规划、水利、电力等）都有着较为广阔的应用前景，其相关设计要素之间的动态关联更新功能更是远远超过了同类软件设计水平，可以实现我们期待已久的所见即所得的设计模式，大大降低了设计过程中的工作强度。

Autodesk Civil 3D 土木工程设计是计算机辅助设计与土木工程设计相结合的交叉学科。虽然在现代土木工程设计中，应用 CAD 辅助设计是顺理成章的事，但国内专门针对利用 Autodesk Civil 3D 进行土木工程设计的方法和技巧进行讲解的书很少。本书全面、具体地对各种土木工程设计的 Autodesk Civil 3D 设计方法和技巧进行深入细致的讲解。

一、本书特点

☑ 作者权威

本书由 Autodesk 中国认证考试管理中心首席专家胡仁喜博士领衔的 CAD/CAM/CAE 技术联盟编写，所有编者都是在高校从事计算机辅助设计教学研究多年的一线人员，具有丰富的教学实践经验与教材编写经验，其前期出版的一些相关书籍经过市场检验很受读者欢迎。多年的教学工作使他们能够准确地把握学生的心理与实际需求。本书是编者在总结多年的设计经验以及教学的心得体会的基础上，历时多年的精心准备编写而成，力求全面、细致地展现 Autodesk Civil 3D 软件在土木工程设计应用领域的各种功能和使用方法。

☑ 实例丰富

对于 Civil 3D 软件在土木工程设计领域应用的工具书，我们力求避免空洞的介绍和描述，而是步步为营，逐个知识点采用土木工程设计实例演绎，这样读者在实例操作过程中就能牢固地掌握软件功能。实例的种类也非常丰富，有讲解知识点的小实例，有介绍几个知识点或全章知识点的综合实例，最后还给出完整实用的工程案例。各种实例交错讲解，力求达到加强读者理解的目标。

☑ 突出提升技能

本书从全面提升 Autodesk Civil 3D 实际应用能力的角度出发，结合大量的案例来讲解如何利用 Autodesk Civil 3D 软件进行土木工程设计，使读者了解 Autodesk Civil 3D 并能够独立地完成各种土木工程设计与制图。

本书中很多实例本身就是土木工程设计项目案例，经过作者精心提炼和改编，不仅可以使读者学好知识点，更重要的是能够帮助读者掌握实际的操作技能，同时培养其土木工程设计实践能力。

Note

二、本书的基本内容

本书围绕实例讲解利用 Autodesk Civil 3D 2020 软件进行土木工程道路与土石方设计的基本方法。全书共 15 章，分别为：Civil 3D 2020 简介、点、图形绘制和编辑、曲面、地块、路线、放坡、纵断面、道路设计、横断面、管网、材质和土方分析、文件和数据共享、厂区外道路设计综合实例和厂区内道路设计综合实例。各章之间紧密联系，前后呼应。

三、本书的配套资源

本书通过二维码扫描下载提供了极为丰富的学习配套资源，期望读者在最短的时间学会并精通这门技术。

1. 配套教学视频

针对本书实例专门制作了 20 集配套教学视频，读者可以先看视频，像看电影一样轻松愉悦地学习本书内容，然后对照课本加以实践和练习，可以大大提高学习效率。

0-1

2. 全书实例的源文件和素材

本书附带了很多实例，包含实例和练习实例的源文件和素材，读者可以安装 Autodesk Civil 3D 2020 软件，打开并使用它们。

四、关于本书的服务

1. 关于本书的技术问题或有关本书信息的发布

读者如遇到有关本书的技术问题，可以登录网站 www.sjzswsw.com 或将问题发送到邮箱 714491436@qq.com，我们将及时回复。也欢迎加入图书学习交流群(QQ：689462401)交流探讨。

2. 安装软件的获取

按照本书上的实例进行操作练习，以及使用 Autodesk Civil 3D 进行土木工程设计与制图时，需要事先在计算机上安装相应的软件。读者可从网络中下载相应软件，或者在当地电脑城、软件经销商处购买。QQ 交流群也会提供下载地址和安装方法教学视频，需要的读者可以关注。

本书由 CAD/CAM/CAE 技术联盟编写。CAD/CAM/CAE 技术联盟是一个集 CAD/CAM/CAE 技术研讨、工程开发、培训咨询和图书创作于一体的工程技术人员协作联盟，拥有 20 多位专职和众多兼职 CAD/CAM/CAE 工程技术专家。

CAD/CAM/CAE 技术联盟负责人由 Autodesk 中国认证考试中心首席专家担任，全面负责 Autodesk 中国官方认证考试大纲制定、题库建设、技术咨询和师资力量培训

工作，成员精通 Autodesk 系列软件。其创作的很多教材成为国内具有领导性的旗帜作品，在国内相关专业方向图书创作领域具有举足轻重的地位。

书中主要内容来自作者几年来使用 Autodesk Civil 3D 的经验总结，也有部分内容取自国内外有关文献资料。虽然笔者几易其稿，但由于时间仓促，加之水平有限，书中纰漏与失误在所难免，恳请广大读者批评指正。

Note

编　者

2020 年 11 月

目 录

Contents

Note

Note

Note

Note

第1章

Civil 3D 2020简介

Autodesk Civil 3D 是一款面向土木工程建筑信息模型(building information modeling,BIM)的应用软件,可在土地开发、交通运输工程、市政基础设置、勘察、水电等领域应用。

本章将简要介绍 Autodesk Civil 3D 2020 中文版的一些基本入门知识,帮助读者初步了解 Autodesk Civil 3D 2020 中文版。

1.1 Autodesk Civil 3D 概述

建筑信息模型(BIM)是一个集成的流程,它支持在实际建筑前以数字化方式探索项目中的关键物理特征和功能特征。Autodesk Civil 3D 软件是 Autodesk 面向土木工程行业的建筑信息模型(BIM)的应用软件。该软件能够创建协调一致、包含丰富数据的模型,帮助用户在设计阶段及早进行分析,实现设计方案外观、性能和成本的可视化及仿真,并且更精确地制作设计文档。

Autodesk Civil 3D 是 Autodesk 公司推出的专门针对基础设施领域的三维土木工程设计开发的一款软件。Civil 3D 依托 AutoCAD 软件平台,为勘测员、工程师和制图人员提供了一系列高效的工具,可以帮助他们创建土木工程项目的动态模型。它的应用范围非常广泛,在几乎所有的土木勘察行业领域(地勘、测绘、交通、市政、规划、水利、电力等)都有着较为广阔的应用前景,其相关设计要素之间的动态关联更新功能更是远远超过了同类软件设计水平,可以实现我们期待已久的所见即所得的设计模式,大大降

低设计过程中的工作强度。

Autodesk Civil 3D 就是根据专业需要进行专门定制的 AutoCAD,是业界认可的土木工程道路与土石方解决的软件包,可以加快设计理念的实现过程。它的三维动态工程模型有助于快速完成道路工程、场地、雨水/污水排放系统以及场地规划设计。所有曲面、横断面、纵断面、标注等均以动态方式链接,可更快、更轻松地评估多种设计方案,做出更明智的决策并生成最新的图纸。

Autodesk Civil 3D 是面向对象的一种设计软件。读者在学习 Civil 3D 之前应先对对象和对象样式进行了解。对象可以简单理解为一个物体,样式可以理解为这个物体显示不同的样子。例如,创建的原始曲面就是一个对象,而原始地形曲面可以显示为等高线、坡度、点等不同的样式。在 Autodesk Civil 3D 中常用的对象有点、曲面、路线、纵断面、地块、要素线、管道、装配、道路等。

Autodesk Civil 3D 中最重要的一个关系就是对象和对象之间的相互关联,也就是对象之间的动态链接。例如,在道路设计中,更改了原始曲面,纵断面中的填挖高差就会发生变化。同时,Civil 3D 的标签和对象也是关联的,可实现动态变化。

1.2 Civil 3D 2020 的新增功能

1. 设计效率更新

(1) 使用更新的"分析重力管网"命令分析管网并将结果应用于管网。

(2) 使用新结构要素设置指定"分析重力管网"命令可使用的默认值。

(3) Autodesk Storm and Sanitary Analysis 已更新为包含以下要素:

① 在运行多个暴雨事件时,可分别为每个暴雨事件设置尾水条件;

② 可以为每个子凹陷设置无量纲水文图的峰值率系数;

③ Advanced Drainage Systems 和 CULTEC 中提供了新存储室和更新的存储室。

(4) 在使用基于弦的桩号标注的路线报告中,基于弦的计算现在用于报告桩号值和终点桩号。

(5) 轨道站台设计现在支持中国设计标准。在创建或编辑轨道站台边缘时,可以选择 China_Metric.json 设计规范文件。

2. 生产效率更新

(1) 使用 Autodesk Dynamo for Civil 3D 命令开发并运行用于在 Autodesk Civil 3D 中自动执行任务和工作流的脚本。

(2) 在将其他参照模板附着到图形时,该模板会添加到模板列表的底部,并会保留以前附着模板指定的自定义设置。

(3) 使用名为 SyncDrefPsetToSource 的新系统变量,决定在同步相关数据参照对象时,是否同步特性集。

(4) 与铁路更改有关的数据快捷方式同步已得到增强。

3. 协作和数据交换更新

(1) "导出 Civil 3D 图形"命令已更新为包含以下功能:

① 带有背景蒙版的标签不再与蝴蝶结形填充一起导出;

② 外部参照在导出时会适当分解；

③ 导出时不再显示代理状态消息；

④ Autodesk Civil 3D 2020 中包含用于将要素线和地块线转换为二维或三维多段线的选项。

Note

（2）使用新设置控制是否从 Autodesk Civil 3D 中导出轨道路线以在 Autodesk InfraWorks 中用作路线中线或轨道路线。

4. 其他更新

（1）深颜色方案和应用程序功能区图标已更新。

① 应用程序窗口、功能区及其他用户界面元素的深颜色方案已更新为新颜色。

② 浅色和深色方案的功能区图标已更新了样式和清晰度，经过优化可以与背景颜色配合使用，并且更新后能够在高分辨率显示器中进行缩放。

（2）测量数据库格式已从 Microsoft SQL Server Compact（SQL CE）格式更新为 SQLite。若要将现有测量数据库用于 Autodesk Civil 3D 2020，必须将其转换为 SQLite。已迁移的数据库不与 Autodesk Civil 3D 的早期版本兼容。

（3）项目和项目模板的默认文件夹已更新。

1.3　Civil 3D 2020 界面

单击桌面上的 Civil 3D 2020 图标，进入 Civil 3D 2020 绘图界面，如图 1-1 所示。

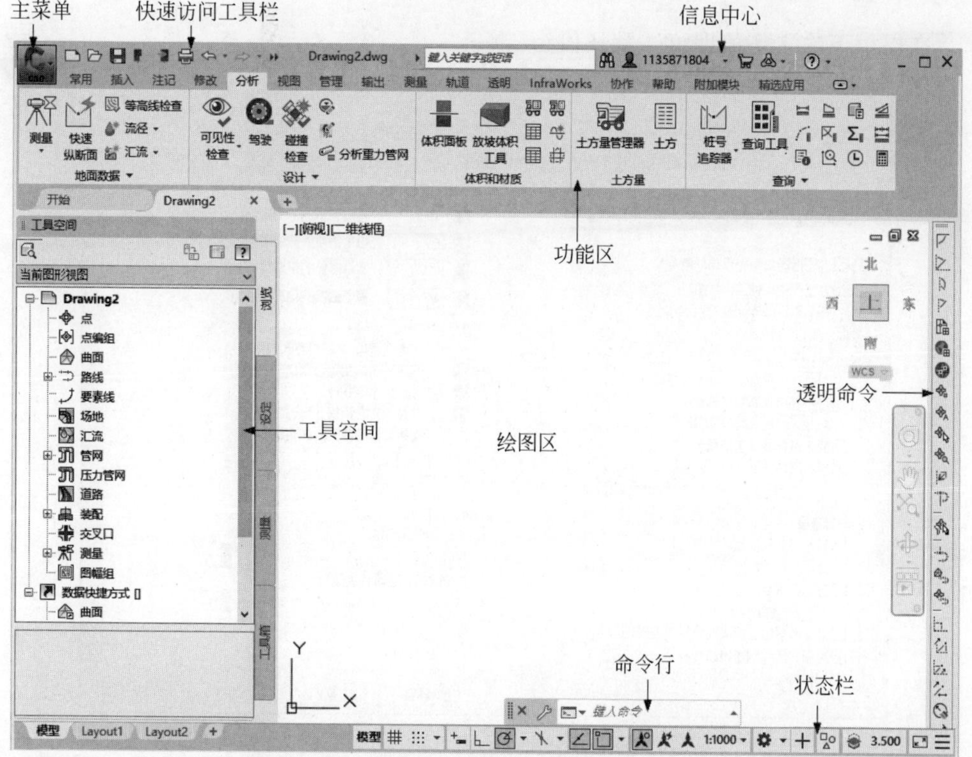

图 1-1　Civil 3D 2020 绘图界面

1.3.1 绘图区域

Note

绘图区是指在标题栏下方的大片空白区域，它是用户使用 Civil 3D 绘制图形的区域，用户完成一幅设计图形的主要工作都是在绘图区中进行的。

绘图区还有一个类似光标作用的十字线，其交点反映光标在当前坐标系中的位置。在 Civil 3D 中，将该十字线称为光标，Civil 3D 通过光标显示当前点的位置。十字线的方向与当前用户坐标系的 X 轴、Y 轴方向平行，系统预设十字线的长度为屏幕大小的 5%。

1. 修改图形窗口中十字光标的大小

系统将光标的长度预设为屏幕大小的 5%，用户可以根据绘图的实际需要更改其大小。改变光标大小的方法如下。

在绘图区中右击，弹出快捷菜单，如图 1-2 所示，选择“选项”命令，打开“选项”对话框。选择“显示”选项卡，在“十字光标大小”区域的编辑框中直接输入数值，或者拖动编辑框后面的滑块，即可对十字光标的大小进行调整，如图 1-3 所示。

此外，还可以通过设置系统变量 CURSORSIZE 的值，实现对十字光标大小的更改，方法是在命令行中输入：

图 1-2 快捷菜单

```
命令: CURSORSIZE
输入 CURSORSIZE 的新值 <5>:
```

在提示下输入新值即可。默认值为 5%。

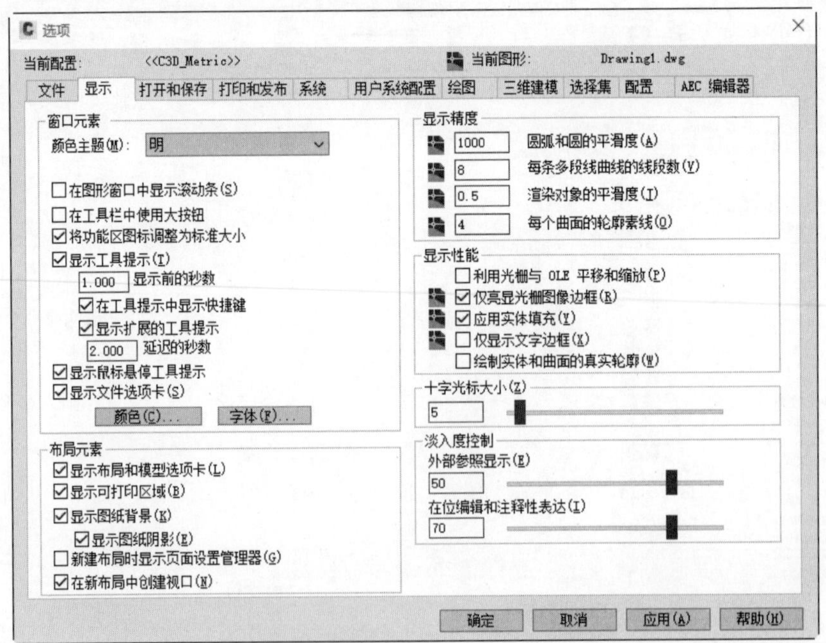

图 1-3 “选项”对话框

2. 修改图形窗口颜色

在“选项”对话框中选择“显示”选项卡，在“窗口元素”选项组的“颜色主题”中设置为“明”，如图 1-3 所示。单击“确定”按钮，退出对话框。

3. 修改绘图区域的颜色

在默认情况下，Civil 3D 的绘图区域是黑色背景、白色线条，这不符合绝大多数用户的习惯，因此修改绘图区域颜色是大多数用户都需要进行的操作。

修改绘图区域颜色的步骤如下：

（1）在“选项”对话框的“显示”选项卡中，单击“窗口元素”区域中的“颜色”按钮，打开如图 1-4 所示的“图形窗口颜色”对话框。

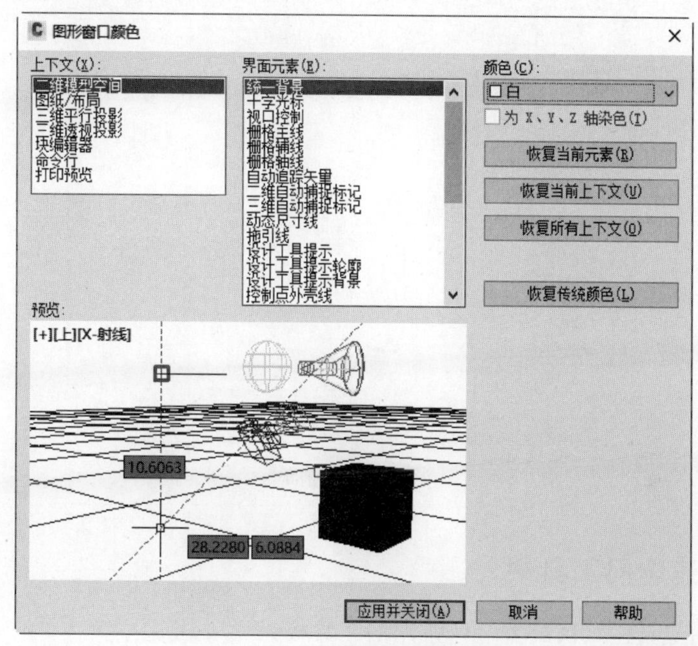

图 1-4 “图形窗口颜色”对话框

（2）单击“图形窗口颜色”对话框中“颜色”字样右侧的下拉箭头，在打开的下拉列表框中选择需要的区域颜色，然后单击“应用并关闭”按钮，此时 Civil 3D 的绘图区域变成了选择的背景色。通常按视觉习惯选择白色为绘图区域颜色。

1.3.2 主菜单

主菜单上提供了常用文件操作，如“新建”“打开”和“保存”等。还允许使用更高级的工具（如“导出”和“发布”）来管理文件。单击按钮打开主菜单，如图 1-5 所示。主菜单无法在功能区中移动。

要查看每个菜单的选择项，可以单击其右侧的箭头，打开下一级菜单，再单击所需的项进行操作。也可以直接单击应用程序菜单中左侧的主要按钮来执行默认的操作。

Note

图 1-5　主菜单

1.3.3　快速访问工具栏

快速访问工具栏默认放置一些常用的工具按钮。

单击快速访问工具栏上的“自定义快速访问工具栏”按钮▼，打开如图 1-6 所示的下拉列表框，可以对该工具栏进行自定义，选中命令在快速访问工具栏上显示，取消选中命令则隐藏。

在快速访问工具栏的某个工具按钮上右击，弹出如图 1-7 所示的快捷菜单，选择“从快速访问工具栏中删除”命令，将删除选中的工具按钮。选择“添加分隔符”命令，在工具按钮的右侧添加分隔符线。选择“在功能区下方显示快速访问工具栏”命令，则快速访问工具栏可以显示在功能区的下方。

在功能区的任意工具按钮上右击，弹出快捷菜单，然后单击“添加到快速访问工具栏”命令，可以将工具按钮添加到快速访问工具栏中。

在如图 1-6 所示的下拉列表框中单击“显示菜单栏”命令，可以显示菜单栏；也可以直接在命令行中输入 menubar，然后输入 1，显示菜单栏；同其他 Windows 程序一样，Civil 3D 的菜单也是下拉形式的，并在菜单中包含子菜单。

注意：上下文选项卡中的某些工具无法添加到快速访问工具栏中。

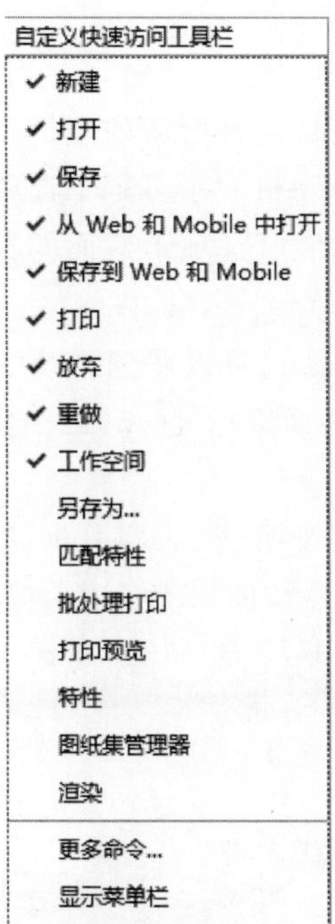

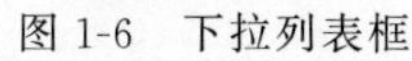
图 1-6　下拉列表框

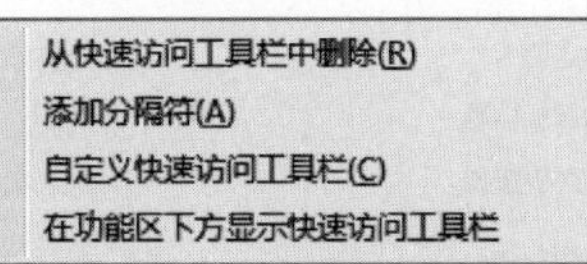

图 1-7　快捷菜单

1.3.4　信息中心

信息中心工具栏包括一些常用的数据交互访问工具，如图 1-8 所示，通过它可以访问许多与产品相关的信息源。

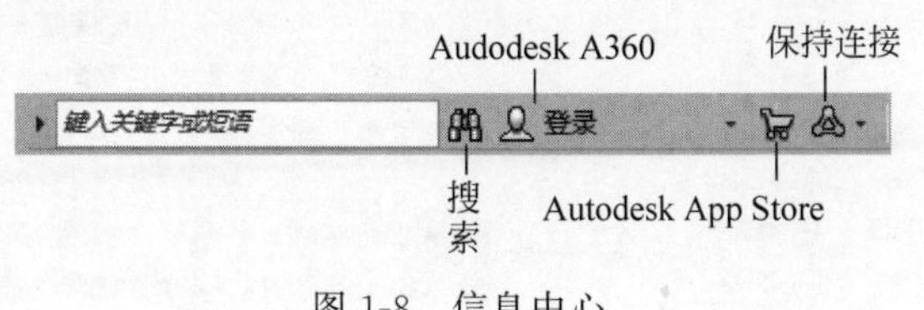

图 1-8　信息中心

(1) 搜索：在搜索框中输入要搜索信息的关键字，然后单击“搜索”按钮，可以在联机帮助中快速查找信息。

(2) Autodesk A360：使用该工具可以访问与 Autodesk Account 相同的服务，但它增加了 Autodesk 360 的移动性和协作优势。个人用户可以通过申请的 Autodesk 账户，登录到自己的云平台。

(3) Autodesk App Store：单击此按钮，可以登录到 Autodesk 官方的 App 网站下载不同系列软件的插件。

(4) 保持连接：与 Autodesk 联机社区连接，可以通过 Autodesk Civil 3D 账号进行连接，也可以通过 Facebook 和 Twitter 上的 Autodesk Civil 3D 连接。

Note

1.3.5 功能区

创建或打开文件时，功能区会显示系统提供创建项目或族所需的全部工具。调整窗口的大小时，功能区中的工具会根据可用的空间自动调整大小。每个选项卡集成了相关的操作工具，方便了用户的使用。用户可以单击功能区选项卡后面的按钮控制功能的展开与收缩。

（1）修改功能区：单击功能区选项卡右侧的向右箭头，可以看到系统提供了三种功能区的显示方式，分别为“最小化为选项卡”“最小化为面板标题”和“最小化为面板按钮”，如图 1-9 所示。

（2）移动面板：面板可以在绘图区“浮动”，在面板上按住鼠标左键并拖动，如图 1-10 所示，将其放置到绘图区域或桌面上即可。将光标放到浮动面板的右上角位置处，显示“将面板返回到功能区”，如图 1-11 所示。单击此处，使它变为“固定”面板。将光标移动到面板上以显示一个夹子，拖动该夹子到所需位置，移动面板。

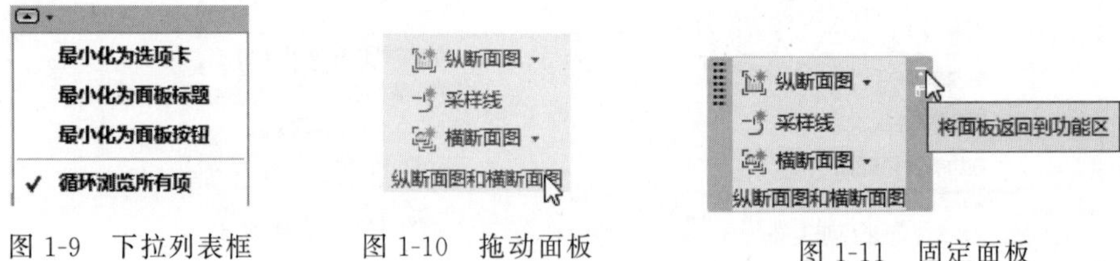

图 1-9　下拉列表框　　图 1-10　拖动面板　　图 1-11　固定面板

（3）展开面板：面板标题旁有箭头表示该面板可以展开，单击该箭头可以显示相关的工具和控件，如图 1-12 所示。默认情况下单击面板以外的区域时，展开的面板会自动关闭。单击图钉按钮，面板在其功能区选项卡显示期间始终保持展开状态。

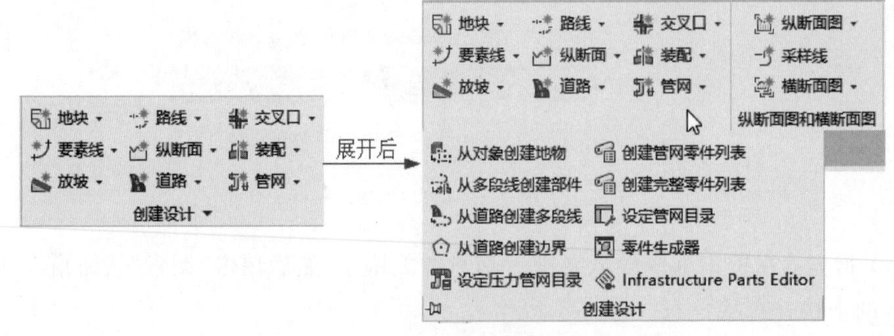

图 1-12　展开面板

（4）上下文功能区选项卡：使用某些工具或者选择图元时，上下文功能区选项卡中会显示与该工具或图元的上下文相关的工具，如图 1-13 所示。退出该工具或清除选择时，该选项卡将关闭。

（5）多对象选择功能区选项卡：如果同时选定多种类型的对象，则功能区中会显示“多个”上下文选项卡。例如，如果选择一个管网对象和一个路线对象，则会显示“多个”上下文选项卡，如图 1-14 所示。

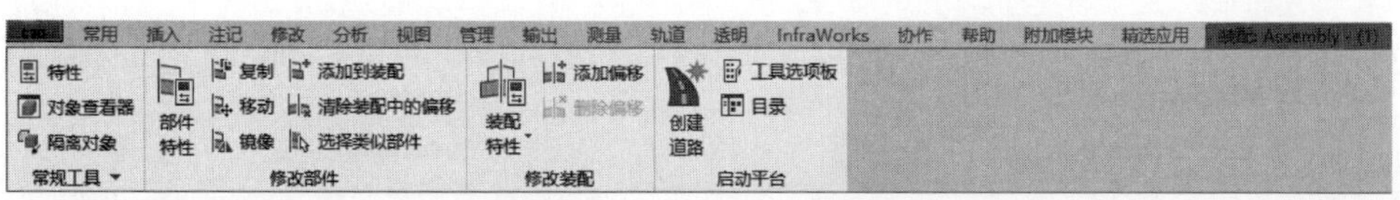

图 1-13　上下文功能区选项卡

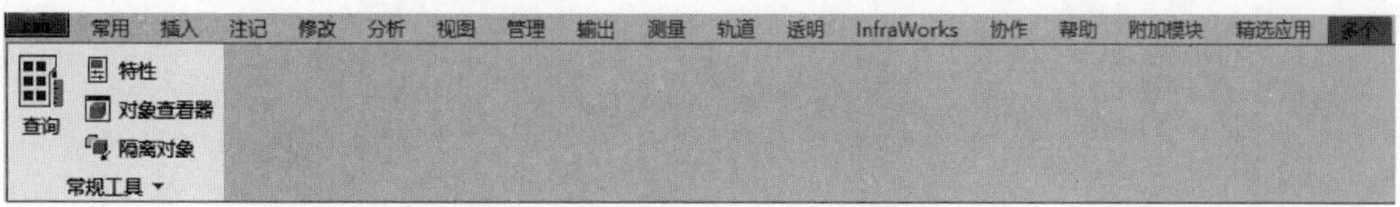

图 1-14　“多个”上下文选项卡

1.3.6　工具空间

工具空间是用户界面中不可或缺的组成部分，常用于查看对象、修改命令和访问对象数据。工具空间可以被固定也可以浮动。如果工具空间不可见，在命令行中输入 ShowTS 即可，也可以单击“常用”选项卡“选项板”面板中的“工具空间”按钮，打开或关闭工具空间。

第一次启动 Civil 3D 时，工具空间呈打开状态并固定在绘图区域左侧，如图 1-15 所示。与所有 AutoCAD 选项板一样，可以移动“工具空间”选项板，也可以调整其大小，还可以使其浮动或固定在窗口中。工具空间与相邻的窗口或工具栏共享一个或多个边时，如果移动了共享边，将相应地改变相关窗口的形状。

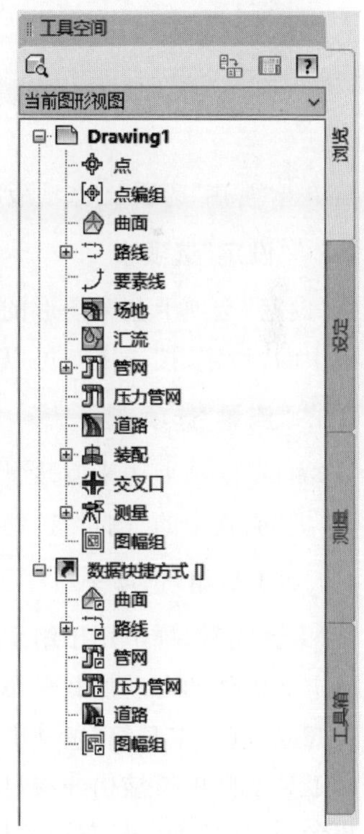

图 1-15　固定工具空间

要浮动和重定位工具空间，可以单击并拖动工具空间顶部或侧面的控制条，将其放置在窗口中的适当位置，如图 1-16 所示。若要防止工具空间在拖动时固定，则在拖动时按住 Ctrl 键。单击“自动隐藏”按钮，也可以在工具空间的标题栏上右击，在弹出的快捷菜单中选择“自动隐藏”命令，如图 1-17 所示，将光标移出该工具空间时，工具空间的主体部分将消失，仅保留标题栏可见。将光标移到标题栏上将再次显示整个工具空间。

1. “浏览”选项卡

“浏览”选项卡显示 Civil 3D 中多种类型的数据，当创建工程对象时，它们会分类显示在目录中，并按照字母顺序排列。可以在对象节点上右击，在弹出的快捷菜单中运行命令。

在“浏览”选项卡顶端下拉框中显示了两种状态：“当前图形视图”和“主控视图”。当前图形视图中只显示当前图形中的数据对象，而主控视图显示打开的所有图形，并用粗体字显示当前图形的名称。

Note

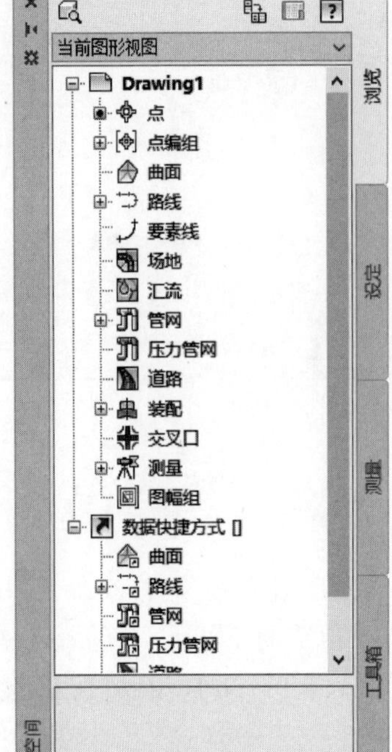

图 1-16 浮动工具空间

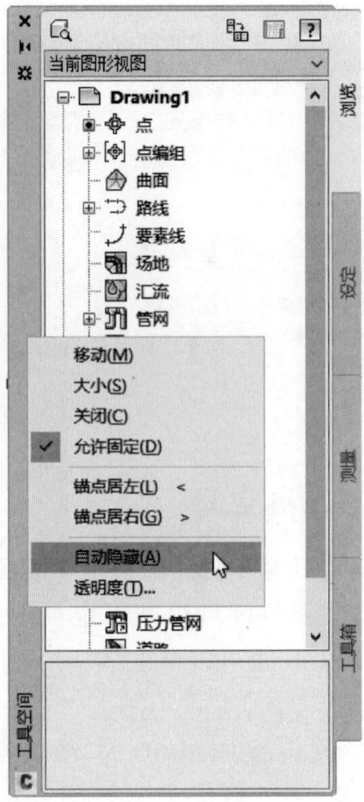

图 1-17 快捷菜单

单击“常用”选项卡“选项板”面板中的“浏览”按钮，可以打开或关闭“浏览”选项卡。

2. “设定”选项卡

“设定”选项卡包含图形的对象样式和设定的树结构。单击“常用”选项卡“选项板”面板中的“设定”按钮，可以打开或关闭“设定”选项卡。

3. “测量”选项卡

“测量”选项卡用来管理测量用户和系统设置以及测量数据。单击“常用”选项卡“选项板”面板中的“测量”按钮，可以打开或关闭“测量”选项卡。

4. “工具箱”选项卡

“工具箱”选项卡用于组织各种自定义工具和插件。可以通过简单的编辑操作来实现自定义插件的自动加载。单击“常用”选项卡“选项板”面板中的“工具箱”按钮，可以打开或关闭“工具箱”选项卡。

工具空间以树结构分层显示各项。在树中，在其下面包含其他项的任一项都是一个集合，每个集合名最左边的树节点处显示符号提供了有关集合中项目显示的信息。

- ⊞：表示集合中包含未显示的项。单击它可以展开树并显示项。
- ⊟：表示集合中包含的项已显示。单击它可以收拢树并隐藏项。
- ▣：集合中包含无法在树中显示的项。单击集合名称以在“工具空间”项视图中列出各项。

- ⋯：集合中不包含任何项。
- ：集合中的数据需要刷新。在集合上右击，在弹出的快捷菜单中单击"刷新"命令。
- ：该项是位于树中其他位置的某一项的引用。双击该引用可以浏览到实际的项。

1.3.7 透明命令

这些透明命令允许在执行其他命令的过程中创建和布局参数，并且既可以通过功能区上的按钮也可以通过缩写命令实现，它们在命令结束以前都是适用的，也可以通过按 Esc 键来终止。

可以使用 Autodesk Civil 3D 透明命令在系统提示输入点、距离或半径时，基于已知信息输入相应的值。

"透明命令"设置可以在"图形设定"对话框中的"环境设定"选项卡上指定。在工具空间"设定"选项卡的图形文件上右击，弹出如图 1-18 所示的快捷菜单，选择"编辑图形设定"选项，打开"图形设定"对话框，切换到"环境设定"选项卡，打开"透明命令"节点，如图 1-19 所示。通过此对话框可以控制透明命令提示，如是否提示输入三维点、X/Y 的提示顺序、北距/东距的提示顺序以及纬度/经度的提示顺序。

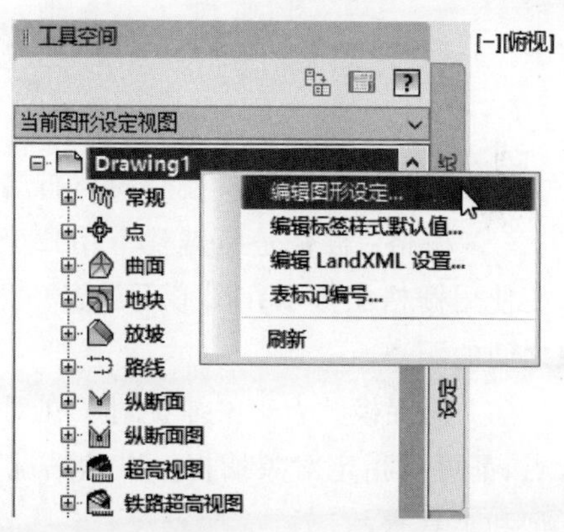

图 1-18 快捷命令

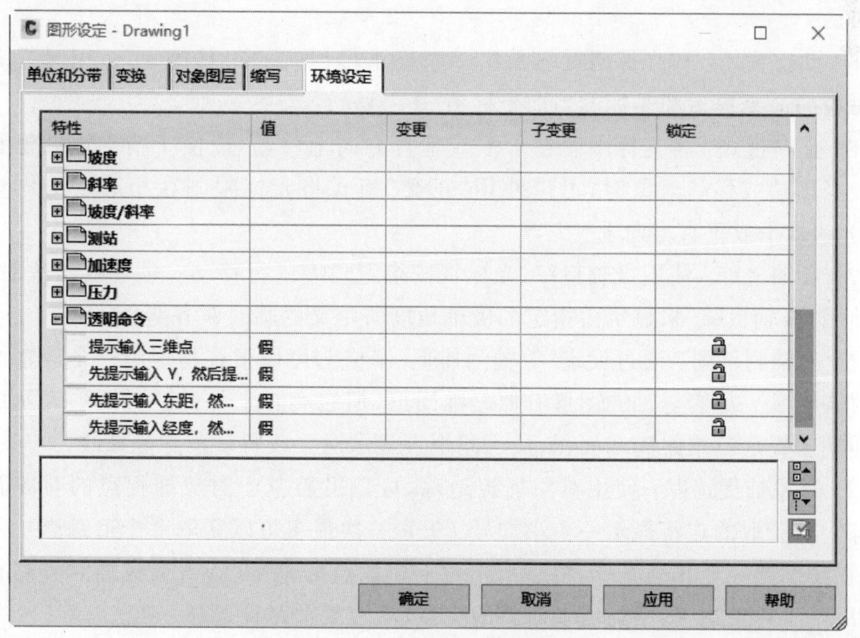

图 1-19 "图形设定"对话框

1.3.8 命令行

Note

命令行是输入命令名和显示命令提示的区域，由若干文本行构成。命令行窗口默认布置在绘图区下方。

1.3.9 状态栏

状态栏显示在屏幕的底部，如图 1-20 所示。

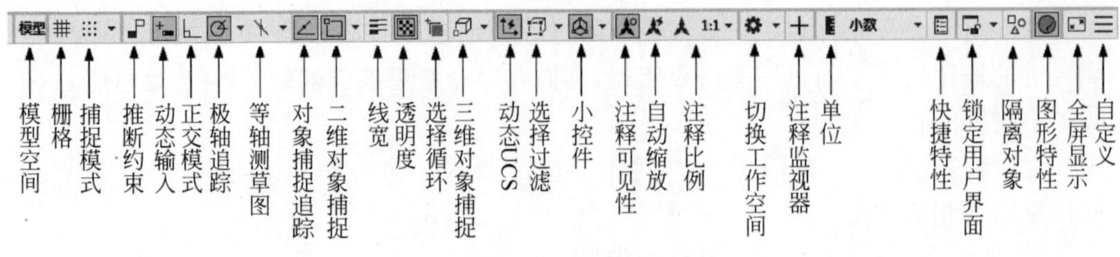

图 1-20　状态栏

(1) 模型空间：在模型空间与布局空间之间进行转换。

(2) 栅格：栅格是覆盖整个用户坐标系(UCS)XY 平面的直线或点组成的矩形图案。使用栅格类似于在图形下放置一张坐标纸。利用栅格可以对齐对象并直观显示对象之间的距离。

(3) 捕捉模式：对象捕捉对于在对象上指定精确位置非常重要。不论何时提示输入点，都可以指定对象捕捉。默认情况下，当光标移到对象的对象捕捉位置时，将显示标记和工具提示。

(4) 推断约束：自动在正在创建或编辑的对象与对象捕捉的关联对象或点之间应用约束。

(5) 动态输入：在光标附近显示出一个提示框(称为“工具提示”)，工具提示中显示出对应的命令提示和光标的当前坐标值。

(6) 正交模式：将光标限制在水平或垂直方向上移动，以便于精确地创建和修改对象。当创建或移动对象时，可以使用“正交”模式将光标限制在相对于用户坐标系(UCS) 的水平或垂直方向上。

(7) 极轴追踪：使用极轴追踪，光标将按指定角度进行移动。创建或修改对象时，可以使用“极轴追踪”来显示由指定的极轴角度所定义的临时对齐路径。

(8) 等轴测草图：通过设定“等轴测捕捉/栅格”，可以很容易地沿三个等轴测平面之一对齐对象。尽管等轴测图形看似三维图形，但它实际上是由二维图形表示的。因此不能期望提取三维距离和面积，从不同视点显示对象或自动消除隐藏线。

(9) 对象捕捉追踪：使用对象捕捉追踪，可以沿着基于对象捕捉点的对齐路径进行追踪。已获取的点将显示一个小加号 (+)，一次最多可以获取 7 个追踪点。获取点之后，在绘图路径上移动光标，将显示相对于获取点的水平、垂直或极轴对齐路径。例如，可以基于对象端点、中点或者对象的交点，沿着某个路径选择一点。

(10) 二维对象捕捉：使用执行对象捕捉设置(也称为对象捕捉)，可以在对象上的

精确位置指定捕捉点。选择多个选项后，将应用选定的捕捉模式，以返回距离靶框中心最近的点。按 Tab 键在这些选项之间循环。

（11）线宽：分别显示对象所在图层中设置的不同线宽，而不是统一线宽。

（12）透明度：使用该命令，调整绘图对象显示的明暗程度。

（13）选择循环：当一个对象与其他对象彼此接近或重叠时，准确地选择某一个对象是很困难的，这时可以使用选择循环命令，单击鼠标左键，弹出“选择集”列表框，里面列出了单击所有图形，然后在列表中选择所需的对象。

（14）三维对象捕捉：三维中的对象捕捉与在二维中工作的方式类似，不同之处在于在三维中可以投影对象捕捉。

（15）动态 UCS：在创建对象时使 UCS 的 XY 平面自动与实体模型上的平面临时对齐。

（16）选择过滤：根据对象特性或对象类型对选择集进行过滤。当单击图标后，只选择满足指定条件的对象，其他对象将被排除在选择集之外。

（17）小控件：帮助用户沿三维轴或平面移动、旋转或缩放一组对象。

（18）注释可见性：当图标亮显时表示显示所有比例的注释性对象；当图标变暗时表示仅显示当前比例的注释性对象。

（19）自动缩放：注释比例更改时，自动将比例添加到注释对象。

（20）注释比例：单击注释比例右下角小三角符号弹出注释比例列表，可以根据需要选择适当的注释比例。

（21）切换工作空间：进行工作空间转换。

（22）注释监视器：打开仅用于所有事件或模型文档事件的注释监视器。

（23）单位：指定线性和角度单位的格式和小数位数。

（24）快捷特性：控制快捷特性面板的使用与禁用。

（25）锁定用户界面：按下该按钮，锁定工具栏、面板和可固定窗口的位置和大小。

（26）隔离对象：当选择隔离对象时，在当前视图中显示选定对象，所有其他对象都暂时隐藏；当选择隐藏对象时，在当前视图中暂时隐藏选定对象，所有其他对象都可见。

（27）图形特性：设定图形卡的驱动程序以及设置硬件加速的选项。

（28）全屏显示：该选项可以清除 Windows 窗口中的标题栏、功能区和选项板等界面元素，使 Civil 3D 的绘图窗口全屏显示。

（29）自定义：状态栏可以提供重要信息，而无须中断工作流。使用 MODEMACRO 系统变量可将应用程序所能识别的大多数数据显示在状态栏中。利用该系统变量的计算、判断和编辑功能，可以完全按照用户的要求构造状态栏。

1.4 文件管理

本节介绍有关文件管理的一些基本操作方法，包括新建文件、保存文件等，这些都是应用 Civil 3D 2020 最基础的知识。

Note

1.4.1 新建文件

单击快速访问工具栏中的"新建"按钮，系统新建默认文件。单击主菜单中"新建"→"图形"命令，打开如图 1-21 所示的"选择样板"对话框，在"文件类型"下拉列表框中有 3 种格式的图形样板，扩展名分别是 dwt、dwg 和 dws。一般情况下，dwt 文件是标准的样板文件，通常将一些规定的标准样板文件设成 dwt 文件；dwg 文件是普通的样板文件；dws 文件是包含标准图层、标注样式、线型和文字样式的样板文件。

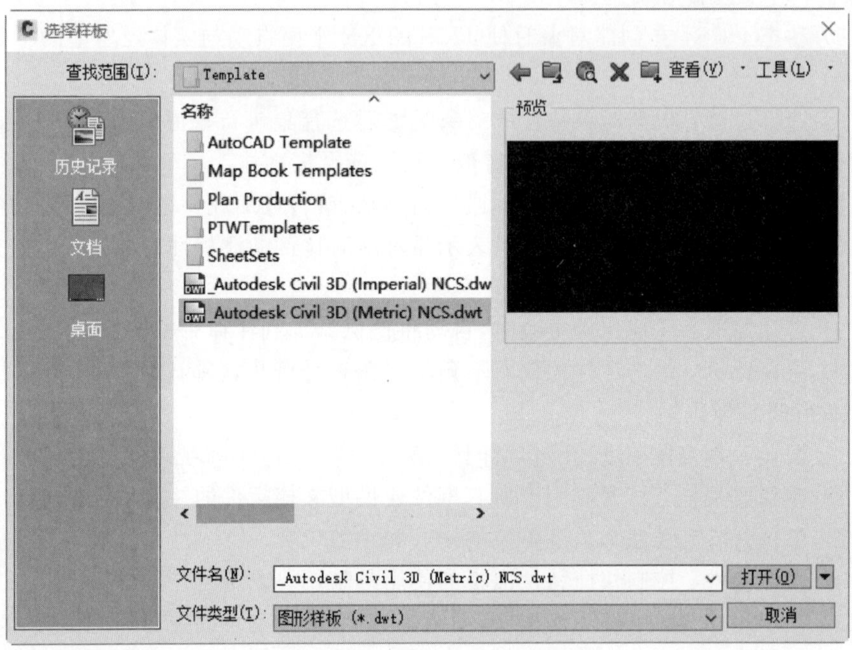

图 1-21 "选择样板"对话框

1.4.2 打开文件

单击主菜单中"新建"→"图形"命令或单击快速访问工具栏中的"打开"按钮，打开"选择文件"对话框，如图 1-22 所示，在"文件类型"下拉列表框中可选 dwg 文件、dwt 文件、dxf 文件或 dws 文件。dxf 文件是用文本形式存储的图形文件，该类型文件能够被其他程序读取，许多第三方应用软件都支持 dxf 格式。

1.4.3 保存文件

单击"文件"→"保存"命令，可以保存当前项目、族文件、样板文件等。若文件已命名，则 Civil 3D 自动保存。若文件未命名，则系统打开"图形另存为"对话框，如图 1-23 所示，用户可以命名保存。在"保存于"下拉列表框中可以指定保存文件的路径；在"文件类型"下拉列表框中可以指定保存文件的类型。

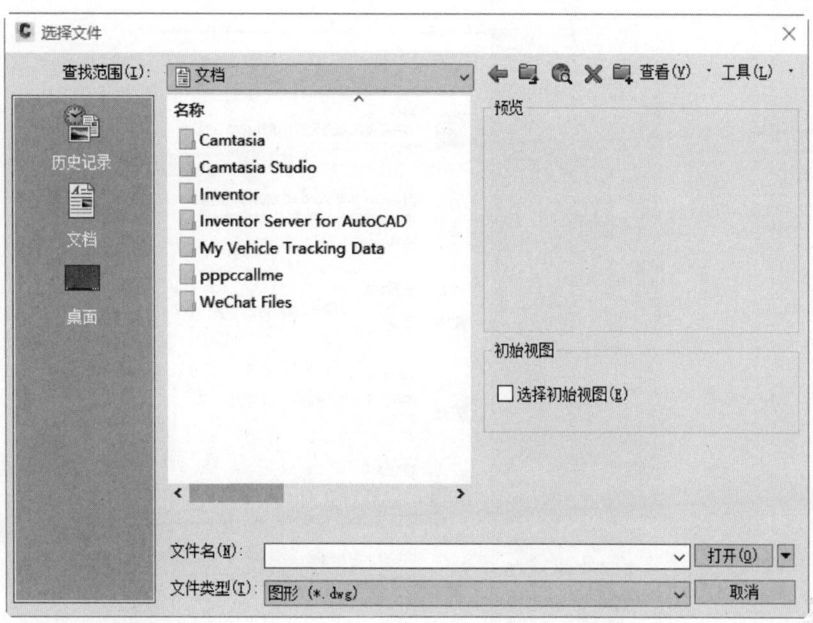

图 1-22　“选择文件”对话框

图 1-23　“图形另存为”对话框

1.4.4　另存为文件

单击主菜单中的“另存为”下拉按钮，打开“另存为”菜单，如图 1-24 所示，可以将文件保存为项目、族、样板和库四种类型文件。

执行其中一种命令后打开“图形另存为”对话框，如图 1-23 所示，Civil 3D 用另存名保存，并把当前图形更名。

Note

图 1-24 “另存为”菜单

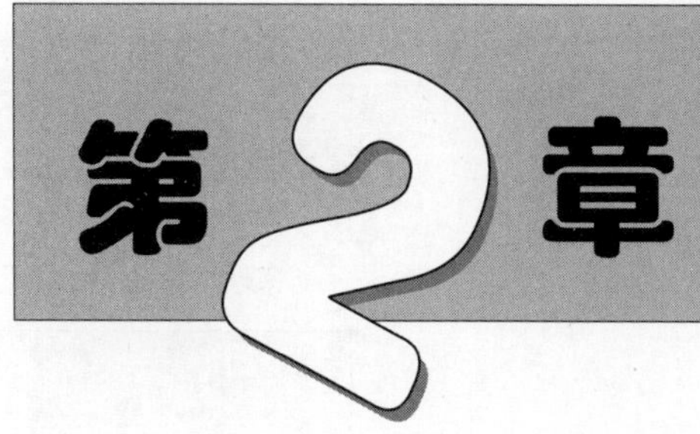

第2章 点

点是 Autodesk Civil 3D 中的基本构造块。可以在土地开发项目中使用点来标识原地面位置和设计元素。点的编号和名称是唯一的。每个点都有特性,可以包含诸如北距、东距、高程和描述之类的信息。图形中显示的点可以具有控制其外观的附加特性,例如点样式、点标签样式和图层。点可以包含在 Autodesk Civil 3D 项目中,以供多个用户访问;也可以存在于项目外的单个图形中。

本章将详细介绍 Autodesk Civil 3D 中点创建与编辑的基本方法。

2.1 创 建 点

由 Autodesk Civil 3D 创建的点称为几何空间点,这些点与 AutoCAD 中的节点有很大的区别。AutoCAD 中的节点只与坐标数据(XYZ 值)相关联。而几何空间点除了与坐标数据相关联外,还与多种特性相关联,其中包括点编号、点名称、原始(字段)描述和完整(展开的)描述。与存在于单个图形中的 AutoCAD 节点不同,几何空间点可以存储在图形外部的项目中,并可以为多个用户所参考。

2.1.1 点设置

创建点之前,需要设定并创建样式、图层、点编组和描述码。

单击"常用"选项卡"创建地面数据"面板"点"下拉列表框中的"点创建工具"按

Note

钮 ，打开如图 2-1 所示的“创建点”对话框，单击“展开对话框”按钮 ，展开“创建点”对话框，如图 2-2 所示。可以使用此对话框通过多种选项来创建点。

图 2-1 “创建点”对话框

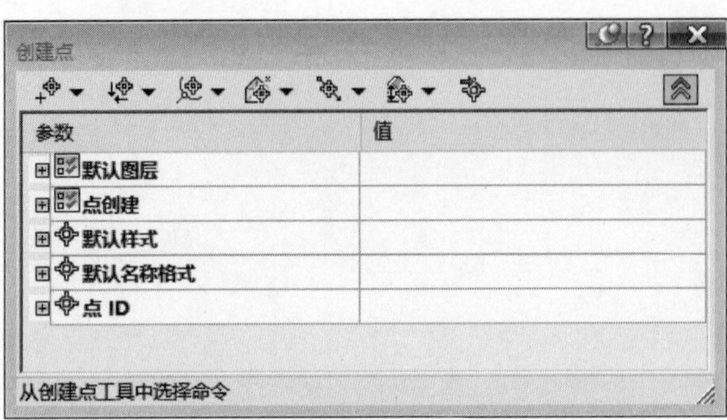

图 2-2 展开“创建点”对话框

1. 设置图层

(1) 在“创建点”对话框“默认图层”节点下，在“图层的值”栏中单击，显示 图标并单击此图标，打开如图 2-3 所示的“图层选择”对话框。

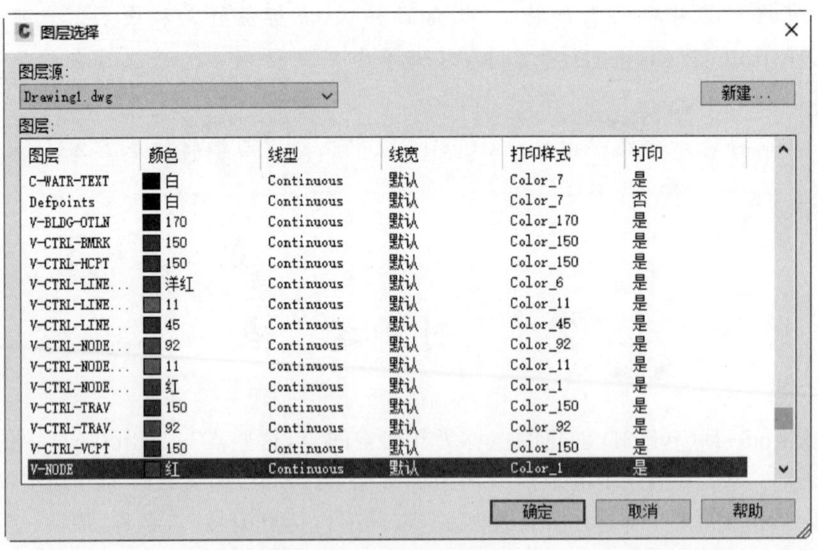

图 2-3 “图层选择”对话框

(2) 选择要在其中创建选定类型的对象的图层。如果选择的图层来自当前图形的外部，那么系统将在当前图形中创建该图层。如果选择的图层已存在于当前图形中，系统将显示警告对话框，可以从中覆盖当前图层定义或取消命令。

(3) 也可以单击“新建”按钮 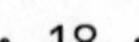，打开如图 2-4 所示的“创建图层”对话框，新

建图层并设置图层特性。

2. 设置点参数

单击“创建点”对话框中的“点创建”节点，如图 2-5 所示，可以指定坐标系的方式，还可以指定在创建点时是否输入高程或描述，以及默认高程和描述的设定。

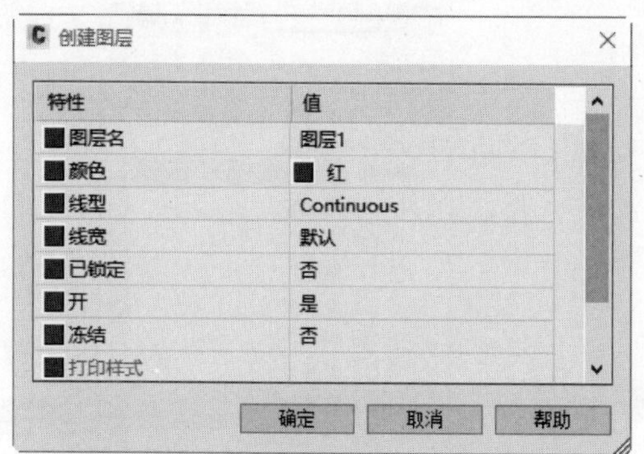

图 2-4　“创建图层”对话框

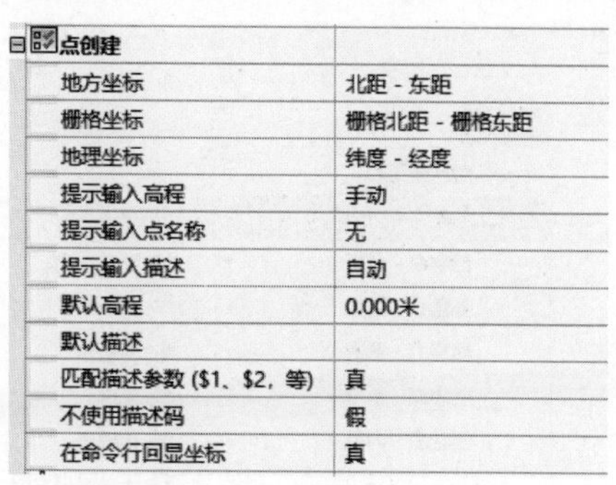

点创建	
地方坐标	北距 - 东距
栅格坐标	栅格北距 - 栅格东距
地理坐标	纬度 - 经度
提示输入高程	手动
提示输入点名称	无
提示输入描述	自动
默认高程	0.000米
默认描述	
匹配描述参数 ($1、$2，等)	真
不使用描述码	假
在命令行回显坐标	真

图 2-5　“点创建”节点

3. 设置默认名称格式

在“创建点”对话框“默认名称格式”下，在“点编组名称模板”或“点名称模板”的“值”栏中单击，显示图标并单击此图标，打开如图 2-6 所示的“名称模板”对话框，在该对话框中设置点编组名称以及编号格式。

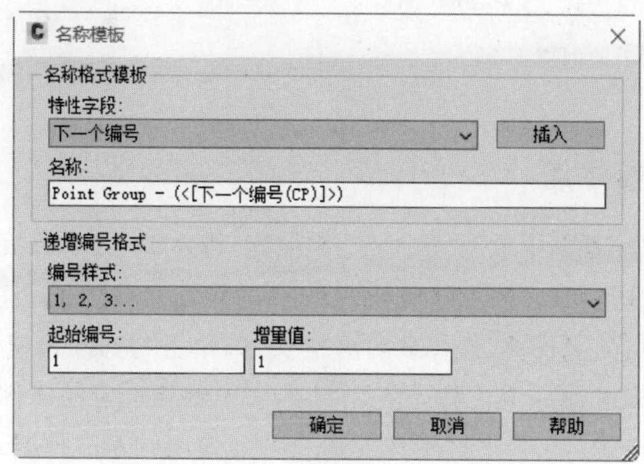

图 2-6　“名称模板”对话框

4. 设置点 ID

在“创建点”对话框“点 ID”节点下，设置下一点的编号，设置点编号是否连续以及点偏移等。

2.1.2　手动创建点

（1）单击“常用”选项卡“创建地面数据”面板中的“点”→“创建点-其他”→“手动”按钮，如图 2-7 所示，打开“创建点”对话框。

（2）在命令行中输入新点的位置坐标，或者动态输入点坐标或直接在绘图窗口中单击确定坐标。

（3）根据提示输入点描述（点描述可以是任意字符串）、点高程，按 Enter 键确认。

（4）在"工具空间"下的"全景"窗口中显示点信息，如图 2-8 所示。

Note

图 2-7　手动创建点命令

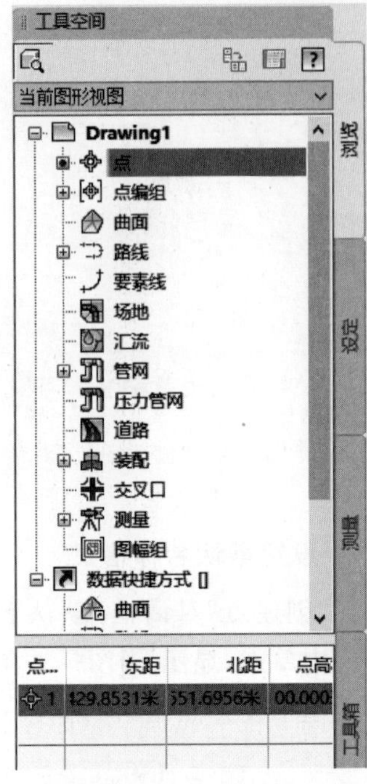

图 2-8　点信息

2.1.3　从文件创建点

（1）在"创建点"对话框中单击"导入点"按钮，打开如图 2-9 所示的"导入点"对话框。

➢"添加文件"按钮：单击此按钮，打开"选择源文件"对话框，浏览要导入的点数据文件所在的文件夹，选择要打开的文件，单击"打开"按钮，添加文件。

➢"删除文件"按钮：从"选定的文件"列表中删除选定的文件。

➢ 指定点文件格式：在列表框中选择适当的要使用的点文件格式。

➢"管理格式"按钮：单击此按钮，打开"点文件格式"对话框，可以选择点文件格式、编辑点文件格式或者创建新的点文件格式。

➢"切换过滤"按钮：打开或关闭文件格式过滤器。如果已打开过滤器，则在指定点文件后，"指定点文件格式"列表会进行过滤，并显示与所选文件可能匹配的文件类型。

➢ 预览：根据指定的点文件格式，显示选定点文件的预览。

➢ 将点添加到点编组：指定选定后要向其添加已导入点的点编组。

➢"创建编组"按钮：打开"点文件格式-创建编组"对话框，输入编组名称。

➢ 进行高程平差：指定导入时进行高程平差。

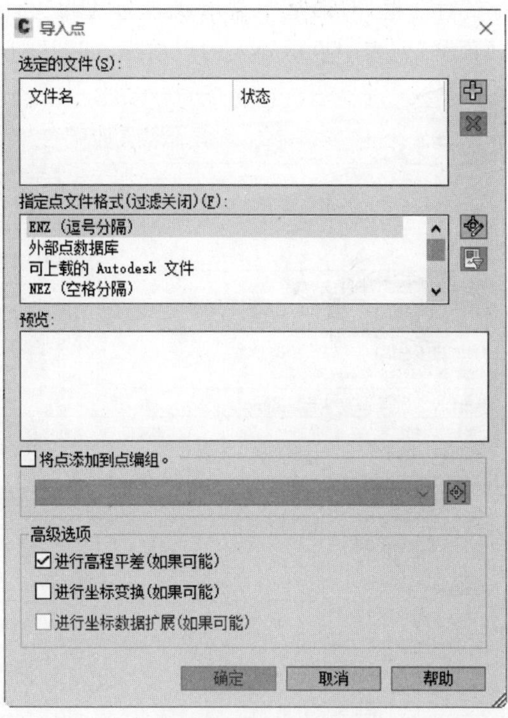

图 2-9　“导入点”对话框

- 进行坐标变换：指定导入时进行坐标变换。点文件格式必须包含指定给它的坐标分带，并且当前图形必须包含定义的坐标分带和变换信息。
- 进行坐标数据扩展：指定在可能的情况下计算点的坐标数据特性，例如度、分、秒、半球经度和半球纬度。

（2）打开记事本文件，输入数据，如图 2-10 所示，保存文件（注意设置编码为 ANSI 格式）。该文件使用“东距，北距，高程”（ENZ）格式，每行均包含一个点的编号、东距、北距和高程，此文件使用逗号作为分隔符（注意：逗号必须在英文状态下输入）。

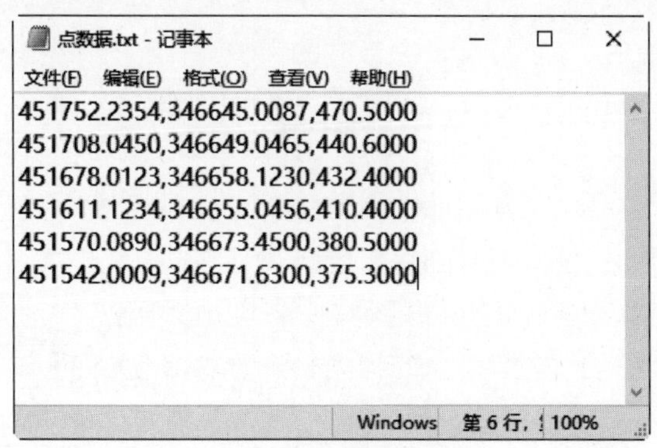

图 2-10　数据文件

（3）在“导入点”对话框中指定点文件格式为 ENZ（逗号分隔），单击“添加文件”按钮，打开“选择源文件”对话框，选取上步创建的点数据文件，单击“打开”按钮。

（4）返回到“导入点”对话框，对话框中显示状态为“匹配选定的点文件格式”并自动配置点文件格式，在“预览”列表中显示导入的点数据，如图 2-11 所示。

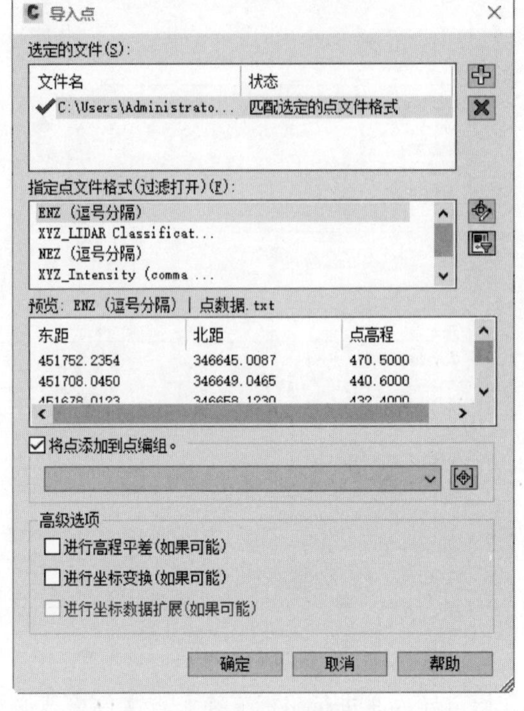

图 2-11　点数据

（5）如果创建的点数据格式与点文件格式不匹配，可以自定义点文件格式。

① 单击“管理格式”按钮，打开如图 2-12 所示的“点文件格式”对话框，在对话框中选择需要的点文件格式。

② 如果没有需要的点文件格式，可单击“新建”按钮，打开如图 2-13 所示的“点文件格式-选择格式类型”对话框，选择格式类型，这里选择“用户点文件”，单击“确定”按钮。

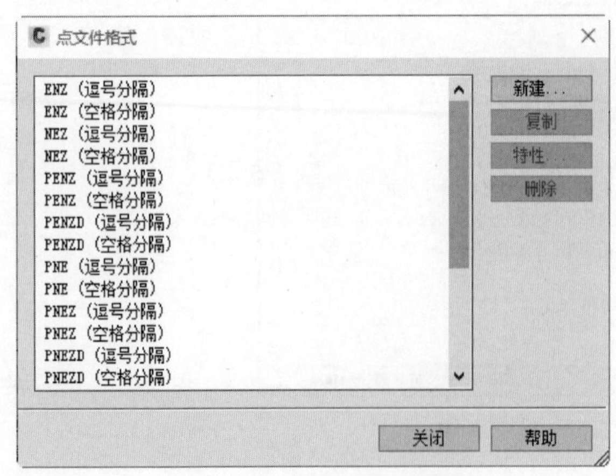

图 2-12　“点文件格式”对话框

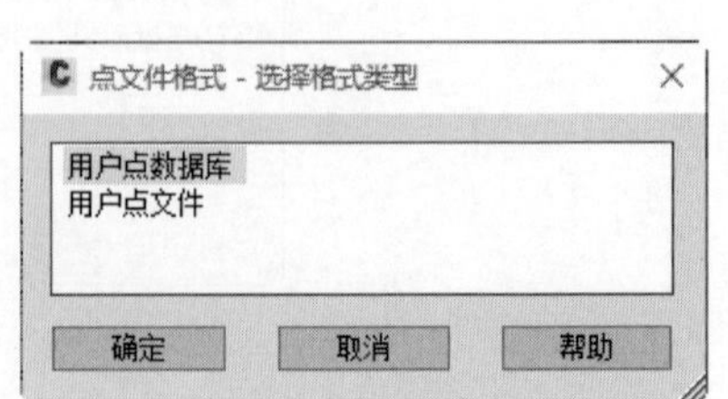

图 2-13　“点文件格式-选择格式类型”对话框

Note

③ 此时系统打开如图 2-14 所示的“点文件格式”对话框，设置格式名称以及文件扩展名，单击“未使用”选项，打开“点文件格式-选择列名称”对话框，在“列名称”下拉列表框中选择列表名称，如图 2-15 所示。

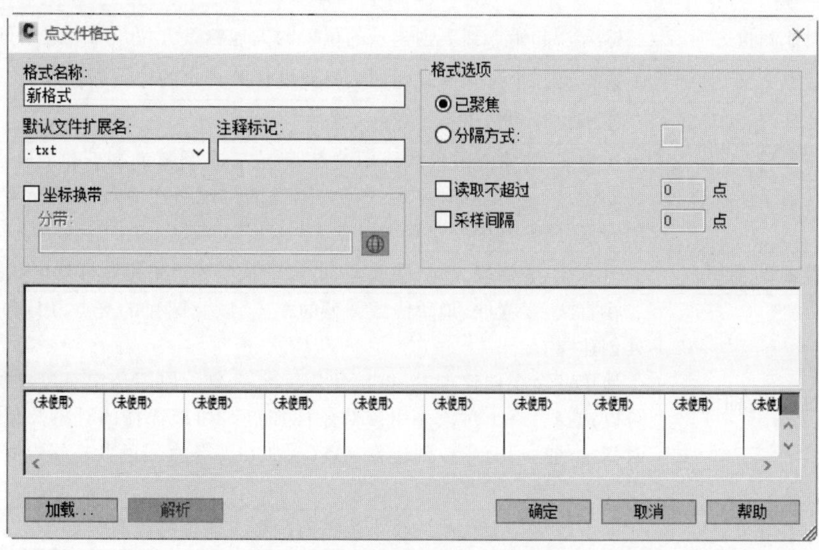

图 2-14 “点文件格式”对话框

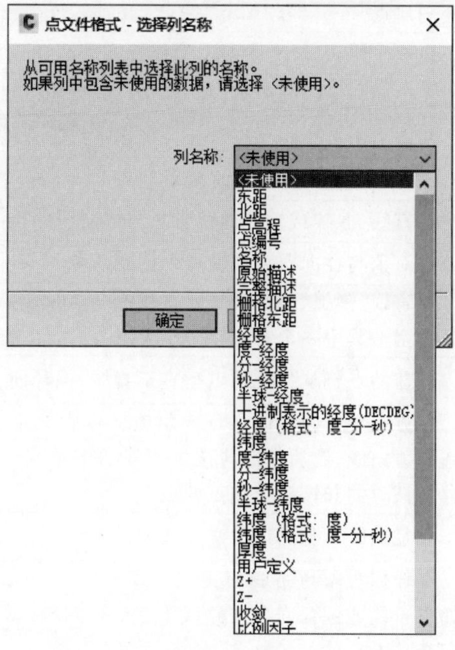

图 2-15 “点文件格式-选择列名称”对话框

④ 单击“确定”按钮。返回到“点文件格式”对话框，选择“分隔方式”格式选项，在其后面的文本框中输入分隔方式，如果使用逗号为分隔方式则输入逗号，设置完成后单击“确定”按钮，可完成自定义的点文件格式。

Note

（6）其他点创建方式参见表 2-1。

表 2-1　其他点创建方式

按钮	名　称	含　义
	大地测量方向	输入从起始点到要创建点的位置的大地测量方位角和大地测量距离
	后方交会	在根据三个已知点之间的测量角度计算得出的位置创建点
	桩号/偏移对象	使用桩号和偏移指定点的位置
	自动	在直线、要素线或地块线的端点处，或者在圆弧的端点和中心点处，自动创建点。点是从对象的选择集创建的。不会在直线互相交叉的位置创建点，除非其中一个点为端点
	沿直线/曲线	沿直线、要素线、地块线或圆弧，在距某一端点指定距离处创建点
	在直线/曲线上	在直线、要素线、地块线或圆弧的端点，以及圆弧的交点（PI）和半径点处创建点。 使用此命令创建点时，每次使用一个对象。使用选定对象添加点后，可以选择另一个对象并用该对象添加点。如果选择的对象及使用命令时指定的选项会导致创建重复点（例如在两条直线的共享端点处），将只添加一个点。不会创建重复点
	定数等分对象	沿直线、要素线、地块线或圆弧创建特定数目的等间距点
	定距等分对象	沿直线、要素线、地块线或圆弧创建按指定距离分隔的点
	方向/方向	在两个方向（每个方向由一个点和一个方向角或方位角定义）的交点处创建点
	距离/距离	在两个距离（每个距离由半径长度定义）的交点处创建点
	方向/距离	在方向（直线）与距离（圆）的交点处创建点
	方向/垂直	在图形中选择一个点以在与该选定点垂直的方向线上创建一个点
	距离/垂直	创建同时径向于圆和选定点的点
	方向/对象	在直线、曲线或缓和曲线对象与方向线的交点处创建点
	距离/对象	在对象与径向距离的交点处创建对象
	对象/对象	在直线、圆弧、地块线或要素线的交点处创建点。如果对象不相交，命令将延伸其中一个对象以确定交点
	垂直	创建的点将从指定的点垂直于直线，但径向于曲线
	方向/路线	在方向线与路线的交点或距该交点有一定偏移的位置创建点。通过选择方向线，然后指定与该方向线的偏移和与某路线的偏移，来创建偏移自该方向和该路线交点的点
	距离/路线	在径向距离与路线的交点处创建点
	对象/路线	在任何对象与路线的交点处或距该交点有一定偏移的位置创建点。如果直线或圆弧对象与路线不相交，命令将通过延伸其中一个对象来确定交点
	路线/路线	在两条路线的交点处或距其中一条或两条路线有一定偏移的位置创建点
	测站/偏移	使用此命令创建道路红线、路肩和超车车道
	定数等分路线	按设定数量沿路线创建点

Note

续表

按钮	名 称	含 义
	定距等分路线	按相等的间隔沿路线创建点
	路线形状处	在路线上的每个几何图形点处创建点。 曲线点是指曲率点(PC)、切点(PT)、缓和曲线-曲线(SC)、曲线-缓和曲线(CS)、切线-缓和曲线(TS)、缓和曲线-切线(ST)和交点(PI)
	径向或垂直	在路线上创建与指定点径向或垂直的点
	纵断面曲线点	使用纵断面高程,在纵断面图的曲线点处的路线上创建点。纵断面曲线点可以是竖曲率的起点(BVC)、变坡点(PVI)和竖曲率的终点(EVC)
	从文件导入	通过从包含桩号、偏移和高程信息的ASCII(文本)文件导入点,沿路线创建点。 导入的文件可以包含每个点的桩号、偏移、高程和描述。高程可以用一个值(高程)表示,也可以用标尺读数和仪器高度(标尺读数,高度)表示
	内插	在两个现有点之间内插指定数目的点
	按相对位置	基于某个距离在两个控制点之间内插点
	按相对高程	在两个控制点之间按照指定高程内插点
	按照距离编号	在两个控制点之间内插指定数目的点。通过指定起始控制点和终点控制点,或在对象的起点旁单击来定义内插区域
	垂直	沿垂直于指定点的控制线或图元内插点
	增量距离	内插相隔指定距离的点
	增量高程	沿控制线或图元以指定的高程增量内插点
	交叉口	在两个图元的交点(或延伸后会相交)处内插点

2.2 点 样 式

点样式决定点符号的外观,定义点符号在图形中的显示方式。要更改点符号,可以编辑该点的点样式,也可以将该点更改为引用其他点样式。

2.2.1 更改点样式

点样式实际上就是控制点在图形中的显示形式。可以让一个点以十字形、三角形、圆形、CAD中的块等不同形态显示出来。

(1) 在"工具空间"的"浏览"选项卡中单击"点编组"节点,右击"所有点",在弹出的快捷菜单中单击"特性"选项,如图2-16所示;或在绘图区域中选取点后右击,在弹出的快捷菜单中单击"点编组特性"选项,如图2-17所示;或者单击"几何空间点"选项卡"修改"面板中的"点编组特性"按钮,打开如图2-18所示的"点编组特性-所有点"对话框。

(2) 在"信息"选项卡的"点样式"下拉列表框中选择所需的点标签样式,这里选取TREE样式,然后单击"应用"按钮,结果如图2-19所示。

Note

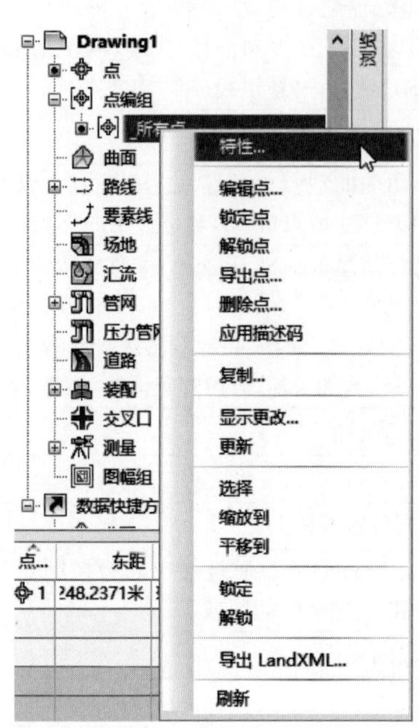

图 2-16　快捷菜单 1

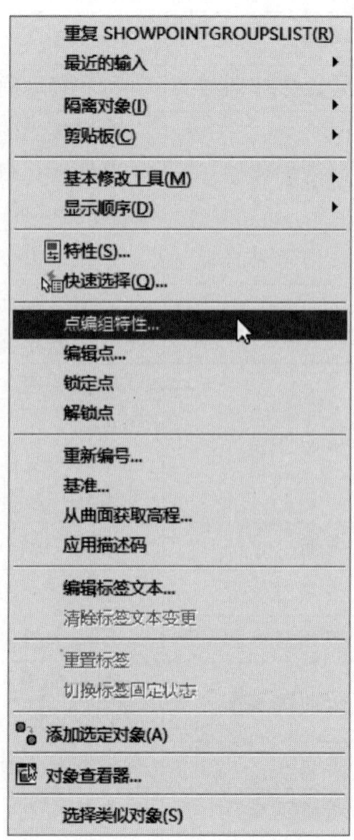

图 2-17　快捷菜单 2

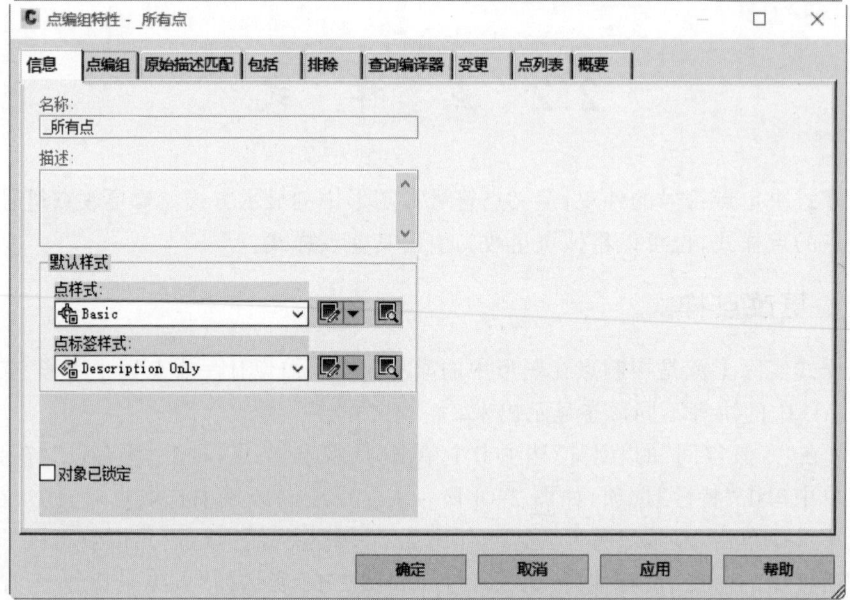

图 2-18　“点编组特性-所有点”对话框

2.2.2 新建点样式

如果软件提供的点样式不符合设计需求,用户可以创建自己所需的标签样式。

(1) 在如图 2-18 所示的对话框"点标签样式"列表右侧单击 中的三角形,打开如图 2-20 所示的下拉列表框,单击"新建"选项;或在"工具空间"的"设定"选项卡"点样式"上右击,在弹出的快捷菜单中单击"新建"选项,打开如图 2-21 所示的"点样式-新点样式"对话框。

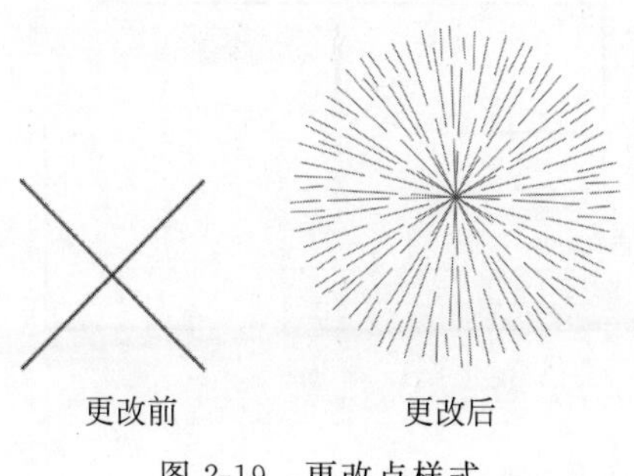

图 2-19 更改点样式

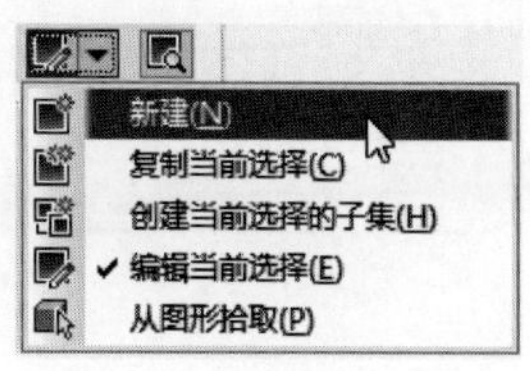

图 2-20 下拉列表框

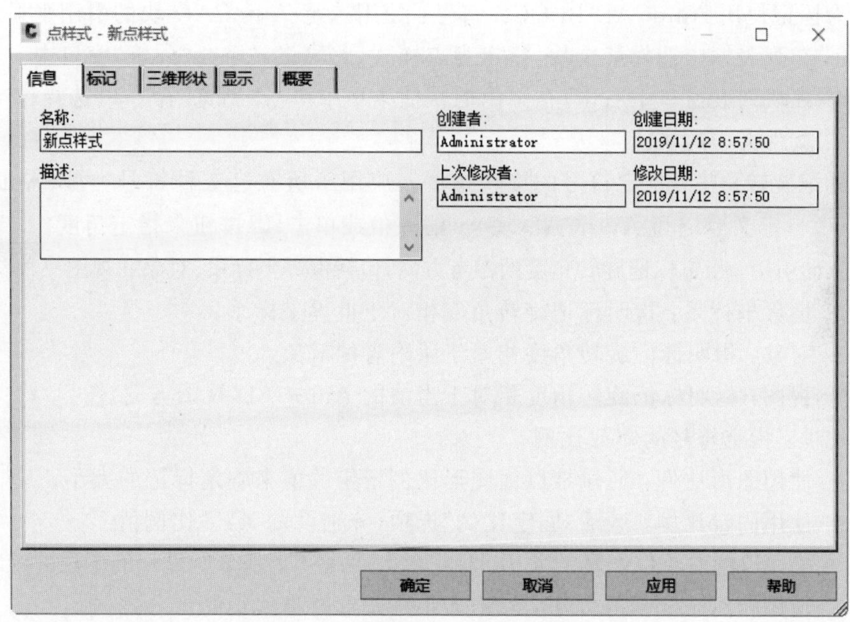

图 2-21 "点样式-新点样式"对话框

(2) 在对话框中输入名称为"花样式",切换到"标记"选项卡,如图 2-22 所示。

图 2-22 所示对话框中的各选项说明如下。

- 为标记使用 AutoCAD POINT 符号:使用当前的 AutoCAD 点符号显示点,这些点符号由 AutoCAD PDMODE 和 PDSIZE 系统变量指定。
- 使用自定义标记:使用指定的符号显示点。单击左侧的五个符号之一,以将其用作基本符号。单击第六个和/或第七个符号,将其叠合到基本符号上。在"预览"窗口中显示指定的符号组合。

Note

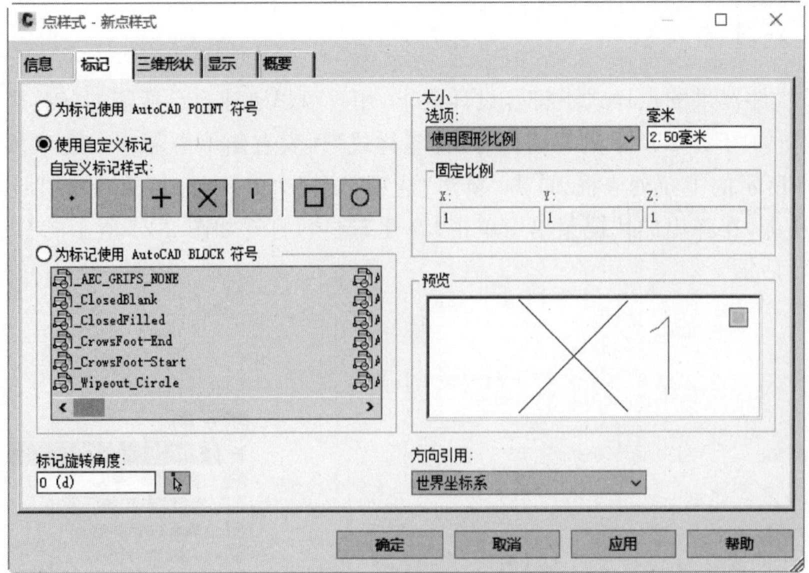

图 2-22 “标记”选项卡

➤ 为标记使用 AutoCAD BLOCK 符号：使用选定 AutoCAD 块的引用来显示点。

① 在列表框中选择某个块，指定为点样式，此块将显示在“预览”窗口中。

② 在块列表窗口中右击，在弹出的快捷菜单中单击“浏览”命令以选择位于其他文件夹中的块。

➤ 标记旋转角度：指定符号的旋转角度。应用于所有这三种符号类型（AutoCAD 点、自定义标记和 AutoCAD 块）。输入值或单击 按钮来指定角度。

➤ 方向引用：指定标记旋转角度的参考方向，包括世界坐标系、对象和视图三种参考。

- 世界坐标系：指明标记旋转角度相对于世界坐标系。
- 对象：指明标记旋转角度相对于所附着的对象。
- 视图：指明标记旋转角度相对于当前的 AutoCAD 视图方向。

➤ 选项：指定符号的缩放比例。

- 使用图形比例：通过乘以由图形比例指定的值来确定标记的大小。
- 使用固定比例：激活“固定比例”选项，分别设置 XYZ 比例值。
- 使用以绝对单位度量的大小：标记的大小是一个基于所显示的单位的绝对值。
- 使用相对于屏幕的大小：标记大小是图形屏幕大小的百分比。

（3）选择“为标记使用 AutoCAD BLOCK 符号”选项，在其列表框中右击，弹出“浏览”选项并单击，打开“块引用选择”对话框，选择所需图块。这里选取“花.dwg”文件，如图 2-23 所示，单击“打开”按钮，返回到“点样式-新点样式”对话框。

（4）在对话框中设置标记的旋转角度，可以直接在文本框中输入角度，也可以单击 按钮，进入绘图窗口指定旋转角度，设置完成后，单击“确定”按钮，关闭“点样式-新点样式”对话框。

（5）返回到“点编组特性-所有点”对话框，选择新建的花样式，单击“确定”按钮，结果如图 2-24 所示。

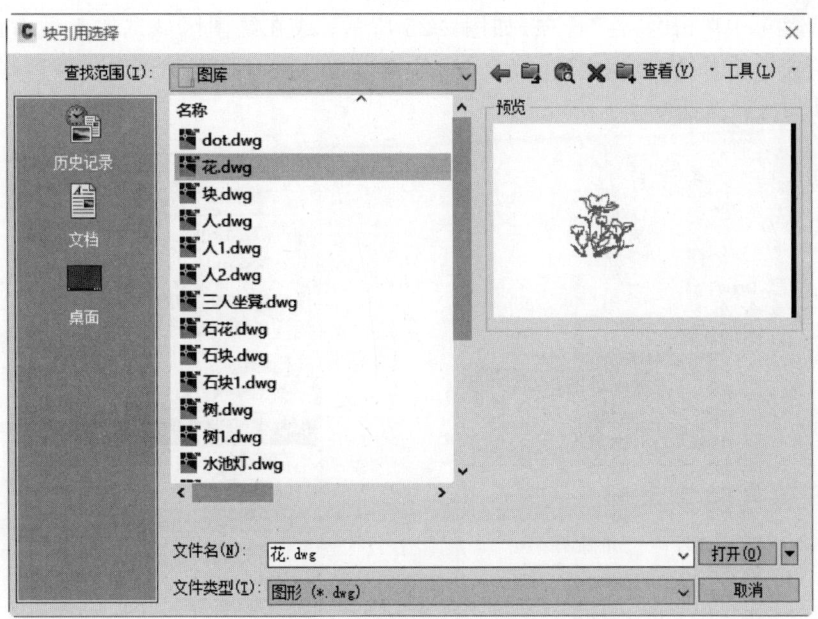

图 2-23　“块引用选择”对话框

图 2-24　新建点样式

2.3　点　标　签

点标签样式定义点在图形中的标记方式。要更改点的标记方式，可编辑该点的标签样式，也可以将该点更改为引用其他点标签样式。

2.3.1　更改标签样式

(1) 在“工具空间”的“浏览”选项卡中单击“点编组”节点，右击“所有点”选项，在弹

Note

出的快捷菜单中单击"特性"选项，如图 2-25 所示；或在绘图区域选取点后右击，在弹出的快捷菜单中单击"点编组特性"选项，如图 2-26 所示，打开如图 2-27 所示的"点编组特性-所有点"对话框。

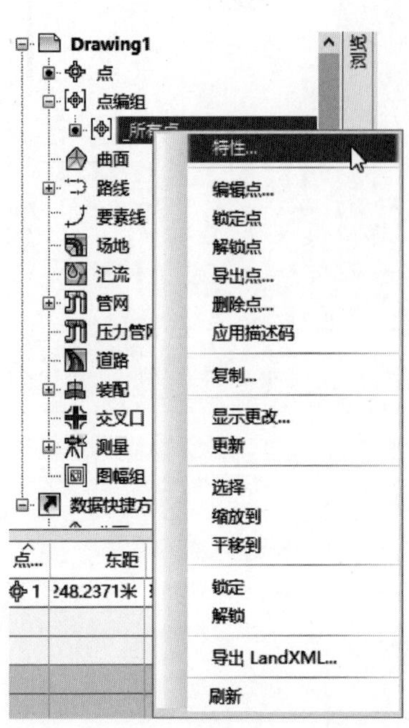

图 2-25　快捷菜单 1

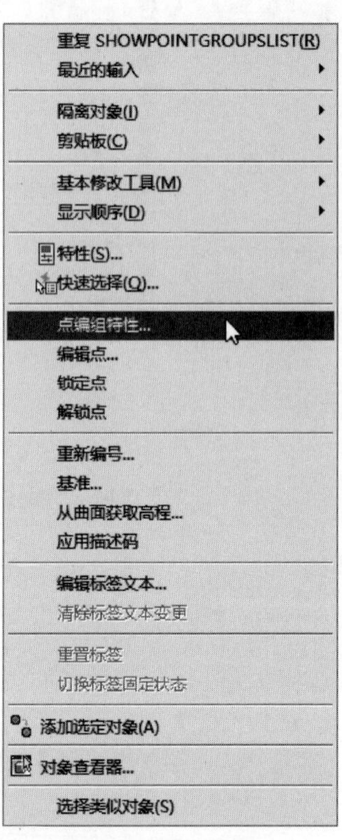

图 2-26　快捷菜单 2

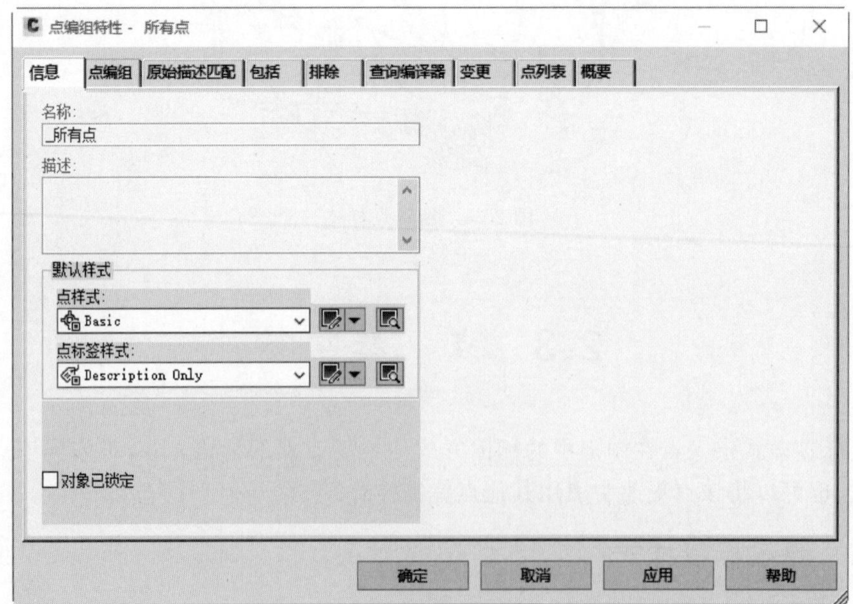

图 2-27　"点编组特性-所有点"对话框

(2) 在如图 2-27 所示的“点编组特性-所有点”对话框“信息”选项卡的“点标签样式”下拉列表框中选择所需的点标签样式，这里选取“Point＃-Elevation-Description”样式，然后单击“应用”按钮，结果如图 2-28 所示。

图 2-28 更改标签样式

2.3.2 新建标签样式

如果软件提供的标签样式不符合设计要求，用户可以创建自己所需的标签样式。

(1) 在图 2-27 所示的对话框“点标签样式”列表右侧单击中的三角形，打开如图 2-29 所示的下拉列表框，单击“新建”选项，打开如图 2-30 所示的“标签样式生成器-新的点标签样式”对话框。

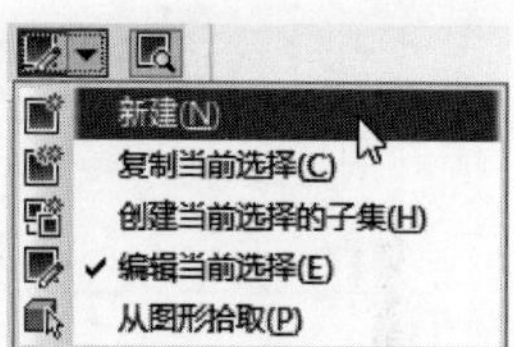

图 2-29 下拉列表框

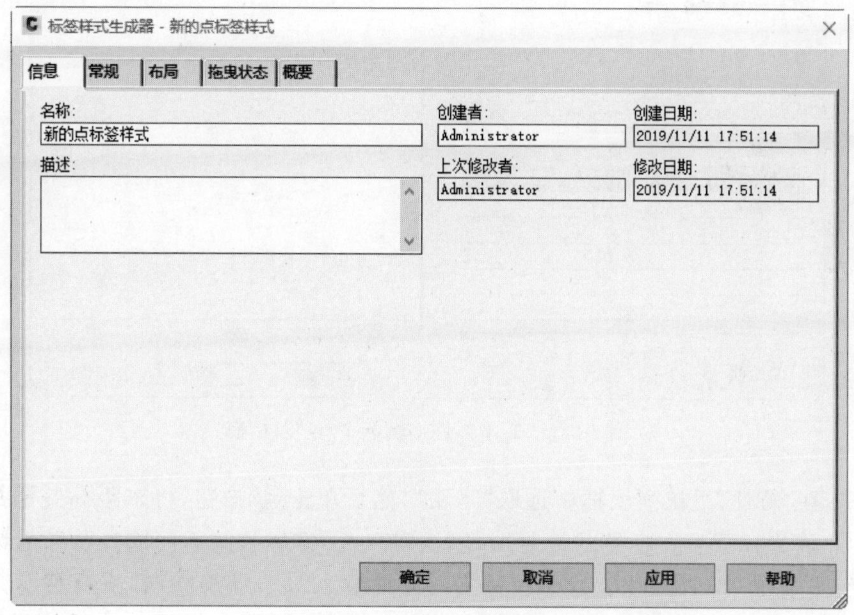

图 2-30 “标签样式生成器-新的点标签样式”对话框

(2) 在“名称”栏中输入点标签样式名称为 XYZ 坐标，切换到如图 2-31 所示的“布局”选项卡。在“组件名称”下拉列表框中选择“点高程”，在“文本”节点下“内容”栏中单击按钮，打开如图 2-32 所示的“文本部件编辑器-内容”对话框，选取文本框中的文字，然后将其删除。

Note

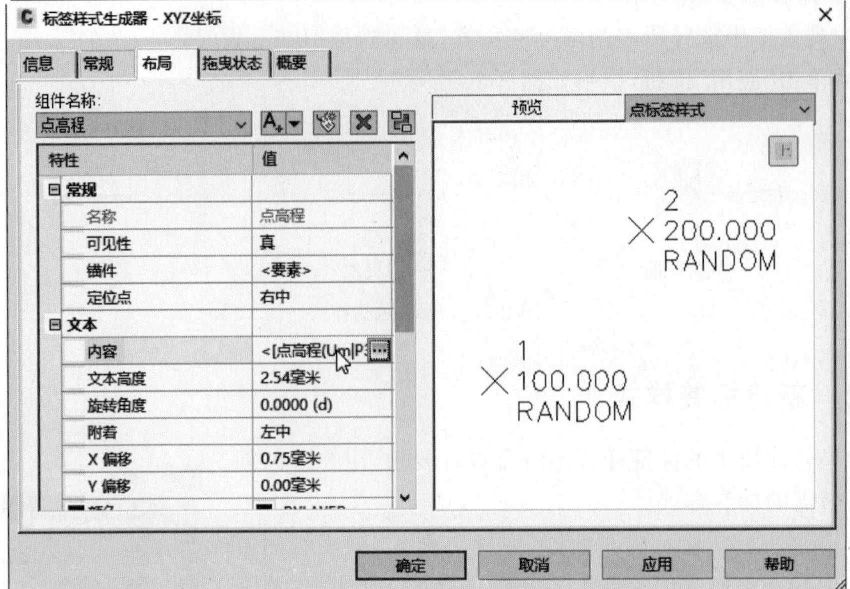

图 2-31 “布局”选项卡

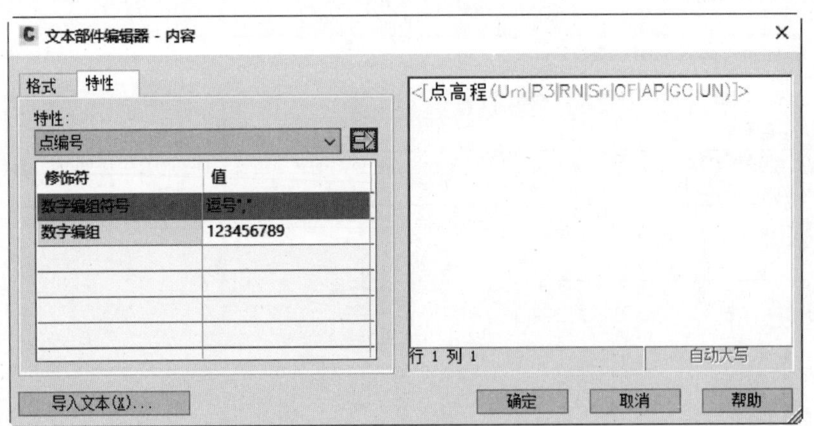

图 2-32 “文本部件编辑器-内容”对话框

(3) 在“特性”下拉列表框中选取“东距”,然后单击 ⇨ 按钮,将东距标签添加到文本框中。将光标放置在标签的最前端,输入“X=”;在标签的后面输入“;”,继续添加“北距”,并在其前端输入“Y=”;在标签的后面输入“;”,继续添加“点高程”,并在其前端输入“Z=”,如图 2-33 所示。单击“确定”按钮,关闭“文本部件编辑器-内容”对话框。

(4) 返回到“标签样式生成器-XYZ 坐标”对话框,在“组件名称”下拉列表框中选择“点描述”,在“常规”节点下设置“可见性”为假,使点的描述不可见,如图 2-34 所示。单击“确定”按钮,关闭“标签样式生成器-XYZ 坐标”对话框。

(5) 返回到“点编组特性-所有点”对话框,设置点标签样式为新建的“XYZ 坐标”样式,单击“确定”按钮,创建的点标签样式如图 2-35 所示。

Note

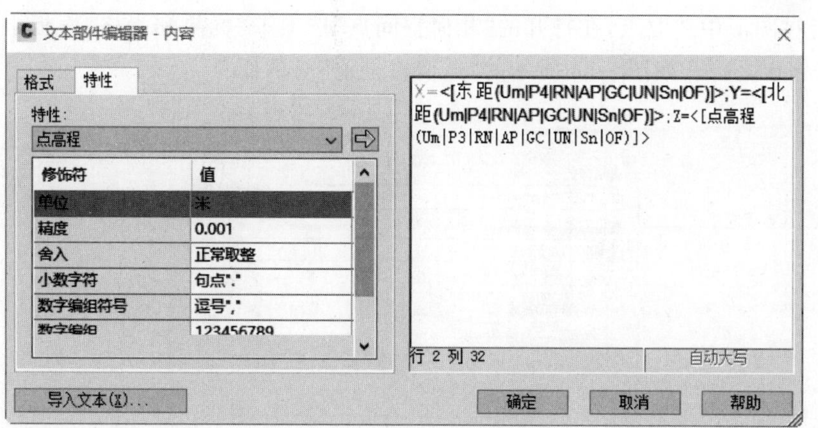

图 2-33　新建文本内容

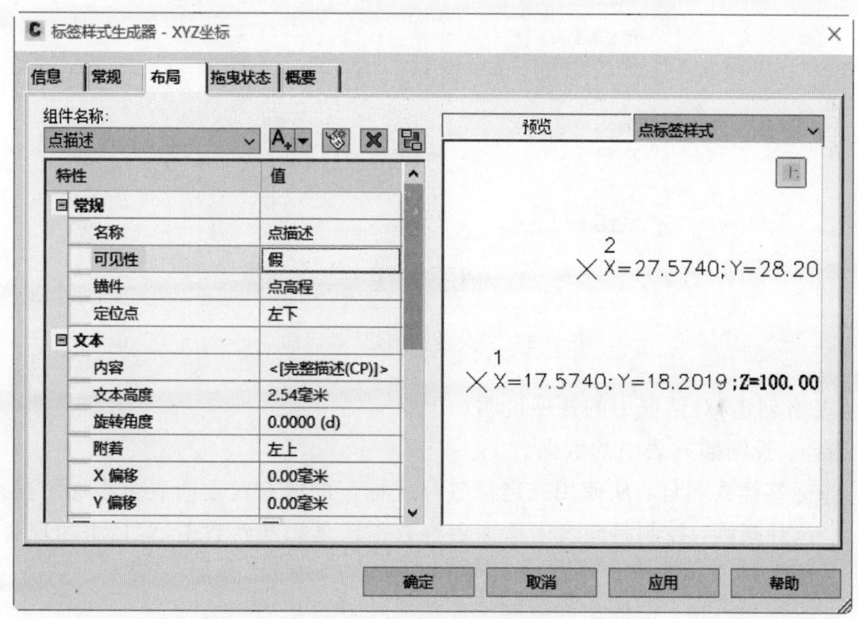

图 2-34　设置点描述

1
X=4993.9852; Y=4019.4658 ;Z=100.000

图 2-35　新标签样式

2.4　点　表　格

需要对点进行统计输出数据的时候，可以通过创建点表格来实现。

(1) 单击“标记”选项卡“标签和表”面板“添加表”下拉列表框中的“添加点表”按钮

Note

▦,或者在图形中选取点,在打开的“几何空间点”选项卡“标签和表格”面板中单击“添加表”按钮▦,打开如图 2-36 所示的“点表格创建”对话框。

图 2-36 “点表格创建”对话框

“点表格创建”对话框中的选项说明如下。

➢ 选择:控制插入表中的数据。
  - 标签样式名称:从使用选定标签样式标记的所有对象向表中添加数据。
  - 选择规则:控制是向表中添加现有数据还是添加新数据,包括添加现有项、添加现有项和新项。

    添加现有项:由使用选定样式标记的现有对象创建表。

    添加现有项和新项:由使用选定样式的现有对象和新对象创建表。
  - 选择点编组按钮▦:向表中添加选定点编组中的数据。
  - 在屏幕上拾取按钮▦:向表中添加在图形中选择的对象或标签的数据。

➢ 拆分表格:选中此复选框,在达到每个表的指定最大行数后,将表拆分为两个或多个部分。
  - 每个表格内的最大行数:指定每个部分包含的最大行数。如果数据行的数量超过了指定的最大值,表将被拆分成几个部分,这些部分将从左到右依次排列,或垂直堆栈显示。
  - 每个堆栈内的最大表格数:指定每个堆栈最多可以包含几个部分。
  - 偏移:指定拆分表之间的间距。
  - 平铺表格:指定表的堆栈方向。选择“横向”选项,则表格按从左到右的顺序拆分放到行中;选择“向下”选项,则表格按从上到下的顺序拆分放到行中。

➢ 反应模式：指定表是否自动更新。

- 静态：表数据保持不变。
- 动态：更改时动态更新表数据。

(2) 在对话框中选取表格样式，或者新建表格样式，设置表格图层以及其他参数。

(3) 单击“选择点编组”按钮，打开“点编组”对话框，选择要包含在表中的点。

(4) 单击“在屏幕上拾取”按钮，在图形中选取要包含在表格中的点。

(5) 单击“确定”按钮，在图形中适当位置单击放置表格，生成的点表格如图 2-37 所示。

Point Table				
Point #	Elevation	Northing	Easting	Description
1	250.00	3052.82	3913.95	
2	500.00	3047.41	3927.69	
3	300.00	3039.40	3913.84	
4	450.00	3045.19	3903.06	
5	350.00	3047.53	3916.30	

图 2-37 生成点表格

2.5 点 编 组

点编组由一些特性(例如点的点编号、点名称、原始描述或完整描述或点高程)定义，某个点只有符合这些特性所描述的标准，才能属于某个点编组。符合指定标准的点将添加到点编组的点列表中。

点编组具有以下特性。

(1) 点编组具有持久的特性，可以轻松地对这些特性进行检查或更改。

(2) 点列表显示包含在点编组中的点。点列表可以自动更新。

(3) 可锁定点编组以免其在图形中被更改。

(4) 点编组提供了一种灵活、便捷的方式，可以帮助用户标识具有共同特性或用于执行某项任务(例如创建曲面)的点。可以通过使用点编号、点名称、点高程、原始(字段)描述或完整描述等特性来创建点的编组。

(5) 点编组在批量控制点的显示上也起着主要作用。如果一组点具有相同的显示特性，则可以使用点编组来标识该编组中所有点使用的点样式和点标签样式，而不必为每个点指定点样式和点标签样式。

(6) “_所有点”点编组在创建图形时自动创建。创建图形点后，该点将添加到“_所有点”点编组的点列表中。删除图形点后，该点将从“_所有点”点编组的点列表中删除。一个点可以属于图形中的其他点编组，但它始终是“_所有点”点编组的成员。

2.5.1 创建点编组

（1）单击“常用”选项卡“创建地面数据”面板“点”下拉列表框中的“创建点编组”按钮，打开如图 2-38 所示的“点编组特性-点组 1”对话框。

（2）在“信息”选项卡中输入点名称、描述，设置点样式和点标签样式。

（3）要包括其他点编组中的点，则在“点编组”选项卡中选中要包括的任何点编组旁边的复选框。

（4）要使用原始描述来包括点，则在“原始描述匹配”选项卡中选中要匹配的原始描述旁边的复选框。系统将搜索图形中的所有点，然后将与选项卡上指定的原始描述相匹配的原始描述的点都包括在点编组中。

（5）在“包括”选项卡中定义将点包括在点编组中时该点必须符合的标准。

（6）在“排除”选项卡中定义将点从点编组中排除时该点必须符合的标准。

（7）在“查询编译器”选项卡中通过使用查询来定义点。

（8）在“点列表”选项卡中查看点编组的点列表中的点。

（9）在“概要”选项卡中查看点编组特性的概要。

（10）设置完成后，单击“确定”按钮，完成点编组的创建。

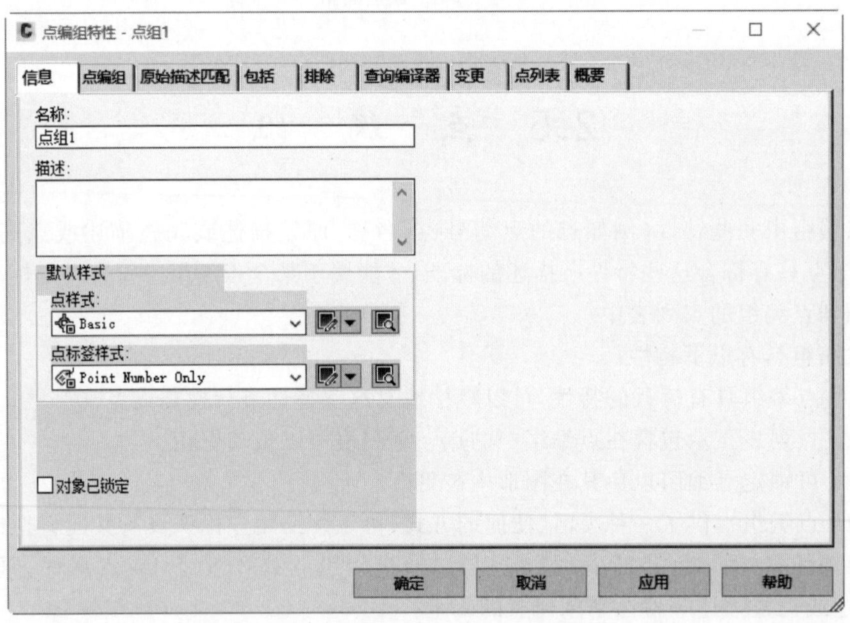

图 2-38 “点编组特性-点组 1”对话框

2.5.2 更改点编组显示顺序

图形的点编组显示顺序可以确定在打开图形或重生成图形时绘制点编组的顺序。

（1）在“工具空间”的“浏览”选项卡“点编组”节点上右击，弹出如图 2-39 所示的快捷菜单，单击“特性”选项，打开如图 2-40 所示的“点编组”对话框。

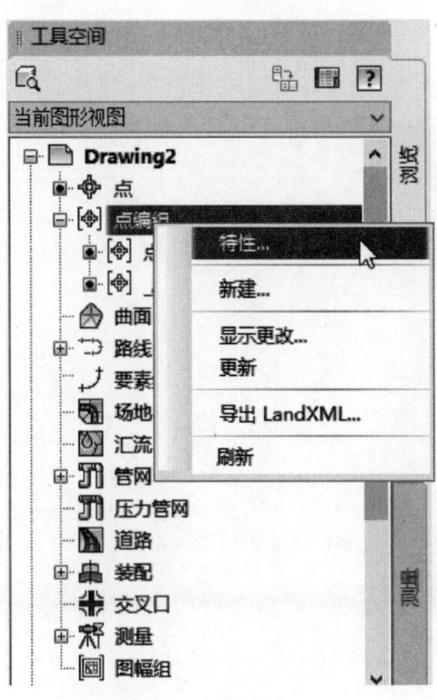

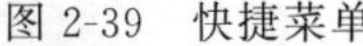
图 2-39 快捷菜单

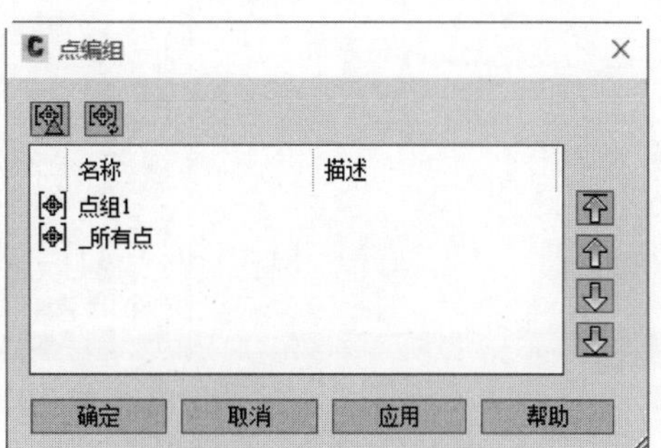

图 2-40 "点编组"对话框

"点编组"对话框中的选项说明如下。

➢ 按钮：单击此按钮，打开"点编组更改"对话框，查看和更新过期的点编组。

➢ 按钮：更新所有过期的点编组。

➢ 名称：按照点编组的绘制顺序列出点编组。

➢ 描述：列出点编组的描述。

➢ 按钮：在显示顺序中将选定点编组向上移至显示列表顶部。

➢ 按钮：将选定点编组在显示序列中上移。

➢ 按钮：将选定点编组在显示序列中下移。

➢ 按钮：将选定点编组移至显示顺序的末端。

(2) 在对话框中选取要按显示顺序移动的点编组。

(3) 单击 或 按钮，将点编组向上或向下移动一个位置。

(4) 调整好顺序后，单击"确定"按钮，完成编组顺序的调整。

2.6 点 编 辑

2.6.1 在点编辑器中编辑点

(1) 在"工具空间"的"浏览"选项卡"点"节点上右击，在弹出的快捷菜单中单击"编辑点"选项，如图 2-41 所示；在"工具空间"的"浏览"选项卡中单击"点编组"节点，右击"所有点"选项，在弹出的快捷菜单中单击"编辑点"选项，打开如图 2-42 所示的点编辑器。

(2) 在点编辑器中显示当前图形中所有点的特性，其中一行显示一个点的特性。

(3) 在点编辑器中单击对应的单元更改点的参数，图形中的点也随之更改。

Note

图 2-41　快捷菜单

点...	东距	北距	点高程	名称	原始...	完整...	描述...	栅格...	栅格...	经度
1	382.7638米	)98.6558米	250.000米							
2	367.2202米	120.8845米	450.000米							
3	)79.2805米	553.8302米	500.000米							
4	712.3216米	172.8568米	470.000米							
5	253.9250米	560.1717米	320.000米							
6	291.4680米	562.5668米	152.000米							

图 2-42　点编辑器

(4) 在点编辑器中任意选取一个点，右击，弹出如图 2-43 所示的快捷菜单，选择“锁定”选项，锁定的点将不能编辑，并且添加锁定标记。选取锁定的点，在如图 2-43 所示的快捷菜单中选择“解锁”选项，解除点的锁定。

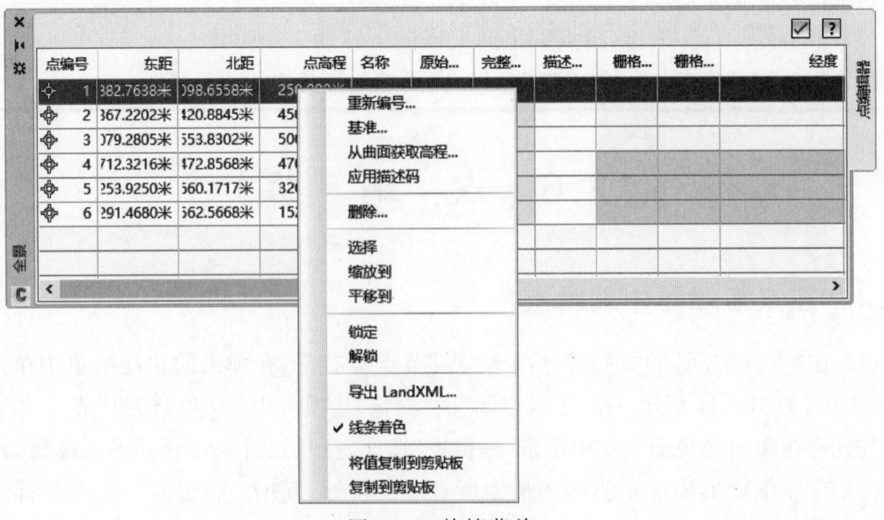

图 2-43　快捷菜单

（5）在快捷菜单中选择“重新编号”选项，根据命令行提示“为点编号输入附加因子”输入 2，命令行提示“选项[覆盖(O)/下一个(N)<下一个(N)>]：”，输入 O 或直接在命令行中单击“覆盖(O)”选项，点编号重新排序，如图 2-44 所示。

点编号	东距	北距	点高程	名称	原始...	完整...	描述...	栅格...	栅格...	经度
2	367.2202米	420.8845米	450.000米							
3	382.7638米	98.6558米	250.000米							
3	382.7638米	98.6558米	250.000米							
4	712.3216米	472.8568米	470.000米							
5	253.9250米	560.1717米	320.000米							
6	291.4680米	562.5668米	152.000米							

图 2-44　编号重新排序

（6）如果在视图中选取一个点，右击，在弹出的快捷菜单中选择“编辑点”选项，打开点编辑器，则在点编辑器中只显示该点参数。

（7）单击点编辑器中的☑按钮、“关闭”按钮✕或者单击工具空间中的▣按钮，关闭点编辑器。

2.6.2　在对象特性中编辑点

（1）在图形中选取一点，右击，在弹出的快捷菜单中选择“特性”选项，或者在“几何空间点”选项卡的“常规工具”面板中单击“特性”按钮▣，打开如图 2-45 所示的“特性”对话框。

“特性”对话框中的选项说明如下。

➢ 名称：修改点对象的点名称。

➢ 点编号：修改点对象的点编号。

➢ 原始描述：修改点对象的原始描述。“未设定特性”表示该特性被设置为空值。

➢ 样式：修改点对象的样式。如果没有为点对象指定样式，将显示“<默认设定>”，表示正在使用点编组点样式绘制点。

➢ 点标签样式：修改点对象标签样式。如果没有为点对象指定样式，将显示“<默认值>”，表示正在使用点编组标签样式绘制点标签。

➢ 锁定的点：指定为“真”时可以锁定点。

（2）在对话框中显示点的特性，如“信息”“坐标”和“标签”等。

（3）要更改点的特性，应在单元内单击，然后输入新值或在列表中选择值，视图中的点将随之更改。

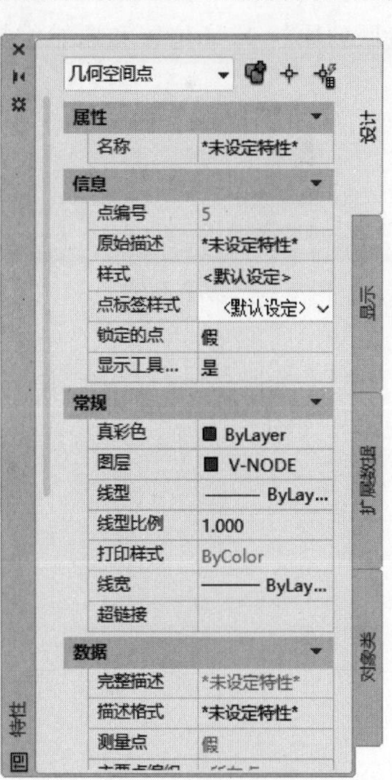

图 2-45　“特性”对话框

Note

2.6.3 移动点

（1）在视图中选取要移动的点，将光标悬停在夹点◆上，显示如图 2-46 所示的菜单 1，单击“移动点”选项。

（2）移动鼠标到适当的位置单击，或在命令行中输入点的新位置坐标。

（3）如果将光标悬停在夹点■上，则显示如图 2-47 所示的菜单 2，单击“移动标签”选项。

（4）移动鼠标到适当的位置单击，或在命令行中输入点的新位置坐标。

2.6.4 旋转点

（1）在视图中选取要移动的点，将光标悬停在夹点◆上，显示如图 2-46 所示的菜单 1，单击“旋转标签和标记”选项。

（2）移动鼠标指定旋转角度，或在命令行中输入旋转角度值。

（3）如果在图 2-46 所示的菜单中单击“旋转标记”选项，则旋转点标记。

（4）如果将光标悬停在夹点■上，则显示如图 2-47 所示的菜单 2，单击“旋转标签”选项。

（5）移动鼠标旋转标签，或在命令行中输入旋转角度值。

（6）如果将光标悬停在移动后的标签夹点■上，则显示如图 2-48 所示的菜单 3。如果选择“重置标签位置”选项，将使标签回到原始 X-Y 位置。如果选择“重置标签旋转”选项，将使标签回到原始编排方式的旋转角度。如果选择“重置标签”选项，将使标签回到原始 X-Y 位置和原始编排方式的旋转角度。

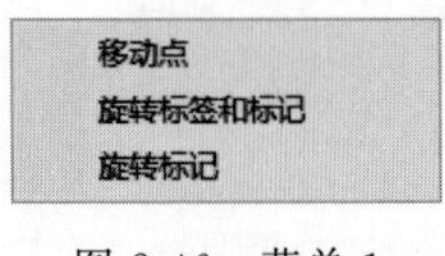

图 2-46　菜单 1

移动标签
旋转标签

图 2-47　菜单 2

移动标签
旋转标签
重置标签位置
重置标签旋转
重置标签

图 2-48　菜单 3

（7）选取点后右击，在弹出的快捷菜单中选择“锁定点”选项，将点锁定，此时无法使用任何命令（包括 AutoCAD“删除”命令）修改该点的 XYZ 值。

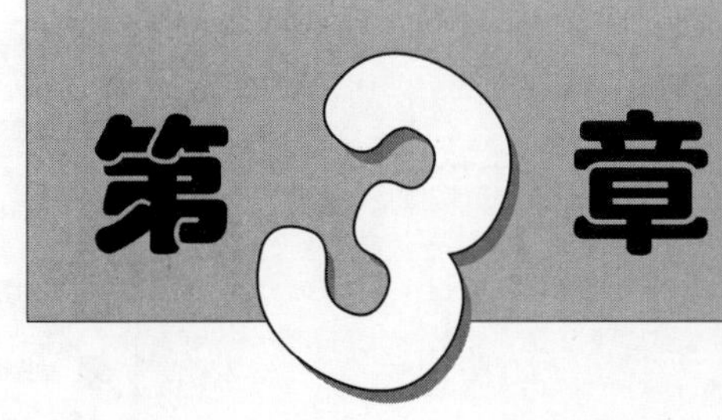

图形绘制和编辑

在 Autodesk Civil 3D 中常会用到直线、矩形、多段线等来绘制几何图形，然后再将其定义为所需的对象。

本章将详细介绍 Autodesk Civil 3D 中图形绘制与编辑的基本方法。

3.1 图形绘制

3.1.1 绘制直线

可以使用 Autodesk Civil 3D 的直线创建命令来绘制直线几何图形，之后再将直线几何图形定义为路线或地块。

单击“常用”选项卡“绘制”面板中的“直线”按钮，打开如图 3-1 所示的下拉列表框。

下面对创建直线的命令进行介绍。

1. 创建直线

(1) 单击“常用”选项卡“绘制”面板“直线”下拉列表框中的“创建直线”按钮，可以使用定点设备或在命令行中输入坐标值指定起点。

(2) 继续使用定点设备或在命令行中输入坐标值指定终点完成第一条直线段。

(3) 继续指定任意其他直线段的终点。

(4) 按 Enter 键结束直线命令，或按 C 键使一系列直线段闭合。

Note

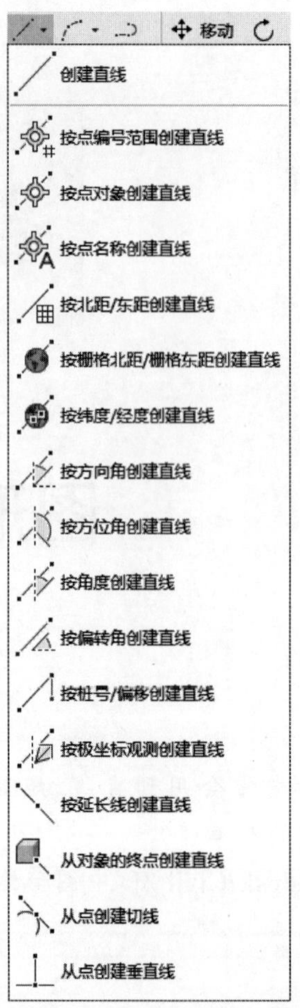

图 3-1　创建直线下拉列表框

(5) 要在绘制的上一直线的终点处开始绘制新直线，需再次启动直线命令，并在显示“指定起点”提示时按 Enter 键。

2. 按点编号范围创建直线

(1) 单击“常用”选项卡“创建地面数据”面板中的“点”→“创建点-其他”→“手动”按钮，在图中绘制如图 3-2 所示的点。

(2) 单击“常用”选项卡“绘制”面板中的“直线”下拉列表框中的“按点编号范围创建直线”按钮，输入直线起点的点编号 1。

(3) 继续输入点编号，系统根据输入的点编号依次绘制直线，如图 3-3 所示。

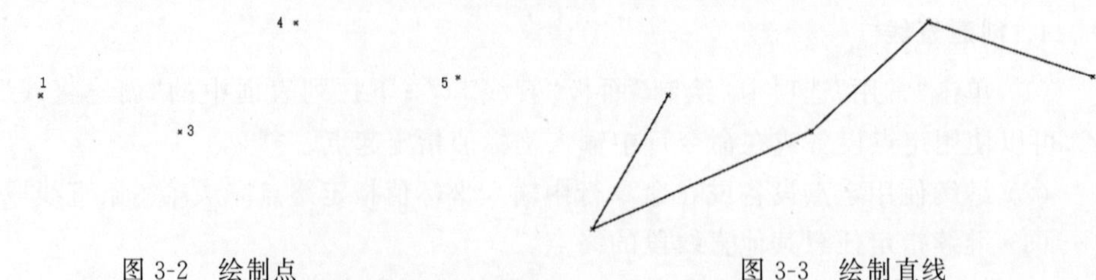

图 3-2　绘制点　　　　图 3-3　绘制直线

(4) 如果在输入编号时输入的是连续编号，例如 1-4，则直接绘制点 1 到 4 之间的直线，如图 3-4 所示。

(5) 继续输入直线段终点的点编号，按 Enter 键结束命令。

3. 按点对象创建直线

(1) 单击“常用”选项卡“创建地面数据”面板中的“点”→“创建点-其他”→“手动”按钮，在图中绘制如图 3-5 所示的点。

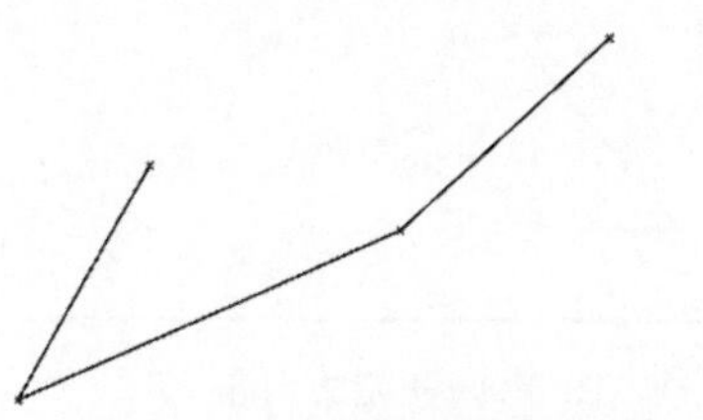

图 3-4　绘制连续编号的直线

图 3-5　绘制点

(2) 单击“常用”选项卡“绘制”面板“直线”下拉列表框中的“按点对象创建直线”按钮，在图形中选择起点。

(3) 在图形中选择下一个点，绘制一条直线段。

(4) 继续选取点定义直线段，按 Enter 键结束直线绘制命令，如图 3-6 所示。

4. 按方向角创建直线

(1) 单击“常用”选项卡“绘制”面板“直线”下拉列表框中的“按方向角创建直线”按钮，在图形中单击或使用. P、. N 或. G 点过滤器选择角度测量的临时起点，如图 3-7 所示。

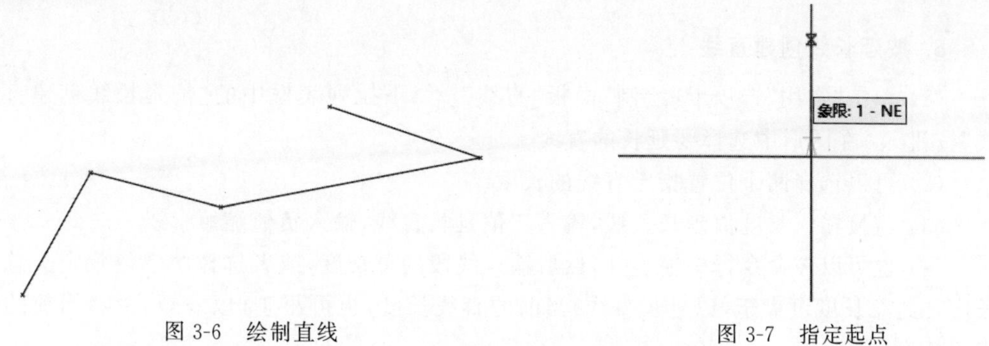

图 3-6　绘制直线

图 3-7　指定起点

(2) 通过在图形中单击或输入 1～4 之间的一个值来指定象限号，如图 3-8 所示。

(3) 通过在图形中单击或使用该图形的角度单位输入方向角来指定象限内的方向角，如图 3-9 所示。

(4) 通过在图形中单击或输入一个距离值来指定距离，如图 3-10 所示。

(5) 继续指定方向角和距离来定义直线段，或按 Enter 键结束命令，如图 3-11 所示。

Note

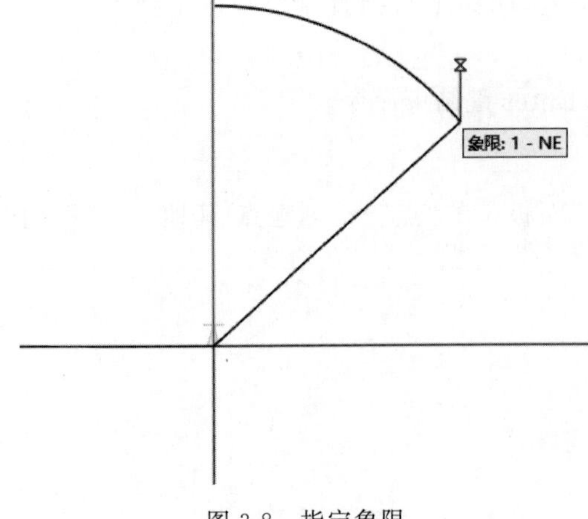

图 3-8　指定象限

方向角: N41° 27' 00"E

图 3-9　指定方向角

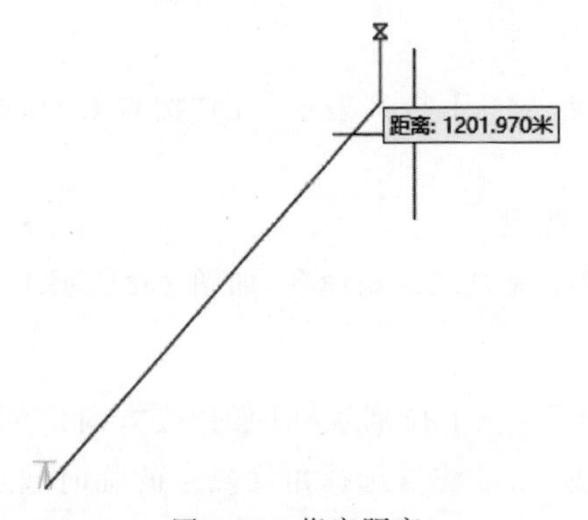

图 3-10　指定距离

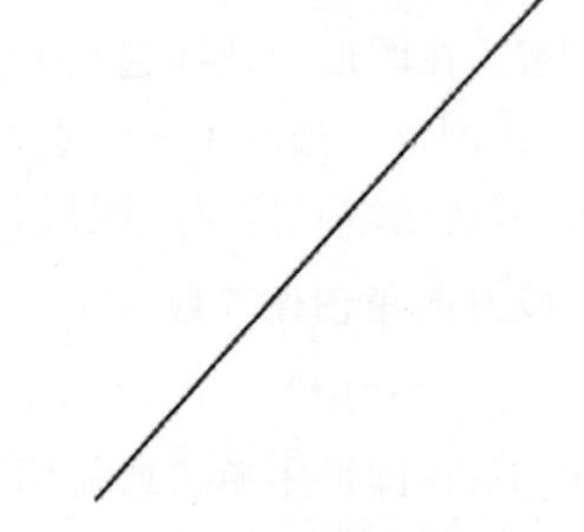

图 3-11　绘制直线

5. 按延长线创建直线

(1) 单击“常用”选项卡“绘制”面板“直线”下拉列表框中的“按延长线创建直线”按钮，在图形中选择要延长的直线。

(2) 可以选择两个位置指定直线的长度。

(3) 直接输入长度值延长直线，输入正值延长直线，输入负值缩短直线。

(4) 也可以在命令行中输入 T，然后输入线段的总长度，或者选择两个位置定义总长度。此总长度可大于(以延长直线)当前的直线长度，也可小于(以缩短直线)当前的直线长度。

6. 其他方式绘制直线

其他绘制直线的方式如表 3-1 所示。

表 3-1　其他绘制直线的方式

按钮	名　称	含　义
	按点名称创建直线	通过指定点名称(而不是点编号)在点之间绘制直线
	按北距/东距创建直线	通过输入北距值和东距值来创建直线

续表

按钮	名　称	含　义
	按栅格北距/栅格东距创建直线	在图形中指定坐标系，然后通过输入栅格北距值和栅格东距值创建直线
	按纬度/经度创建直线	在图形中指定坐标系，然后通过输入纬度值和经度值创建直线
	按方位角创建直线	通过指定起点、方位角和距离创建直线
	按角度创建直线	通过指定临时参考线、角度和距离创建直线
	按偏转角创建直线	通过指定临时参考线、偏转角度和距离创建直线
	按桩号/偏移创建直线	通过指定桩号和距离创建直线
	按极坐标观测创建直线	通过指定临时参考线、直线段的点的角度和距离创建直线
	从对象的终点创建直线	从选定点最近的对象末端绘制直线
	从点创建切线	选择切点的位置，然后通过拾取两个点或输入一个值来指定距离创建直线
	从点创建垂直线	选择垂足点的位置，然后通过拾取两个点或输入一个值来指定距离创建直线

3.1.2　绘制曲线

可以使用曲线命令绘制曲线几何图形，之后再将其定义为路线或地块。Autodesk Civil 3D 使用的曲线参数示意图如图 3-12 所示。

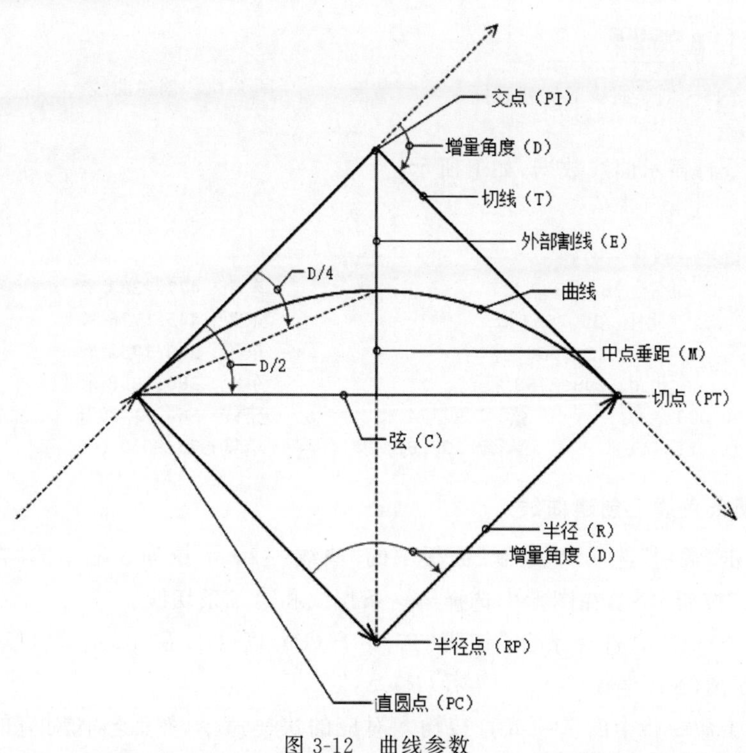

图 3-12　曲线参数

Note

单击“常用”选项卡“绘制”面板中的“曲线”按钮，打开如图 3-13 所示的下拉列表框。下面介绍各种曲线的绘制方法。

1. 在两条直线之间创建曲线

(1) 单击“常用”选项卡“绘制”面板“曲线”下拉列表框中的“在两条直线之间创建曲线”按钮，在图形中选择第一条切线和第二条切线。

(2) 命令行提示“选择条目[切线(T)/外部(E)/度(D)/弦(C)/长度(L)/中点垂距(M)/最小距离(N)/半径(R)] <半径(R)>:”。

(3) 单击命令行中的选项或直接输入对应的快捷命令，然后输入对应的长度值或在图形中拾取距离，这里选择“切线(T)选项”，然后输入切线距离为 100，生成曲线如图 3-14 所示。

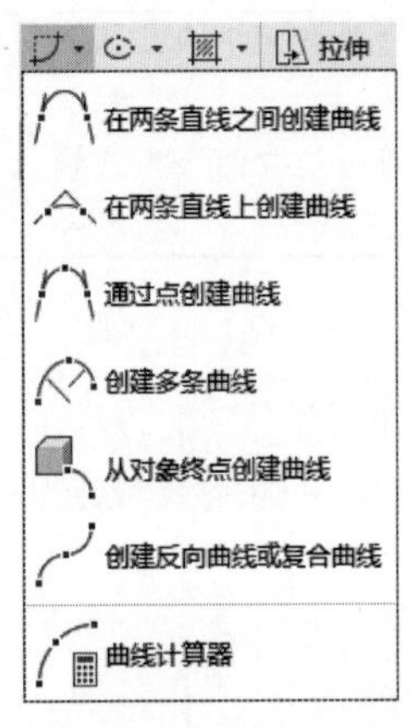

图 3-13　创建曲线下拉列表框

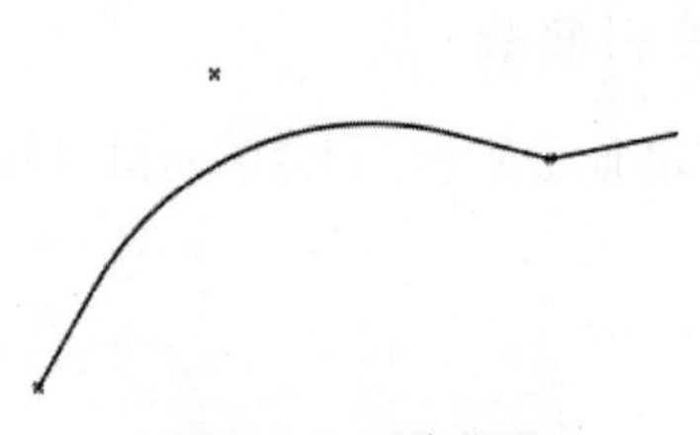

图 3-14　创建曲线

(4) 命令行显示曲线数据，如下所示。

```
圆弧数据
------------------------------------
起点.....北距: 184.1387 米                     东距: 477.2383 米
径向点.... 北距: 55.2553 米                    东距: 445.1776 米
终点..... 北距: 121.6881 米                    东距: 330.1753 米
交点..... 北距: 208.2788 米                    东距: 380.1958 米
切线: 100.000 米          弦: 159.774 米       路线: S66°59'29"W
圆弧长度: 171.429 米      半径: 132.811 米     增量: 73.9557 (d)
```

2. 在两条直线上创建曲线

(1) 单击“常用”选项卡“绘制”面板中的“曲线”下拉列表框中的“在两条直线上创建曲线”按钮，在图形中选择第一条切线和第二条切线。

(2) 命令行提示“选择条目[切线(T)/外部(E)/度(D)/弦(C)/长度(L)/中点垂距(M)/最小距离(N)/半径(R)] <半径(R)>:”。

(3) 单击命令行中的选项或直接输入对应的快捷命令，然后输入对应的长度值或在图形中拾取距离，这里选择“切线(T)选项”，然后输入切线距离为 100，生成曲线如图 3-15 所示，并在命令行中显示曲线数据。

Note

3. 通过点创建曲线

(1) 单击"常用"选项卡"绘制"面板"曲线"下拉列表框中的"通过点创建曲线"按钮，在图形中选择第一条切线和第二条切线。

(2) 在图形中指定通过的点，生成曲线如图 3-16 所示。

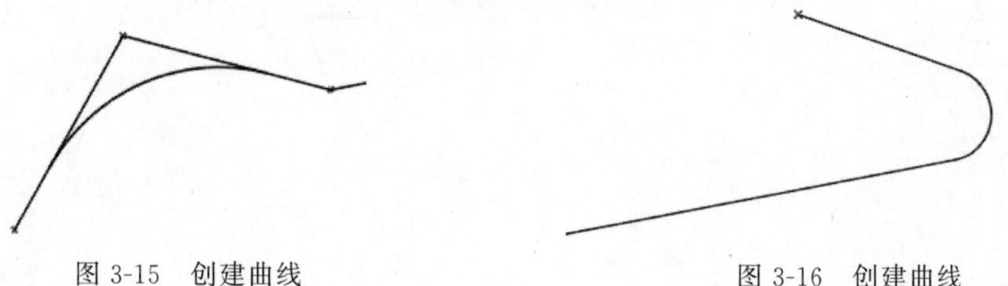

图 3-15　创建曲线　　　　图 3-16　创建曲线

4. 创建多条曲线

(1) 单击"常用"选项卡"绘制"面板"曲线"下拉列表框中的"创建多条曲线"按钮，在图形中选择第一条切线和第二条切线。

(2) 根据命令行提示输入曲线的编号为 1。

(3) 根据命令行提示输入曲线 1 的半径为 100，系统自动创建两直线之间的曲线。

(4) 继续选取第(1)步选择的第一条切线和第二条切线。

(5) 根据命令行提示输入曲线编号和浮动曲线编号为 2。

(6) 根据命令行提示输入曲线 1 的半径为 200，曲线 1 的长度为 200，曲线 2 的半径为 200，系统自动在两直线之间创建两条曲线，如图 3-17 所示。

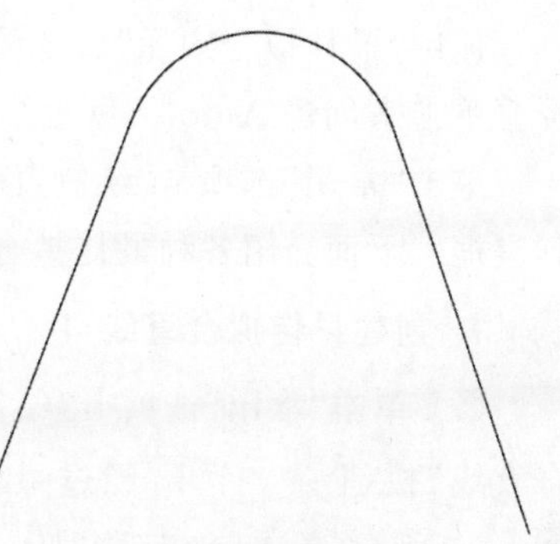

图 3-17　创建多条曲线

5. 从对象终点创建曲线

(1) 单击"常用"选项卡"绘制"面板"曲线"下拉列表框中的"从对象终点创建曲线"按钮，在图形中选择直线或圆弧。

(2) 命令行提示"选择条目［半径(R)/点(P)］＜半径(R)＞:"，输入 P，然后指定弦的终点，即可绘制曲线。

(3) 输入 R，命令行提示"指定半径，或[圆弧度数(A)/弦度数(C)]:"，直接输入半径为 200。

(4) 命令行提示"选择条目［切线(T)/弦(C)/增量/长度(L)/外部(E)/中点垂距(M)］＜长度(L)＞:"，输入 T，然后输入切线距离为 100，创建的曲线如图 3-18 所示。

6. 创建反向曲线或复合曲线

(1) 单击"常用"选项卡"绘制"面板"曲线"下拉列表框中的"创建反向曲线或复合曲线"按钮，在图形中选择上节创建的圆弧。

(2) 命令行提示"选择条目[复合(C)/反向(R)] ＜复合(C)＞:"，输入 R。

Note

(3) 命令行提示“指定半径,或[圆弧度数(A)/弦度数(C)]:”,输入半径为 100。

(4) 命令行提示“选择条目[切线(T)/弦(C)/增量/长度(L)/外部(E)/中点垂距(M)] <长度(L)>:”,输入 T,然后输入切线距离为 50,创建的曲线如图 3-19 所示。

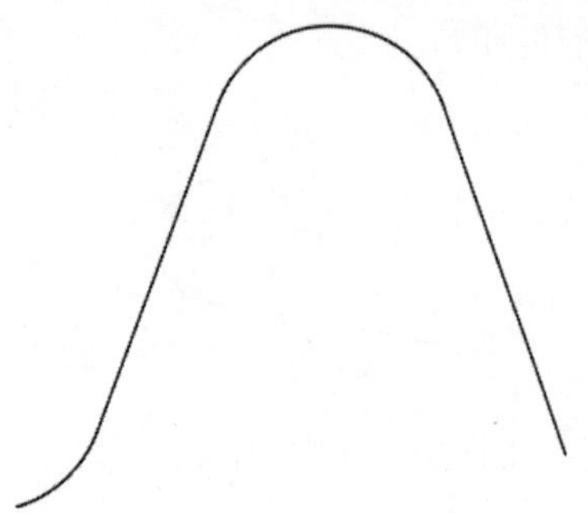

图 3-18　创建曲线

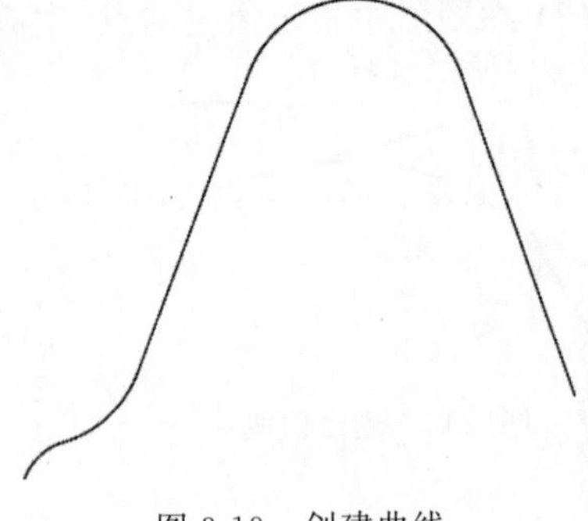

图 3-19　创建曲线

3.1.3　按最佳拟合创建图元

使用“最佳拟合图元”命令可通过 Autodesk Civil 3D 点、AutoCAD 点、现有图元或屏幕单击来创建 AutoCAD 直线、圆弧和抛物线。

单击“常用”选项卡“绘制”面板中的“最佳拟合”按钮，打开如图 3-20 所示下拉列表框。下面介绍各种最佳拟合创建图元的方法。

1. 创建最佳拟合直线

(1) 单击“常用”选项卡“绘制”面板“最佳拟合”下拉列表框中的“创建最佳拟合直线”按钮，打开“经过最佳拟合的直线”对话框,选择“从几何空间点”选项,如图 3-21 所示,单击“确定”按钮。

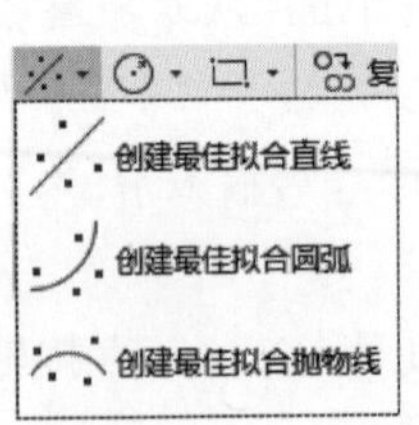

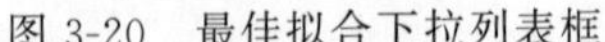

图 3-20　最佳拟合下拉列表框

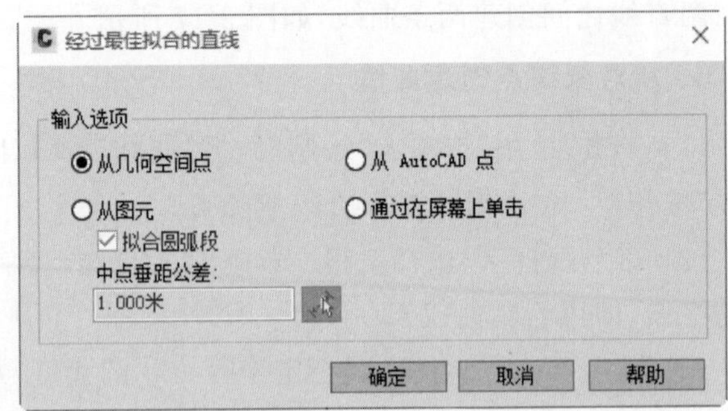

图 3-21　“经过最佳拟合的直线”对话框

“经过最佳拟合的直线”对话框中的选项说明如下。

- 从几何空间点：指定将使用两个或更多几何空间点或测量点创建最佳拟合图元。
- 从 AutoCAD 点：指定将使用两个或更多 AutoCAD 点创建最佳拟合图元。
- 从图元：指定将使用一个或多个现有直线、圆弧、多段线、要素线、测量地物或纵

断面对象创建最佳拟合图元。

➢ 通过在屏幕上单击：用户可单击屏幕上的点以创建最佳拟合图元。

➢ 拟合圆弧段：拟合选定的采样圆弧段。

➢ 中点垂距公差：通过拟合圆弧段的距离指定中点垂距公差。

Note

(2) 命令行提示“选择点对象或[编号(N)/编组(G)]:”,在图形窗口中选择两个或更多点,系统使用白色的×标记每个回归点,并实时显示一条临时虚线,如图 3-22 所示。输入 G 选择点编组,或输入 N 按编号输入点。

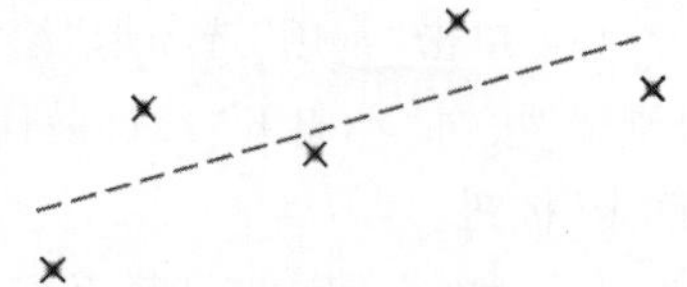

图 3-22 显示临时虚线

(3) 按 Enter 键,打开如图 3-23 所示的“全景”对话框,显示回归点数据。在该对话框中可以对回归点进行更改,选择对话框中的某一行时,图形中相应的回归点将高亮显示为红色。

特性	值
图元1	直线
长度	509.777米
方向	N74° 19' 01"E
起点	(293.8669米,1...
终点	(784.6651米,2...

点编号	排除	通过	点北距	点东距	权
1	□	□	81.3825米	306.8922米	1.0
2	□	□	208.2788米	380.1958米	1.0
3	□	□	173.5530米	519.7925米	1.0
4	□	□	277.9244米	634.7860米	1.0
5	□	□	225.7229米	795.8545米	1.0

回归图形:

图 3-23 “全景”对话框

回归数据“全景”对话框中的选项说明如下:

➢ “复制到文本编辑器”按钮：将回归数据复制到与 AutoCAD 关联的文本编辑器。

➢ “复制到剪贴板”按钮：将回归数据以相应的格式复制到剪贴板。

➢ “添加更多点”按钮：添加更多回归点。单击此按钮,将打开“经过最佳拟合的直线”对话框,选择更多的要包括在回归分析中的点。

➢ “删除选定的点”按钮：从回归点表中删除选定的点。

➢ “清空当前回归采样数据”按钮：重置回归点表,并保持该对话框打开状态。

➢ “创建图元并继续编辑数据”按钮：根据回归点表格中的数据创建图元。

➢ “关闭此视景”按钮：单击此按钮,关闭对话框。

➢ 点编号：以生成回归点的顺序生成连续编号。如果添加或删除回归点,编号将进行调整。

➢ 排除：指定要从最佳拟合分析中排除的回归点。

➢ 通过：指定最佳拟合图元必须通过的回归点。

➢ 点北距/点东距：回归点的北距/东距值。

➢ 权值：指定与其他点相比回归点的优先性。具有较大值的点优先于具有较小值的点。

➢ 点桩号：对于最佳拟合纵断面图元，回归点的桩号值。

(4) 单击“创建图元并继续编辑数据”按钮，创建直线并保留回归数据，如图 3-24 所示。

Note

2. 创建最佳拟合圆弧

(1) 单击“常用”选项卡“绘制”面板“最佳拟合”下拉列表框中的“创建最佳拟合圆弧”按钮，打开“经过最佳拟合的圆弧”对话框，选择“从几何空间点”选项，单击“确定”按钮。

(2) 命令行提示“选择点对象或[编号(N)/编组(G)]：”，在图形窗口中选择两个或更多点，系统使用白色的×标记每个回归点，并实时显示一条临时虚线，如图 3-25 所示。输入 G 选择点编组，或输入 N 按编号输入点。

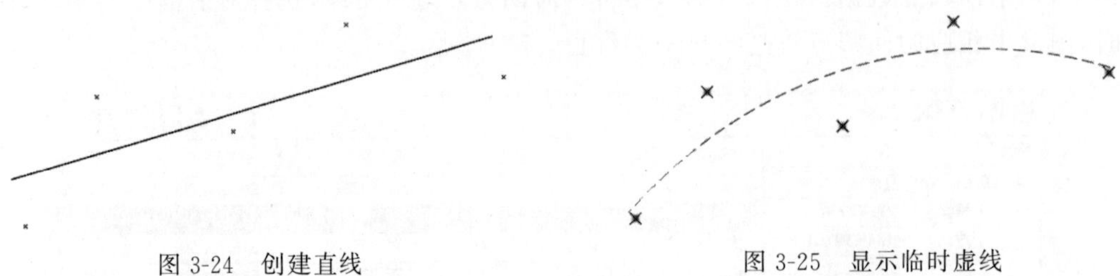

图 3-24　创建直线　　　　图 3-25　显示临时虚线

(3) 按 Enter 键，打开如图 3-26 所示的“全景”对话框，显示回归点数据。在该对话框中可以对回归点进行更改，选择对话框中的某一行时，图形中相应的回归点将高亮显示为红色。

特性	值
图元1	圆弧
长度	546.641米
半径	480.857米
起点	(797.3903米,2...
终点	(299.9866米,8...
增量角...	65.1341 (d)
弦方向	S73° 54' 43"W
起点方...	N73° 31' 16"W
终点方...	S41° 20' 42"W

点编号	排除	通过	点北距	点东距	权
1	☐	☐	225.7229米	795.8545米	1.0
2	☐	☐	277.9244米	634.7860米	1.0
3	☐	☐	173.5530米	519.7925米	1.0
4	☐	☐	208.2788米	380.1958米	1.0
5	☐	☐	81.3825米	306.8922米	1.0

回归图形：

回归数据

全景

图 3-26　“全景”对话框

(4) 单击“创建图元并继续编辑数据”按钮，创建圆弧并保留回归数据，如图 3-27 所示。

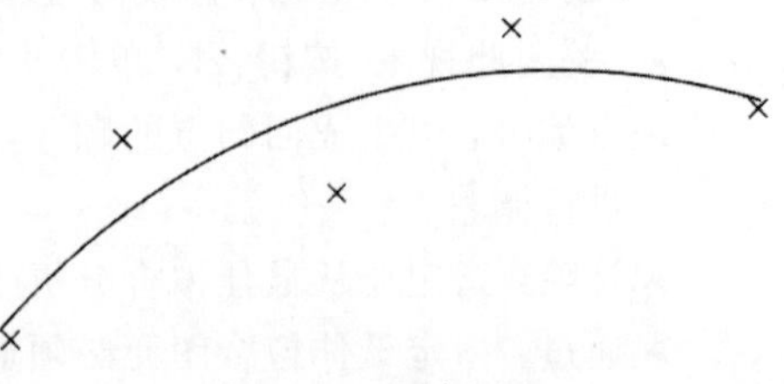

图 3-27　创建圆弧

3. 创建最佳拟合抛物线

(1) 单击“常用”选项卡“绘制”面板中的“最佳拟合”下拉列表框中的“创建最佳拟合抛物线”按钮，打开“经过最佳拟合的抛物线”对话框，选择“通过在屏幕上单击”选项，如图 3-28 所示，单击“确定”按钮。

Note

(2) 在图形窗口中单击,系统使用白色的×标记每个回归点,并实时显示一条临时虚线,如图 3-29 所示。

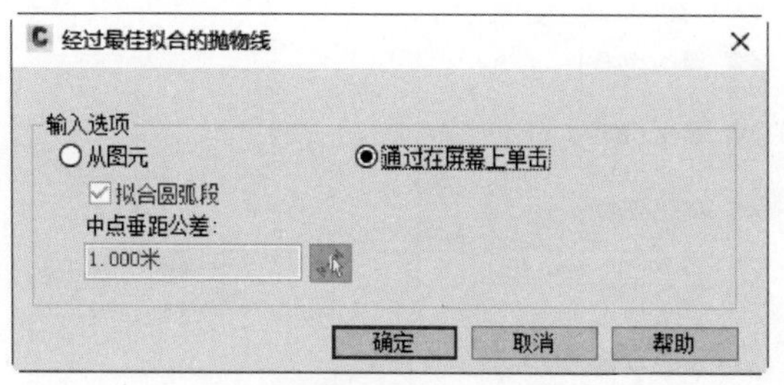

图 3-28 创建最佳拟合抛物线

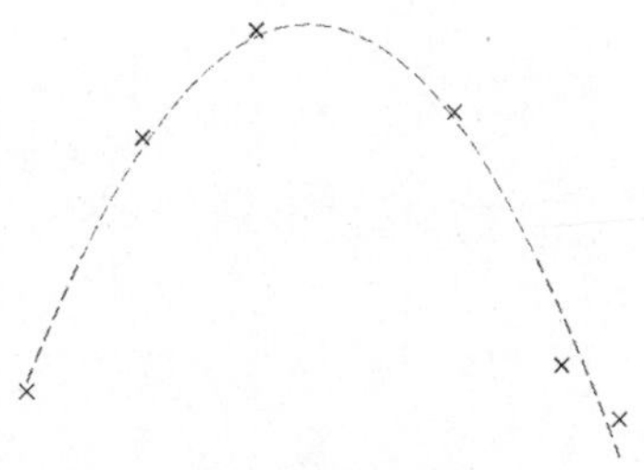

图 3-29 显示临时虚线

(3) 按 Enter 键,打开如图 3-30 所示的"全景"对话框,显示回归点数据。在该对话框中可以对回归点进行更改,选择对话框中的某一行时,图形中相应的回归点将高亮显示为红色。

特性	值
图元1	抛物线
长度	13743.579米
K 值	15.751米
起点	(3664.2282米,...
终点	(11733.2261...
高点/...	(7515.0733米,...
坡度变...	-512.27%
起点坡...	244.48%
终点坡...	-267.80%

点编号	排除	通过	点北距	点东距
1	☐	☐	-7516.8685米	3664.2282米
2	☐	☐	-4181.8783米	5246.5605米
3	☐	☐	-2770.3242米	6797.8666米
4	☐	☐	-3825.1119米	9481.6262米
5	☐	☐	-7129.0790米	10955.3671米

回归图形:

回归数据

全景

图 3-30 "全景"对话框

(4) 单击"创建图元并继续编辑数据"按钮,创建抛物线并保留回归数据,如图 3-31 所示。

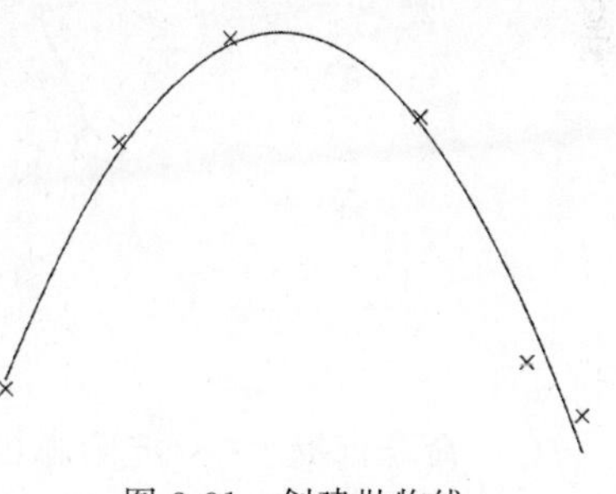

图 3-31 创建抛物线

3.1.4 绘制圆弧

圆弧是圆的一部分。在工程造型中,圆弧的使用比圆更普遍。我们通常强调的"流线形"造型或圆润的造型实际上就是圆弧造型。通过指定圆心、端点、起点、半径、角度、弦长和方向值的各种组合,可以创建圆弧。

单击"常用"选项卡"绘制"面板中的"圆弧"按钮,打开如图 3-32 所示的下拉列表框。圆弧的绘制方法共有 11 种,图 3-33 所示为各种不同绘制方法的示意图。

下面以"起点,圆心,端点"法为例讲述圆弧的绘制方法。

(1) 单击"常用"选项卡"绘制"面板"圆弧"下拉列表框中的"起点,圆心,端点"按钮。

(2) 命令行提示"指定圆弧的起点或[圆心(C)]:",在图形中指定圆弧起点。

(3) 命令行提示"指定圆弧的第二个点或[圆心(C)/端点(E)]: _c",在图形中指定

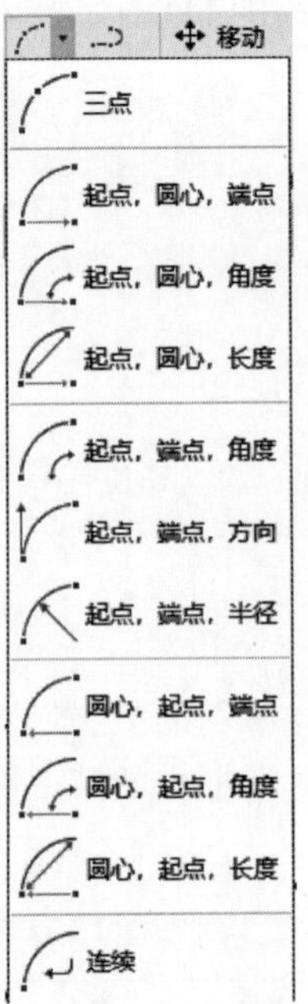

图 3-32　创建圆弧下拉列表框

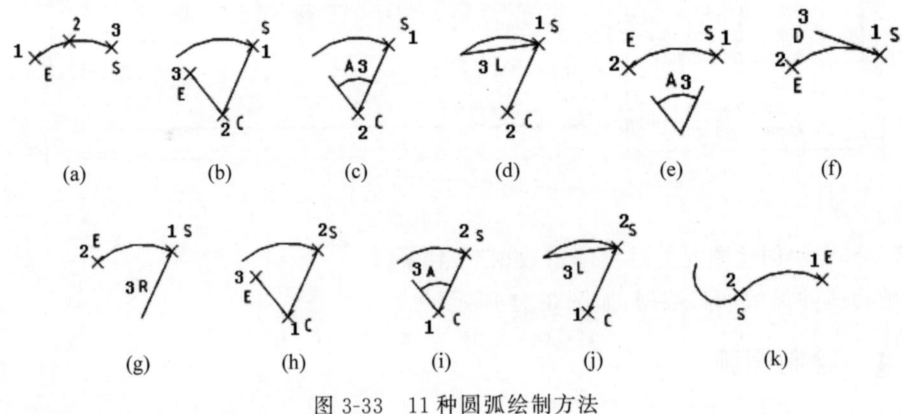

图 3-33　11 种圆弧绘制方法

圆心。

(4) 命令行提示"指定圆弧的端点(按住 Ctrl 键以切换方向)或[角度(A)/弦长(L)]:",在图形中指定端点,生成圆弧如图 3-34 所示。

3.1.5　绘制圆

圆是最简单的封闭曲线,也是绘制工程图形时经常用到的图形单元。可以通过指定圆心、半径、直径、圆周上的点和其他对象上的点的不同组合绘制圆。

单击"常用"选项卡"绘制"面板中的"圆"按钮 ,打开如图 3-35 所示的下拉列表框。圆的绘制方法共有 6 种。

Note

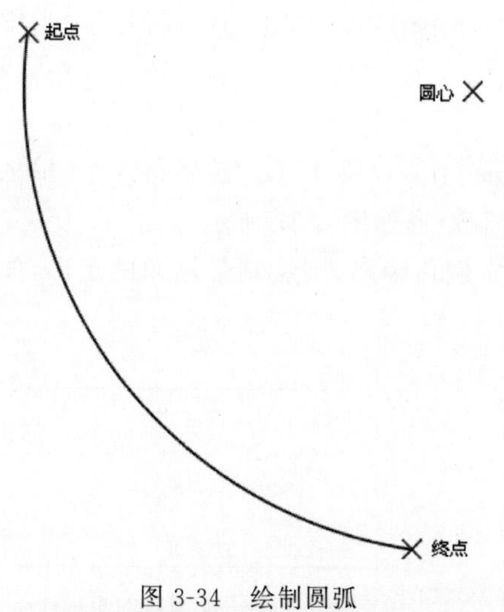

图 3-34 绘制圆弧

圆心，半径
圆心，直径
两点
三点
相切，相切，半径
相切，相切，相切

图 3-35 创建圆下拉列表框

下面以“三点”法为例讲述圆弧的绘制方法。

(1) 单击“常用”选项卡“绘制”面板“圆”下拉列表框中的“三点”按钮。

(2) 命令行提示“指定圆的圆心或[三点(3P)/两点(2P)/切点、切点、半径(T)]：_3p 指定圆上的第一个点：”，在图形中指定第一个点。

(3) 命令行提示“指定圆上的第二个点：”，在图形中指定第二点。

(4) 命令行提示“指定圆上的第三个点：”，在图形中指定第三点，生成圆如图 3-36 所示。

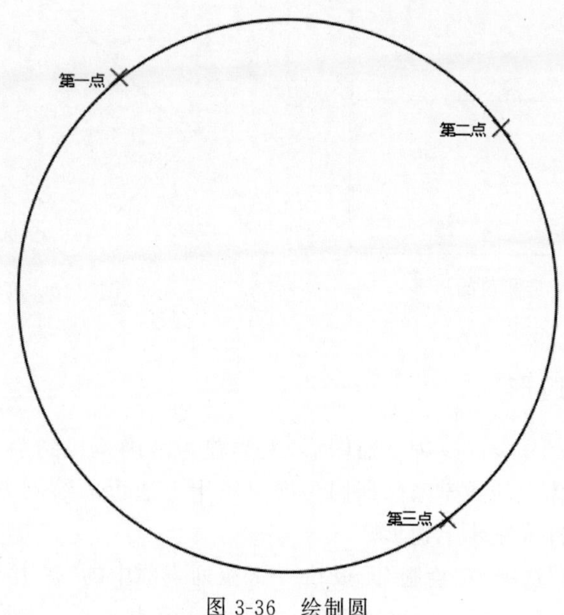

图 3-36 绘制圆

3.1.6 绘制矩形

矩形是最简单的封闭直线图形。

Note

(1) 单击“常用”选项卡“绘制”面板中的“矩形”按钮 ▭，命令行提示“指定第一个角点或[倒角(C)/标高(E)/圆角(F)/厚度(T)/宽度(W)]:”，输入第一个角点坐标，或在图形中指定第一个角点。

(2) 命令行提示“指定另一个角点或[面积(A)/尺寸(D)/旋转(R)]:” 输入另一个角点坐标，或在图形中指定另一个角点，绘制矩形如图 3-37 所示。

(3) 如果在步骤(1)中输入 C，通过指定倒角距离，则绘制带倒角的矩形，如图 3-38 所示。

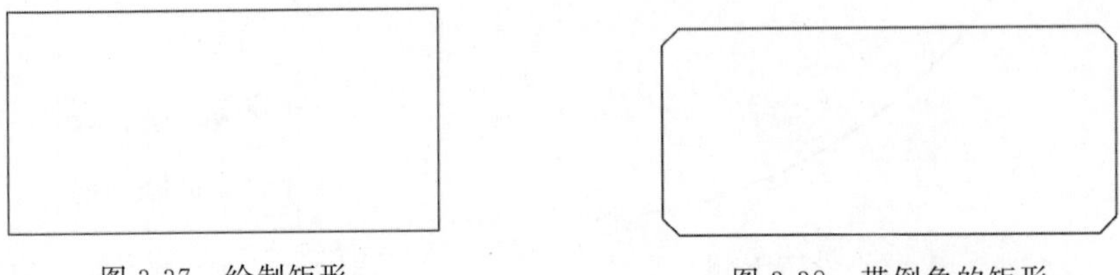

图 3-37　绘制矩形　　　　图 3-38　带倒角的矩形

(4) 如果在步骤(1)中输入 F，通过指定圆角半径，则绘制带圆角的矩形，如图 3-39 所示。

(5) 如果在步骤(2)中输入 R，通过指定旋转角度，可以绘制带旋转角度的矩形，如图 3-40 所示。

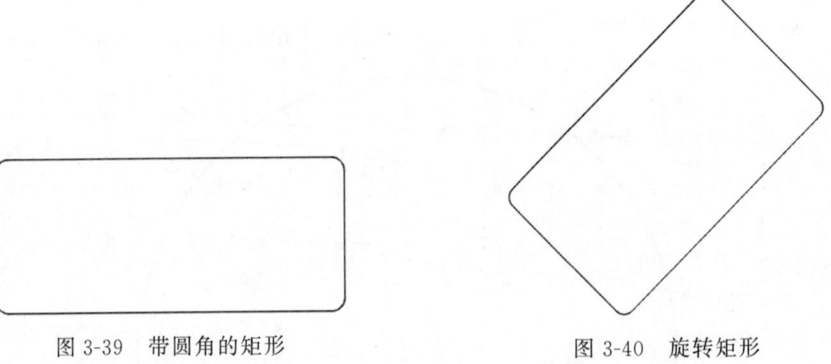

图 3-39　带圆角的矩形　　　　图 3-40　旋转矩形

3.1.7　绘制多边形

正多边形是相对复杂的一种平面图形，人类曾为准确地找到手工绘制正多边形的方法而长期求索。伟大的数学家高斯因为提出正十七边形的绘制方法而被世人推崇，以致他的墓碑被设计成正十七边形。

(1) 单击“常用”选项卡“绘制”面板 ▭▾ 下拉列表框中的“多边形”按钮 ⬠，命令行提示“输入侧面数 <4>:”，指定多边形的边数，默认值为 4。

(2) 命令行提示“指定正多边形的中心点或[边(E)]:”，在图形指定中心点；如果输入 E，则只要指定多边形的一条边，系统就会按逆时针方向创建该正多边形，如图 3-41 所示。

(3) 命令行提示“输入选项 [内接于圆(I)/外切于圆(C)] <I>:”，指定是内接于

圆还是外切于圆。

(4) 根据命令行提示输入内接圆或外切圆的半径，如图 3-42 所示。

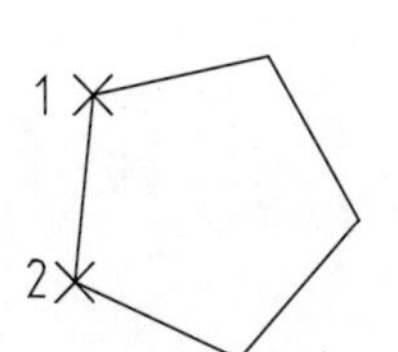

图 3-41 通过边创建多边形

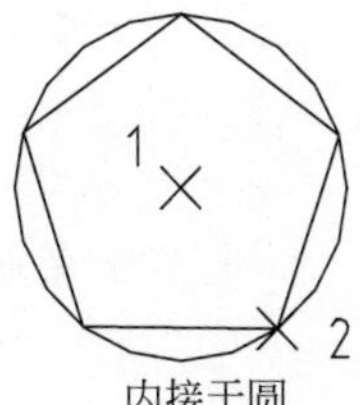

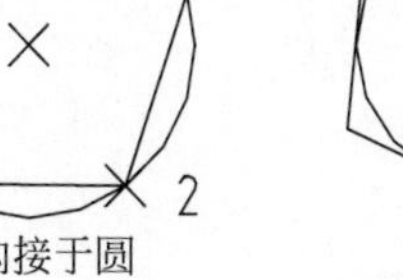

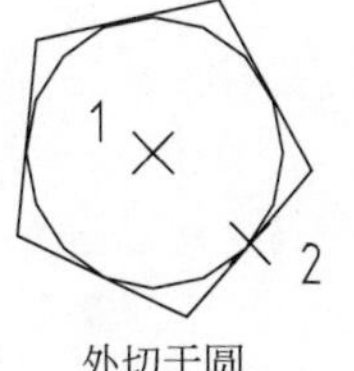

图 3-42 多边形

3.1.8 绘制多段线

多段线是一种由线段和圆弧组合而成的、不同线宽的多线，这种线由于组合形式多样，线宽变化，弥补了直线或圆弧功能的不足，适合绘制各种复杂的图形轮廓，因而得到了广泛的应用。

(1) 单击“常用”选项卡“绘制”面板中的“多段线”按钮，根据命令行提示在图形中指定起点。

(2) 命令行提示“指定下一个点或[圆弧(A)/半宽(H)/长度(L)/放弃(U)/宽度(W)]:”，直接输入点坐标，或在图形中指定点，绘制线段。

(3) 继续输入点坐标绘制线段，如果输入 A，则命令行提示“指定圆弧的端点或[角度(A)/圆心(CE)/闭合(CL)/方向(D)/半宽(H)/直线(L)/半径(R)/第二个点(S)/放弃(U)/宽度(W)]:”，绘制圆弧。

(4) 如果输入 L，则输入直线的长度绘制直线。

(5) 输入 W，则根据命令行提示指定起点和终点宽度，绘制带有线宽的多段线，如图 3-43 所示。

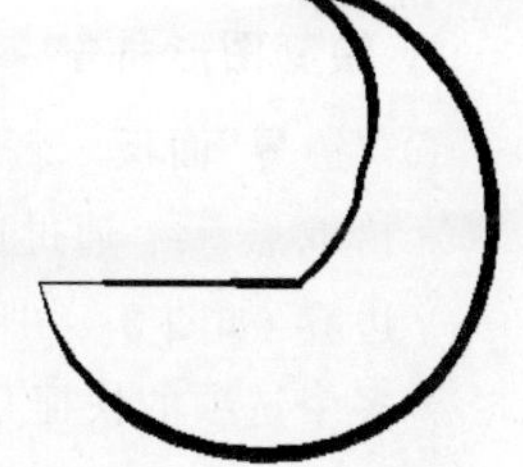

图 3-43 绘制多段线

3.1.9 绘制样条曲线

样条曲线可用于创建形状不规则的曲线。

(1) 单击“常用”选项卡“绘制”面板中的“样条曲线拟合”按钮，命令行提示“指定第一个点或[方式(M)/节点(K)/对象(O)]:”，在图形中指定第一点，或直接输入坐标。如果输入 O，则将二维或三维的二次或三次样条曲线拟合多段线转换为等价的样条曲线，然后删除该多段线。

(2) 命令行提示“输入下一个点或[起点切向(T)/公差(L)]:”，在图形中继续指定下一点或输入坐标。如果输入 T，则定义样条曲线的第一点和最后一点的切向。

(3) 命令行提示“输入下一个点或[端点相切(T)/公差(L)/放弃(U)/闭合(C)]:”在图形中继续指定下一点或输入坐标。如果输入 C，则将最后一点定义为与第一点一致，并使它在连接处相切，这样可以闭合样条曲线。

(4) 根据命令行提示指定下一点，绘制样条曲线，如图 3-44 所示。

Note

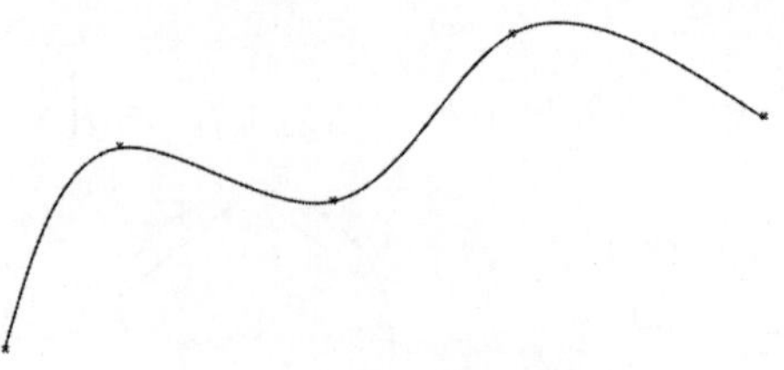

图 3-44　绘制样条曲线

3.1.10　图案填充

当进行图案填充时，首先要确定填充图案的边界。定义边界的对象只能是直线、双向射线、单向射线、多线、样条曲线、圆弧、圆、椭圆、椭圆弧、面域等对象或用这些对象定义的块，而且作为边界的对象在当前屏幕上必须全部可见。

单击“常用”选项卡“绘制”面板中的“图案填充”按钮，打开如图 3-45 所示的“图案填充创建”选项卡。

图 3-45　“图案填充创建”选项卡

1. 绘制图形命令

1）“边界”面板

➢ 拾取点：通过选择由一个或多个对象形成的封闭区域内的点，确定图案填充边界，如图 3-46 所示。指定内部点时，可以随时在绘图区域中右击以显示包含多个选项的快捷菜单。

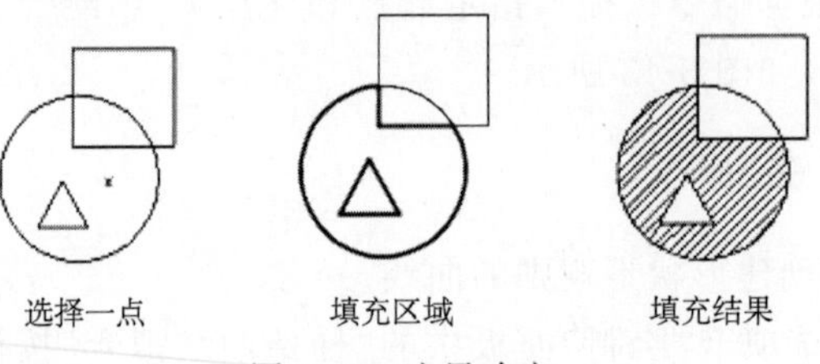

图 3-46　边界确定

➢ 选择：指定基于选定对象的图案填充边界。使用该选项时，不会自动检测内部对象，必须选择选定边界内的对象，按照当前孤岛检测样式填充这些对象，如图 3-47 所示。

➢ 删除：从边界定义中删除之前添加的任何对象，如图 3-48 所示。

➢ 重新创建：围绕选定的图案填充或填充对象创建多段线或面域，并使其与图案填充对象相关联（可选）。

➢ 显示边界对象：选择构成选定关联图案填充对象的边界的对象，使用显示的夹点可修改图案填充边界。

Note

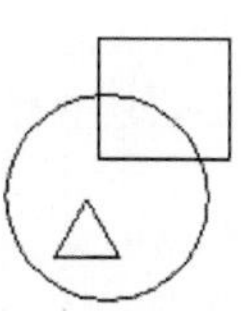
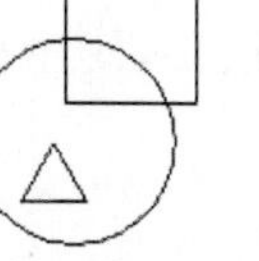
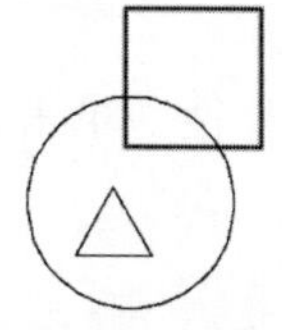
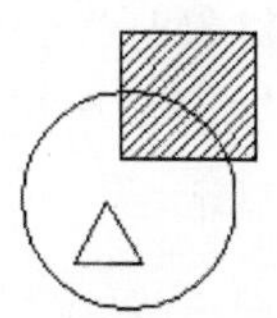

原始图形　　选取边界对象　　填充结果

图 3-47　选择边界对象

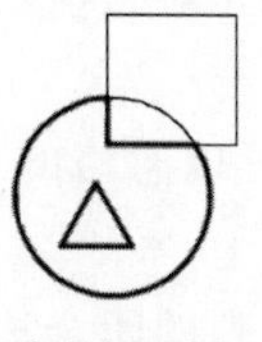
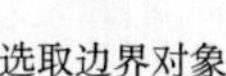
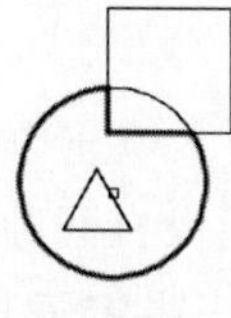
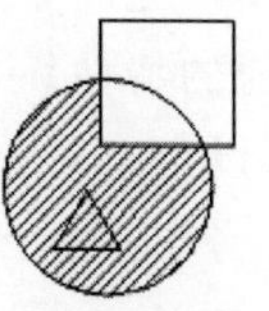

选取边界对象　　删除边界　　填充结果

图 3-48　删除“岛”后的边界

➢ 保留边界对象：指定如何处理图案填充边界对象,包括以下选项：
  • 不保留边界：不创建独立的图案填充边界对象。
  • 保留边界-多段线：创建封闭图案填充对象的多段线。
  • 保留边界-面域；创建封闭图案填充对象的面域对象。

2）“图案”面板

其中显示所有预定义和自定义图案的预览图像。

3）“特性”面板

➢ 图案填充类型：指定是使用纯色、渐变色、图案还是用户定义的填充。
➢ 图案填充颜色：替代实体填充和填充图案的当前颜色。
➢ 背景色：指定填充图案背景的颜色。
➢ 图案填充透明度：设定新图案填充或填充的透明度,替代当前对象的透明度。
➢ 图案填充角度：指定图案填充或填充的角度。
➢ 填充图案比例：放大或缩小预定义或自定义填充图案。

4）“原点”面板

➢ 设定原点：直接指定新的图案填充原点。
➢ 左下：将图案填充原点设定在图案填充边界矩形范围的左下角。
➢ 右下：将图案填充原点设定在图案填充边界矩形范围的右下角。
➢ 左上：将图案填充原点设定在图案填充边界矩形范围的左上角。
➢ 右上：将图案填充原点设定在图案填充边界矩形范围的右上角。
➢ 中心：将图案填充原点设定在图案填充边界矩形范围的中心。
➢ 使用当前原点：将图案填充原点设定在 HPORIGIN 系统变量中存储的默认位置。
➢ 存储为默认原点：将新图案填充原点的值存储在 HPORIGIN 系统变量中。

5）“选项”面板

➢ 关联：指定图案填充或填充为关联图案填充。关联的图案填充或填充在用

户修改其边界对象时将会更新。

- 注释性 ：指定图案填充为注释性。单击此按钮，使注释能够以正确的大小在图纸上打印或显示。
- 特性匹配。
  - 使用当前原点 ：使用选定图案填充对象(除图案填充原点外)，设定图案填充的特性。
  - 使用源图案填充的原点 ：使用选定图案填充对象(包括图案填充原点)，设定图案填充的特性。
- 允许的间隙：设定将对象用作图案填充边界时可以忽略的最大间隙。默认值为0，此值指定对象必须封闭区域而没有间隙。
- 创建独立的图案填充 ：控制当指定了几个单独的闭合边界时，是创建单个图案填充对象，还是创建多个图案填充对象。
- 孤岛检测。
  - 普通孤岛检测 ：从外部边界向内填充。如果遇到内部孤岛，填充将关闭，直到遇到孤岛中的另一个孤岛。
  - 外部孤岛检测 ：从外部边界向内填充。此选项仅填充指定的区域，而不会影响内部孤岛。
  - 忽略孤岛检测 ：忽略所有内部的对象，填充图案时将通过这些对象。
- 绘图次序：为图案填充或填充指定绘图次序。选项包括不更改、后置、前置、置于边界之后和置于边界之前。

Note

2. 其他绘制图形命令

其他绘制图形的命令如表3-2所示。

表3-2 其他绘制图形的命令

按钮	名　称	含　义
	构造线	构造线就是无限长的直线，用于模拟手工作图中的辅助作图线。构造线的绘制方法有“指定点”“水平”“垂直”“角度”“二等分”和“偏移”6种
	射线	射线是单向的无限长直线，相当于光线从某一点平行发射出去。射线可以取代构造线作为绘图辅助线，也可以在某些场合替代直线段使用
	定数等分	把某个线段或曲线按一定的份数进行等分
	定距等分	把某个线段或曲线以给定的长度进行等分
	圆心	通过指定中心点、第一个轴的端点和第二个轴的长度来创建椭圆
	轴，端点	通过两个点确定第一条轴的位置和长度，通过第三个点确定椭圆的圆心与第二条轴的端点之间的距离
	椭圆弧	通过两个点确定第一条轴的位置和长度，通过第三个点确定椭圆的圆心与第二条轴的端点之间的距离，通过第四个点和第五个点确定起点和端点角度
	面域	可以从形成闭环的对象创建面域。环可以是封闭某个区域的直线、多段线、圆、圆弧、椭圆、椭圆弧和样条曲线的组合
	修订云线	修订云线是由连续圆弧组成的多段线，用来构成云线形状的对象
	区域覆盖	区域覆盖对象是一块多边形区域，它可以使用当前背景色屏蔽底层的对象
	圆环	利用“圆环”命令可以快速完成同心圆的绘制

3.2 编辑图形

3.2.1 移动图形

(1) 单击"常用"选项卡"修改"面板中的"移动"按钮，在图形中选择要移动的对象，按 Enter 键结束选择。

(2) 命令行提示"指定基点或[位移(D)]＜位移＞:"，在图形中指定基点，或直接输入坐标。如果输入 D，直接输入位移值，表示以选择对象时的拾取点为基准，以拾取点坐标为移动方向，沿纵横比移动指定位移后所确定的点为基点。

(3) 命令行提示"指定第二个点或＜使用第一个点作为位移＞:"，在图形中指定第二点或输入第二点坐标，完成移动。如果此时直接按 Enter 键，即选择默认的"使用第一个点作为位移"，则第一个点被当作相对于 X、Y、Z 轴的位移。

示意图如图 3-49 所示。

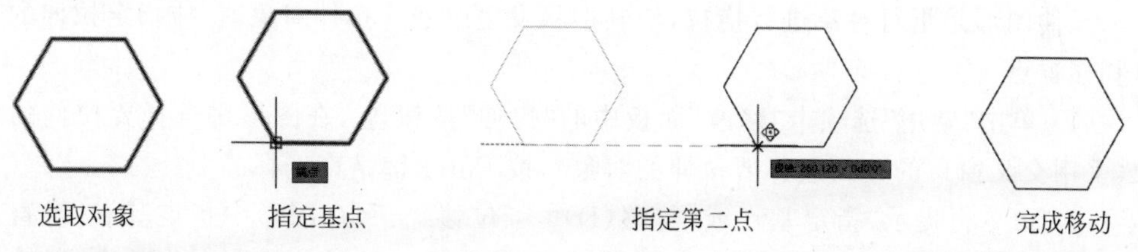

图 3-49　移动图形

3.2.2 复制图形

(1) 单击"常用"选项卡"修改"面板中的"复制"按钮，在图形中选择要复制的对象，按 Enter 键结束选择。

(2) 命令行提示"当前设置：复制模式 = 多个指定基点或[位移(D)/模式(O)]＜位移＞:"，在图形中指定基点，或直接输入坐标。如果输入 D，直接输入位移值，表示以选择对象时的拾取点为基准，以拾取点坐标为复制方向，沿纵横比复制指定位移后所确定的点为基点。

(3) 命令行提示"指定第二个点或[阵列(A)]＜使用第一个点作为位移＞:"，在图形中指定第二点或输入第二点坐标。如果此时直接按 Enter 键，即选择默认的"使用第一个点作为位移"，则第一个点被当作相对于 X、Y、Z 轴的位移。如果输入 A，则对所选图形进行阵列。

(4) 命令行提示"指定第二个点或[阵列(A)/退出(E)/放弃(U)]＜退出＞:"继续指定第二点或输入第二点坐标，继续复制图形。可以不断指定新的第二点，从而实现多重复制。

示意图如图 3-50 所示。

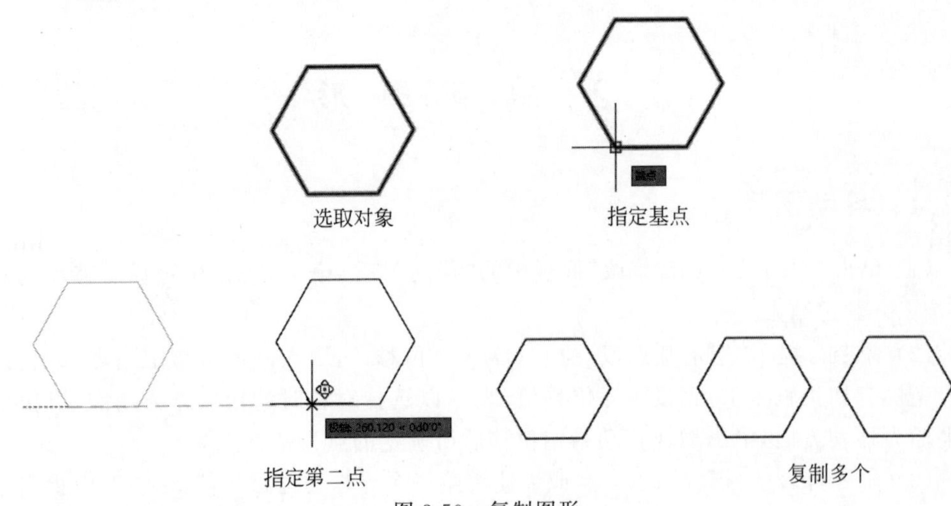

图 3-50　复制图形

3.2.3　拉伸图形

拉伸图形是指对对象进行拖拉，使其形状发生改变。拉伸对象时，应指定拉伸的基点和移置点。

（1）单击"常用"选项卡"修改"面板中的"拉伸"按钮，在图形中选择要拉伸的对象（采用交叉窗口的方式选择要拉伸的对象），按 Enter 键结束选择。

（2）命令行提示"指定基点或[位移(D)] <位移>:"，在图形中指定基点，或直接输入坐标。如果输入 D，直接输入位移值，表示以选择对象时的拾取点为基准，以拾取点坐标为拉伸方向，沿纵横比拉伸指定位移后所确定的点为基点。

（3）命令行提示"指定第二个点或<使用第一个点作为位移>:"，在图形中指定第二点或输入第二点坐标，完成拉伸。若指定第二个点，系统将根据这两点决定矢量拉伸对象。若直接按 Enter 键，系统会把第一个点作为 X 轴和 Y 轴的分量值。

示意图如图 3-51 所示。

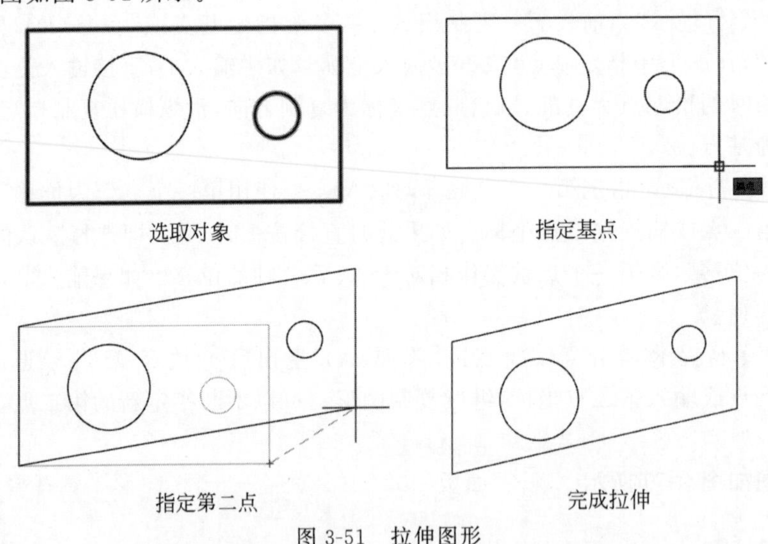

图 3-51　拉伸图形

☎ **注意**：拉伸命令仅移动位于交叉选择内的顶点和端点，不更改那些位于交叉选择外的顶点和端点。部分包含在交叉选择窗口内的对象将被拉伸。用交叉窗口选择拉伸对象时，落在交叉窗口内的端点被拉伸，落在外部的端点保持不动。

3.2.4 旋转图形

(1) 单击“常用”选项卡“修改”面板中的“旋转”按钮，在图形中选择要旋转的对象，按 Enter 键结束选择。

(2) 命令行提示“指定基点：”，在图形中指定基点，或直接输入坐标。

(3) 命令行提示“指定旋转角度，或[复制(C)/参照(R)] <0>：”，输入旋转角度，还可以用拖曳鼠标的方法旋转对象。选择对象并指定基点后，从基点到当前光标位置会出现一条连线，鼠标选择的对象会动态地随着该连线与水平方向夹角的变化而旋转，按 Enter 键确认旋转操作。如果输入 C，则在旋转对象的同时保留源对象；如果输入 R，则采用参照方式旋转对象。

示意图如图 3-52 所示。

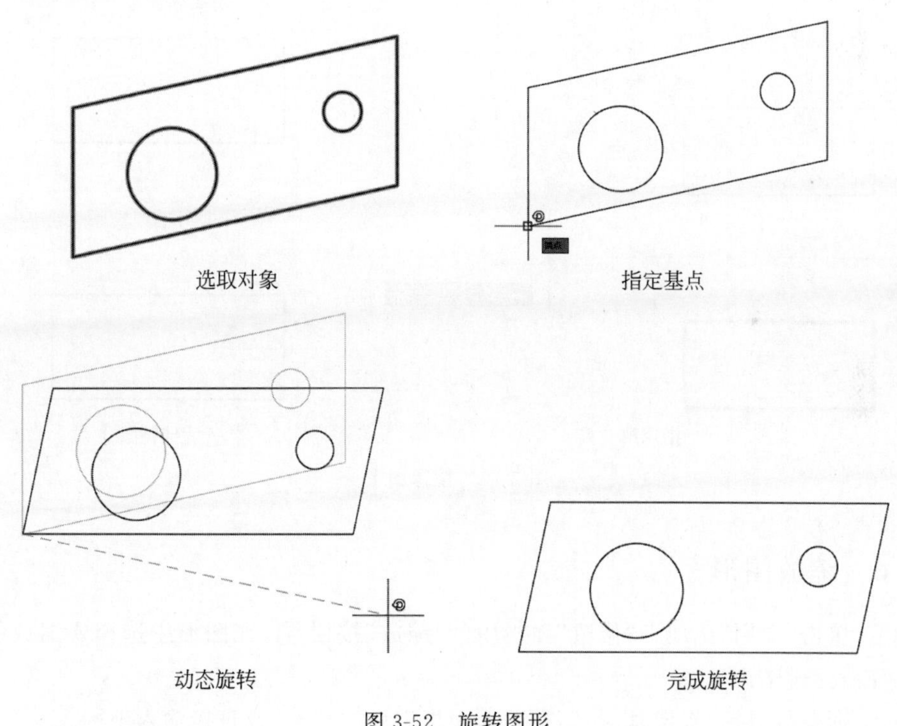

图 3-52 旋转图形

3.2.5 镜像图形

镜像图形是指把选择的对象以一条镜像线为对称轴进行镜像。镜像操作完成后，可以保留源对象，也可以将其删除。

(1) 单击“常用”选项卡“修改”面板中的“镜像”按钮，在图形中选择要镜像的对象，按 Enter 键结束选择。

Note

(2) 命令行提示“指定镜像线的第一点”,在图形中指定镜像线的第一个点,或直接输入坐标。

(3) 命令行提示“指定镜像线的第二点”,在图形中指定镜像线的第二个点,或直接输入坐标。指定两点确定一条镜像线,被选择的对象以该线为对称轴进行镜像。

(4) 命令行提示“要删除源对象吗?[是(Y)/否(N)]<否>:”,直接按 Enter 键则保留源对象;若输入 Y,则删除源对象。

示意图如图 3-53 所示。

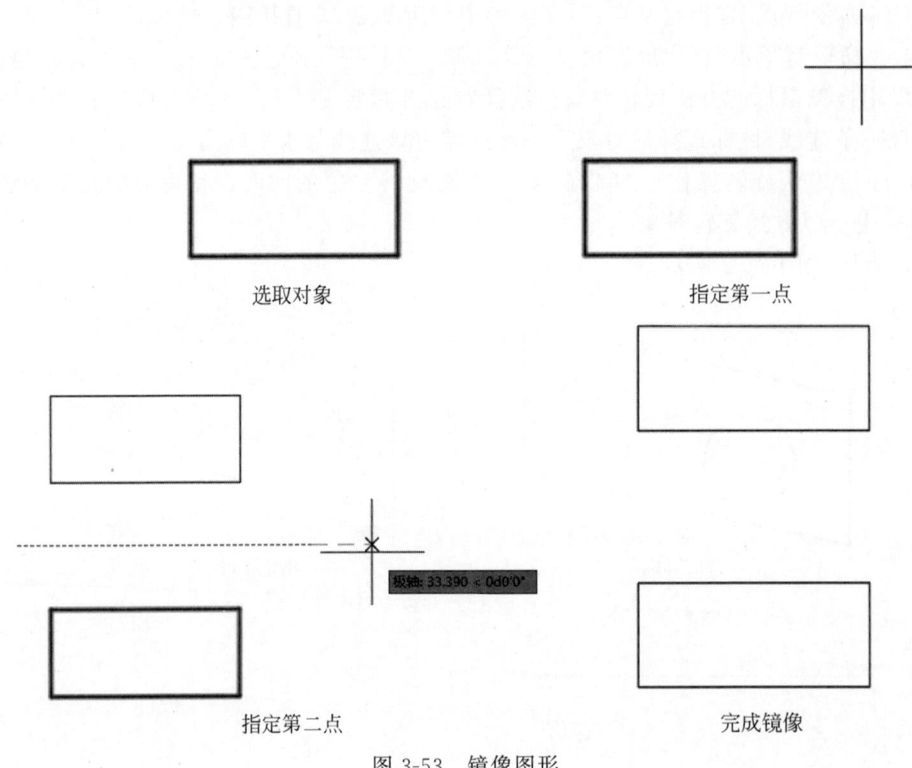

图 3-53　镜像图形

3.2.6　缩放图形

(1) 单击“常用”选项卡“修改”面板中的“缩放”按钮,在图形中选择要缩放的对象,按 Enter 键结束选择。

(2) 命令行提示“指定基点:”,在图形中指定缩放基点,或直接输入坐标。

(3) 命令行提示“指定比例因子或[复制(C)/参照(R)]:”,输入比例因子,还可以用拖曳鼠标的方法缩放对象。选择对象并指定基点后,从基点到当前光标位置会出现一条连线,线段的长度即为比例大小。选择的对象会动态地随着该连线长度的变化而缩放,按 Enter 键确认缩放操作。如果输入 C,则在缩放对象的同时保留源对象;如果输入 R,则采用参照方式缩放对象,若新长度值大于参考长度值,则放大对象,否则,缩小对象。

示意图如图 3-54 所示。

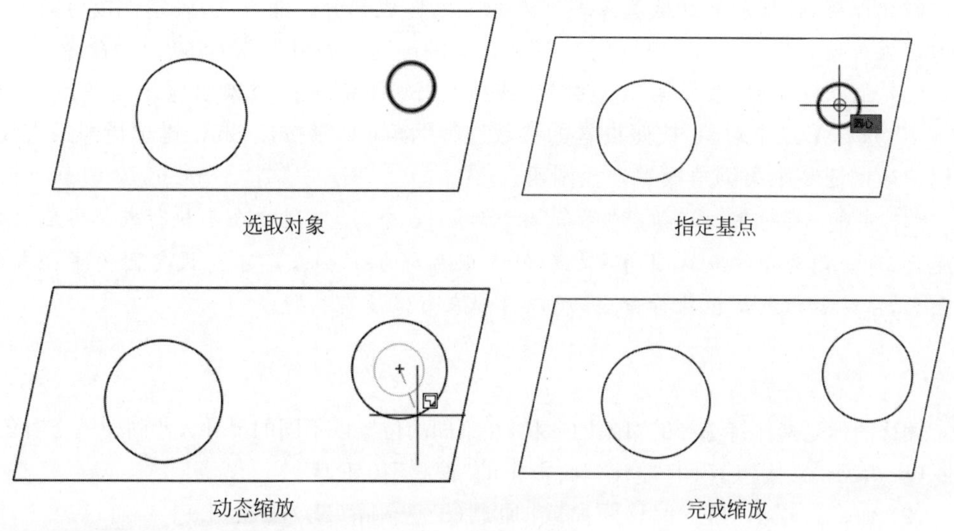

选取对象　　指定基点

动态缩放　　完成缩放

图 3-54 缩放图形

3.2.7 圆角和倒角

1. 圆角

圆角是指用指定的半径决定一段平滑的圆弧连接两个对象。系统允许用圆角连接一对直线段、非圆弧的多段线段、样条曲线、双向无限长线、射线、圆、圆弧和椭圆。

(1) 单击“常用”选项卡“修改”面板中的“圆角”按钮⌒。

(2) 命令行提示“选择第一个对象或[放弃(U)/多段线(P)/半径(R)/修剪(T)/多个(M)]:”,在选择对象之前先进行设置,输入 R,设置圆角半径值;输入 T,确定在圆角连接两条边时,确定是否修剪这两条边;输入 P,在一条二维多段线的两段直线段的节点处插入圆滑的弧;输入 M,可以同时对多个对象进行圆角编辑,不必重新起用命令。

(3) 命令行提示“选择第二个对象,或按住 Shift 键选择对象以应用角点或[半径(R)]:”,选择第二个对象,按照设置的参数进行倒圆角;如果按住 Shift 键选择两条直线,可以快速创建零距离倒角或零半径圆角。

2. 倒角

倒角是指用斜线连接两个不平行的线型对象。可以用斜线连接直线段、双向无限长线、射线和多段线。

(1) 单击“常用”选项卡“修改”面板⌒ ▾下拉列表框中的“倒角”按钮⌒。

(2) 命令行提示“选择第一条直线或[放弃(U)/多段线(P)/距离(D)/角度(A)/修剪(T)/方式(E)/多个(M)]:”,在选择对象之前先进行设置,输入 D,设置倒角的两个斜线距离。斜线距离是指从被连接的对象与斜线的交点到被连接的两对象可能的交点之间的距离,这两个斜线距离可以相同,也可以不同,若二者均为 0,则系统不绘制连接的斜线,而是把两个对象延伸至相交,并修剪超出的部分。输入 A,设置第一条直线的斜线距离和角度。输入 P,对多段线的各个交叉点进行倒角编辑。为了得到更好的连接效果,一般设置斜线为相等的值。系统根据指定的斜线距离把多段线的每个交叉点

都作斜线连接,连接的斜线成为多段线新添加的构成部分。输入 T,确定连接对象后是否剪切源对象。输入 M,可以同时对多个对象进行倒角编辑,不必重新启用命令。

(3) 命令行提示"选择第二个对象,或按住 Shift 键选择对象以应用角点或[半径(R)]:",选择第二个对象,按照设置的参数进行倒角;如果按住 Shift 键选择两条直线,可以快速创建零距离倒角或零半径圆角。

Note

注意:有时用户在执行"圆角"和"倒角"命令时,发现命令不执行或执行后没什么变化,那是因为系统默认圆角半径和斜线距离均为 0,如果不事先设定圆角半径或斜线距离,系统就以默认值执行命令,所以看起来好像没有执行命令。

3.2.8 偏移

偏移图形是指保持选择的对象的形状,在不同的位置以不同的尺寸大小新建一个对象。

(1) 单击"常用"选项卡"修改"面板中的"偏移"按钮⊆。

(2) 命令行提示"指定偏移距离或[通过(T)/删除(E)/图层(L)] <通过>:",输入一个距离值,或按 Enter 键,使用当前的距离值,系统把该距离值作为偏移距离;输入 T,指定偏移对象的通过点,系统根据指定的通过点绘出偏移对象;输入 E,偏移后将删除源对象;输入 L,确定将偏移对象创建在当前图层上还是源对象所在的图层上。

(3) 命令行提示"选择要偏移的对象,或[退出(E)/放弃(U)] <退出>:",选择要偏移的对象。

(4) 命令行提示"指定要偏移的那一侧上的点,或[退出(E)/多个(M)/放弃(U)] <退出>:",鼠标在适当位置单击,指定偏移方向;如果输入 M,则偏移多个对象。

示意图如图 3-55 所示。

图 3-55 偏移图形

3.2.9 修剪

(1) 单击"常用"选项卡"修改"面板中的"修剪"按钮。

(2) 命令行提示"选择对象或<全部选择>:",选择用作修剪边界的对象,按 Enter 键结束对象选择;或直接按 Enter 键选取全部图形。

(3) 命令行提示"选择要偏移的对象,或[退出(E)/放弃(U)] <退出>:",选择要偏移的对象。

(4) 命令行提示"选择要修剪的对象,或按住 Shift 键选择要延伸的对象,或[栏选(F)/窗交(C)/投影(P)/边(E)/删除(R)/放弃(U)]:",在图形中选取要修剪的对象;

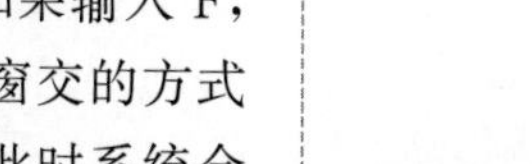

如果按住 Shift 键选择对象，系统就自动将“修剪”命令转换成“延伸”命令；如果输入 F，则系统以栏选的方式选择被修剪对象，如图 3-56 所示；如果输入 C，则系统以窗交的方式选择被修剪对象，如图 3-57 所示，被选择的对象可以互为边界和被修剪对象，此时系统会在选择的对象中自动判断边界；输入 E，可以选择对象的修剪方式：延伸和不延伸。

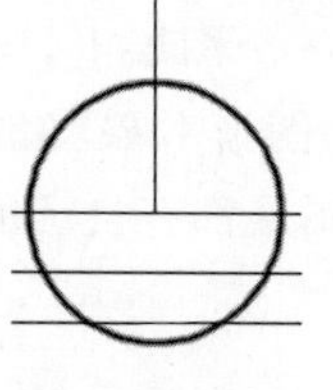

(a) 选定剪切边

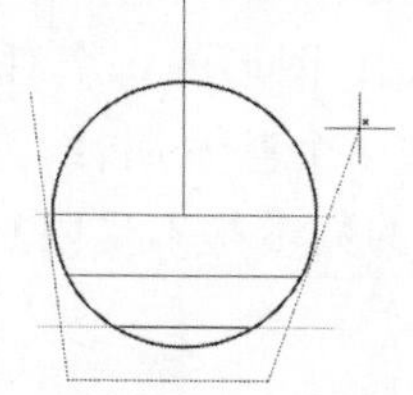

(b) 使用栏选选定要修剪的对象

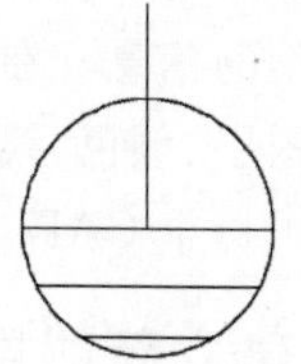

(c) 结果

图 3-56　栏选选择修剪对象

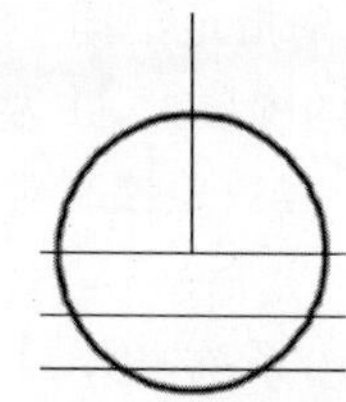

(a) 使用窗交选择选定的边

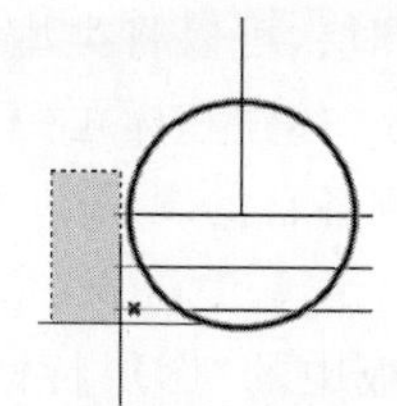

(b) 选定要修剪的对象

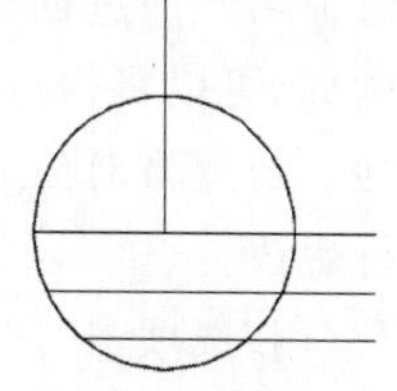

(c) 结果

图 3-57　窗交选择修剪对象

3.2.10　其他编辑图形命令

其他编辑图形的命令如表 3-3 所示。

表 3-3　其他编辑图形的命令

按钮	名　称	含　义
	延伸	延伸对象是指将对象延伸到另一个对象的边界线
	拉长	拉长命令可以修改圆弧的包含角以及直线、圆弧、开放的多段线、样条曲线的长度
	打断于点	打断于点是指在对象上指定一点，从而把对象在此点拆分成两部分
	打断	在对象上创建一个间隙，这样将产生两个对象，对象之间具有间隙
	分解	选择一个对象后，该对象会被分解
	合并	可以将直线、圆弧、椭圆弧和样条曲线等独立的对象合并为一个对象
	矩形阵列	把副本按矩形排列称为建立矩形阵列
	环形阵列	把副本按环形排列称为建立环形阵列
	路径阵列	副本将按选择的直线、多段线、三维多段线、样条曲线、螺旋、圆弧、圆或椭圆作为阵列路径进行阵列
	对齐	通过对齐命令在二维中利用两对点来对齐对象
	删除	如果所绘制的图形不符合要求或绘错了图形，则可以使用此命令将其删除
	删除重复对象	通过删除重复和/或不需要的对象来清理重叠的几何图形

3.3 图层设置

Note

AutoCAD 中的图层如同在手工绘图中使用的重叠透明图纸，可以使用图层来组织不同类型的信息。在 AutoCAD 中，图形的每个对象都位于一个图层上，所有图形对象都具有图层、颜色、线型和线宽这 4 个基本属性。在绘图时，图形对象将创建在当前的图层上。每个 CAD 文档中图层的数量是不受限制的，每个图层都有自己的名称。

3.3.1 建立新图层

新建的 CAD 文档中只能自动创建一个名为 0 的特殊图层。默认情况下，图层 0 将被指定使用 7 号颜色、Continuous 线型、默认线宽以及 NORMAL 打印样式，并且不能被删除或重命名。通过创建新的图层，可以将类型相似的对象指定给同一个图层使其相关联。例如，可以将构造线、文字、标注和标题栏置于不同的图层上，并为这些图层指定通用特性。通过将对象分类放到各自的图层中，可以快速、有效地控制对象的显示以及对其进行更改。

单击“常用”选项卡“图层”面板中的“图层特性”按钮，系统打开图层特性管理器，如图 3-58 所示。单击图层特性管理器中的“新建图层”按钮，建立新图层，默认的图层名为“图层 1”。可以根据绘图需要更改图层名。在一个图形中可以创建的图层数以及在每个图层中可以创建的对象数实际上是无限的，图层最长可使用 255 个字符的字母数字命名。图层特性管理器按名称的字母顺序排列图层。

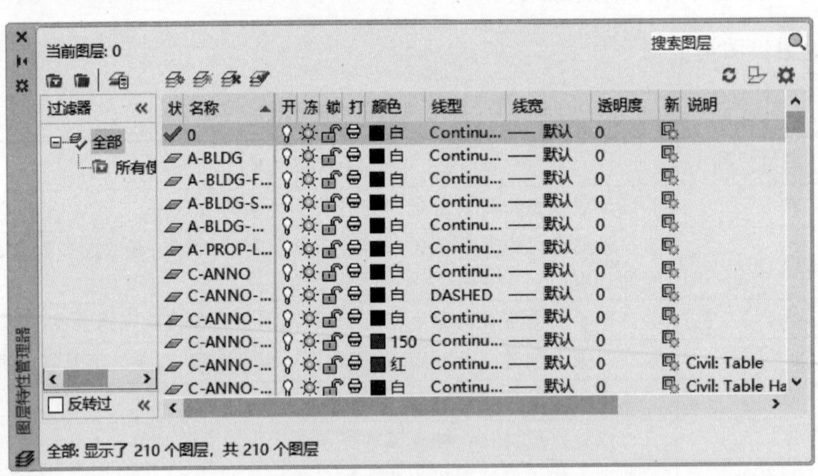

图 3-58 图层特性管理器

注意：要建立多个图层，无须重复单击“新建”按钮。更有效的方法是：在建立一个新的图层“图层 1”后，改变图层名，在其后输入逗号“,”，这样系统会自动建立一个新图层“图层 1”，改变图层名，再输入一个逗号，又一个新的图层就建立了，这样可以依次建立各个图层。也可以按两次 Enter 键，建立另一个新的图层。

图层属性包括图层名称、关闭/打开图层、冻结/解冻图层、锁定/解锁图层、图层线

条颜色、图层线条线型、图层线条宽度、图层打印样式以及图层是否打印等参数。下面将分别讲述如何设置这些图层参数。

1. 设置图层线条颜色

在工程图中，整个图形包含多种不同功能的图形对象，如实体、剖面线与尺寸标注等，为了便于直观地加以区分，有必要对不同的图形对象使用不同的颜色，例如，实体层使用白色、剖面线层使用青色等。

要改变图层的颜色，可单击图层所对应的颜色图标，打开"选择颜色"对话框，如图 3-59 所示。这是一个标准的颜色设置对话框，可以使用"索引颜色""真彩色"和"配色系统"3 个选项卡中的参数设置颜色。

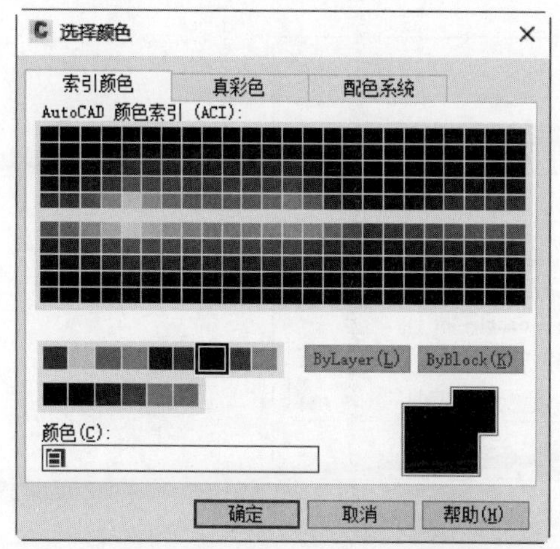

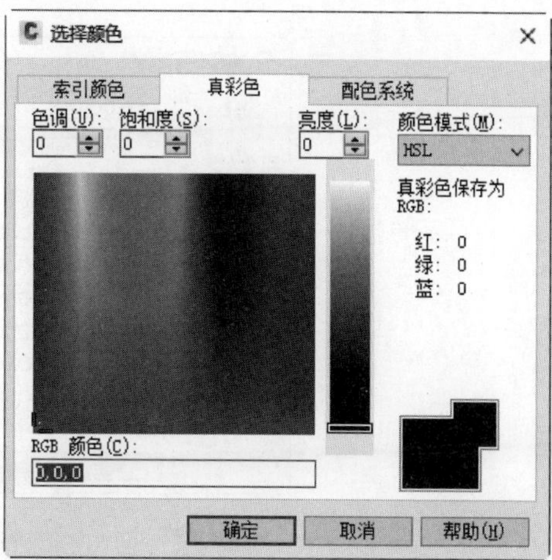

图 3-59 "选择颜色"对话框

2. 设置图层线型

线型是指作为图形基本元素的线条的组成和显示方式，如实线、点划线等。在许多绘图工作中，常常以线型划分图层，为某一个图层设置适合的线型。在绘图时，只需将该图层设为当前工作层，即可绘制出符合线型要求的图形对象，极大地提高了绘图效率。

单击图层所对应的线型图标，打开"选择线型"对话框，如图 3-60 所示。默认情况下，在"已加载的线型"列表框中，系统中只添加了 Continuous 线型。单击"加载"按钮，打开"加载或重载线型"对话框，如图 3-61 所示，可以看到 AutoCAD 提供了许多线型。选择所需的线型，单击"确定"按钮，即可把该线型加载到"已加载的线型"列表框中。可以按住 Ctrl 键选择几种线型同时加载。

3. 设置图层线宽

顾名思义，线宽设置就是改变线条的宽度。用不同宽度的线条表现图形对象的类型，可以提高图形的表达能力和可读性，例如，绘制外螺纹时大径使用粗实线，小径使用细实线。

单击图层特性管理器中图层所对应的线宽图标，打开"线宽"对话框，如图 3-62 所示。选择一个线宽，单击"确定"按钮完成对图层线宽的设置。

Note

图 3-60 “选择线型”对话框

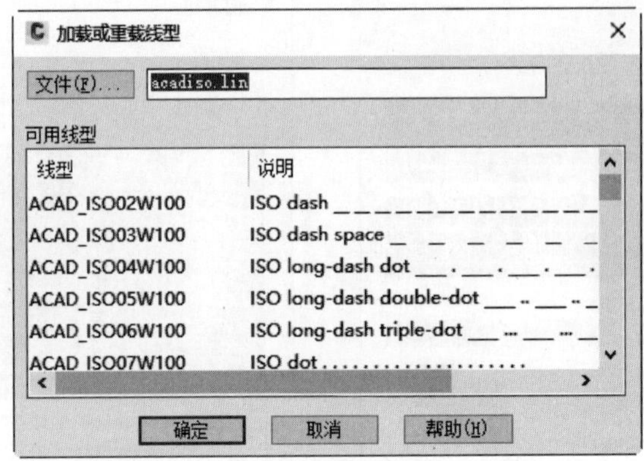

图 3-61 “加载或重载线型”对话框

图层线宽的默认值为 0.25mm。在状态栏为“模型”状态时，显示的线宽与计算机的像素有关。线宽为 0 时，显示为一个像素的线宽。单击状态栏中的“显示/隐藏线宽”按钮 ，显示的图形线宽与实际线宽成比例，如图 3-63 所示，但线宽不随图形的放大和缩小而变化。线宽功能关闭时，不显示图形的线宽，图形的线宽均以默认宽度值显示。可以在“线宽”对话框中选择所需的线宽。

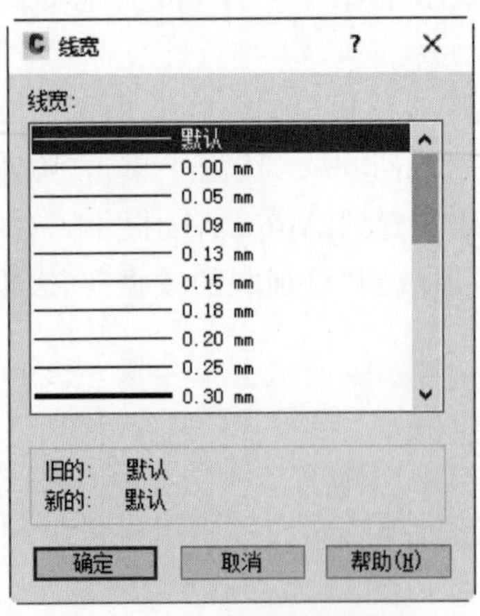

图 3-62 “线宽”对话框

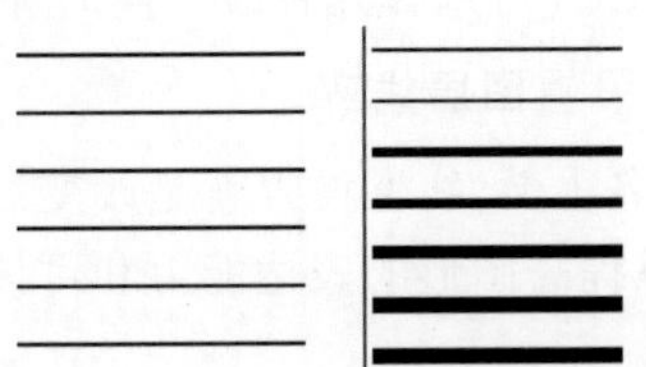

图 3-63 线宽显示效果图

3.3.2　控制图层

1. 切换当前图层

不同的图形对象需要绘制在不同的图层中，在绘制前，需要将工作图层切换到所需的图层中。单击“图层”面板中的“图层特性”按钮，打开图层特性管理器，选择图层，单击“置为当前”按钮即可完成设置。

2. 删除图层

在图层特性管理器的图层列表框中选择要删除的图层，单击“删除图层”按钮即可删除该图层。从图形文件定义中删除选定的图层时，只能删除未参照的图层。参照图层包括图层0及DEFPOINTS、包含对象（包括块定义中的对象）的图层、当前图层和依赖外部参照的图层。不包含对象（包括块定义中的对象）的图层、非当前图层和不依赖外部参照的图层都可以删除。

3. 关闭/打开图层

在图层特性管理器中单击图标，可以控制图层的可见性。图层打开时，图标小灯泡呈鲜艳的颜色时，该图层上的图形可以显示在屏幕上或绘制在绘图仪上。单击该属性图标后，图标小灯泡呈灰暗色时，该图层上的图形不显示在屏幕上，而且不能被打印输出，但仍然作为图形的一部分保留在文件中。

4. 冻结/解冻图层

在图层特性管理器中单击图标，可以冻结图层或将图层解冻。图标呈灰暗色雪花时，该图层处于冻结状态；图标呈太阳鲜艳色时，该图层处于解冻状态。冻结图层上的对象不能显示，也不能打印，同时也不能编辑修改该图层。在冻结图层后，该图层上的对象不影响其他图层上对象的显示和打印。例如，在使用HIDE命令消隐对象时，被冻结图层上的对象不隐藏。

5. 锁定/解锁图层

在图层特性管理器中单击或图标，可以锁定图层或将图层解锁。锁定图层后，该图层上的图形依然显示在屏幕上并可打印输出，也可以在该图层上绘制新的图形对象，但不能对该图层上的图形进行编辑修改操作。可以对当前图层进行锁定，也可对锁定图层上的图形对象进行查询或捕捉。锁定图层可以防止对图形的意外修改。

第4章 曲面

曲面是对于某个区域的三维几何表示。曲面由三角形或栅格组成，这些三角形或栅格是 Autodesk Civil 3D 在连接组成曲面数据的各个点时所创建的。

本章将详细介绍 Autodesk Civil 3D 中曲面创建与编辑的基本方法。

4.1 概　　述

对于图形的显示，Autodesk Civil 3D 在二维和三维上采用了多种描述地形的方式，体现曲面的不同特征。

- 三角形：根据定义曲面的元素所绘出的三角网，可以调整三角网格的划分来修正曲面，这是最常用的地形曲面生成方式。
- 边界：曲面的边界。
- 等高线：曲面上相同高程的点所连接形成的线条，是常用的地形表达方式。
- 栅格：用栅格表示曲面的方式(默认栅格间距为 25m)可调整栅格的方向和大小。
- 高程：用不同颜色显示不同高程的曲面，常用于三维显示。
- 坡度箭头：在三角网的基础上，每一个三角形中心都用一个箭头表示该三角形的水流方向，并用不同颜色表示坡度的大小。
- 坡度：用不同颜色表示曲面上坡度不同的面。
- 流域：通过对曲面流水方向的分析，按水的最终流向所划分的区域。

Note

4.2 创建曲面

点或等高线通常为原始曲面信息的主要部分，另外还包括特征线和边界线，如图 4-1 所示，为显示边界、等高线和高程分析的曲面。

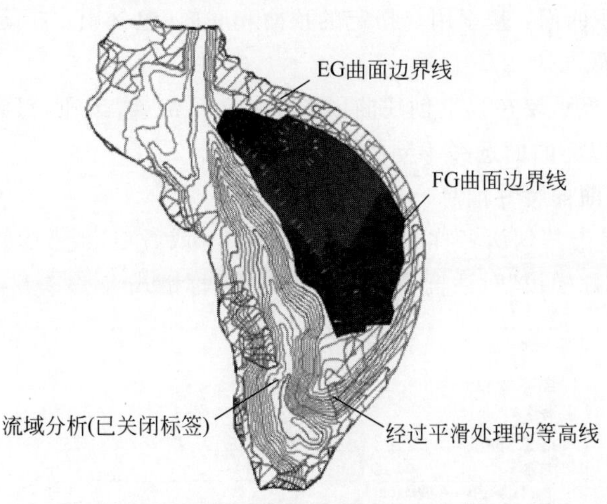

图 4-1 曲面

曲面定义是由曲面的生成特性、数据特性和编辑特性以及已对曲面所执行操作的列表共同组成的集合。曲面的类型决定了它可以具有哪种类型的定义数据项。

(1) 单击“常用”选项卡“创建地面数据”面板“曲面”下拉列表框中的“创建曲面”按钮，打开如图 4-2 所示的“创建曲面”对话框。

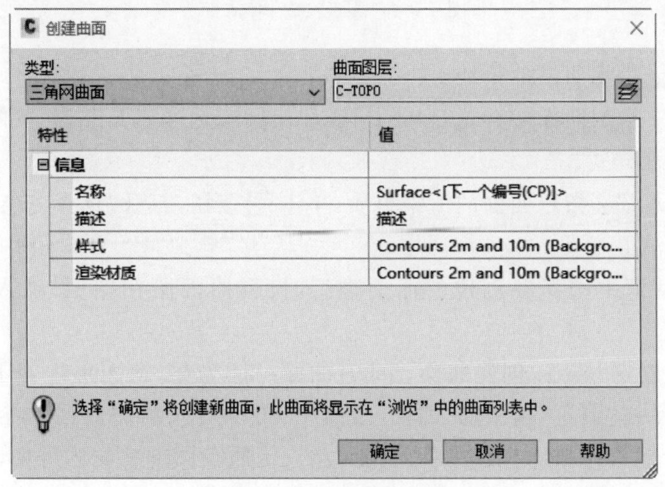

图 4-2 “创建曲面”对话框

“创建曲面”对话框中的选项说明如下。

➢ 类型：指定要创建的曲面的类型。

Note

- 三角网曲面：通过对任意一组点进行三角剖分而形成。为了创建三角网线，Autodesk Civil 3D 会连接彼此最接近的曲面点。曲面中任何点的高程都是通过对该点所在三角形的顶点的高程进行内插来定义的。
- 栅格曲面：由位于规则栅格(例如,数字高程模型[DEM])上的点形成。
- 三角网体积曲面：由顶面(对照曲面)和基准曲面中的点的组合创建的组合曲面,也称为差值曲面。
- 栅格体积曲面：基于用户指定的顶面和底面(包含用户指定的栅格上的点)的差异曲面。

➢ 曲面图层：显示要在其上创建曲面的图层。单击按钮,打开"对象图层"对话框,从中可以为曲面选择不同的图层。

➢ 信息：显示曲面特性信息。

- 名称：单击其默认名称,然后输入新名称；或者单击按钮,打开如图 4-3 所示的"名称模板"对话框,指定新对象的名称格式。

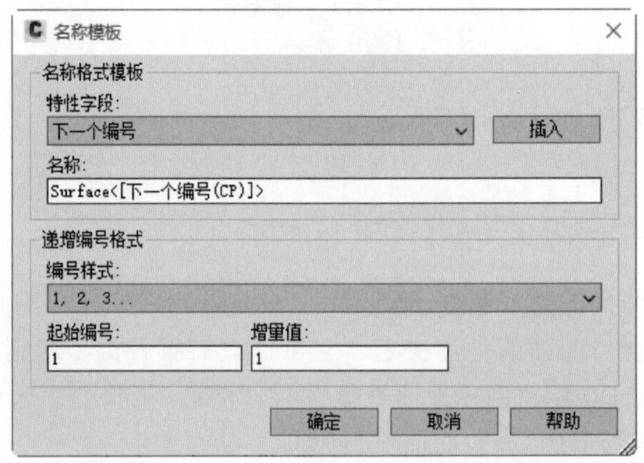

图 4-3 "名称模板"对话框

- 描述：指定曲面的描述。
- 样式：指定曲面的样式,单击按钮,打开"选择曲面样式"对话框,新建或编辑曲面样式。
- 渲染材质：指定曲面的渲染材质,单击按钮,打开"选择渲染材质"对话框,指定渲染材质。

(2) 在对话框中选择要创建的曲面类型,设置曲面所在图层,输入曲面名称、描述等。

(3) 单击"确定"按钮,创建曲面。此时曲面可能为空,在图形中处于不可见状态,曲面名称会显示在"浏览"树中的"曲面"节点中,可以对其添加数据。将数据添加到曲面后,曲面会依照参考曲面样式中指定的显示设定而在图形中变为可见。

4.2.1 根据点文件创建曲面

(1) 单击"常用"选项卡"创建地面数据"面板"曲面"下拉列表框中的"创建曲面"按钮,打开如图 4-2 所示的"创建曲面"对话框。选择"三角网曲面"类型,输入名称为

地形曲面 1，其他采用默认设置，单击"确定"按钮。

(2) 在"工具空间"的"浏览"选项卡的"曲面"节点下生成上步创建的地形曲面 1，如图 4-4 所示。

(3) 展开定义节点，在"点文件"上右击，弹出如图 4-5 所示的快捷菜单，单击"添加"选项，打开如图 4-6 所示的"添加点文件"对话框。

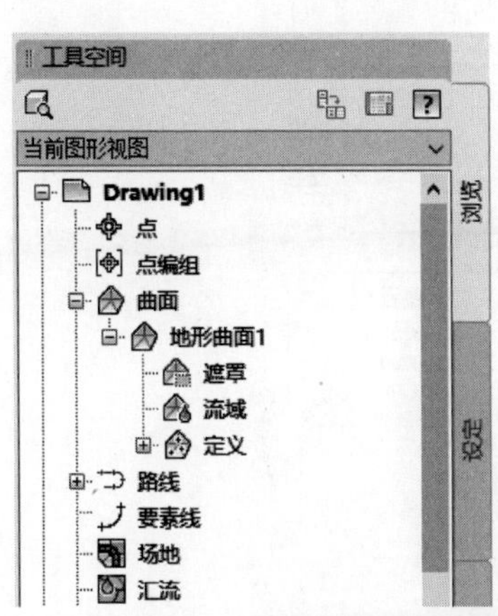

图 4-4　创建曲面

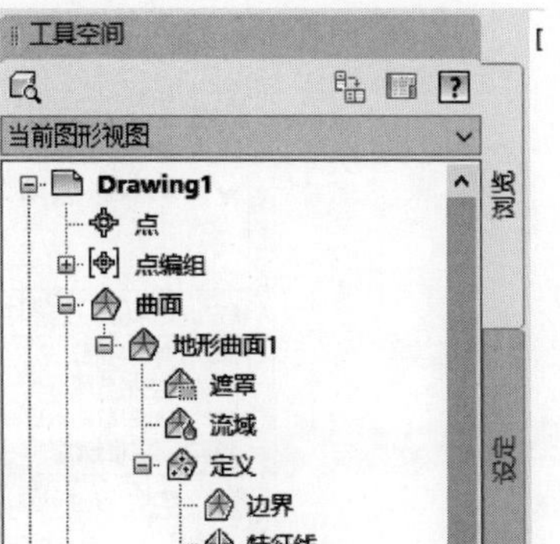

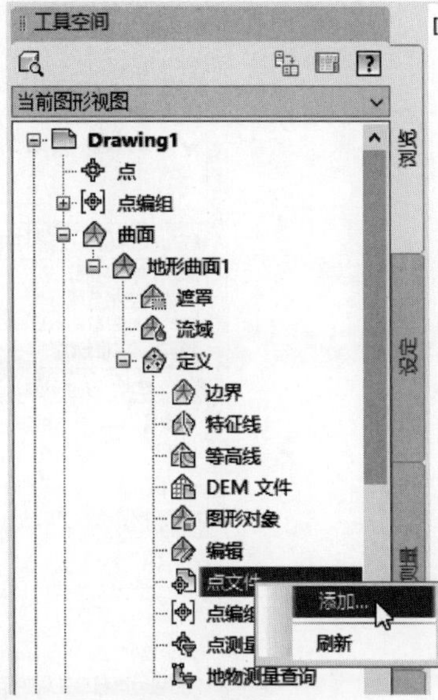

图 4-5　快捷菜单

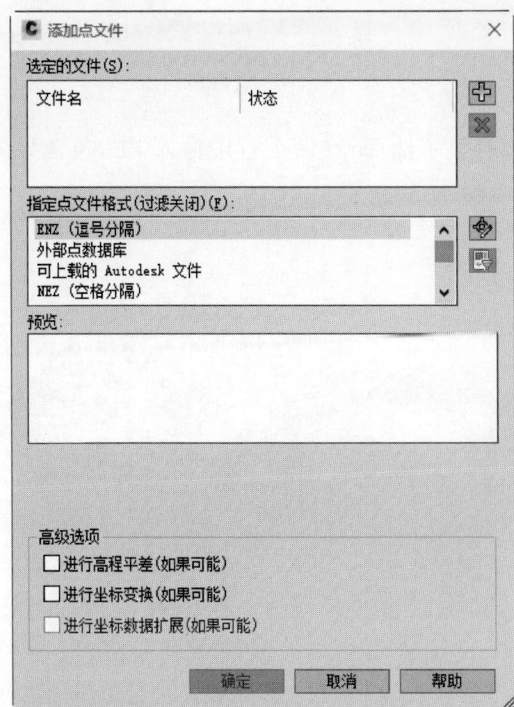

图 4-6　"添加点文件"对话框

Note

(4) 根据创建点文件指定点文件格式，这里指定点文件格式为PENZ(空格分隔)，单击“添加文件”按钮，打开“选择源文件”对话框，选取已创建好的曲面点文件。

(5) 单击“打开”按钮，返回到“添加点文件”对话框，对话框中显示状态为“匹配选定的点文件格式”并自动配置点文件格式，在预览列表中显示导入的点数据，如图4-7所示。单击“确定”按钮，完成曲面创建。

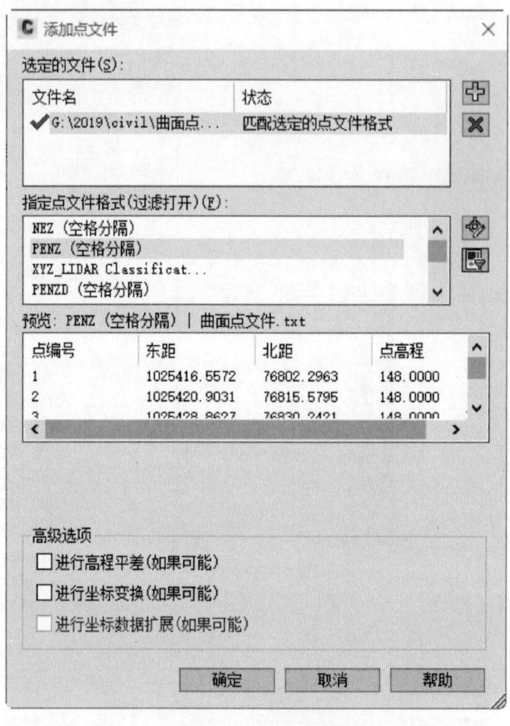

图4-7 点数据

(6) 此时视图中没有显示曲面，在命令行中输入ZE，包含导入的点数据的曲面将显示在图形中，如图4-8所示。

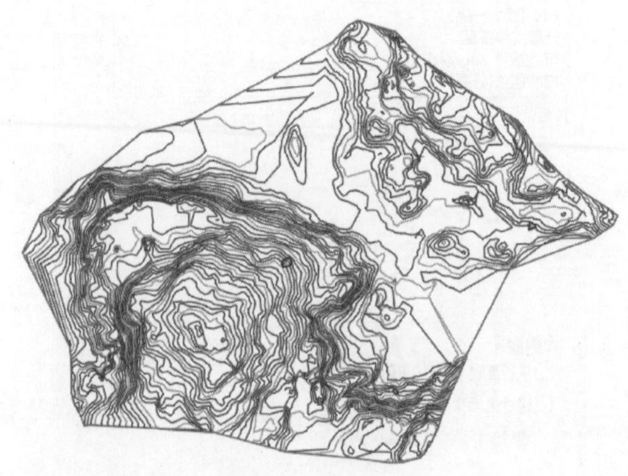

图4-8 曲面

4.2.2 向曲面添加特征线

特征线用于定义曲面要素并沿特征线强制三角剖分。

(1) 打开 4.2.1 节创建的地形曲面 1。

(2) 在工具空间的“浏览”选项卡“曲面”→“地形曲面 1”节点上右击，在弹出的快捷菜单中选择“曲面特性”选项，如图 4-9 所示，打开“曲面特性-地形曲面 1”对话框。

(3) 在“曲面样式”下拉列表框中选择 Contours and Triangles，其他采用默认设置，如图 4-10 所示。单击“确定”按钮，地形曲面上显示等高线和三角形，如图 4-11 所示。

(4) 单击“常用”选项卡“绘制”面板中的“多段线”按钮 ，在曲面上绘制多段线，然后单击“修改”面板中的“偏移”按钮 ，将多段线偏移 150，绘制如图 4-12 所示的道路边界线。

(5) 在“工具空间”的“浏览”选项卡“曲面”→“地形曲面 1”→“定义”→“特征线”节点上右击，弹出快捷菜单，单击“添加”选项，打开如图 4-13 所示的“添加特征线”对话框。

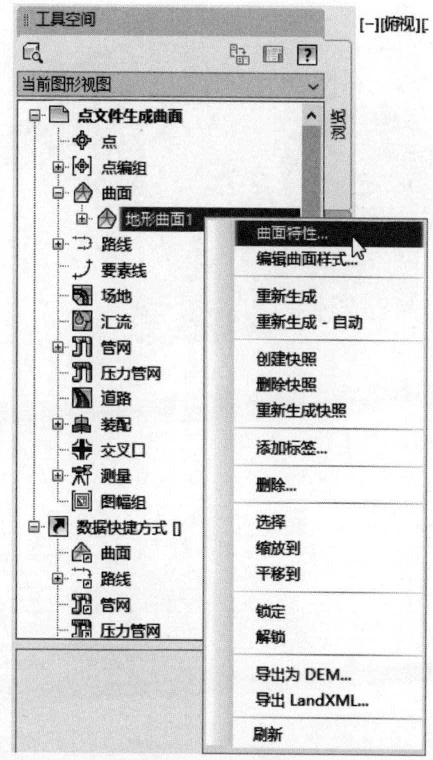

图 4-9 快捷菜单

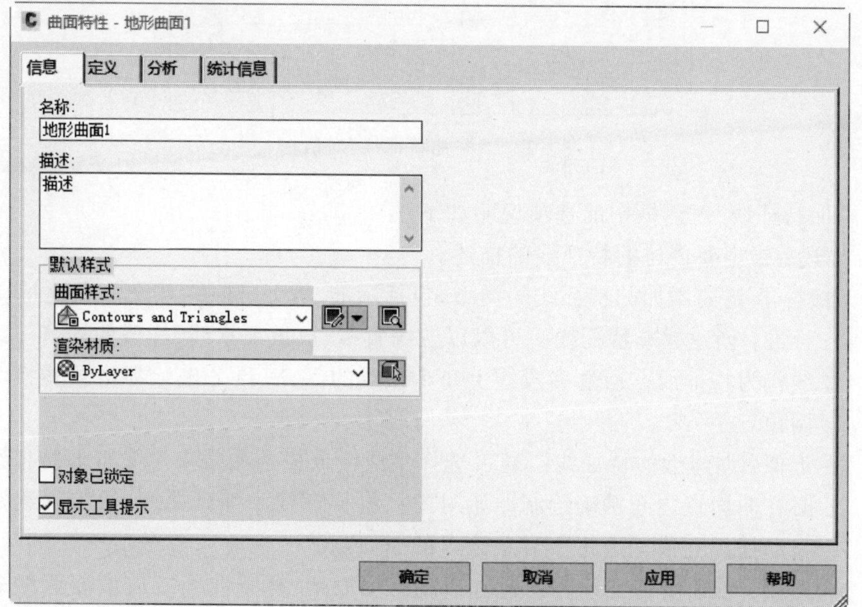

图 4-10 “曲面特性-地形曲面 1”对话框

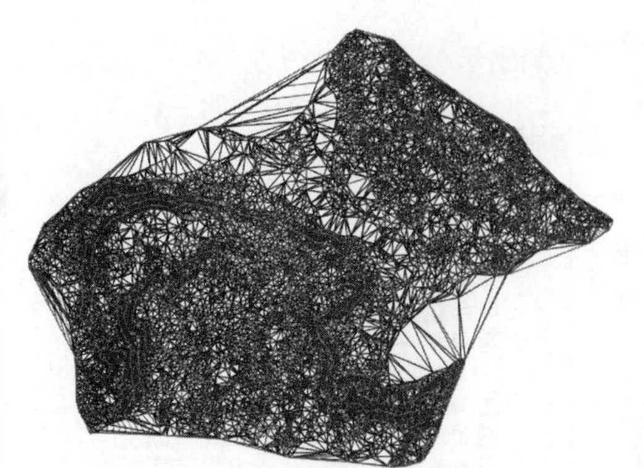
图 4-11　地形曲面

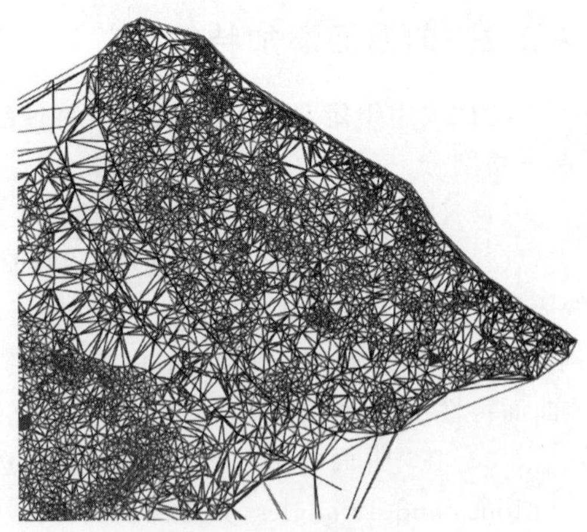
图 4-12　绘制道路边界线

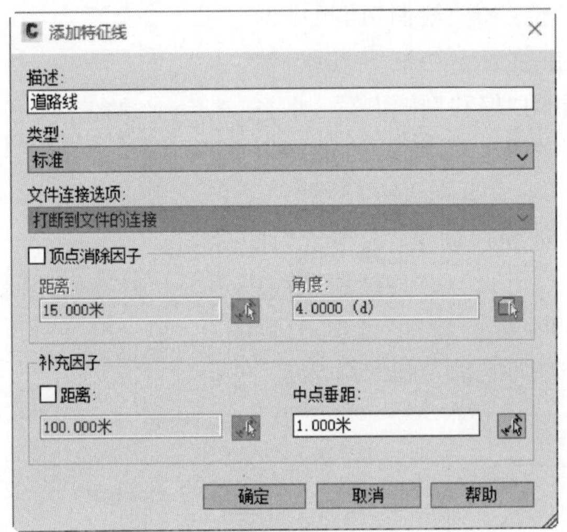

图 4-13　“添加特征线”对话框

“添加特征线”对话框中的选项说明如下。

➢ 描述：指定要创建的特征线的描述。

➢ 类型：指定要添加的特征线的类型，包括标准、近似、陡壁、从文件和虚特征线。

- 标准：创建标准特征线。可以以三维直线、放坡要素线、样条曲线和三维多段线作为特征线。所选多段线上每个顶点的 X、Y 和 Z 坐标都将被转换为三角网顶点。
- 近似：创建近似特征线。通过选择多段线或样条曲线来定义近似特征线。不必在曲面点之间精确绘制原始对象。将特征线添加到曲面时，特征线定义将自动捕捉到最接近每个对象顶点的曲面点。
- 陡壁：创建墙特征线。通过选择现有多段线、样条曲线或放坡要素线来定义墙特征线。通过创建与原始多段线平行，但在新增距离处发生偏移的新多段线线段和顶点可以延长多段线，以表示护墙任意一侧材质之间的高程差。

- 从文件：从 FLT (flt) 格式的文件中导入特征线。
- 虚特征线：创建虚特征线。

➢ 文件连接选项：从文件中导入特征线时指定要使用的文件连接选项，包括“打断到文件的连接”和“保持到文件的连接”。

- 打断到文件的连接：将特征线复制到曲面定义，不再参考该文件。
- 保持到文件的连接：保持对特征线文件的参考，在重新生成曲面时使用该文件。

Note

➢ 顶点消除因子：选中此复选框，激活“距离”和“角度”选项。

- 距离：指定顶点消除的距离。
- 角度：指定顶点消除的角度。

➢ 补充因子

- 距离：指定补充因子距离，它是顶点之间的最大距离。增补距离越小，增补的点数就越多。
- 中点垂距：指定特征线的中点垂距。

(6) 在对话框的描述栏中输入“道路线”，其他采用默认设置，单击“确定”按钮。

(7) 在图形中选取前面创建的道路边界线，按 Enter 键，生成特征线，如图 4-14 所示。从图中可以看出特征线将被应用并沿特征线边缘调整三角网曲面，从而修改曲面三角剖分。

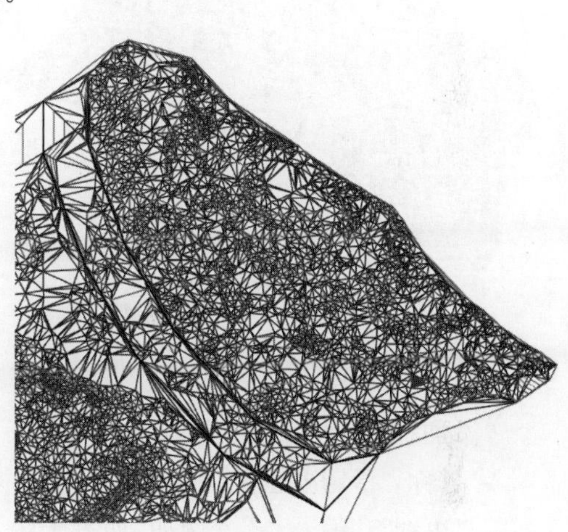

图 4-14　特征线

(8) 系统同时打开“全景”窗口，并显示事件，如图 4-15 所示。图中显示沿多段线的某些部分，曲面三角剖分与特征线错误地相交。出现这种情况是因为曲面等高线也充当特征线。

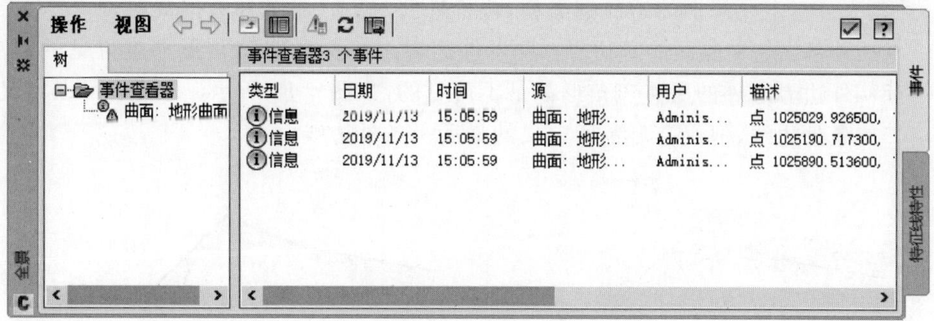

图 4-15　事件

可以通过以下三种方式来调整。

➢ 通过等高线和特征线生成曲面：在“曲面特性”对话框“定义”选项卡的“生成”节点中，将“允许交叉特征线”设置为“是”，然后将“要使用的高程”设定为“在交点处使用最后一条特征线的高程”。

➢ 修改曲面：使用“删除点”命令删除恰好位于多段线上的曲面点。

➢ 修改多段线：在多段线与曲面等高线相交的每个位置为多段线添加顶点。

Note

4.2.3 向曲面添加边界线

边界影响其中的曲面三角形的可见性。

（1）打开 4.2.1 节创建的地形曲面 1。

（2）单击“常用”选项卡“绘制”面板中的“多段线”按钮 ，在曲面上绘制多段线作为边界线，如图 4-16 所示。

（3）在“工具空间”的“浏览”选项卡“曲面”→“地形曲面 1”→“定义”→“边界”节点上右击，弹出快捷菜单，单击“添加”选项，打开如图 4-17 所示的“添加边界”对话框。

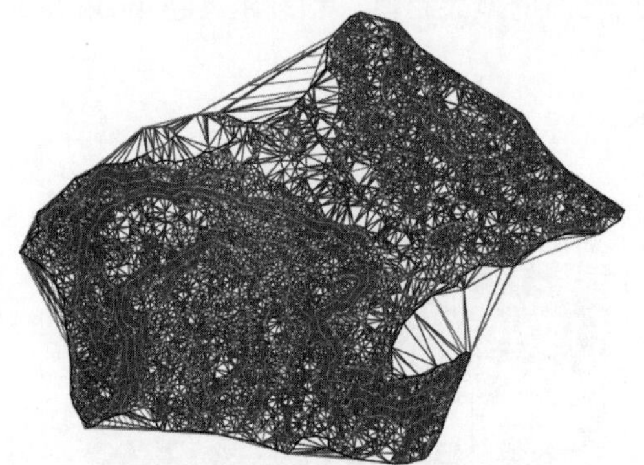

图 4-16 绘制边界线

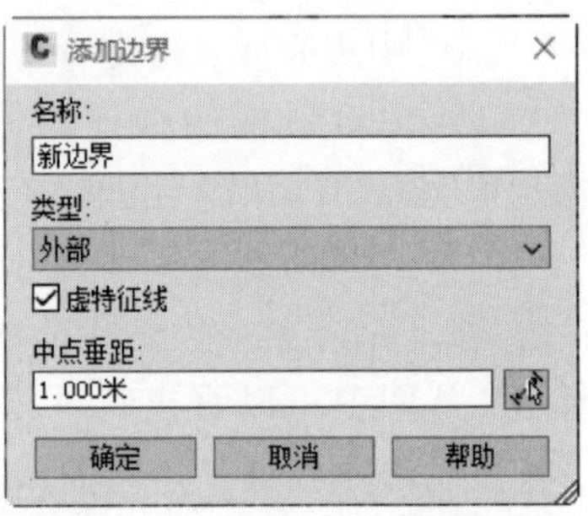

图 4-17 “添加边界”对话框

“添加边界”对话框中的选项说明如下。

➢ 名称：指定要创建的边界的名称。如果未指定名称，将使用以下默认命名约定：“边线 <编号>”。例如，如果未输入名称，则将第一条边线命名为“边线 1”，将第二条边线命名为“边线 2”，以此类推。

➢ 类型：指定要添加的边界的类型，包括外部、显示、隐藏和数据裁剪。

- 外部：定义曲面的外边界；位于外边界之内的所有三角形都是可见的，位于外边界之外的所有三角形都是不可见的，如图 4-18 所示。注意：可以定义多条外边线，但仅会显示所定义的最后一条外边线。

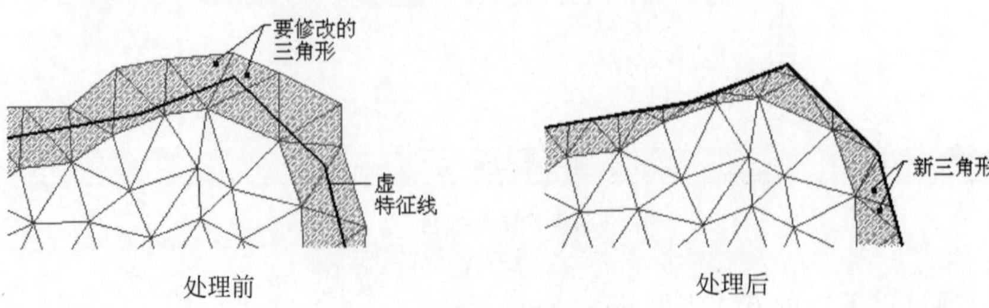

图 4-18 外部类型

- 显示：显示位于边线内的所有三角形；可以用于在隐藏边线内创建可见区域。注意：向曲面中添加多个边界的效果取决于边界的添加顺序。某个边界的效果可能被后来添加的边界全部或部分抵消。
- 隐藏：蒙版三角剖分区域，从而使等高线在区域中不可见，如图 4-19 所示。注意：使用“隐藏边线”时，将不会删除隐藏的曲面区域。

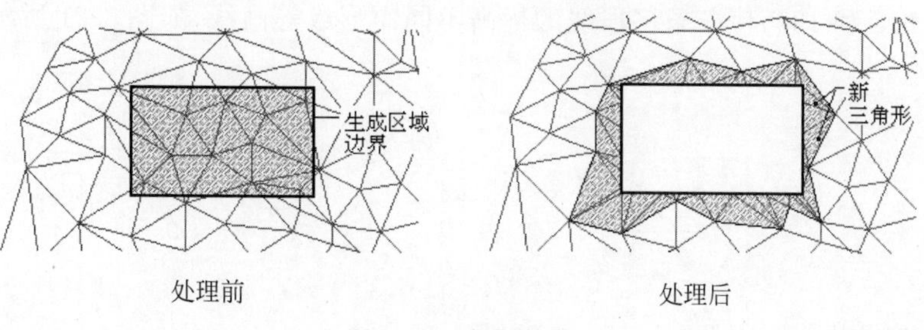

图 4-19　隐藏类型

- 数据剪裁：创建由图形中的多边形对象(例如二维多段线和三维多段线、要素线、测量地物、地块以及圆)限定的曲面边界线。可以将多条数据剪裁边线添加到曲面。添加数据时，仅会影响最近添加的数据剪裁边线。数据剪裁边线不会影响曲面的可见部分，但会对所有数据(例如在创建数据剪裁后添加到曲面的点和特征线)进行过滤。例如，如果在创建数据剪裁边线后将特征线添加到曲面，则仅会添加该特征线位于数据剪裁边线内的部分。

➢ 虚特征线：指定是否使用虚特征线创建边线。如果三角形边界与曲面边界交叉，则在交叉处准确剪裁三角形边界。

➢ 中点垂距：指定边界特征线的中点垂距，此中点垂距用于打断多段线圆弧，以根据该多段线圆弧创建边界。

(4) 在对话框中输入名称为“新边界”，选择“外部”类型，其他采用默认设置，单击“确定”按钮。

(5) 在图形中选取前面创建的边界线，按 Enter 键，根据新的边界生成曲面，如图 4-20 所示。

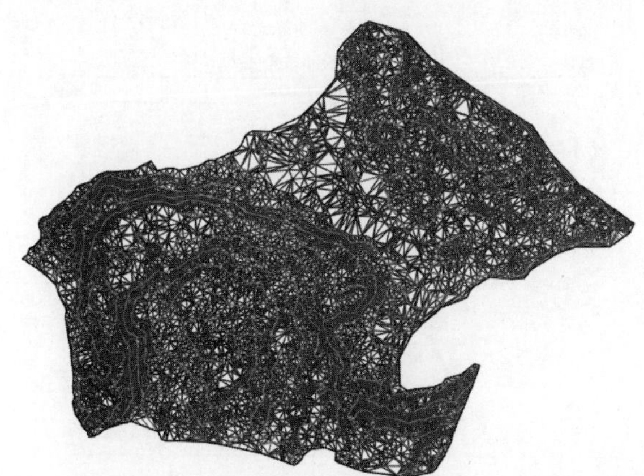

图 4-20　生成曲面

4.2.4 向曲面添加等高线

Note

(1) 打开 4.2.1 节创建的地形曲面 1。

(2) 单击"常用"选项卡"绘制"面板中的"多段线"按钮 ，在曲面上绘制等高线，然后分别选取多段线，单击"常用"选项卡"选项板"面板中的"特性"按钮 ，更改标高值为 120、125 和 130，使三条多段线的标高不同而形成等高线，如图 4-21 所示。

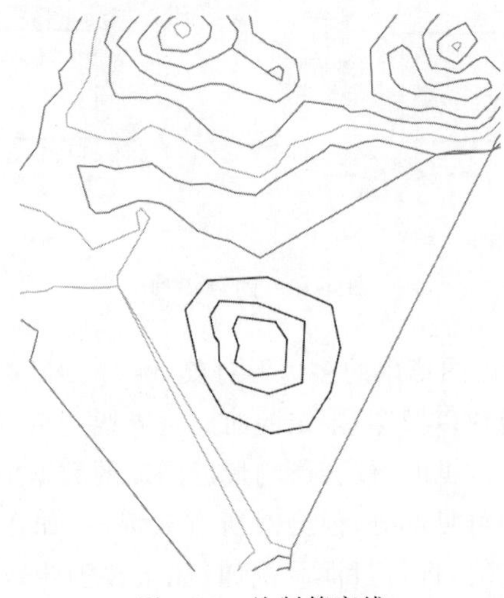

图 4-21　绘制等高线

(3) 在工具空间的"浏览"选项卡"曲面"→"地形曲面 1"→"定义"→"等高线"节点上右击，弹出快捷菜单，单击"添加"选项，打开如图 4-22 所示的"添加等高线数据"对话框。

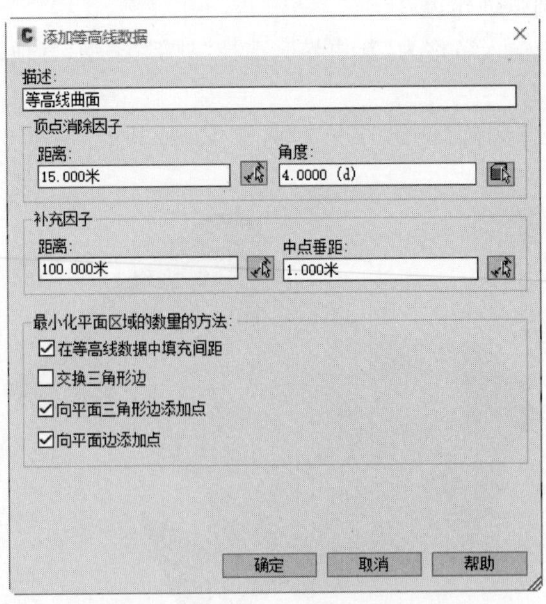

图 4-22　"添加等高线数据"对话框

Note

“添加等高线数据”对话框中的选项说明如下。

➢ 描述：指定等高线数据操作的描述。如果未指定描述，则将使用默认命名惯例：“等高线数据＜编号＞”。例如，如果未输入描述，则将第一个等高线数据操作命名为“等高线数据 1”，将第二个等高线数据操作命名为“等高线数据 2”，以此类推。

➢ 顶点消除因子：顶点消除因子用于减少沿等高线生成的点数目。顶点消除因子将忽略彼此距离小于距离因子且其偏转小于角度因子的顶点。距离和偏转角越大，消除的点就越多，示意图如图 4-23 所示。如果图中的 L1＋L2＜剔除距离并且剔除角度＞θ，则将删除顶点。

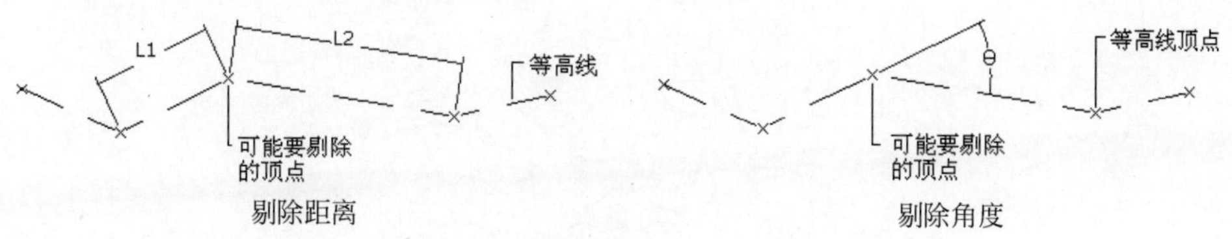

图 4-23　顶点消除因子示意图

☎ **注意**：顶点消除因子必须小于补充因子。

- 距离：指定等高线顶点消除距离。
- 角度：指定等高线顶点消除角度。

➢ 补充因子：用于沿等高线添加顶点。

- 距离：指定等高线补充距离。补充距离是顶点之间的最大距离。如果等高线上顶点之间的距离大于补充因子，则将沿等高线以相等间隔（小于或等于补充距离）添加点。距离越小，补充的点就越多，如图 4-24 所示。如果图中 L1＞补充距离，则将按照小于或等于 SD 的相同增量添加顶点。
- 中点垂距：指定等高线中点垂距。中点垂距用于向多段线曲线中添加顶点，以使用直线段创建近似曲线。这些线段的长度取决于中点垂距的值，如图 4-25 所示，如果图中 d 与 1/2 弦长的比率＞补充凸度因子，则将向圆弧添加顶点。

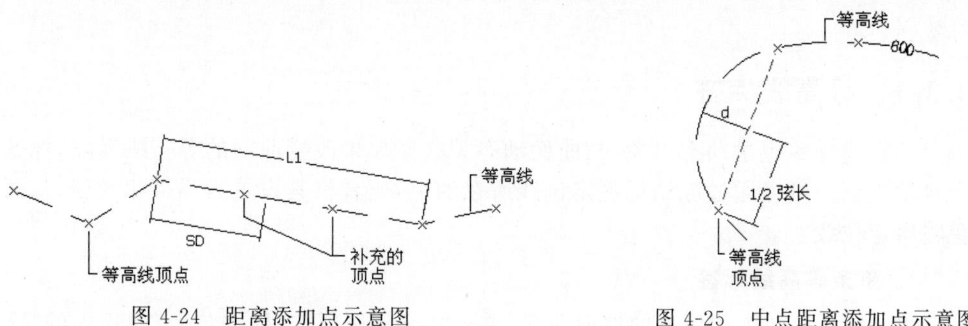

图 4-24　距离添加点示意图

图 4-25　中点距离添加点示意图

➢ 最小化平面区域的数量的方法

- 在等高线数据中填充间距：指定应填充等高线中的较小间距。
- 交换边：指定应交换平面三角形和非平面三角形之间共享的同一条非等高线

Note

的边。

- 向平面三角形边添加点：指定应在平面三角形和非平面三角形之间共享的一条边的中点处添加新点。
- 向平面边添加点：指定应在连接两个相同高程数据等高线且不在平面三角形中的边添加新点。

(4) 在对话框中输入描述为“等高线曲面”，其他采用默认设置，单击“确定”按钮。

(5) 在图形中选取前面创建的等高线，按 Enter 键，根据等高线生成曲面，如图 4-26 所示。

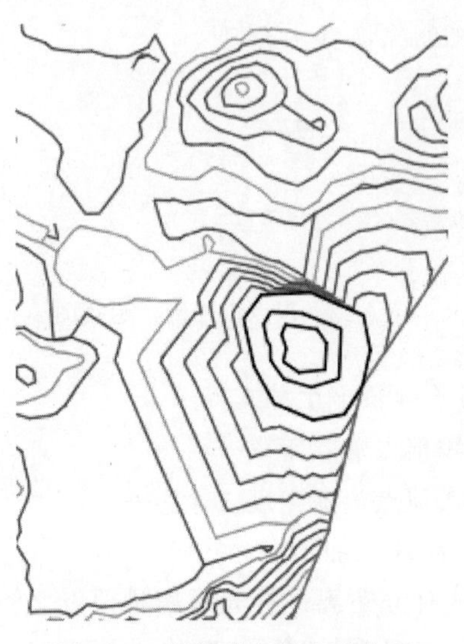

图 4-26　根据等高线生成曲面

4.3　曲面标签

Civil 3D 可以在曲面上添加多种标签，包括等高线标签、点位高程标签和曲面斜率标签。

4.3.1　等高线标签

等高线标签也是动态对象，与曲面动态关联。如果改变曲面的等高线间隔，标签也会自动更新。可以通过冻结标签定位线所在的层，或者将其设置为不打印的层，从而避免输出定位线。

1. 单条等高线标签

(1) 打开 4.2.1 节创建的地形曲面，单击“标记”选项卡“标签和表”面板中的“添加标签”按钮，打开“添加标签”对话框，设置要素为“曲面”，标签类型为“等高线-单条”，其他采用默认设置，如图 4-27 所示。

(2) 单击“添加”按钮，在图形中选取等高线，在光标选取等高线的位置生成标签，如图 4-28 所示。

图 4-27　“添加标签”对话框

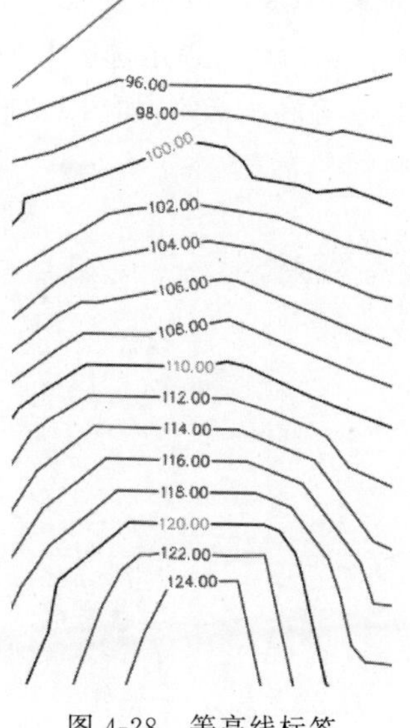

图 4-28　等高线标签

2. 多重等高线标签

(1) 在图 4-27 所示的对话框中设置标签类型为“等高线-多重”，单击“添加”按钮或单击“标记”选项卡“标签和表”面板“添加标签”下拉列表框中的“等高线-多重”按钮。

(2) 根据命令行提示指定第一个点，指定下一点，在指定点范围内的等高线上生成等高线标签，继续指定下一点，继续在等高线上生成等高线标签，如图 4-29 所示。按 Esc 键退出命令。

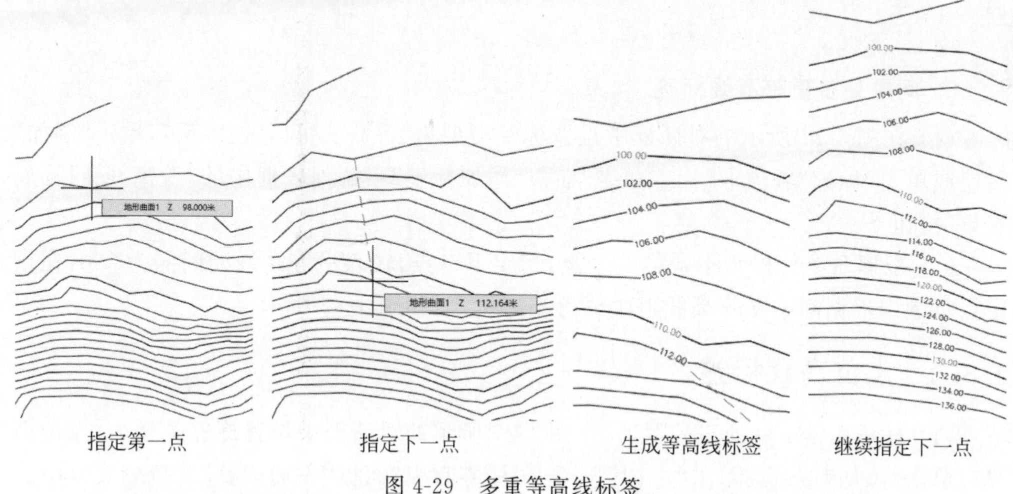

指定第一点　　指定下一点　　生成等高线标签　　继续指定下一点

图 4-29　多重等高线标签

(3) 单击“常用”选项卡“绘制”面板中的“多段线”按钮，或者在命令行中输入 Pline 命令，在曲面上绘制一条多段线，如图 4-30 所示。

(4) 单击“添加”按钮，在命令行中选择“对象”选项，命令行提示“删除原始图元[是(Y)/否(N)]<是(Y)>:”，这里选择“是”选项或直接按 Enter 键，即创建等高线标签

Note

后删除对象。

(5) 根据命令行提示选取上步创建的多段线为对象，按 Enter 键，沿着多段线在等高线上生成等高线标签，如图 4-31 所示。

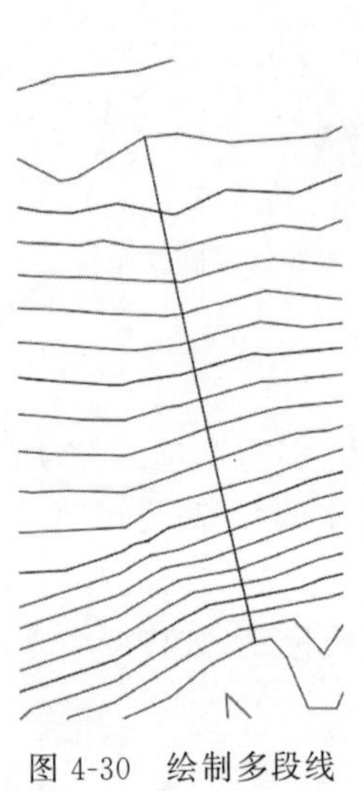

图 4-30　绘制多段线

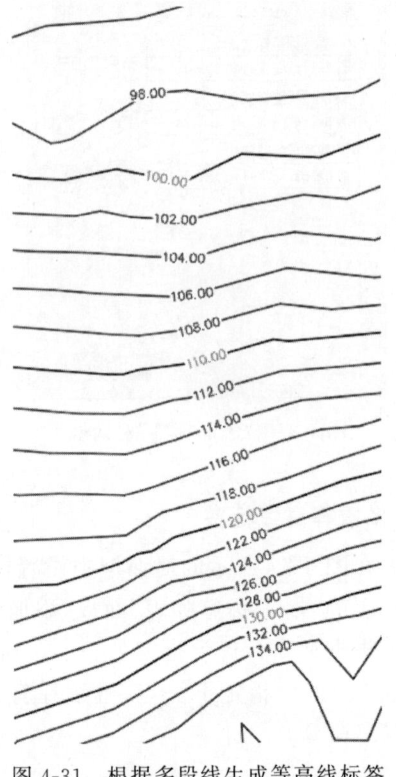

图 4-31　根据多段线生成等高线标签

3. 间隔处多重等高线标签

(1) 在图 4-27 所示的对话框中设置标签类型为“等高线-间隔处多重”，单击“添加”按钮或单击“标记”选项卡“标签和表”面板“添加标签”下拉列表框中的“等高线-间隔处多重”按钮◈。

(2) 根据命令行提示指定第一个点，指定下一点，输入沿等高线的间隔为 200，在指定点范围内根据间隔在等高线上生成等高线标签，如图 4-32 所示。

4.3.2　点位高程标签

(1) 打开 4.3.1 节创建的图形，在图 4-27 所示的对话框中设置标签类型为“点位高程”，单击“添加”按钮或单击“标记”选项卡“标签和表”面板“添加标签”下拉列表框中的“点位高程”按钮◈。

(2) 在图形中选取点，添加点位高程，如图 4-33 所示。

4.3.3　曲面斜率标签

(1) 打开 4.3.2 节创建的图形，在图 4-27 所示的对话框中设置标签类型为“斜率”，

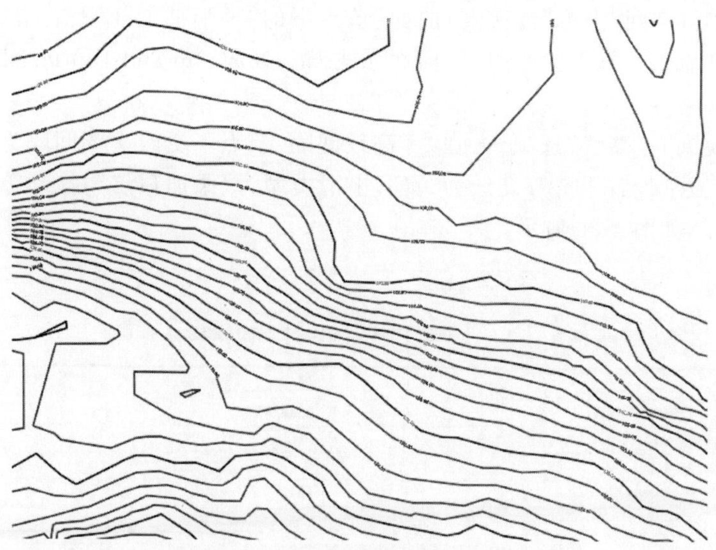

图 4-32 间隔处多重等高线标签

单击“添加”按钮或单击“标记”选项卡“标签和表”面板“添加标签”下拉列表框中的“斜率”按钮。

(2) 命令行提示“创建斜率标签或[一点(O)/两点(T)]<一点(O)>:”,直接按 Enter 键或单击“一点(O)”选项,在图形中选取一点,创建该点的斜率标签,如图 4-34 所示。

(3) 如果在命令行中选择“两点(T)”选项,可以在图形中分别指定第一点和第二点创建斜率标签,如图 4-35 所示。其中第一点是矢量的原点,第二点确定方向和斜率。

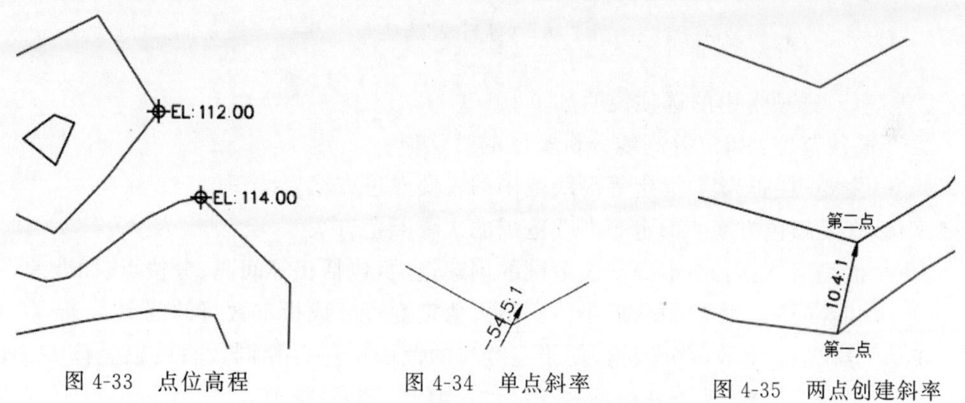

图 4-33 点位高程　　图 4-34 单点斜率　　图 4-35 两点创建斜率

4.4 编辑曲面

4.4.1 编辑曲面样式

下面将曲面样式更改为等高线间距为 5 米,顶点平滑并且在视图中显示坡面箭头。

(1) 打开 4.2.1 节创建的地形曲面 1。

(2) 在工具空间“浏览”选项卡“曲面”节点下的“地形曲面 1”上右击，弹出快捷菜单，选择“编辑曲面样式”选项，打开“曲面样式-Contours 2m and 10m(Background)”对话框。

(3) 切换到“等高线”选项卡，在“等高线间隔”节点下更改次要间隔为 5 米，在“等高线平滑”节点下设置平滑等高线为“真”，平滑类型为“添加顶点”，拖动等高线平滑滑块到适当位置，如图 4-36 所示。

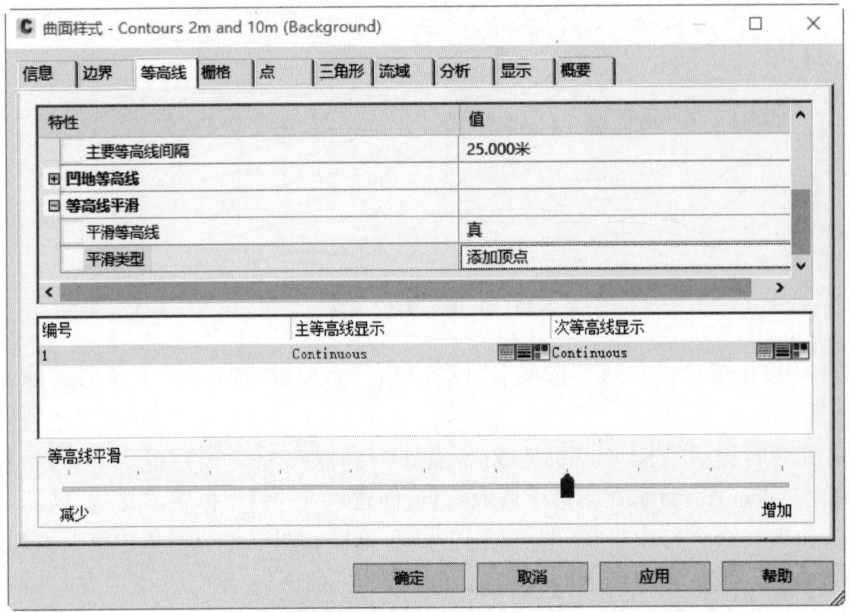

图 4-36 “等高线”选项卡

“等高线”选项卡中的选项说明如下。

➢ 等高线范围：指定等高线分析类型的默认值。
  - 主要颜色方案：指定等高线范围的主要颜色方案。
  - 次要颜色方案：指定等高线范围的次要颜色方案。
  - 值编组依据：指定等高线范围的创建选项，包括相等间隔、分位点、标准差。
    相等间隔：将数据从最小值到最大值定数等分成指定数目的范围。
    分位点：定数等分数据，使指定数目的范围中包含相同数目的值。该方法也称为等计数，此方法最适用于线性(均匀分布)数据值。
    标准差：基于数据值与算术平均值的差值来计算和定数等分数据。标准差常用来强调特定值高出或低于平均值的幅度。
  - 范围数：指定要使用的范围数。
  - 范围精度：指定范围值的格式和舍入。舍入仅影响范围值计算和结果范围间隔，不会影响实际数据值。
  - 使用颜色方案：指定是否激活主要颜色方案和次要颜色方案。

➢ 三维形状
  - 等高线显示模式：指定等高线的显示特性，包括使用曲面高程、展平高程和放

大高程。

使用曲面高程：以等高线的实际高程值显示等高线。

展平高程：将等高线展平或投影到由"将等高线展平到高程"特性指定的高程值。

放大高程：按照"按比例因子放大等高线"特性中指定的比例放大等高线。

- 将等高线展平到高程：指定用于展平等高线的高程。
- 按比例因子放大等高线：指定用于放大等高线的比例因子。

➢ 等高线间隔

- 基准高程：指定等高线间隔的相对基准高程。基准高程处的等高线是主等高线。
- 次要间隔：指定次等高线之间的距离。此值以图形长度单位显示。
- 主要等高线间隔：指定主等高线之间的距离。此值以图形长度单位显示。在此输入的值是次要间隔的整数倍。

➢ 凹地等高线

- 显示凹地等高线：指定是否显示凹地等高线。
- 示坡线间隔：指定沿凹地等高线的记号标记的间距。
- 示坡线长度：指定沿凹地等高线的示坡线长度。在凹地等高线向下的一侧绘制记号标记。

➢ 等高线平滑：如果要使用曲面平滑，则不要启用等高线平滑。

- 平滑等高线：指定是否使用等高线平滑。指定为"真"时可以按照"平滑类型"参数和"等高线平滑"滑块中设置的值来平滑等高线。
- 平滑类型：指定用来显示等高线曲线的平滑类型，包括添加顶点和样条曲线。

  添加顶点：沿等高线添加顶点。使用此选项将在平滑等高线时在等高线上补充点，以使这些等高线的外观呈曲线状，同时最大程度地保持相对于曲面的完整性。

  样条曲线：将等高线的点连接为样条曲线。使用此选项可以创建最平滑的等高线外观。

(4) 切换到"显示"选项卡，在"视图方向"下拉列表框中选择"平面"选项，使边界、主等高线、次等高线可见；在"视图方向"下拉列表框中选择"模型"选项，使斜率箭头可见，更改颜色为蓝色，如图 4-37 所示。

(5) 切换到"分析"选项卡，在"斜率箭头"节点下设置范围精度为".1"，箭头类型为"已填充"，其他采用默认设置，如图 4-38 所示。

"分析"选项卡中的选项说明如下。

➢ 方向：指定方向(轴向)分析的显示特性。

- 方案：指定范围的颜色方案。
- 编组依据：指定方向范围的创建特性，包括相等间隔、分位点和标准差。
- 范围数：指定要使用的范围数。
- 范围精度：指定范围精度的值。
- 显示类型：指定要在分析视图内绘制的图元类型，包括三维面、二维实体、图

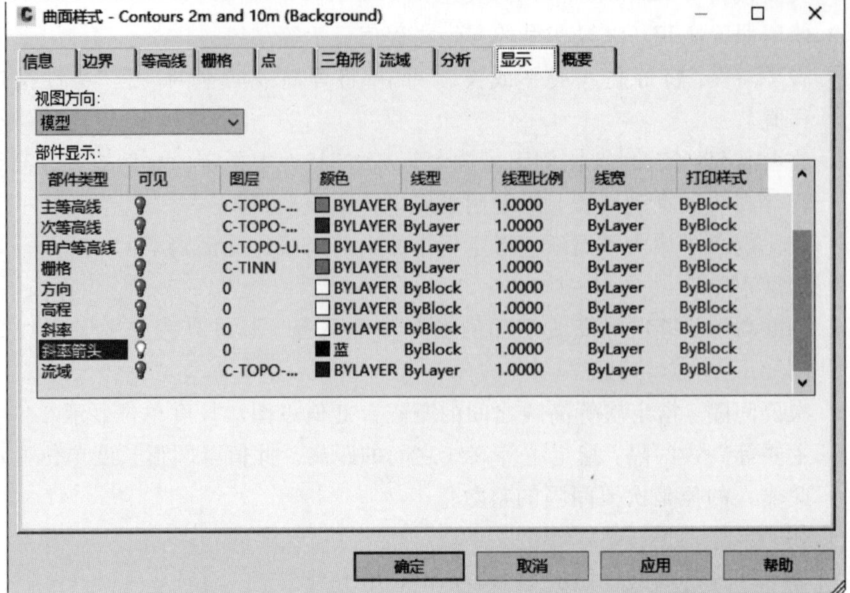

图 4-37 “显示”选项卡

图 4-38 “分析”选项卡

案填充实体和网格。

三维面：生成包含三维面的曲面分析显示。

二维实体：生成包含二维实体图案填充的曲面分析显示。

图案填充实体：在多边形中，生成包含符合特定范围规则的三角形面的图案填充。

网格：生成包含网格的曲面分析显示。

- 图例样式：指定默认分析表(图例)样式。
- 方向显示模式：指定流域的显示特性，包括使用曲面高程、展平高程和放大高程。

  使用曲面高程：以方向的实际高程值显示方向。

  展平高程：将方向展平或投影到由"将方向展平到高程"特性指定的高程值。

  放大高程：按照"按比例因子放大方向"特性中指定的比例放大方向。
- 将方向展平到高程：指定用于展平方向显示的高程。
- 按比例因子放大方向：指定用于放大方向显示的比例因子。

➢ 高程：指定高程分段分析的显示特性。

➢ 斜率：指定坡度分析的显示特性。渲染某个坡度范围内的曲面三角形。

➢ 斜率箭头：用于坡度方向分析。将坡度方向箭头放置到每个三角形质心。与坡度分析类似，箭头颜色基于指定给坡度范围的颜色。

- 箭头类型：指定要使用的箭头类型，包括实心箭头、闭合箭头、开放式箭头和双箭头。
- 箭头长度：指定显示在"坡面箭头"曲面分析视图中的坡面箭头的长度。

(6) 单击"确定"按钮，曲面图形发生变化，如图 4-39 所示。

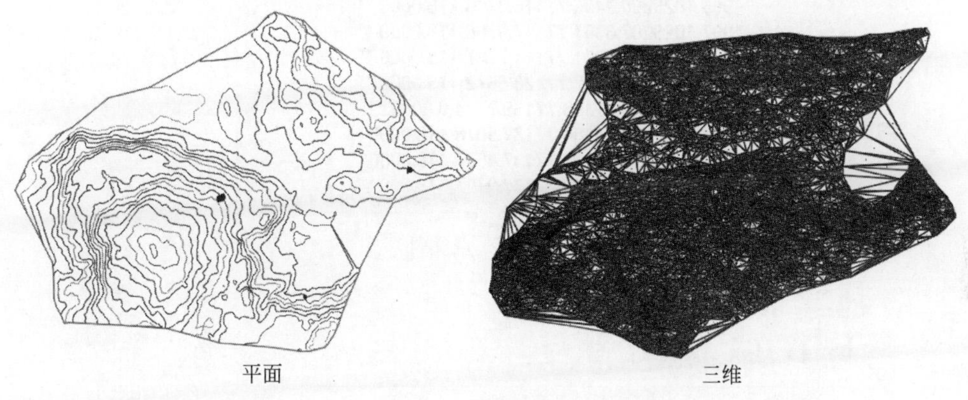

平面　　三维

图 4-39　更改后的曲面

4.4.2　通过排除点编辑曲面

(1) 打开 4.2.1 节创建的地形曲面 1。

(2) 选取曲面，打开"三角网曲面：地形曲面"选项卡，单击"常规工具"面板中的"对象查看器"按钮，打开对象查看器，拖动曲面进行查看，如图 4-40 所示。从图形中可以看出有些区域存在错误的点高程数据。

(3) 关闭对象查看器，打开点文件，可以看到一些点的高程为 0，如图 4-41 所示。

(4) 在工具空间"浏览"选项卡"曲面"节点下的"地形曲面 1"上右击，弹出快捷菜单，选择"曲面特性"选项，打开"曲面特性-地形曲面 1"对话框。切换到"定义"选项卡，展开"生成"节点，设置"排除小于此值的高程"的值为"是"，设置"高程＜"的值为 1m，其他采用默认设置，如图 4-42 所示。

Note

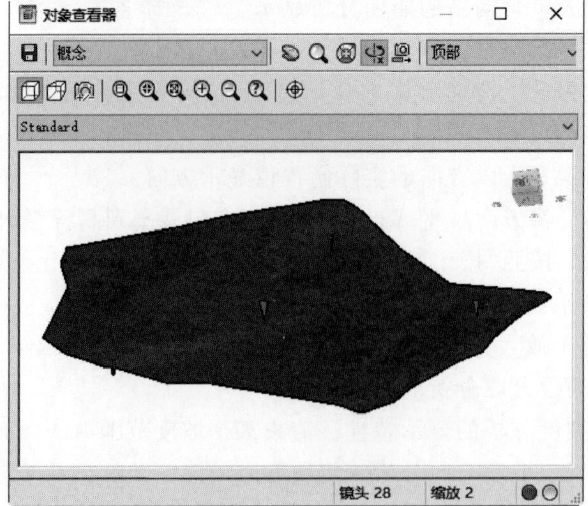

图 4-40　查看图形

图 4-41　点文件

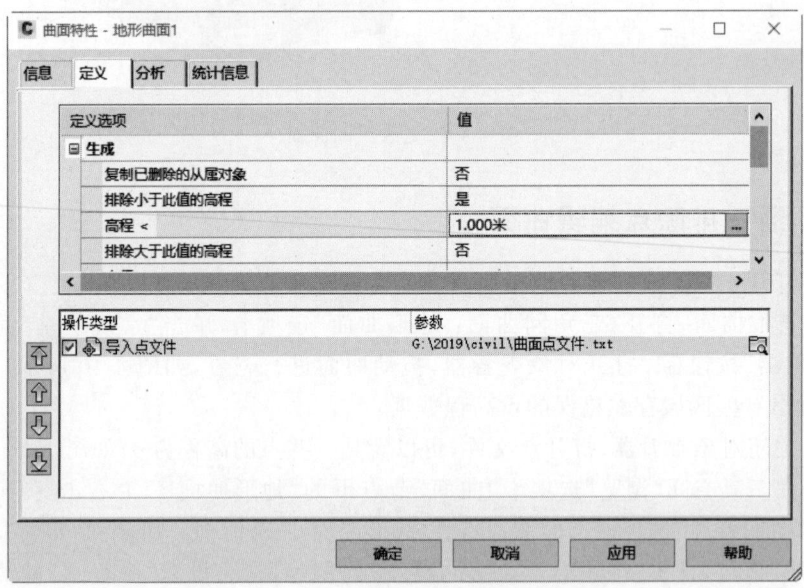

图 4-42　“曲面特性-地形曲面 1”对话框

(5) 单击"确定"按钮，打开如图 4-43 所示的"曲面特性-重新生成曲面"对话框，单击"重新生成曲面"选项，重新生成曲面。

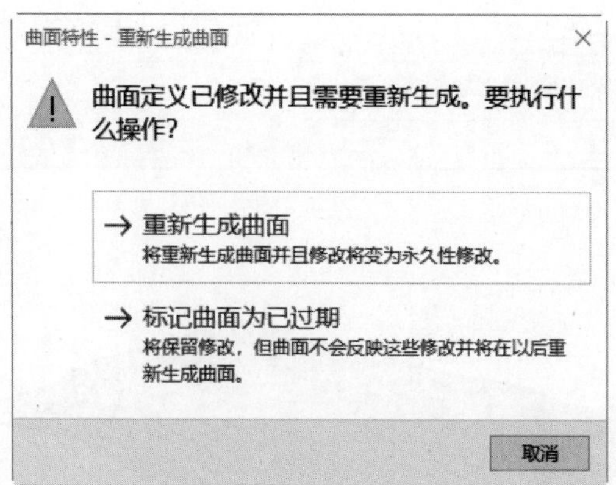

图 4-43 "曲面特性-重新生成曲面"对话框

(6) 系统弹出如图 4-44 所示的警告提示对话框，提示 4 个点被忽略，关闭对话框。

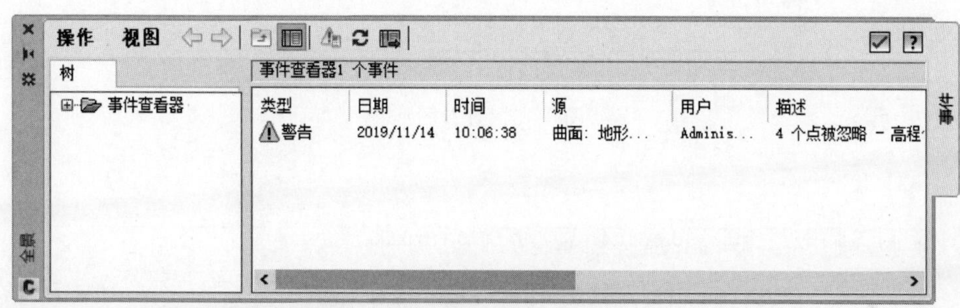

图 4-44 警告提示对话框

(7) 选取曲面，打开"三角网曲面：地形曲面"选项卡，单击"常规工具"面板中的"对象查看器"按钮，打开对象查看器，拖动曲面进行查看，如图 4-45 所示。从图形中可以看出曲面中存在错误的点已被排除。

4.4.3 通过删除点编辑曲面

(1) 打开 4.2.1 节创建的地形曲面 1，在工具空间"浏览"选项卡"曲面"节点下的"地形曲面 1"上右击，弹出快捷菜单，选择"编辑曲面样式"选项，打开"曲面样式-Contours 2m and 10m(Background)"对话框。切换到"显示"选项卡，设置点可见(单击图标变亮)，设置颜色为红色，其他采用默认设置，如图 4-46 所示。单击"确定"按钮，在曲面上显示点，如图 4-47 所示。

(2) 放大图形，查看等高线密集处的点，如图 4-48 所示。

(3) 在工具空间"浏览"选项卡"曲面"→"地形曲面 1"→"定义"→"编辑"节点上右击，弹出如图 4-49 所示的快捷菜单，选择"删除点"选项；或者选取曲面，打开"三角网曲面：地形曲面 1"上下文选项卡，单击"修改"面板"编辑曲面"下拉列表框中的"删除点"按钮。

Note

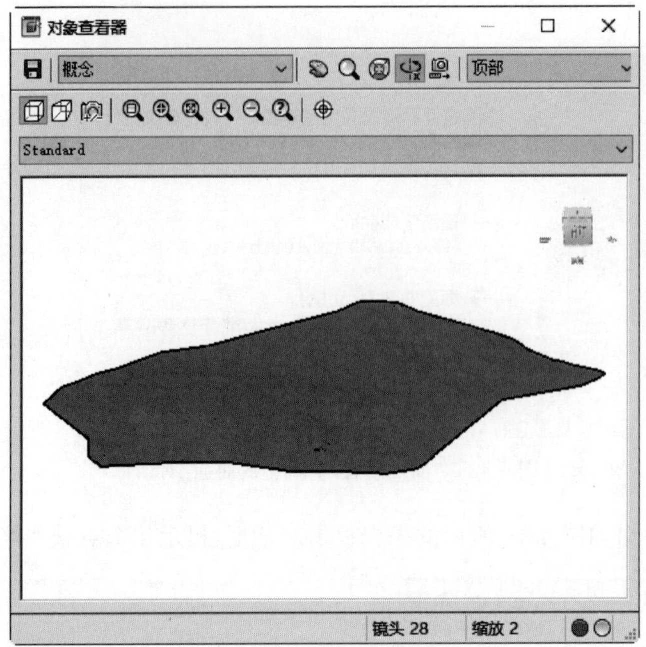

图 4-45　查看图形

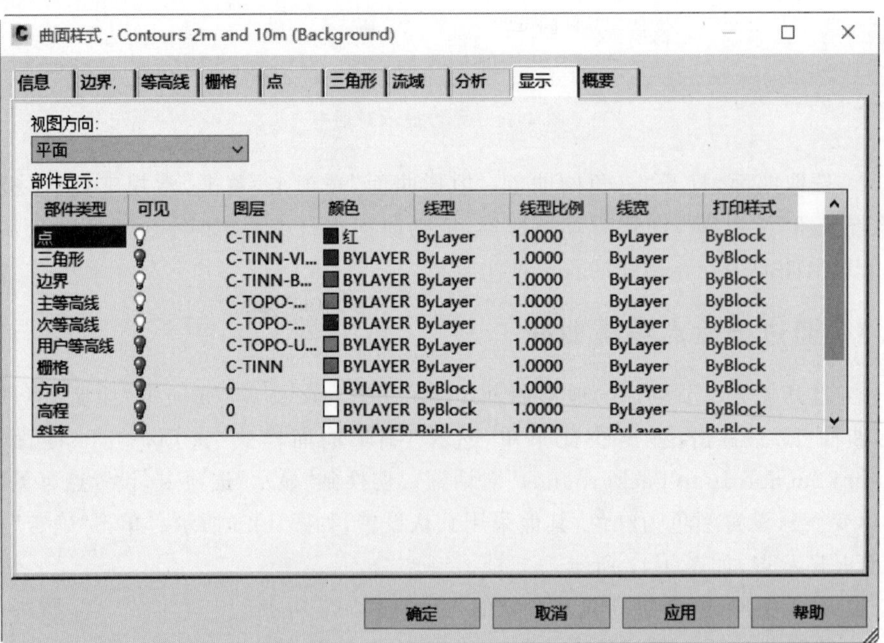

图 4-46　“曲面样式-Contours 2m and 10m(Background)”对话框

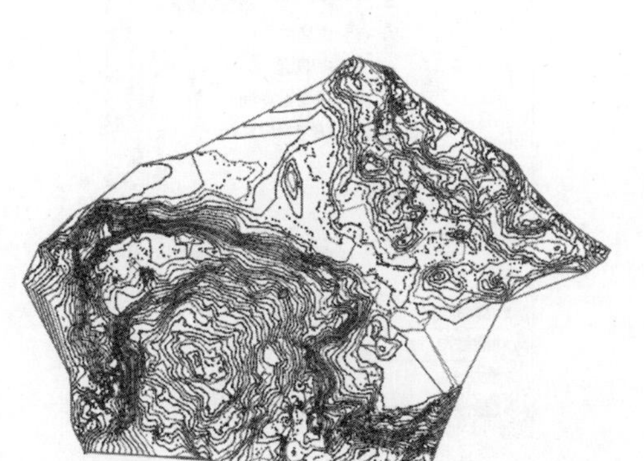

图 4-47 显示点

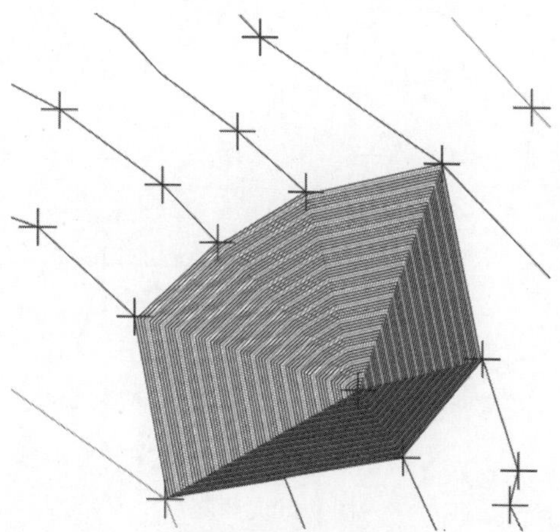

图 4-48 放大图形

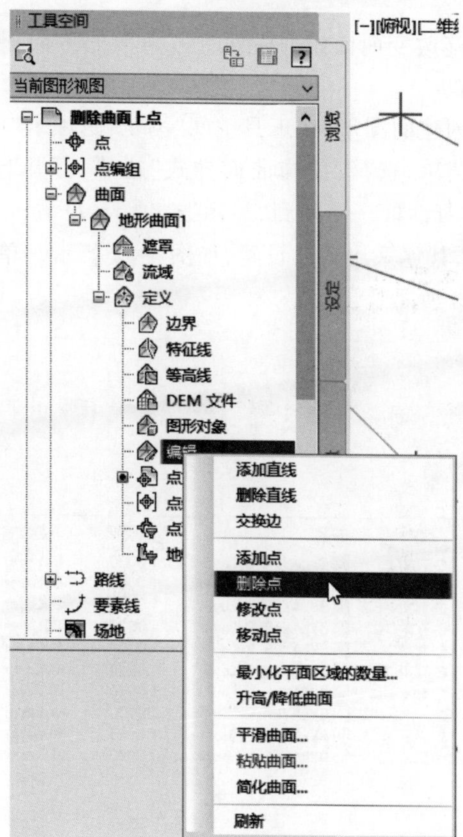

图 4-49 快捷菜单

（4）根据命令行提示选择图 4-48 中等高线突变的中心点，按 Enter 键将其删除，结果如图 4-50 所示。

（5）继续选取其他错误点，将其删除。

（6）删除的点将显示在工具空间下方的全景对话框中，如图 4-51 所示。

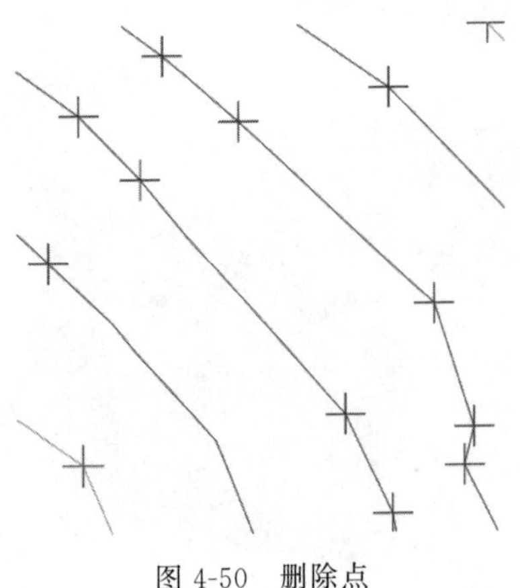

图 4-50　删除点

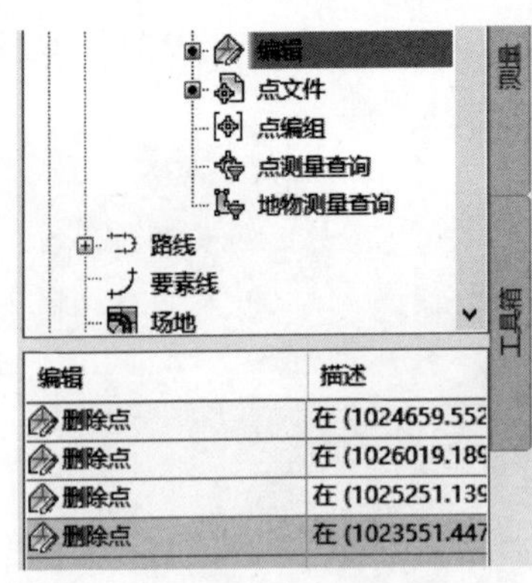

图 4-51　显示删除点

4.4.4　交换曲面三角形边

可以利用边交换功能改变曲面模型中两个三角面的方向，从而实现使三角形的边与山脊或洼地匹配等目的。

(1) 打开 4.4.3 节创建的图形，在工具空间“浏览”选项卡“曲面”节点下的“地形曲面 1”上右击，弹出快捷菜单，选择“编辑曲面样式”选项，打开“曲面样式-Contours 2m and 10m(Background)”对话框。切换到“显示”选项卡，设置三角形可见(单击💡图标变亮)，设置颜色为红色，其他采用默认设置，如图 4-52 所示。单击“确定”按钮，在曲面上显示三角形，如图 4-53 所示。

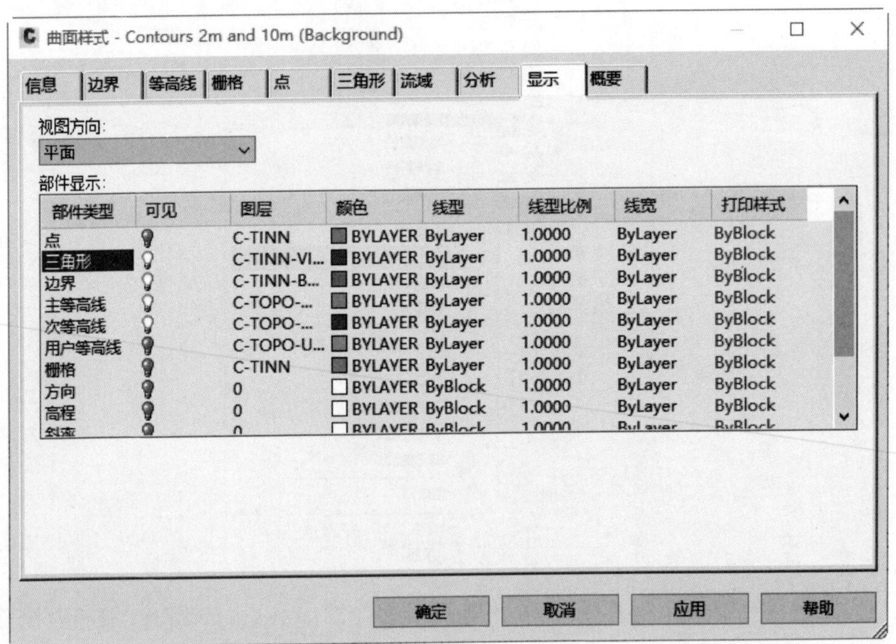

图 4-52　“曲面样式-Contours 2m and 10m(Background)”对话框

（2）在工具空间“浏览”选项卡“曲面”→“地形曲面 1”→“定义”→“编辑”节点上右击，弹出如图 4-49 所示的快捷菜单，选择“交换边”选项；或者选取曲面，打开“三角网曲面：地形曲面 1”上下文选项卡，单击“修改”面板“编辑曲面”下拉列表框中的“交换边”按钮。

（3）根据命令行提示选取一条边，例如选取如图 4-54 所示的边，曲面中的三角形自动更改，如图 4-55 所示。

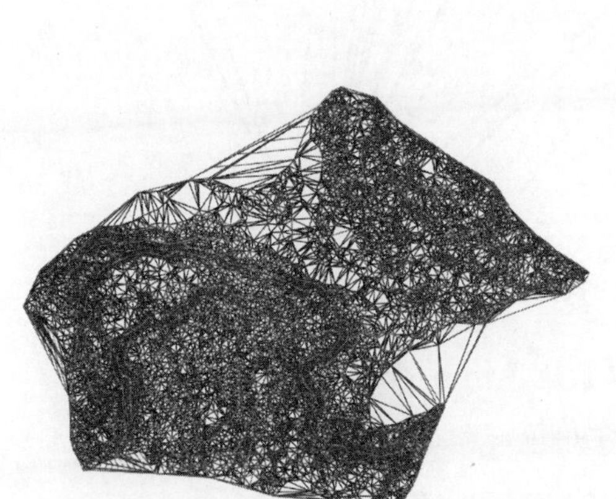

图 4-53 显示三角形

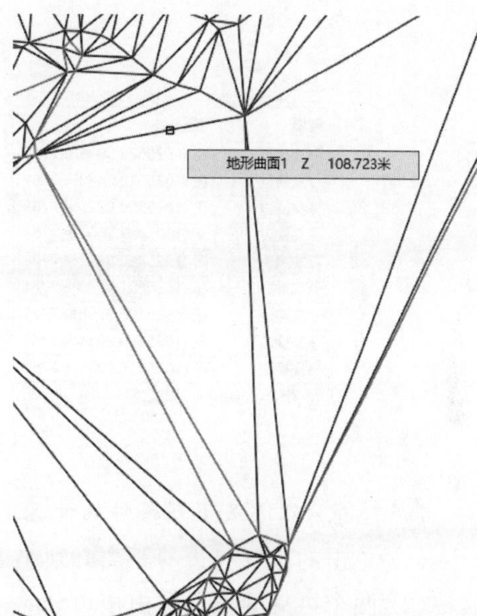

图 4-54 选取边

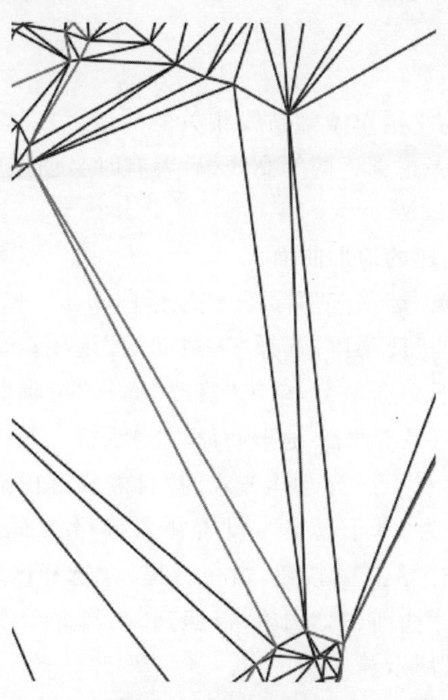

图 4-55 更改边后

Note

(4) 继续选取要交换的边,按 Enter 键完成操作,在“浏览”列表视图中的“描述”列将显示在绘图区域中为选择边的点坐标,如图 4-56 所示。

编辑	描述
交换边	在 (1025528.3898米,7766
交换边	在 (1025510.2494米,7767
交换边	在 (1025500.9725米,7767
交换边	在 (1025491.2064米,7767
交换边	在 (1025490.8622米,7768
交换边	在 (1025507.4738米,7771
交换边	在 (1025498.9768米,7771
交换边	在 (1025459.2614米,7768
交换边	在 (1025456.0926米,7768

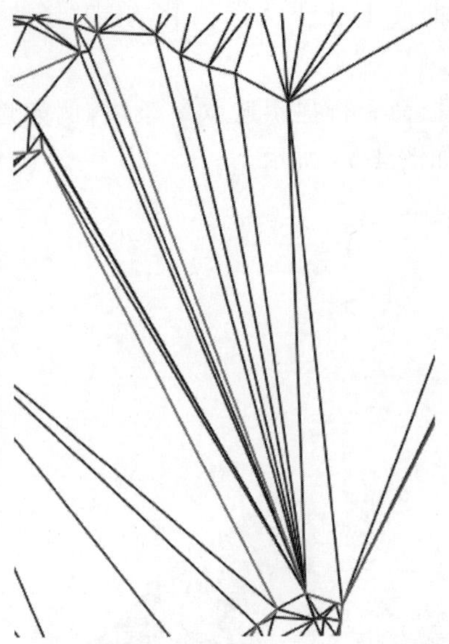

图 4-56　交换边

注意:在满足下列条件的情况下交换该边界:

(1) 单击的位置与边的距离必须小于 1 个单位;

(2) 两个可见的三角形由该边分隔;

(3) 此边并非特征线边,也不是通过“添加直线”操作创建的边;

(4) 由两个三角形(以该边分隔)构成的四边形是凸起的。

4.4.5　平滑曲面

曲面平滑可以解决与平滑单条等高线相关的问题。在这种解决方法中,平滑被应用到单条等高线,而无须考虑邻近的等高线,后者有时会创建重叠的等高线。只有三角网曲面支持曲面平滑。

(1) 打开 4.4.4 节创建的地形曲面 1。

(2) 在工具空间“浏览”选项卡“曲面”→“地形曲面 1”→“定义”→“编辑”节点上右击,弹出如图 4-49 所示的快捷菜单,选择“平滑曲面”选项;或者选取曲面,打开“三角网曲面:地形曲面 1”上下文选项卡,单击“修改”面板“编辑曲面”下拉列表框中的“平滑曲面”按钮,打开“平滑曲面-地形曲面 1”对话框。

(3) 在“平滑方式”节点下设置选择方式为“自然临近内插法”,在“点内插/外插输出”节点下设置输出位置为“基于栅格”,设置输入栅格 X-间距和栅格-Y 间距的值为 10,在“选择输出区域”栏中单击按钮,命令行提示“选择区域或矩形[矩形(E)/多边形(O)/曲面(S)]:”,选择“曲面(S)”选项,返回到“平滑曲面-地形曲面 1”对话框,其他采用默认设置,如图 4-57 所示。

“平滑曲面-地形曲面 1”对话框中的选项说明如下。

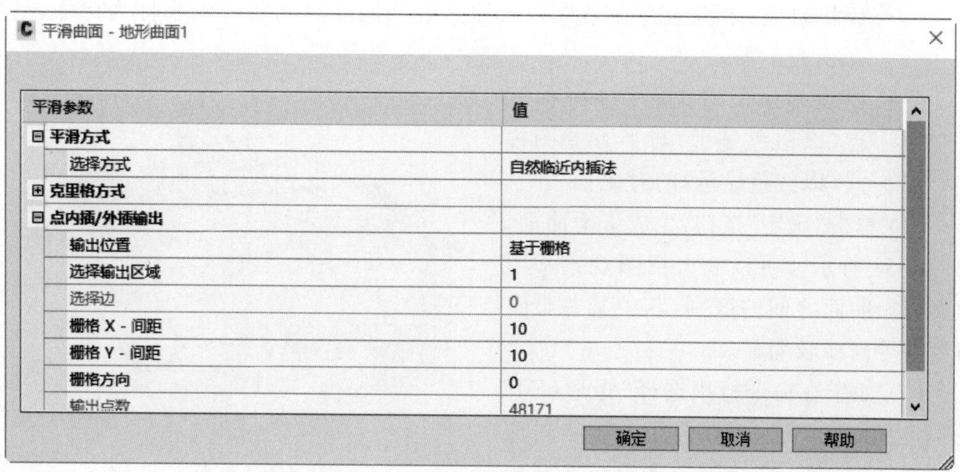

图 4-57 “平滑曲面-地形曲面 1”对话框

➢ 平滑方式-选择方式：指定要执行的曲面平滑类型，包括自然临近内插法和克里格。

➢ 克里格方式：指定克里格曲面平滑方式的参数。

- 半方差图模型：指定要使用的半方差图。
- 点选择方式：指定用于曲面平滑外插法的点方式，包括选择点、随机点和选择所有点。

  选择点：选择矩形、多边形、曲面或地块内的所有点。单击按钮，根据命令行提示来选择点。

  随机点：选择矩形、多边形、曲面或地块内的随机点。

  选择所有点：选择曲面上的所有点。

➢ 点内插/外插输出

- 输出位置：指定点的输出位置，包括基于栅格、质心、随机点和边中点。

  基于栅格：输出图形中所选指定多边形区域内定义的栅格上的点。

  质心：输出图形中所选指定多边形区域内的现有曲面三角形质心处的点。

  随机点：输出图形中所选多边形区域内指定数目的随机点。

  边中点：在每个选定三角形边的中点处输出点。需要显示曲面三角形。
- 选择输出区域：指定向其输出点的区域。单击按钮，根据命令行提示来选择区域。
- 栅格 X-间距：指定 X 方向上栅格线之间的距离。
- 栅格 Y-间距：指定 Y 方向上栅格线之间的距离。
- 栅格方向：栅格在 Y 和 X 方向上的方向。
- 输出点数：显示要输出的点数。

➢ 克里格半方差图模式：如果选中了克里格曲面平滑方式，则对话框中将显示这个区域。

- 参数 A：指定半方差图比例因子。
- 参数 C：指定半方差图范围因子。

Note

- 碎块效应：指定在半方差图模式原点处的间断。间断的大小称为碎块，其值必须大于零。
- 图表显示区域：显示实际曲面点(以白色显示)与半方差图模式(以红色显示)的对比。

(4) 单击“确定”按钮，生成平滑曲面，如图4-58所示。可以放大视图观察平滑曲面与原曲面之间的区别，其中某些带有角度的等高线较明显。

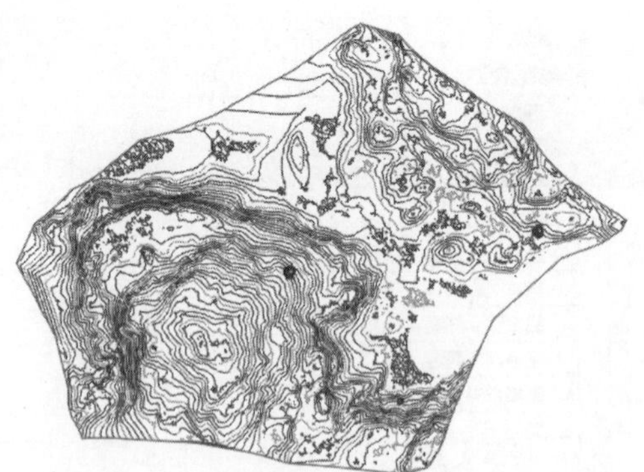
图4-58 平滑曲面

(5) 如果在命令行中选择“矩形(E)”或“多边形(O)”选项，在曲面上绘制对应区域，则仅平滑指定矩形或多边形区域内的曲面。

4.4.6 简化曲面

可通过删除三角网边或点简化曲面。执行简化曲面命令后，将根据指定参数计算新建点和三角网边。

(1) 打开4.4.3节创建的图形，在工具空间“浏览”选项卡“曲面”→“地形曲面1”→“定义”→“编辑”节点上右击，弹出如图4-49所示的快捷菜单，选择“简化曲面”选项；或者选取曲面，打开“三角网曲面：地形曲面1”上下文选项卡，单击“修改”面板“编辑曲面”下拉列表框中的“简化曲面”按钮，打开“简化曲面-地形曲面1”对话框。

(2) 在“简化方法”选项卡中选取“点删除”选项，如图4-59所示。

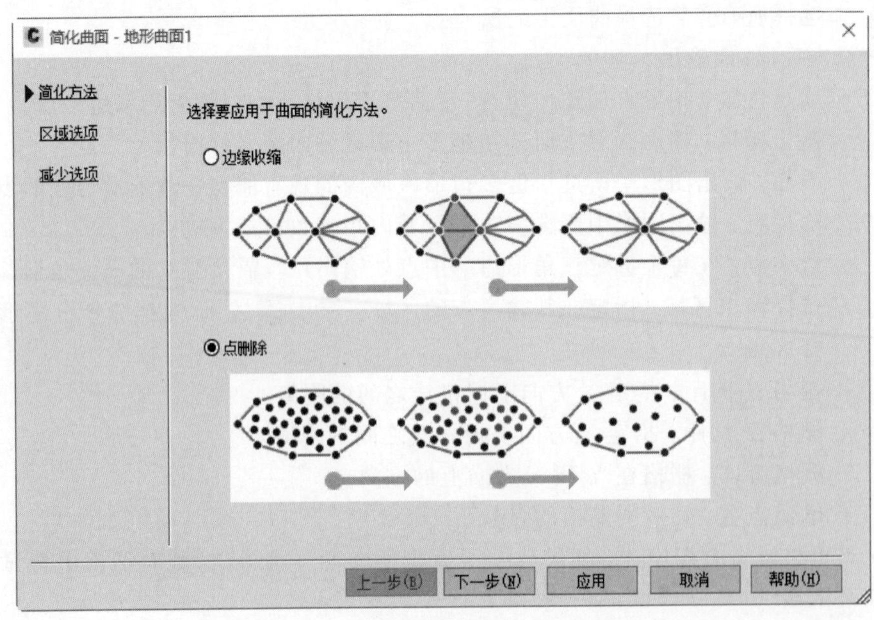

图4-59 “简化曲面-地形曲面1”对话框

Note

"简化方法"选项卡中的选项说明如下。

➢ 边缘收缩：将三角形边收缩到单一点。边缘要收缩到的点所在的位置已选定，以便使曲面的更改最小。每次边缘收缩可以删除一个点。

➢ 点删除：选择并删除曲面点。从曲面中点分布较密集的区域中删除的点较多。

(3) 单击"下一步"按钮，切换到"区域选项"选项卡，选择"指定窗口/多边形"选项，如图 4-60 所示，单击"在图形中拾取"按钮，在图形中框选如图 4-61 所示的区域。

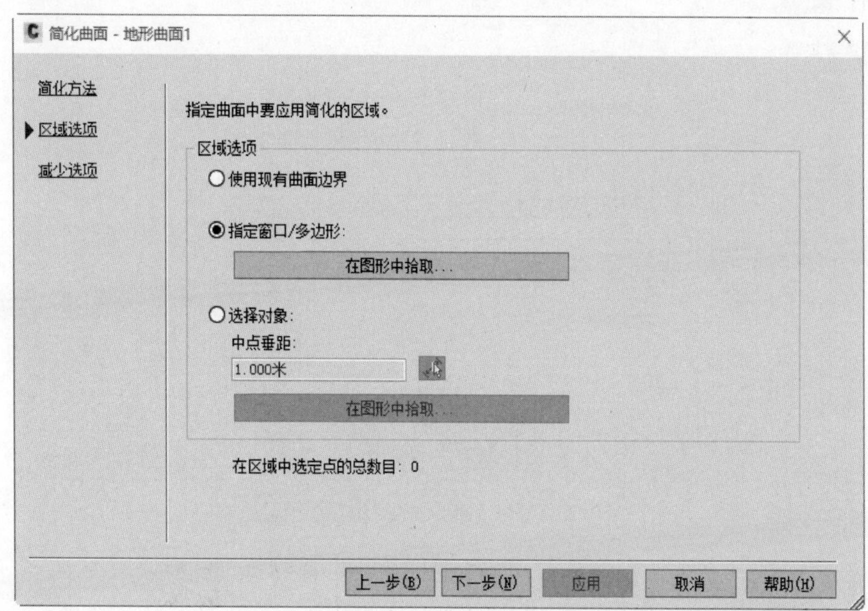

图 4-60　"区域选项"选项卡

"区域选项"选项卡中的选项说明如下。

➢ 使用现有曲面边界：指定现有曲面边界作为曲面简化区域的边线。

➢ 指定窗口/多边形：指定所绘制的矩形内的曲面简化区域。

• 在图形中拾取：单击此按钮，在图形中指定划分曲面简化区域的矩形的第一个点和第二个点。

➢ 选择对象：指定二维多段线或三维多段线、地块、圆、要素线或测量地物为曲面对象。

• 中点垂距：指定用于"选择对象"选项的默认中点垂距长度。如果选定的对象包含圆弧段，则会将每一段拟合为弦段。每条弦段的长度从指定的中点垂距导出。

• 在图形中拾取：单击此按钮，在图形中选择用于简化的对象。

• 在区域中选定点的总数目：指定选定的曲面简化区域中的点的总数目。

图 4-61　选取区域

（4）单击“下一步”按钮，切换到“减少选项”选项卡，选中“要删除的点所占的百分比”复选框，拖动滑块调整删除点所占百分比，也可以直接在文本框中输入百分比为50％，其他采用默认设置，如图4-62所示。

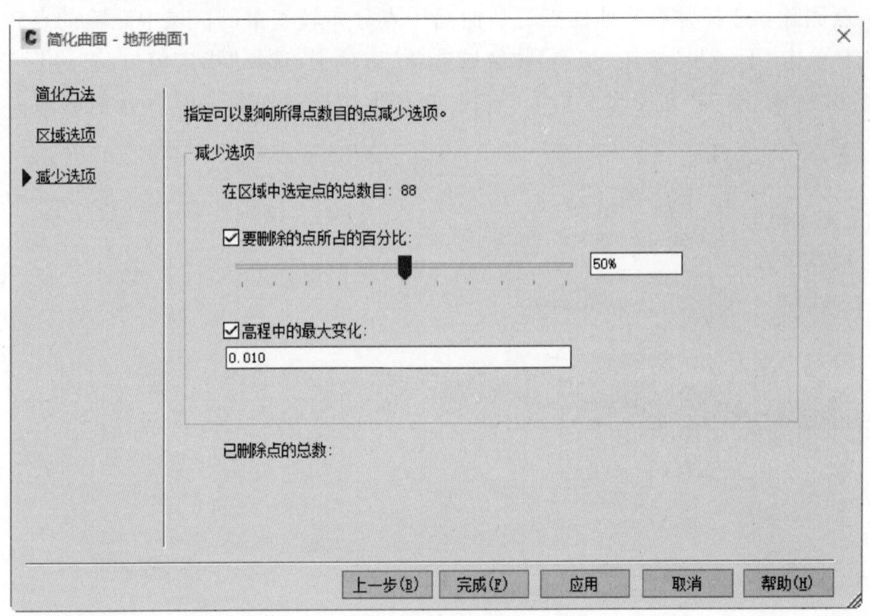

图4-62　“减少选项”选项卡

“减少选项”选项卡中的选项说明如下。

➢ 在区域中选定点的总数目：指定选定的曲面简化区域中的点的总数目。

➢ 要删除的点所占的百分比：指定要删除的曲面点所占的百分比，可以拖动滑块调整百分比，也可以直接输入百分比。

➢ 高程中的最大变化：指定原始曲面和简化后的曲面之间所允许的最大高程差。

➢ 已删除点的总数：显示指定曲面简化后删除的点的数目。

（5）单击“完成”按钮，通过删除点来简化所选区域曲面，如图4-63所示。

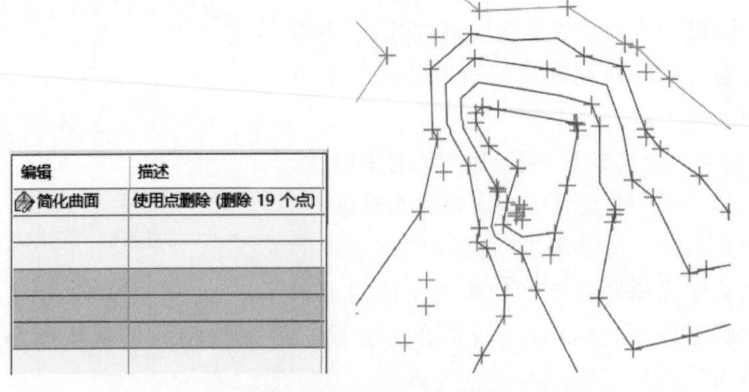

图4-63　简化后的曲面

地块

Autodesk Civil 3D 中的地块对象通常用于表示房地产地块，如开发区中的地块。Autodesk Civil 3D 中的地块特性具有非常好的交互性和智能性，在线段、标签和表格等布局中，地块不仅仅是对场地的一种简单的划分，它还可以用于许多需要不同平面区域的地方，例如土地类型、流域、湿地、地质图等。

本章将详细介绍 Autodesk Civil 3D 中地块创建与编辑的基本方法。

5.1 创建地块

地块可以通过对象或者布局来创建。从对象创建地块就是指可以将任何封闭的对象集合(直线、圆弧、多段线或者多边形)定义成地块；按布局创建地块则使用了类似路线的工具条在场地上来创建地块边界，或者从内部划分地块(滑动线)。

5.1.1 通过布局创建地块

(1) 单击“常用”选项卡“创建设计”面板“地块”下拉列表框中的“地块创建工具”按钮，打开如图 5-1 所示的“地块布局工具”工具栏。

(2) 单击“创建地块”按钮，打开“创建地块-布局”对话框，选择 Single-Family 地块样式，采用默认设置，如图 5-2 所示，单击“确定”按钮。

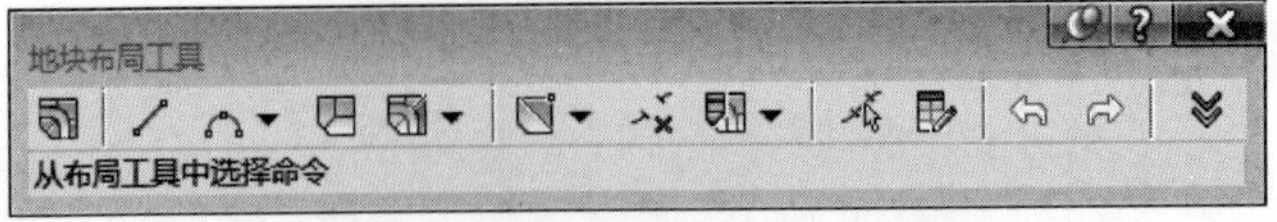

图 5-1 “地块布局工具”工具栏

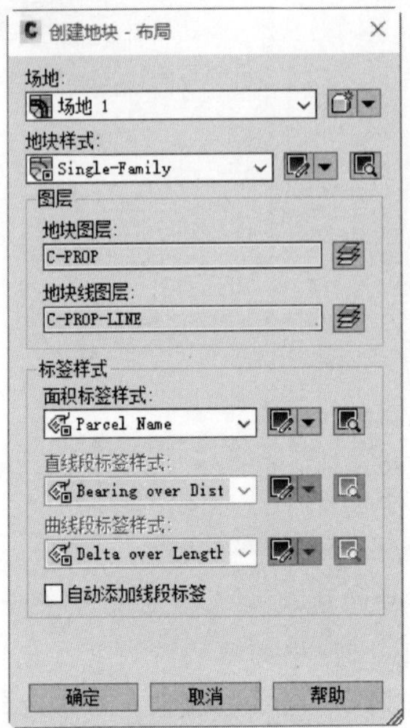

图 5-2 “创建地块-布局”对话框

(3) 单击“添加固定线-两点”按钮，在图形中指定起点，单击状态栏中的“正交”按钮，绘制长度为 20000 的竖直线，如图 5-3 所示。

(4) 单击“绘制切线-切线(没有曲线)”按钮，捕捉上步绘制直线的下端点，绘制长度为 20000 的水平直线，接续绘制直线形成正方形地块，右击完成地块 1 的绘制，如图 5-4 所示。

图 5-3 绘制竖直线

图 5-4 绘制地块 1

Note

5.1.2 从对象创建地块

(1) 利用绘图工具和修改工具绘制如图 5-5 所示的图形,或利用 AutoCAD 软件绘制图形。

(2) 单击"常用"选项卡"创建设计"面板"地块"下拉列表框中的"从对象创建地块"按钮,选择如图 5-6 所示的图形。

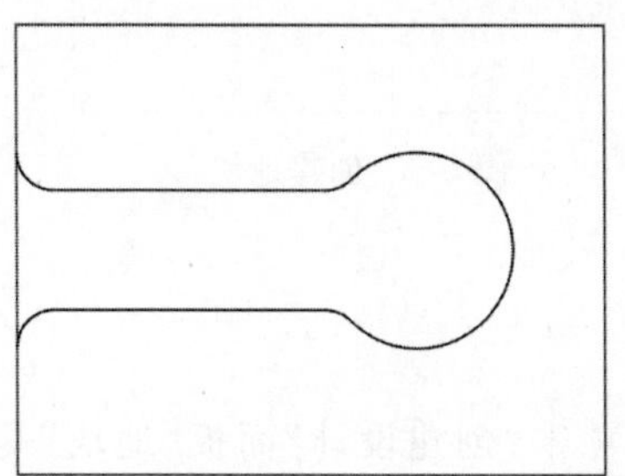

图 5-5 绘制图形

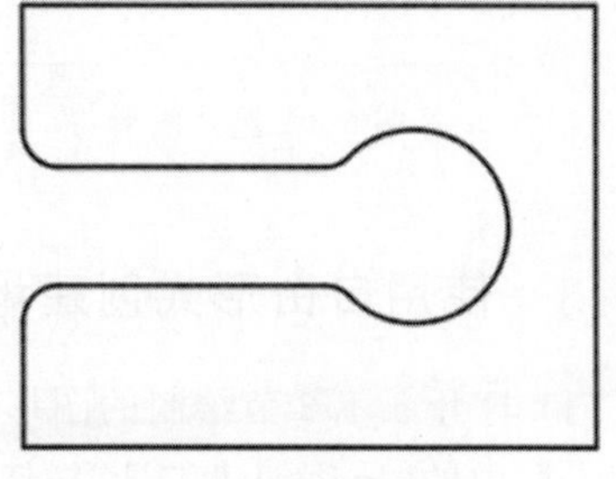

图 5-6 选取图形

(3) 打开"创建地块-从对象"对话框,设置地块样式为 Single-Family,面积标签样式为 Name Ares & Perimeter,其他采用默认设置,如图 5-7 所示。单击"确定"按钮,将所选图形创建成地块。

图 5-7 "创建地块-从对象"对话框

(4) 单击"常用"选项卡"创建设计"面板"地块"下拉列表框中的"从对象创建地块"按钮,选择如图 5-8 所示的图形。

(5) 打开"创建地块-从对象"对话框,设置地块样式为 Road,面积标签样式为 Name Ares & Perimeter,其他采用默认设置。单击"确定"按钮,将所选图形创建成地

Note

块,如图 5-9 所示。

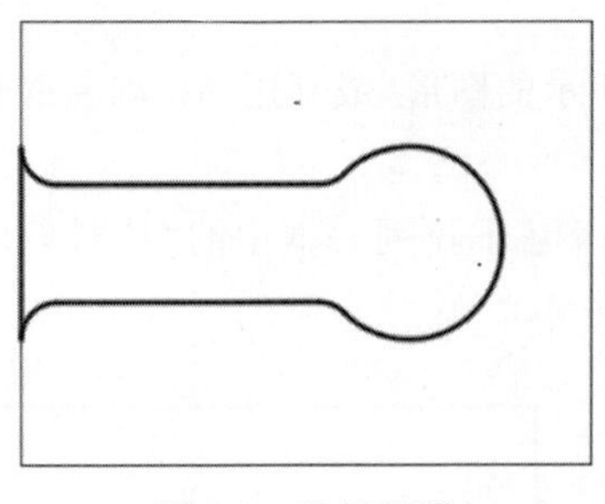
图 5-8　选择图形

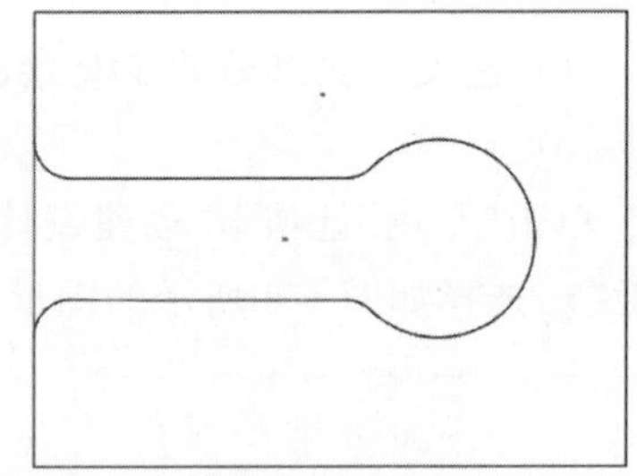
图 5-9　创建地块

5.1.3　使用自由形式创建地块

(1) 打开 5.1.2 节绘制的图形。单击“常用”选项卡“创建设计”面板“地块”下拉列表框中的“地块创建工具”按钮,打开“地块布局工具”工具栏。

(2) 单击“地块布局工具”工具栏下拉列表框中的“自由形式创建”按钮,打开“创建地块-布局”对话框,设置地块样式为 Single-Family,面积标签样式为 Name Ares & Perimeter,其他采用默认设置,单击“确定”按钮。

(3) 在图形中,捕捉图像中圆弧的端点与地块线的交点,如图 5-10 所示。

(4) 竖直向下移动光标,捕捉圆弧端点,创建和标注新地块。

(5) 采用相同的方法,创建其他地块,如图 5-11 所示。

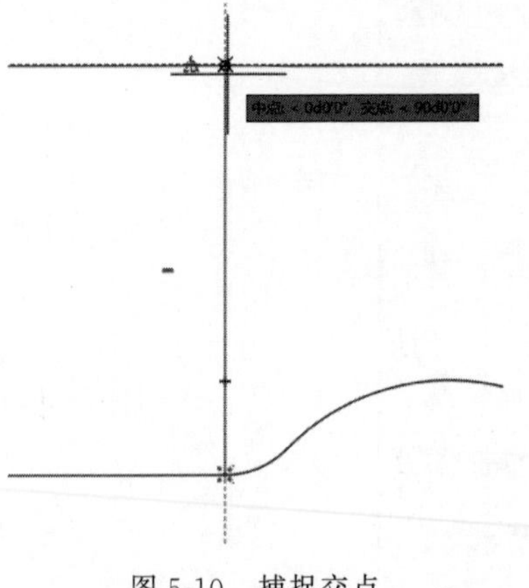
图 5-10　捕捉交点

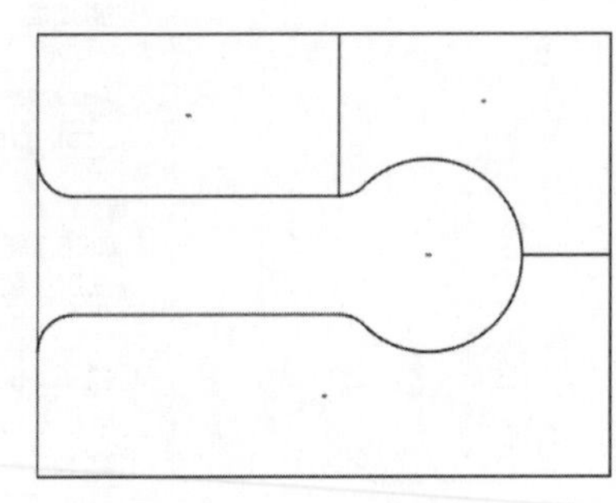
图 5-11　创建地块

5.1.4　使用滑动直线创建地块

可以用沿临街面的起点和终点定义一条或多条地块线,以及相对于临街面或地块线绝对方向的角度。

(1) 打开源文件中的地块文件。单击“常用”选项卡“创建设计”面板“地块”下拉列表框中的“地块创建工具”按钮,打开“地块布局工具”工具栏,单击“展开工具栏”按钮。

(2) 在“参数”栏中设置最小面积为 7000 平方英尺[①]，最小临街面为 40 英尺，在偏移处使用最小临街面为“是”，临街面偏移为 20 英尺，最小宽度为 40 英尺，最小深度为 50 英尺，使用最大深度为“是”，最大深度为 200 英尺，多重解决方案首选项为“使用最小面积”，自动模式为“关”，剩余分布为“在最后一个地块中放置剩余面积”，如图 5-12 所示。

Note

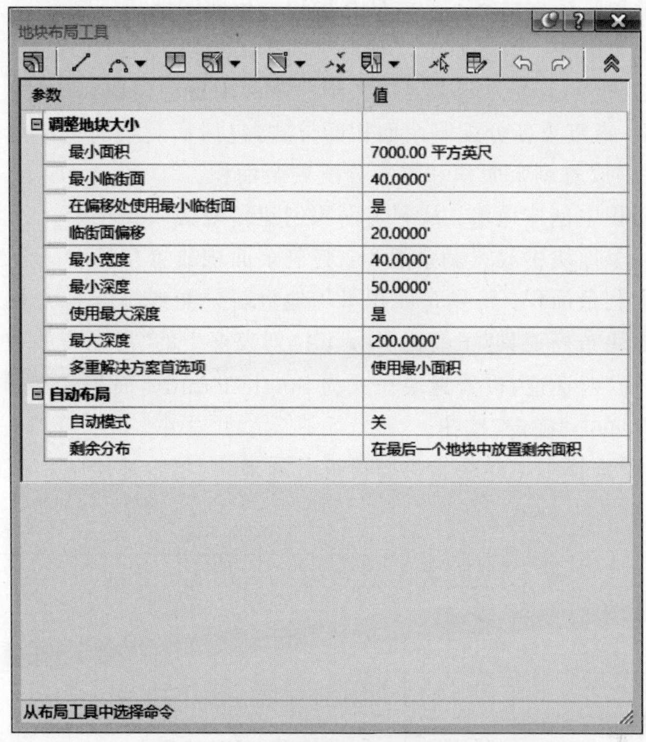

图 5-12 设置地块参数

“地块布局工具”工具栏中的选项说明如下。

- 最小面积：指定新地块的最小面积标准。注：如果满足最小临街面标准，但未满足最小面积标准，则将增加地块临街面，直到达到最小面积。
- 最小临街面：指定新地块的最小临街面标准。注：如果满足最小面积标准，但未满足最小临街面标准，则将增加地块面积，直到达到最小临街面。
- 在偏移处使用最小临街面：在执行调整地块大小命令期间启用/禁用在偏移处使用最小临街面。
- 临街面偏移：指定临街面偏移值。
- 最小宽度：设定最小宽度的默认值。该值必须大于或等于零。
- 最小深度：指定用于调整新地块大小或编辑现有地块的最小深度标准。最小深度从新地块或已编辑地块的临街面的中点开始，并与相交的临街面线段垂直。如果满足最小面积和临街面标准，但不满足最小深度标准，系统会增加临街面和面积，直到达到最小深度。

① 1 英尺＝0.3048 米。

Note

➢ 使用最大深度：指定在创建或编辑地块时是否使用最大深度标准。

➢ 最大深度：指定新地块或已编辑地块的最大深度标准。

➢ 多重解决方案首选项：在某些情况下，创建新地块期间可能会出现多个有效的解决方案，包括使用最短临街面和使用最小面积。

- 使用最短临街面：指定显示具有最短临街面的解决方案。
- 使用最小面积：指定显示具有最小面积的解决方案。

➢ 自动模式：指定是否为调整地块大小命令启用自动模式。

➢ 剩余分布：指定重新分配剩余面积的方式，包括从剩余面积中创建地块、在最后一个地块中放置剩余面积和重新分配剩余面积。

- 从剩余面积中创建地块：从剩余面积创建新地块。
- 在最后一个地块中放置剩余面积：将剩余面积放置在最后一个地块中。
- 重新分配剩余面积：将剩余面积平均地重新分配到每个地块中。

(3) 单击"地块布局工具"工具栏下拉列表框中的"滑动直线-创建"按钮，打开"创建地块-布局"对话框，设置地块样式为 Single-Family，面积标签样式为"标准"，其他采用默认设置，单击"确定"按钮。

(4) 在图形中选择 101 地块为将要再拆分的地块，指定地块临街面的起点和终点，如图 5-13 所示。

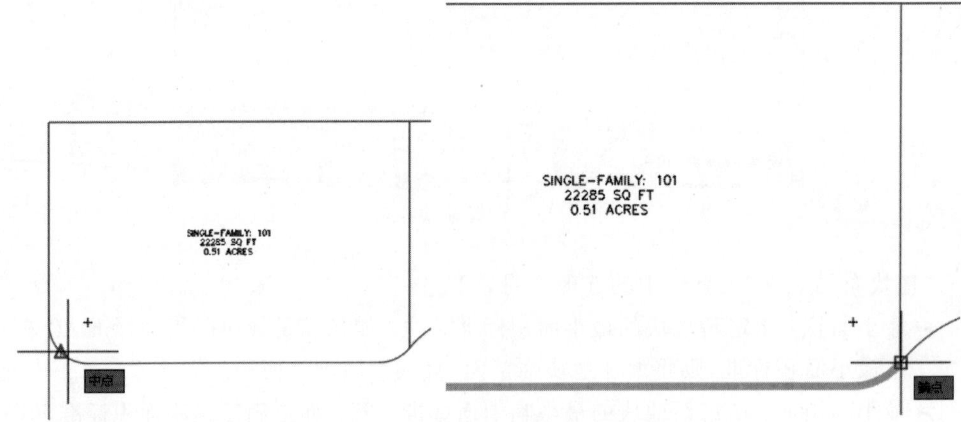

图 5-13　指定起点和终点

注意：当指定临街面的起点时，不要捕捉到曲线的起点。如果临街面在曲线起点处开始，将不能找到任何解决方案。

(5) 根据命令行提示输入角度为 90°，系统将显示地块创建参数和建议的解决方案的预览图形，如图 5-14 所示。

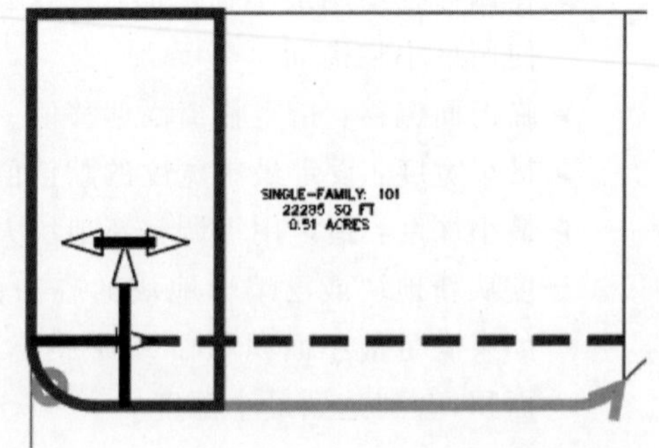

图 5-14　预览图形

(6) 命令行提示"接受结果？[是(Y)/否(N)] <是(Y)>："，按 Enter 键接受结果，将创建地块并为其设定标签，并在图形中显示

下一个地块的预览。

（7）在“地块布局工具”工具栏中更改最小面积为 8000 平方英尺，将更新预览图形以反映已更改的面积值，如图 5-15 所示。按 Enter 键接受结果，将创建两个新地块并为其设定标签，如图 5-16 所示。

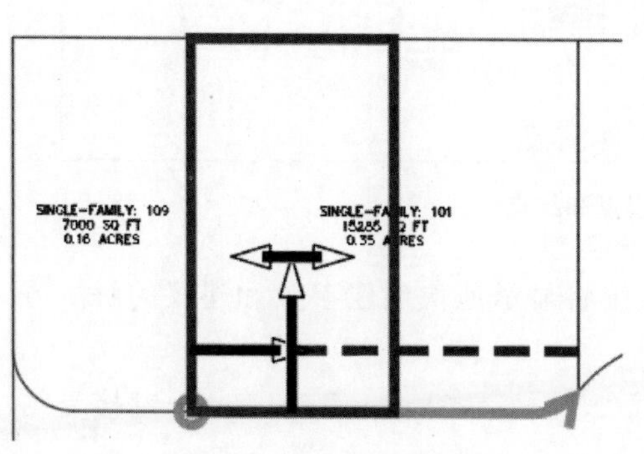

图 5-15　预览地块 2

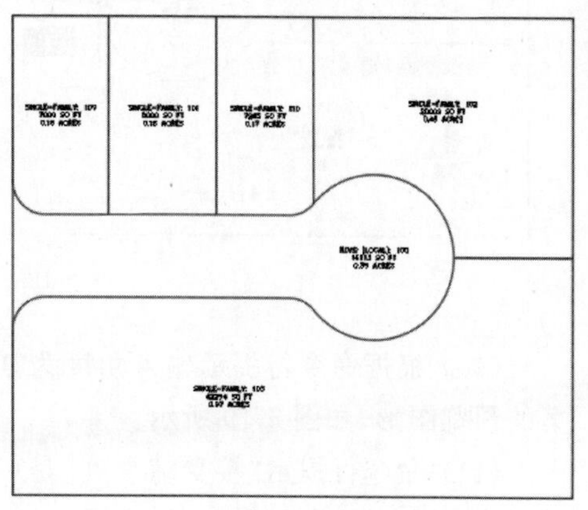

图 5-16　拆分地块

（8）在“参数”栏中设置自动模式为“开”，剩余分布为“在最后一个地块中放置剩余面积”，其他采用默认设置，如图 5-17 所示。

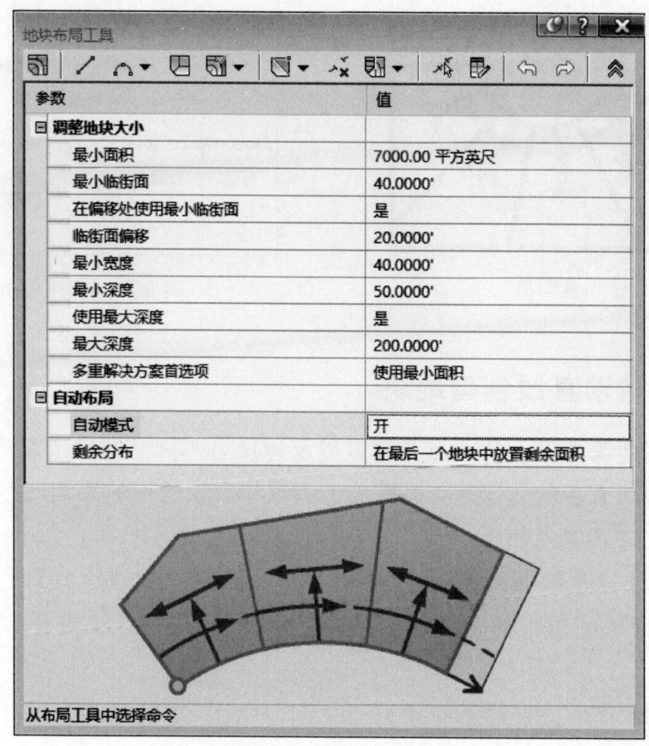

图 5-17　设置地块参数

Note

(9) 在图形中选择 105 地块为将要再拆分的地块，指定地块临街面的起点和终点，如图 5-18 所示。

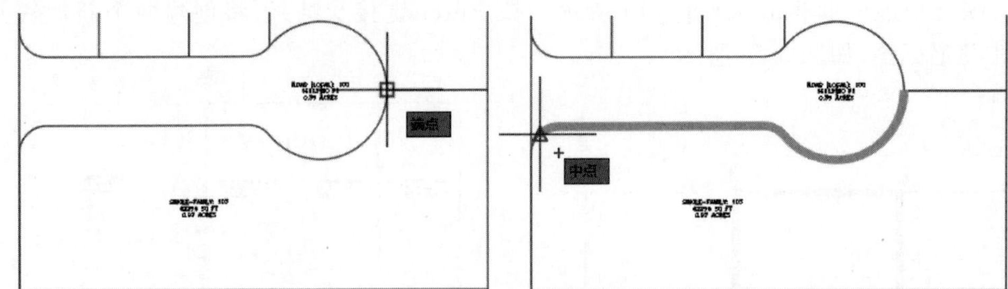

图 5-18　指定起点和终点

(10) 根据命令行提示输入角度为 90°，系统将显示地块创建参数和建议的解决方案的预览图形，如图 5-19 所示。

(11) 命令行提示“接受结果？[是(Y)/否(N)] <是(Y)>：”，按 Enter 键接受结果，将创建地块和标注新地块，如图 5-20 所示。

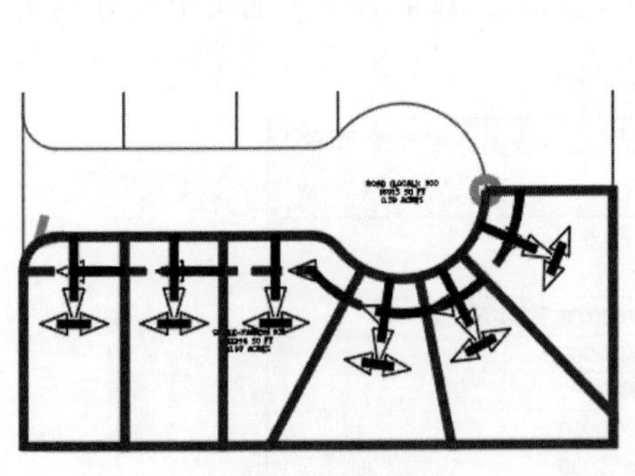

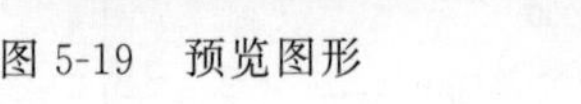

图 5-19　预览图形

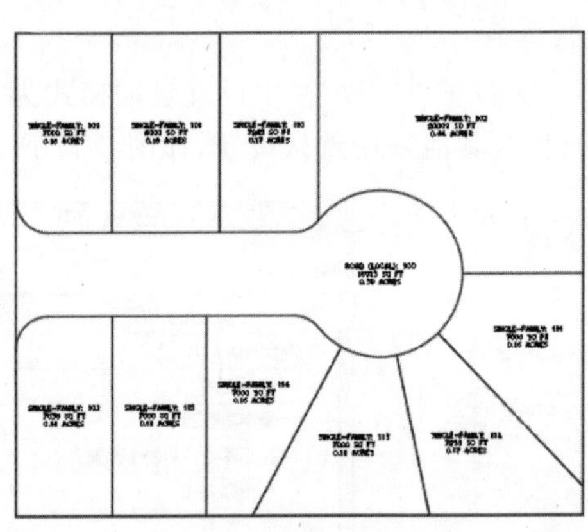

图 5-20　创建多个新地块

5.1.5　使用转动直线创建地块

可以创建用边缘地带上的起点和终点以及地块另一侧上的固定摆动点来定义的地块直线。调整地块大小的方法是：根据最小面积和边缘地带的限制，摆动地块直线，以便与边缘地带上的其他点相交。

(1) 打开 5.1.4 节绘制的图形。单击“常用”选项卡“创建设计”面板“地块”下拉列表框中的“地块创建工具”按钮，打开“地块布局工具”工具栏，单击“展开工具栏”按钮。

(2) 在“参数”栏中设置最小面积为 7000 平方英尺，最小临街面为 40 英尺，在偏移处使用最小临街面为“是”，临街面偏移为 20 英尺，最小宽度为 40 英尺，最小深度为 50 英尺，使用最大深度为“是”，最大深度为 200 英尺，多重解决方案首选项为“使用最小面积”，自动模式为“关”，剩余分布为“在最后一个地块中放置剩余面积”。

(3) 单击“地块布局工具”工具栏下拉列表框中的“转动直线-创建”按钮，在图形中选择 102 地块为将要再拆分的地块，指定地块临街面的起点和终点，如图 5-21 所示。使用黄线显示建议的临街面。

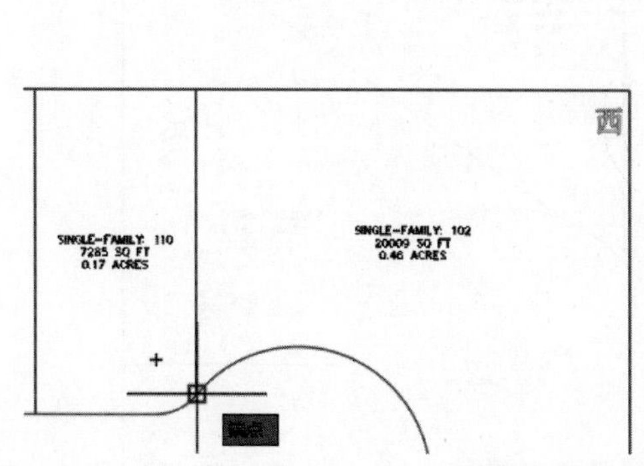

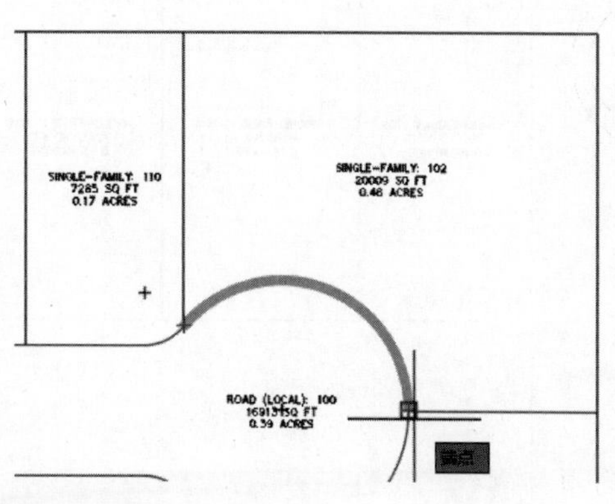

图 5-21 指定起点和终点

(4) 根据命令行提示指定如图 5-22 所示的转动点，系统将显示地块创建参数和建议的解决方案的预览图形，如图 5-23 所示。

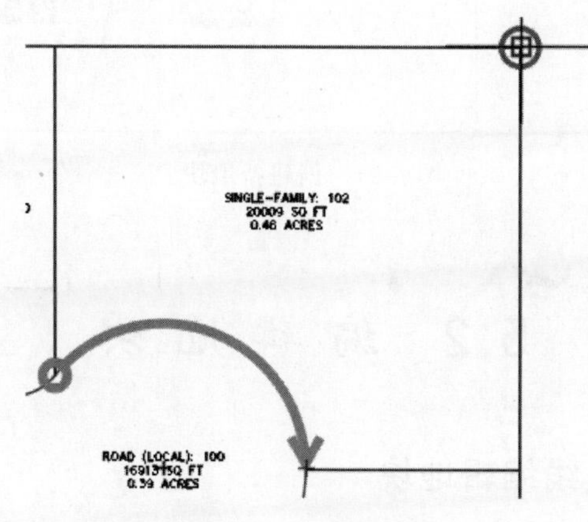

图 5-22 指定转动点

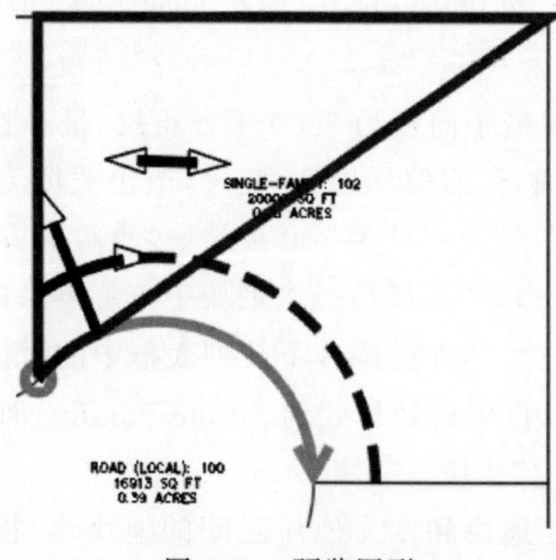

图 5-23 预览图形

Note

(5) 命令行提示“接受结果？[是(Y)/否(N)] ＜是(Y)＞:”，按 Enter 键接受结果，将创建地块并为其设定标签，如图 5-24 所示。

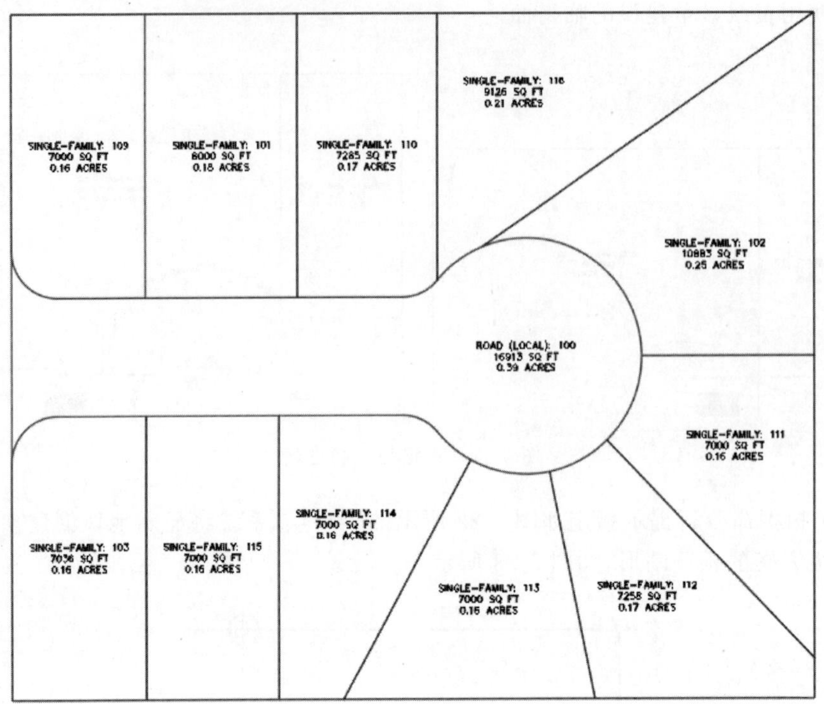

图 5-24　创建新地块

5.2　编辑地块

5.2.1　使用滑动直线编辑地块

(1) 打开 5.1.5 节绘制的图形，单击“常用”选项卡“创建设计”面板“地块”下拉列表框中的“地块创建工具”按钮，打开“地块布局工具”工具栏，单击“展开工具栏”按钮。

(2) 在“参数”栏中设置最小面积为 7000 平方英尺，最小临街面为 40 英尺，在偏移处使用最小临街面为“是”，临街面偏移为 20 英尺，最小宽度为 40 英尺，最小深度为 50 英尺，使用最大深度为“是”，最大深度为 200 英尺，多重解决方案首选项为“使用最小面积”，自动模式为关，剩余分布为“在最后一个地块中放置剩余面积”。

(3) 单击“地块布局工具”工具栏下拉列表框中的“滑动直线-编辑”按钮，打开“创建地块-布局”对话框，设置地块样式为 Single-Family，面积标签样式为“标准”，其他采用默认设置，单击“确定”按钮。

(4) 在图形中选择 113 地块和 114 地块之间的地块线，指定地块 114 为要调整的地块，将亮显地块边界，如图 5-25 所示。

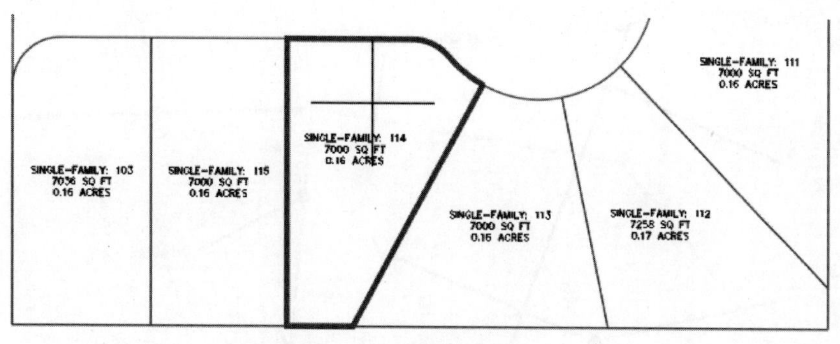

图 5-25　选择调整地块

(5) 指定地块临街面的起点和终点，如图 5-26 所示。使用黄线显示建议的临街面。

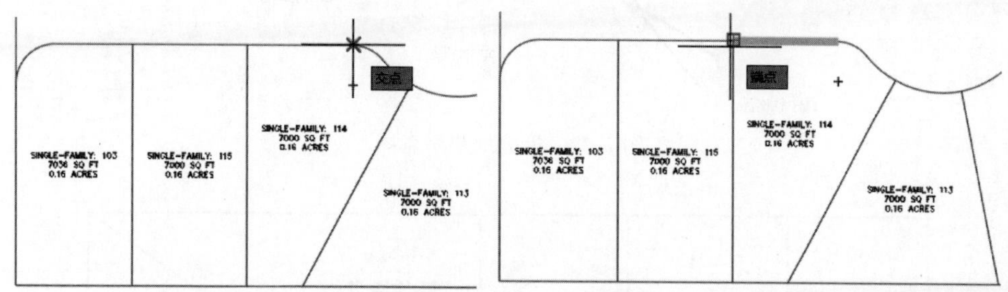

图 5-26　指定起点和终点

(6) 输入临街面角度为 90°，将显示地块创建参数和建议的解决方案的预览图形。显示的解决方案以指定角度沿临街面滑动地块线，如图 5-27 所示。

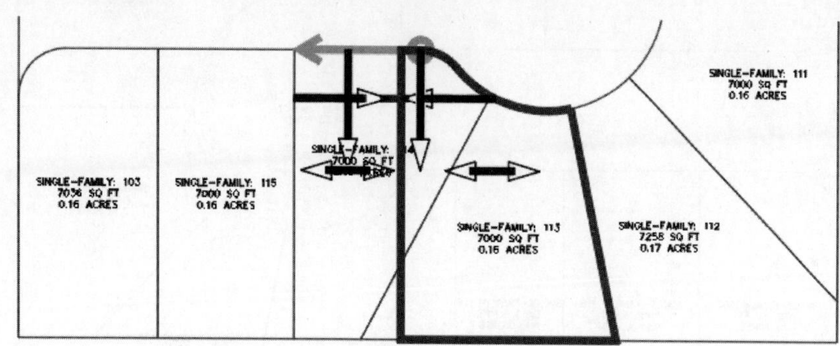

图 5-27　预览图形

提示：通过拆分现有地块来创建或编辑地块时，可以通过如图 5-27 所示的示意图来定义调整地块大小，如图 5-28 所示。

(7) 按 Enter 键，完成地块之间布局的调整，如图 5-29 所示。

5.2.2　使用转动直线编辑地块

(1) 打开 5.2.1 节绘制的图形，单击“常用”选项卡“创建设计”面板“地块”下拉

Note

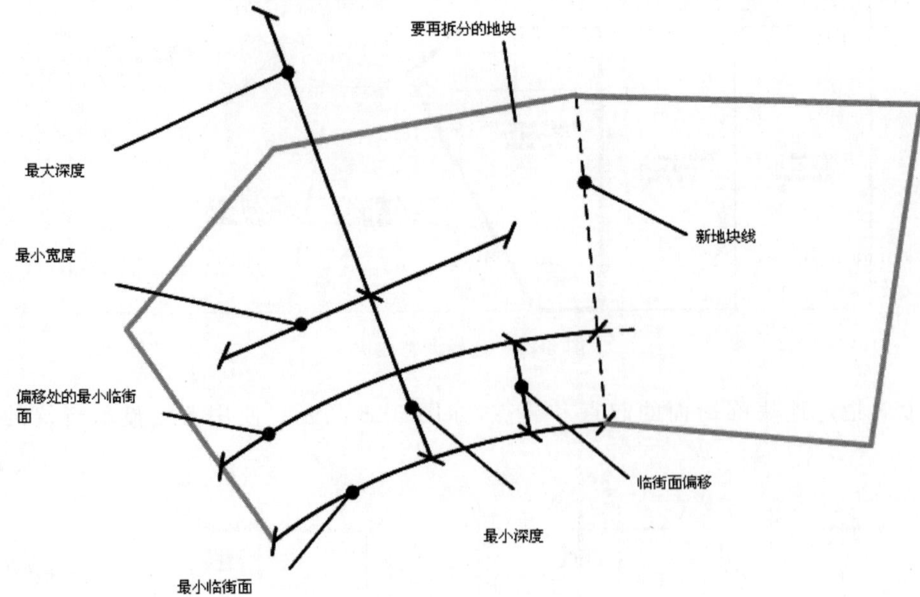

图 5-28　拆分地块示意图

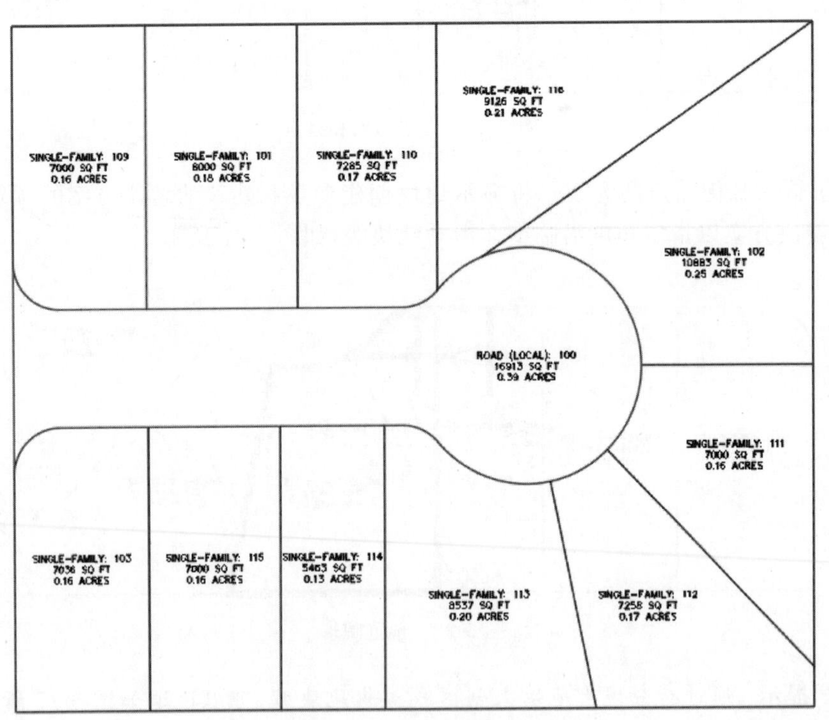

图 5-29　调整地块布局

列表框中的“地块创建工具”按钮，打开“地块布局工具”工具栏，单击“展开工具栏”按钮。

(2) 在“参数”栏中设置最小面积为 7000 平方英尺，最小临街面为 40 英尺，在偏移处使用最小临街面为“否”，临街面偏移为 20 英尺，最小宽度为 40 英尺，最小深度为 50

Note

英尺，使用最大深度为“是”，最大深度为 200 英尺，多重解决方案首选项为“使用最短临街面”，自动模式为“关”，剩余分布为“在最后一个地块中放置剩余面积”。

(3) 单击“地块布局工具”工具栏下拉列表框中的“转动直线-编辑”按钮，打开“创建地块-布局”对话框，设置地块样式为 Single-Family，面积标签样式为“标准”，其他采用默认设置，单击“确定”按钮。

(4) 在图形中选择 102 地块和 116 地块之间的地块线，指定地块 116 为要调整的地块，将高亮显示地块边界，如图 5-30 所示。

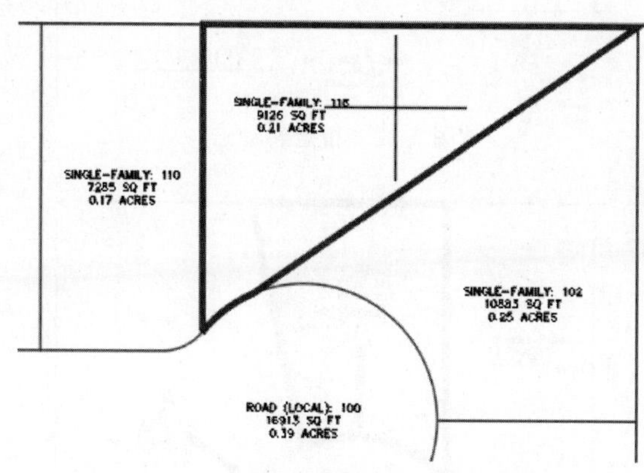

图 5-30　选择调整地块

(5) 指定地块临街面的起点和终点，如图 5-31 所示。使用黄线显示建议的临街面。

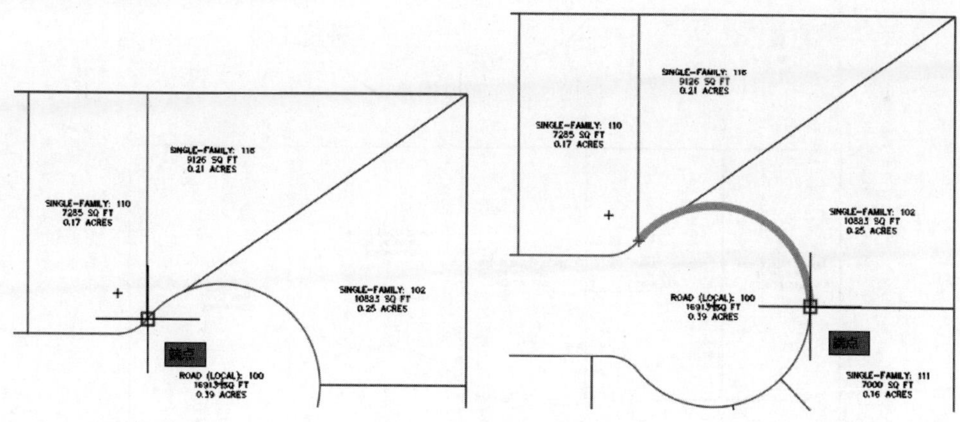

图 5-31　指定起点和终点

(6) 指定如图 5-32 所示的转动点，将显示地块创建参数和建议的解决方案的预览图形。显示的解决方案沿该参照点转动地块线，如图 5-33 所示。

(7) 按 Enter 键，完成地块之间布局的调整，如图 5-34 所示。

5.2.3　编辑地块形状

(1) 打开 5.2.2 节绘制的图形，在图形中选取地块 102 和地块 111 右侧的地块线，打开“地块线”上下文选项卡，单击“编辑几何图形”按钮，打开“编辑曲线”面板，如图 5-35 所示。

Note

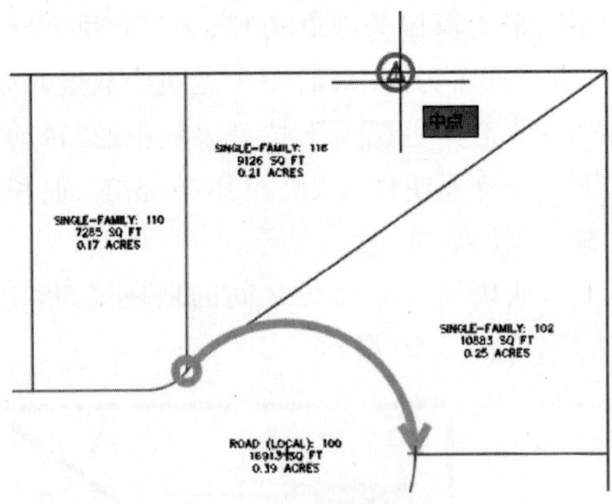

图 5-32　指定转动点

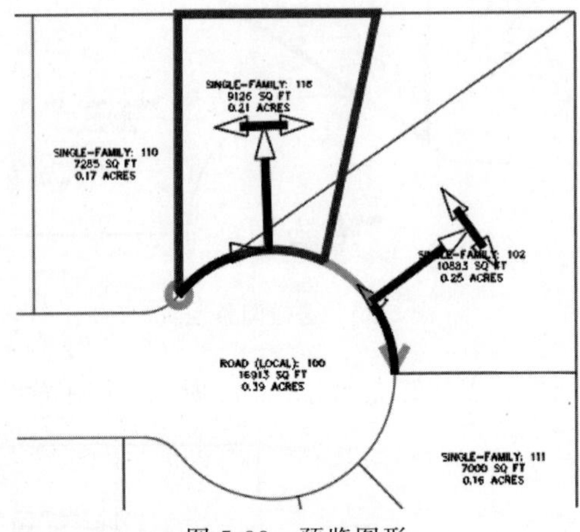

图 5-33　预览图形

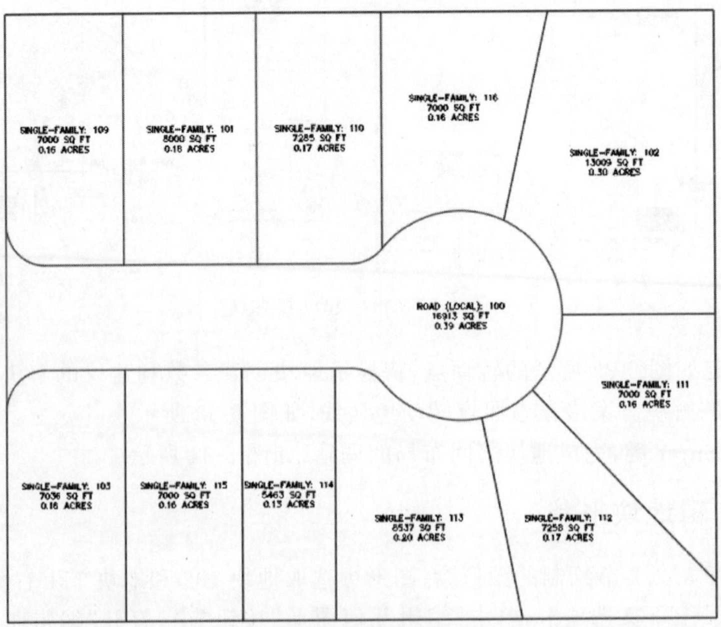

图 5-34　调整地块布局

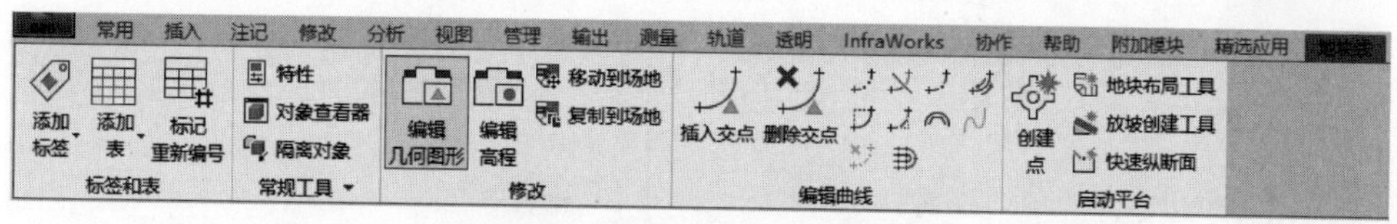

图 5-35 “地块线”上下文选项卡

(2) 单击“编辑曲线”面板中的“插入交点”按钮，捕捉如图 5-36 所示的两个地块的交点，指定高程为 0，按 Enter 键插入交点，可以在不影响其他地块的情况下编辑其中一个地块上的地块线。

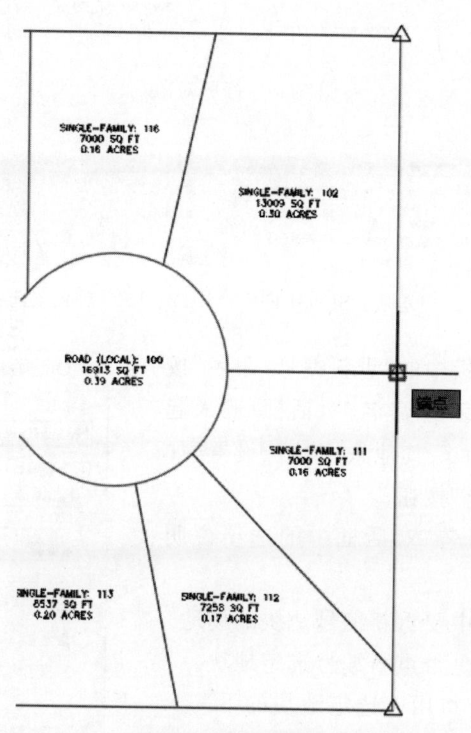

图 5-36 捕捉交点

(3) 选取地块 102 和地块 111 右侧的地块线，拖动地块线上端的夹点，使其与地块 116 的地块线相交，如图 5-37 所示。

(4) 选取最上端的地块线，单击“编辑曲线”面板中的“修剪”按钮，选取地块 102 的右侧地块线为剪切边缘，选择延伸出地块 102 的地块线为要修剪对象，如图 5-38 所示。

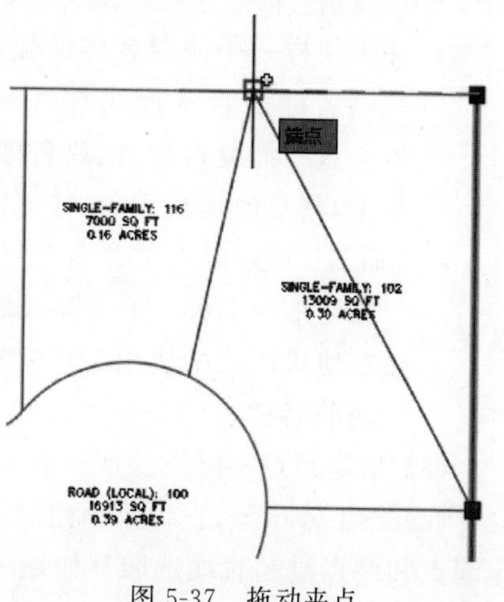

图 5-37 拖动夹点

5.2.4 地块重新编号

(1) 打开 5.2.3 节绘制的图形，选取地块 109，打开如图 5-39 所示的“地块：SINGLE-FAMILY：109”上下文选项卡。

Note

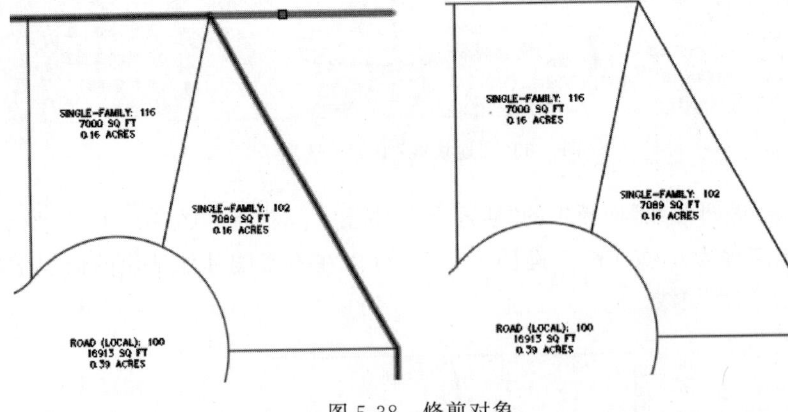

图 5-38　修剪对象

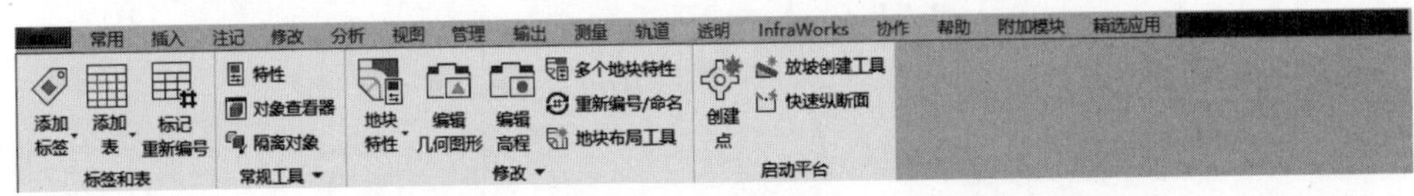

图 5-39　“地块：SINGLE-FAMILY：109”上下文选项卡

（2）单击“修改”面板中的“重新编号/命名”按钮，打开“地块重新编号/命名”对话框，输入起始编号为 200，增量值为 1，其他采用默认设置，如图 5-40 所示，单击“确定”按钮。

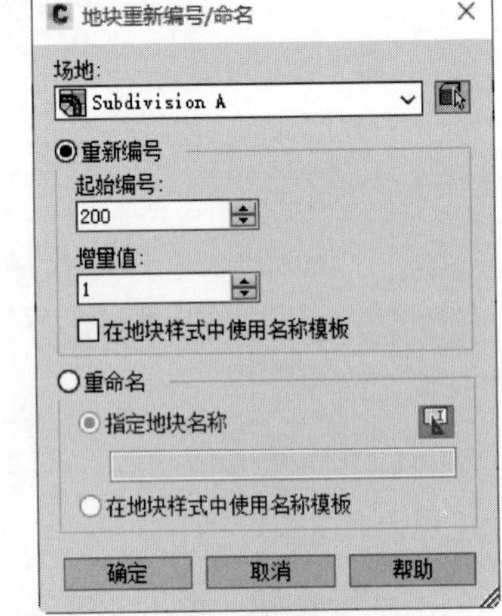

图 5-40　“地块重新编号/命名”对话框

“地块重新编号/命名”对话框中的选项说明如下。

➢ 场地：指定在其中要重新编号地块的场地。
➢ 重新编号：指定是否重新编号选定地块。
  - 起始编号：指定将用于选定地块的下一个编号。
  - 增量值：指定序列中编号之间的差值。
  - 在地块样式中使用名称模板：指定选定地块的名称是否从地块样式名称模板中获取。选中此复选框，地块名称将基于地块样式名称模板来设置。取消选中此复选框，将更改地块编号，并可能更新地块名称。
➢ 重命名：指定是否重命名选定地块。
  - 指定地块名称：手动输入地块名称。
  - 在地块样式中使用名称模板：指定使用指定地块样式名称模板来重置选定地块的名称。

（3）指定起点和终点绘制直线，如图 5-41 所示。

（4）按 Enter 键，直线范围内的地块将被旋转并高亮显示，如图 5-42 所示。继续指定起点和终点绘制直线选取其他地块。

Note

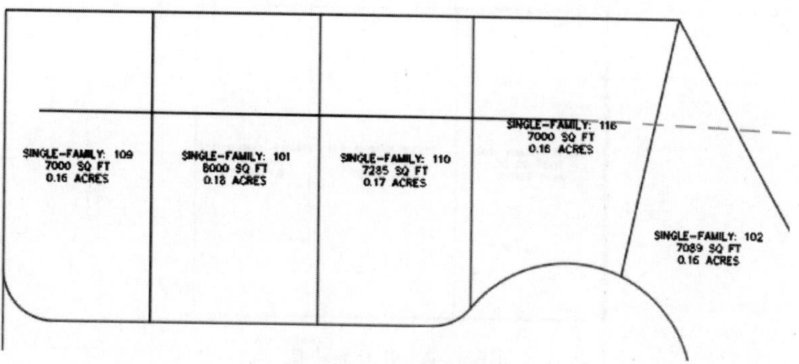

图 5-41 绘制直线

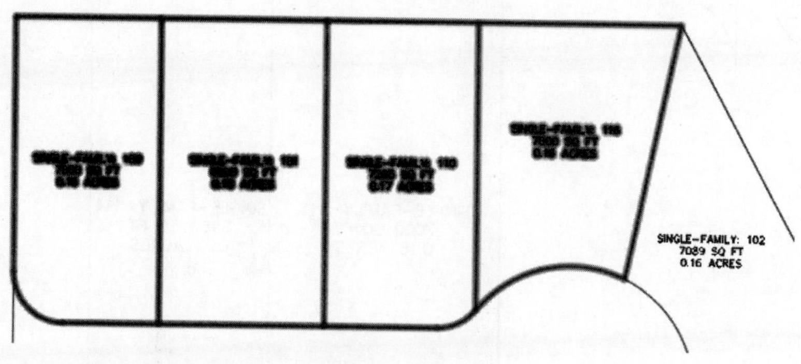

图 5-42 选取地块

(5) 连续按 Enter 键,完成重新编号,如图 5-43 所示。

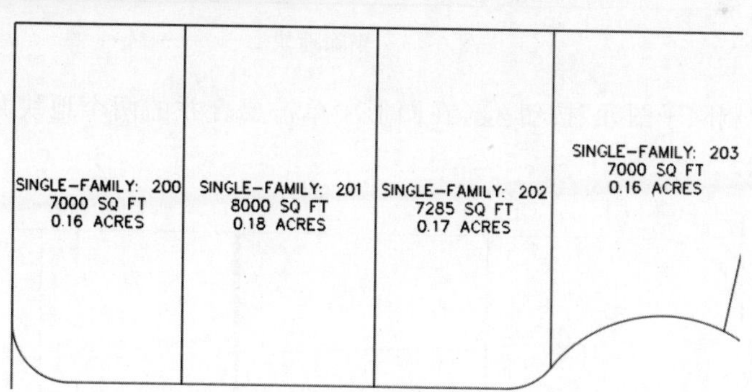

图 5-43 重新编号

5.2.5 删除和合并地块

(1) 打开 5.2.4 节绘制的图形,单击"常用"选项卡"创建设计"面板"地块"下拉列表框中的"地块创建工具"按钮,打开"地块布局工具"工具栏。

(2) 单击"删除子图元"按钮,在图形中单击未与其他地块共享的地块线,如图 5-44 所示。

(3) 删除地块线所在地块,如图 5-45 所示。

Note

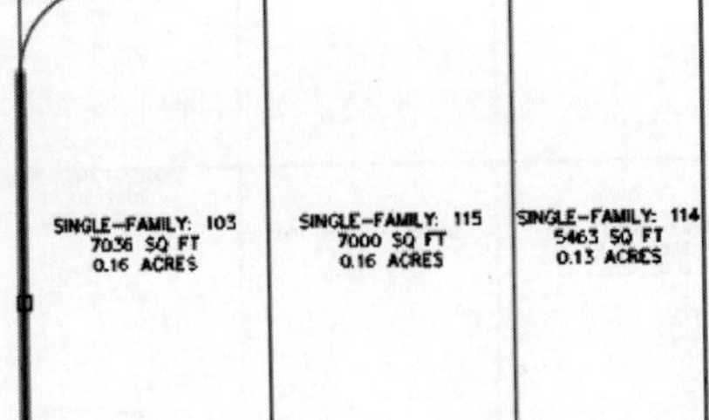

图 5-44　单击地块线

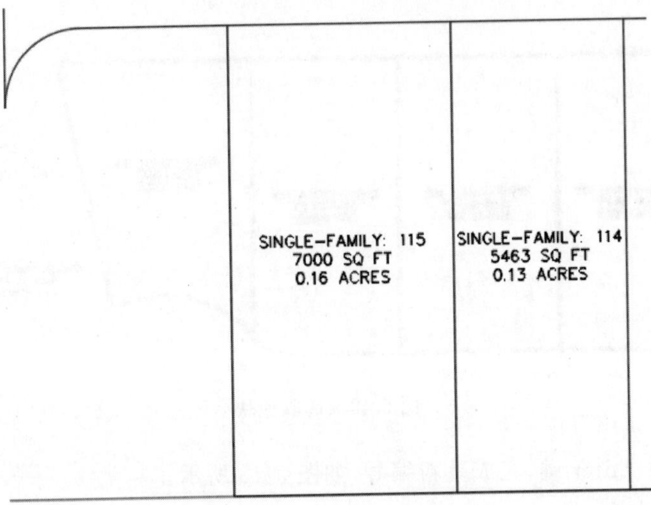

图 5-45　删除地块

（4）单击"删除子图元"按钮，在图形中单击要合并的两个地块共享的地块线，如图 5-46 所示。

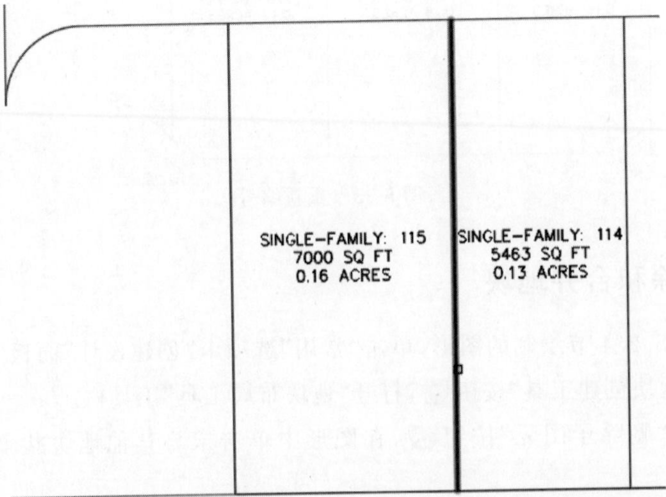

图 5-46　单击地块线

(5) 删除共享的线段即删除了共享的边界，两个地块就合并为一个地块，如图 5-47 所示。

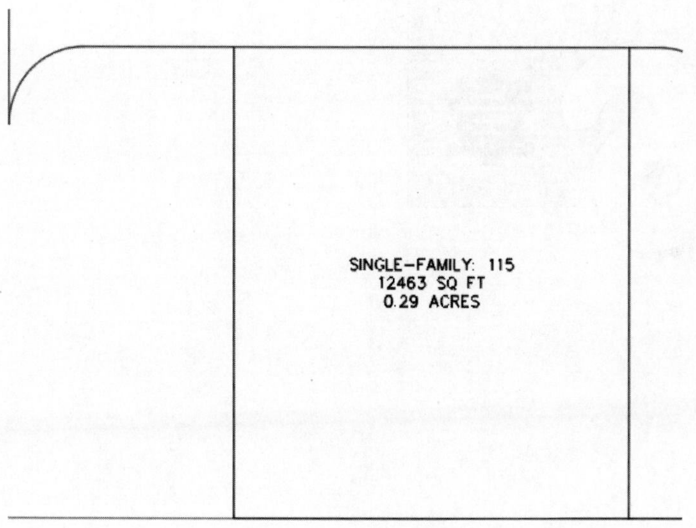

图 5-47　合并地块

第6章 路线

路线对象可以表示道路中心线、管网和其他构造基准线。可以将路线形状绘制为多段线，然后从该形状创建命名的路线。可以使用“路线布局工具”创建路线对象。

路线可以是独立的对象，也可以是纵断面、横断面和道路的父对象。编辑路线时，更改将自动反映在所有相关的对象中。

本章将详细介绍 Autodesk Civil 3D 中路线创建与编辑的基本方法。

6.1 创建路线

6.1.1 根据布局工具创建路线

(1) 打开 4.4.3 节编辑后的地形曲面。单击“常用”选项卡“创建设计”面板“路线”下拉列表框中的“路线创建工具”按钮，打开“创建路线-布局”对话框。

(2) 在对话框中输入名称为“路线 1”，设置类型为“中心线”，路线样式为 Basic(也可以新建自定义的路线样式)，其他采用默认设置，如图 6-1 所示。

“创建路线-布局”对话框中的选项说明如下。

➢ 名称：输入路线名称，每条路线都必须具有唯一的名称。

➢ 类型：指定创建路线的类型，包括中心线、偏移、加铺转角、轨道和其他。根据路线功能选择不同的类型，例如：为道路中心线选择中心线类型，为铁路选择轨道

Note

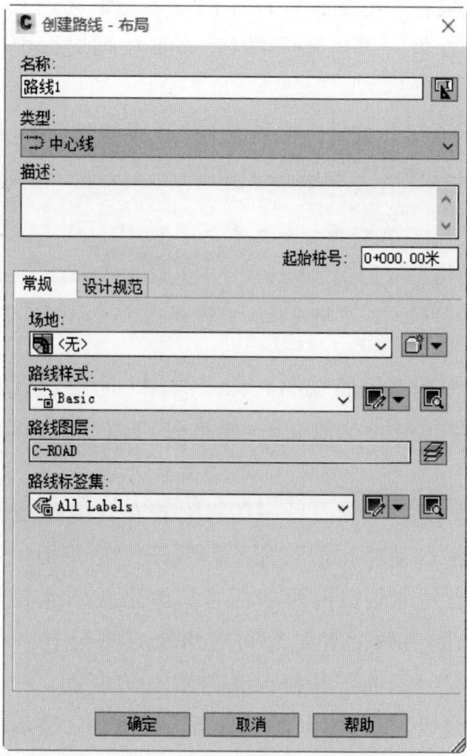

图 6-1 “创建路线-布局”对话框

类型，或者选择其他类型以用于其他用途（例如公共设施导管）。

➢ 描述：输入路线的描述。

➢ 起始桩号：为创建的第一个路线图元的起点指定桩号值。

➢ “常规”选项卡：可以使用此选项卡输入有关路线的信息。

- 场地：指定路线的场地，可以从列表中选择场地，也可以单击按钮创建场地，或通过图形中的对象选择场地。从图形中选择的路线和对象与同一个场地相关联。
- 路线样式：显示当前样式，也可以从下拉列表框中选择其他路线样式。单击按钮，在下拉列表框中选择新建或编辑样式。
- 路线图层：显示要在上面创建路线对象的图层。单击按钮，打开“对象图形”对话框，在对话框中选择或创建在其上绘制路线的图层。
- 路线标签集：显示默认的路线标签集。用户可以接受默认的标签集，或使用列表从图形中选择其他标签集。单击按钮，在下拉列表框中选择新建或编辑样式。

➢ “设计规范”选项卡：可以指定设计规范（包括设计规范文件和设计检查集）。

- 起始设计速度：指定路线起始桩号处的设计速度。
- 使用基于标准的设计：指定是否将设计规范应用于路线。
- 使用设计规范文件：指定是否将设计规范文件与路线相关联。

- 使用设计检查集：指定是否将设计检查集与偏移路线相关联。在下拉列表框中选择设计检查集。单击按钮，在下拉列表框中选择新建或编辑设计检查集。

(3) 单击“确定”按钮，打开如图 6-2 所示的“路线布局工具-路线 1”工具栏。

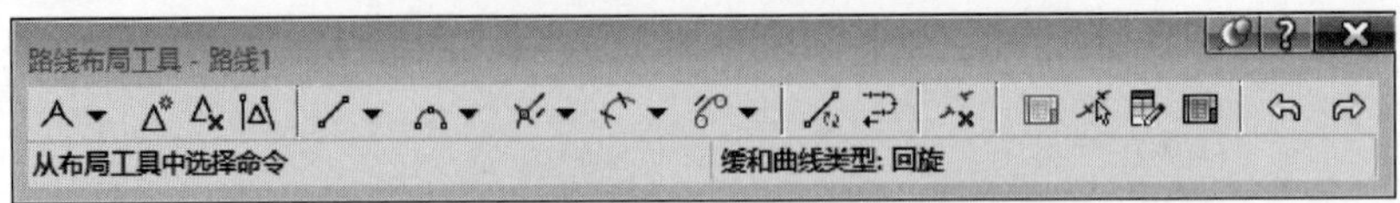

图 6-2 “路线布局工具-路线 1”工具栏

该工具栏中包括三种基本的路线图元约束类型：固定、浮动和自由。

> 固定：固定路线图元是完全独立的，编辑时，它们不会和其他路线图元维持相切关系。

> 浮动：浮动路线图元的一端或另一端将附着在其他路线图元（固定或浮动的）之上，编辑时，它们将自动维持着与那些路线图元的相切关系。

> 自由：自由路线图元则是根据两端都与其他路线图元相切而确定的。自由直路线图元不能编辑，因为两个对象之间的切线方案只有一种。对于自由曲路线图元，可以修改它的半径，而不是修改其附着点的位置。

(4) 为了方便绘制路线，将曲面上的其他部件隐藏，只显示曲面边界。在工具空间“浏览”选项卡“曲面”节点下的“地形曲面 1”上右击，弹出快捷菜单，选择“编辑曲面样式”选项，打开“曲面样式-Contours 2m and 10m(Background)”对话框，切换到“显示”选项卡，设置边界可见（单击图标变亮），其他不可见，如图 6-3 所示。单击“确定”按钮，在曲面上只显示边界，如图 6-4 所示。

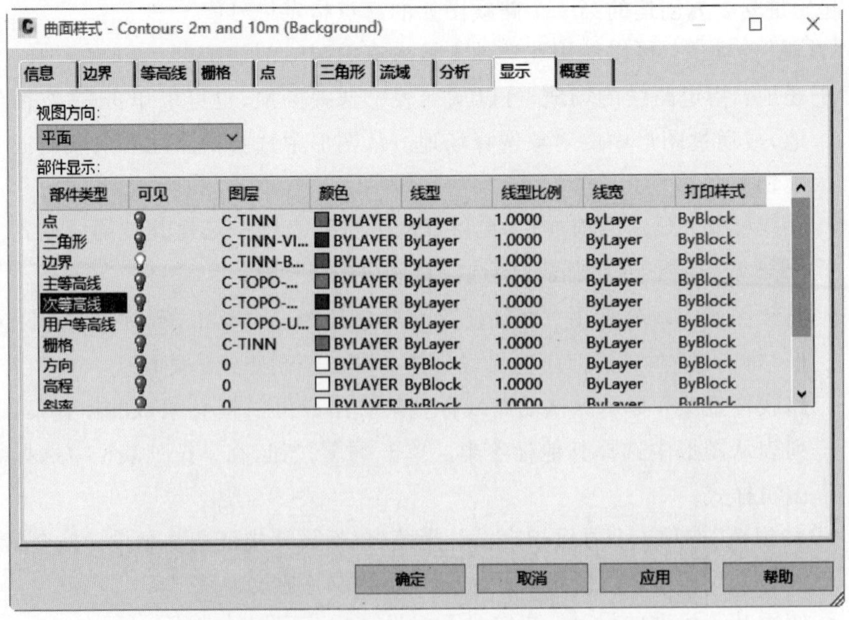

图 6-3 “曲面样式-Contours 2m and 10m(Background)”对话框

（5）在“路线布局工具-路线 1”工具栏的下拉列表框中单击“切线-切线（没有曲线）”按钮，根据命令行提示在曲面上确定路线的起点、下一点以及终点绘制路线，如图 6-5 所示。

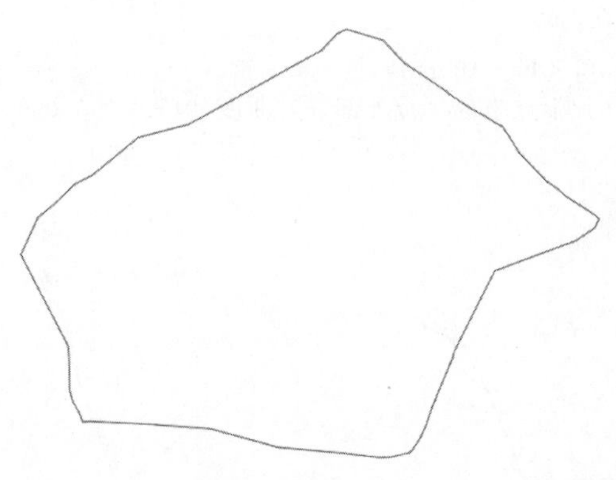
图 6-4 显示边界

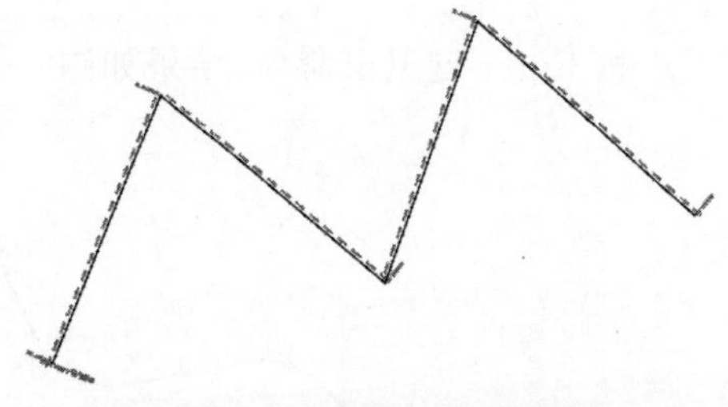
图 6-5 创建不带曲线的路线

（6）在“路线布局工具-路线 1”工具栏的下拉列表框中单击“曲线和缓和曲线设定”按钮，打开“曲线和缓和曲线设定”对话框，设置类型为“回旋”，分别选中“前缓和曲线”“曲线”和“后缓和曲线”复选框，设置长度为 200 米，A 值为 30 米，半径为 200 米，如图 6-6 所示。

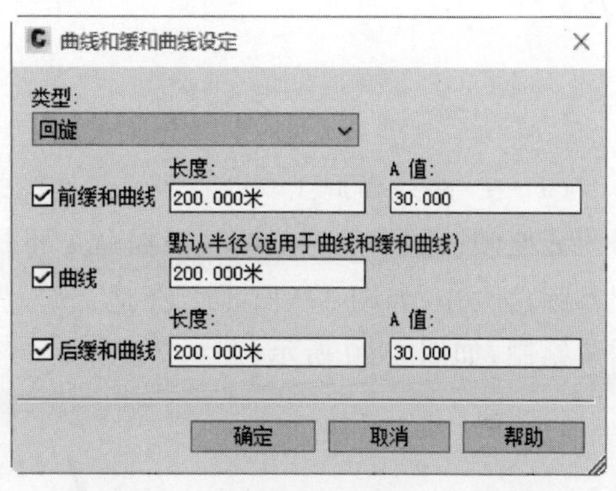

图 6-6 “曲线和缓和曲线设定”对话框

“曲线和缓和曲线设定”对话框中的选项说明如下。

➢ 类型：指定缓和曲线类型，包括 Bloss、NSW 三次抛物线、回旋、三次抛物线、四次、正弦半坡递减切线和正弦曲线。其中回旋常用于公路路线，正弦曲线、三次抛物线常用于高铁路线。

➢ 前/后缓和曲线：指定在路线设计中是否在曲线之前或后缓和曲线之前创建缓和曲线。

- 长度：指定前/后缓和曲线的长度。
- A 值：指定前/后缓和曲线的 A 值。

➢ 曲线：指定如何插入曲线，是否带前缓和曲线与后缓和曲线，或者只插入曲线自身。

- 默认半径：指定曲线和缓和曲线之间的半径值，曲线半径的更改将改变 A 值。

（7）在“路线布局工具-路线 1”工具栏的下拉列表框中单击“切线-切线（带有曲线）”按钮，捕捉图 6-5 中的路线终点作为起点，指定下一点和终点继续绘制路线，右击以结束平面路线布局命令，结果如图 6-7 所示。

(8) 在“路线布局工具-路线 1”工具栏的下拉列表框中单击“自由曲线圆角(两个图元之间、半径)”按钮，命令行提示如下：

Note

```
选择第一个图元:选取右侧第一个路线
选择下一个图元:选取右侧第二个路线
曲线的计算角度是否 [大于 180(G)/小于 180(L)] <小于 180(L)>:按 Enter 键
指定半径或[曲线长度(L)/切线长度(T)/弦长(C)/中点坐标(O)/外部(E)/曲度(D)] <200.000
米>: 100
```

按 Enter 键退出命令，结果如图 6-8 所示。

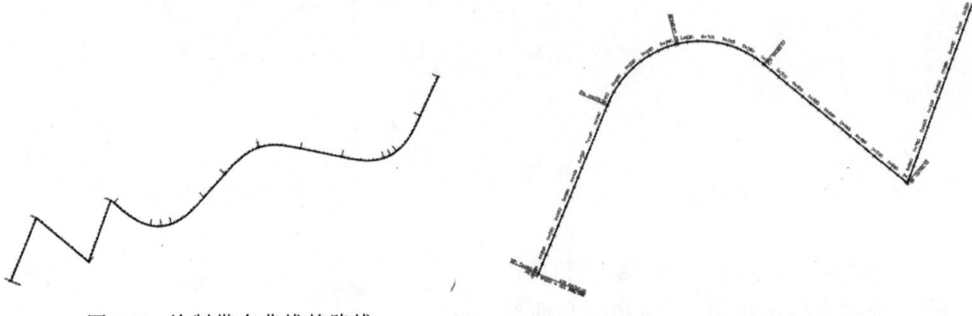

图 6-7　绘制带有曲线的路线

图 6-8　创建自由曲线圆角

(9) 在“路线布局工具-路线 1”工具栏的下拉列表框中单击“自由曲线圆角(两个图元之间、通过)”按钮，根据命令行提示分别选取两侧路线，预览圆角，移动鼠标调整圆角大小，如图 6-9 所示。在适当位置单击创建圆角，按 Enter 键退出命令，完成圆角绘制，如图 6-10 所示。

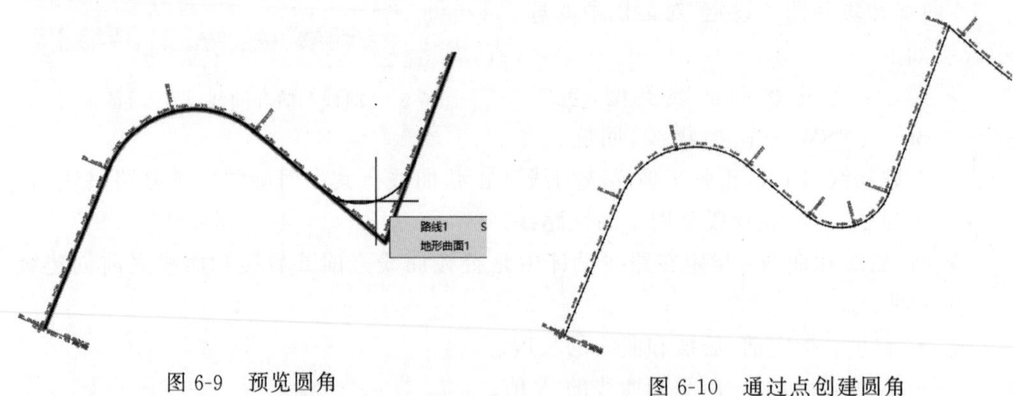

图 6-9　预览圆角

图 6-10　通过点创建圆角

“路线布局工具-路线 1”工具栏中的其他路线创建工具这里不再一一介绍，读者可以自己绘制。

6.1.2　从图形图元创建路线

可以从选定的直线、曲线或多段线创建路线。

(1) 单击“常用”选项卡“绘制”面板中的“多段线”按钮，在曲面上绘制如图 6-11 所示的多段线。

(2) 单击“常用”选项卡“创建设计”面板“路线”下拉列表框中的“从对象创建路线”按钮，选取上步创建的多段线将其转换为路线，命令行提示如下：

```
命令：_AeccCreateAlignmentEntities
选择第一条直线/圆弧/多段线或[外部引用(X)]:选取上步创建的多段线
选择要用于创建路线的直线/圆弧或多段线:按 Enter 键确认
按 Enter 键接受路线方向或[反向(R)]: 显示如图 6-12 所示的路线方向,选择“反向(R)”选项,
或者输入 R
```

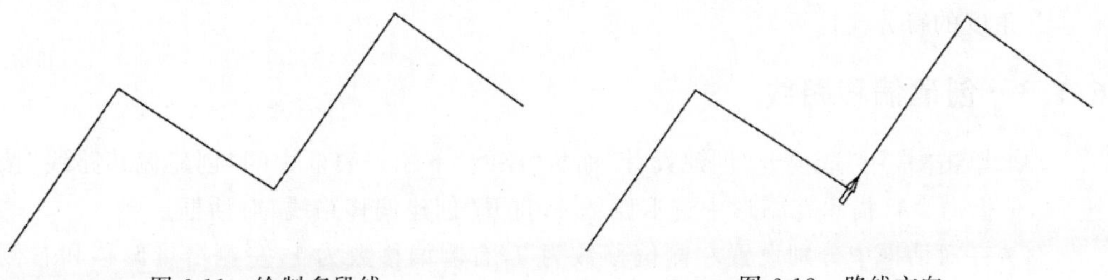

图 6-11　绘制多段线　　　　图 6-12　路线方向

(3) 打开“从对象创建路线”对话框，输入名称为“路线 2”，设置类型为“中心线”，路线样式为 Basic(也可以新建自定义的路线样式)，选中“在切线间添加曲线”复选框，设置默认半径为 200 米，其他采用默认设置，如图 6-13 所示。单击“确定”按钮，生成路线 2，如图 6-14 所示。

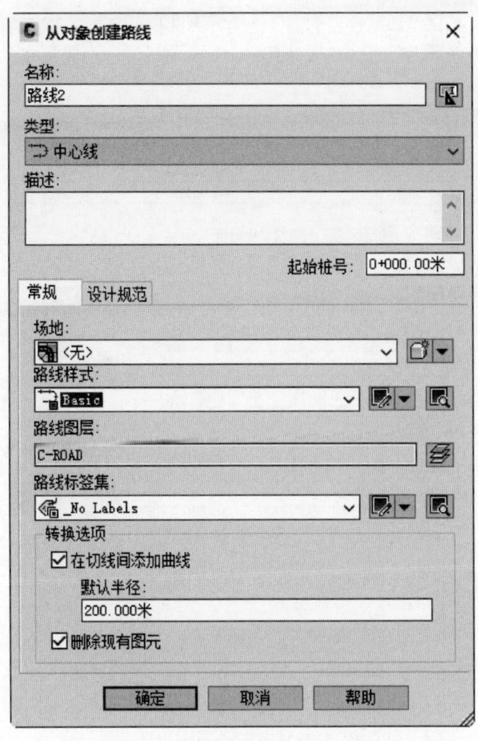

图 6-13　“从对象创建路线”对话框

Note

“从对象创建路线”对话框中的选项大部分同“创建路线-布局”对话框中的选项，下面介绍“从对象创建路线”对话框中特有的选项。

➢ 在切线间添加曲线：指定是否在每条切线之间自动添加曲线。选中此复选框，在每个切线与切线交点处放置曲线，曲线的半径按照切线长度和偏转角度的百分比计算。

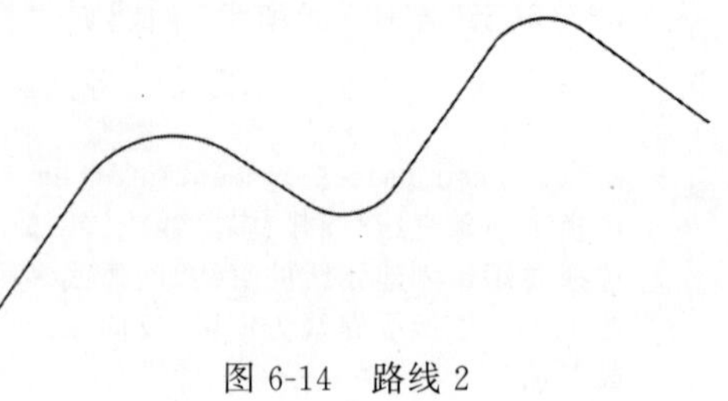

图 6-14　路线 2

6.1.3　创建偏移路线

(1) 单击“常用”选项卡“创建设计”面板“路线”下拉列表框中的“创建偏移路线”按钮，根据命令行提示在图形中选取路线 1，打开“创建偏移路线”对话框。

(2) 在对话框中分别设置左侧偏移数为 2，右侧偏移数为 1，左侧增量偏移和右侧增量偏移为 10 米，其他采用默认设置，如图 6-15 所示。

图 6-15　“创建偏移路线”对话框

(3) 单击“确定”按钮，生成偏移路线，如图 6-16 所示。

“创建偏移路线”对话框中的选项说明如下。

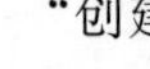

➢ 路线偏移起点：指定初始路线的名称。

➢ 偏移名称模板：指定路线名称的格式。单击按钮，打开“名称模板”对话框，更改格式。

➢ 桩号范围：在初始路线上指定偏移路线开始处和结束处的起点桩号和终点桩号。

➢ 左侧/右侧偏移数：指定要在路线每一侧创建的偏移数。左侧和右侧是根据面向初始路线的位置确定的。

图 6-16　创建偏移路线

➢ 左侧/右侧增量偏移：指定每一对路线之间每一侧的偏移距离。

➢ “常规”选项卡：可以使用此选项卡输入有关路线的信息。

- 场地：指定路线的场地，可以从列表中选择场地，也可以单击按钮创建场地，或通过图形中的对象选择场地。从图形中选择的路线和对象与同一个场地相关联。
- 路线样式：显示当前样式，也可以从下拉列表框中选择其他路线样式。单击按钮，在下拉列表框中选择新建或编辑样式。
- 路线图层：显示要在上面创建路线对象的图层。单击按钮，打开“对象图形”对话框，在对话框中选择或创建在其上绘制路线的图层。
- 路线标签集：显示默认的路线标签集。用户可以接受默认的标签集，或使用列表从图形中选择其他标签集。单击按钮，在下拉列表框中选择新建或编辑样式。

➢ “加宽标准”选项卡：为偏移路线指定加宽标准。

- 曲线加宽：指定向偏移路线的弯曲部分添加加宽区域。
- 通过设计标准指定加宽段：选中“曲线加宽”复选框，此选项可用。它根据与初始路线关联的设计规范文件中指定的规则向偏移路线的弯曲部分添加加宽区域。
- 手动指定加宽段：选中“曲线加宽”复选框，此选项可用。根据输入的“增加宽度”和“过渡段长度”，向偏移路线的弯曲部分添加加宽区域。
- 使用设计检查集：指定是否将设计检查集与偏移路线相关联。在下拉列表框中选择设计检查集。单击按钮，在下拉列表框中选择新建或编辑设计检查集。

➢ “创建偏移纵断面”选项卡：为偏移纵断面创建操作指定信息。

- 创建用于偏移路线的纵断面：为偏移路线创建偏移纵断面。默认情况下，偏移纵断面随上级纵断面动态变化，且具有一个源自指定的上级纵断面的横向坡度。
- 上级纵断面：指定在创建偏移纵断面时用作上级的纵断面。上级纵断面使用指定的横向坡度进行偏移以创建偏移纵断面。

Note

- 叠加到纵断面图：指定是否将偏移纵断面添加到现有纵断面图。
- 源自上级纵断面的横向斜率：指定要用于偏移纵断面的源自上级纵断面的默认横向坡度。
- 纵断面名称：通过默认名称模板指定偏移纵断面的名称。
- 纵断面样式：显示当前的纵断面样式，单击按钮，在下拉列表框中选择新建或编辑样式。

偏移路线将添加至“浏览”的“偏移路线”节点中，如图 6-17 所示。

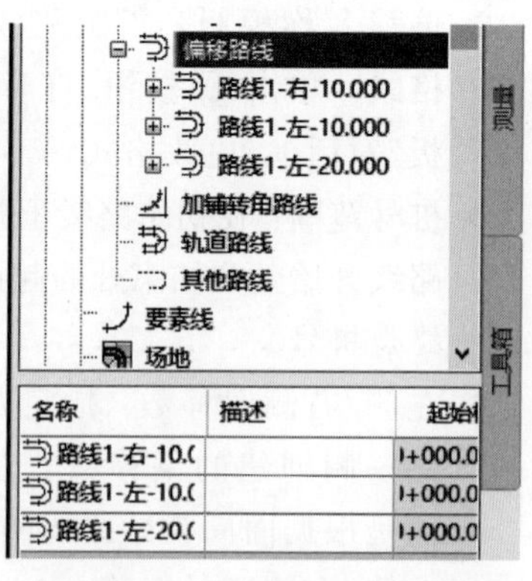

图 6-17 “偏移路线”节点

6.1.4 创建路线加宽区域

可以沿路线应用指定长度的加宽区域。每个加宽区域都在入口和出口处包括过渡区域。过渡区域从指定加宽区域的起点和终点桩号向前后延伸。

（1）单击“常用”选项卡“创建设计”面板“路线”下拉列表框中的“创建加宽区域”按钮，根据命令行提示选取路线 1。

（2）根据命令行提示选择起点桩号为 0＋060，终点桩号为 0＋160，根据命令行提示输入加宽区域偏移为 15 米，指定加宽区域在右侧，按 Enter 键，生成如图 6-18 所示的加宽区域并打开“偏移路线参数”对话框。

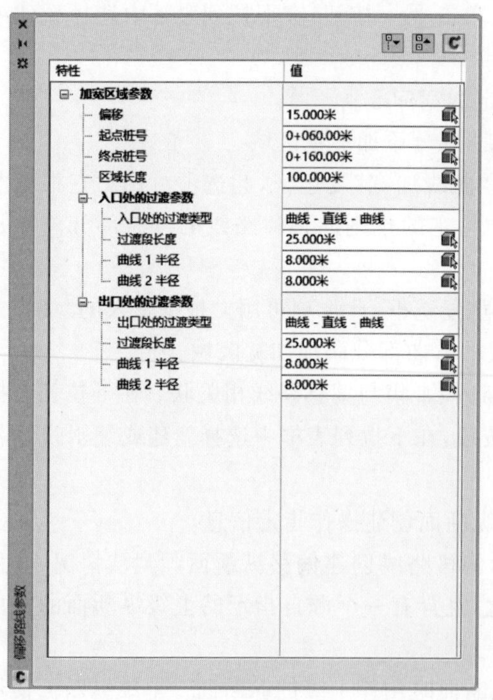

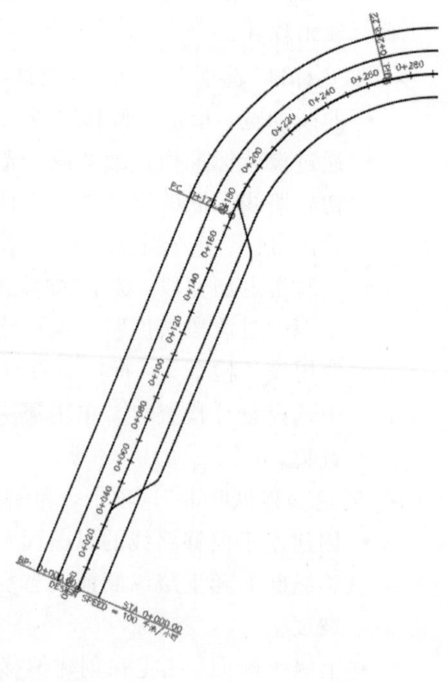

图 6-18 创建加宽区域

"偏移路线参数"对话框中的选项说明如下。

➢ 偏移：指定偏移宽度。

➢ 起点桩号/终点桩号：指定当前所选偏移路线的起点或终点桩号。

➢ 区域长度：指定与此偏移路线相关联的区域的长度。

➢ 入口处/出口处的过渡类型：包括线性、曲线-直线-曲线、曲线-曲线-反向曲线和曲线-反向曲线，如图 6-19 所示。

➢ 过渡段长度：指定入口/出口处过渡段的长度。

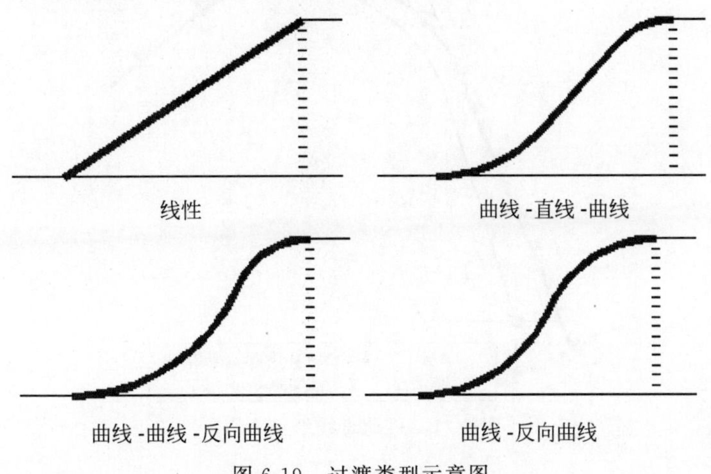

图 6-19　过渡类型示意图

6.2　编辑路线

可以用多种方式来编辑路线，除了使用路线布局工具条上的编辑工具外，还可以使用夹点方式和表格方式。在修改路线时，所有的几何约束关系仍然保持不变。

6.2.1　使用夹点编辑路线

可以使用夹点以图形方式更改路线中的竖曲线和切线。夹点是按照当前显示对象的世界坐标系（WCS）的方向来确定方向的。

（1）打开 6.1.1 节绘制的图形，选取路线，在路线上显示夹点，如图 6-20 所示。

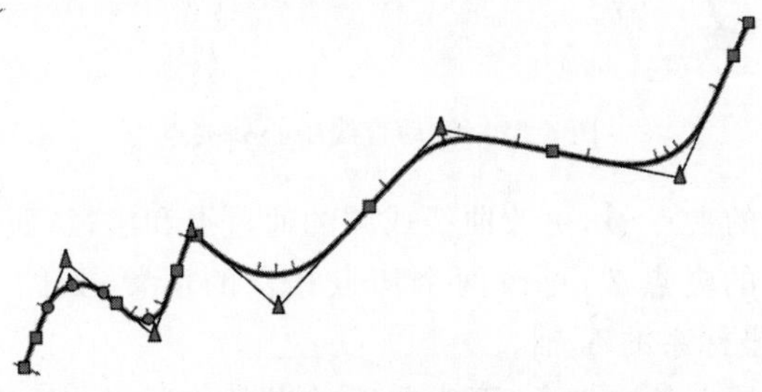

图 6-20　显示夹点

Note

（2）拖动端点处的夹点，如果移动直线上的夹点会影响直线的长度和角度，如图 6-21 所示；如果移动曲线上的夹点不影响夹点所属曲线的半径，但会影响其他已附着图元的半径。

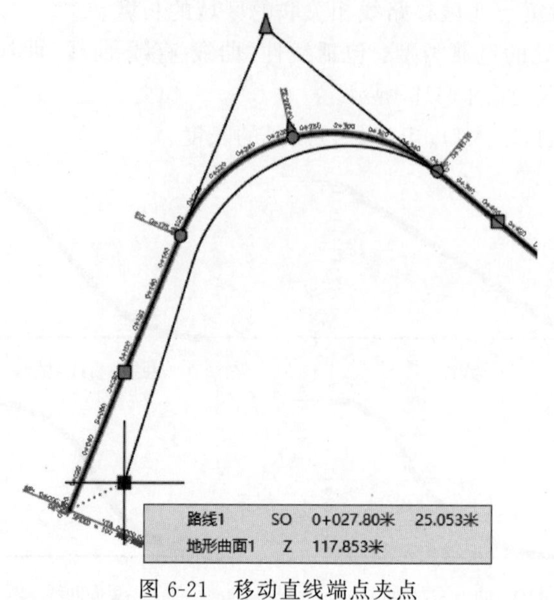

图 6-21　移动直线端点夹点

（3）拖动直线中心处的夹点，将移动整个直线，如图 6-22 所示。

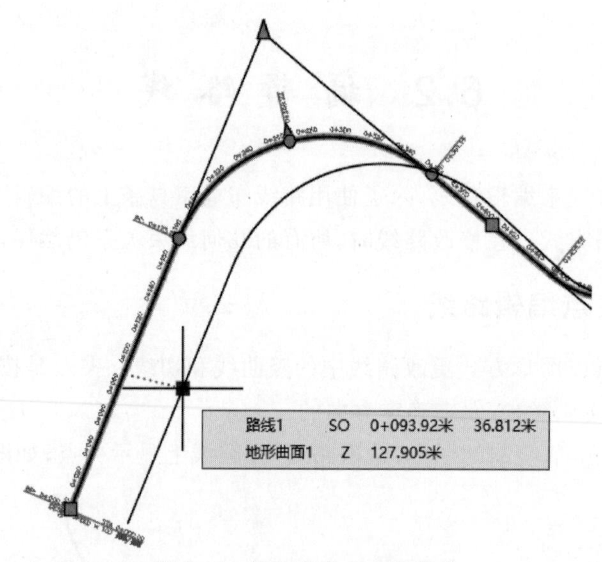

图 6-22　拖动直线中心处夹点

（4）移动曲线上的夹点，更改曲线或圆的通过点和半径，如图 6-23 所示。

（5）移动交点处的夹点，更改两个切点相交的位置，如图 6-24 所示，此夹点朝上，其顶部指向世界坐标系的 Y 轴。

（6）移动圆角曲线上的夹点，更改曲线的半径或通过点。三角形夹点显示在具有直接可编辑半径的曲线上并指向和约束于更改的方向，圆形夹点将更改曲线的通过

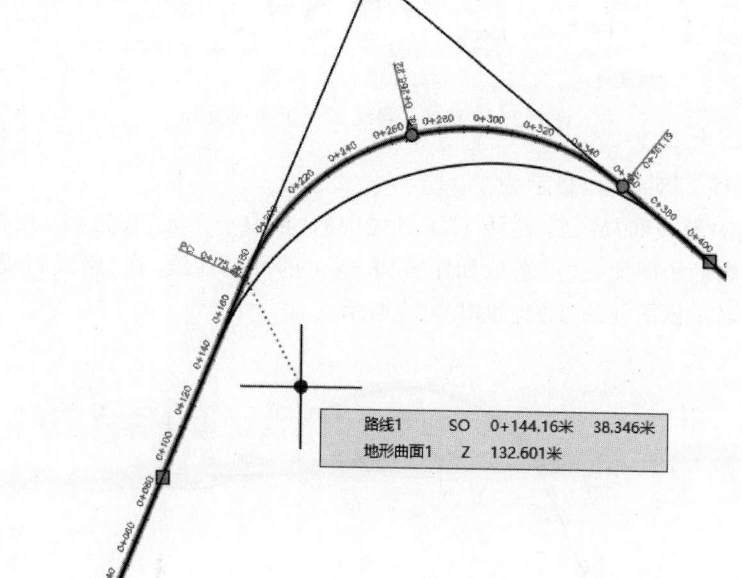

图 6-23　移动曲线上的夹点

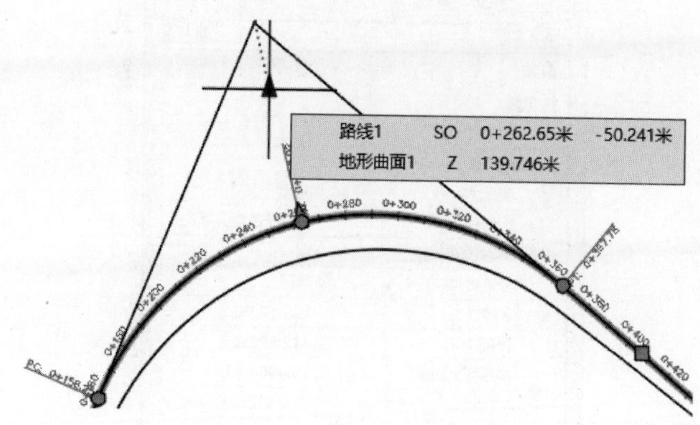

图 6-24　移动交点处的夹点

点和半径。

6.2.2　编辑路线上的子图元

(1) 打开 6.2.1 节绘制的图形，选取路线 1，打开如图 6-25 所示的“路线：路线 1”上下文选项卡。

(2) 单击“修改”面板中的“几何图形编辑器”按钮，打开“路线布局工具-路线 1”工具栏。

(3) 单击“路线布局工具-路线 1”工具栏中的“子图元编辑器”按钮，打开“路线

图 6-25 “路线：路线 1”上下文选项卡

Note

布局参数-路线 1”对话框，显示为空。

(4) 单击“路线布局工具-路线 1”工具栏中的“拾取子图元”按钮，根据命令行提示选取要编辑的子图元，这里选取如图 6-26 所示的圆弧曲线，在“路线布局参数-路线 1”对话框中显示该图元的参数，如图 6-27 所示。

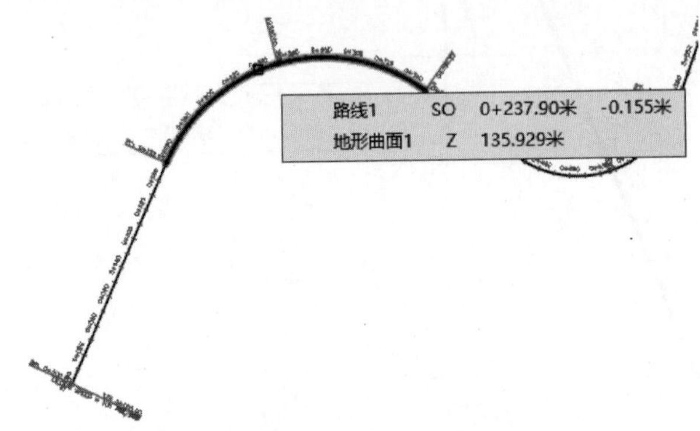

图 6-26 选取子图元

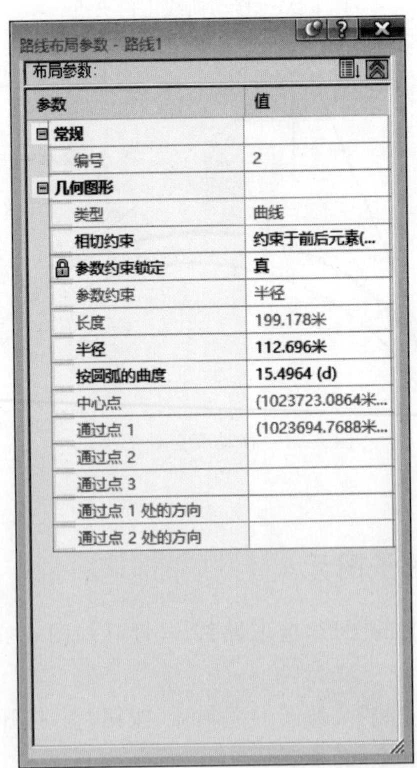

图 6-27 “路线布局参数-路线 1”对话框

（5）在对话框中更改子图元的参数，图形根据输入的参数动态更改，例如将半径更改为 60 米，按 Enter 键，图形中的圆弧半径随之更改，如图 6-28 所示；如果更改的参数不符合要求，系统将弹出警告对话框，如图 6-29 所示，单击“确定”按钮，重新输入值。

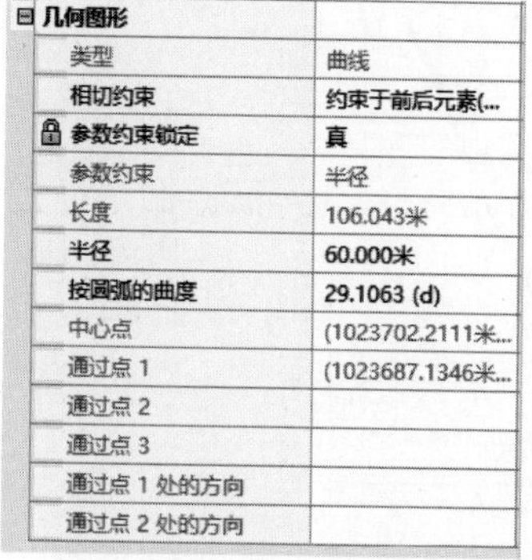

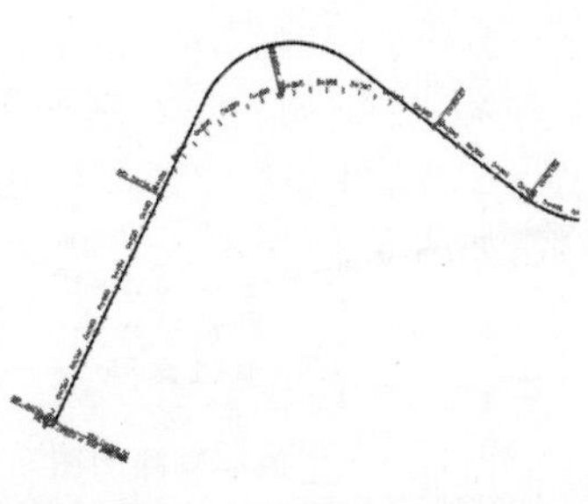

图 6-28　动态更改图形

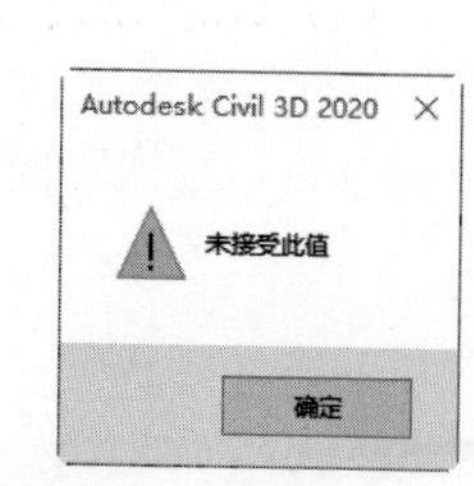

图 6-29　警告对话框

（6）如果选择缓和曲线上的子图元，则在对话框中显示该图元的参数并高亮显示子图元，如图 6-30 所示，可以通过对话框更改缓和曲线的长度和 A 值。

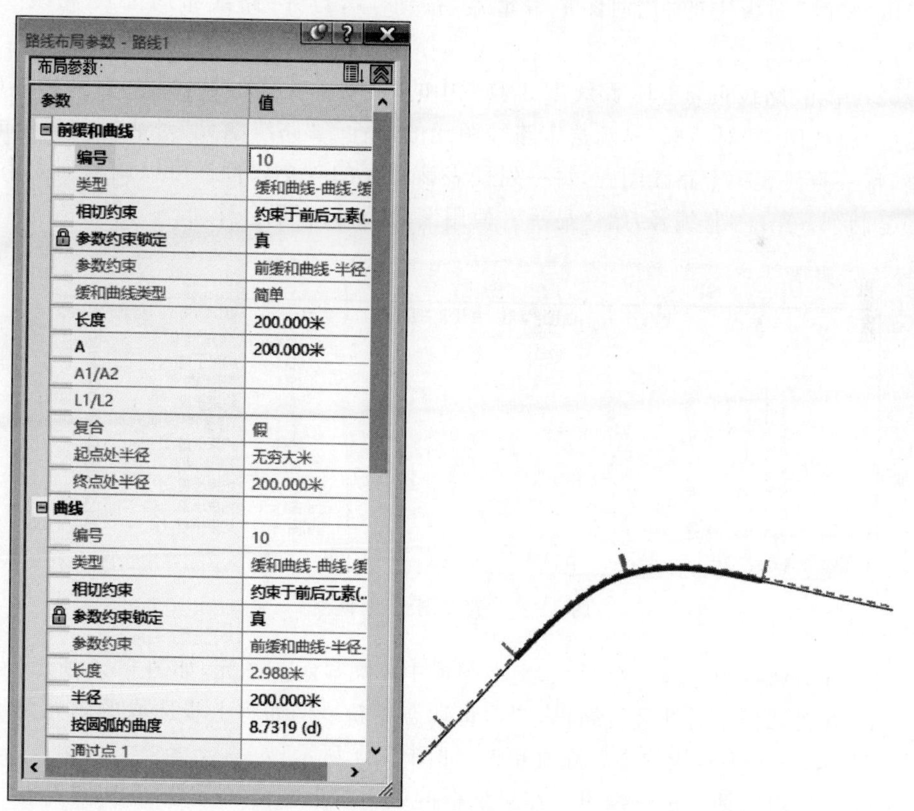

图 6-30　选取缓和曲线

（7）继续选取其他子图元，将在“路线布局参数-路线 1”对话框中显示对应子图元的参数，对其进行更改，即可调整路线。

（8）单击“路线布局工具-路线 1”工具栏中的“删除子图元”按钮，根据命令行提示选择如图 6-31 所示的子图元为要删除的图元，相邻图元的“相切约束”将根据需要自动更改。按 Enter 键结束删除子图元命令。

Note

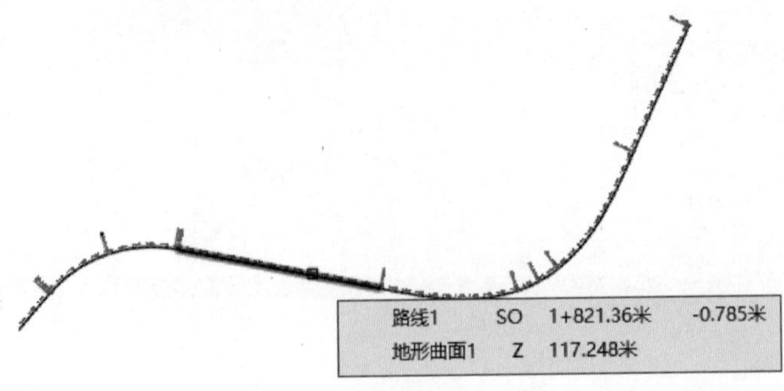

图 6-31 选取要删除的图元

6.2.3 编辑路线图元

（1）打开 6.2.2 节绘制的图形，选取路线 1，在打开的“路线：路线 1”上下文选项卡中单击“修改”面板中的“几何图形编辑器”按钮，打开“路线布局工具-路线 1”工具栏。

（2）单击“路线布局工具-路线 1”工具栏中的“路线栅格视图”按钮，打开如图 6-32 所示的“路线图元”对话框，显示选定路线图元的属性。“路线图元”对话框类似于电子表格，每一行代表一个路线图元，每一列代表该图元的一个属性。可以调整列大小、移动和复制列。第一列（编号）始终显示。使用滚动条时，它不会移动。

编号	A	编号	曲线组索引	曲线组子图元索引	类型	相切约束	参数约束锁定
1		1			直线	不受约束(...	
2		2			曲线	约束于前...	
3		3			直线	不受约束(...	
4		4			曲线	约束于前...	
5		5			直线	不受约束(...	
6		6			曲线	约束于前...	
7		7			直线	不受约束(...	
8.1	200.000米	8			缓和曲线-...	约束于前...	
8.2		8			缓和曲线-...	约束于前...	
8.3	200.000米	8			缓和曲线-...	约束于前...	

图 6-32 “路线图元”对话框

（3）在对话框中选择一个图元，则在图形中高亮显示该图元，如图 6-33 所示。

（4）在对话框中对其进行编辑，图形将动态更新。例如将上步选取的图元 A 值更改为 100 米，图形中对应的图元随之更改，如图 6-34 所示。

（5）可以对对话框进行编辑。在对话框的编辑栏上右击，在弹出的如图 6-35 所示的快捷菜单中选中属性名称，则在对话框中显示该属性；如果取消属性的选中，则在对话框中不显示该属性。用户可以根据需要设置对话框中属性的显示。

（6）在对路线进行夹点编辑或输入其他命令时，“路线图元”对话框将保持打开状

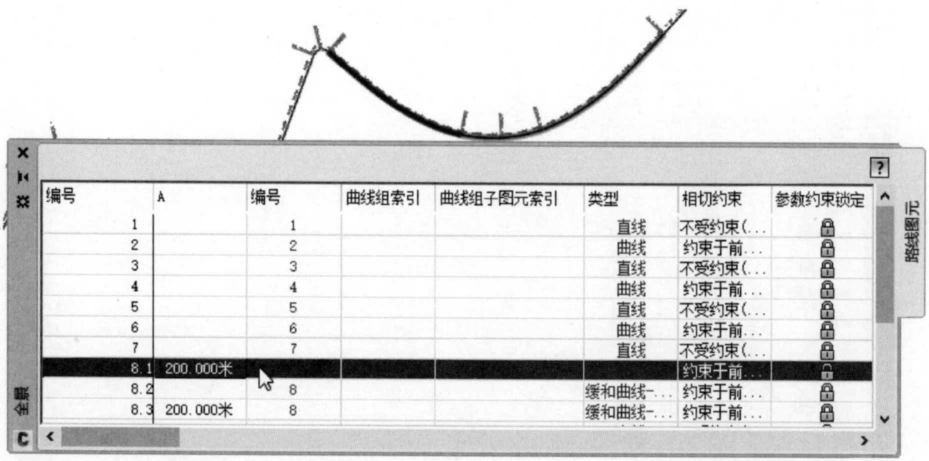

图 6-33 选取图元

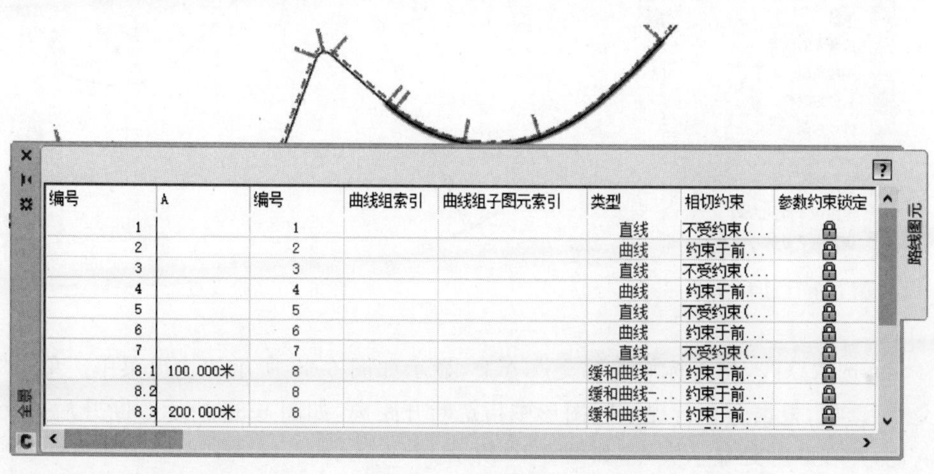

图 6-34 动态更改

态。如果删除当前选定的路线或在“路线布局工具-路线 1”工具栏中单击“路线栅格视图”按钮，将关闭该对话框。

6.2.4 编辑路线交点

（1）打开 6.2.3 节绘制的图形，选取路线 1，在打开的“路线：路线 1”上下文选项卡中单击“修改”面板中的“几何图形编辑器”按钮，打开“路线布局工具-路线 1”工具栏。

（2）单击“路线布局工具-路线 1”工具栏中的“插入交点”按钮，根据命令行提示在交点附近插入点，路线根据插入点更改形状，如图 6-36 所示。按 Enter 键完成点的插入。

（3）单击“路线布局工具-路线 1”工具栏中的“删除交点”按钮，根据命令行提示“拾取交点附近的点以便删除：”，删除点，这里删除 0+40 和 0+60 桩号处的点，路线根据删除点更改形状，如图 6-37 所示。按 Enter 键完成点的删除。

Note

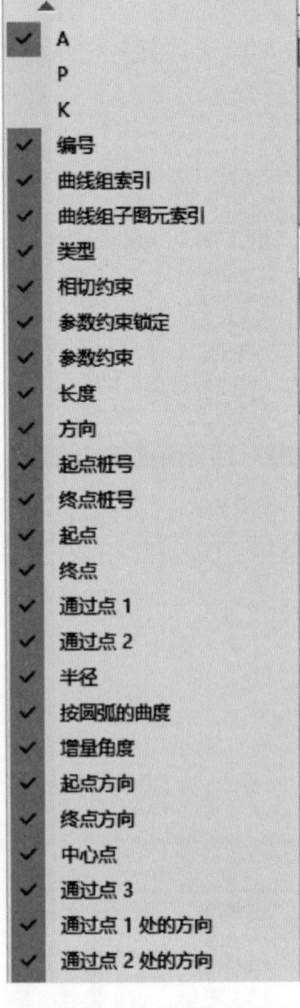

图 6-35　快捷菜单

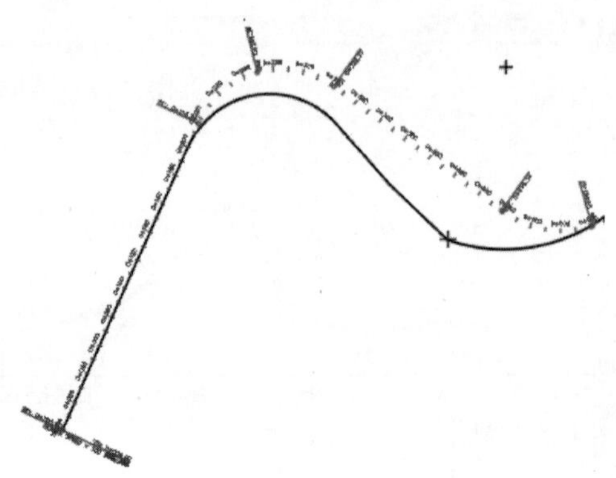

图 6-36　插入点

（4）选取路线，将光标放置在交点上，显示如图 6-38 所示的快捷菜单。单击“断开交点”选项，根据命令行提示在图形中指定断开距离，如图 6-39 所示。断开后的交点呈灰色，并在断开处显示夹点，如图 6-40 所示。

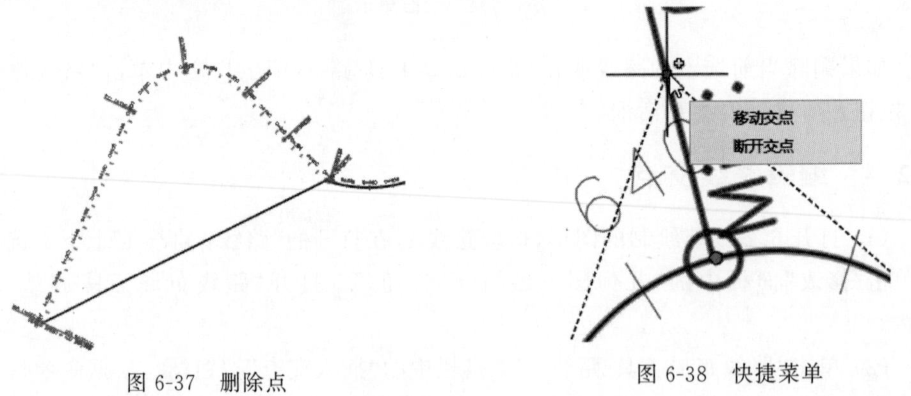

图 6-37　删除点

图 6-38　快捷菜单

（5）在断开的交点处放置光标显示快捷菜单，单击“计算夹点”选项，切线将延伸到交点，交点呈亮色。

（6）单击“路线布局工具-路线 1”工具栏中的“断开交点”按钮，根据命令行提示“拾取交点附近的点以便拆分：”，拾取交点，命令行提示“选择用于拆分交点的距离：”，

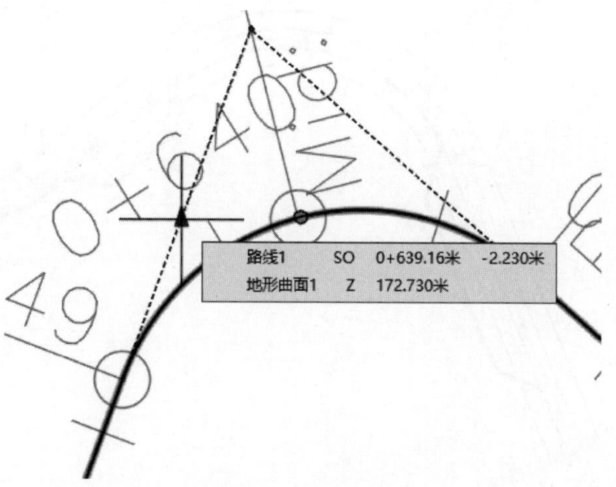

图 6-39　指定断开距离

输入距离为 200 米，也可以在图形中指定距离。按 Enter 键结束断开交点命令，断开后的图形如图 6-41 所示。

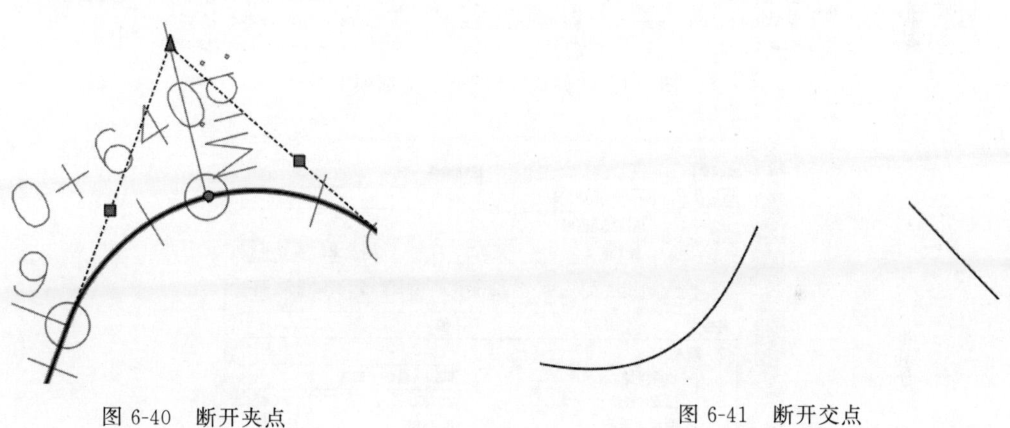

图 6-40　断开夹点

图 6-41　断开交点

6.2.5　编辑路线偏移和加宽区域

(1) 打开 6.1.4 节绘制的图形，在图形中选取加宽区域，显示如图 6-42 所示的夹点，通过夹点编辑加宽区域。其中拖动夹点，调整加宽区域的宽度；拖动夹点，调整沿路线区域的长度；拖动夹点，通过将当前偏移或加宽区域拆分为两个长度相等的区域来添加加宽区域；拖动夹点，将可用夹点集从过渡夹点切换为加宽区域夹点。

(2) 选取加宽区域，打开如图 6-43 所示的“偏移路线”上下文选项卡。

(3) 单击“修改”面板中的“偏移参数”按钮，打开如图 6-44 所示的“偏移路线参数”对话框。

(4) 在对话框中选取某一参数时，对应的图形中将高亮显示，例如更改出口处的过渡类型为线性，如图 6-45 所示。采用相同的方法，更改偏移值为 20 米。关闭对话框，完成加宽区域的更改，如图 6-46 所示。

Note

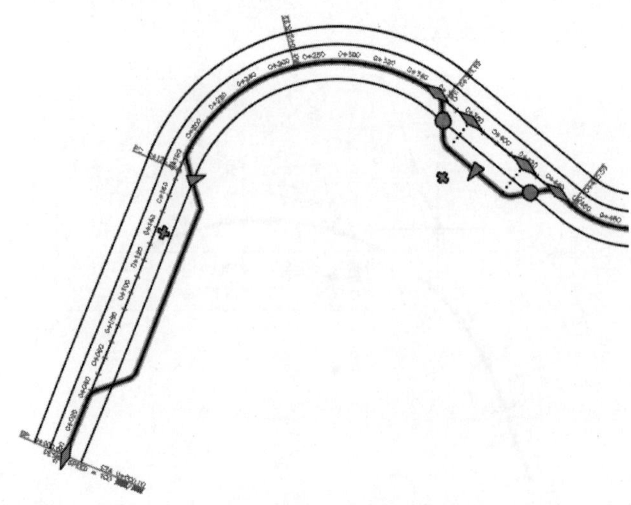

图 6-42　显示夹点

图 6-43　“偏移路线”上下文选项卡

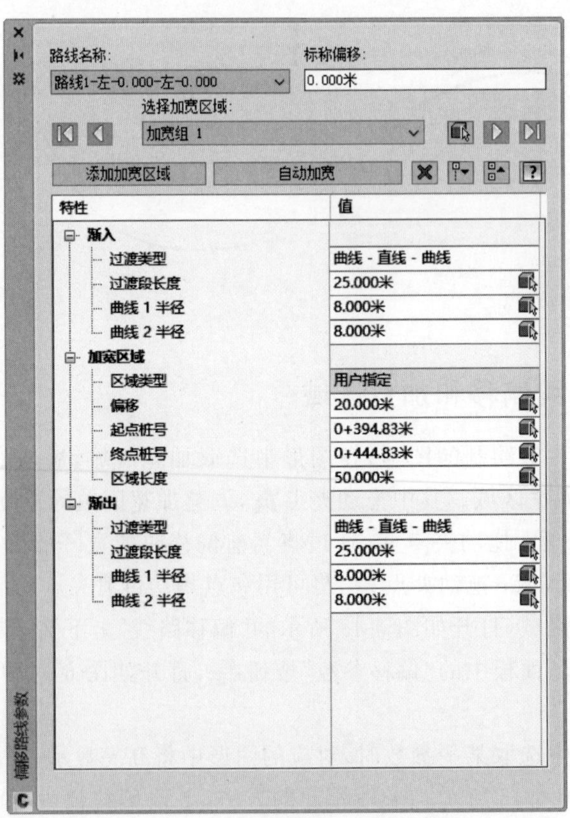

图 6-44　“偏移路线参数”对话框

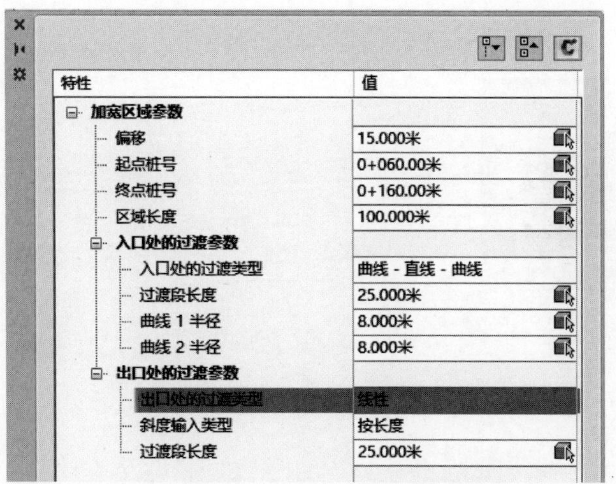

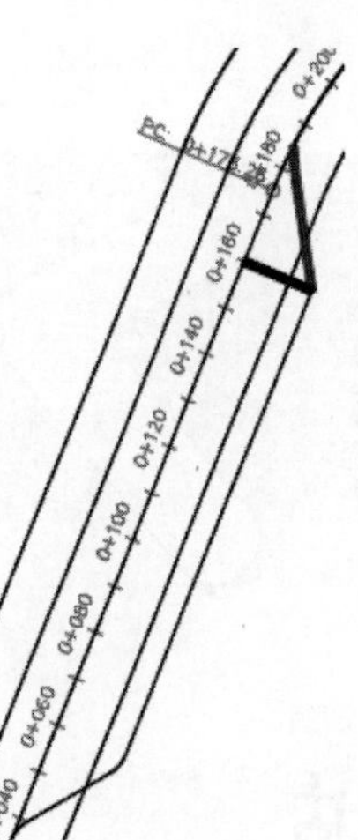

图 6-45　更改参数

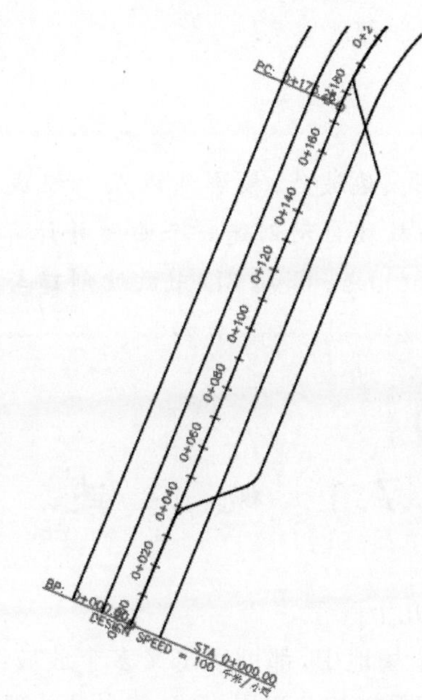

图 6-46　更改参数后的图形

放坡

放坡对象通常由坡脚、边坡线、投影线以及面组成。利用 Civil 3D 的放坡功能，可以根据设计的放坡自动创建一个曲面并计算其体积。

本章将详细介绍 Autodesk Civil 3D 中放坡创建与编辑的基本方法。

7.1 概　　述

下面介绍与放坡相关的几个概念。

(1) 放坡组：在任何一个场地中，都可以定义多个放坡组。放坡组由多个放坡构成，同一组中的放坡对象之间可以相互识别，并且能自动处理空间交互关系。

(2) 要素线：可以理解为三维的空间多段线，它可以由多段线、圆弧和直线来创建。要素线既可以是开放的也可以是闭合的。要素线可以作为特征线数据直接包含在曲面中，还可以将其用作放坡对象的坡脚。

(3) 放坡规则：可以预先定义多种不同的放坡规则，然后在放坡的过程中应用这些规则。

(4) 放坡场地：在场地拓扑中创建放坡。如果不希望放坡与场地中的其他对象相互作用，可以为放坡对象创建新场地。

(5) 放坡坡脚：从选定的坡脚向放坡对象的目标投影放坡对象。坡脚可以是为此目的而专门创建的要素线，也可以是导出的道路要素线。

Note

7.2 要 素 线

要素线是三维对象，可以用作放坡坡脚、曲面特征线以及道路基准线。

7.2.1 创建要素线

(1) 打开 4.2.1 节创建的地形曲面 1。单击“常用”选项卡“创建设计”面板“要素线”下拉列表框中的“创建要素线”按钮，打开“创建要素线”对话框。

(2) 在对话框中选择场地，选中“名称”复选框，输入名称为“要素线 1”，选中“样式”复选框，在列表中选取要素线样式，其他采用默认设置，如图 7-1 所示，单击“确定”按钮。

图 7-1 “创建要素线”对话框

“创建要素线”对话框中的选项说明如下。

- 场地：指定要放置要素线的场地。可以从列表中选择场地，也可以单击按钮创建场地，或通过图形中的对象选择场地。
- 名称：选中“名称”复选框，输入新名称或使用命名模板命名。若取消选中此复选框，则采用系统默认的名称。
- 样式：选中“样式”复选框，在列表中选择样式，或单击按钮，新建或编辑样式。若取消选中此复选框，则采用系统默认样式。
- 图层：在列表中选择创建要素线的图层，或者单击按钮，打开“对象图形”对话框，在对话框中选择或创建在其上绘制要素线的图层。

Note

- 使用当前图层：将新要素线放置在当前图层上。
- 使用选定的图元图层：指定放置已转换的要素线的图层。选择此选项，则将要素线放置在与选定对象相同的图层上。

➢ 转换选项

- 删除现有图元：选中此选项，则将选定的对象转换为要素线时，从图形中删除选定的对象。
- 指定高程：选中此选项，单击"确定"按钮后，打开"指定高程"对话框，对转换的图元指定高程。
- 消除点：指定在将选定的对象转换为要素线时，是否消除选定的对象。

(3) 根据命令行提示指定直线的起点。

(4) 命令行提示"指定高程或[曲面(S)] <0.000>："，输入高程为100米。

(5) 命令行提示"指定下一个点或[圆弧(A)]："，继续指定直线的下一个点，系统会根据指定点计算出距离、坡度、斜率和高程。

(6) 命令行提示"指定坡度或[斜率(SL)/高程(E)/差别(D)/曲面(SU)/过渡(T)] <67.09>："，选择并输入所需关键字以指定高程、坡率、坡度或高程差。

(7) 命令行提示"指定下一个点或[圆弧(A)/长度(L)/放弃(U)]："，指定下一点，也可以在命令行中输入A，绘制圆弧。按Esc键退出命令，绘制的要素线如图7-2所示。

7.2.2 从对象创建要素线

(1) 打开7.2.1节绘制的图形。单击"常用"选项卡"绘制"面板中的"矩形"按钮 或"多段线"按钮 ，绘制如图7-3所示的图形。

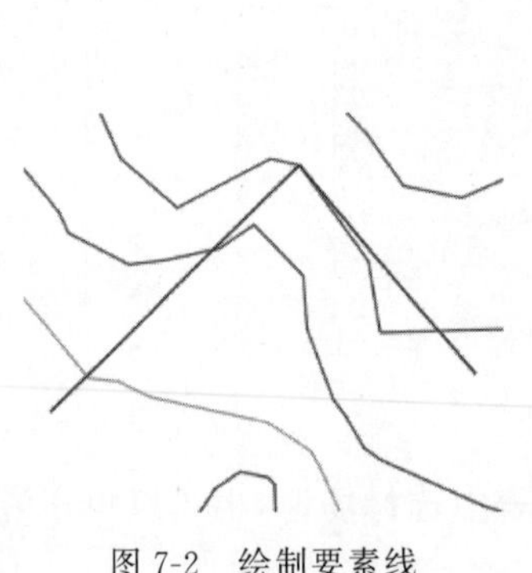

图7-2 绘制要素线

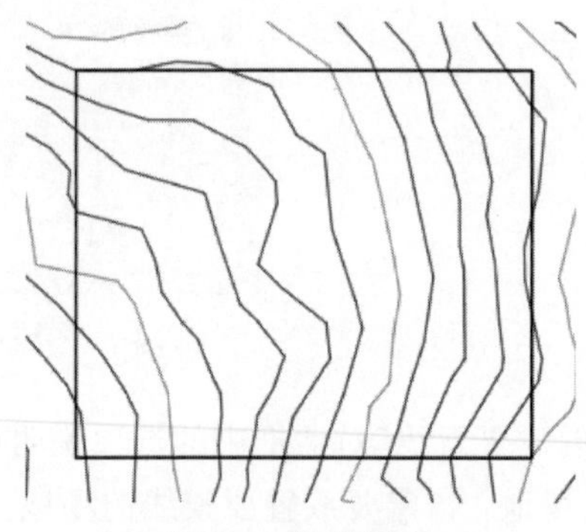

图7-3 绘制图形

(2) 单击"常用"选项卡"创建设计"面板"要素线"下拉列表框中的"从对象创建要素"按钮，根据命令行提示在图形中选取上步创建的图形，按Enter键确认，打开"创建要素线"对话框。

(3) 在对话框中选择场地，选中"名称"复选框，输入名称为"要素线2"，选中"样式"复选框，在列表中选取要素线样式，选中"删除现有图元"和"指定高程"复选框，其他采用默认设置，如图7-4所示，单击"确定"按钮，关闭"创建要素线"对话框。

(4) 系统打开"指定高程"对话框,选择"高程"选项,输入高程为 110 米,如图 7-5 所示,单击"确定"按钮,选定的图形转换为要素线。

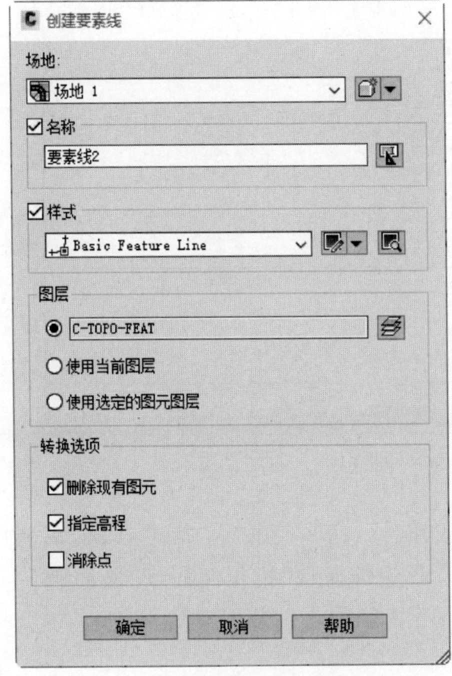

图 7-4 "创建要素线"对话框

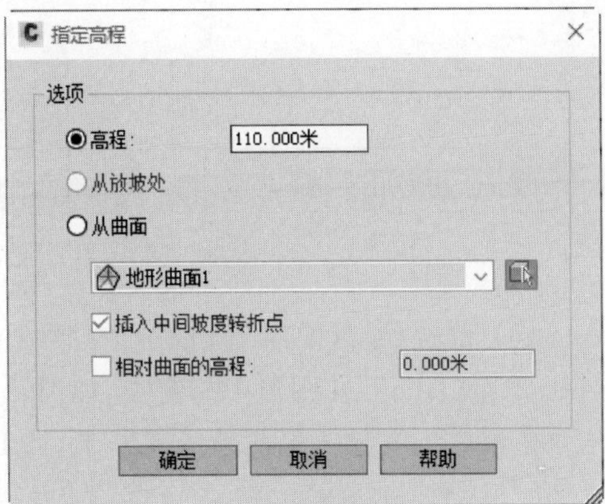

图 7-5 "指定高程"对话框

"指定高程"对话框中的选项说明如下。

- 高程:设置要素线的高程。
- 从放坡处:从选定的放坡处创建临时曲面以计算要素线高程。
- 从曲面:从图形中的曲面将高程指定给要素线。
  - 插入中间坡度转折点:在图元与曲面三角网直线的交叉处插入中间坡度转折。
  - 相对曲面的高程:选中此复选框,要素线与曲面保持相对动态关系。

7.2.3 编辑要素线

(1) 打开 7.2.2 节绘制的图形。选取要素线,打开"要素线"上下文选项卡,如图 7-6 所示。

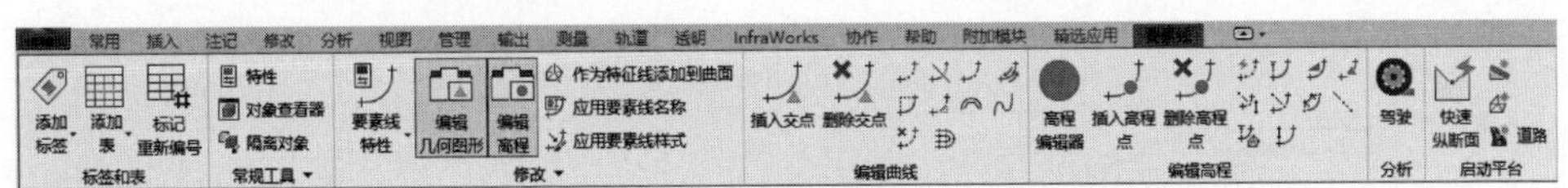

图 7-6 "要素线"上下文选项卡

(2) 单击"修改"面板中的"要素线特性"按钮,打开"要素线特性:场地 1"对话框,在"信息"选项卡中可以指定要素线的样式或更改指定给要素线的样式,在"统计信

Note

息”选项卡中显示要素线统计信息，如图 7-7 所示。

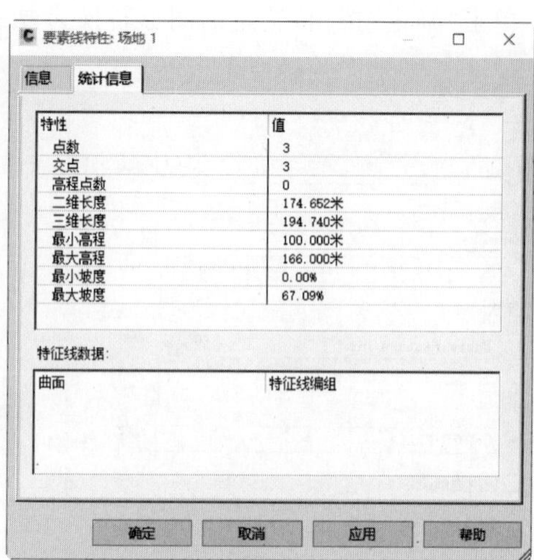

图 7-7 “要素线特性：场地 1”对话框

(3) 单击“编辑曲线”面板中的“插入交点”按钮，命令行提示“指定点或[距离(D)/增量(I)]:”，在图形中指定点，如图 7-8 所示，命令行提示“指定高程或[曲面(S)]<166.000>:”，输入高程值为 120 米，按 Enter 键继续添加点创建要素线。

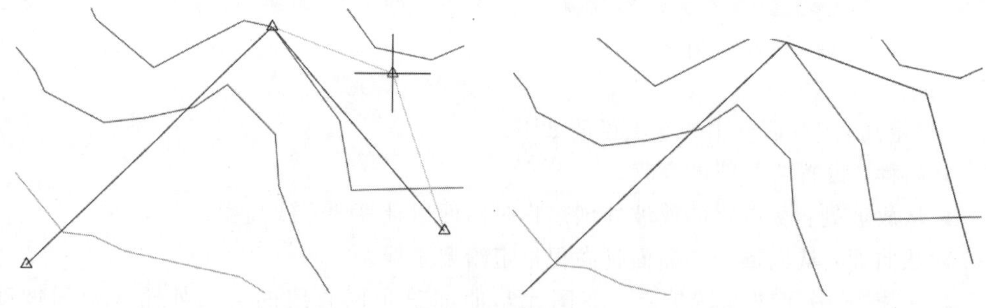

图 7-8 插入交点

(4) 单击“编辑曲线”面板中的“圆角”按钮，命令行提示“指定角点或[全部(A)/连接(J)/半径(R)]:”，将光标放置在角点上时可预览圆角及其半径值，如图 7-9 所示。指定角点对其倒圆角，倒圆角后如图 7-10 所示。如果输入 R，则可以指定半径值；输入 A，则对要素线中所有角点进行圆角处理；输入 J 则连接要素线。

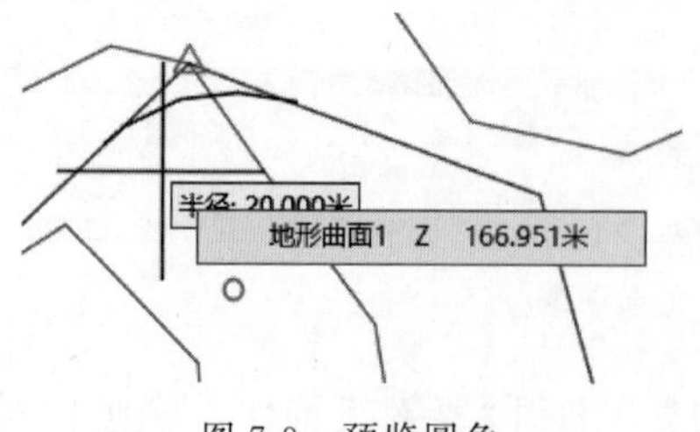

图 7-9 预览圆角

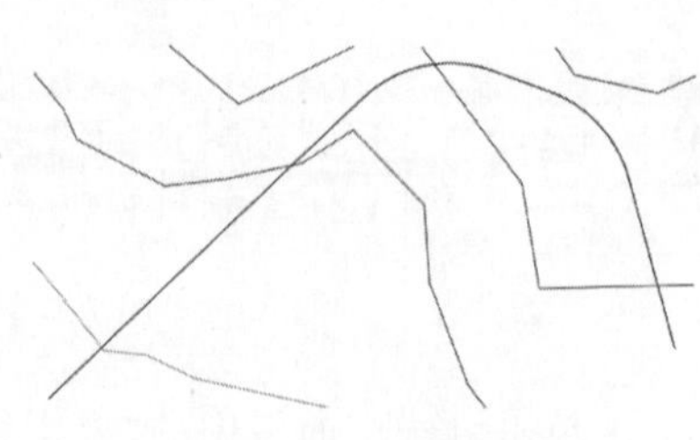

图 7-10 倒圆角

Note

(5) 单击“编辑曲线”面板中的“打断”按钮，根据命令行提示选取要素线 2 为要打断的对象，或者直接在命令行中选择“名称(N)”选项，输入要打断要素线的名称即可，根据命令行提示指定第二个转折点，结果如图 7-11 所示。

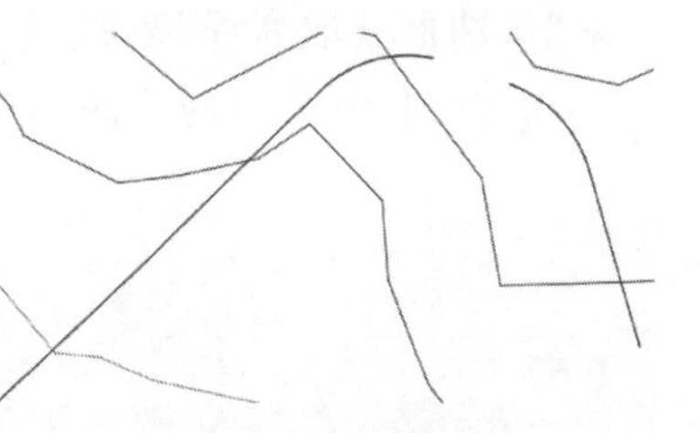

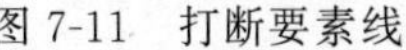

图 7-11 打断要素线

(6) 选取前面创建的要素线 2，打开“要素线”上下文选项卡，单击“编辑高程”面板中的“高程编辑器”按钮，打开如图 7-12 所示的“放坡高程编辑器”对话框，显示所选要素线的相关信息。

	测站	高程(实际)	长度	前链坡度	后链坡度
	0+000.00	110.000米	225.853米		0.00%
	0+225.85	110.000米	187.777米	0.00%	0.00%
	0+413.63	110.000米	225.853米	0.00%	0.00%
	0+639.48	110.000米	187.777米	0.00%	0.00%
	0+827.26	110.000米		0.00%	

图 7-12 “放坡高程编辑器”对话框

“放坡高程编辑器”对话框中的选项说明如下：

- “选择直线”按钮：选择要素线、地块线或测量地物以进行编辑。
- “缩放到”按钮：将图形显示缩放到选定的交点(PI)或高程点。
- “快速纵断面”按钮：创建要素线的快速纵断面。
- “升高/降低”按钮：向上或向下调整点的高程。如果未选择任何行，所有行将根据相同的量进行调整。如果选择了行，则选定的第一个点将调整到指定高程，然后将根据第一个点的上一个高程及其新高程的差值来调整剩余的选定行。
- “逐渐升高”按钮：以增量值调高所有点的高程。如果未选择任何行，将调整所有点；否则将只调整选定行的点。
- “逐渐降低”按钮：以增量值调低所有点的高程。如果未选择任何行，将调整所有点；否则将只调整选定行的点。
- “设定增量”按钮：单击按钮，在文本框中输入正值表示升高，输入负值表示降低。
- “展平高程”按钮：指定将所有选定行的高程展平到第一行的高程，或者展平到从起点高程到终点高程的恒定高程。单击此按钮，打开如图 7-13 所示的“展平”对话框，设置时展平高程或是展平坡度。
- “插入高程点”按钮：在坡脚的起点桩号和终点桩号之间插入高程点，以创建中间高程点。
- “删除高程点”按钮：删除坡脚的起点桩号和终点桩号之间的高程点。

➢“从曲面获取高程”按钮：单击此按钮，打开如图 7-14 所示“设定从曲面获取高程”对话框，以便从图形中的曲面设置要素线高程。

Note

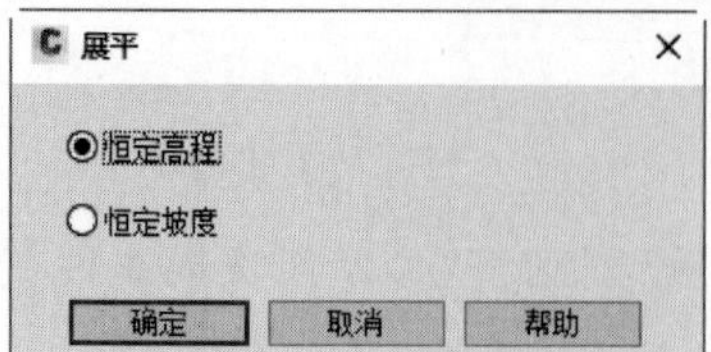

图 7-13 “展平”对话框

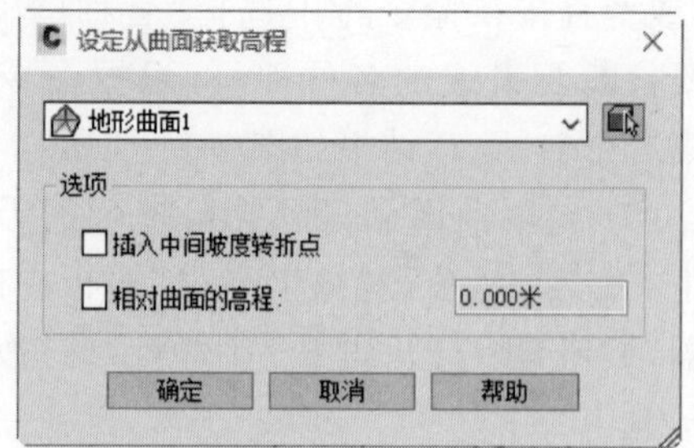

图 7-14 “设定从曲面获取高程”对话框

➢“反转方向”按钮：单击此按钮，更改要素线的方向。

➢“仅显示坡度转折”按钮：仅显示要素线起点/终点以及起点和终点之间的所有坡度转折。

➢“取消选择所有行”按钮：清除所有选定的行。

➢符号

- 绿色三角形用于标记表示主要平曲线点的点。
- 白色三角形表示拆分点，两条要素线在此处交叉，尽管它们在该位置均无曲线点。
- 圆形用于标记高程更改点。

➢测站：显示当前线段的桩号。

➢高程(相对)：指定由桩号表示的点的相对正负高程。

➢高程(实际)：指定由桩号表示的点的实际高程。

➢长度：显示当前线段的长度。

➢前链坡度：在正向上指定当前线段的终点高程。

➢后链坡度：指定当前线段终点到起点间的坡率。

(7) 在放坡高程编辑器中选择要编辑的点，图形中用三角形显示选中点，如图 7-15 所示，更改该点的参数，如高程、前链坡度或后链坡度。单击按钮，关闭放坡高程编辑器。

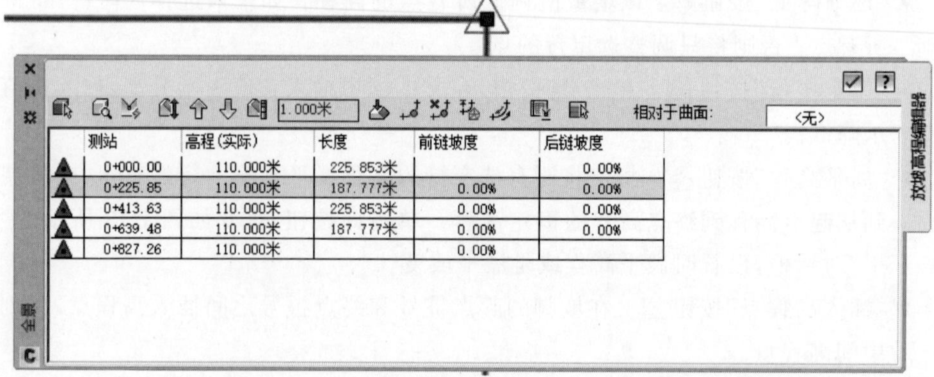

图 7-15 选取点

7.3　放　　坡

7.3.1　设置放坡样式

(1) 打开 7.2.3 节绘制的图形。在工具空间的"设定"选项卡"放坡"→"放坡样式"节点上右击，弹出如图 7-16 所示的快捷菜单。

(2) 选择"新建"命令，打开"放坡样式-新建放坡样式"对话框，在"信息"选项卡中输入名称为"填方"，其他采用默认设置。

(3) 切换到如图 7-17 所示的"坡型"选项卡，选中"坡型"复选框，单击 按钮，在其下拉列表框中单击"新建"按钮，打开"坡型样式-新建坡型样式"对话框，在"信息"选项卡中输入名称为标准。

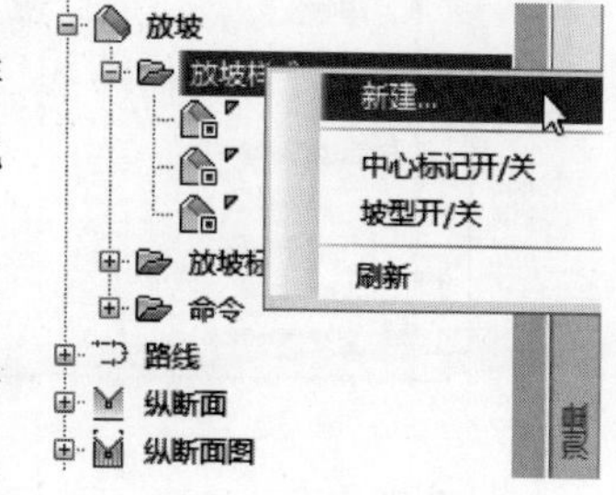

图 7-16　快捷菜单

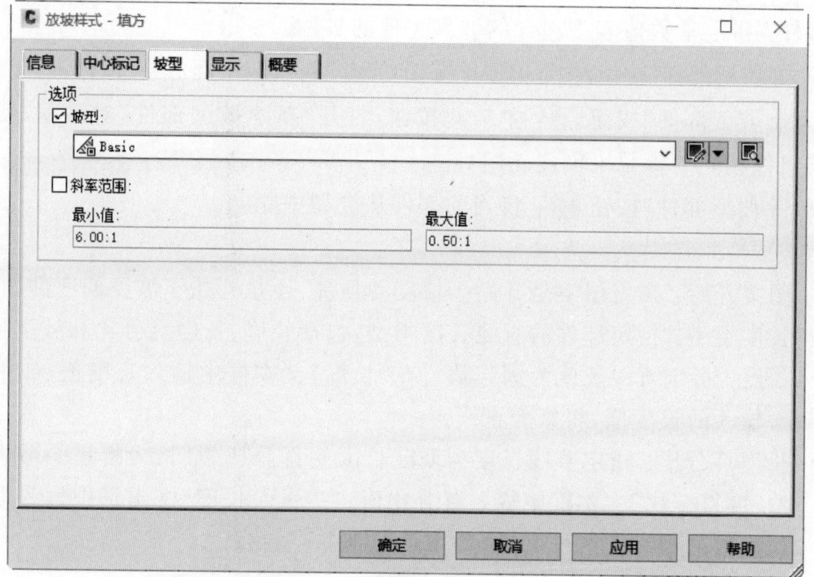

图 7-17　"坡型"选项卡

"放坡样式"对话框"坡型"选项卡中的选项说明如下。

- 坡型：选中此复选框，指定坡型与当前放坡样式一起使用。在下拉列表框中选择坡型样式，或者单击 按钮，创建新样式或编辑该样式。
- 斜率范围：选中此复选框，将坡型应用于有限范围的坡度值，在对话框中指定斜率范围。

(4) 切换到"布局"选项卡，设置示坡线图案开始为坡顶，示坡线偏移类型为分割，其他采用默认设置，如图 7-18 所示。单击"确定"按钮。

"坡型样式"对话框"布局"选项卡中的选项说明如下。

Note

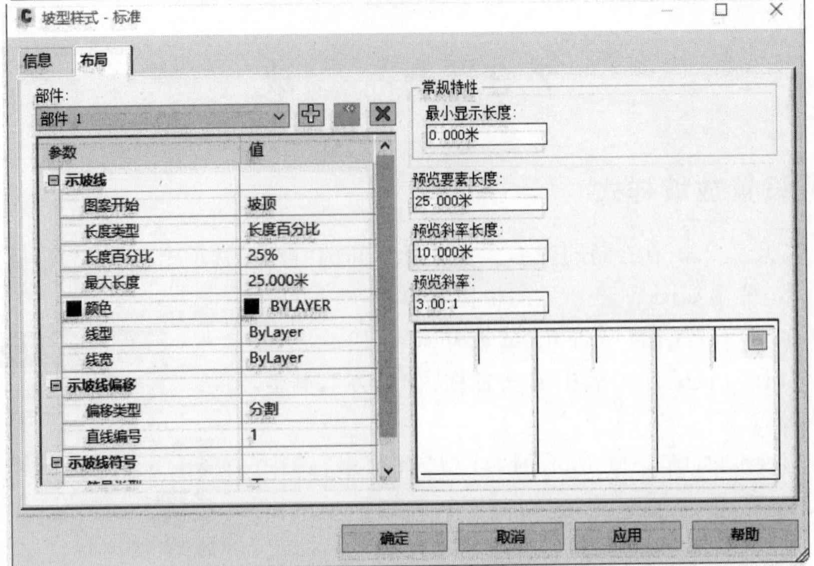

图 7-18 “布局”选项卡

- 部件：指定参数值表中包含的坡型组件的名称。
- “添加坡型部件”按钮：单击此按钮，打开“新建坡型部件”对话框，创建新部件。
- “复制坡型部件”按钮：单击此按钮，打开“新建坡型部件”对话框，使用与当前组件相同的参数来创建新组件。
- “删除坡型部件”按钮：将当前部件从坡型中删除。
- 示坡线
  - 图案开始：指定图案是开始于坡度的顶部，还是开始于坡度的底部。
  - 长度类型：指定部件的直线长度类型，包括长度、长度百分比和坡度比例。
  - 长度：指定直线长度为固定值。在“长度”文本框中输入长度值，如果坡度小于输入的长度值，将修剪直线。
  - 长度百分比：指定直线长度为坡度长度的百分比，最长为指定的最大值。在“长度百分比”文本框中输入百分比值，在“最大长度”文本框中输入以图形单位度量的最大直线长度。
  - 斜率比例：指定直线长度直接随坡度的陡峭程度而变化。
  - 颜色：指定示坡线的颜色。
  - 线型：指定部件的线型。
  - 线宽：指定部件的线宽。
- 示坡线偏移
  - 偏移类型：指定此部件与示坡线样式中的上一个部件之间的偏移距离类型，包括长度百分比、距离和分割。
  - 直线编号：输入要插入此部件的实例数。
- 示坡线符号
  - 符号类型：指定是否将符号添加到示坡线的开始处，符号类型包括无、

AutoCAD块、三角形、实心三角形、斜线和斜线(无间距)。

无：在示坡线的开始处不添加符号。

AutoCAD块：添加图块作为示坡线符号，在“图块名”中指定要插入的块。

三角形：指定空心三角形作为示坡线符号，在对话框中设置三角形的参数。

实心三角形：指定实心三角形作为示坡线符号，在对话框中设置实心三角形的参数。

斜线：将一组平行线添加到坡度的边缘，形成顶点位于示坡线的三角形图案。最后一条斜线与示坡线之间会存在间距。在“直线编号”文本框中指定要包括在集合中的直线数目。

斜线(无间距)：添加一组斜线，并将最后一条斜线附着到示坡线。

(5) 此时系统返回到“放坡样式-填方”对话框，切换到“显示”选项卡，分别设置平面和模型中所有图层的颜色为蓝色，如图7-19所示。单击“确定”按钮，完成填方放坡样式的设置。

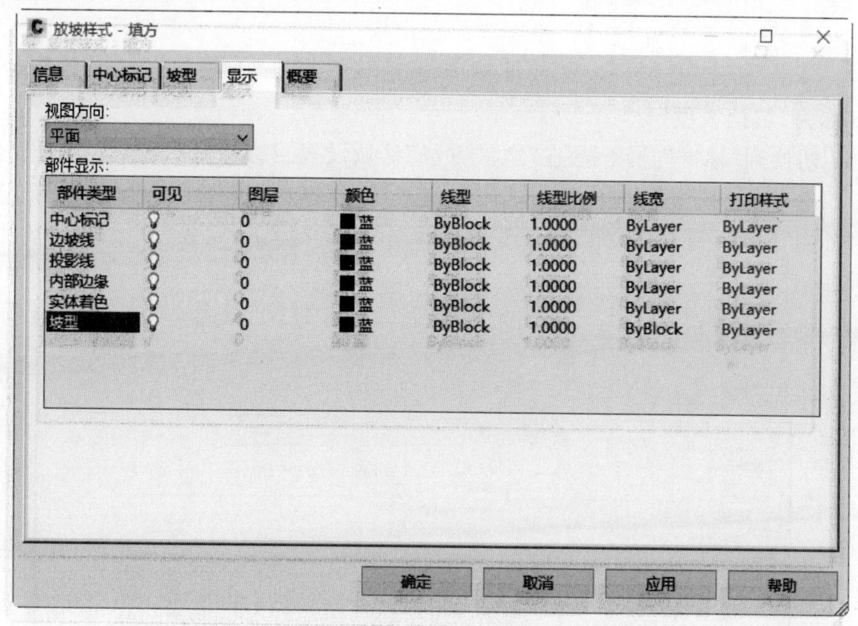

图7-19　“显示”选项卡

(6) 采用相同的方法，创建挖方放坡样式，设置平面和模型中所有图层的颜色为红色，其他与填方放坡样式一样。

7.3.2　设置放坡标准集

(1) 打开7.3.1节绘制的图形。在工具空间的“设定”选项卡“放坡”→“放坡标准集”节点上右击，弹出如图7-20所示的快捷菜单。

(2) 选择“新建”选项，打开“放坡标准集特性-放坡标准集(1)”对话框，输入名称为“曲面”，其他采用默认设置。

(3) 在上步创建的“曲面”放坡标准集上右击，弹出如图7-21所示的快捷菜单。

Note

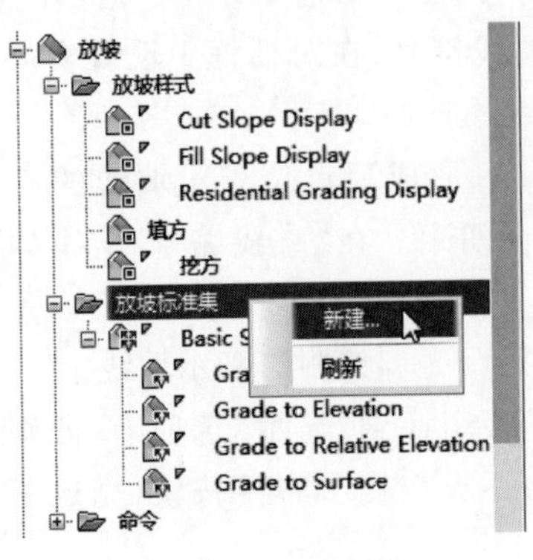

图 7-20　快捷菜单

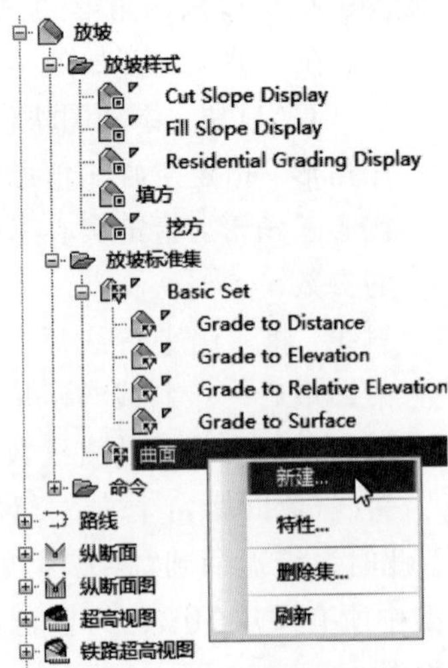

图 7-21　快捷菜单

(4) 单击“新建”选项，打开“放坡标准-新建放坡标准”对话框，在“信息”选项卡中输入名称为“填挖坡度”。

(5) 切换到“标准”选项卡，在“放坡方法”区域设置目标为“曲面”，投影为“挖方/填方斜率”，分别在“挖方斜坡投影（向上）”“填方斜坡投影（向下）”区域设置格式为“斜率”，其他采用默认设置，如图 7-22 所示。单击“确定”按钮，完成“填挖坡度”放坡标准集的创建。

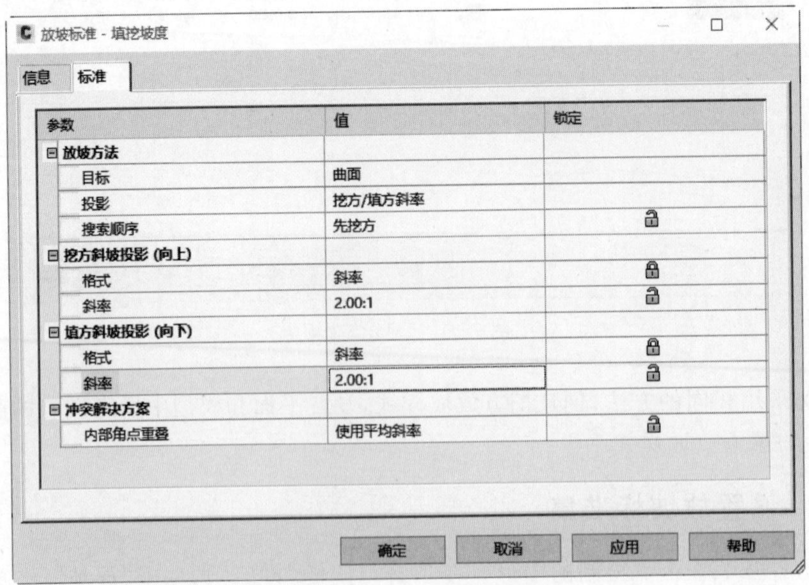

图 7-22　“标准”选项卡

“放坡标准”对话框“标准”选项卡中的选项说明如下。

➢ 放坡方法

- 目标：指定放坡方法的目标，包括曲面、高程、相对高程、距离。

曲面：指定将从坡脚延伸放坡投影线，直到其与曲面相匹配，如图 7-23 所示。

高程：指定将从坡脚延伸放坡投影线，直到其达到指定的高程，如图 7-24 所示。

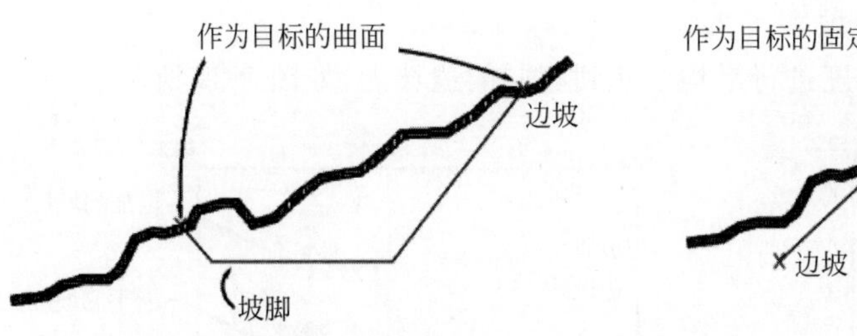

图 7-23　曲面目标示意图

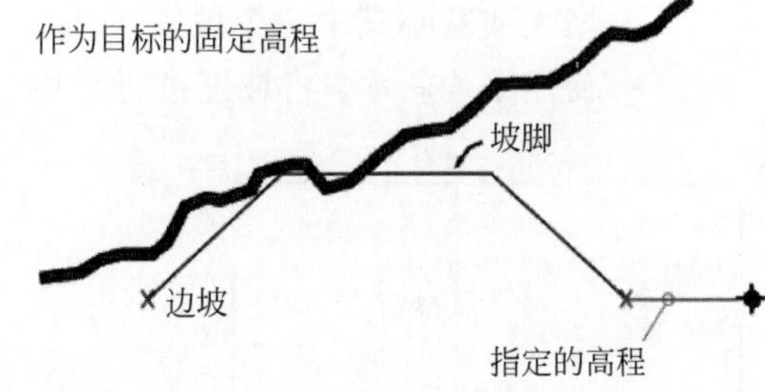

图 7-24　高程目标示意图

相对高程：指定将从坡脚延伸放坡投影线，直到其达到相对于坡角的高程(深度或高度)，如图 7-25 所示。

距离：指定将从坡脚延伸放坡投影线，直到其与指定的水平距离相匹配，如图 7-26 所示。

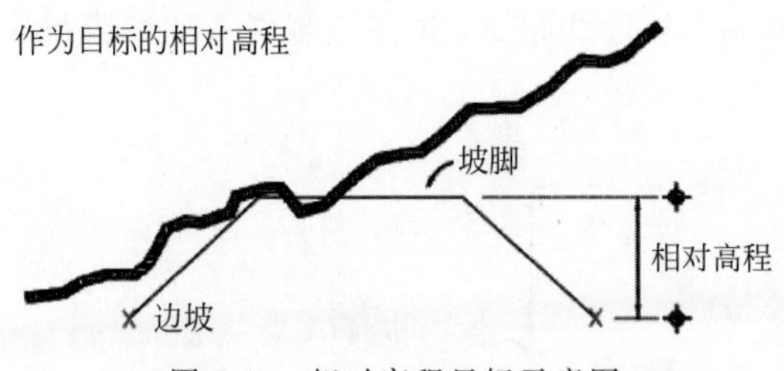

图 7-25　相对高程目标示意图

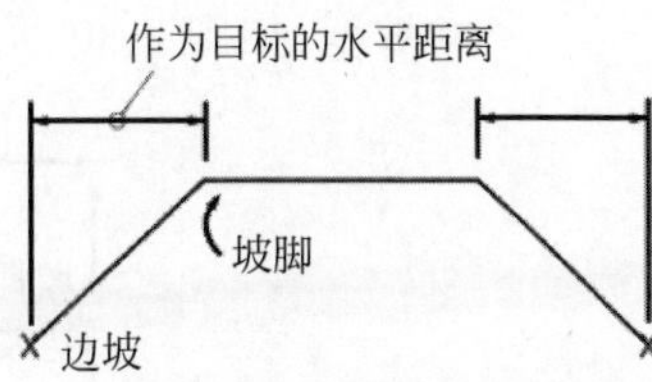

图 7-26　距离目标示意图

- 投影：指定投影的类型。

  挖方/填方斜率：通过向目标投影特定的坡度值来创建放坡，目标既可以高于坡脚，也可以低于坡脚。坡度始终为正值，因为坡度的类型决定了坡度是从坡脚向上，还是从坡脚向下。

  挖方斜率：通过将特定的坡度值向上投影到目标来创建放坡。

  填方斜率：通过将特定的坡度值向下投影到目标来创建放坡。
- 搜索顺序：指定在挖方坡度和填方坡度都起作用的情况下是先搜索挖方坡度还是先搜索填方坡度，如图 7 27 所示为基于“先挖方”和“先填方”设置得到的不同结果。例如，在目标曲面具有陡峭坡度的位置，挖方坡度和填方坡度都可能与曲面相交。

➢ 填方斜坡投影(向下)/挖方斜坡投影(向上)：设置斜坡投影格式。
- 格式：指定坡度的表示方法，包括坡度和斜率。
- 斜率：指定坡度的斜率。

➢ 冲突解决方案
- 内部角点重叠：指定在坡脚角点

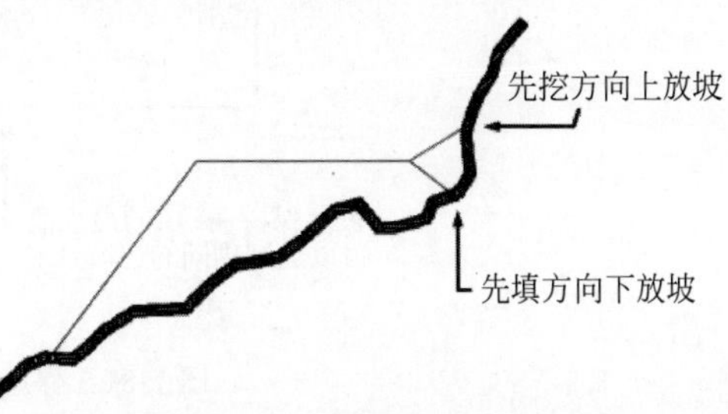

图 7-27　搜索顺序示意图

具有不同高程时，如何清除内部角点投影。此种情况将导致两种可能的边坡点高程，如图 7-28 所示。可以选择将坡度进行平均以达到相同的点，也可以增大或减小其中一个坡度。

- 使用平均斜率：将坡度进行平均以达到相同的边坡点，如图 7-29 所示。

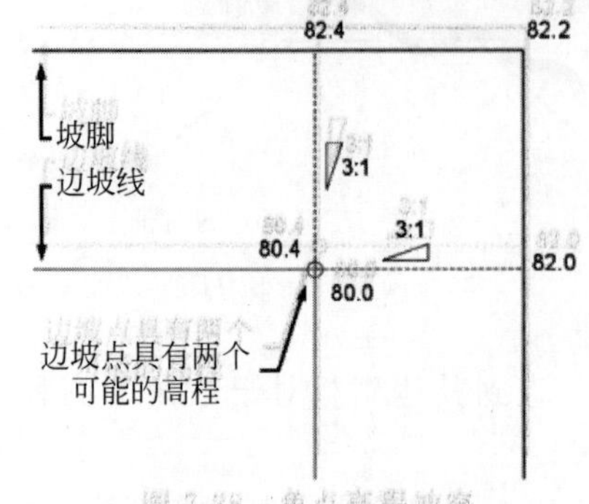

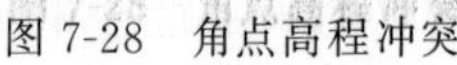

图 7-28　角点高程冲突

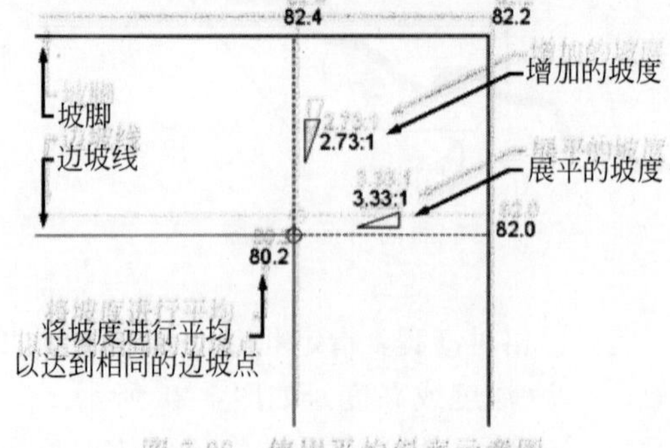

图 7-29　使用平均斜率示意图

- 保持斜率为最小：保持指定的坡率或坡度为最大，并在一侧展平从坡脚投影的坡度，如图 7-30 所示。

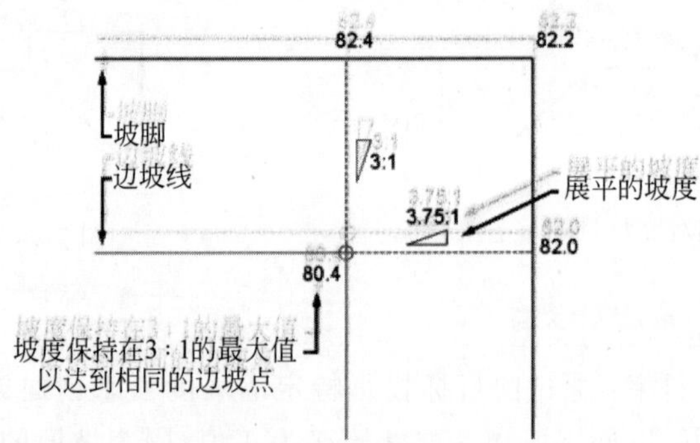

图 7-30　保持斜率为最小示意图

- 保持斜率为最大：保持指定的坡率或坡度为最小，并在一侧增加从坡脚投影的坡度，如图 7-31 所示。

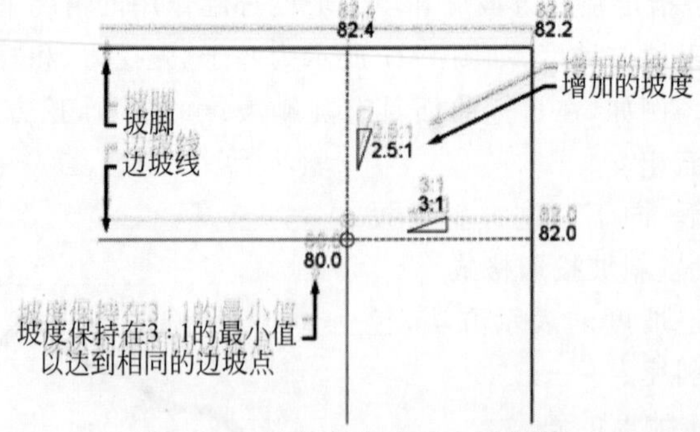

图 7-31　保持斜率为最大示意图

(6) 采用相同的方法，在曲面节点下创建“填方坡度”和“挖方坡度”放坡标准集。

7.3.3 创建放坡组

(1) 打开 7.3.2 节绘制的图形。单击“常用”选项卡“创建设计”面板“放坡”下拉列表框中的“创建放坡组”按钮，或在工具空间“浏览”选项卡“场地”→“场地 1”→“放坡组”节点上右击，在弹出的快捷菜单中选择“新建”选项，打开“创建放坡组”对话框。

(2) 在对话框中输入名称为“放坡组 1”，其他采用默认设置，如图 7-32 所示，单击“确定”按钮。

- 名称：输入新的放坡组名称，也可以采用系统默认名称，Autodesk Civil 3D 将自动生成一个顺序编号。
- 描述：输入放坡组的描述。
- 自动创建曲面：选中此复选框，在创建放坡组时自动创建动态曲面。
  - 使用编组名称：选中此复选框，将放坡组的名称作为动态曲面的名称；取消选中此复选框，则将根据 CreateSurface 命令设置中的默认名称格式为曲面命名。
  - 镶嵌间距：指定沿坡脚添加补充特征线的距离，以更好地定义放坡组曲面。
  - 镶嵌角度：指定在圆形外部角点周围添加的补充特征线的角度，以更好地定义放坡组曲面。
- 体积基准曲面：选中此复选框，在下拉列表框中指定要用于体积计算的与放坡组曲面进行对照的曲面。

(3) 在工具空间“浏览”选项卡“场地”→“场地 1”→“放坡组”节点下显示上步创建的放坡组 1，如图 7-33 所示。

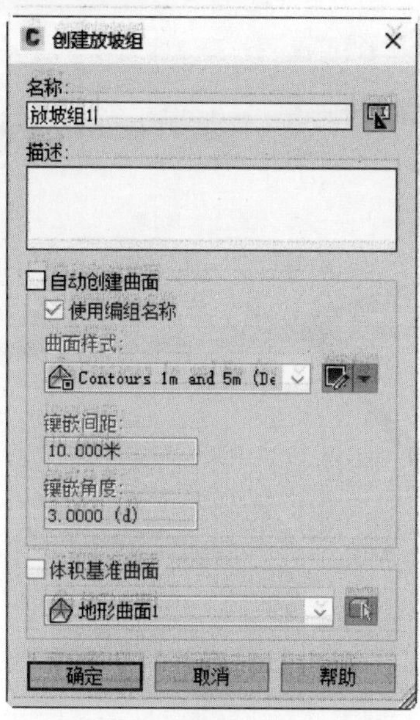

图 7-32 “创建放坡组”对话框

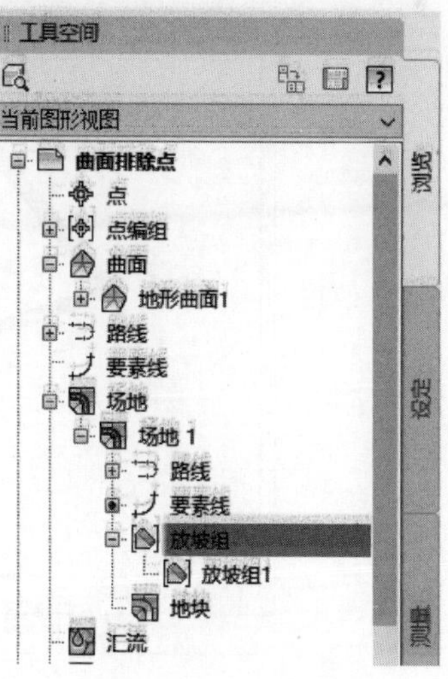

图 7-33 工具空间

7.3.4 创建放坡

(1) 打开 7.3.3 节绘制的图形。单击“常用”选项卡“创建设计”面板“放坡”下拉列

Note

表框中的“创建放坡”按钮，打开如图 7-34 所示的“放坡创建工具”工具栏。

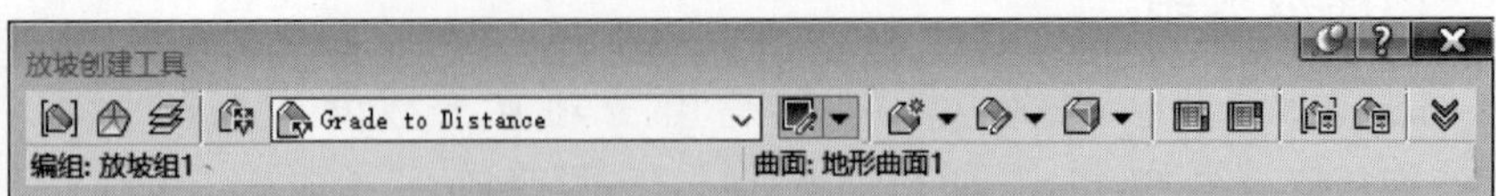

图 7-34 “放坡创建工具”工具栏

(2) 单击工具栏中的“展开工具栏”按钮，在“样式”下拉列表框中选择“挖方”样式。

(3) 在工具栏中单击下拉列表框中的“创建放坡”按钮，选取前面创建的要素线 2，选取要素线的外侧为放坡边，命令行提示“应用到整个长度？[是(Y)/否(N)]＜是(Y)＞:”，输入 Y 或直接按 Enter 键，输入距离为 10；命令行提示“格式[坡度(G)/斜率(S)]＜斜率(S)＞:”，输入 G 或单击“坡度(G)”选项，输入坡度为 1%，生成平放坡如图 7-35 所示。

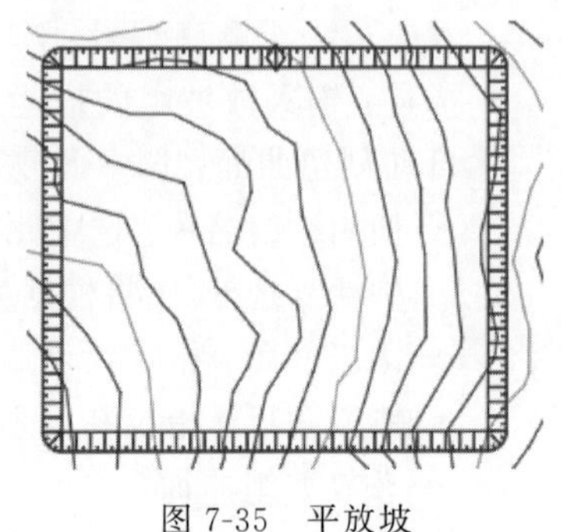

图 7-35 平放坡

(4) 选取上步创建的放坡，单击“放坡”上下文选项卡“常用工具”面板中的“对象查看器”按钮，打开“对象查看器”对话框，观察上步创建的放坡，如图 7-36 所示。关闭“对象查看器”对话框。

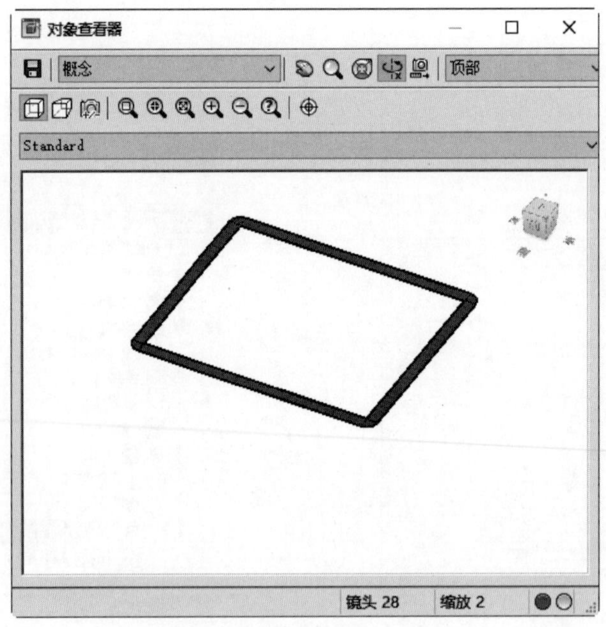

图 7-36 “对象查看器”对话框

(5) 在工具栏的“标准集”下拉列表框中选择 Grade to Elevation 标准集，设置挖方斜率样式为“挖方”，设置填方斜率样式为“填方”。

(6) 单击下拉列表框中的“创建放坡”按钮，选取前面创建的要素线 2，选取

要素线的内侧为放坡边，命令行提示“应用到整个长度？[是(Y)/否(N)] ＜是(Y)＞：”，输入 Y 或直接按 Enter 键，输入高程为 10；命令行提示“挖方格式 [坡度(G)/斜率(S)] ＜斜率(S)＞：”，输入 s 或单击“斜率(S)”选项，输入挖方斜率为 0.5，命令行提示“填方格式 [坡度(G)/斜率(S)] ＜斜率(S)＞：”，输入 s 或单击“斜率(S)”选项，输入填方斜率为 0.5，生成放坡如图 7-37 所示。

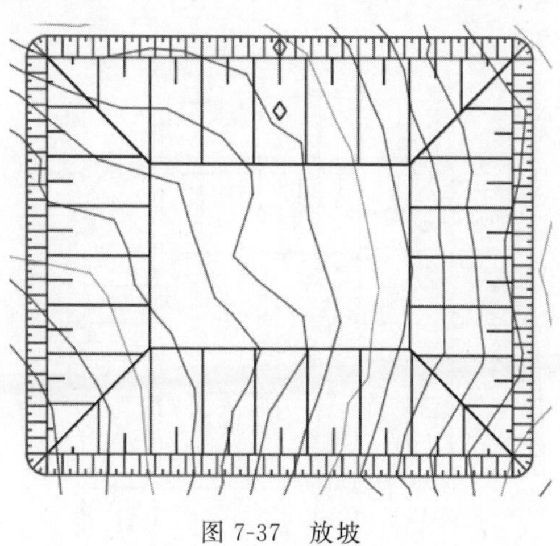

图 7-37　放坡

(7) 选取前面创建的两个放坡，单击“放坡”上下文选项卡“常用工具”面板中的“对象查看器”按钮，打开“对象查看器”对话框，观察创建的放坡，如图 7-38 所示。关闭“对象查看器”对话框。

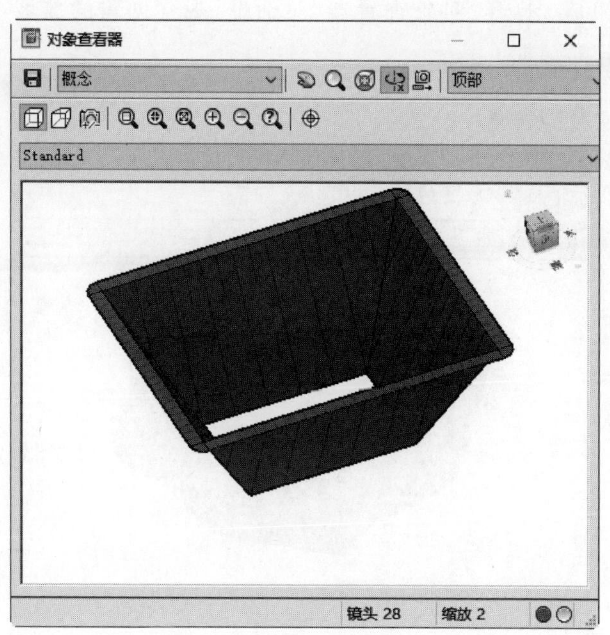

图 7-38　“对象查看器”对话框

(8) 在工具栏的“标准集”下拉列表框中选择 Grade to Surface 标准集，设置挖方斜率样式为“挖方”，设置填方斜率样式为“填方”。

Note

(9) 单击下拉列表框中的“创建放坡”按钮，选取第一个放坡的外边线为要素线，选取要素线的内侧为放坡边，命令行提示“应用到整个长度？[是(Y)/否(N)]<是(Y)>:”，输入Y或直接按Enter键，命令行提示“挖方格式［坡度(G)/斜率(S)]<斜率(S)>:”，输入s或单击“斜率(S)”选项，输入挖方斜率为1，命令行提示“填方格式［坡度(G)/斜率(S)］<斜率(S)>:”，输入s或单击“斜率(S)”选项，输入填方斜率为1，生成放坡如图7-39所示。

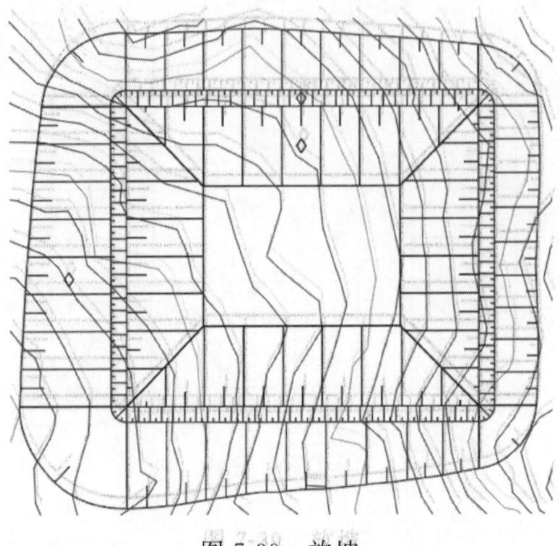

图7-39 放坡

(10) 选取前面创建的三个放坡，单击“放坡”上下文选项卡“常用工具”面板中的“对象查看器”按钮，打开“对象查看器”对话框，观察创建的放坡，如图7-40所示。关闭“对象查看器”对话框。

图7-40 “对象查看器”对话框

7.3.5　创建放坡填充

（1）打开 7.3.4 节绘制的图形。单击“常用”选项卡“创建设计”面板“放坡”下拉列表框中的“创建放坡填充”按钮，或在“放坡创建工具”工具栏的下拉列表框中单击“创建放坡填充”按钮。

（2）根据命令行提示选取如图 7-41 所示的区域为要填充的面积，创建放坡填充。

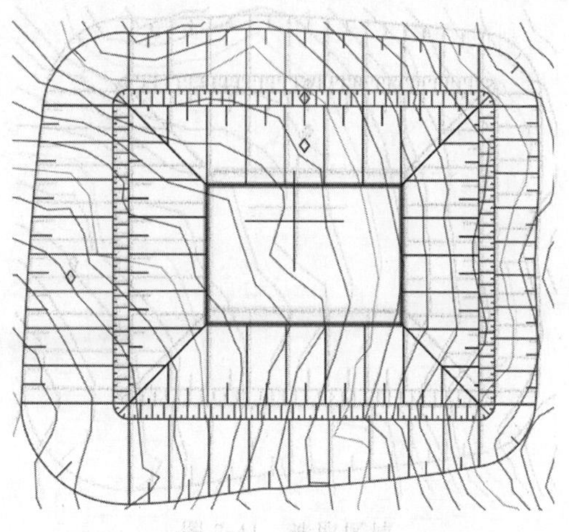

图 7-41　选取区域

（3）选取前面创建的三个放坡和上步创建的放坡填充，单击“放坡”上下文选项卡“常用工具”面板中的“对象查看器”按钮，打开“对象查看器”对话框，观察创建的放坡，如图 7-42 所示。关闭“对象查看器”对话框。

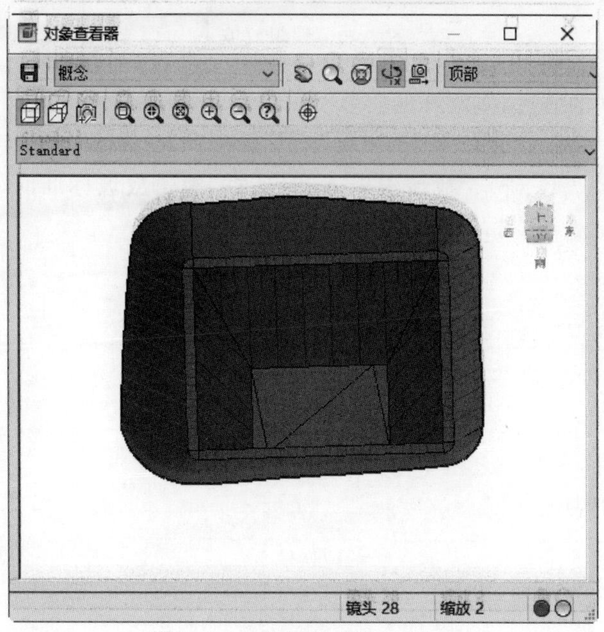

图 7-42　“对象查看器”对话框

7.4 放坡编辑

Note

7.4.1 编辑放坡

可以通过命令行方式来编辑放坡，也可以利用放坡编辑器来编辑放坡。

(1) 打开7.3.5节绘制的图形。在图形中选取放坡1，单击“放坡”上下文选项卡“修改”面板中的“编辑放坡”按钮，命令行提示“指定距离 ＜10.000 米＞：”，输入距离为20，按Enter键，命令行提示“格式［坡度(G)/斜率(S)］＜坡度(G)＞：”，按Enter键，不用更改坡度，更改后的放坡如图7-43所示。

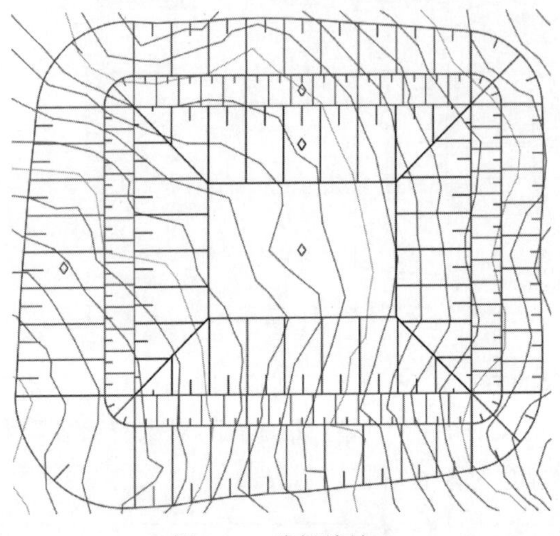

图7-43 编辑放坡1

(2) 采用相同的方法，更改其他放坡。

(3) 在图形中选取放坡3，单击“放坡”上下文选项卡“修改”面板中的“放坡编辑器”按钮，打开如图7-44所示“放坡编辑器”对话框，编辑放坡标准值，还可以更改放坡的起点或终点。编辑值会更新图形中的放坡。

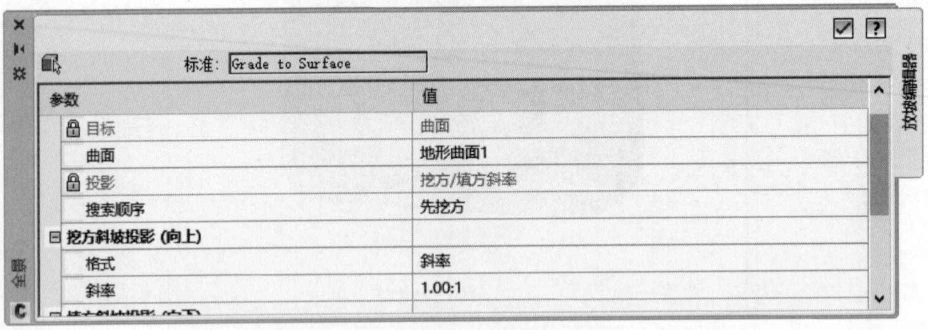

图7-44 “放坡编辑器”对话框

(4) 在挖方斜坡投影(向上)节点中更改斜率为 0.5∶1,图形中的放坡将随之更改,如图 7-45 所示。单击☑按钮,关闭对话框。

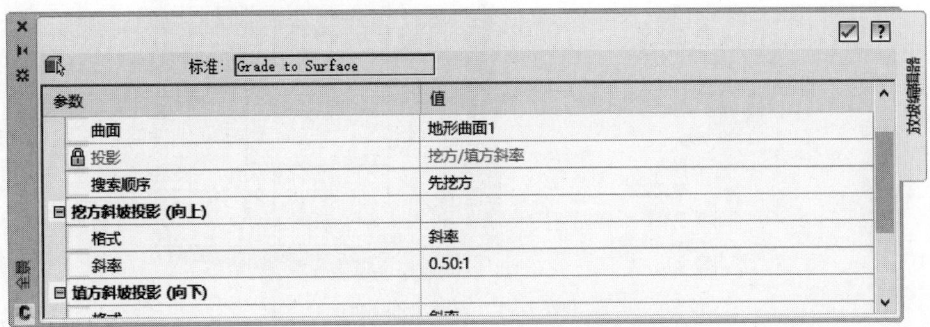

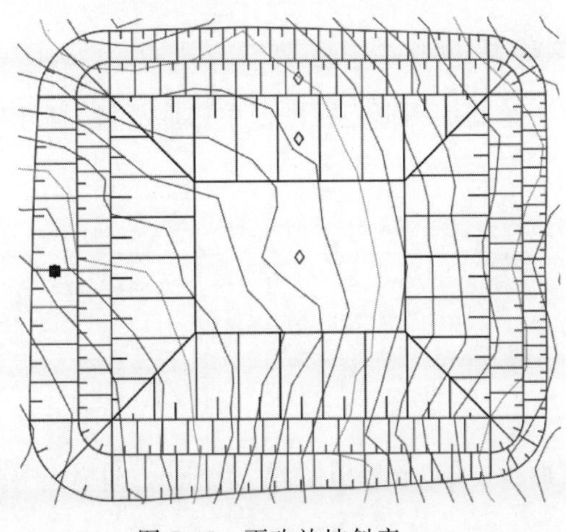

图 7-45　更改放坡斜率

7.4.2　更改放坡组

(1) 打开 7.4.1 节绘制的图形。在“工具空间”的“浏览”选项卡“场地”→“场地 1”→“放坡组”节点上右击,在弹出的快捷菜单中选择“新建”选项,打开“创建放坡组”对话框。

(2) 在对话框中输入名称为放坡组 2,选中“自动创建曲面”和“体积基准曲面”复选框,其他采用默认设置,单击“确定”按钮,关闭“创建放坡组”对话框。

(3) 系统打开“创建曲面”对话框,采用默认设置,单击“确定”按钮,创建放坡组 2。

(4) 在图形中选取放坡 3,单击“放坡”上下文选项卡“修改”面板中的“更改编组”按钮,打开如图 7-46 所示的“选择放坡组”对话框。

(5) 在“编组名称”下拉列表框中选择放坡组 2,单击“确定”按钮,放坡 3 更改到放坡组 2 并生成曲面,如图 7-47 所示。

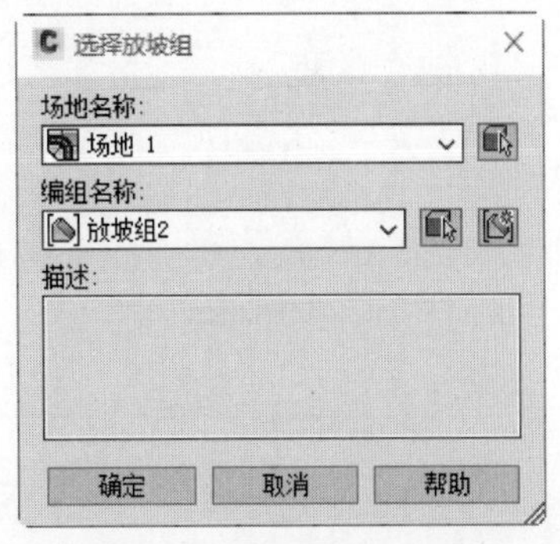

图 7-46　“选择放坡组”对话框

Note

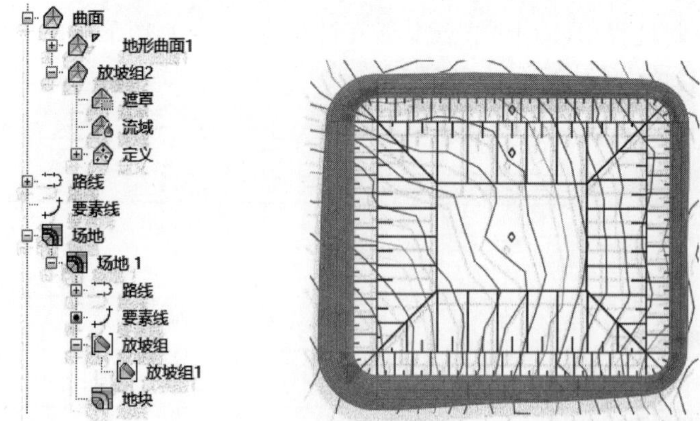

图 7-47　更改放坡组

7.4.3　编辑放坡组特性

（1）打开 7.4.2 节绘制的图形。在图形中选取放坡，打开如图 7-48 所示的"放坡"上下文选项卡。

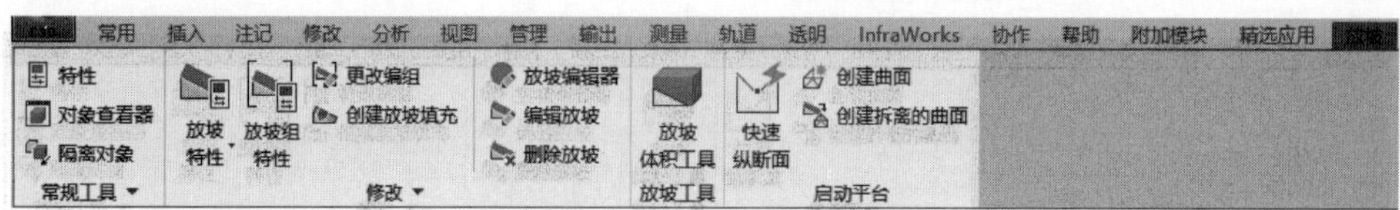

图 7-48　"放坡"上下文选项卡

（2）单击"修改"面板中的"放坡组特性"按钮，打开如图 7-49 所示的"放坡组特性-放坡组 1"对话框。

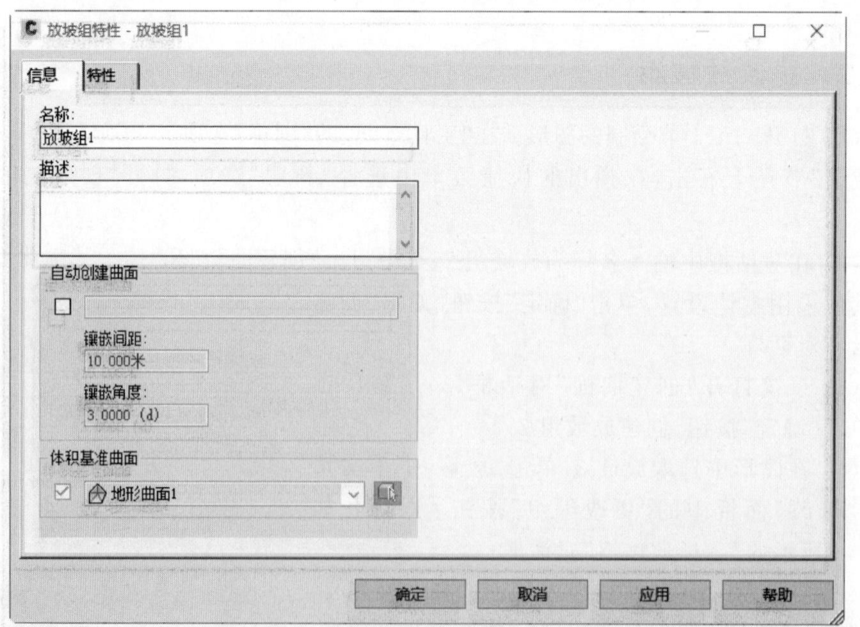

图 7-49　"放坡组特性-放坡组 1"对话框

（3）在对话框的“自动创建曲面”下选中复选框，打开如图 7-50 所示的“创建曲面”对话框，采用默认设施。单击“确定”按钮，关闭“创建曲面”对话框。

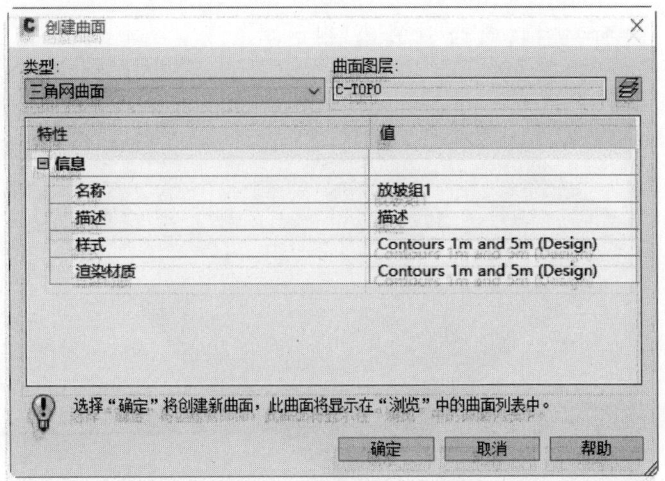

图 7-50　“创建曲面”对话框

（4）返回到“放坡组特性-放坡组 1”对话框，在“体积基准曲面”下选中复选框，在下拉列表框中选择“地形曲面 1”（即图形中的曲面），单击“确定”按钮，将放坡组创建成曲面，如图 7-51 所示。

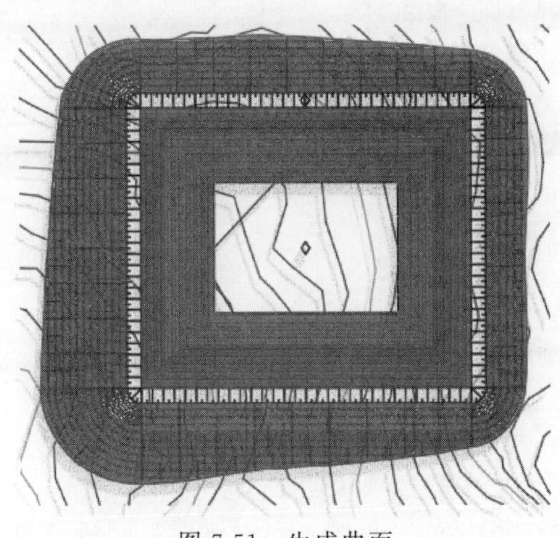

图 7-51　生成曲面

（5）选取上步创建的曲面，单击“三角形曲面：放坡组”上下文选项卡“常用工具”面板中的“对象查看器”按钮，打开对象查看器，观察创建的放坡组曲面，如图 7-52 所示。关闭对象查看器。

7.4.4　创建放坡体积

（1）打开 7.4.3 节绘制的图形。在图形中选取放坡，单击“放坡”上下文选项卡“放坡工具”面板中的“放坡体积工具”按钮，打开如图 7-53 所示的“放坡体积工具”对话框。

Note

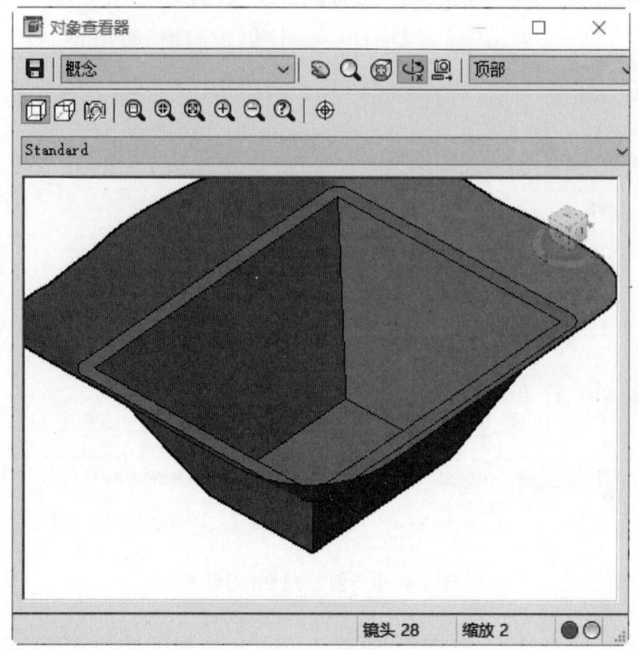

图 7-52　对象查看器

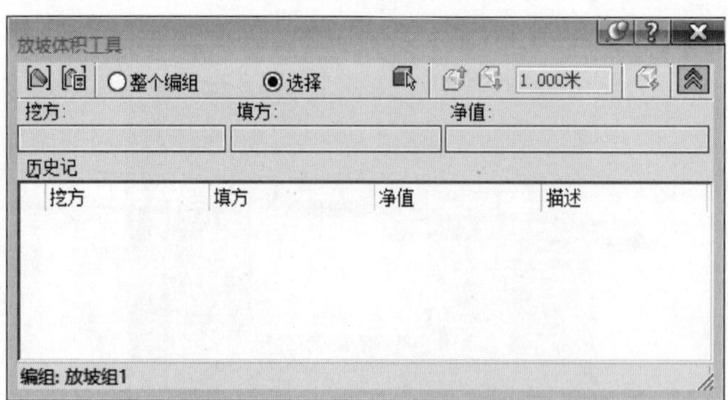

图 7-53　“放坡体积工具”对话框

“放坡体积工具”对话框中的选项说明如下：

- “设置放坡组”按钮：单击此按钮指定要调整的放坡组，放坡组的名称显示在对话框的底部。
- “放坡组特性”按钮：单击此按钮，打开“放坡组特性”对话框，设置放坡组的特性。
- 整个编组：选择此选项，调整整个放坡组的高程。
- 选择：选择此选项，单击按钮，在图形中选择要调整高程的要素。
- “升高放坡组”按钮：根据文本框中输入的数值升高放坡组的高程。
- “降低放坡组”按钮：根据文本框中输入的数值降低放坡组的高程。
- “自动升高/降低以平衡体积”按钮：单击此按钮，打开“自动平衡体积”对话框，指定净体积的目标值，然后会自动平衡挖方体积和填方体积，以逼近目标。

由于曲面的不规则性，自动平衡体积以逼近目标是一个迭代的过程。系统的目的是达到目标体积，但允许起始体积和目标体积之间存在 0.1% 的公差。

(2) 选择"整个编组"选项，对话框中将显示整个放坡组的挖方和填方体积，如图 7-54 所示。

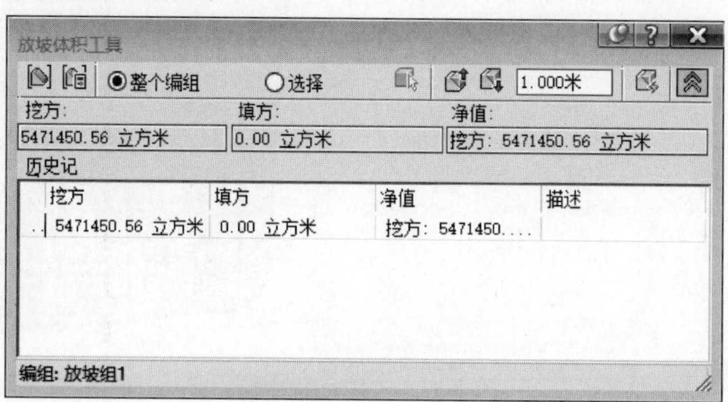

图 7-54　显示体积

(3) 在对话框右上角的文本框中输入 10 米，单击"升高选定的放坡要素"按钮，即将放坡要素升高 10 米，对话框中的体积和图形中的放坡也将随要素的升高而动态变化，如图 7-55 所示。

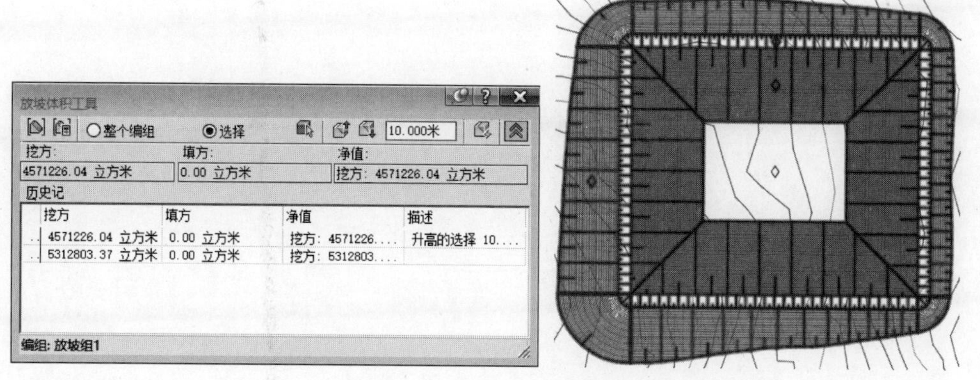

图 7-55　升高放坡要素

(4) 单击"自动升高/降低以平衡体积"按钮，打开"自动平衡体积"对话框，设置所需体积为 0 立方米（表示希望的土方挖填量相等，输入负数表示挖方，正数表示填方），如图 7-56 所示，单击"确定"按钮。

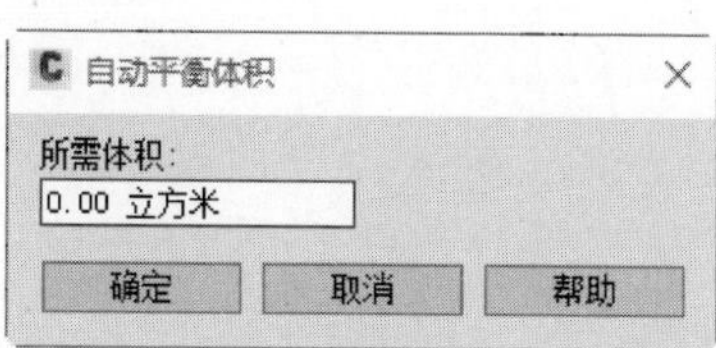

图 7-56　"自动平衡体积"对话框

Note

（5）系统自动更新曲面、放坡组和体积数值，使挖方和填方体积自动平衡，如图 7-57 所示。

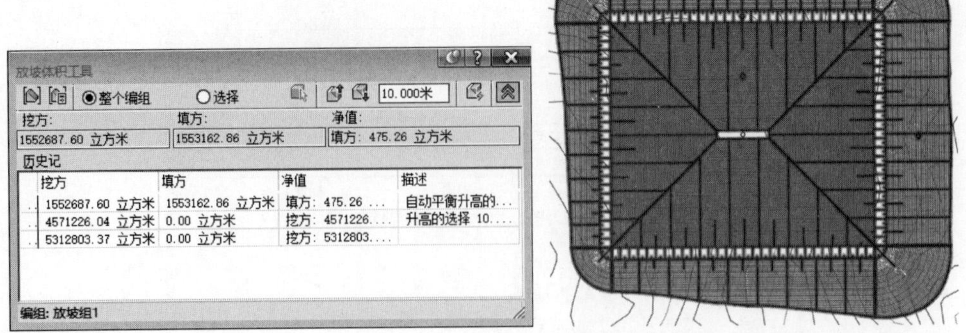

图 7-57　自动平衡体积

第8章 纵断面

在地形曲面上创建纵断面时，系统在曲面、路线和纵断面之间维持着实时动态关联——对路线或曲面的任何修改都将自动更新纵断面。

本章将详细介绍 Autodesk Civil 3D 中纵断面创建与编辑的基本方法。

8.1 概　　述

曲面(原地面)纵断面是从曲面中提取的，它可以显示沿平面路线的高程变化。布局纵断面是一种设计对象，它显示了要构造的建议坡率和高程，即设计纵断面。纵断面显示在纵断面图的注释栅格上。

在纵断面设计中系统有纵断面和纵断面图两种图元对象。

1. 纵断面

纵断面是指通过剖切曲面得到的实际地形线或者是设计者做出的设计纵断面线，它们都有各自的相关样式和标签样式。

利用纵断面可以将沿目标路线或跨越特定区域的地形可视化。纵断面包括曲面纵断面、布局纵断面、叠合纵断面、快速纵断面和道路纵断面。

(1) 曲面纵断面。曲面纵断面经常被称为原地面 (EG) 纵断面，它从曲面提取，用于显示沿特定路径的高程变化。

(2) 布局纵断面。布局纵断面是设计的对象，用于显示将要构造的目标高程变化。

Note

布局纵断面经常被称为设计纵断面或完工坡面（FG）纵断面，它通常用于道路或其他具有坡率的场地。对于公路而言，布局纵断面可以包括为在特定速度下的安全驾驶而设计的坡度和曲线。

(3) 叠合纵断面。叠合纵断面是叠合到不同路线的纵断面图的路线纵断面。此纵断面始终为动态纵断面，当更改原始纵断面/路线时，这些纵断面将随之更新。

(4) 快速纵断面。快速纵断面是临时对象，可以显示沿所有现有直线或一系列选定点的高程。

(5) 道路纵断面。将从道路要素线（例如，公路的边缘）中创建铺装层纵断面。此纵断面将显示在生成它的基准路线线的纵断面图中。

2. 纵断面图

纵断面图是为显示纵断面线而提供的一种图表，包括网格、轴线、标注和图题，如图 8-1 所示。

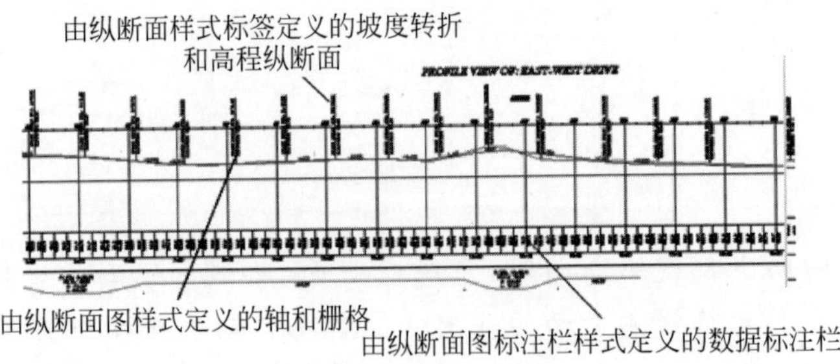

图 8-1　纵断面图

纵断面图通常用来显示规划路径上的公路、管道、围栏或类似结构的若干纵断面。使用纵断面图可以比较若干曲面的高程或沿路线设计纵断面。

在纵断面图中，可以对其他路线的纵断面进行叠合。例如，在公路的纵断面图中，可以对占用同一道路的涵洞纵断面进行叠合。通过叠合纵断面，可以相对于用于道路曲面的相同路线桩号来分析涵洞高程。

8.2　创建纵断面图和纵断面

8.2.1　创建纵断面图

因为纵断面图是纵断面的容器，所以只有先创建纵断面图之后才能创建纵断面。纵断面图是依附于路线的，所以在创建纵断面图之前还要先准备好一条路线。

(1) 打开 6.2.5 节创建的图形。单击“常用”选项卡“创建设计”面板“纵断面”下拉列表框中的“创建曲面纵断面”按钮，打开如图 8-2 所示的“从曲面创建纵断面”对话框。

(2) 在对话框中选择路线 1 和地形曲面 1，单击“添加”按钮，在纵断面列表中显示地形曲面和路线信息，如图 8-3 所示。

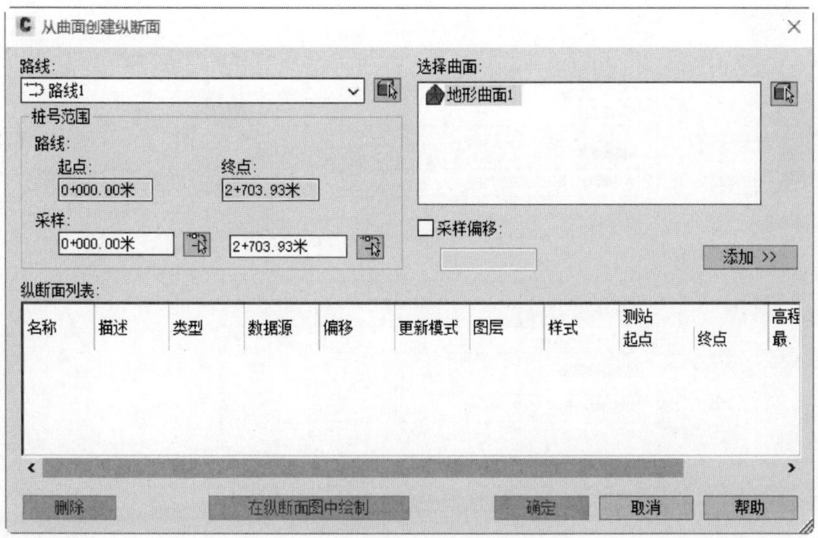

图 8-2 “从曲面创建纵断面”对话框

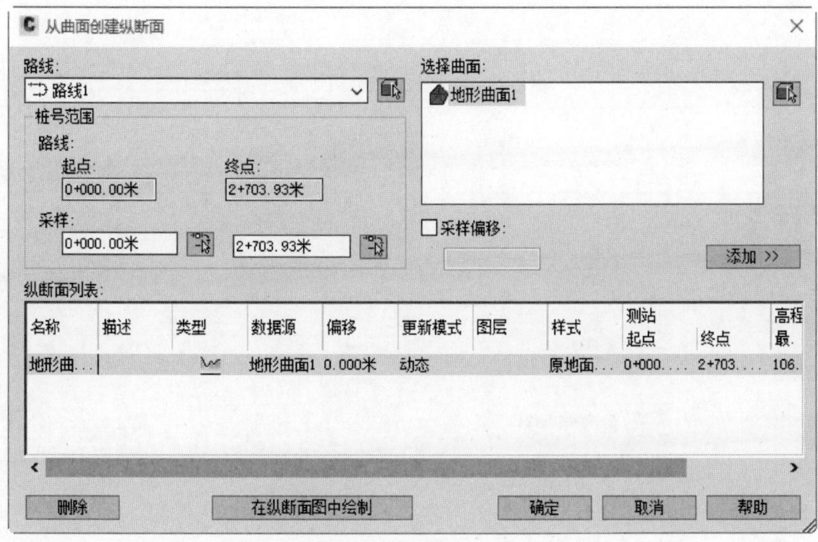

图 8-3 添加路线和曲面

(3) 单击“在纵断面图中绘制”按钮，打开“创建纵断面图-基本”对话框，显示“常规”选项卡，输入纵断面图名称为“纵断面图<[下一个编号(CP)]>”，在“纵断面图样式”下拉列表框中选择 Profile View 样式，其他采用默认设置，如图 8-4 所示。

(4) 单击“下一步”按钮，切换到“桩号范围”选项卡，设置桩号范围为“自动”，其他采用默认设置，如图 8-5 所示。

(5) 单击“下一步”按钮，切换到“纵断面图高度”选项卡，设置纵断面高度为“自动”，其他采用默认设置，如图 8-6 所示。

(6) 如果全部采用默认设置，可以直接单击“创建纵断面图”按钮，根据命令行提示在图形中指定纵断面图的放置原点，系统自动生成纵断面图，如图 8-7 所示。

Note

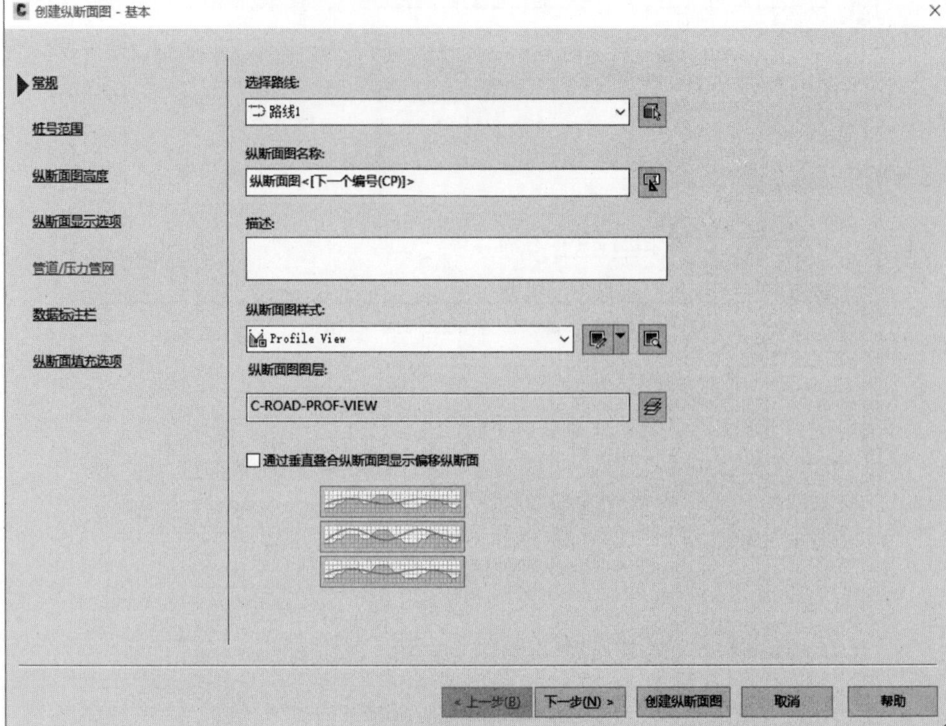

图 8-4 “常规”选项卡

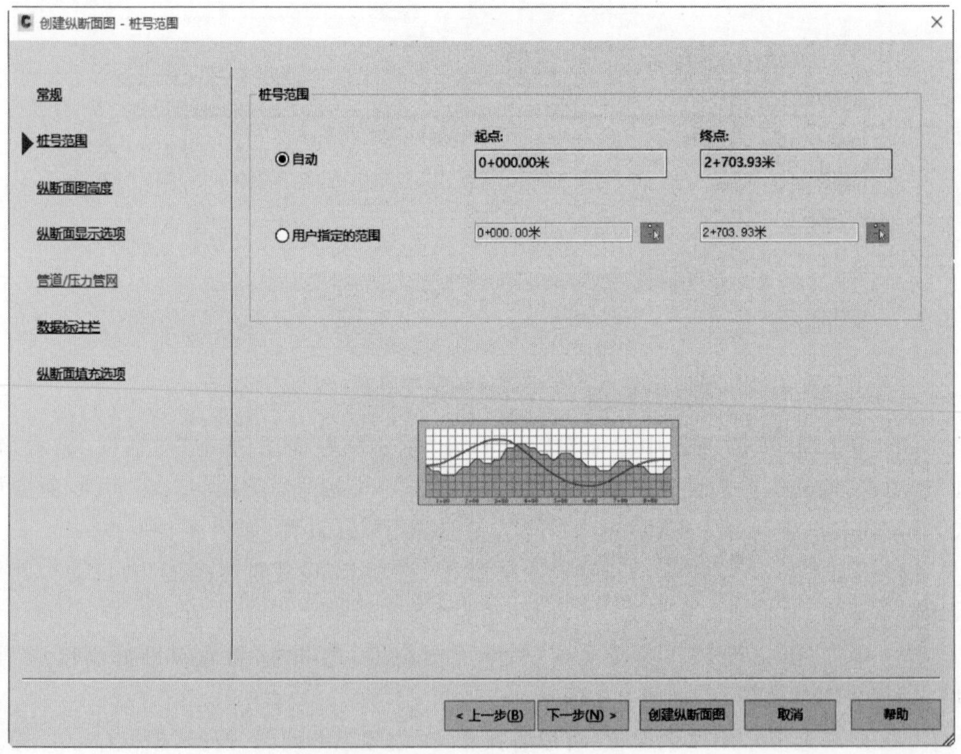

图 8-5 “桩号范围”选项卡

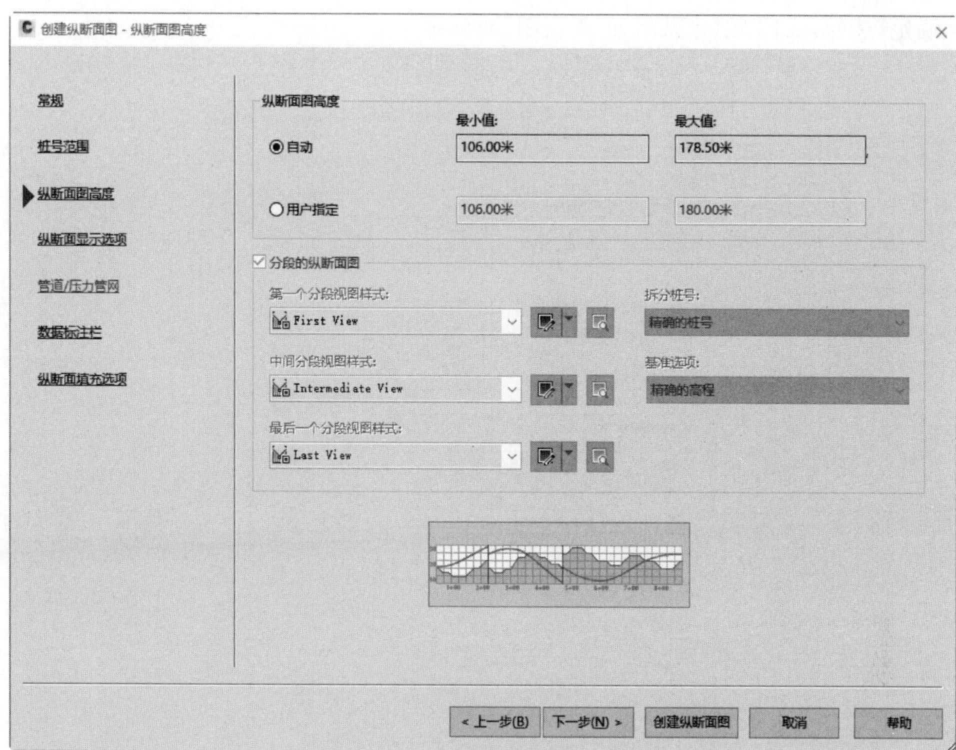

图 8-6　“纵断面图高度”选项卡

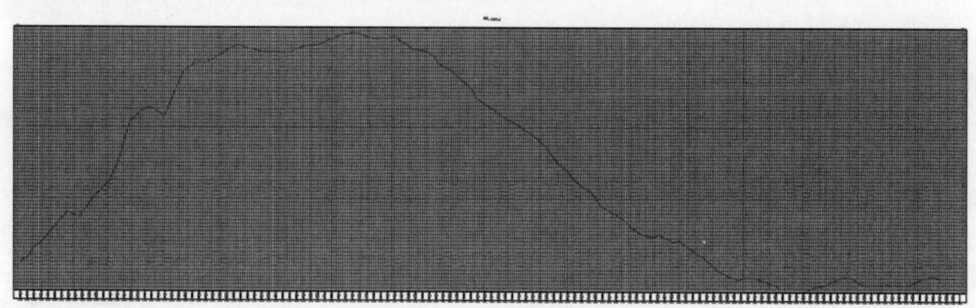

图 8-7　纵断面图

8.2.2　创建纵断面

创建纵断面一般采用两种方法，一是用纵断面布局工具进行创建，二是使用纵断面数据文件进行创建。下面就这两种方法分别进行介绍。

1. 使用纵断面布局工具创建

(1) 打开 8.2.1 节绘制的图形。单击“常用”选项卡“创建设计”面板“纵断面”下拉列表框中的“纵断面创建工具”按钮，根据命令行提示选取 8.2.1 节创建的纵断面图以创建纵断面。

(2) 打开“创建纵断面-新绘制”对话框，输入名称为“纵断面（<[下一个编号(CP)]>)”，选择纵断面样式为 Design Profile，其他采用默认设置，如图 8-8 所示。单

击“确定”按钮，关闭“创建纵断面-新绘制”对话框。

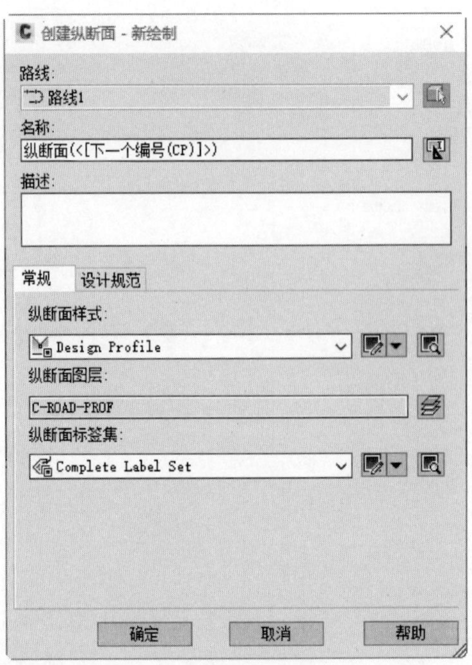

图 8-8 “创建纵断面-新绘制”对话框

（3）系统打开如图 8-9 所示的“纵断面布局工具-纵断面(1)”工具栏。

图 8-9 “纵断面布局工具-纵断面(1)”工具栏

（4）单击工具栏下拉列表框中的“曲线设定”按钮，打开“竖曲线设定”对话框，选择曲线类型为“抛物线”，分别设置凸曲线和凹曲线的长度为 150 米，如图 8-10 所示。

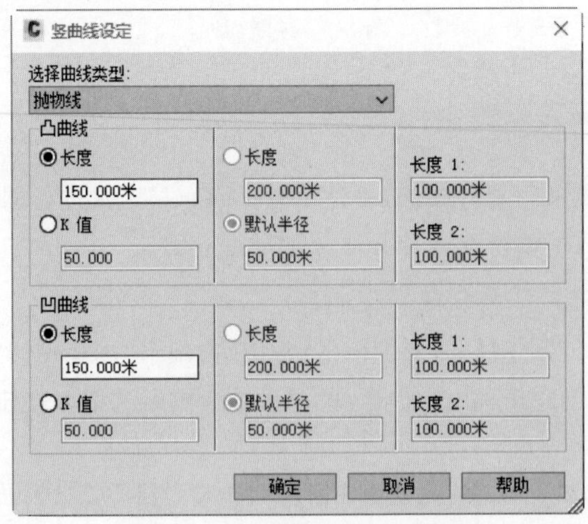

图 8-10 “竖曲线设定”对话框

Note

“竖曲线设定”对话框中的选项说明如下。

- 选择曲线类型：指定纵断面的默认竖曲线类型，包括圆形曲线、抛物线和不对称三种类型。
- 凸曲线：凸曲线放置在小山顶上，或任何坡率变小处。凸曲线有三类：从正坡率向负坡率过渡、从正坡率向正坡率过渡以及从负坡率向负坡率过渡，如图 8-11 所示。

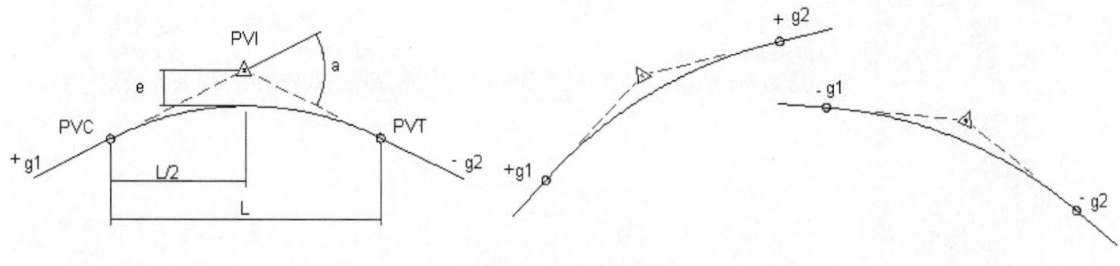

图 8-11　凸曲线

- 凹曲线：凹曲线放置在山谷中，或任何坡率变大处。凹曲线有三类：从负坡率向正坡率过渡、从负坡率向负坡率过渡以及从正坡率向正坡率过渡，如图 8-12 所示。

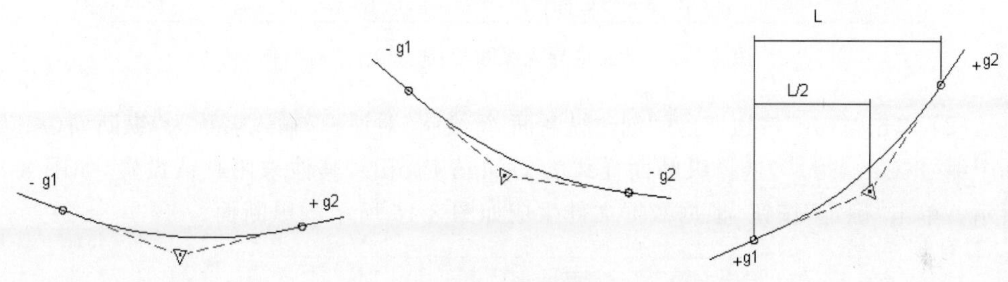

图 8-12　凹曲线

(5) 在“纵断面布局工具-纵断面(1)”工具栏的下拉列表框中单击“绘制曲线切线”按钮，捕捉纵断面图中的地形线端点作为起点，指定下一点，绘制设计纵断面，结果如图 8-13 所示。

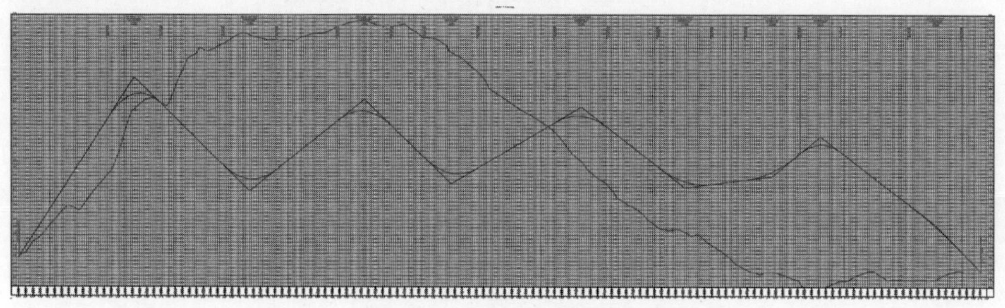

图 8-13　绘制设计纵断面

2. 从文件创建纵断面

(1) 单击“常用”选项卡“创建设计”面板“纵断面”下拉列表框中的“从文件创建纵

断面”按钮，打开“从文件导入纵断面-选择文件”对话框，选择已经创建好的数据文件，如图 8-14 所示。

Note

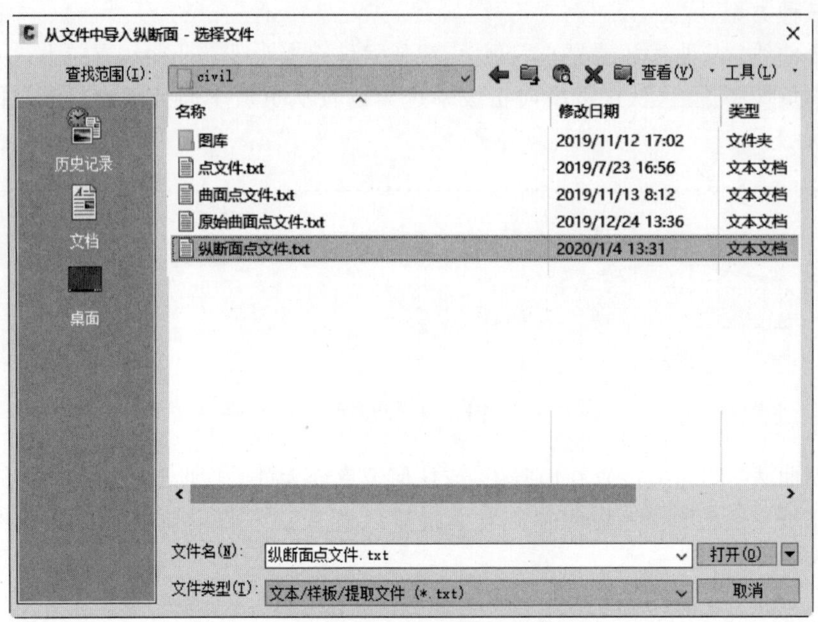

图 8-14 “从文件导入纵断面-选择文件”对话框

(2) 单击“打开”按钮，打开“创建纵断面-新绘制”对话框，输入名称为“纵断面(<[下一个编号(CP)]>)”，选择纵断面样式为 Design Profile，其他采用默认设置，如图 8-15 所示。单击“确定”按钮，根据数据文件生成如图 8-16 所示的纵断面。

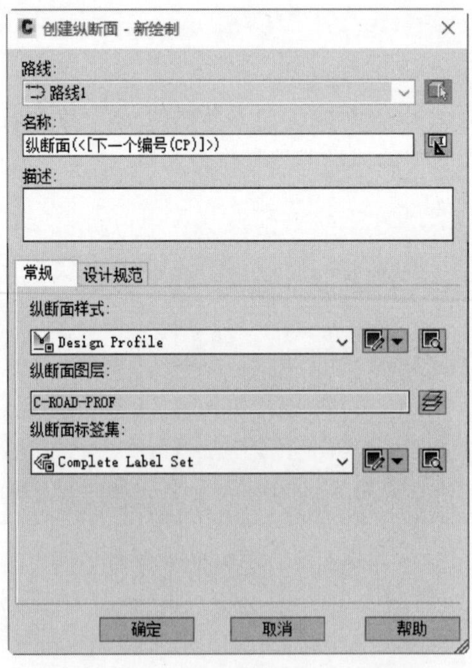

图 8-15 “创建纵断面-新绘制”对话框

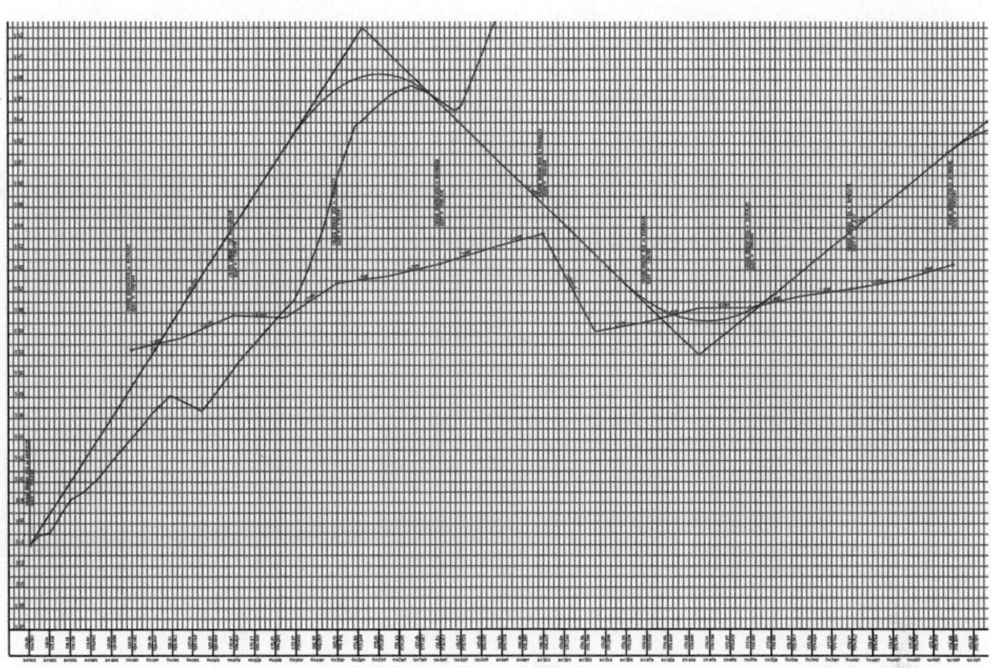

图 8-16 纵断面

提示：数据文件一般为 txt 文件，包含两列数据，一列是桩号，一列是高程，如图 8-17 所示。桩号和高程之间用空格隔开，桩号不能使用“+”号，桩号列必须按升序排序且不能有重复的桩号。

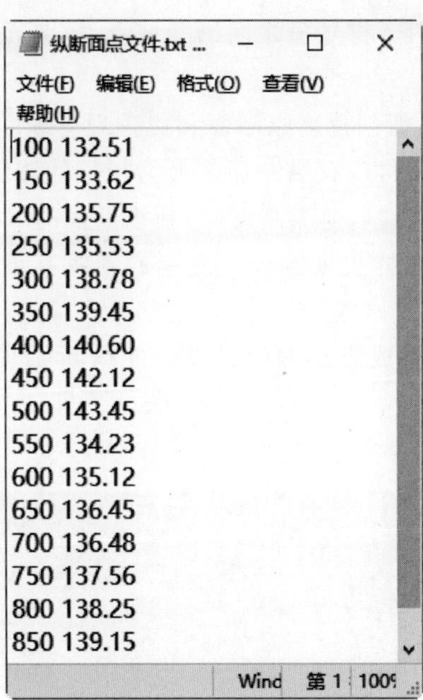

纵断面点文件.txt ...

文件(F) 编辑(E) 格式(O) 查看(V) 帮助(H)

100 132.51
150 133.62
200 135.75
250 135.53
300 138.78
350 139.45
400 140.60
450 142.12
500 143.45
550 134.23
600 135.12
650 136.45
700 136.48
750 137.56
800 138.25
850 139.15

Wind 第 1 100%

图 8-17 数据文件

Note

8.2.3 创建多个纵断面

(1) 打开 8.2.2 节绘制的图形。单击“纵断面布局工具-纵断面(1)”工具栏中的“复制纵断面”按钮，打开“复制纵断面数据”对话框。

(2) 设置变坡点范围为“全部”，目标纵断面选项设置为“创建新纵断面”，其他采用默认设置，如图 8-18 所示。

图 8-18 “复制纵断面数据”对话框

“复制纵断面数据”对话框中的选项说明如下。

- 源纵断面信息：显示原纵断面的名称和样式。
- 变坡点范围：包括全部和桩号范围选项。
  - 全部：选择此选项，复制整个纵断面。
  - 桩号范围：复制两个桩号值之间的变坡点，桩号范围的默认值是纵断面的起点和终点。
- 目标纵断面选项：包括创建新纵断面和覆盖现有纵断面选项。
  - 覆盖现有纵断面：将现有纵断面替换为指定的源纵断面。
  - 创建新纵断面：复制当前纵断面，与新纵断面的名称一样，复制的新纵断面的名称根据当前命名样板来创建。复制的新纵断面在纵断面图中的源纵断面上叠合。

(3) 单击“确定”按钮，生成纵断面(1)副本，此纵断面在纵断面图中与源纵断面重合，如图 8-19 所示。

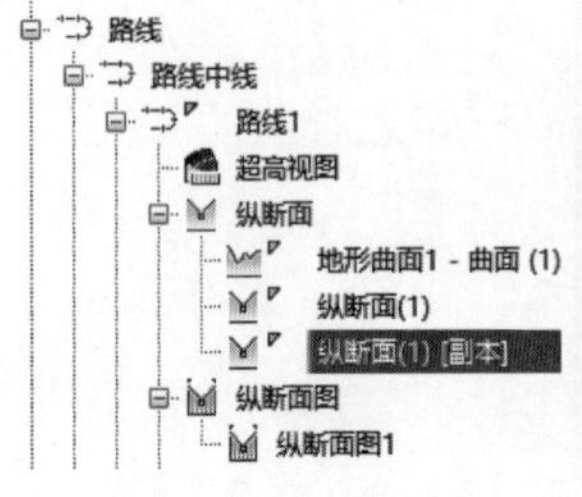

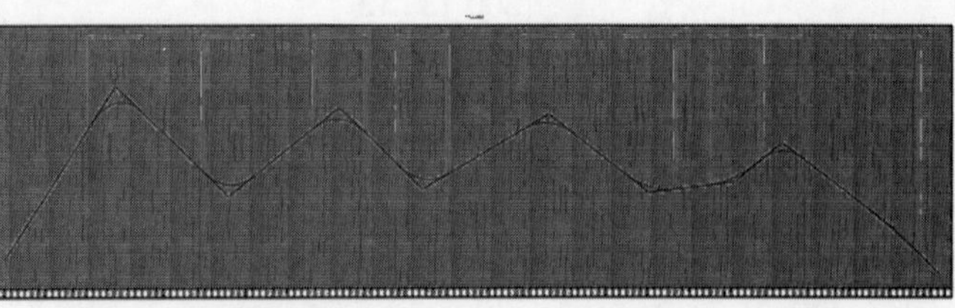

图 8-19 复制纵断面

(4) 选取复制的纵断面(1)[副本],单击“纵断面布局工具-纵断面(1)[副本]”工具栏中的“升高/降低变坡点”按钮,打开“升高/降低变坡点高程”对话框。

(5) 在对话框中输入高程更改为 10 米,设置变坡点范围为“全部”,如图 8-20 所示。

“升高/降低变坡点高程”对话框中的选项说明如下。

- 高程更改:输入正数以升高变坡点,也可以输入负数以降低变坡点。
- 全部:升高或降低整个纵断面。
- 桩号范围:升高或降低两个桩号值之间的变坡点。

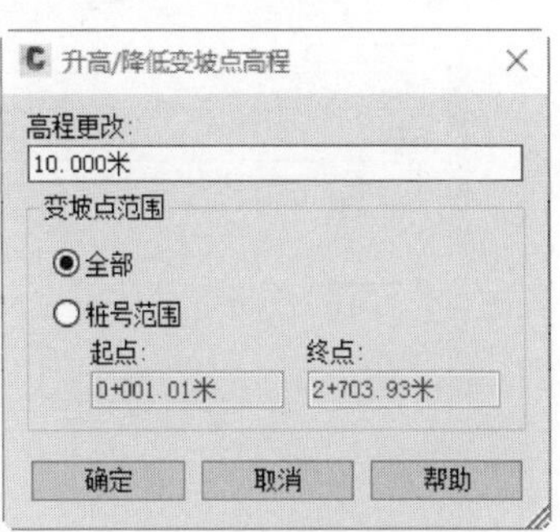

图 8-20 “升高/降低变坡点高程”对话框

(6) 单击“确定”按钮,平移纵断面,如图 8-21 所示。

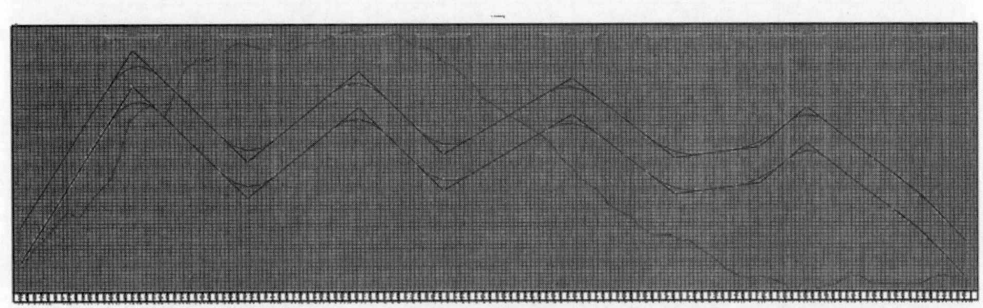

图 8-21 平移纵断面

8.3 编辑纵断面图和纵断面

8.3.1 编辑纵断面样式

(1) 打开 8.2.1 节绘制的图形。在图形中选取纵断面图,打开如图 8-22 所示的“纵断面图:纵断面图 1”上下文选项卡。

图 8-22 “纵断面图:纵断面图 1”上下文选项卡

(2) 单击“修改视图”面板“纵断面图特性”下拉列表框中的“编辑纵断面图样式”按钮,打开如图 8-23 所示的“纵断面图样式-Profile View”对话框并切换到“信息”选项卡,显示纵断面图的基本信息,这里采用默认设置。

Note

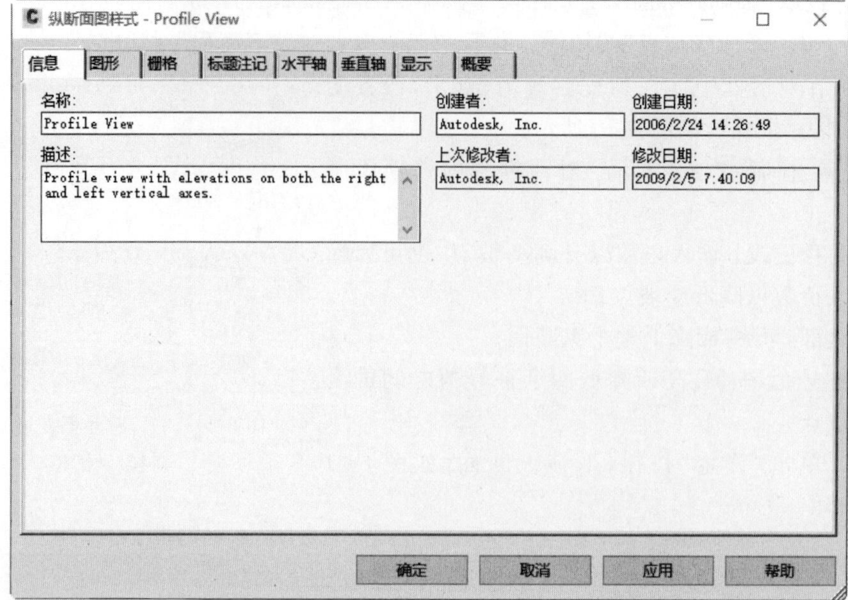

图 8-23 “纵断面图样式-Profile View”对话框

(3) 切换到“图形”选项卡,设定纵断面图的垂直比例为 1∶50,纵断面图方向为从左到右,其他采用默认设置,如图 8-24 所示。

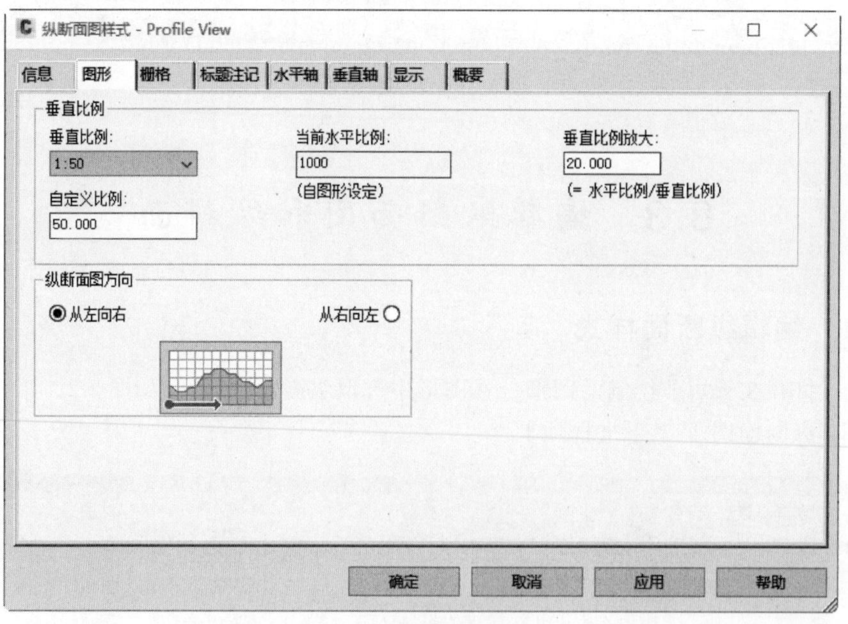

图 8-24 “图形”选项卡

“纵断面图样式-Profile View”对话框“图形”选项卡中的选项说明如下。

➢ “垂直比例”选项组:指定在纵断面图中,要将高程值增加以获得更佳可见性的量。

- 垂直比例：设置纵断面图的垂直比例，从列表中选择垂直比例。垂直比例＝当前水平比例/垂直比例放大。
- 自定义比例：如果在列表中选择“自定义比例”选项，则在“自定义比例”文本框中输入比例因子。
- 当前水平比例：在“图形设定”对话框中指定的整体图形比例。此选项不可编辑。必须在“图形设定”对话框中更改该水平比例。
- 垂直比例放大：指定在纵断面图中高程值要增加以获得更佳可见性的量。输入 1 表示不进行比例放大，输入一个大于 1 的数字进行比例放大。

➢“纵断面图方向”选项组：指定纵断面图中纵断面的方向。

- 从左向右：使 0 或最低桩号值位于左侧，最高桩号值位于右侧绘制纵断面。
- 从右向左：使最高桩号值位于左侧，0 或最低桩号值位于右侧绘制纵断面。

（4）切换到“栅格”选项卡，选中“剪裁垂直栅格”和“剪裁水平栅格”复选框，其他采用默认设置，如图 8-25 所示。单击“应用”按钮，得到纵断面图如图 8-26 所示。

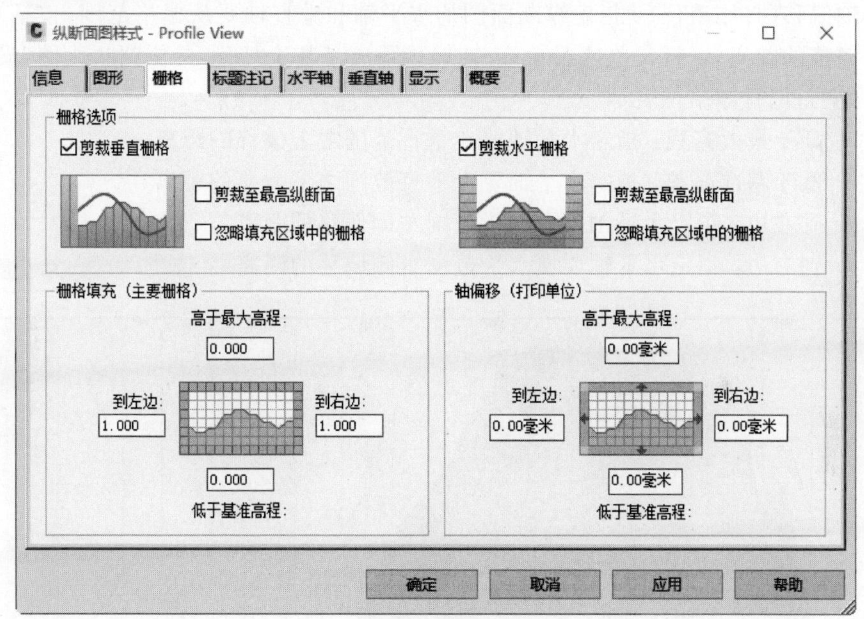

图 8-25　“栅格”选项卡

“纵断面图样式-Profile View”对话框“栅格”选项卡中的选项说明如下。

➢ 栅格选项：指定纵断面图栅格中的剪裁。

- 剪裁垂直栅格：选中此复选框，仅在纵断面直线的下方绘制垂直栅格线。

  剪裁至最高纵断面：选中此复选框，在最高的纵断面上绘制垂直纵断面图栅格线。

  忽略填充区域中的栅格：选中此复选框，不在填充区域中绘制垂直纵断面图栅格线。

- 剪裁水平栅格：选中此复选框，仅在纵断面直线的下方绘制水平栅格线。

  剪裁至最高纵断面：选中此复选框，在最高的纵断面上绘制水平纵断面图栅

格线。

忽略填充区域中的栅格：选中此复选框，不在填充区域中绘制水平纵断面图栅格线。

Note

- 栅格填充（主要栅格）：相对于纵断面图包含的纵断面，指定要添加到该纵断面图范围的距离。
  - 高于最大高程：指定纵断面图在最大纵断面高程以上延伸的栅格块数。正值可以使图形延伸到在纵断面图中绘制的纵断面范围上方。
  - 低于基准高程：指定纵断面图在基准面或最小纵断面高程以下延伸的栅格块数。正值可以使图形延伸到在纵断面图中绘制的纵断面范围下方。
  - 到左边：指定要放置在路线最左侧桩号值前的主要栅格数。正值可以使图形延伸到在纵断面图中绘制的纵断面范围左侧。
  - 到右边：指定要放置在路线最右侧桩号值前的主要栅格数。正值可以使图形延伸到在纵断面图中绘制的纵断面范围右侧。
- 轴偏移（打印单位）：指定纵断面图的水平轴和垂直轴要从栅格范围（包括填充）偏移的距离（以打印单位表示）。轴偏移距离是基于“图形单位”和“比例”设定指定的，以打印单位表示。
  - 高于最大高程：指定水平轴要在垂直范围之上偏移的距离。
  - 低于基准高程：指定水平轴要在垂直范围之下偏移的距离。
  - 到左边：指定水平轴要在水平范围左侧偏移的距离。
  - 到右边：指定水平轴要在水平范围右侧偏移的距离。

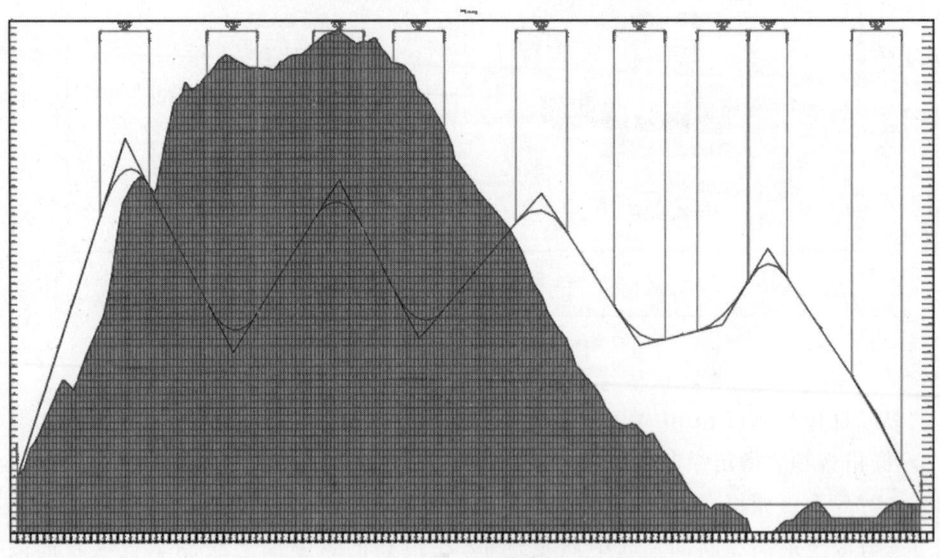

图 8-26　纵断面图

（5）切换到“标题注记”选项卡，设置图标视图标题的文本高度为 10 毫米，轴标题文本的高度为 5 毫米，单击 按钮，打开“文本部件编辑器-标题文本”对话框，更改图表视图名称为“<[初始路线(CP)]> 纵断面图”。单击“确定”按钮，返回到“标题注记”选项卡，其他采用默认设置，如图 8-27 所示。

Note

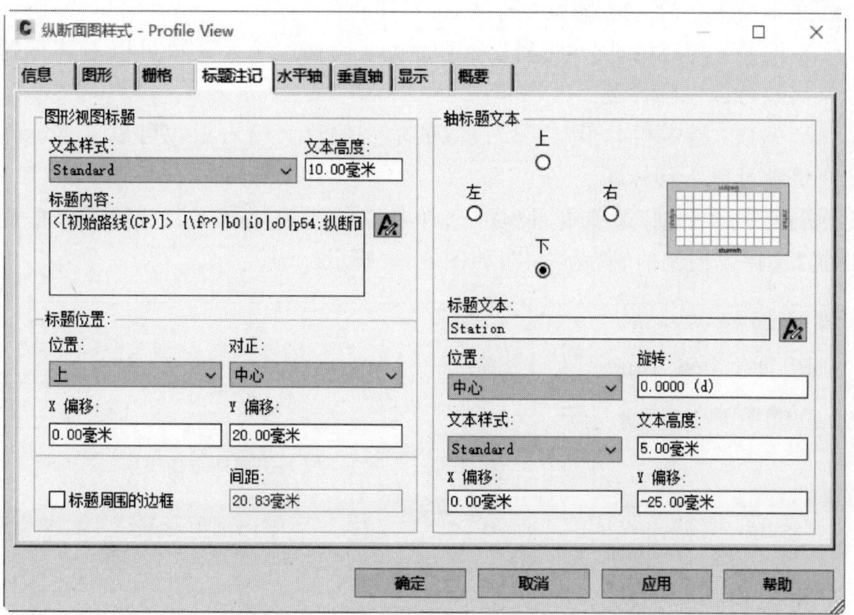

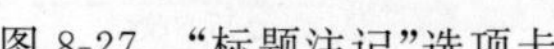

图 8-27 “标题注记”选项卡

“纵断面图样式-Profile View”对话框“标题注记”选项卡中的选项说明如下。

➢ 图形视图标题

- 文本样式：指定纵断面图标题的文本样式。
- 文本高度：指定当前文本高度(按图形单位)。
- 标题内容：指定用于组成标题的文本元素，例如平面路线（HA）名称和桩号范围。单击按钮，打开“文本部件编辑器-标题文本”对话框更改标题格式或标题内容。
- 标题位置：指定纵断面图标题的位置。
- 位置：指定标题相对于纵断面图栅格的位置，有上、下、左和右选项。
- 对正：指定标题对正(对齐)方式。
- X 偏移：指定相对于由“位置”和“对正”值设置的位置的水平偏移。输入正数可以右移标题，输入负数可以左移标题。
- Y 偏移：指定相对于由“位置”和“对正”值设置的位置的垂直偏移。输入正数可以上移标题，输入负数可以下移标题。
- 标题周围的边框：选中此复选框，在标题图块周围绘制边框线。在“间距”文本框中输入指定标题与其边框之间的距离。

➢ 轴标题文本

- 标题文本：指定水平轴的标题文本。单击按钮，打开“文本部件编辑器-轴标题文本”对话框更改标题格式或标题内容。
- 位置：指定标题在轴上的位置，有左、中心和右选项。
- 旋转：指定标题的角度。角度方向始终为逆时针。
- 文本样式：指定用于水平轴标题的文本样式。

Note

- 文本高度：指定标题文本高度(按打印单位)。
- X 偏移：指定相对于“位置”设置的水平偏移。输入正数可以右移标题，输入负数可以左移标题。
- Y 偏移：指定相对于“位置”设置的垂直偏移。输入正数可以上移标题，输入负数可以下移标题。

(6) 切换到“水平轴”选项卡，设置“选择要控制的轴”为“下”；切换到“垂直轴”选项卡，设置“选择要控制的轴”为“左”，如图 8-28 所示。

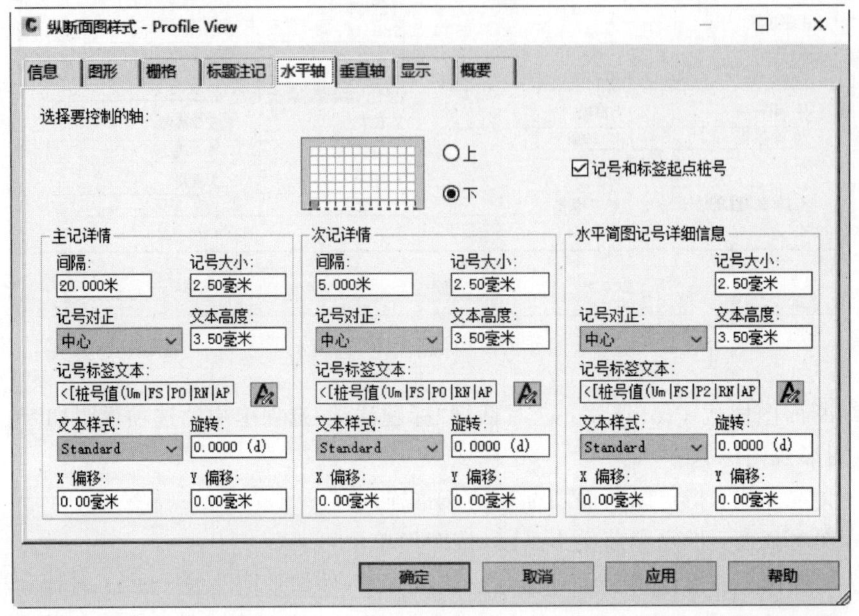

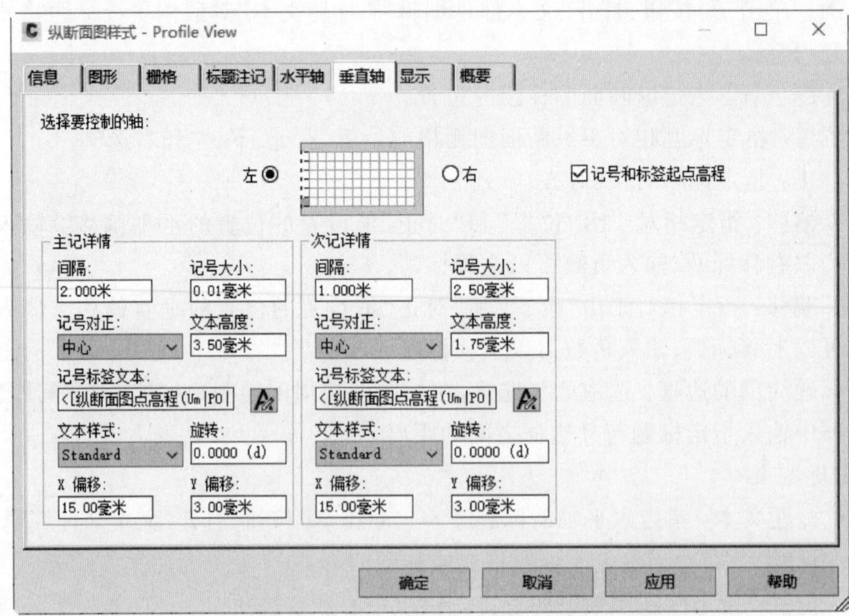

图 8-28 “水平轴”选项卡和“垂直轴”选项卡

(7) 切换到"显示"选项卡，设置次要水平栅格和次要垂直栅格不显示，其他采用默认设置，如图 8-29 所示。单击"确定"按钮，完成纵断面图样式的更改，结果如图 8-30 所示。

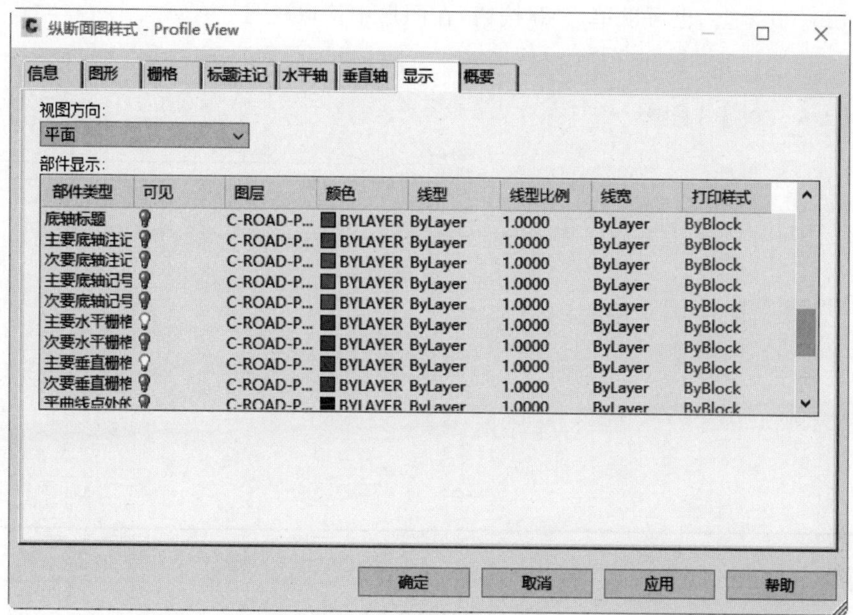

图 8-29　"显示"选项卡

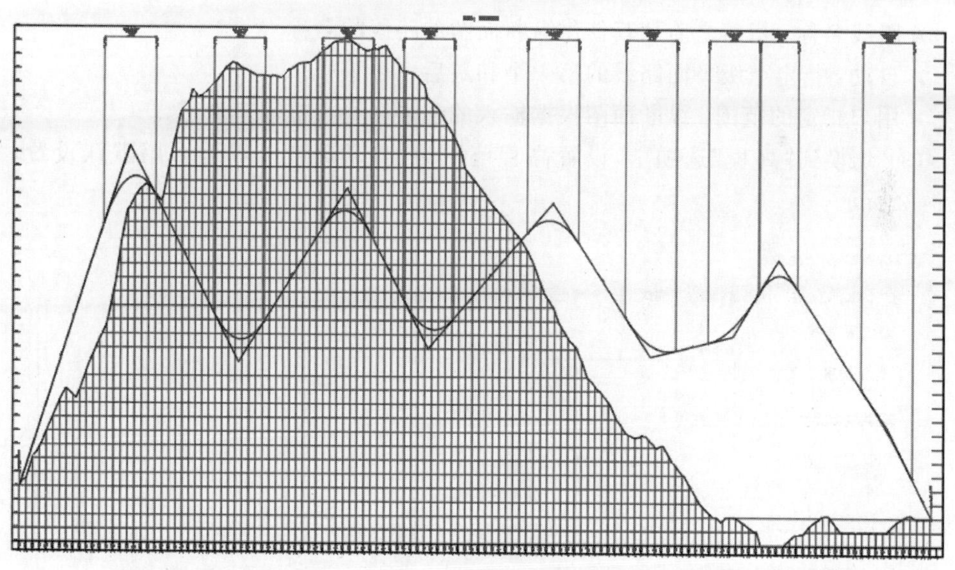

图 8-30　更改后的纵断面图

8.3.2　编辑纵断面特性

(1) 打开 8.3.1 节绘制的图形。在图形中选取纵断面图，打开"纵断面图：纵断面图 1"上下文选项卡。

(2) 单击"修改视图"面板"纵断面图特性"下拉列表框中的"纵断面图特性"按

Note

钮，打开如图 8-31 所示的“纵断面图特性-纵断面图 1”对话框并切换到“测站”选项卡，设置桩号范围为“用户指定的范围”，输入起点桩号为“－0＋060.00 米”，终点桩号为“2＋120.00 米”。也可以单击按钮，在图形中拾取桩号。

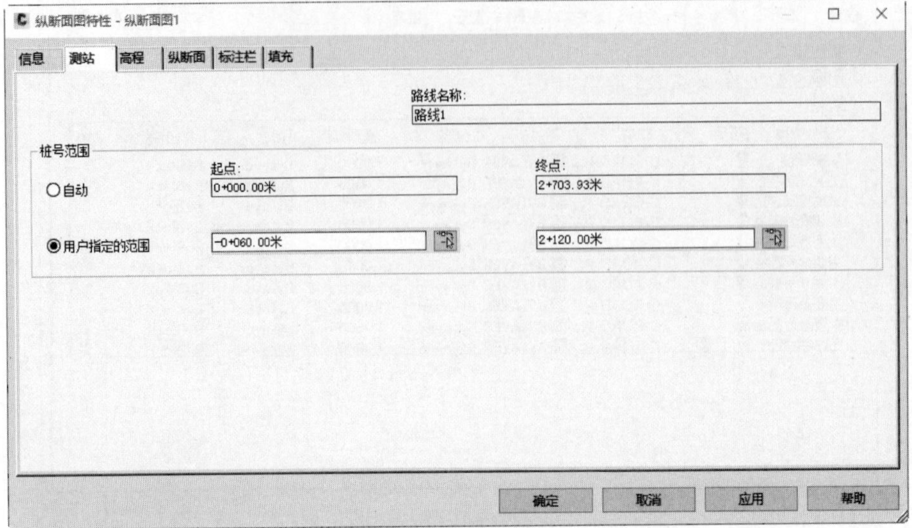

图 8-31 “测站”选项卡

“纵断面图特性-纵断面图 1”对话框“测站”选项卡中的选项说明如下。

➢ 路线名称：指定之前从其创建纵断面图的路线的名称。

➢ 自动：指定上级平面路线的第一个和最后一个桩号。

➢ 用户指定的范围：纵断面图根据输入的起点和终点桩号来显示。

(3) 切换到“高程”选项卡，设置高程范围为“自动高度”，其他采用默认设置，如图 8-32 所示。

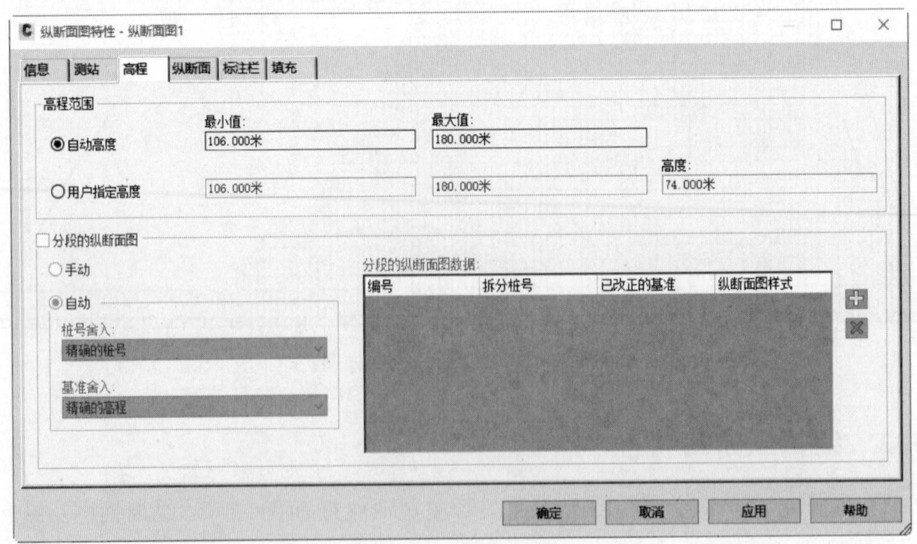

图 8-32 “高程”选项卡

“纵断面图特性-纵断面图 1”对话框“高程”选项卡中的选项说明如下。

➢ 高程范围：更改纵断面图的垂直范围。
- 自动高度：指定与上级平面路线关联的所有纵断面的高程范围，而不考虑这些纵断面是否在该纵断面图中绘制。
- 用户指定高度：纵断面图中显示指定高程范围内的图形。

➢ 分段的纵断面图：在用户指定的位置对纵断面图进行分段并允许对每条分段线段使用不同的样式。选择“用户指定高度”高程范围，可以激活此选项。
- 手动：在用户指定的位置对纵断面图进行分段并允许对每条分段线段使用不同的样式。

  编号：分段线段的序号。

  拆分桩号：每个拆分位置的起始桩号值。线段编号 1 的拆分桩号是纵断面图的起始桩号，不可编辑。

  已改正的基准：垂直拆分位置。输入特定值，或单击按钮，在纵断面图中选择位置。

  纵断面图样式：设置每个纵断面图线段的样式。单击按钮，打开“拾取纵断面图样式”对话框，设置纵断面图样式。

  按钮：单击此按钮，在图形中指定拆分桩号和高程，添加拆分位置。

  按钮：单击此按钮，删除选中的拆分位置。
- 自动：对纵断面图进行分段以使其符合用户指定的高度，舍入到指定桩号和基准位置。

  桩号舍入：指定水平拆分位置的舍入位置，包括上一个主要栅格、上一个次要栅格和精确的高程。

  基准舍入：指定垂直拆分位置的舍入位置，包括上一个主要栅格、上一个次要栅格和精确的高程。

(4) 切换到“标注栏”选项卡，选取标注栏列表中的标注栏，单击按钮，删除原有标注。然后选择 Stations 标注样式，单击“添加”按钮，打开“要在标注栏中标记的曲线点”对话框，在“路线点”选项卡中选择“路线起点”“路线终点”为要标记的曲线点，在“纵断面点”选项卡中选择“纵断面起点”“纵断面终点”“低点”“高点”和“变坡点”为要标记的曲线点，如图 8-33 所示。单击“确定”按钮，返回到“纵断面图特性-纵断面图 1”对话框，在标注栏列表的标头上右击，弹出快捷菜单，选中选项使其在标头上显示，如图 8-34 所示，其他采用默认设置，如图 8-35 所示。单击“确定”按钮，完成纵断面图特性的设置，结果如图 8-36 所示。

“纵断面图特性-纵断面图 1”对话框“标注栏”选项卡中的选项说明如下。

➢ 标注栏类型：指定要添加到数据标注栏的类型，包括纵断面数据、垂直简图、水平简图、超高、横断面数据、管道数据和压力数据。

➢ 选择标注栏样式：在下拉列表框中指定标注栏的样式。

➢ 添加：将指定的标注栏类型添加到此纵断面图的标注栏集中。

➢ 标注栏列表：设置标注栏中的显示。

➢ 位置：设置标注栏的位置位于纵断面图的顶端或底端。

Note

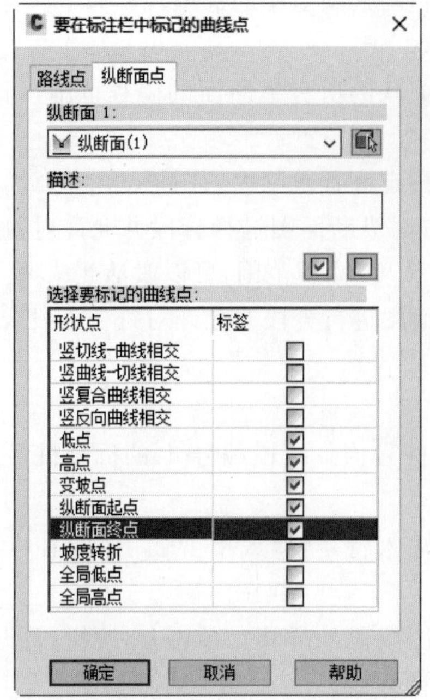

图 8-33 “要在标注栏中标记的曲线点”对话框

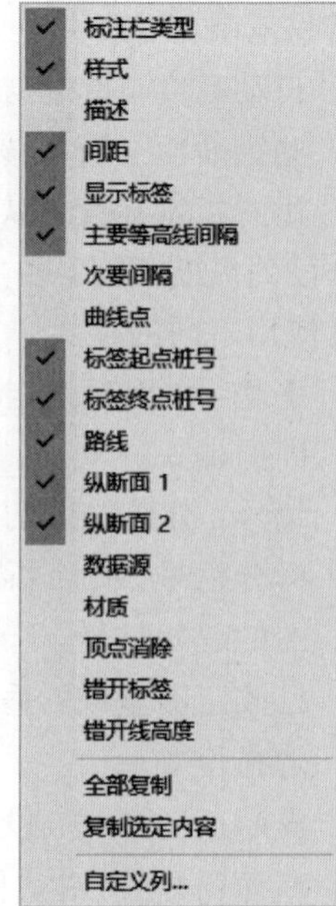

图 8-34 快捷菜单

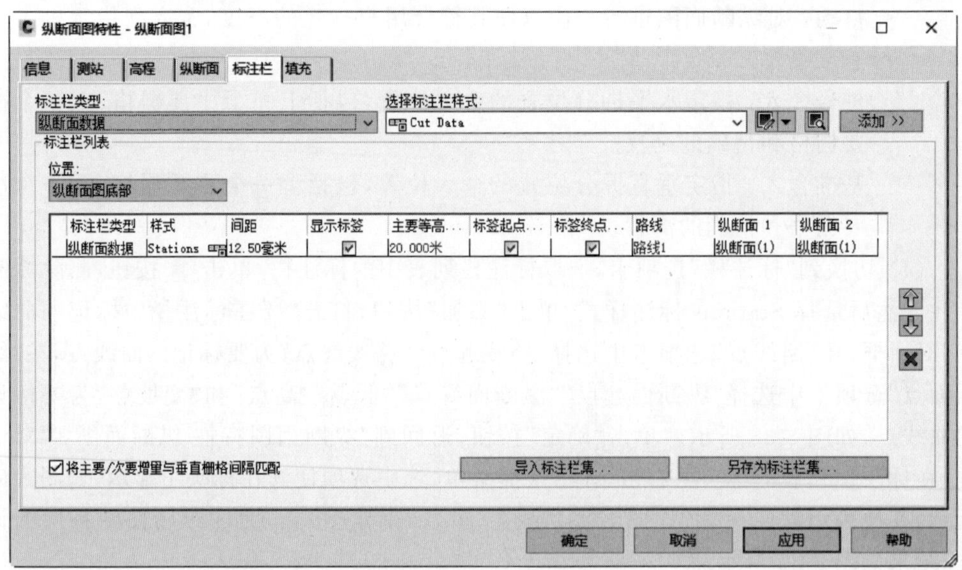

图 8-35 “标注栏”选项卡

- 将主要/次要增量与垂直栅格间隔匹配：选中此复选框，使主要/次要增量与垂直栅格间隔相匹配。
- 导入标注栏集：将现有标注栏集添加到当前纵断面图的标注栏集。
- 另存为标注栏集：单击此按钮，打开“标注栏集”对话框，保存当前标注栏集，以供其他纵断面图使用。

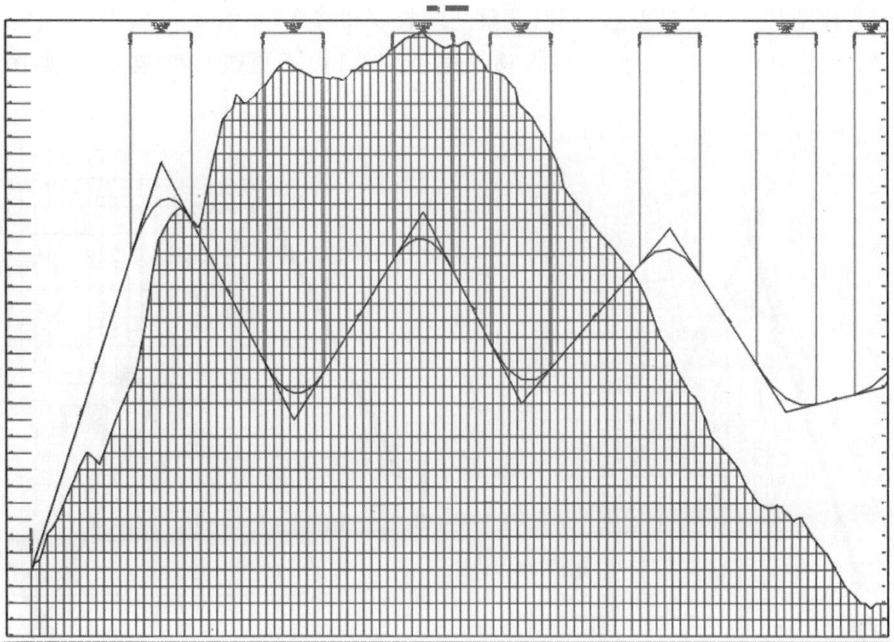

图 8-36　更改后的纵断面图

8.3.3　使用夹点编辑纵断面

通过编辑夹点可以重新定位或修改曲线和切线。

(1) 打开 8.3.2 节绘制的图形。选取纵断面,在纵断面上显示夹点,如图 8-37 所示。

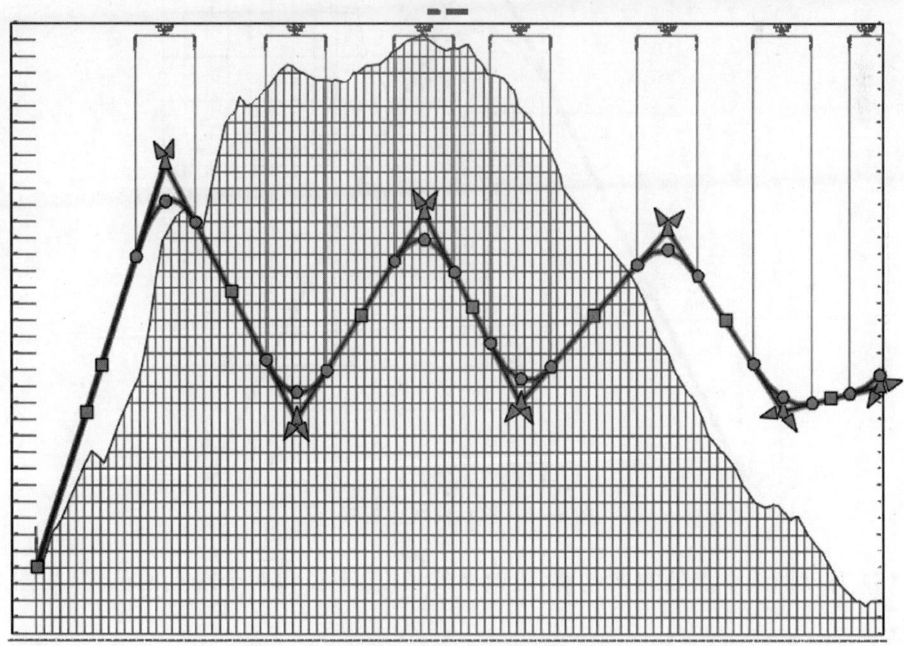

图 8-37　显示夹点

(2) 拖动端点处的夹点，同时调整切线长度和坡率，如图 8-38 所示。

(3) 拖动切线中心处的夹点，移动整个切线，而不更改长度或坡率，如图 8-39 所示。

Note

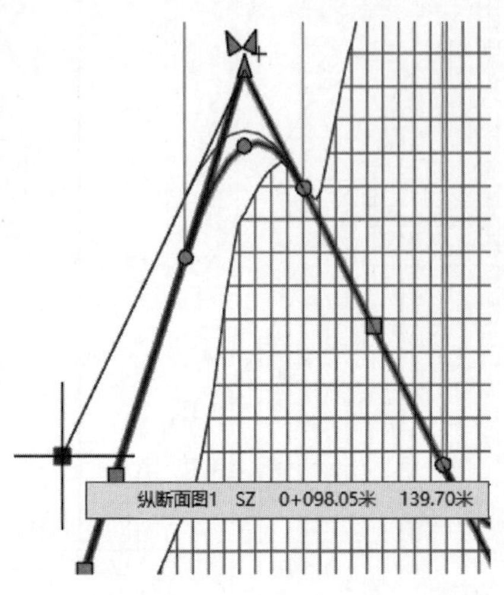

图 8-38 移动端点夹点

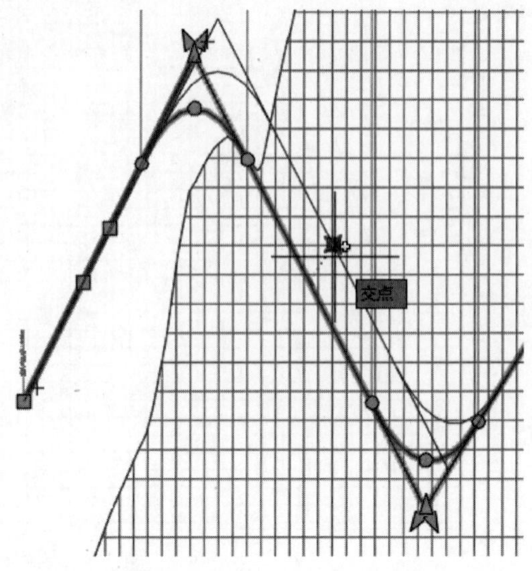

图 8-39 拖动中心处夹点

(4) 移动曲线上的夹点，更改曲线的长度和半径，如图 8-40 所示。

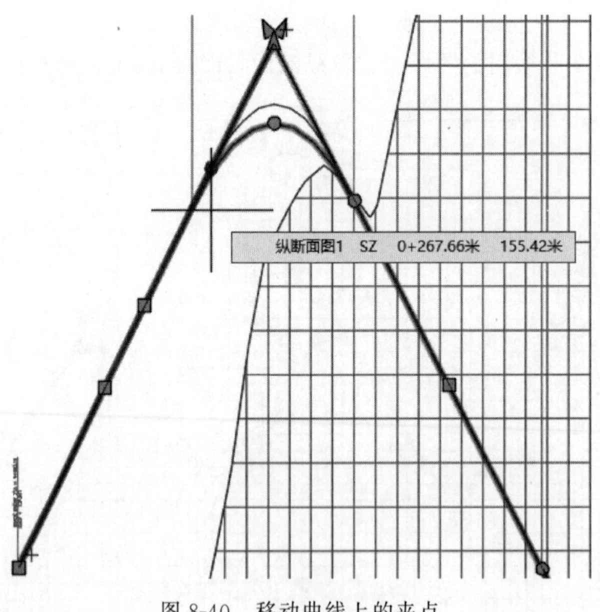

图 8-40 移动曲线上的夹点

(5) 移动曲线中点处的夹点，更改曲线长度、半径和两个端点的位置，如图 8-41 所示。

(6) 移动变坡点处的夹点，更改相邻切线的坡率和长度，如图 8-42 所示。

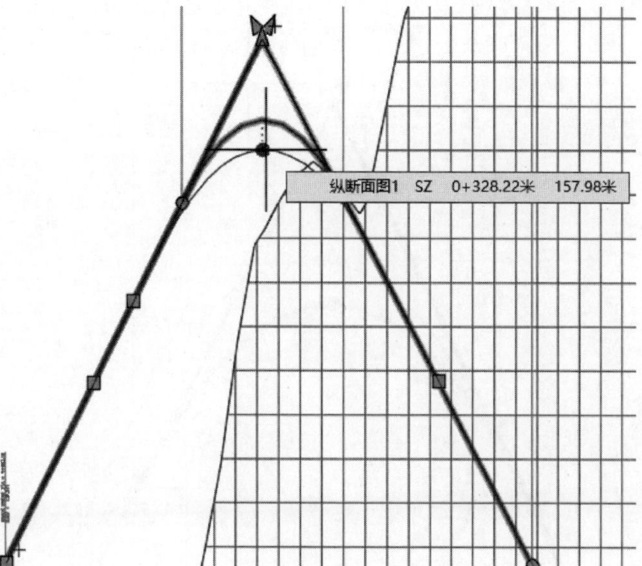

图 8-41 移动曲线中点处的夹点

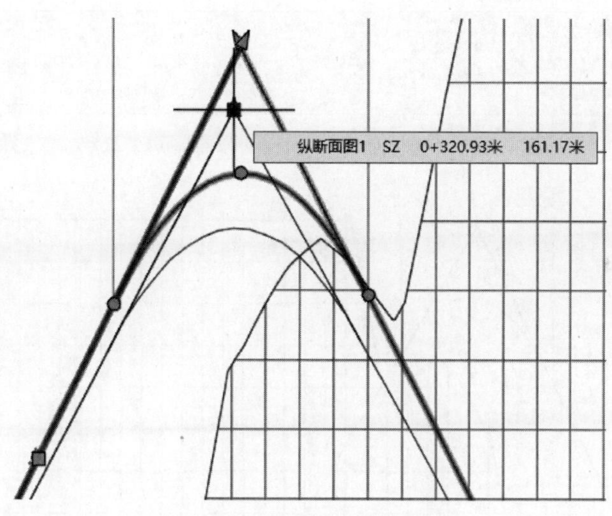

图 8-42 移动变坡点处的夹点

(7) 移动切线终点处的夹点◀,修改正切线长度,保留曲线的长度和半径,如图 8-43 所示。

8.3.4 编辑纵断面的变坡点

(1) 打开 8.3.3 节绘制的图形。选取路线 1,单击"纵断面:纵断面 1"上下文选项卡"修改纵断面"面板中的"几何图形编辑"按钮,打开如图 8-44 所示的"纵断面布局工具-纵断面(1)"工具栏。

(2) 单击工具栏中的"插入变坡点"按钮,根据命令行提示在纵断面附近插入变坡点,纵断面根据插入的变坡点更改形状,如图 8-45 所示。按 Enter 键完成点的插入。

Note

图 8-43　移动切线终点处的夹点

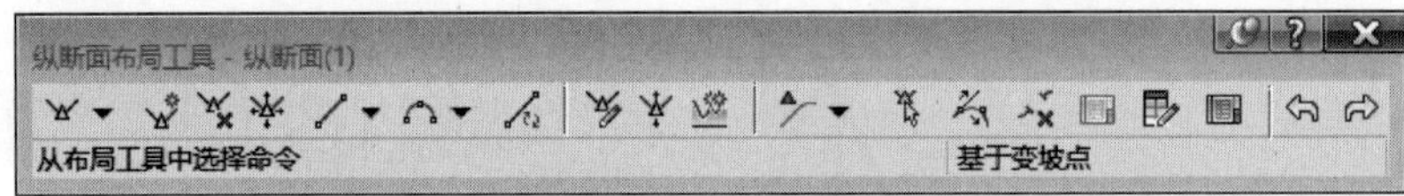

图 8-44　“纵断面布局工具-纵断面(1)”工具栏

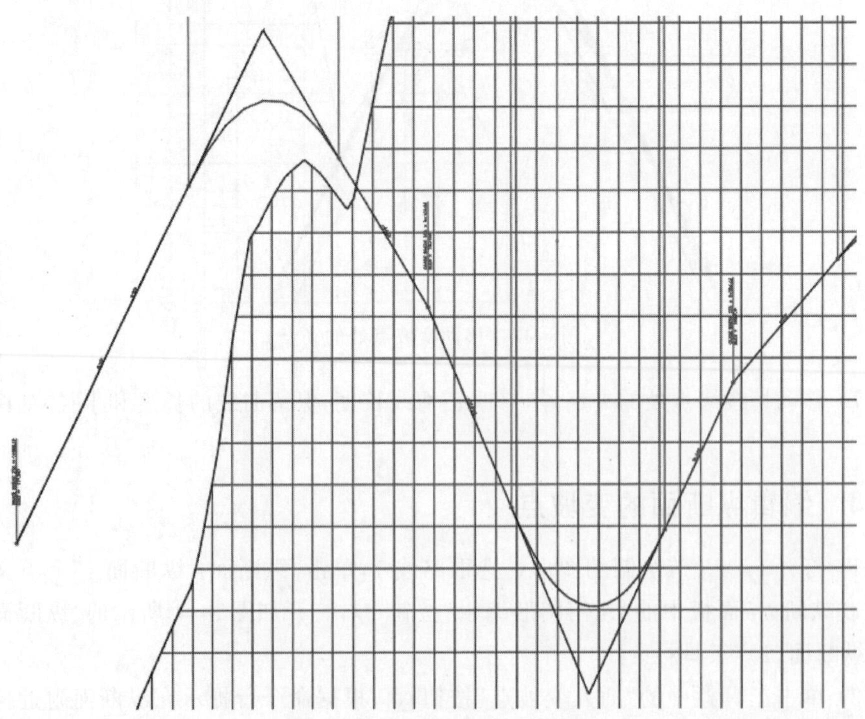

图 8-45　插入变坡点

(3) 单击“插入变坡点-表格”按钮，打开“插入变坡点”对话框，选择“无”选项，输入各个变坡点的桩号和高程值，如图 8-46 所示。单击“确定”按钮，在纵断面上插入变坡点集，如图 8-47 所示。

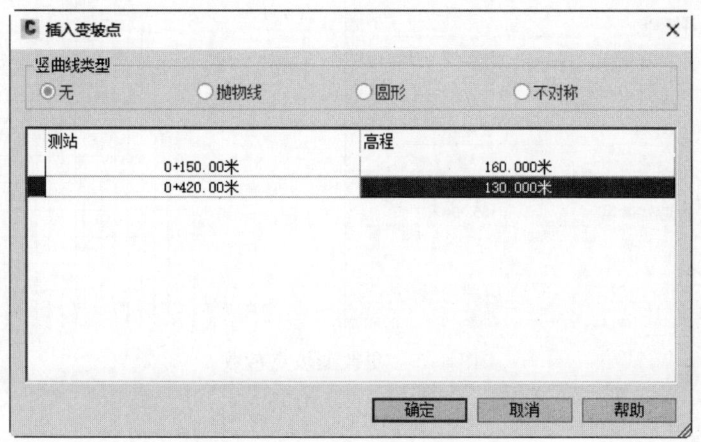

图 8-46 “插入变坡点”对话框

(4) 单击“移动变坡点”按钮，在要移动的变坡点附近单击，然后单击变坡点的新位置，变坡点将立即被移动到新位置，并相应地调整相邻的切线，如图 8-48 所示。

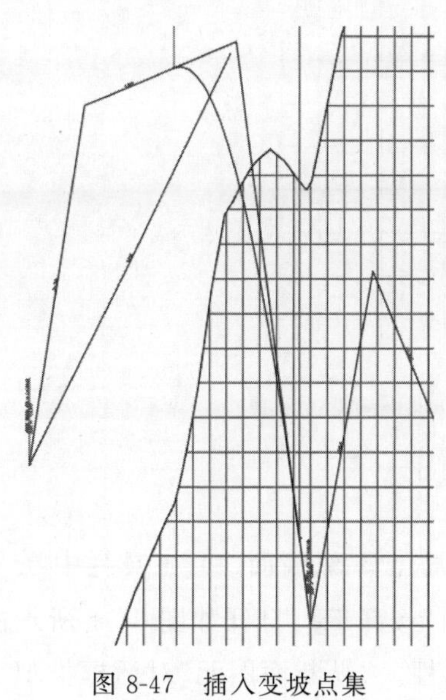

图 8-47 插入变坡点集

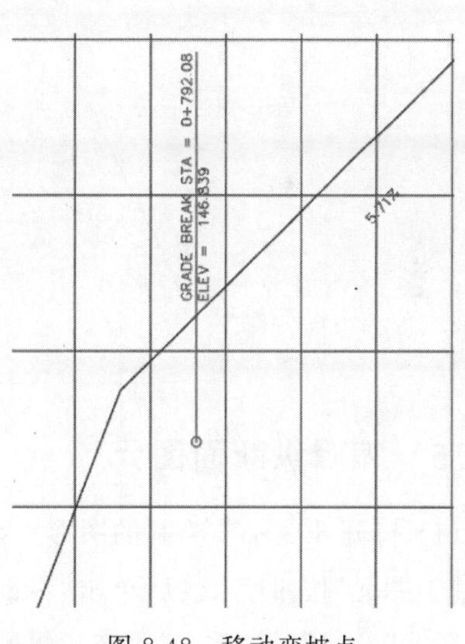

图 8-48 移动变坡点

(5) 单击“选择变坡点”按钮，在要拾取的变坡点附近单击，打开“纵断面布局参数-纵断面(1)”对话框，对话框中显示所选变坡点的布局参数，更改变坡点高程为 155 米，按 Enter 键，图形中的变坡点动态更新，如图 8-49 所示。

(6) 单击“删除变坡点”按钮，在要拾取的变坡点附近单击，删除所选的变坡点，并调整切线以连接相邻的变坡点或端点，如图 8-50 所示。

Note

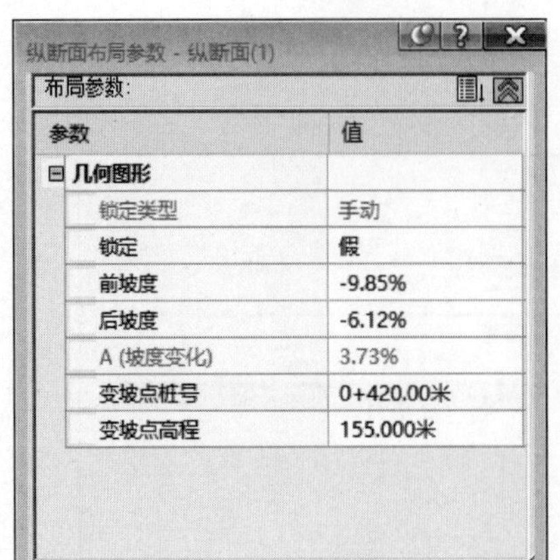

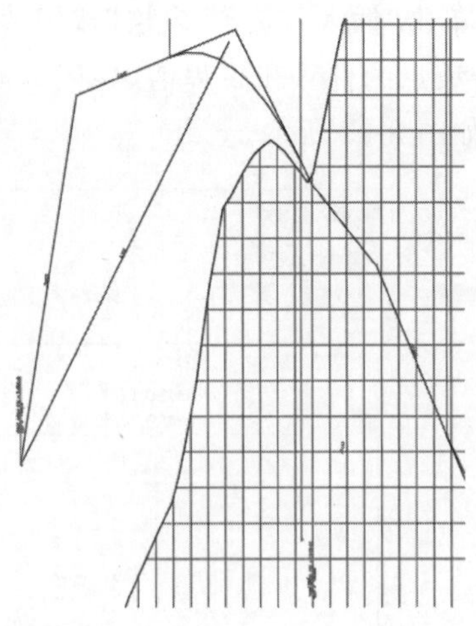

图 8-49　更改变坡点参数

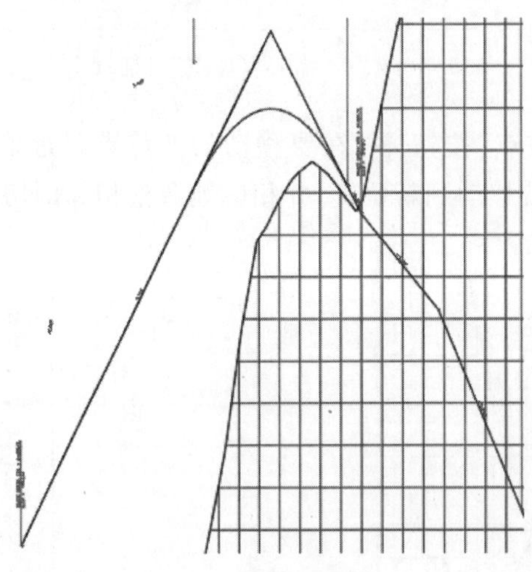

图 8-50　删除变坡点

8.3.5　编辑纵断面图元

(1) 打开 8.3.4 节绘制的图形。在“纵断面布局工具-纵断面(1)”工具栏中选择“基于图元”按钮，然后单击“纵断面栅格视图”按钮，打开如图 8-51 所示的纵断面图元“全景”对话框，显示选定纵断面图元的属性。“纵断面图元”对话框类似于电子表格。每一行代表一个路线图元，每一列代表该图元的一个属性。可以调整列大小、移动和复制列。第一列(编号)始终显示。使用滚动条时，它不会移动。

(2) 在对话框中选择一个图元，则在图形中高亮显示该图元，如图 8-52 所示。

(3) 在对话框中对其进行编辑，图形将动态更新。例如将上步选取的长度值更改为 100 米，图形中对应的图元随之更改，如图 8-53 所示。

(4) 在“纵断面布局工具-纵断面(1)”工具栏中选择“基于变坡点”按钮，然后单击“纵断面栅格视图”按钮，打开如图 8-54 所示基于变坡点的“纵断面图元”对

Note

编号	类型	相切约束	参数约束锁定	约束类型描述	长度	曲线总长度	坡度	K
1	切线	不受约束(...		两点	171.700米		9.91%	
2	对称抛物线	约束于前...		曲线长度	150.000米	150.000米		
3	切线	不受约束(...		两点	13.117米		-9.85%	
4	切线	不受约束(...		两点	74.286米		-6.12%	
5	切线	不受约束(...		两点	80.714米		-11.85%	
6	对称抛物线	约束于前...		曲线长度	150.000米	150.000米		
7	切线	不受约束(...		两点	67.076米		10.44%	
8	切线	不受约束(...		两点	102.924米		5.71%	
9	对称抛物线	约束于前...		曲线长度	150.000米	150.000米		
10	切线	不受约束(...		两点	90.000米		-9.58%	

图 8-51 纵断面图元“全景”对话框

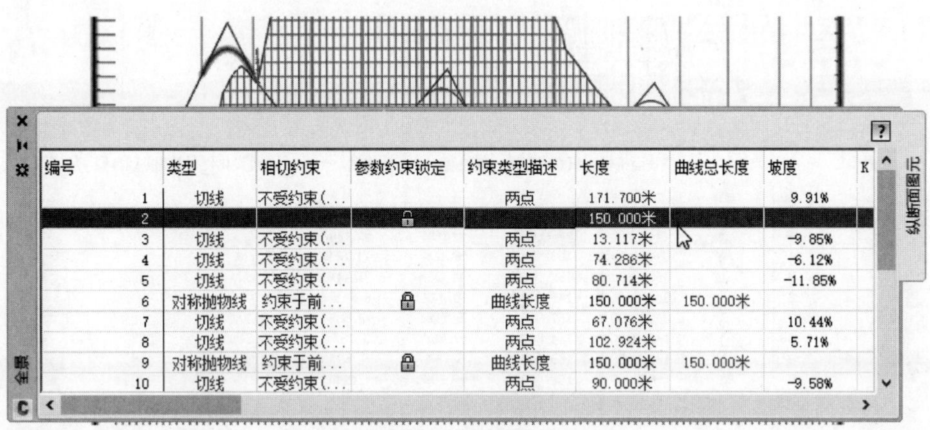

编号	类型	相切约束	参数约束锁定	约束类型描述	长度	曲线总长度	坡度	K
1	切线	不受约束(...		两点	171.700米		9.91%	
2					150.000米			
3	切线	不受约束(...		两点	13.117米		-9.85%	
4	切线	不受约束(...		两点	74.286米		-6.12%	
5	切线	不受约束(...		两点	80.714米		-11.85%	
6	对称抛物线	约束于前...		曲线长度	150.000米	150.000米		
7	切线	不受约束(...		两点	67.076米		10.44%	
8	切线	不受约束(...		两点	102.924米		5.71%	
9	对称抛物线	约束于前...		曲线长度	150.000米	150.000米		
10	切线	不受约束(...		两点	90.000米		-9.58%	

图 8-52 选取图元

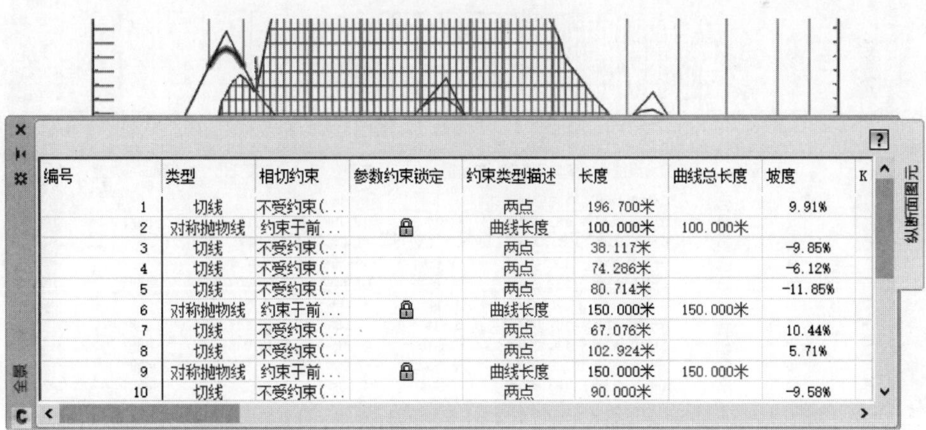

编号	类型	相切约束	参数约束锁定	约束类型描述	长度	曲线总长度	坡度	K
1	切线	不受约束(...		两点	196.700米		9.91%	
2	对称抛物线	约束于前...		曲线长度	100.000米	100.000米		
3	切线	不受约束(...		两点	38.117米		-9.85%	
4	切线	不受约束(...		两点	74.286米		-6.12%	
5	切线	不受约束(...		两点	80.714米		-11.85%	
6	对称抛物线	约束于前...		曲线长度	150.000米	150.000米		
7	切线	不受约束(...		两点	67.076米		10.44%	
8	切线	不受约束(...		两点	102.924米		5.71%	
9	对称抛物线	约束于前...		曲线长度	150.000米	150.000米		
10	切线	不受约束(...		两点	90.000米		-9.58%	

图 8-53 动态更改

话框，显示选定纵断面变坡点的属性。

（5）在对话框中选择一个变坡点，则在图形中该变坡点处显示三角形，如图 8-55 所示。

（6）在对话框中对其进行编辑，图形将动态更新。例如将上步选取的变坡点更改为 100 米，图形中对应的变坡点随之更改，如图 8-56 所示。

Note

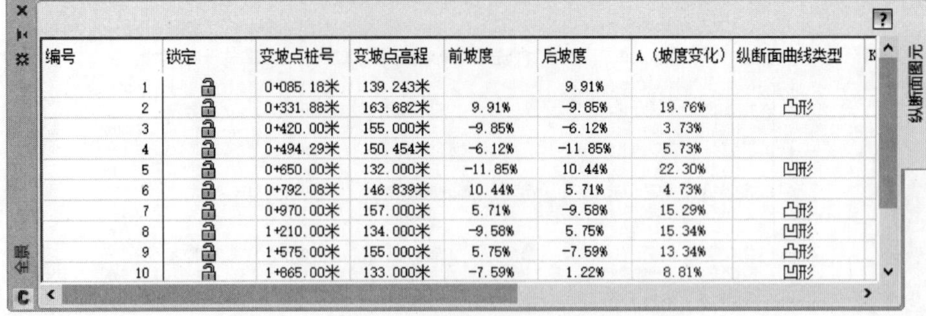

编号	锁定	变坡点桩号	变坡点高程	前坡度	后坡度	A（坡度变化）	纵断面曲线类型
1		0+085.18米	139.243米		9.91%		
2		0+331.88米	163.682米	9.91%	-9.85%	19.76%	凸形
3		0+420.00米	155.000米	-9.85%	-6.12%	3.73%	
4		0+494.29米	150.454米	-6.12%	-11.85%	5.73%	
5		0+650.00米	132.000米	-11.85%	10.44%	22.30%	凹形
6		0+792.08米	146.839米	10.44%	5.71%	4.73%	
7		0+970.00米	157.000米	5.71%	-9.58%	15.29%	凸形
8		1+210.00米	134.000米	-9.58%	5.75%	15.34%	凹形
9		1+575.00米	155.000米	5.75%	-7.59%	13.34%	凸形
10		1+865.00米	133.000米	-7.59%	1.22%	8.81%	凹形

图 8-54　基于变坡点的“纵断面图元”对话框

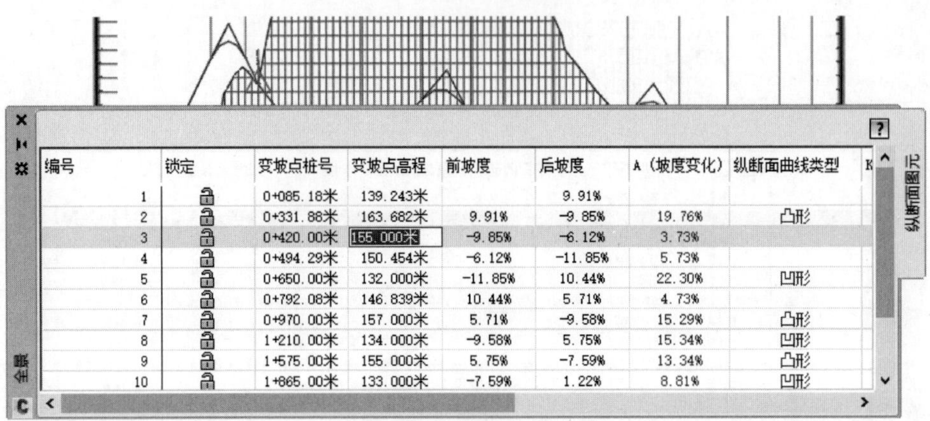

编号	锁定	变坡点桩号	变坡点高程	前坡度	后坡度	A（坡度变化）	纵断面曲线类型
1		0+085.18米	139.243米		9.91%		
2		0+331.88米	163.682米	9.91%	-9.85%	19.76%	凸形
3		0+420.00米	155.000米	-9.85%	-6.12%	3.73%	
4		0+494.29米	150.454米	-6.12%	-11.85%	5.73%	
5		0+650.00米	132.000米	-11.85%	10.44%	22.30%	凹形
6		0+792.08米	146.839米	10.44%	5.71%	4.73%	
7		0+970.00米	157.000米	5.71%	-9.58%	15.29%	凸形
8		1+210.00米	134.000米	-9.58%	5.75%	15.34%	凹形
9		1+575.00米	155.000米	5.75%	-7.59%	13.34%	凸形
10		1+865.00米	133.000米	-7.59%	1.22%	8.81%	凹形

图 8-55　选取变坡点

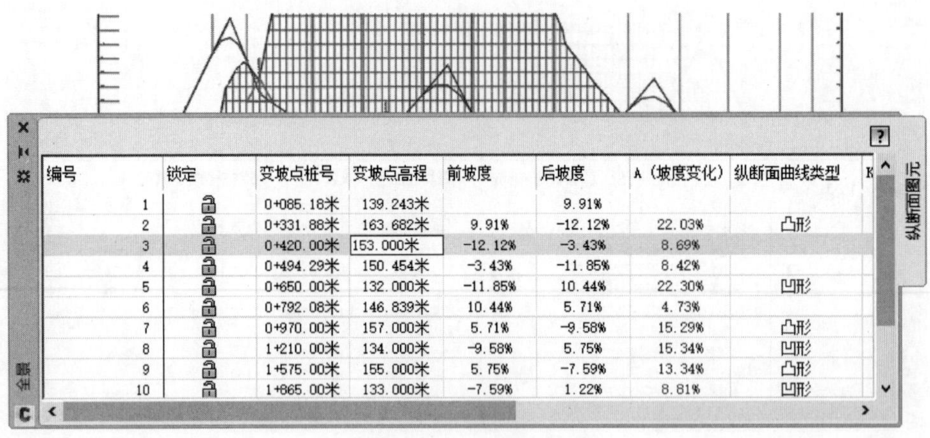

编号	锁定	变坡点桩号	变坡点高程	前坡度	后坡度	A（坡度变化）	纵断面曲线类型
1		0+085.18米	139.243米		9.91%		
2		0+331.88米	163.682米	9.91%	-12.12%	22.03%	凸形
3		0+420.00米	153.000米	-12.12%	-3.43%	8.69%	
4		0+494.29米	150.454米	-3.43%	-11.85%	8.42%	
5		0+650.00米	132.000米	-11.85%	10.44%	22.30%	凹形
6		0+792.08米	146.839米	10.44%	5.71%	4.73%	
7		0+970.00米	157.000米	5.71%	-9.58%	15.29%	凸形
8		1+210.00米	134.000米	-9.58%	5.75%	15.34%	凹形
9		1+575.00米	155.000米	5.75%	-7.59%	13.34%	凸形
10		1+865.00米	133.000米	-7.59%	1.22%	8.81%	凹形

图 8-56　动态更改

(7) 在对话框中选择变坡点，单击“锁定”按钮，图形中对应的变坡点显示为，此变坡点的变坡点桩号和变坡点高程变为灰色，不能编辑，前一变坡点的后坡度和后一变坡点的前坡度也不能编辑，如图 8-57 所示。单击图形中的锁定标志或者单击对话框中的锁定图标进行解锁。

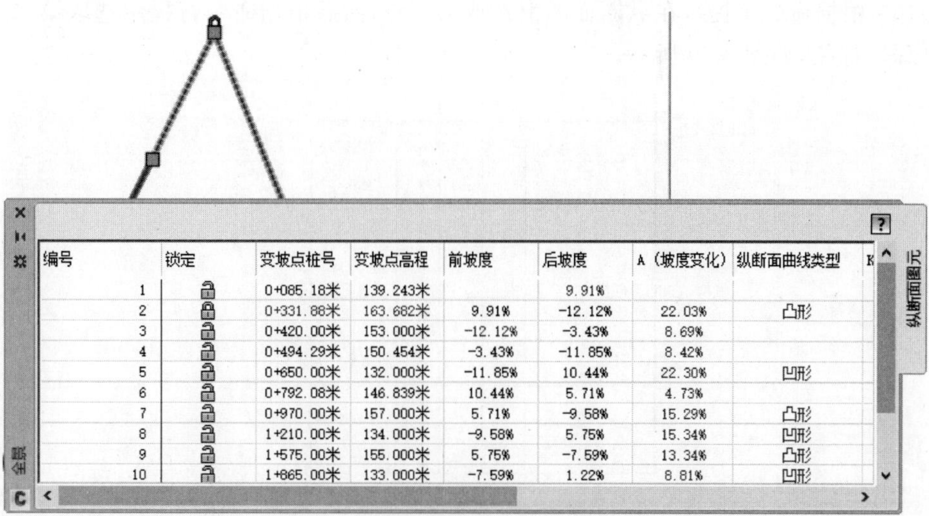

编号	锁定	变坡点桩号	变坡点高程	前坡度	后坡度	A（坡度变化）	纵断面曲线类型
1		0+085.18米	139.243米		9.91%		
2		0+331.88米	163.682米	9.91%	-12.12%	22.03%	凸形
3		0+420.00米	153.000米	-12.12%	-3.43%	8.69%	
4		0+494.29米	150.454米	-3.43%	-11.85%	8.42%	
5		0+650.00米	132.000米	-11.85%	10.44%	22.30%	凹形
6		0+792.08米	146.839米	10.44%	5.71%	4.73%	
7		0+970.00米	157.000米	5.71%	-9.58%	15.29%	凸形
8		1+210.00米	134.000米	-9.58%	5.75%	15.34%	凹形
9		1+575.00米	155.000米	5.75%	-7.59%	13.34%	凸形
10		1+865.00米	133.000米	-7.59%	1.22%	8.81%	凹形

图 8-57 锁定变坡点

8.4 纵断面标签

可以使用不同的标签类型来标注纵断面和纵断面图。通过配置纵断面标签样式来标记纵断面图上的上级平面路线的主桩号和副桩号、平曲线点、坡度转折、直线、凹曲线和凸曲线等标准点。

8.4.1 添加纵断面图标签

(1) 打开 8.3.5 节绘制的图形。单击“标记”选项卡“标签和表”面板“添加标签”下拉列表框中“纵断面图”→“桩号高程”按钮◈,在图形中选取纵断面图。

(2) 根据命令行提示在纵断面图上选取桩号,然后根据命令行提示选取高程,单击放置标签,如图 8-58 所示。

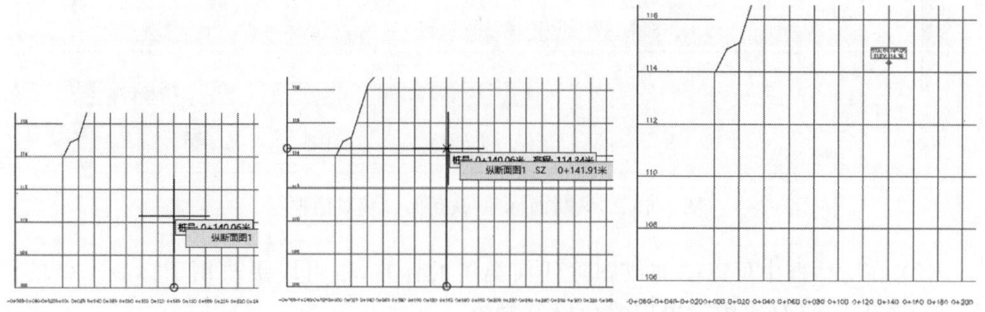

图 8-58 添加桩号高程标签

(3) 单击“标记”选项卡“标签和表”面板“添加标签”下拉列表框中的“纵断面图”→“深度”按钮◈,在图形中选取纵断面图。

Note

（4）根据命令行提示在纵断面图上选取第一点，然后根据命令行提示选取第二点，添加深度标签，如图 8-59 所示。

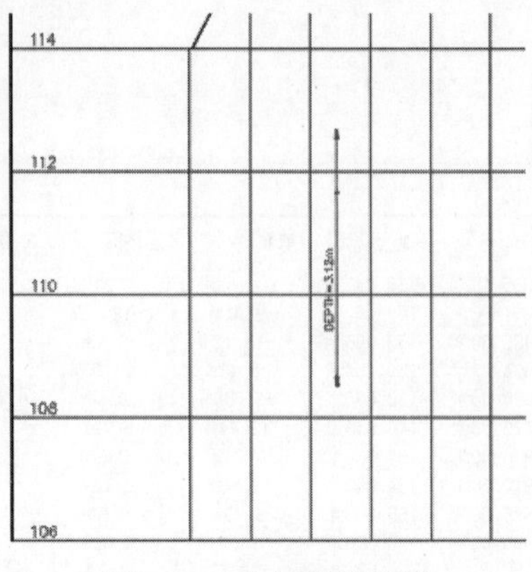

图 8-59　添加深度标签

8.4.2　编辑纵断面标签

（1）选取纵断面，单击“纵断面：纵断面(1)”上下文选项卡“标签”面板中的“编辑纵断面标签”按钮，打开如图 8-60 所示的“纵断面标签-纵断面(1)”对话框。

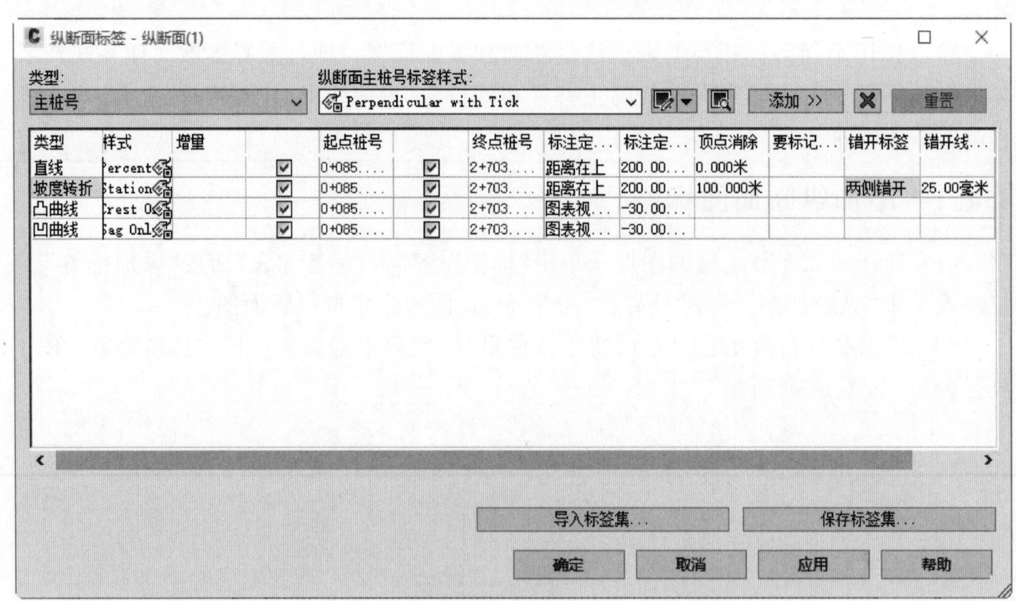

图 8-60　“纵断面标签-纵断面(1)”对话框

（2）在对话框中可以添加或删除任何类型的标签，也可以更改用于标签类型的样式，在“错开标签”列表中设置以避免标签碰撞。

（3）设置凸曲线和凹曲线的标注定位为“距离在上”，标注定位值为 50 毫米，单击“确定”按钮，完成标签编辑，如图 8-61 所示。

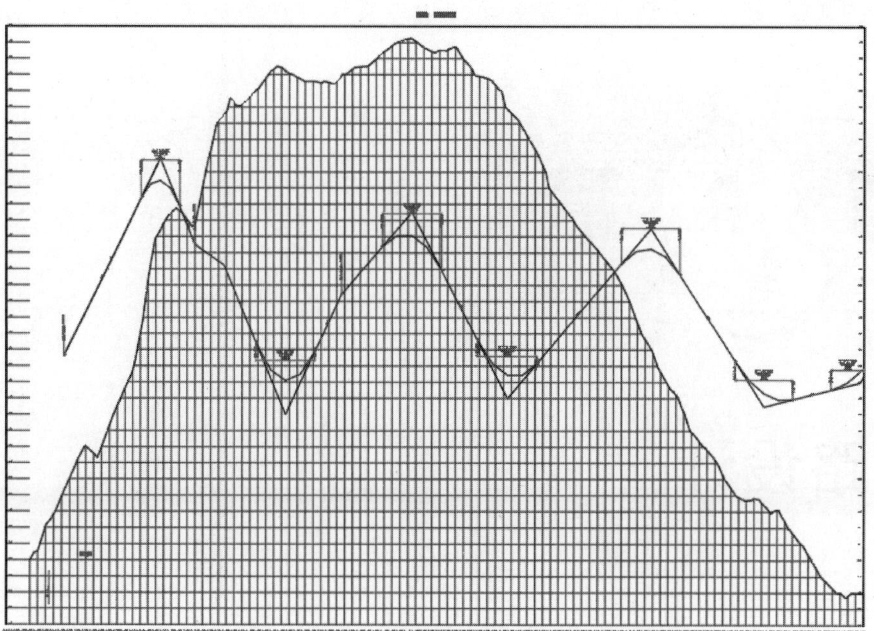

图 8-61　编辑纵断面标签

第9章 道路设计

Autodesk Civil 3D 具有道路建模功能，利用它可以创建灵活且可配置的三维道路模型，例如道路、公路和铁路。首先应创建曲面、路线和纵断面，然后才能创建道路模型，如果修改了与道路管理的曲面，或是编辑了路线或纵断面，道路模型自身也会随之更改。

道路建模中的核心设计内容是装配。装配是指道路的横断面，由相互连接的部件组成。

本章将详细介绍 Autodesk Civil 3D 中道路创建与编辑的基本方法。

9.1 概　　述

道路模型以各种 Autodesk Civil 3D 对象和数据（包括部件、装配、曲面、要素线、路线和纵断面）为基础，并使用这些对象和数据。道路可用来管理数据，并将各种（用于不同桩号范围的）装配连接到基准线和它们的设计坡面纵断面。

道路是通过并基于现有 Autodesk Civil 3D 对象创建的，这些对象包括：

- 水平基准线（路线或要素线）：作为道路的中心线供道路使用。
- 垂直基准线（纵断面或要素线）：用于沿水平基准线定义曲面高程。
- 曲面：用于沿基准线（通过纵断面或要素线）建立高程和用作道路目标。
- 部件：这是道路模型的基本组件。部件可定义道路横断面（装配）的几何图形。

例如,典型公路也许由已铺装的车道(在中心线两侧)、已铺装的路肩、边沟和路缘以及路旁放坡组成。这些组成部分作为部件单独进行定义。可以堆叠任意类型的部件,来组成典型装配,还可以将同一个装配应用于水平基准线上的某个桩号范围。

➢ 装配:用于表示标准道路横断面。装配包含一个或多个连接在一起的部件。

创建道路之后,可以从中提取数据,包括曲面、要素线(如多段线、路线、纵断面和放坡要素线)和体积(土方计算)数据。

9.2　装配和部件

一个装配就是一个 Autodesk Civil 3D 图形对象(AECC Assembly),用于管理一组部件对象。而且,装配和部件还可以用作基于道路或其他路线的设计的基本构造块,如图 9-1 所示。装配对象必须沿路线应用才能形成道路,而且可以参考一个或多个偏移。

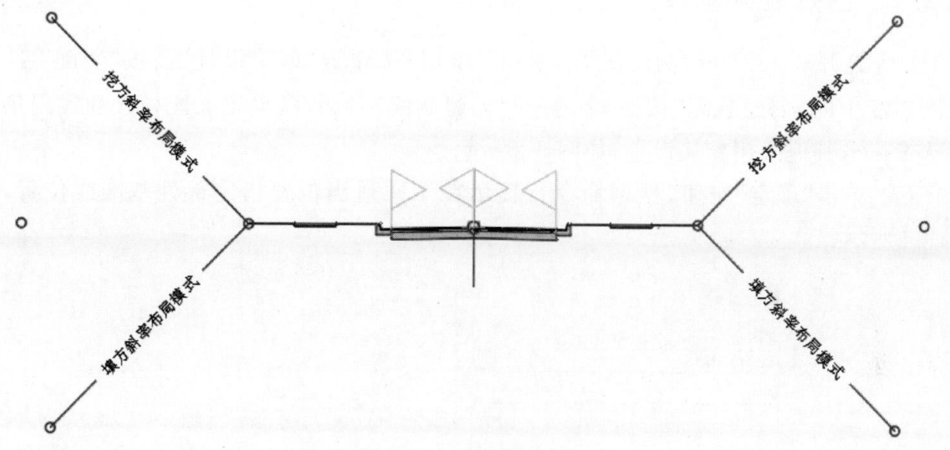

图 9-1　基本道路装配

装配对象由以下部件构成。

➢ 插入点:这是为了创建装配对象而在图形中选择的初始点。它与最终生成的道路对象的中心线相对应。插入点也称为地面参照点,通常位于路线和设计纵断面(纵断面设计线)上。

➢ 基准线:装配的基准线通常显示为视觉辅助对象(标记),用于表示装配基准线点处的垂直轴。

➢ 基准线点:这是装配上的一个点,通常表示控制路线附近的装配上附着的第一个部件的起点。默认情况下,基准线点与插入点重合,因此也位于路线中线和纵断面上。

➢ 偏移线:偏移线通常是一条垂直线,从视觉上表示偏移点处的垂直轴。要在偏移点上附着部件,可以通过选择偏移线标记而不是选择偏移点来实现。

Note

➢ 偏移点：这是装配上的一个点，表示最终生成的道路对象的偏移路线上的地面参考点。附着在此点上的部件位于偏移路线及其目标纵断面上。例如，假设某条公路的一侧或两侧有多条便道，那么这些便道的中心线将由偏移点来表示。通常，一个装配上只有一个基准线点，但可以没有偏移点或有多个偏移点。

一个部件就是一个 Autodesk Civil 3D 图形对象（AECC Subassembly），用于定义道路横断面中使用的组件的几何图形。

将部件对象添加到装配对象可以创建道路横断面。通过工具选项板和工具目录，Autodesk Civil 3D 可以为组件（例如行车道、路缘、边坡和沟渠）提供预配置的部件。这些部件由一组点、连接和可能闭合的区域（也称为造型）进行定义。

每个部件均具有已定义的横断面，并且某些部件将自动适应其位置。例如，应用超高时公路车道的坡度将更改，边坡坡度将自动创建挖方坡度或填方坡度（取决于现有曲面的相对高程）。部件的尺寸（例如车道的宽度或路缘的高度）将存储为特性。

部件定义可以参考点、连接和造型代码。点为部件的顶点，其可以是相邻装配的附着点。连接是点之间的直线段或曲线。

9.2.1 创建装配基准

（1）打开 8.4.2 节绘制的图形。单击“常用”选项卡“创建设计”面板“装配”下拉列表框中的“创建装配”按钮，打开“创建装配”对话框，设置装配样式和代码集样式为 Basic，其他采用默认设置，如图 9-2 所示。

（2）单击“确定”按钮，根据命令行提示在图中适当位置指定部件基准线位置，如图 9-3 所示。

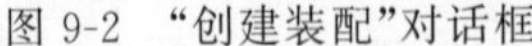

图 9-2 “创建装配”对话框

图 9-3 放置基准线

9.2.2 插入部件

可以使用 Autodesk Civil 3D 工具选项板或工具目录中提供的部件向图形添加部件，或创建用户自己的自定义部件。

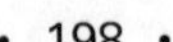

(1) 在 9.2.1 节的基础上继续绘制图形。单击"常用"选项卡"选项板"面板中的"工具选项板"按钮，打开如图 9-4 所示的"TOOL PALETTES-CIVIL 公制部件"工具选项板。

(2) 在"常用"选项卡中单击"连接宽度和斜率"按钮，打开"特性"对话框，设置侧为"右"，宽度为 10 米，斜率为"−2.00%"，其他采用默认设置，如图 9-5 所示。

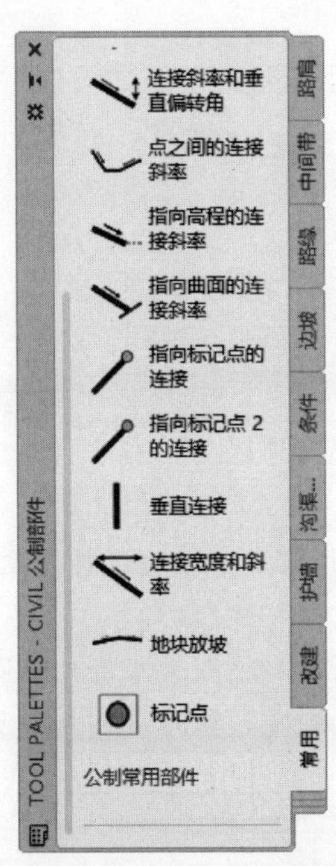

图 9-4　"TOOL PALETTES-CIVIL 公制部件"工具选项板

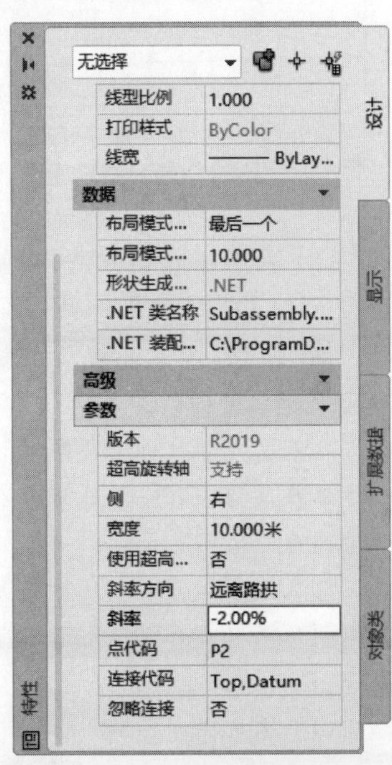

图 9-5　"特性"对话框

(3) 在图形中选取 9.2.1 节创建的装配基准线，在基准线右侧插入行车道部件，如图 9-6 所示。在绘图区右击，在弹出的快捷菜单中单击"取消"选项，如图 9-7 所示，退出命令。

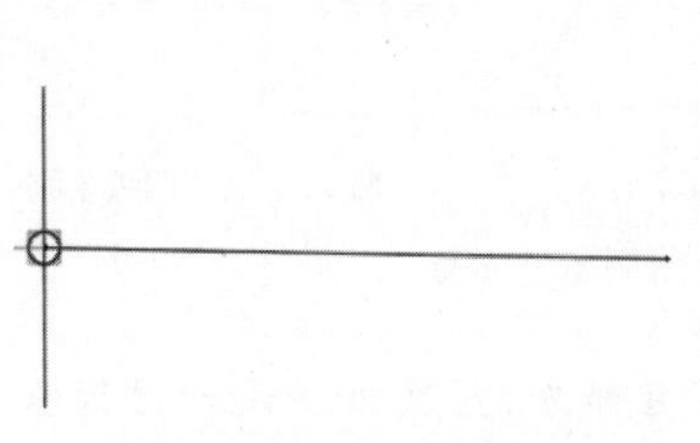

图 9-6　插入行车道部件

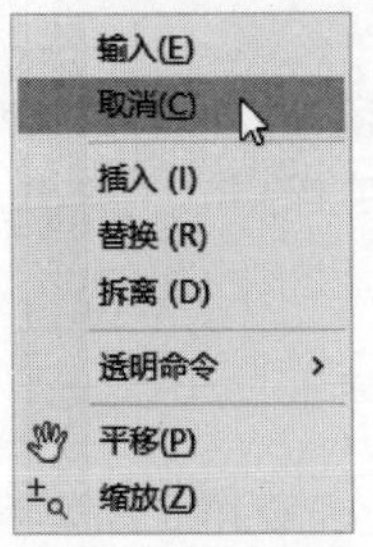

图 9-7　快捷菜单

(4) 继续在"常用"选项卡中单击"连接宽度和斜率"按钮，打开"特性"对话框，设置侧为"右"，宽度为 5 米，斜率为"−2.00%"，其他采用默认设置。

(5) 在图形中选取上一步创建的行车道部件，在行车道右侧插入路肩部件，如图 9-8 所示。在绘图区右击，在弹出的快捷菜单中单击"取消"选项，退出命令。

(6) 继续在“常用”选项卡中单击“指向曲面的连接斜率”按钮，打开“特性”对话框，设置侧为“右”，斜率为“-100.00%”，添加连接于为“挖方和填方”，其他采用默认设置。

(7) 在图形中选取上一步创建的路肩部件，在路肩右侧插入边坡部件，如图 9-9 所示。在绘图区右击，在弹出的快捷菜单中单击“取消”选项，退出命令。

Note

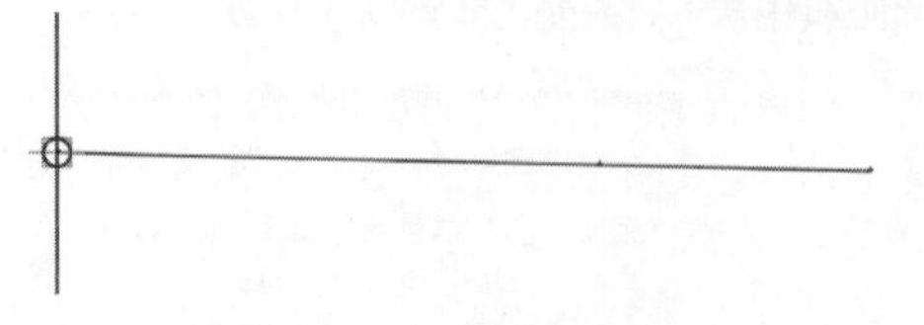

图 9-8　插入路肩部件

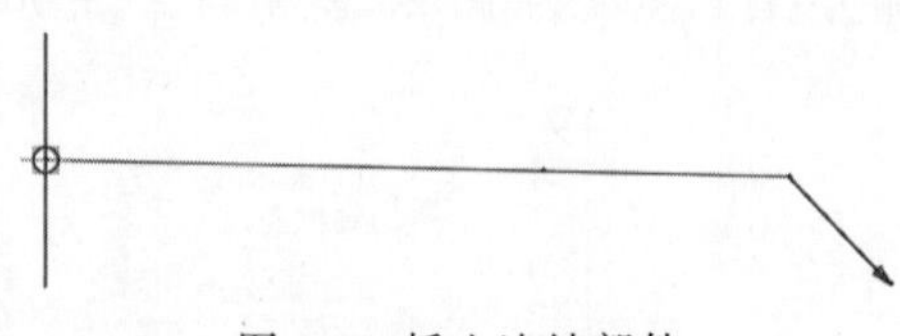

图 9-9　插入边坡部件

(8) 采用相同的方法，在基准线左侧创建行车道、路肩和边坡部件，如图 9-10 所示。

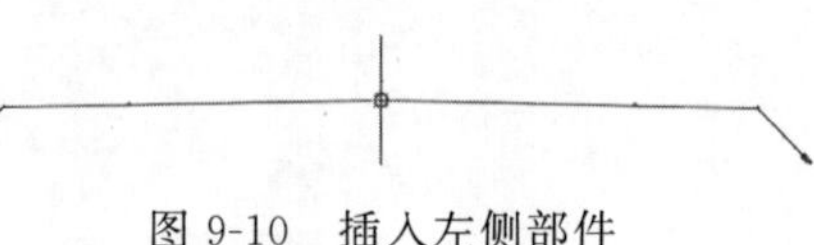

图 9-10　插入左侧部件

注意：路基几何尺寸由宽度、高度和边坡坡度三者构成。

路基宽度：取决于公路技术等级。

路基高度：取决于地形和公路纵断面设计(包括路中心线的填挖高度、路基两侧的边坡高度)。

路基边坡坡度：取决于地质、水文条件、路基高度和横断面经济性等因素。

就路基的整体稳定性来说，路基的边坡坡度及相应采取的措施是路基设计的主要内容。

(1) 路基宽度

路基宽度是行车道路面及其两侧路肩宽度之和。高等级公路设有中间带、路缘带、变速车道、爬坡车道、紧急停车带、慢行道或其他路上设施时，路基宽度还应包括这些部分的宽度，如图 9-11 所示。

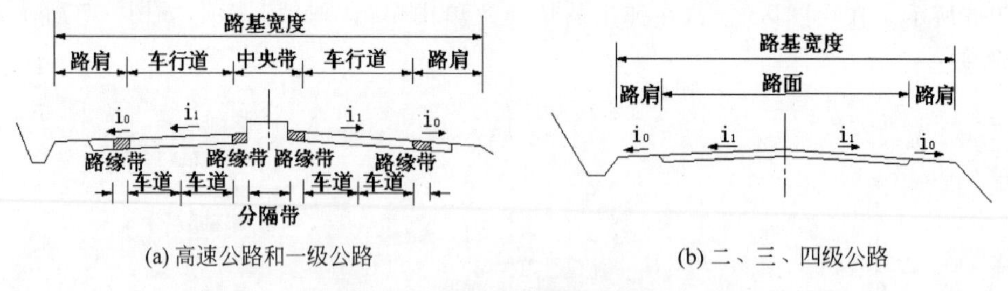

(a) 高速公路和一级公路　　(b) 二、三、四级公路

图 9-11　各级公路的路基宽度

路面是指公路上供各种车辆行驶的行车道部分，宽度根据设计通行能力及交通量大小而定，一般每个车道的宽度为 3.50～3.75m。

路肩是指从行车道外缘到路基边缘，具有一定宽度的带状部分，包括有铺装的硬路肩和土路肩。路肩宽度由公路等级和混合交通情况而定。

四级公路一般采用 6.5m 的路基，当交通量较大或有特殊需要时，可采用 7.0m 的路基。在工程特别艰巨的路段以及交通量很小的公路，可采用 4.5m 的路基，并应按规定设置错车道。

曲路线段的路基宽度应视路面加宽情况而定。弯道部分的内侧路面按行业标准《公路工程技术标准》(JTG B01—2014)规定加宽后，所留路肩宽度，一般二、三级公路应不小于0.75m，四级公路应不小于0.5m，否则应加宽路基。路堑位于弯道上，为保证行车所需的视距，需开挖视距平台。

(2) 路基高度

路基高度、路堤填筑高度或路堑开挖深度，是路基设计标高与原地面标高之差。

路基填挖高度，是在路线纵断面设计时，综合考虑路线纵坡要求、路基稳定性要求和工程经济要求等因素确定的。

由于原地面横向往往有倾斜，因此在路基宽度范围内，两侧的相对高差常有所不同。通常，路基高度是指路中心线处的设计标高与原地面标高之差，但对路基边坡高度来说，则指填方坡脚或挖方坡顶与路基边缘的相对高差。所以，路基高度有中心高度与边坡高度之分。

(3) 路基边坡坡度

路基边坡坡度对路基整体稳定起重要作用，正确确定路基边坡坡度是路基设计的重要任务。

路基的边坡坡度可用边坡高度 H 与边坡宽度 b 之比或边坡角 α 或 θ 表示，如图9-12所示。

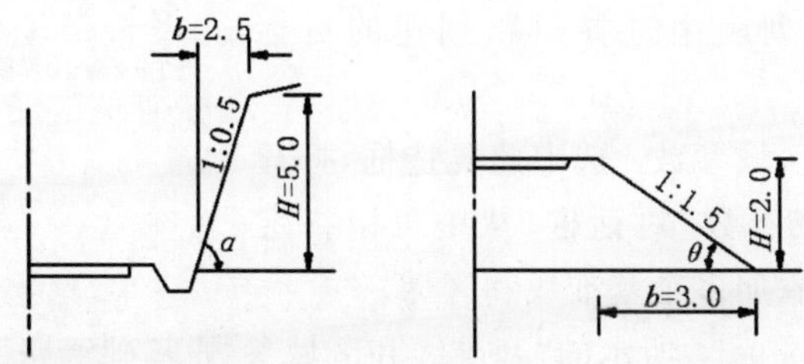

图9-12　路基坡度的标注

路基边坡坡度，取决于边坡土质、岩石性质及水文地质条件、自然因素和边坡高度。边坡坡度不仅影响到土石方工程量和施工难易程度，还是路基整体稳定性的关键。

路基边坡坡度对于路基稳定和横断面的经济合理至关重要，设计时应全面考虑。

9.3　创建道路

9.3.1　创建基础道路模型

(1) 在9.2.2节的基础上继续绘制图形。单击“常用”选项卡“创建设计”面板“道路”下拉列表框中的“道路”按钮，打开“创建道路”对话框。

(2) 在对话框中输入名称为“基础道路”，选择基准线类型为“路线和纵断面”，设置路线为“路线1”，纵断面为“纵断面(1)”，装配为“横断面装配1”，目标曲面为“地形曲面1”，其他采用默认设置，如图9-13所示。单击“确定”按钮，关闭“创建道路”对话框。

“创建道路”对话框中的选项说明如下。

Note

图 9-13 “创建道路”对话框

- 名称：输入新的道路名称，或单击按钮使用命名模板进行命名。
- 描述：在文本框中输入道路的描述。
- 道路样式：在下拉列表框中选择用于显示道路组件的样式。
- 道路图层：显示要在上面创建道路的图层。单击按钮，打开“对象图形”对话框，在对话框中选择或创建在其上绘制道路的图层。
- 基准线类型：指定基准线是由路线和纵断面还是由要素线组成。
  - 路线和纵断面：选择此选项，在“路线”和“纵断面”下拉列表框中选择路线和纵断面。
  - 要素线：选择此选项，使用“场地”和“要素线”列表选择要素线。
- 装配：在列表中选择已经创建好的道路横断面装配，当选择“无”时，将创建不具有任何区域的道路。
- 目标曲面：在列表中选择道路创建的目标曲面。
- 设定基准线和区域参数：选中此复选框，打开“基准线和区域参数”对话框，从中可以指定目标和频率并添加多个基准线和区域。

（3）系统打开如图 9-14 所示的“基准线和区域参数-基础道路”对话框，采用默认设置，单击“确定”按钮，生成道路模型，如图 9-15 所示。

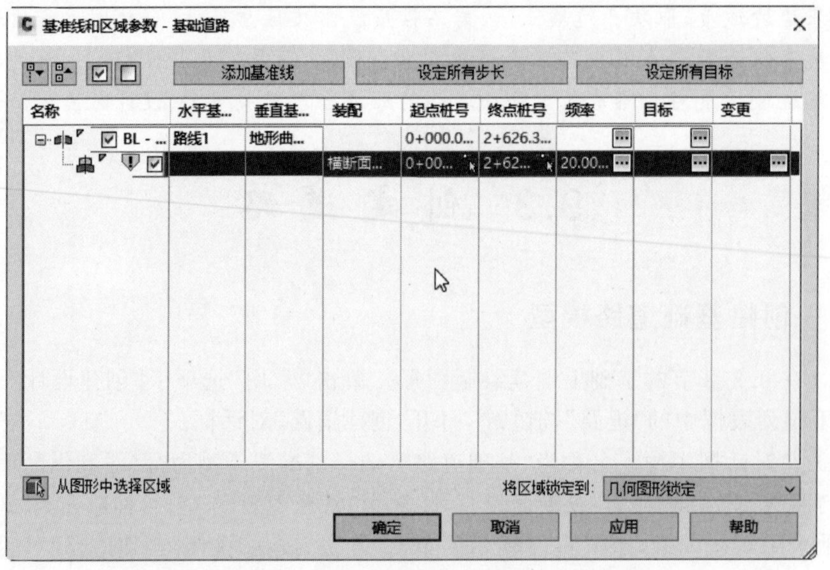

图 9-14 “基准线和区域参数-基础道路”对话框

Note

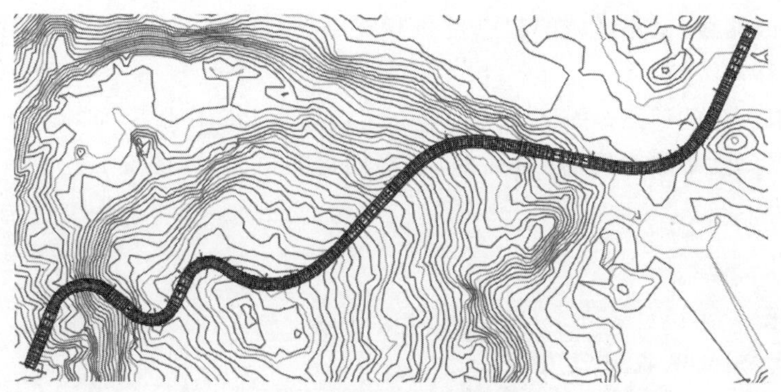

图 9-15　创建基础道路

“基准线和区域参数-基础道路”对话框中的选项说明如下。

- ▾按钮：单击此按钮，展开所有基准线类别。
- ▴按钮：单击此按钮，收拢所有基准线类别。
- ☑按钮：单击此按钮，打开所有基准线。
- □按钮：单击此按钮，关闭所有基准线。
- 添加基准线：单击此按钮，将其他基准线添加到道路定义。
- 设定所有步长：单击此按钮，打开“应用装配的步长”对话框，从中指定沿切线、曲线、缓和曲线和其他几何图形点放置装配的增量。
- 设定所有目标：单击此按钮，打开“目标映射”对话框，从中将部件定义中的目标映射到整个道路中相应的图形对象名称。
- 特性列表框
  - 名称：显示列出所有基准线、区域和相应偏移基准线的树。
  - 水平基准线：指定基准线的水平几何图形或偏移基准线。单击此栏，打开“选择水平基准线”对话框，从中选择路线/纵断面或要素线。
  - 垂直基准线：指定基准线的垂直几何图形或偏移基准线。
  - 装配：单击此栏，打开“选择装配”对话框，从中为道路区域选择装配。
  - 起点桩号：指定区域或控制偏移的起点桩号。默认情况下，对于添加到基准线的第一个区域，将此值设置为基准线的起点桩号。
  - 终点桩号：指定区域或控制偏移的终点桩号。默认情况下，对于添加到基准线的第一个区域，将此值设置为基准线的终点桩号。
  - 频率：指定用于为给定基准线或区域放置装配的频率。
  - 目标：单击…按钮，打开“目标映射”对话框，将部件定义中的目标映射到区域中相应的图形对象。
- 将区域锁定到：指定将道路区域锁定到几何图形还是父路线的桩号，包括几何图形锁定和桩号锁定。
  - 几何图形锁定：将道路区域锁定到路线形状。如果修改路线，道路区域的起点桩号和终点桩号将更新以保持区域相对于路线形状的位置。
  - 桩号锁定：将道路区域的起点桩号和终点桩号锁定到相应的路线桩号。如果

修改路线，道路区域的起点桩号和终点桩号将保持不变，即使必须以几何形式移动区域。

Note

(4) 选取创建的道路，单击“放坡”上下文选项卡“常用工具”面板中的“对象查看器”按钮，打开“对象查看器”对话框，观察创建的道路，如图 9-16 所示。关闭“对象查看器”对话框。

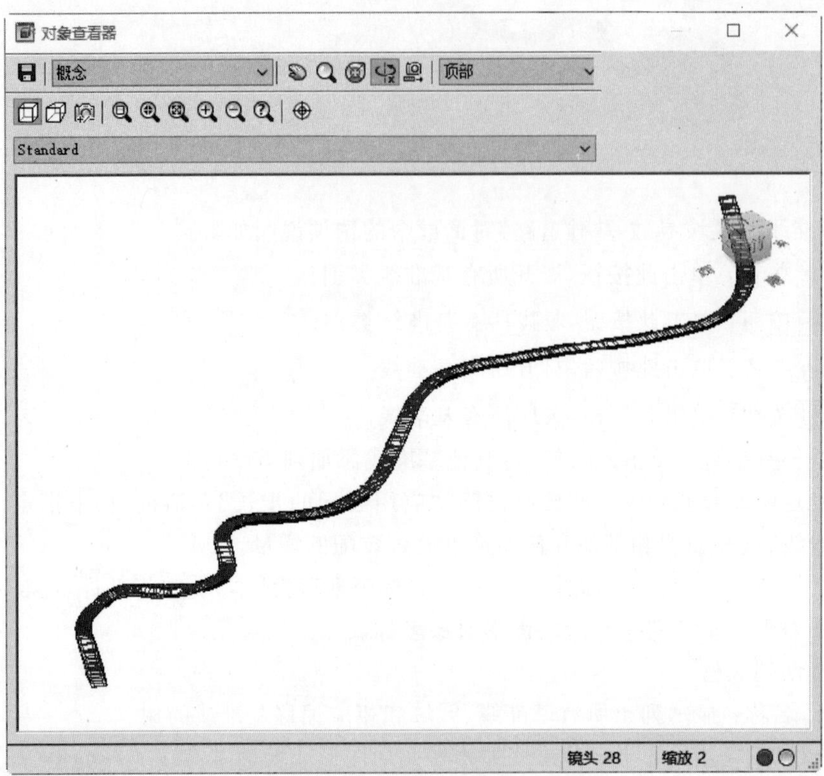

图 9-16 “对象查看器”对话框

9.3.2 创建道路曲面

(1) 选取 9.3.1 节创建的道路，单击“道路：基础道路”上下文选项卡“修改道路”面板中的“道路曲面”按钮，打开“道路曲面-基础道路”对话框，如图 9-17 所示。

(2) 在对话框中单击“创建道路曲面”按钮，在列表栏中添加道路曲面。

(3) 设置数据类型为“连接”，指定代码为 Top，单击“添加曲面项目”按钮，将数据添加到曲面，如图 9-18 所示。单击“应用”按钮，打开“道路特性-重新生成”对话框，单击“重新生成道路”选项，生成道路曲面，如图 9-19 所示。

“道路曲面-基础道路”对话框中的选项说明如下。

- 按钮：单击此按钮，创建一个空道路曲面。
- 按钮：单击此按钮，从所有连接代码中创建独立的道路曲面。
- 按钮：单击此按钮，打开“名称模板”对话框，可以修改道路曲面命名模板。
- 按钮：单击此按钮，删除列表框选中的曲面或数据组件。

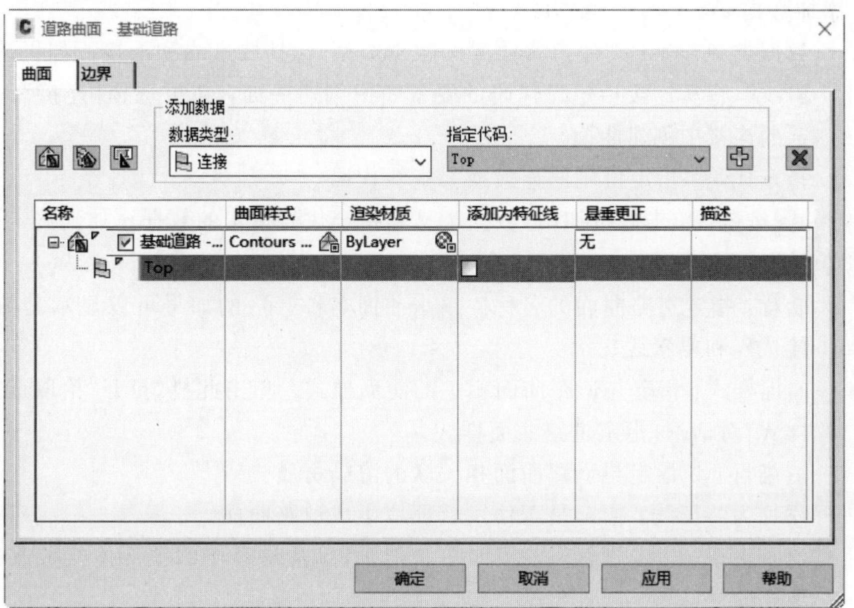

图 9-17 “道路曲面-基础道路”对话框

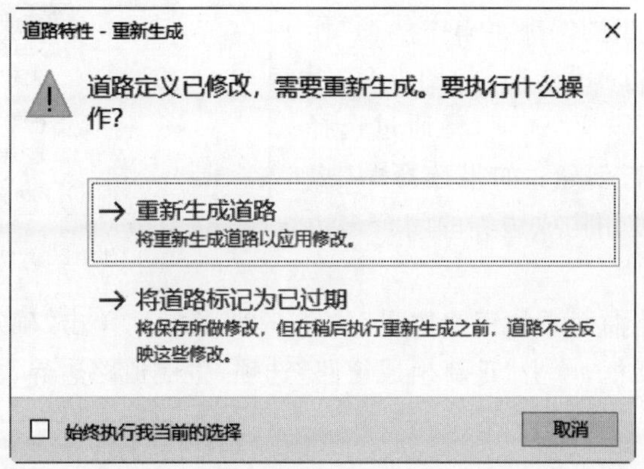

图 9-18 “道路特性-重新生成”对话框

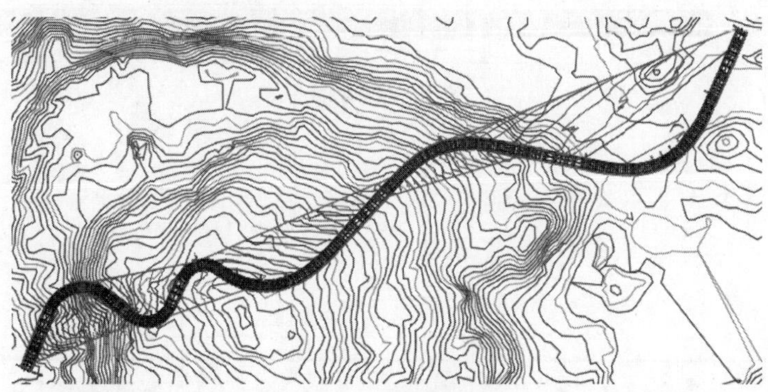

图 9-19 道路曲面

Note

➢ 添加数据

- 数据类型：指定创建道路曲面的数据类型，包括要素线和连接。如果选择“要素线”，将从连接指定点代码的要素线中创建曲面；如果选择“连接”，则从指定的连接中创建曲面。
- 指定代码：指定可用的连接或要素线代码。
- ➕按钮：单击此按钮，将数据类型和指定代码指定的数据添加到选定曲面。

➢ 特性类别框

- 名称：指定道路曲面的名称。单击曲面名称旁边的加号可以显示其数据（连接代码和要素线）。
- 曲面样式：指定与道路曲面相关的曲面样式。单击此栏，打开“拾取道路曲面样式”对话框，指定道路曲面样式。
- 渲染材质：指定与道路曲面相关联的渲染材质。
- 添加为特征线：指定是否使用特征线生成道路曲面。
- 悬垂更正：指定是否在渲染时更正悬垂，以及是否按照顶部连接或底部连接更正它。
- 描述：指定道路曲面的描述。

（4）切换到“边界”选项卡，在列表中选择道路并右击，在弹出的快捷菜单中选择“作为外部边界的道路范围”选项，如图 9-20 所示。如果选择“交互添加”选项，将通过选择图形中的要素线进行创建；如果选择“从多边形添加”选项，将使用构成边界的闭合多边形进行创建。

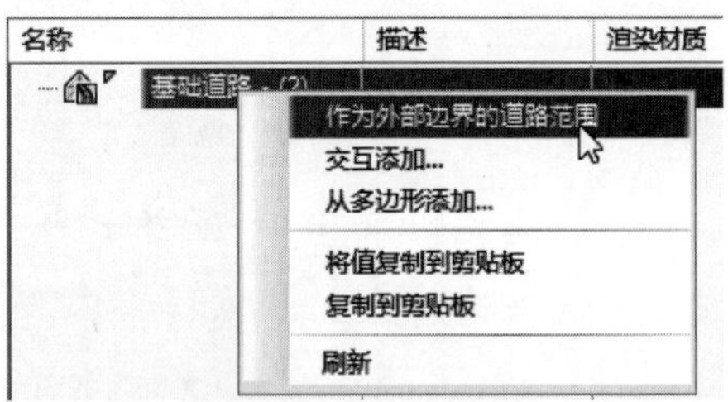

图 9-20　快捷菜单

（5）系统为道路曲面添加道路边界，如图 9-21 所示。单击“确定”按钮，打开“道路特性-重新生成”对话框，单击“重新生成道路”选项，生成道路边界，如图 9-22 所示。

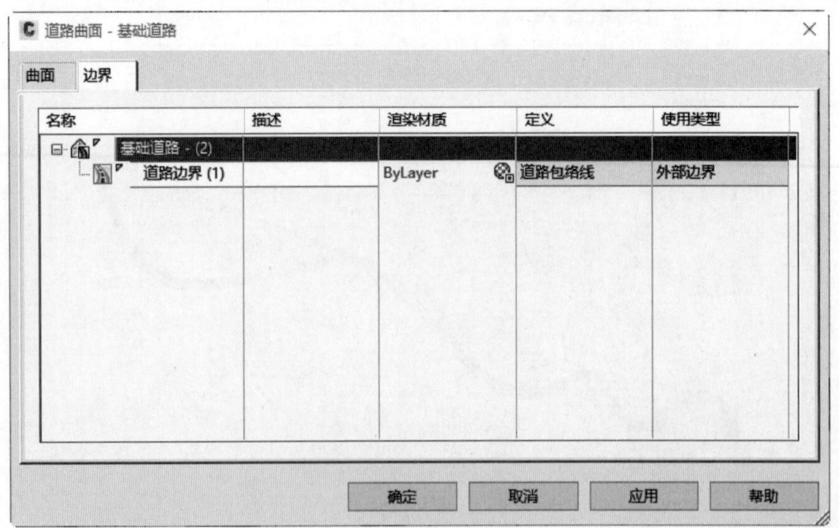

图 9-21　“边界”选项卡

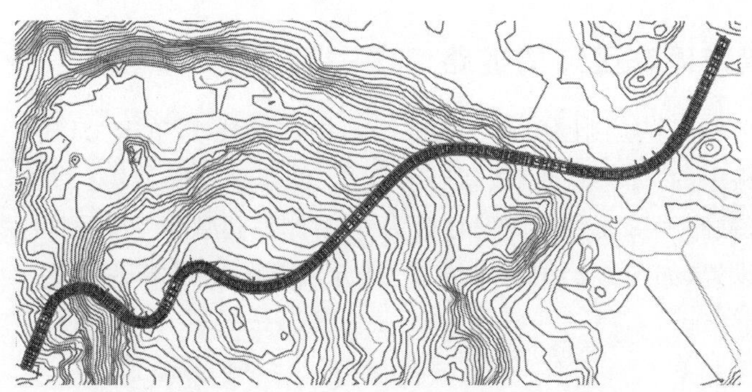

图 9-22 添加道路边界

“边界”选项卡中的选项说明如下。

➢ 名称：指定道路曲面的名称和它们的对应边界。
➢ 描述：指定道路曲面边界的描述。
➢ 渲染材质：指定与道路曲面边界相关联的渲染材质样式。
➢ 定义：指定道路边界。
➢ 使用类型：指定边界类型为仅渲染、隐藏边界或外部边界。
  • 仅渲染：使用不同的材质来渲染指定的道路曲面区域。
  • 隐藏边界：在道路曲面中创建空区域或冲孔。
  • 外部边界：定义道路曲面的外边界。

(6) 选取创建的道路，单击“放坡”上下文选项卡“常用工具”面板中的“对象查看器”按钮，打开“对象查看器”对话框，观察创建的道路，如图 9-23 所示。关闭“对象查看器”对话框。

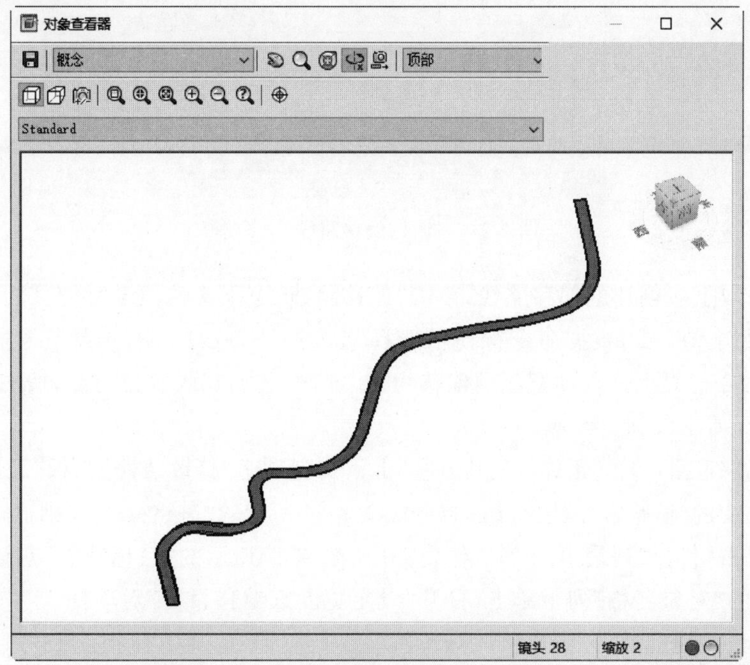

图 9-23 “对象查看器”对话框

9.3.3 创建带停车区域的道路

Note

(1) 打开 9.3.2 节绘制的图形。选取图形中的路线 1,单击"路线:路线 1"选项卡"启动平台"面板中的"偏移路线"按钮,打开"创建偏移路线"对话框,输入偏移名称模板为"加宽区域路线",设置左侧偏移数为 0,右侧偏移数为 1,右侧增量偏移为 20 米,其他采用默认设置,如图 9-24 所示。单击"确定"按钮,创建偏移路线。

图 9-24 "创建偏移路线"对话框

(2) 选取上步创建的偏移路线,单击"偏移路线"上下文选项卡"修改"面板中的"添加加宽区域"按钮,根据命令行提示选择起点桩号为 0+060,选择终点桩号为 0+160,根据命令行提示输入加宽区域偏移为 10 米,指定加宽区域在右侧,按 Enter 键,生成如图 9-25 所示的加宽区域。

(3) 选取道路,单击"道路:基础道路"上下文选项卡"修改道路"面板"道路特性"下拉列表框中的"道路特性"按钮,打开如图 9-26 所示的"道路特性-基础道路"对话框。

(4) 单击"目标"列表中的按钮,打开如图 9-27 所示的"目标映射"对话框,在"偏移目标"栏的"对象名称"列中单击,打开"设定宽度或偏移目标"对话框。

"目标映射"对话框中的选项说明如下。

➢ 道路名称:显示道路名称。

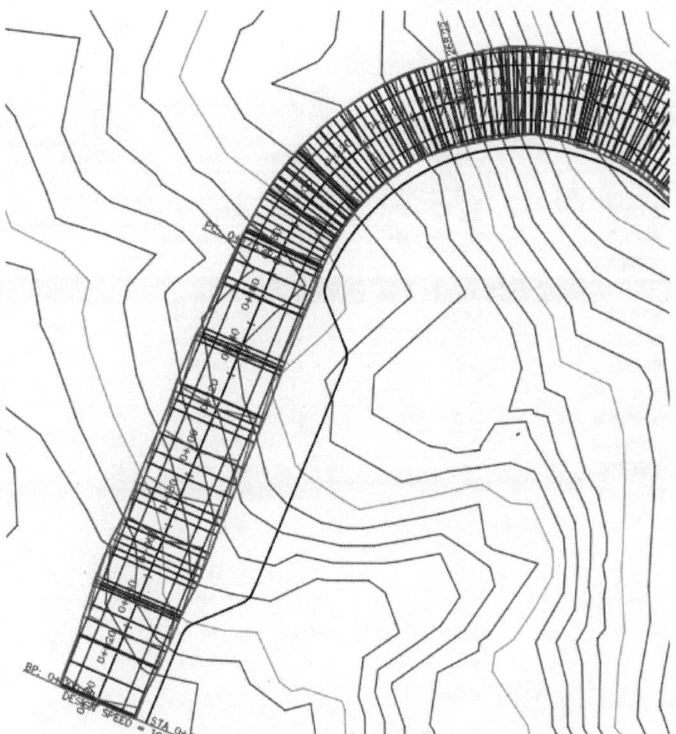

图 9-25 加宽区域

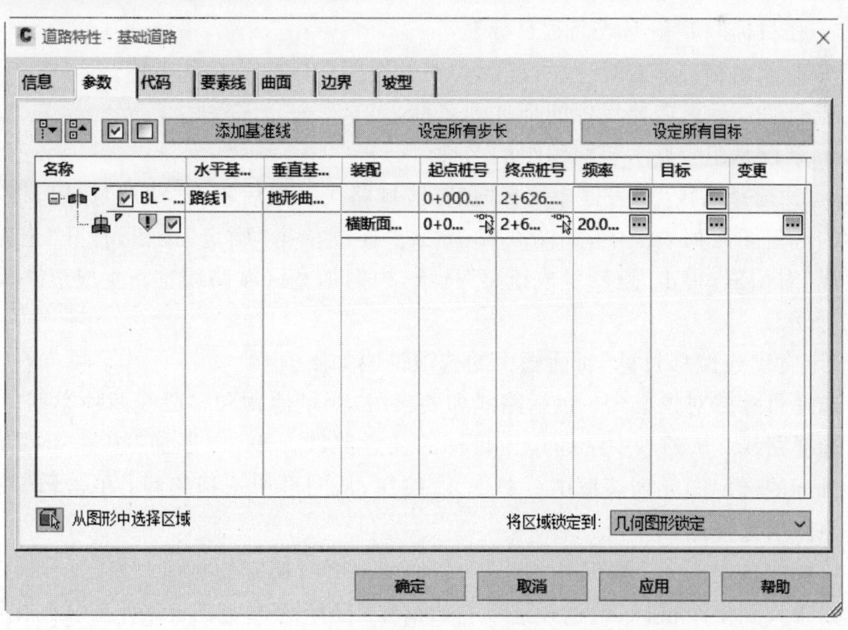

图 9-26 “道路特性-基础道路”对话框

Note

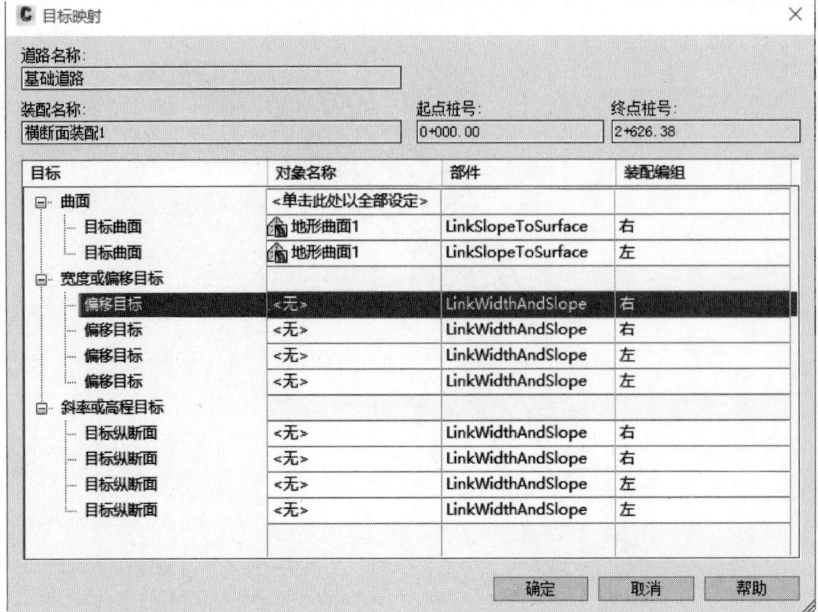

图 9-27 “目标映射”对话框

- 装配名称：显示装配的名称。
- 起点桩号：显示装配区域或道路基准线的起点桩号。
- 终点桩号：显示装配区域或道路基准线的终点桩号。
- 特性列表框
  - 目标：列出道路的部件需要的目标，分为三个编组，分别为“曲面”“宽度或偏移目标”和“斜率或高程目标”。
  - 对象名称：单击对应栏，选择要映射到部件目标的对象名称。
  - 部件：显示需要目标的部件的名称。
  - 装配编组：显示装配编组的名称。

（5）在“选择路线”列表框中选择“加宽区域路线”，然后单击“添加”按钮，将其添加到目标的选定图元列表框中，如图 9-28 所示。连续单击“确定”按钮，打开“道路特性-重新生成”对话框，单击“重新生成道路”选项，根据加宽区域路线重新生成道路模型，如图 9-29 所示。

“设定宽度或偏移目标”对话框中的选项说明如下。

- 选择目标的对象类型：包括路线和要素线、测量地物和多段线两种类型。
- 选择路线：从列表中选择作为目标的任意路线。单击“添加”按钮，将其添加到目标的选定图元列表框中。单击按钮，从图形中选择路线；单击按钮，按照图层选择路线。
- 目标的选定图元：按编号、类型和名称列出所有选定的目标对象。
- 如果找到多个目标，请选择选项：如果在“目标的选定图元”列表中存在两个或更多目标，则激活此选项，指定是“以最近偏移为目标”还是“以最远偏移为目标”。

Note

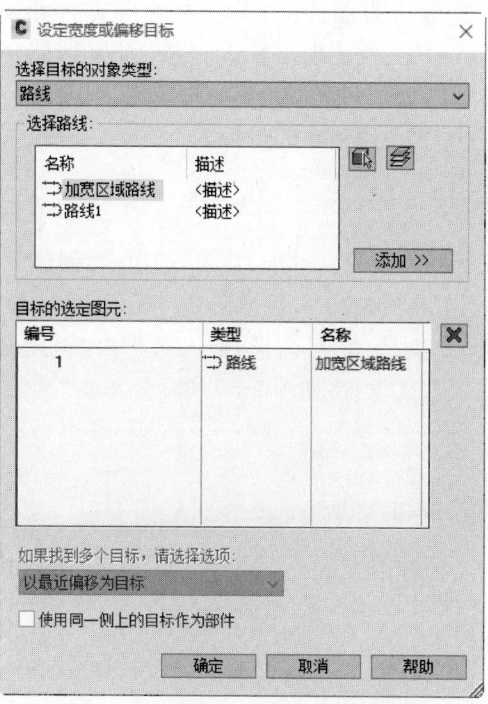

图 9-28 “设定宽度或偏移目标”对话框

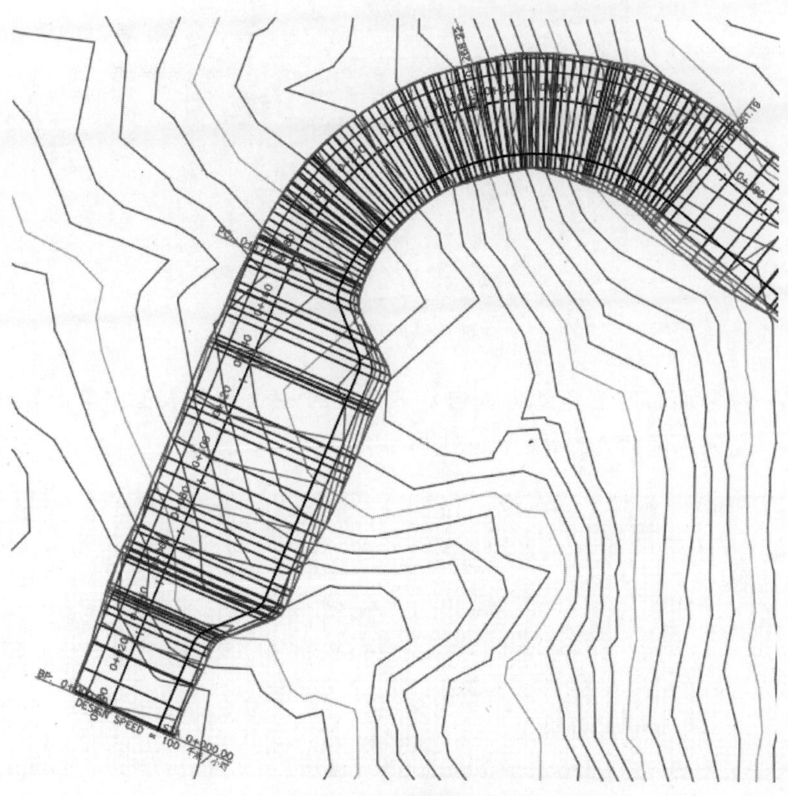

图 9-29 加宽区域道路

➢ 使用同一侧上的目标作为部件：指定是要在与部件相同的基准线侧上使用目标，还是在基准线的任一侧上使用目标。选中此复选框，该部件将使用与为该部件指定的"侧"参数匹配的目标（如果在同一侧指定了目标）。取消选中此复选框，部件可以在任一侧使用指定的目标。

9.3.4 更改道路高程

（1）打开 9.3.3 节绘制的图形。单击"常用"选项卡"创建设计"面板"纵断面"下拉列表框中的"纵断面创建工具"按钮，根据命令行提示选取纵断面图以创建纵断面。

（2）打开"创建纵断面-新绘制"对话框，输入名称为"道路高程纵断面"，选择纵断面样式为 Basic，其他采用默认设置，如图 9-30 所示。单击"确定"按钮。

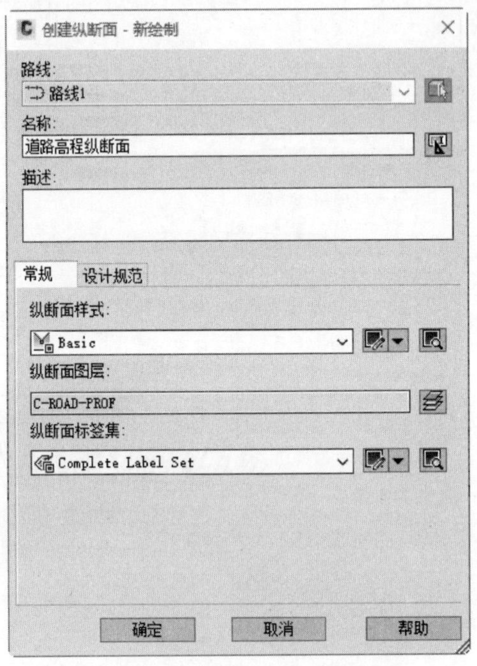

图 9-30 "创建纵断面-新绘制"对话框

（3）在"纵断面布局工具-纵断面(1)"工具栏的下拉列表框中单击"绘制曲线切线"按钮，绘制纵断面，结果如图 9-31 所示。

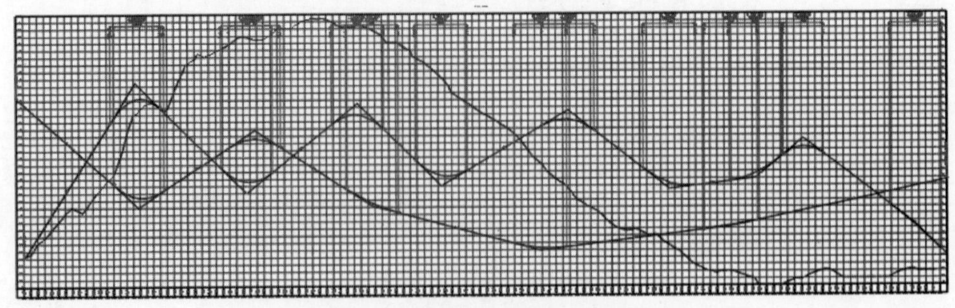

图 9-31 绘制道路高程纵断面

（4）选取道路，单击“道路：基础道路”上下文选项卡“修改道路”面板“道路特性”下拉列表框中的“道路特性”按钮，打开如图 9-26 所示的“道路特性-基础道路”对话框。

（5）单击“目标”列表中的按钮，打开“目标映射”对话框，在“目标纵断面”栏的“对象名称”列中单击，打开“设定斜率或高程目标”对话框。

（6）在“选择路线”下拉列表框中选择“路线 1”，在“选择纵断面”列表框中选择道路高程纵断面，然后单击“添加”按钮，将其添加到目标的选定图元列表框中，如图 9-32 所示。连续单击“确定”按钮，打开“道路特性-重新生成”对话框，单击“重新生成道路”选项，根据加宽区域路线重新生成道路模型，如图 9-33 所示。

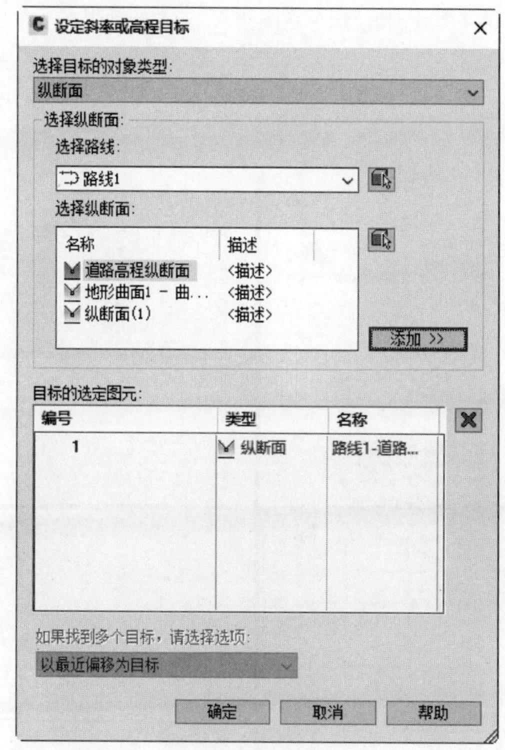

图 9-32　“设定斜率或高程目标”对话框

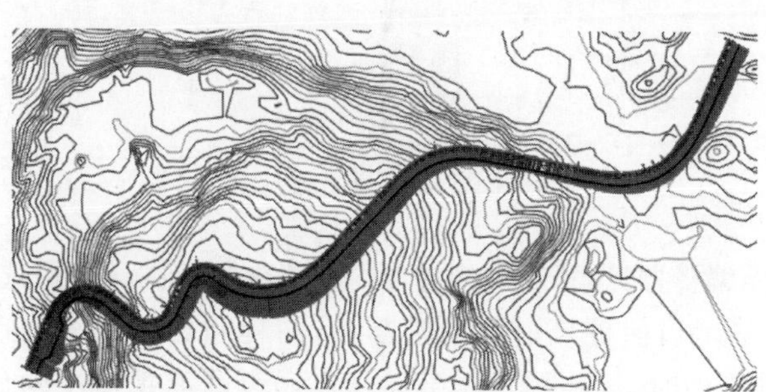

图 9-33　更改道路高程

Note

9.3.5 编辑道路横断面

(1) 打开 9.3.4 节绘制的图形。选取道路模型,单击“道路：基础道路”选项卡“修改道路横断面”面板中的“横断面编辑器”按钮。

(2) 打开如图 9-34 所示的“横截面编辑器”上下文选项卡,默认在视口中分别显示道路、纵断面、横断面和装配部件,如图 9-35 所示。

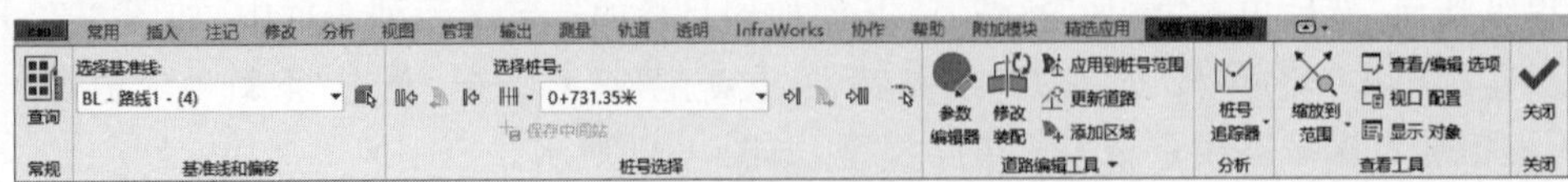

图 9-34 “横截面编辑器”上下文选项卡

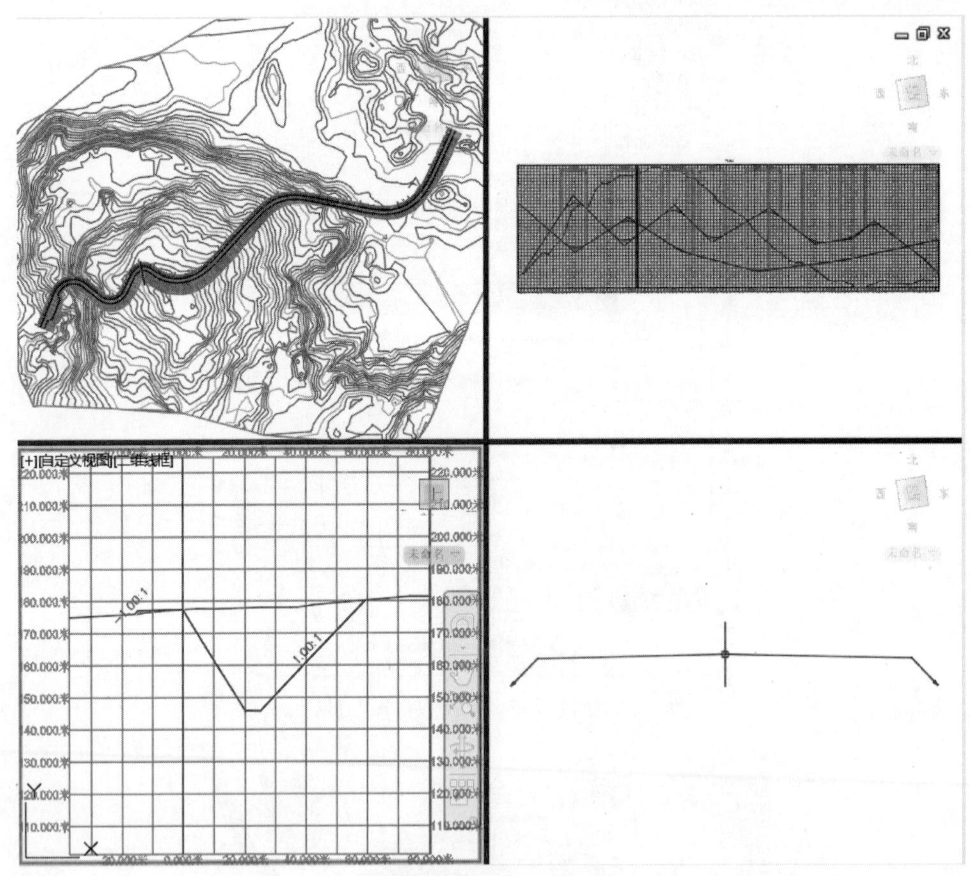

图 9-35 显示视口

(3) 在“横截面编辑器”上下文选项卡的“桩号选择”面板中的“选择桩号”列表中选择“0+120 米”,将显示当前桩号道路的横断面,高程和偏移将显示在栅格轴上。当每个桩号都显示在栅格中时,这些桩号在平面视口和纵断面视口中的位置由一条垂直线标识,如图 9-36 所示。

(4) 单击“缩放到部件”按钮,打开如图 9-37 所示的“拾取部件”对话框。单击

Note

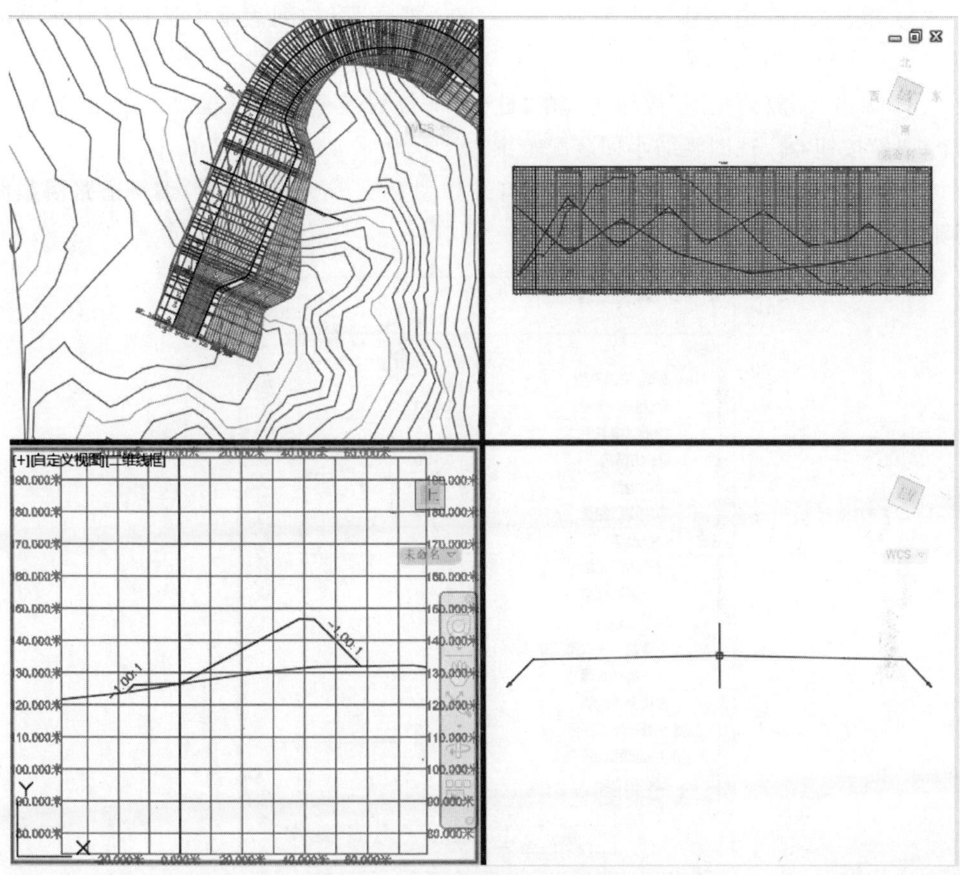

图 9-36　显示当前桩号

按钮，在装配视口中拾取右侧车道，视图将放大到当前桩号（0＋120 米）处右侧车道部件，如图 9-38 所示。

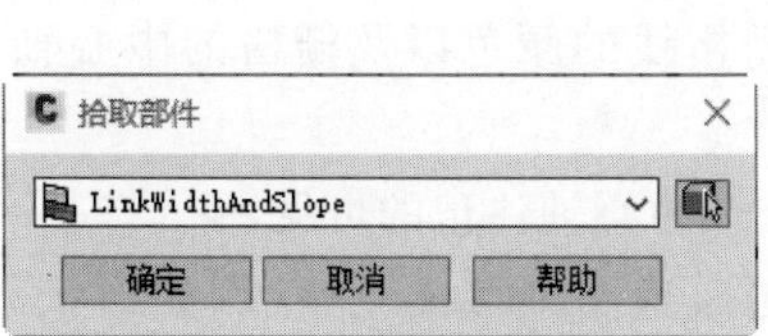

图 9-37　“拾取部件”对话框

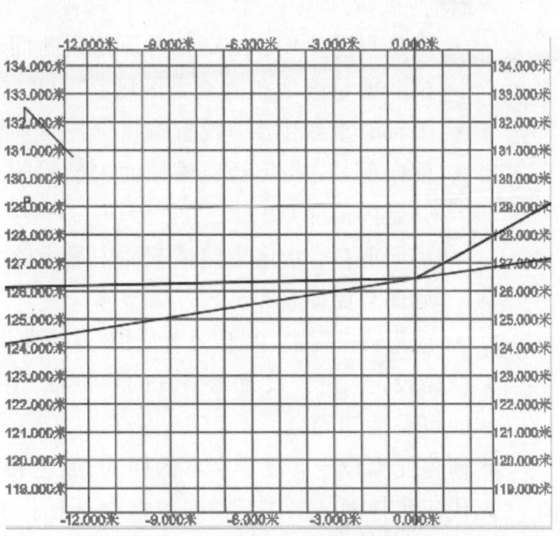

图 9-38　缩放到部件横断面图

Note

(5) 单击“缩放到偏移和高程”按钮，在“桩号”下拉列表框中选择桩号或单击“转到下一个桩号”按钮，横断面图中偏移和高程值不会更改。

(6) 单击“缩放到范围”按钮，在“桩号”下拉列表框中选择桩号或单击“转到下一个桩号”按钮，视图将缩小回装配范围。

(7) 单击“查看/编辑选项”按钮，打开如图 9-39 所示的“查看/编辑道路横截面选项”对话框，设置道路横断面的显示。

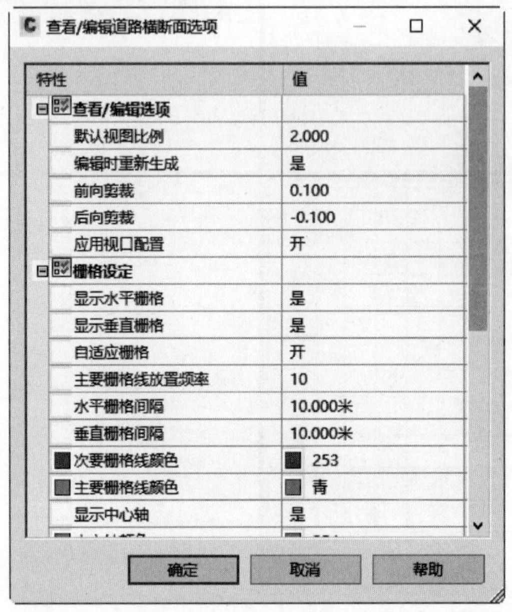

图 9-39 “查看/编辑道路横截面选项”对话框

“查看/编辑道路横截面选项”对话框中的选项说明如下。

➢ 查看/编辑选项
  • 默认视图比例：指定查看道路横断面时使用的比例因子。例如，输入 1 可将横断面精确地布满查看区域。
  • 编辑时重新生成：设置编辑部件时，是否自动重新生成道路模型。
  • 前向剪裁：指定道路横截面中显示的三维对象的可见范围(从采样的横截面开始向前测量)。
  • 后向剪裁：指定道路横截面中显示的三维对象的可见范围(从采样的横截面后面开始测量)。
  • 应用视口配置：确定是否应用“道路横断面编辑器：视口配置”对话框中的设置。

➢ 栅格设定：可以设置栅格线的可见性和间隔、栅格线的颜色以及栅格的中心轴的可见性和颜色。

➢ 栅格文本设定：设置文本的样式、颜色和大小以及中心轴注记的可见性。

➢ 代码集样式：在其下拉列表框中选择样式，以更改道路横截面元素(例如形状、链接和点)的显示。

(8) 单击“视口 配置”按钮，打开如图 9-40 所示的“道路横截面编辑器：视口配

Note

置”对话框，系统默认显示四个视口，分别显示平面、纵断面、横断面和装配，用户可以根据需要配置视口。

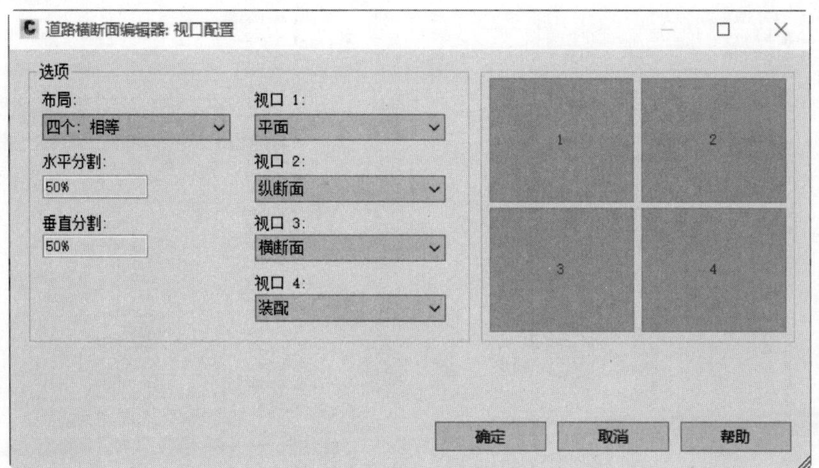

图 9-40 “道路横截面编辑器：视口配置”对话框

“道路横截面编辑器：视口配置”对话框中的选项说明如下。

➢ 布局：列出可用的视口配置，选择布局时，会显示预览。

➢ 水平分割：确定顶部和底部视口之间水平分割线的位置。默认值为 50%。如果值为 40%，则会导致顶部视口为图形窗口高度的 40%，而底部视口为图形窗口高度的 60%。

➢ 垂直分割：确定左侧和右侧视口之间垂直分割线的位置。默认值为 50%。如果值为 40%，则会导致左侧视口为图形窗口宽度的 40%，而右侧视口为图形窗口宽度的 60%。

➢ 视口 1/视口 2/视口 3/视口 4：最多可以显示四个视口，分别指定视口中的内容（平面、纵断面、横断面和装配），有一个视口必须设定为横断面。

(9) 单击“参数编辑器”按钮 ，打开“道路参数”对话框，显示当前桩号的道路参数，如图 9-41 所示。在该对话框中单击要变更的参数的“值”字段，输入一个新值，应用变更后，“变更”列将显示“真”。例如更改右侧车道的宽度为 50 米。

(10) 单击“应用到桩号范围”按钮 ，打开“应用到桩号范围”对话框，输入起点桩号和终点桩号，如图 9-42 所示，单击“确定”按钮。

(11) 单击“关闭”按钮 ，关闭横截面编辑器，返回到图形区域。

9.3.6 提取道路实体

(1) 选择道路模型，在“道路：基础道路”上下文选项卡“道路工具”面板中单击“提取道路实体”按钮 ，命令行提示“选择要导出为实体的道路区域或[桩号范围(S)/多边形内(P)/所有区域(A)]：”选取道路，按 Enter 键确定。

(2) 打开如图 9-43 所示的“提取道路实体”对话框，在“要提取的代码”页面中为装配、造型或链接指定颜色和图层命名，这里采用默认设置。

Note

图 9-41　道路参数

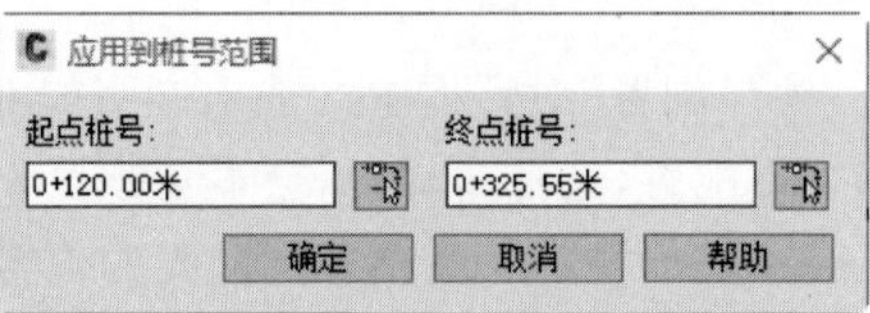

图 9-42　“应用到桩号范围”对话框

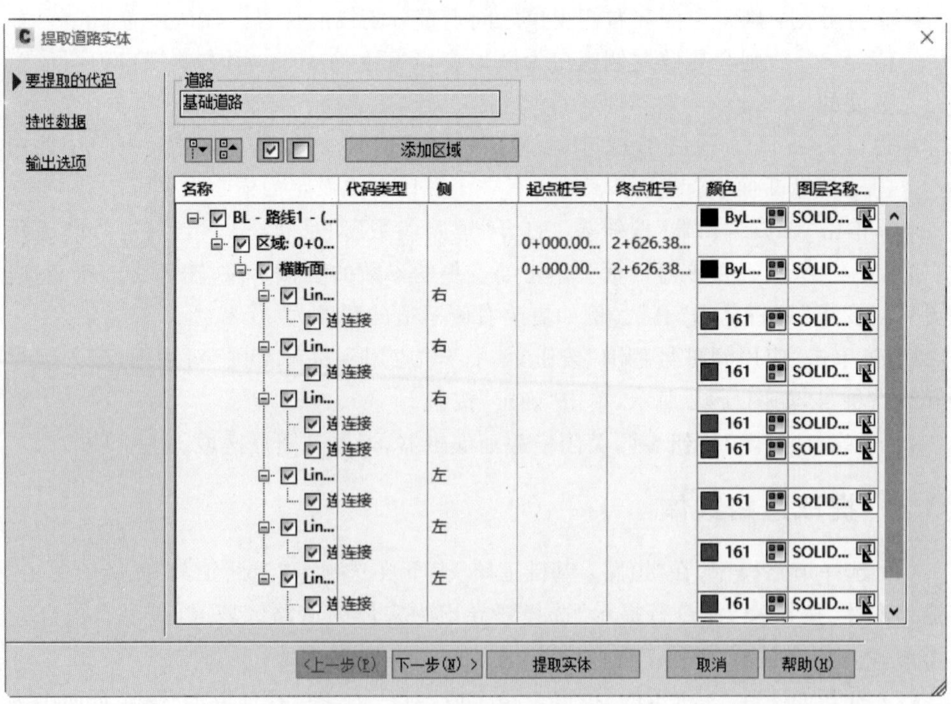

图 9-43　“提取道路实体”对话框

"提取道路实体"对话框中的选项说明如下：

- 道路：显示选定道路的名称。
- "全部展开"按钮：展开对话框中所有类别。
- "全部收拢"按钮：收拢对话框中所有已打开的类别。
- "启用所有造型和链接"按钮：单击此按钮，选择所有造型和链接。
- "禁用所有造型和链接"按钮：清除选定内容中的所有造型和链接。未选定的造型或链接不会被提取。
- 添加区域：单击此按钮，关闭对话框并再次显示命令行提示，以便将其添加到选择集中。
- 名称：显示组成道路模型的一系列基准线、区域、装配、部件、造型和链接。
- 代码类型：列出代码类型(造型或链接)。
- 侧：列出基准线的一侧(左、右或无)。
- 起点桩号：列出道路区域的起点桩号。
- 终点桩号：列出道路区域的终点桩号。
- 颜色：指定要提取的造型和链接的颜色。单击对应的图标，打开"选择颜色"对话框，分别为装配、造型或链接指定颜色。
- 图层名称模板：指定用于提取的实体或主题的命名结构。单击对应的图标，打开"名称模板"对话框，可从"特性字段"列表进行选择。

(3) 单击"下一步"按钮或单击"特性数据"选项，切换到如图 9-44 所示的"特性数据"页面，指定要与提取的实体关联的特性集定义。想要查看提取的实体的每个特性，应选中"可见"复选框。

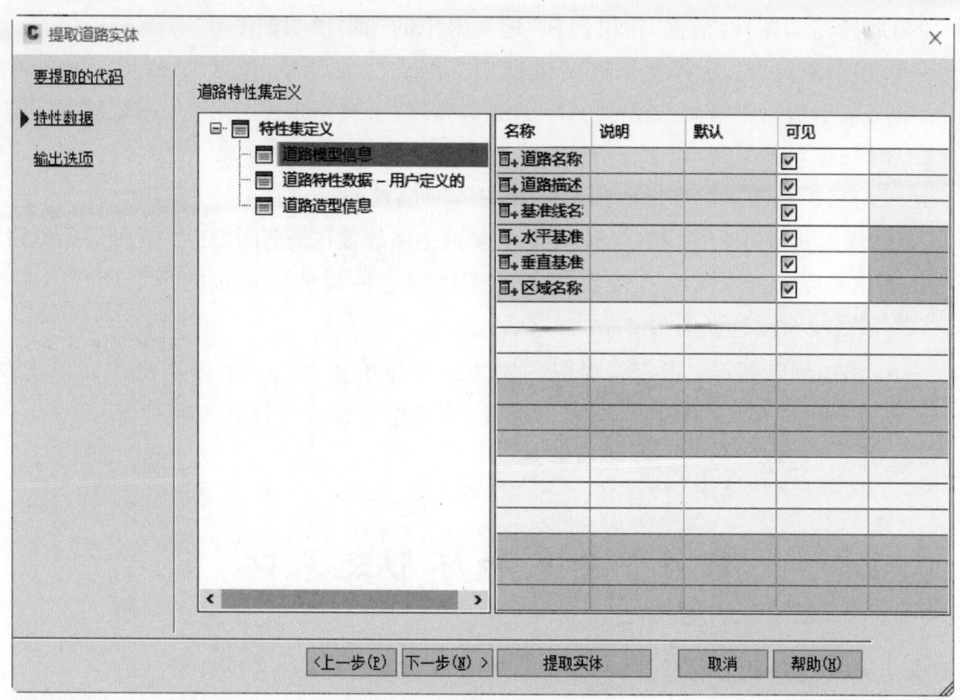

图 9-44 "特性数据"页面

(4) 单击“下一步”按钮或单击“输出选项”选项，切换到“输出选项”页面，指定输出对象，选择“添加到新图形”选项，单击按钮，打开“选择输出文件”对话框，设置保存路径和文件名称。单击“保存”按钮，返回到“输出选项”页面，如图 9-45 所示。

Note

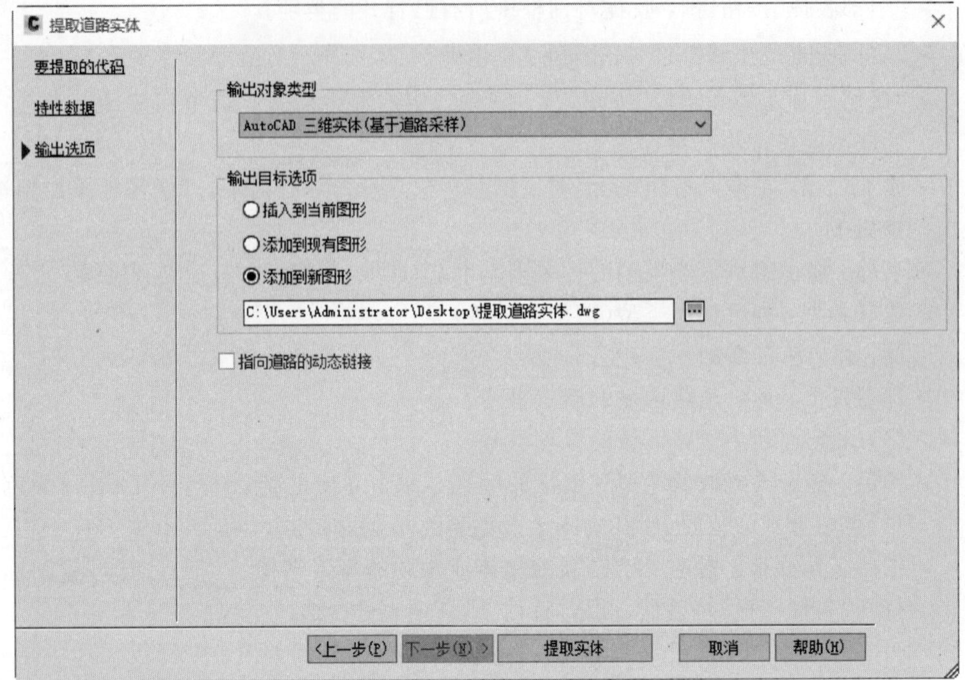

图 9-45 “输出选项”页面

“提取道路实体”对话框“输出选项”选项卡中的选项说明如下。

- 输出对象类型：选择要从道路模型中提取的对象类型，包括“AutoCAD 三维主体(基于道路采样)”“AutoCAD 三维实体(基于道路采样)”和“AutoCAD 三维实体(扫掠实体)”。
- 输出目标选项：指定提取的实体和主体的位置。
  - 插入到当前图形：指定已提取的实体或主体放置在当前图形中并叠加原始道路。
  - 添加到现有图形：指定已提取的实体或主体添加到指定的现有图形。单击按钮以选择图形。
  - 添加到新图形：指定将提取的实体或主体添加到指定的新图形中。单击按钮，打开“选择输出文件”对话框，为新图形输入文件名称和位置。

(5) 单击“提取实体”按钮，提取实体。

9.4 交点和环形交叉口

交点是通过并基于现有 Autodesk Civil 3D 对象创建的，这些对象包括：

- 路线：供交点使用，用于定义两条相交道路的中心线。在交点处可使用三种类

型的路线：路线中线、偏移路线和加铺转角路线。

- 纵断面：用于沿平面路线定义曲面和设计高程。
- 曲面：用于建立曲面纵断面，并用于交叉点处的道路放坡。
- 道路：以自动建立道路来表示交叉点的三维纵横向间距。
- 装配：若要建立表示交点的道路，必须使用道路装配。若要建立相交道路，必须能够访问用于建立交点模型的相应装配。
- 装配集：相交道路需要用到一个装配集，装配集是专门针对特定类型的交叉点设计的一组装配。
- 部件：通过部件可以定义道路横断面（通过装配）的几何图形。例如，典型公路也许由已铺装的车道（在中心线两侧）、已铺装的路肩、边沟和路缘以及路旁放坡组成。

9.4.1　创建交叉口

在道路设计，特别是城市道路设计中，交叉口设计是一个非常基本同时也非常重要的环境。交叉口设计的主要目的有两个：一是确保交叉口排水通畅，不会引起积水；二是使各相交路线在纵向上相互协调，保证行车通畅。

（1）打开源文件中的交叉口文件。单击“常用”选项卡“创建设计”面板“交叉口”下拉列表框中的“创建交点”按钮，根据命令行提示选择路A和路D的交点，如图9-46所示。

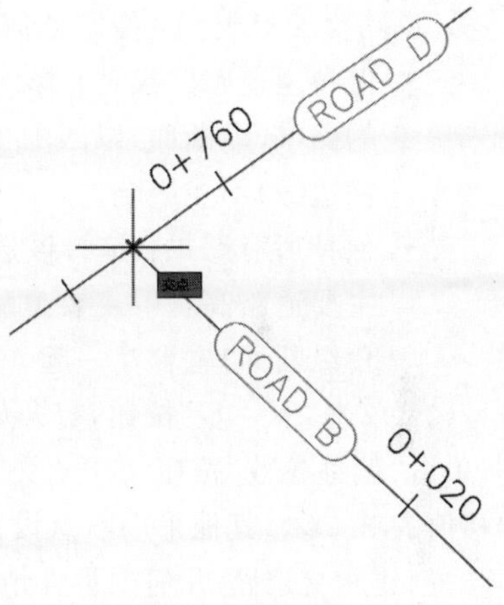

图9-46　选取交点

（2）此时系统打开“创建相交道路-常规”对话框，输入交叉口道路名称为“丁字路口”，设置道路交叉口类型为“保持所有路拱”，其他采用默认设置，如图9-47所示。

“创建相交道路-常规”对话框中的选项说明如下。

- 交叉口道路名称：为交叉点对象输入名称，或接受由交叉点对象的默认名称模板指定的名称。
- 描述：为此交叉点对象输入描述。
- 交叉口道路标记样式：显示当前样式，也可以从下拉列表框中选择其他交叉口道路标记样式，单击按钮，在下拉列表框中选择新建或编辑样式。
- 交叉口道路标记图层：显示要在上面创建交叉口道路标记对象的图层。单击按钮，打开“对象图层”对话框，在对话框中选择或创建在其上交叉点对象的图层。
- 交叉口道路标签样式：显示默认的交叉口道路标签样式，也可以从下拉列表框中选择其他交叉口道路标签样式。单击按钮，在下拉列表框中选择新建或编辑标签样式。

Note

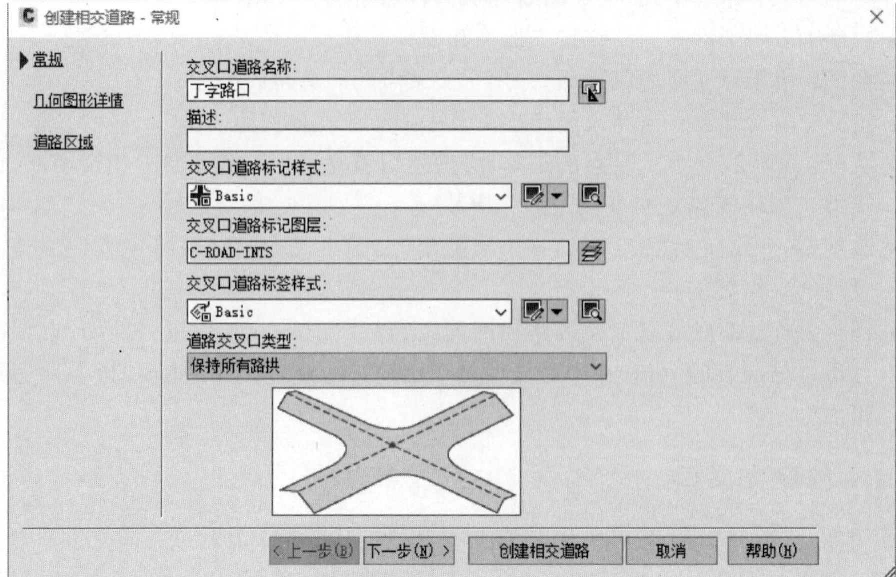

图 9-47 "创建相交道路-常规"对话框

➢ 道路交叉口类型：指定如何为此交叉点保持路拱。

- 保持主道路路拱：选择该选项后，会保持主要道路的路拱，同时调整次要道路的路拱（纵断面）以匹配主要道路的边缘和交叉点。主要道路的路拱（纵断面和边缘）不受影响。
- 保持所有路拱：选择该选项后，会调整次要道路的纵断面以匹配交叉点处的主要道路高程。主要道路纵断面不受影响。边缘会沿加铺转角（通过加铺转角纵断面）融合在一起。

(3) 单击"下一步"按钮，打开如图 9-48 所示的"创建相交道路-几何图形详情"对话框，单击"偏移参数"按钮，打开"交叉口偏移参数"对话框，更改主要道路和次要道路的偏移值为 3.5 米，其他采用默认设置，如图 9-49 所示，单击"确定"按钮完成更改。

"创建相交道路-几何图形详情"对话框中的选项说明如下。

➢ 相交路线：该列表框中显示在此交叉点中的路线的信息，包括路线名称、优先级、发生相交处的桩号以及与路线相关联的纵断面。

➢ 创建或指定偏移路线：选中此复选框，将为交叉点创建偏移路线。

- 偏移参数：单击此按钮，打开"交叉口偏移参数"对话框，可以从中查看或编辑用于创建偏移路线的参数。

➢ 创建加铺转角路线：选中此复选框，为交叉点创建加铺转角路线。

- 加铺转角参数：单击此按钮，打开"交叉口道路加铺转角参数"对话框，可以查看或编辑用于创建加铺转角的参数。

➢ 创建偏移和加铺转角纵断面：选中此复选框，为此交叉点创建偏移和加铺转角纵断面。

- 车道斜率参数：单击此按钮，打开"交叉口道路车道斜率参数"对话框，可以查看或编辑包括在交叉口道路对象中的道路的车道坡度。

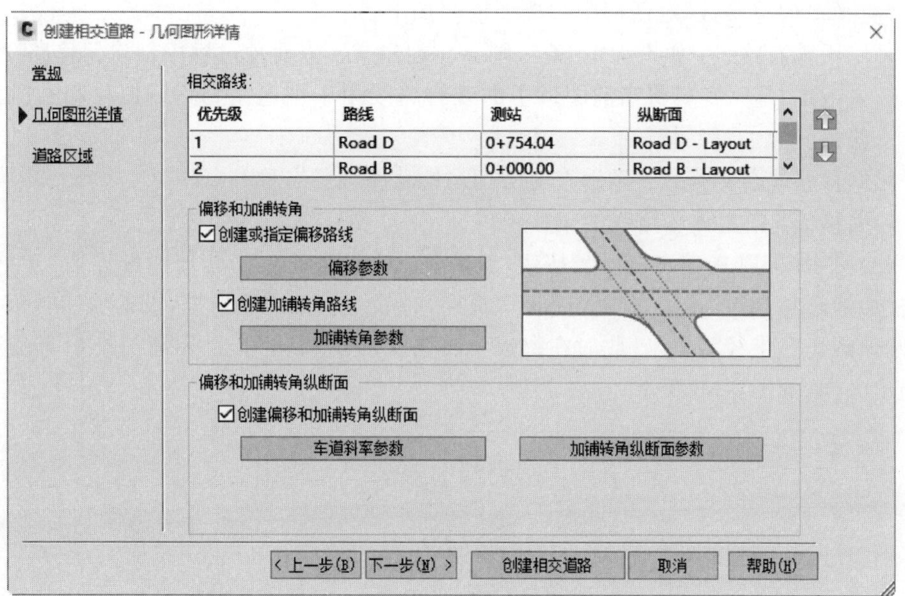

图 9-48　“创建相交道路-几何图形详情”对话框

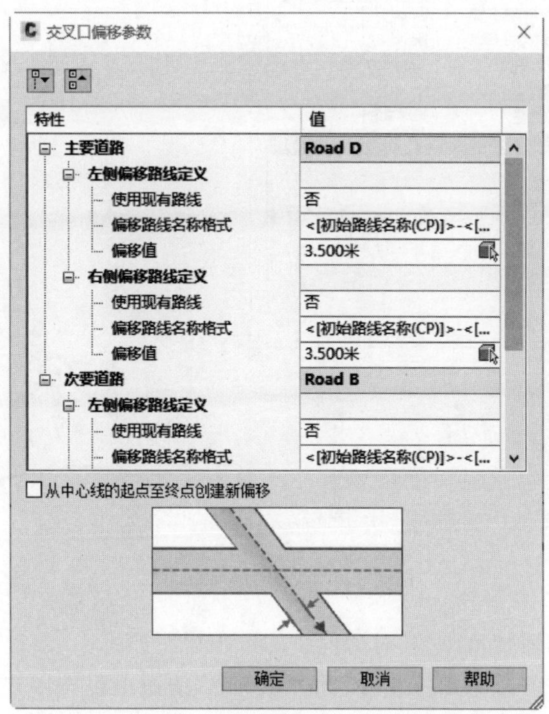

图 9-49　“交叉口偏移参数”对话框

- 加铺转角纵断面参数：单击此按钮，打开“交叉口道路车道加铺转角纵断面参数”对话框，可以查看或编辑包括在交叉口道路对象中的加铺转角纵断面的参数。

Note

“交叉口偏移参数”对话框中的选项说明如下。

➢ 使用现有路线：如果指定“否”，则会在创建交叉点对象过程中创建偏移路线；如果指定“是”，则可将当前图形中的现有路线用于创建左侧路线偏移和右侧路线偏移。
➢ 偏移路线名称格式：显示当前所指定偏移路线的名称。
➢ 偏移值：指定偏移路线的偏移距离。

（4）在图9-49中单击“确定”按钮，返回到“创建相交道路-几何图形详情”对话框，单击“加铺转角参数”按钮，打开“交叉口道路加铺转角参数”对话框，设置加铺转角类型为“圆形圆角”，半径为7米，此时在图形中将高亮显示辅转角，且用箭头指出车流引入和引出方向，如图9-50所示。

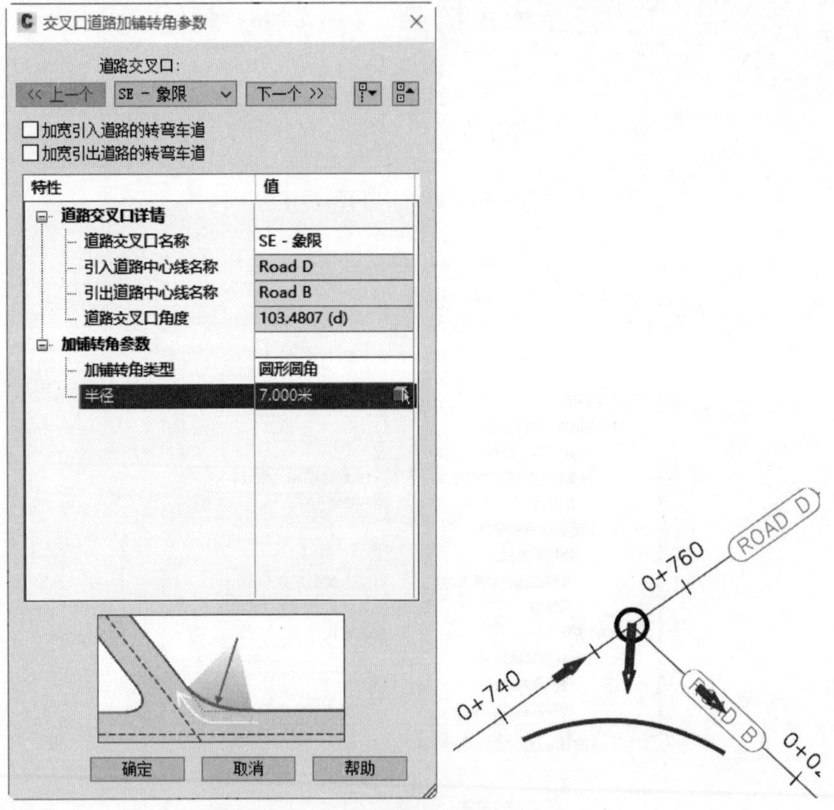

图9-50　设置加铺转角参数

“交叉口道路加铺转角参数”对话框中的选项说明如下。

➢ 上一个，下一个：使用“上一个”和“下一个”按钮可以按顺序选择交叉口中的各个象限。
➢ 象限：在下拉列表框中选择交叉口中的各个象限。
➢ 加宽引入/引出道路的转弯车道：选择该选项，将加宽交叉口中的引入或引出道路。
➢ 道路交叉口详情：指定交叉口处象限的详情。

- 道路交叉口名称：显示当前所选相交象限的名称。
- 引入道路中心线名称：显示引入道路路线中线的名称。
- 引出道路中心线名称：显示引出道路路线中线的名称。
- 道路交叉口角度：指定两条路线构成相交象限所创建的角度。

➢ 加铺转角参数：指定交叉口处的加铺转角的参数。

- 加铺转角类型：指定加铺转角的类型，包括倒角、圆形圆角和 3 圆心圆弧。
- 半径：指定半径参数。

(5) 在"加铺转角参数"栏上右击，弹出如图 9-51 所示的快捷菜单，选择"将这些复制到所有象限"选项，则加铺转角参数复制到所有交点加铺转角区域。可以单击"下一个"按钮，查看其他象限的加铺转角参数。单击"确定"按钮，关闭"交叉口道路加铺转角参数"对话框。

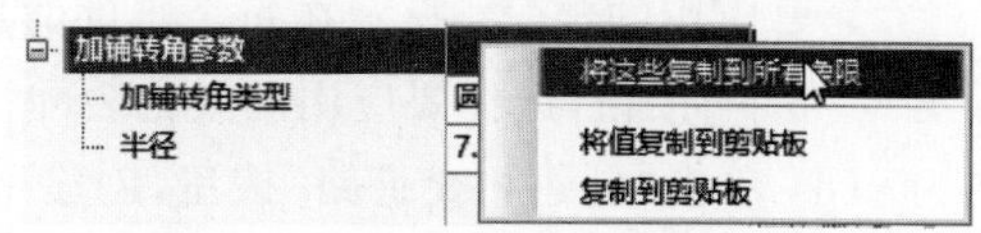

图 9-51　快捷菜单

(6) 返回到"创建相交道路-几何图形详情"对话框，选中"创建偏移和加铺转角纵断面"复选框，单击"下一步"按钮。

(7) 系统打开"创建相交道路-道路区域"对话框，选中"在相交区域创建道路"复选框，为边坡选择曲面，其他采用默认设置，如图 9-52 所示。

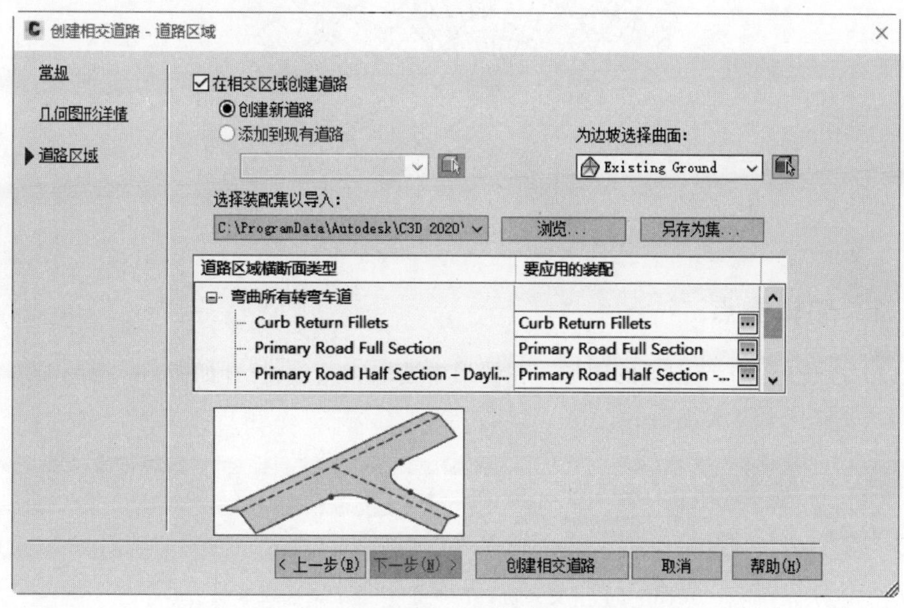

图 9-52　"创建相交道路-道路区域"对话框

"创建相交道路-道路区域"对话框中的选项说明如下。

➢ 在相交区域创建道路：选中此复选框，在创建交点后在相交区域创建新道路对象。

➢ 创建新道路：选择此选项，将为此交点创建新道路对象。

➢ 添加到现有道路：选择此选项，为此交点选择要添加到的现有道路。

➢ 为边坡选择曲面：为边坡指定要使用的曲面。如果图形中不存在曲面，则此选项不可用。

➢ 选择装配集以导入：指定要用于创建交点的装配集。单击“浏览”按钮，浏览可供选择要用于创建此交点的装配集的位置。单击“另存为集”按钮，为装配集选择名称和位置，将当前所选装配集保存为 xml 文件。

➢ 道路区域横截面类型：指定可以定义包括在交点中的每个道路区域中每个横断面（组件）的装配。

➢ 要应用的装配：显示在每个组件的选定装配集中指定（参照）的装配的名称。单击 按钮，选择要应用的其他装配。

(8) 单击“创建相交道路”按钮，创建丁字路口，如图 9-53 所示。

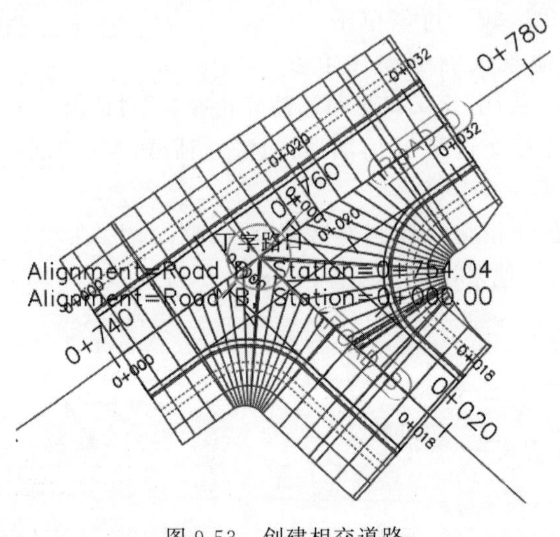

图 9-53　创建相交道路

9.4.2　编辑交点

(1) 打开 9.4.1 节创建的图形。在图形中选取交叉口，打开如图 9-54 所示的“交叉口：丁字路口”上下文选项卡。

图 9-54　“交叉口：丁字路口”上下文选项卡

(2) 单击“修改”面板中的“编辑偏移”按钮，打开如图 9-55 所示的“交叉口偏移参数-丁字路口”对话框，通过编辑现有交点对象上的偏移路线定义来加宽道路，更改主要道路的偏移值为 4 米，其他采用默认设置，然后关闭对话框。

(3) 单击“修改”面板中的“编辑加铺转角”按钮，打开如图 9-56 所示的“交叉口道路加铺转角参数-丁字路口”对话框，单击“下一个”按钮，选择交叉口下方的象限，更改半径为 10 米，其他采用默认设置，然后关闭对话框。

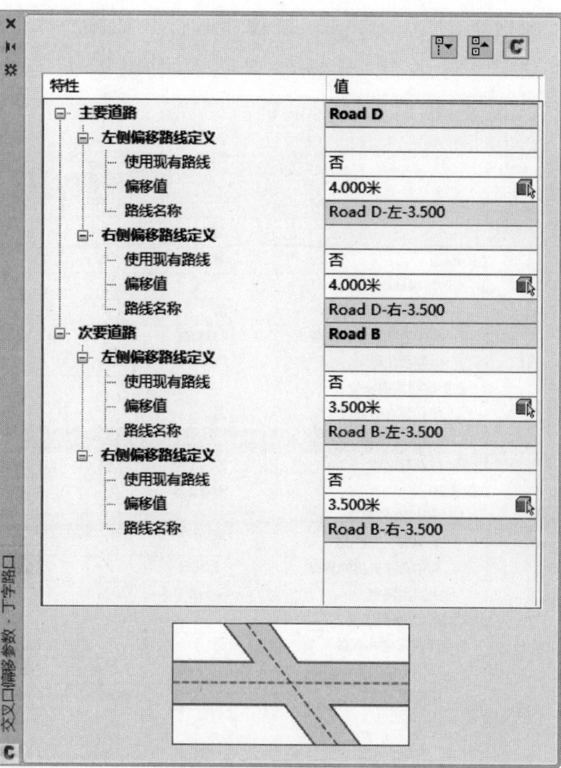

图 9-55 “交叉口偏移参数-丁字路口”对话框

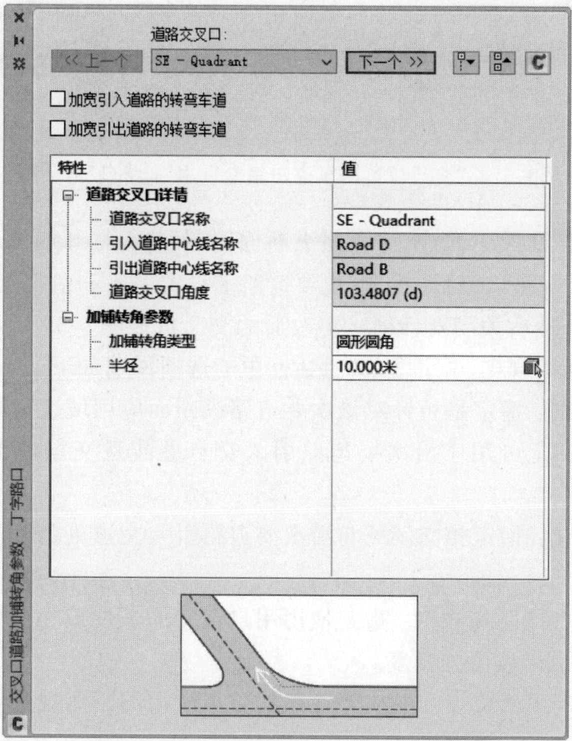

图 9-56 “交叉口道路加铺转角参数-丁字路口”对话框

(4) 单击“修改”面板中的“车道斜率”按钮，打开如图 9-57 所示的“交叉口道路车道斜率参数-丁字路口”对话框，设置主要道路中纵断面与中心线的横向斜率为−3%，其他采用默认设置，然后关闭对话框。

Note

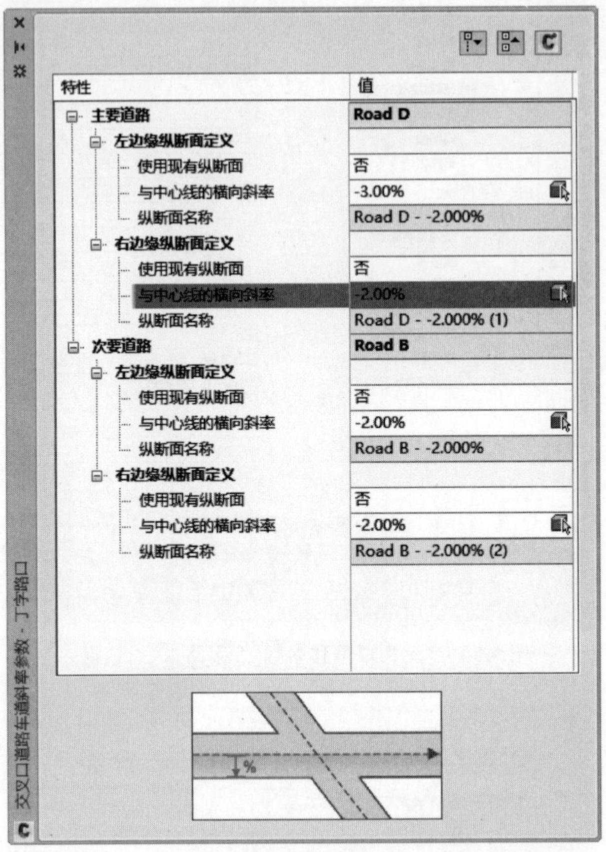

图 9-57 “交叉口道路车道斜率参数-丁字路口”对话框

(5) 单击“修改”面板中的“次要道路纵断面”按钮，打开如图 9-58 所示的“次要道路纵断面规则-丁字路口”对话框，在次要道路上设置引入和引出交叉口的合理坡率，其他采用默认设置，然后关闭对话框。更改后的交叉口如图 9-59 所示。

“次要道路纵断面规则-丁字路口”对话框中的选项说明如下。

➢ 应用坡度规则：指定是否针对该次要道路纵断面应用坡度规则。

➢ 最大坡度：指定可用于沿次要道路引入交点处或从交点处引出的切线的最大坡度。

➢ 最大坡度变化：指定相交区域与沿次要道路引入交点处的切线之间的最大坡度变化。

➢ 用于调整坡度的距离规则：指定使用用户定义的长度或相交范围作为沿次要道路的引入和引出坡度的长度。

➢ 距离值：指定用于交点处的次要道路的坡率所用的距离规则值。

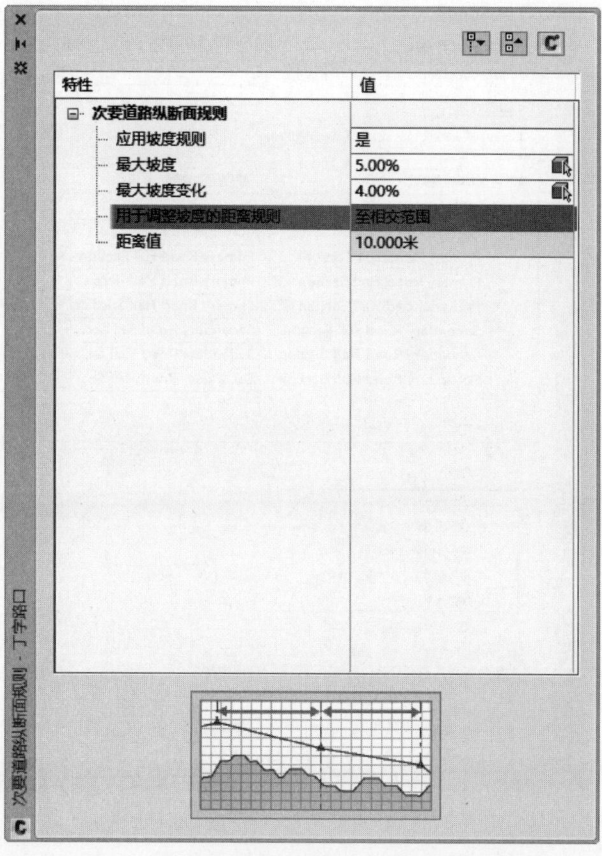

图 9-58 “次要道路纵断面规则-丁字路口”对话框

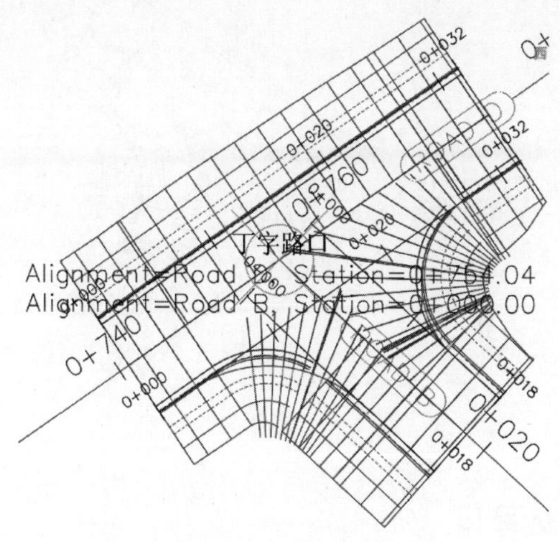

图 9-59 更改交叉口

(6) 单击“修改”面板中的“重建道路区域”按钮，打开如图 9-60 所示的“道路交叉口-丁字路口”对话框，单击“重建”按钮，重新恢复到编辑前的交叉口，如图 9-61 所示。

图 9-60 “道路交叉口-丁字路口”对话框

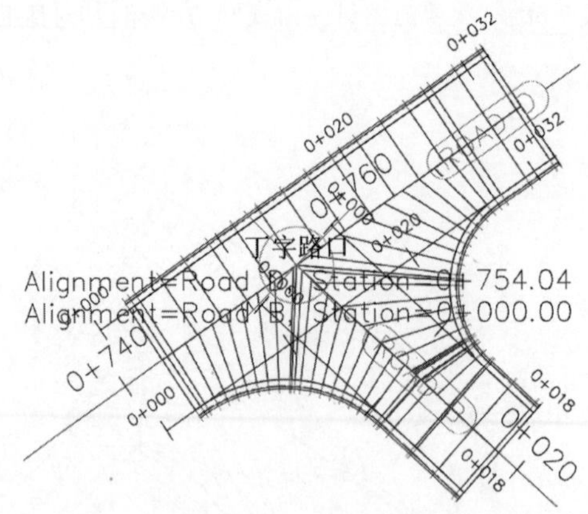

图 9-61 重建交叉口

9.4.3 创建环形交叉口

(1) 打开源文件中的环形交叉口文件。单击“常用”选项卡“创建设计”面板“交叉口”下拉列表框中的“创建环形交叉口”按钮，打开“新建环形交叉口详细信息”对话框，输入名称为“环形交叉口”，单击“所有标准”右侧的按钮，打开“环形交叉口标准资源管理器”对话框，选择环形交叉口标准，如图 9-62 所示，单击“确定”按钮。

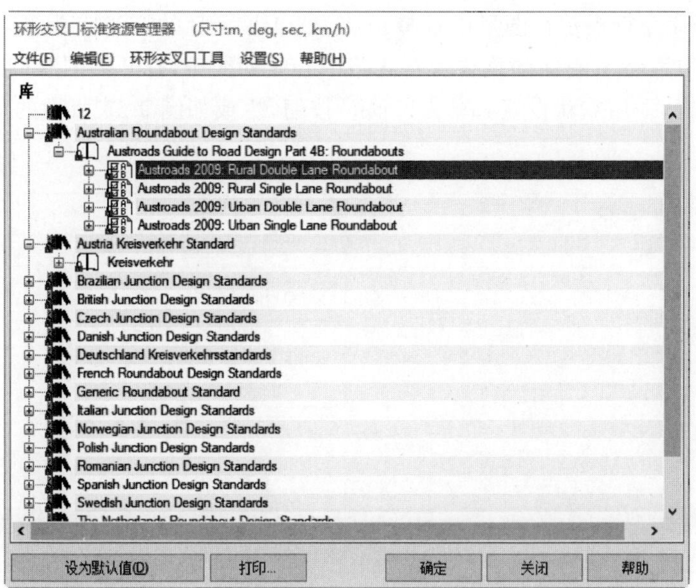

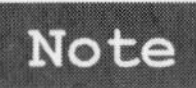

图 9-62　选取标准

(2) 返回“新建环形交叉口详细信息”对话框,设置中心岛直径为 50,选择现有曲面和最终曲面为 Existing Ground,其他采用默认设置,如图 9-63 所示,单击“确定”按钮。

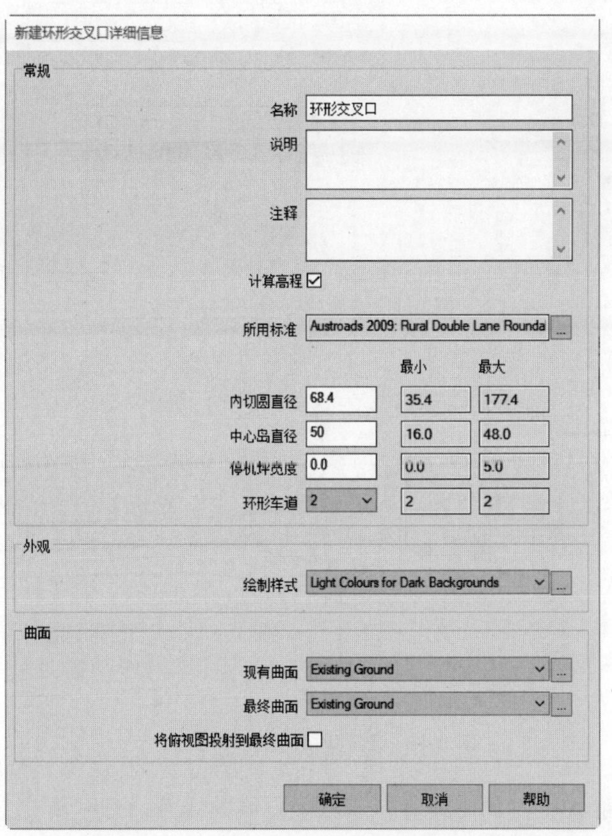

图 9-63　“新建环形交叉口详细信息”对话框

Note

（3）根据命令行提示在图形中选择道路 A 和道路 B 的交叉点为新环形交叉口的中心位置，选取道路 B 右侧的路线为新通路中心线的线条，打开如图 9-64 所示的“新建上分支”对话框，采用默认设置。单击“确定”按钮，生成如图 9-65 所示的环形交叉口上分支。

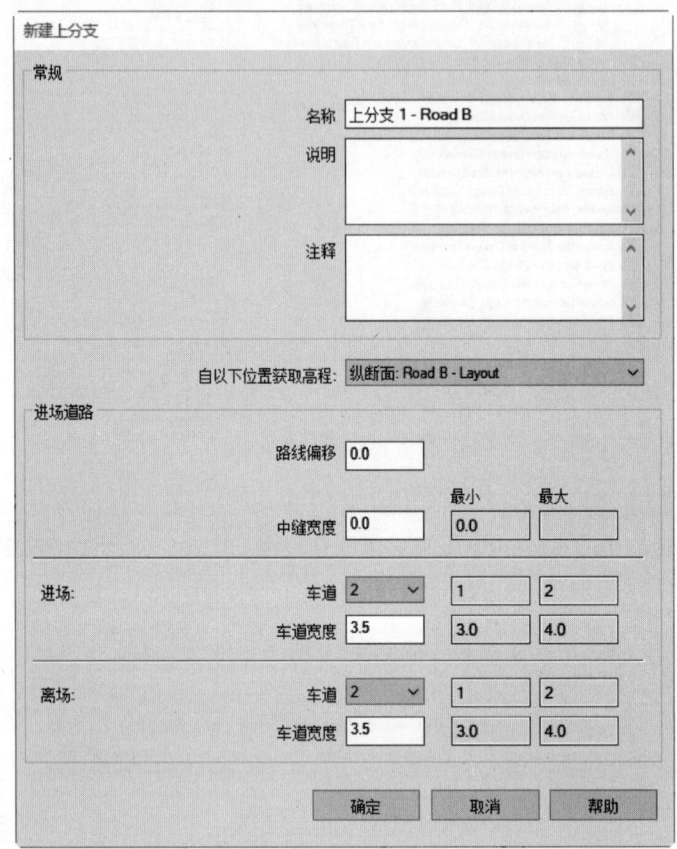

图 9-64 “新建上分支”对话框

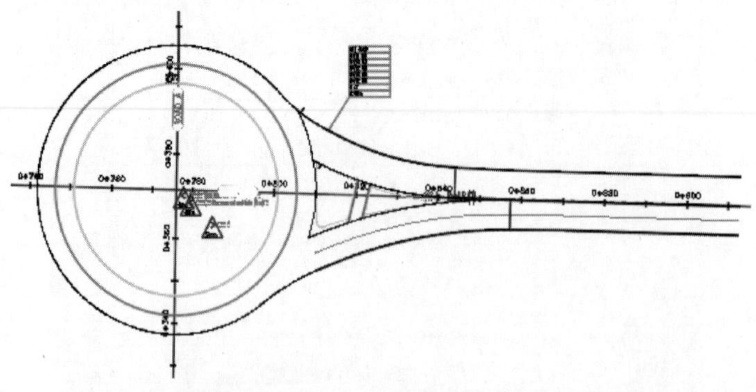

图 9-65 创建环形交叉口的上分支

（4）选取道路 A 上方的路线为新通路中心线的线条，打开“新建上分支”对话框，采用默认设置。单击“确定”按钮，按 Enter 键，生成如图 9-66 所示的环形交叉口。

Note

图 9-66　创建环形交叉口

9.4.4　编辑环形交叉口

(1) 打开 9.4.3 节创建的图形文件。在图形中选取环形交叉口，打开如图 9-67 所示的“环形交叉口”上下文选项卡。

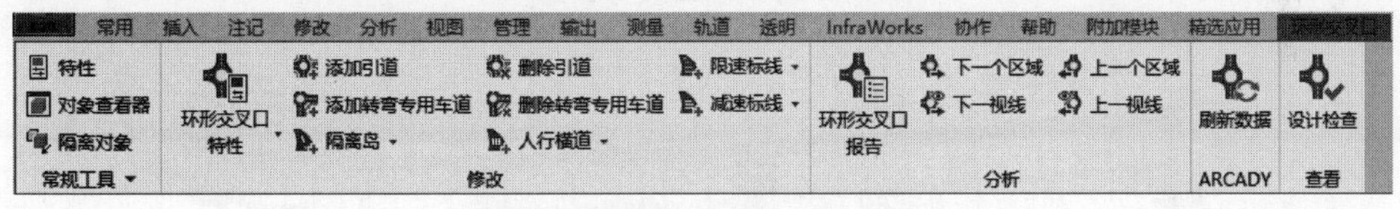

图 9-67　“环形交叉口”上下文选项卡

(2) 单击“修改”面板中的“添加引道”按钮，选取道路 B 右侧的路线为新通路中心线的线条，打开“新建上分支”对话框，采用默认设置，单击“确定”按钮；采用相同的方法，选取路 A 的下方路线创建分支，右击，完成引道的添加，如图 9-68 所示。

(3) 单击“修改”面板中的“删除引道”按钮，选取道路 A 下方道路为要移除的进场道路，右击，删除道路 A 下方的引道，如图 9-69 所示。

(4) 单击“修改”面板中的“人行横道”下拉列表框中的“添加人行横道”按钮，在道路 B 左侧的进场道路上放置人行横道，如图 9-70 所示。

(5) 单击“修改”面板中的“人行横道”下拉列表框中的“删除人行横道”按钮，在人行横道上显示移除标志，如图 9-71 所示。单击移除标志删除人行横道。

Note

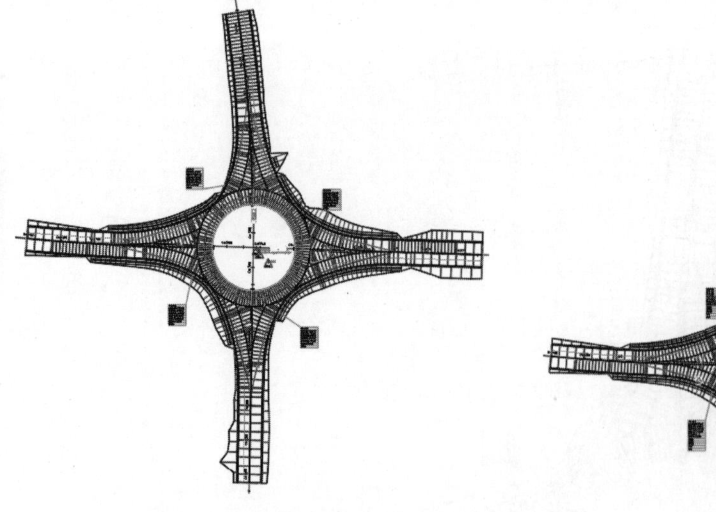
图 9-68　添加引道

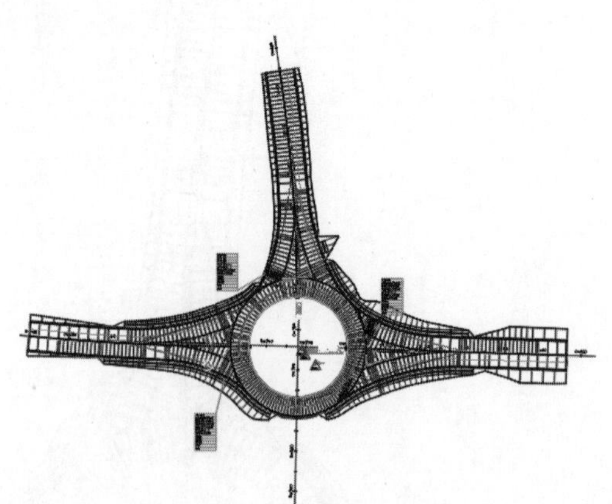
图 9-69　删除引道

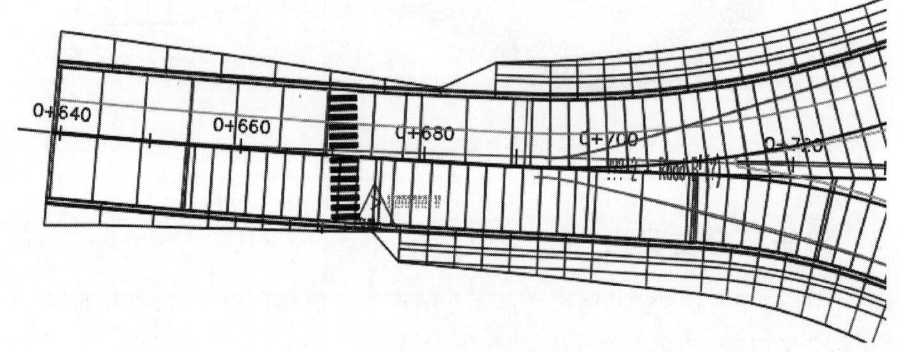

图 9-70　添加人行横道

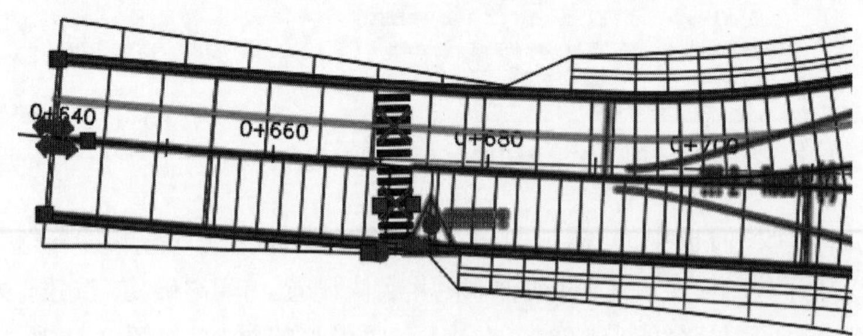

图 9-71　显示移除标志

（6）单击“修改”面板中的“限速标线”下拉列表框中的“添加限速标线”按钮，在人行横道的左侧分支上添加限速标线，如图 9-72 所示。单击“删除限速标线”按钮，再单击限速标线上的移除标志，删除限速标线。

（7）单击“修改”面板中的“减速标线”下拉列表框中的“添加减速标线”按钮，在道路 B 右侧分支上添加减速标线，如图 9-73 所示。单击“删除减速标线”按钮，再单击限速标线上的移除标志，删除减速标线。

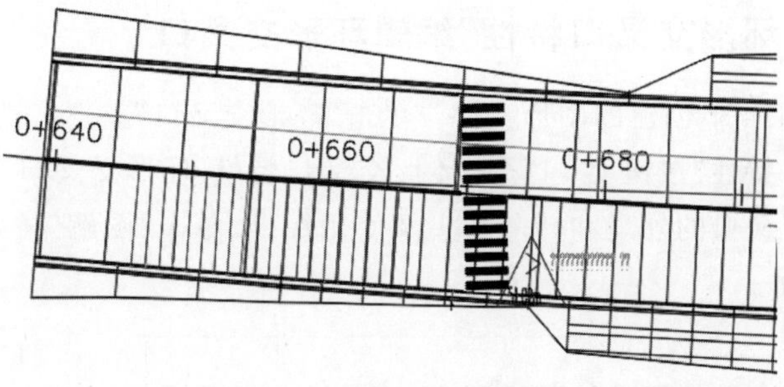

图 9-72 添加限速标线

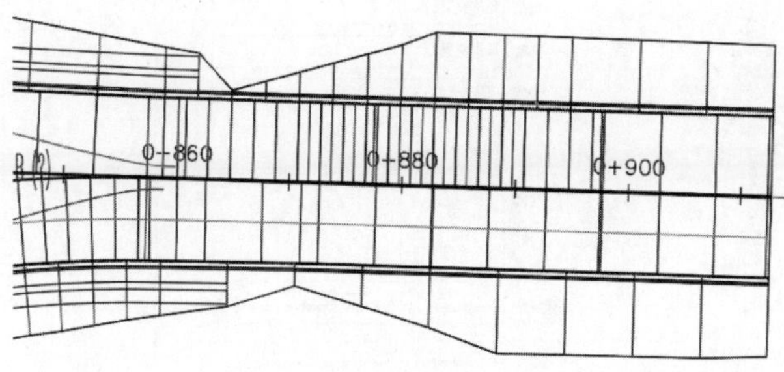

图 9-73 添加减速标线

（8）单击“修改”面板中的“添加转弯专用车道”按钮，在环形交叉口下方和右上方单击，添加转弯专用车道，如图 9-74 所示。

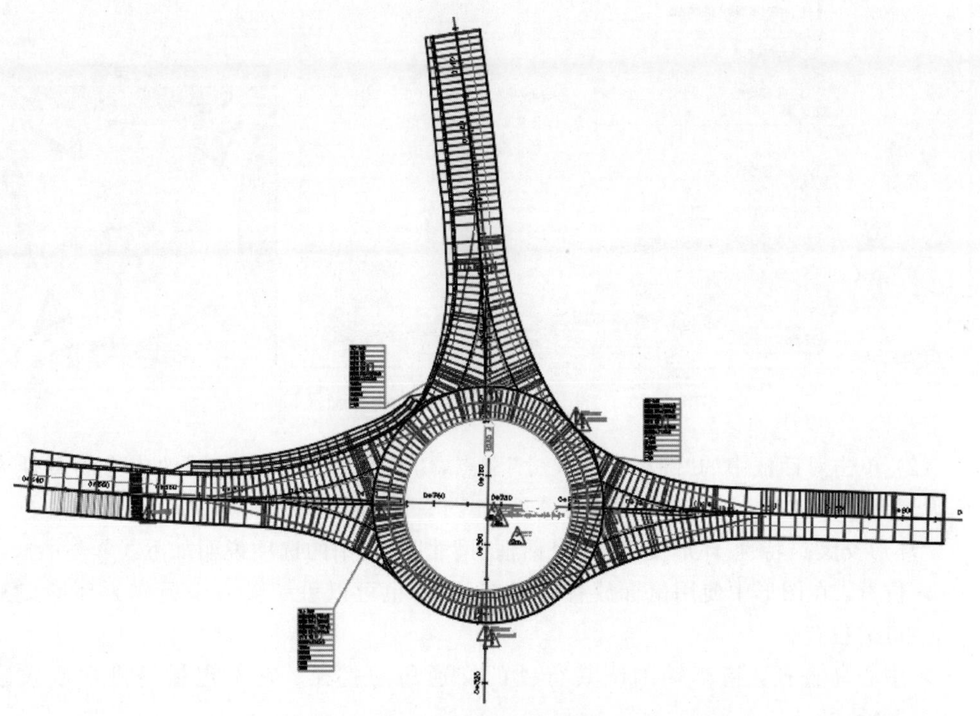
图 9-74 添加转弯车道

Note

9.4.5 通过“环形交叉口特性”编辑环形交叉口

(1) 打开 9.4.4 节创建的图形文件。单击“环形交叉口”上下文选项卡“修改”面板中的“环形交叉口特性”按钮，打开“环形交叉口特性 环形交叉口”对话框的“常规”页面，设置环形交叉口的外观和转向箭头及使用标准，单击“图解”按钮，显示环形交叉口，如图 9-75 所示。

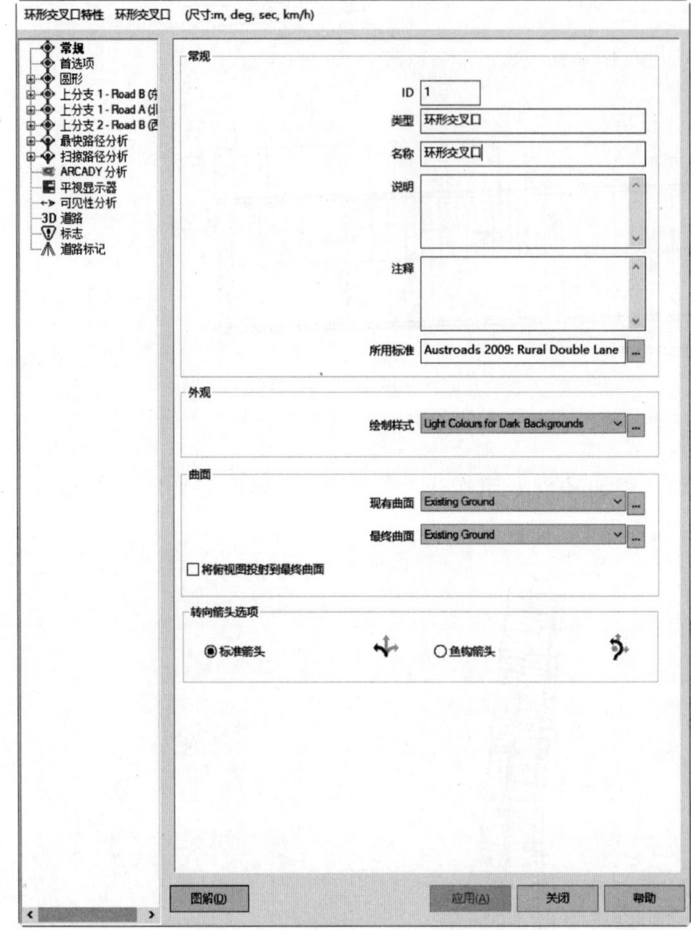

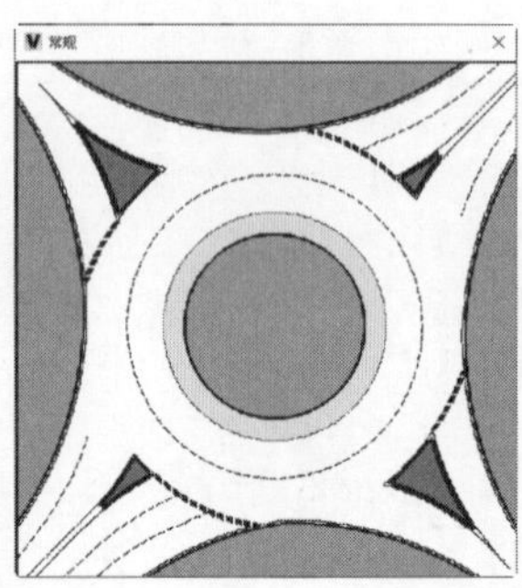

图 9-75 “常规”页面及设置的环形交叉口

(2) 单击对话框中的“圆形”→“尺寸”节点，切换到“尺寸”页面，更改中心岛直径为 80，设置环形车道为 3，其他采用默认设置，如图 9-76 所示。

“环形交叉口特性 环形交叉口”对话框“尺寸”页面中的选项说明如下。

- 位置：在图形中使用鼠标放置环形交叉口，也可以手动输入坐标作为环形交叉口的位置。
- 中心岛直径：指车辆围绕其行驶的交通岛的直径。它不包括停机坪或倾翻区域。
- 停机坪宽度：设定停机坪的宽度。

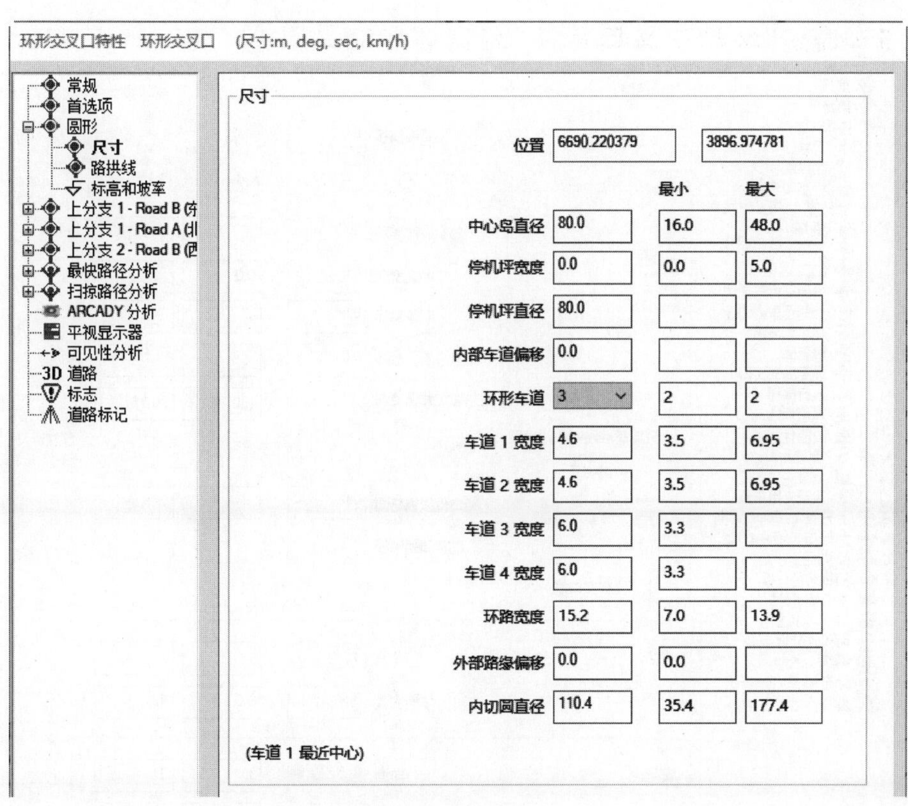

图 9-76 “尺寸”页面

- 停机坪直径：指倾翻区域的直径。停机坪被视为中心岛之外的部分。
- 内部车道偏移：指圆形交通岛(或停机坪(如果存在))的边缘与环形交叉口最内侧车道(即从道路标记油漆线(标记车道的边缘和停机坪的起点))之间的间隙。
- 环形车道：在下拉列表框中设置环形车道的数量。
- 车道 1/2/3/4 宽度：分别设置车道的宽度。
- 环路宽度：指所有车道的总宽度。
- 外部路缘偏移：指最外侧车道边缘与路缘之间的间隙。
- 内切圆直径：指限定线的直径，表示环形交叉口外部路缘的外侧限制。

(3) 单击对话框中的“上分支 1-Road B(东侧)”→“进场”节点，切换到“进场”页面，设置进场道路的具体参数，更改进场和离场的车道为 3，其他采用默认设置，如图 9-77 所示。

“环形交叉口特性 环形交叉口”对话框“进场”页面中的选项说明如下。

- 路线偏移：定义相对于选定的定义道路路线和进场上分支中心线的偏移。
- 设计速度：它影响车辆的转弯能力。车辆以更高的速度行驶时将无法顺利急转弯。
- 中缝宽度：指进场车道和离场车道的右侧限定线之间的距离。
- 偏差偏移：定义在应用水平偏转前沿原始路线的道路横断面。
- 偏移：指路线调整至零偏移点左侧或右侧的距离。

Note

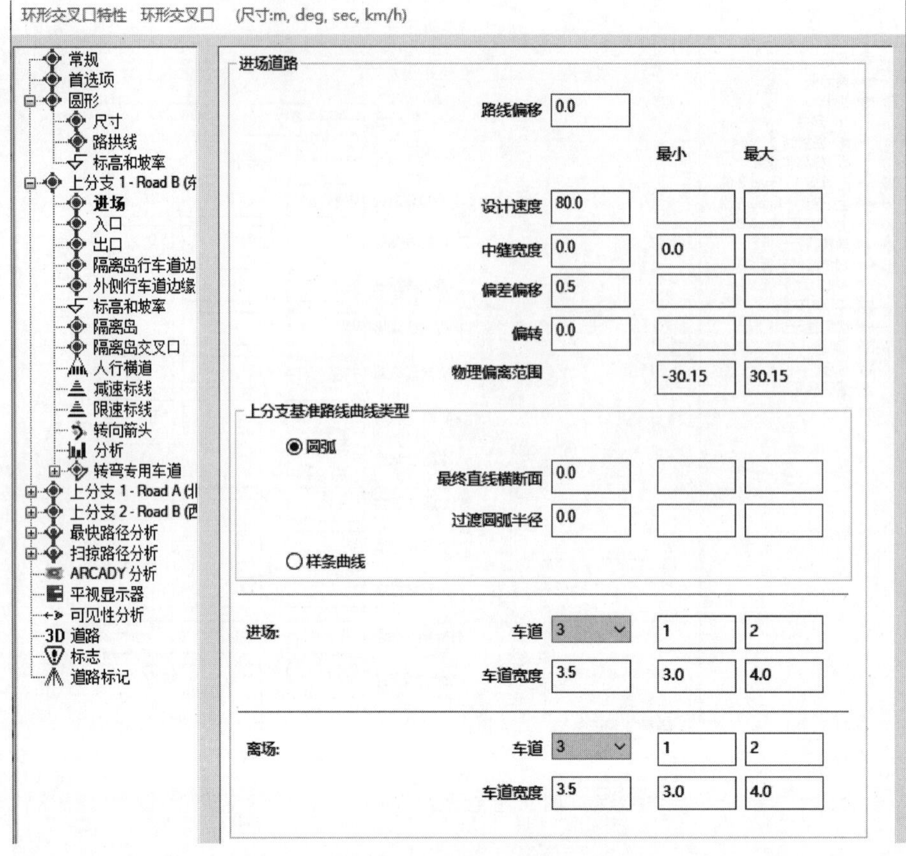

图 9-77 “进场”页面

➢ 物理偏离范围：指环形交叉口的几何图形将允许使用的实际物理最小值/最大值。

➢ 圆弧：选择此选项，将基于与 ICD 相切的现有道路路线创建相切圆弧。
  • 最终直线横断面：用于定义从调整的路线端点到环形交叉口的直线横断面。
  • 过渡圆弧半径：用于定义从调整的路线到直线横断面的过渡半径。

➢ 样条曲线：选择此选项，分支路线使用样条曲线进行过渡。

➢ 进场车道/离场车道：在下拉列表框中选择进场车道/离场车道的数量。

➢ 进场/离场车道宽度：在限定线之间进行测量。对于没有中心间隙的道路，右侧限定线是中心线。

(4) 单击对话框中的“上分支 1-Road B(东侧)”→“入口”节点，切换到“入口”页面，设置入口的具体参数，更改车道数量为 3，选中“车道间距相等”复选框，其他采用默认设置，如图 9-78 所示。

“环形交叉口特性 环形交叉口”对话框“入口”页面中的选项说明如下。

➢ 设计速度：它影响车辆的转弯能力。车辆以更高的速度行驶时将无法顺利急转弯。

➢ 车道数量：在下拉列表框中选择车道数。

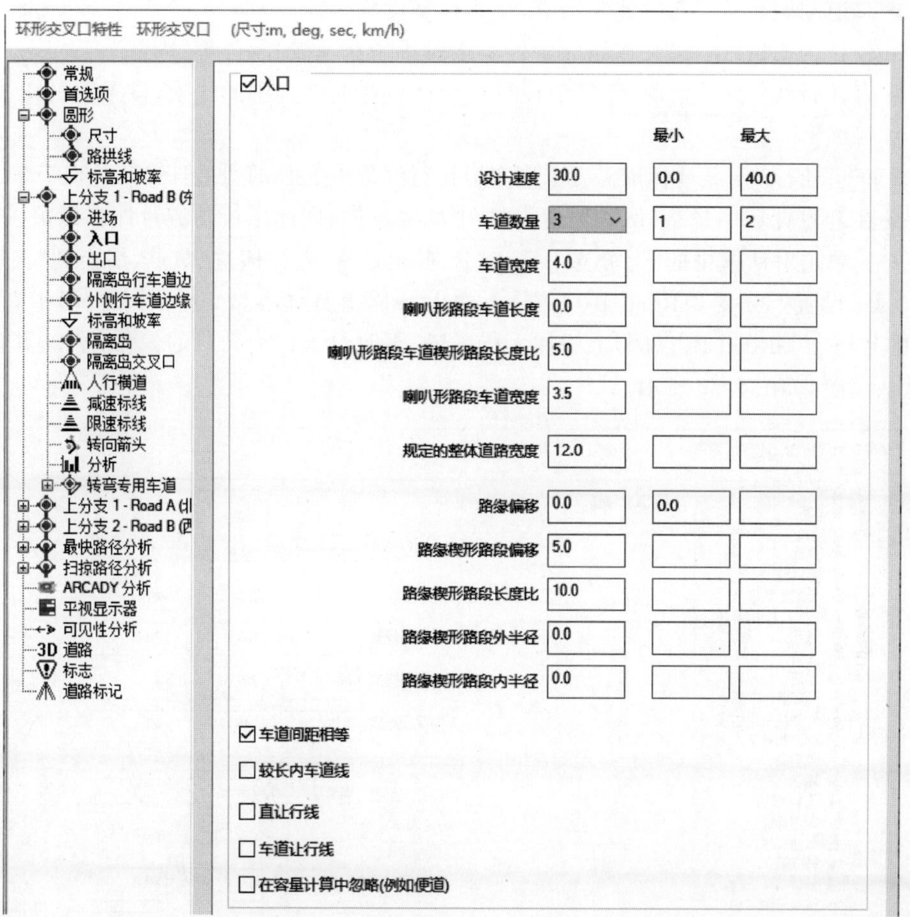

图 9-78 “入口”页面

- 车道宽度：在车道标线中心之间测量。最内侧和最外侧车道宽度分别是根据左侧限定线和右侧限定线进行测量的。
- 喇叭形路段车道长度：指入口道路宽度变化的距离，入口需要进行调整以容纳其他车道。
- 喇叭形路段车道楔形路段长度比：指道路基于喇叭形路段车道宽度比进行加宽以留出喇叭形路段车道的路段的长度。
- 喇叭形路段车道宽度：指任意已标记车道的最小宽度。在“喇叭形路段车道长度”不等于零时，则“车道数量”乘以“车道宽度”加上“喇叭形路段车道宽度”即“规定的整体道路宽度”。
- 路缘偏移：用于设置路缘自过渡点的偏移。
- 路缘楔形路段偏移：指从过渡点到调整路缘楔形路段起始处点的距离(楔形路段用于调整从过渡点处定义的最外侧车道到圆弧上的路缘偏移的偏移)。
- 路缘楔形路段长度比：用于调整路缘楔形路段的长度。
- 路缘楔形路段外半径：指楔形路段反向曲线过渡点末端处半径。
- 路缘楔形路段内半径：指楔形路段反向曲线环形交叉口末端处半径。

➢ 车道间距相等：选中此复选框，使车道宽度均等。

➢ 较长内车道线：定义在添加额外车道时哪个车道较长(外部/内部)。

➢ 直让行线：默认情况下，ICD 让行线会产生弯曲。选中此选项，设置直的 ICD 让行线。

Note

➢ 车道让行线：某些标准需要个别车道让行线位于 ICD 的边上且大致垂直于车道。

➢ 在容量计算中忽略(例如便道)：选中此复选框，则此出口与流量计算无关。

(5) 单击对话框中的"上分支 1-Road B(东侧)"→"人行横道"节点，切换到"人行横道"页面，设置上分支 1-Road B(东侧)上的人行横道具体参数，选中"人行横道"复选框，在上分支 1-Road B(东侧)上添加人行横道，更改自入口交叉口的偏移为 10，其他采用默认设置，如图 9-79 所示。

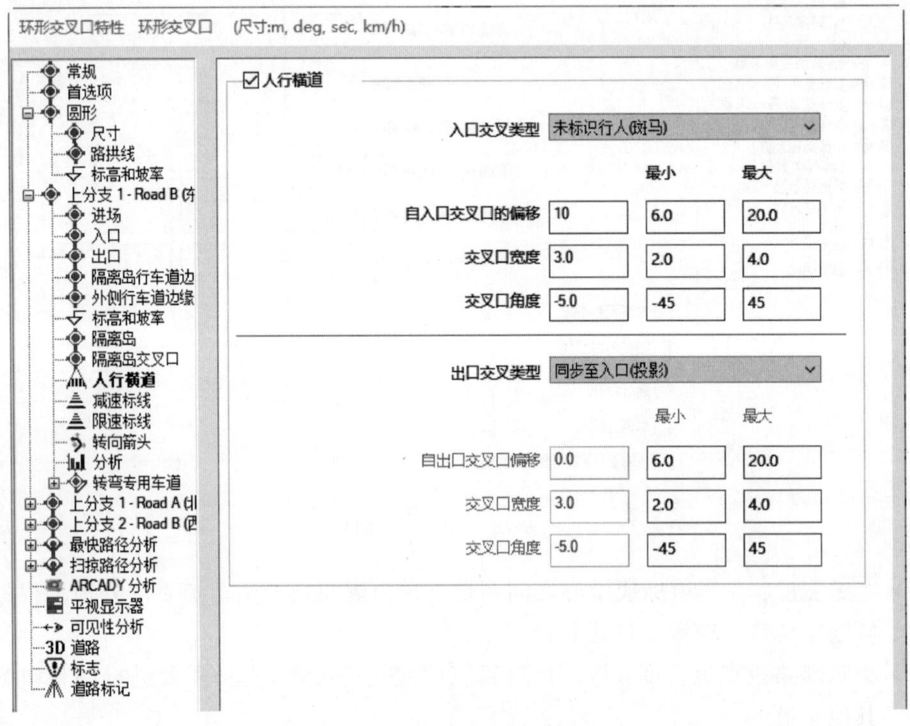

图 9-79 "人行横道"页面

"环形交叉口特性 环形交叉口"对话框"人行横道"页面中的选项说明如下。

➢ 人行横道：人行横道通常位于环形交叉口入口/出口点，因为在此处车流量移动最为缓慢。选中此复选框，在上分支上创建人行横道。

➢ 入口交叉类型：包括无、未标识行人(斑马)、未标识行人/循环(犀鸟)、已标识行人/骑手(飞马)、已标识行人检测器(海鹦)和已标识行人无检测器(鹈鹕)。

➢ 自入口交叉口的偏移：是沿着右侧(或隔离岛)限定线进行测量的，测量点为该限定线与内切圆的相交点。

➢ 交叉口宽度：是垂直于交叉口角度进行测量的。

➢ 交叉口角度：是相对于右侧限定线的垂线进行测量的。当交叉口背离环形交叉口时，旋转为正值。在大多数情况下，该角度将为零，因为这表示最短交叉距离。

Note

➢ 出口交叉类型：包括同步至入口(镜像)和同步至入口(投影)。

➢ 同步至入口(镜像)：入口和出口交叉口的角度相对于入口和出口隔离限定线的法线保持相同。

➢ 同步至入口(投影)：入口交叉口在各个出口车道中以相同方向进行投影。

(6) 单击对话框中的“上分支 1-Road B(东侧)”→“减速标线”节点，切换到“减速标线”页面，设置上分支 1-Road B(东侧)上的减速标线具体参数，选中“减速标线”复选框，在上分支 1-Road B(东侧)上添加减速标线，更改内侧位置中自入口交叉口的偏移为 80，外侧位置中自入口交叉口的偏移为 100，标线间距为 1.5，沿道路的标线区域长度为 20，其他采用默认设置，如图 9-80 所示。

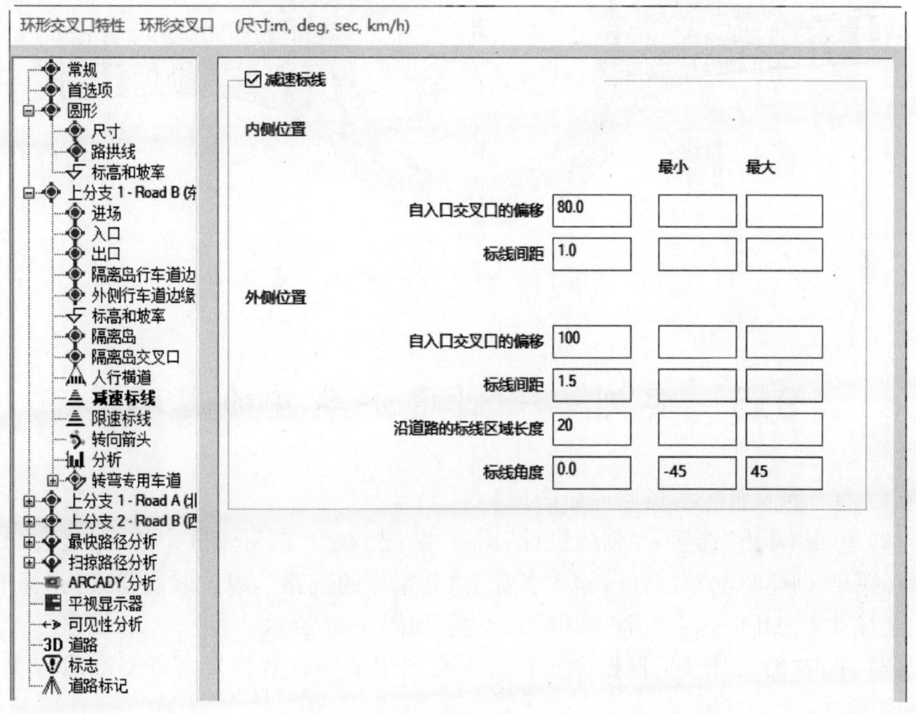

图 9-80 “减速标线”页面

“环形交叉口特性 环形交叉口”对话框“减速标线”页面中的选项说明如下。

注意： 减速标线和限速标线不能同时设置在同一上分支上。

➢ 自入口交叉口的偏移：减速标线起始于外侧位置的自入口交叉口的偏移(距环形交叉口最远)，终止于内侧位置的自入口交叉口的偏移(接近环形交叉口)。

➢ 标线间距：外侧标线间距通常比内侧标线间距宽。

➢ 沿道路的标线区域长度：指起点偏移和终点偏移之间的距离。

➢ 标线角度：是相对于右侧限定线的垂线进行测量的。当标线背离环形交叉口时，旋转为正向。

➢ 最小/最大：表示所采用设计标准中的限值。

(7) 采用相同的方法，设置环形交叉口的其他上分支参数，单击“应用”按钮，更改环形交叉口，如图 9-81 所示。

Note

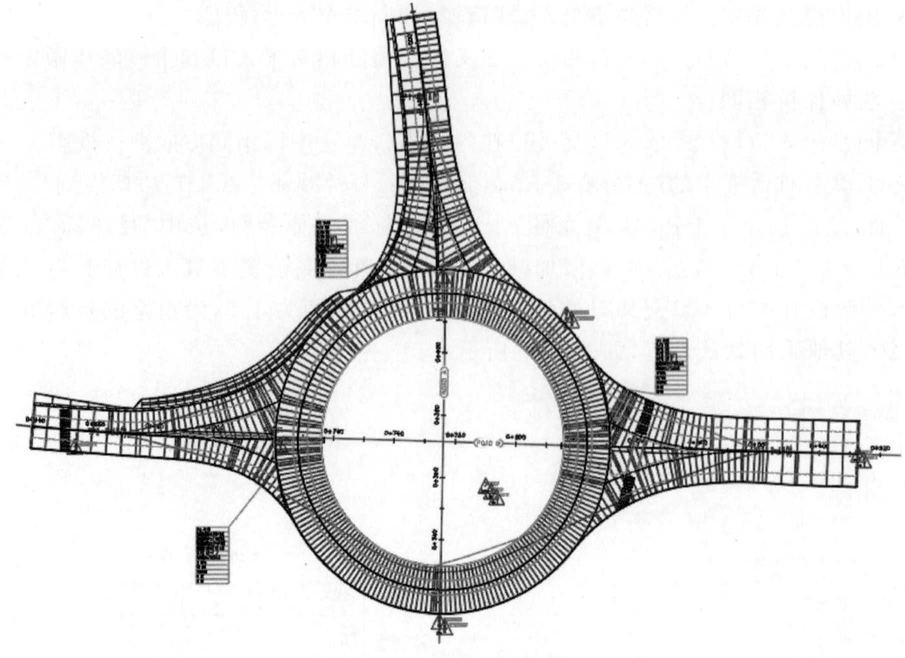

图 9-81　设置上分支参数

9-1

9.5　实例——创建分车道的道路

(1) 打开源文件中的道路原始图。

(2) 单击"常用"选项卡"创建设计"面板"装配"下拉列表框中的"创建装配"按钮，打开"创建装配"对话框，输入名称为"分车道的道路"，设置装配样式为"标准"，代码集样式为 All Codes，其他采用默认设置，如图 9-82 所示。

(3) 单击"确定"按钮，根据命令行提示在图中适当位置指定部件基准线位置，如图 9-83 所示。

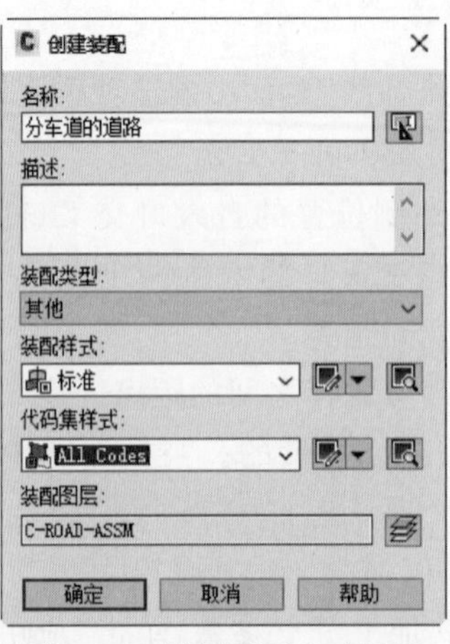

图 9-82　"创建装配"对话框

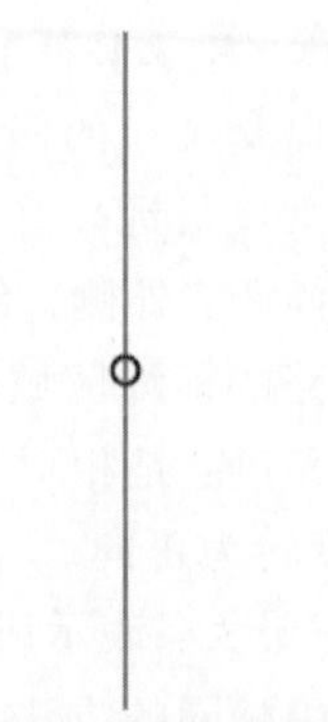

图 9-83　放置基准线

(4) 单击“常用”选项卡“选项板”面板中的“工具选项板”按钮，打开“TOOL PALETTES-CIVIL 公制部件”工具选项板。

(5) 在工具选项板的标题上右击，弹出如图 9-84 所示的快捷菜单，选择“Civil 英制部件”选项，然后切换到“中间带”选项卡，如图 9-85 所示。

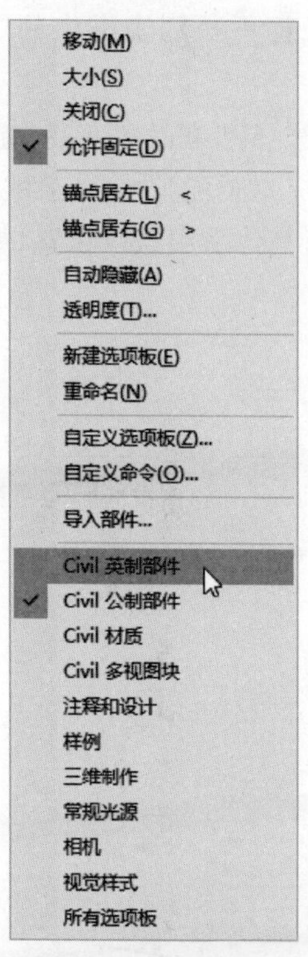

图 9-84　快捷菜单

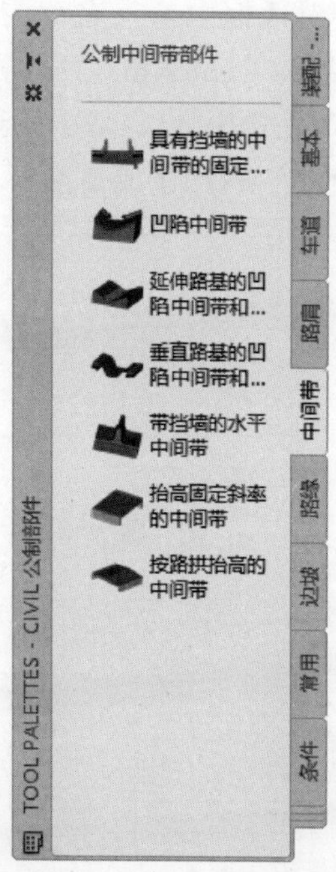

图 9-85　“中间带”选项卡

(6) 单击“延伸路基的凹陷中间带和路肩”选项，打开“特性”选项板，在参数中设置中心线轴为“绕中心线的轴”，左侧中间宽度和右侧中间宽度为 22，在视图中选取基准线放置中间带。

(7) 在工具选项板中切换到“车道”选项卡，单击“车道超高旋转轴”选项，在“特性”选项板的参数中设置侧为“左”，宽度为 24，选取中间带左上边缘处的标记添加车道。

(8) 在工具选项板中切换到“路肩”选项卡，单击“延伸底基的路肩”选项，在“特性”选项板的参数中设置侧为“左”，使用超高斜率为“左侧外部路肩”，底基-使用超高为“外侧路肩斜率”，选取车道边缘外侧顶部处的标记添加路肩。

(9) 在工具选项板中切换到“边坡”选项卡，单击“标准边坡”选项，在“特性”选项板采用默认参数，选取路肩边缘外侧顶部处的标记添加边坡，完成左侧装配，如图 9-86 所示。

(10) 选取装配图中的边坡、路肩和车道部件，打开“部件”上下文选项卡，单击“修改”面板中的“镜像”按钮，选取中间带右上边缘处的标记点，创建右侧的边坡、路肩和车道部件，如图 9-87 所示。

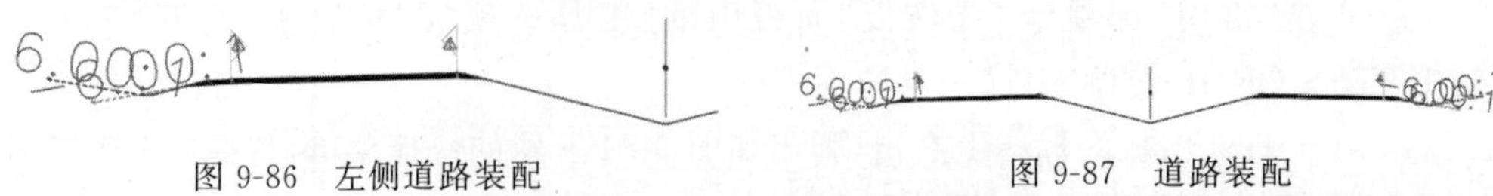

图 9-86　左侧道路装配　　　　图 9-87　道路装配

Note

（11）单击“常用”选项卡“创建设计”面板“道路”下拉列表框中的“道路”按钮，打开“创建道路”对话框。

（12）在对话框中输入名称为“分车道的道路”，选择基准线类型为“路线和纵断面”，设置路线为 Centerline(1)，纵断面为 EG-Surface(1)，装配为“分车道的道路”，目标曲面为 EG，取消选中“设定基准线和区域参数”复选框，其他采用默认设置，如图 9-88 所示。单击“确定”按钮，生成道路模型，如图 9-89 所示。

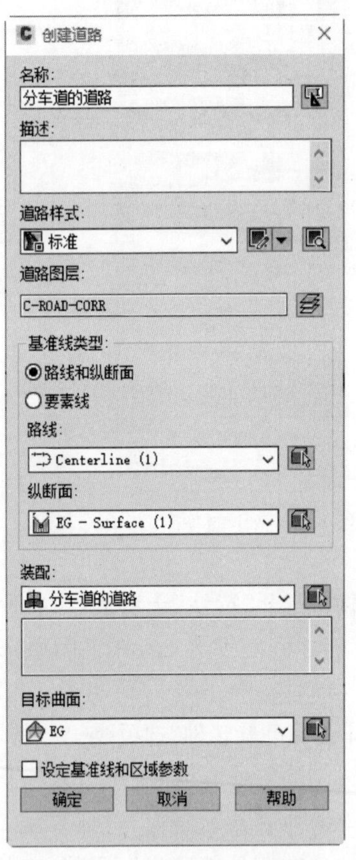

图 9-88　“创建道路”对话框

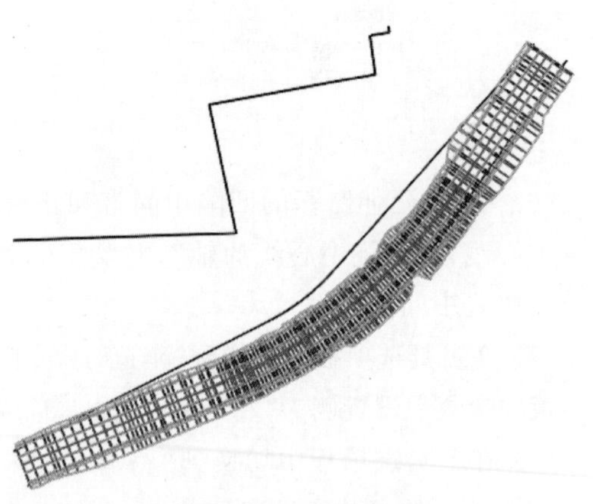

图 9-89　道路模型

（13）选取道路模型，单击“道路：基础道路”选项卡“修改道路横断面”面板中的“横断面编辑器”按钮，打开“横断面编辑器”上下文选项卡，在“选择桩号”下拉列表框中选择“7+75.00′”桩号，在视图中显示此桩号的横断面图，如图 9-90 所示。

（14）单击“道路编辑工具”面板中的“参数编辑图”按钮，打开“道路参数”对话框，在中间带选项中设置中心线轴的值为“绕行车道内部边缘的轴”，如图 9-91 所示，关闭对话框。

Note

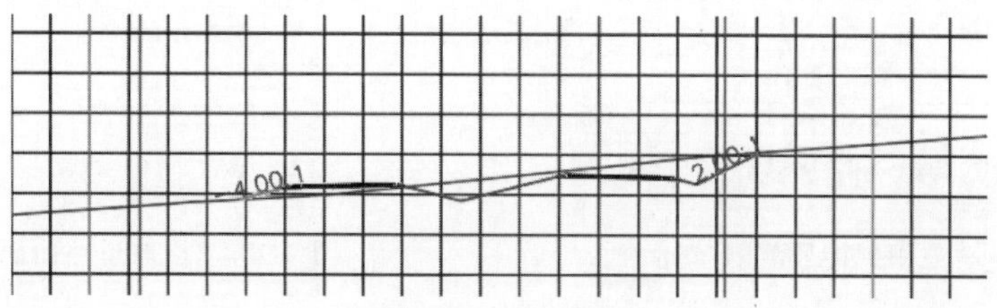

图 9-90 横断面图

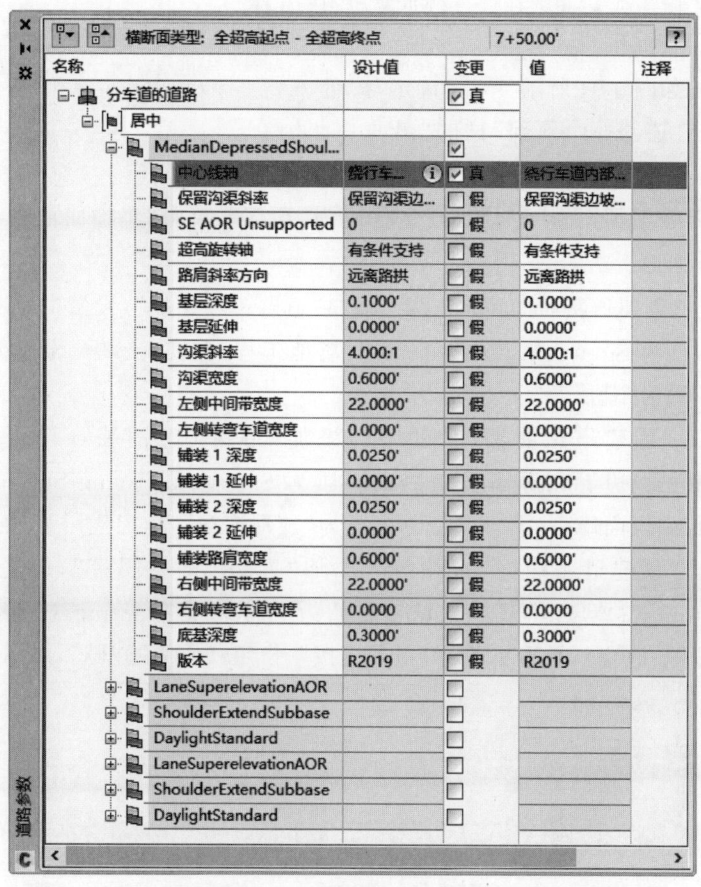

图 9-91 “道路参数”对话框

(15) 单击“道路编辑工具”面板中的“应用到桩号范围”按钮，打开“应用到桩号范围”对话框，输入终点桩号为“11＋00.00′”，如图 9-92 所示，单击“确定”按钮。

(16) 单击“关闭”按钮，关闭选项卡。

(17) 选取视图中的分车道的道路模型，单击“道路：分车道的道路”上下文选项卡“修改道路”面板中的“道路曲面”按钮，打开“道路曲面-分车道的道路”对话框。

(18) 在对话框中单击“创建道路曲面”按钮，在列表栏中添加道路曲面，更改曲面名称为“道路-(1)顶部”。

(19) 单击“道路-(1)顶部”栏的曲面样式，打开“拾取道路曲面样式”对话框，在下拉列表框中选择 Border&Contours(边界和等高线)，如图 9-93 所示，单击“确定”按钮。

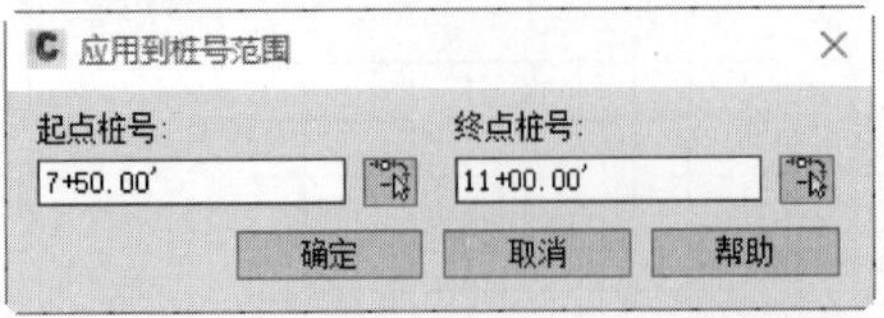

图 9-92 “应用到桩号范围”对话框

图 9-93 “拾取道路曲面样式”对话框

Note

(20) 单击“道路-(1)顶部”栏的渲染材质，打开“选择渲染材质”对话框，在下拉列表框中选择 Sitework. Paving-Surfacing. Asphalt(场地工程. 铺装-表面修整. 沥青)，如图 9-94 所示，单击“确定”按钮。

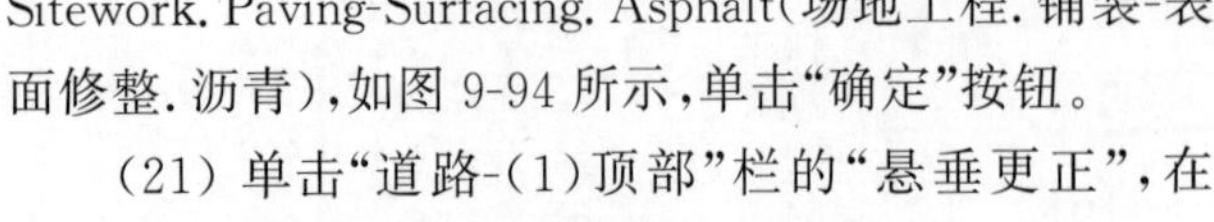

图 9-94 “选择渲染材质”对话框

(21) 单击“道路-(1)顶部”栏的“悬垂更正”，在下拉列表框中选择“顶部连接”。

(22) 设置数据类型为“连接”，指定代码为“顶部”，单击“添加曲面项目”按钮，将数据添加到曲面。

(23) 单击“创建道路曲面”按钮，添加“道路-(1)基准”，设置曲面样式为“隐藏曲面”，材质渲染为 Sitework. Planting. Soil(场地工程. 夯实. 土壤)，悬垂更正为“底部连接”，指定代码为“基层”。

(24) 单击“创建道路曲面”按钮，添加“道路-(1)铺装”，设置曲面样式为 Border&Contours(边界和等高线)，渲染材质为 Sitework. Paving-Surfacing. Asphalt (场地工程. 铺装-表面修整. 沥青)，悬垂更正为“顶部连接”，指定代码为“铺装”。

(25) 单击“创建道路曲面”按钮，添加“道路-(1)中间带”，设置曲面样式为 Border&Contours(边界和等高线)，渲染材质为 Sitework. Planting. Gravel. Mix(场地工程. 夯实. 砂砾. 混合)，悬垂更正为“顶部连接”，指定代码为“砂砾”，如图 9-95 所示。

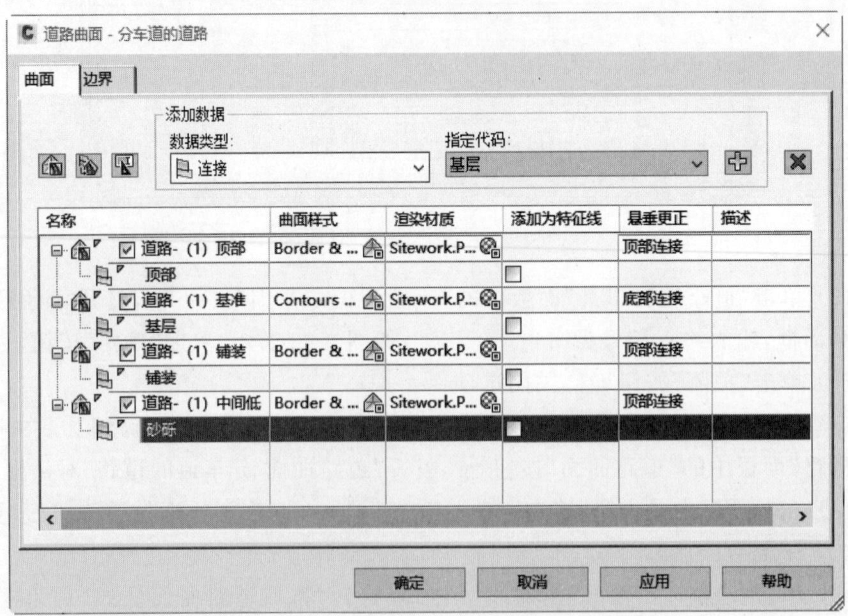

图 9-95 “道路曲面-分车道的道路”对话框

(26) 切换到“边界”选项卡，在“道路-(1)顶部”上右击，弹出如图 9-96 所示的快捷菜单，选项“自动添加”→“边坡”选项，设置使用类型为“外部边界”。

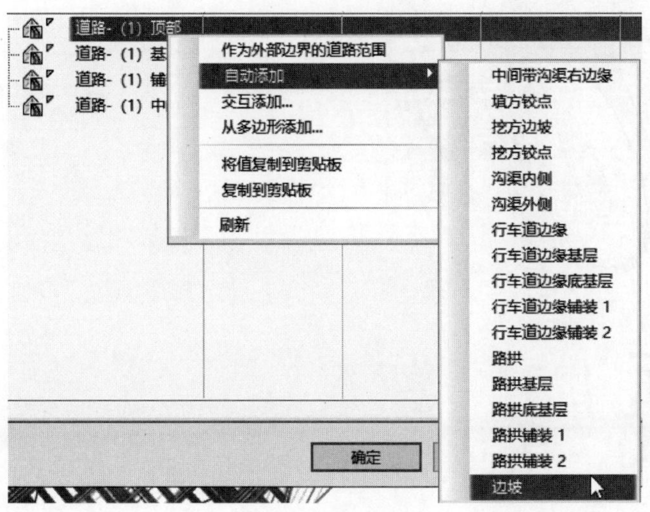

图 9-96　快捷菜单

(27) 采用相同的方法为“道路-(1)基准”添加边坡边界。

(28) 在“道路-(1)铺装”上右击，弹出如图 9-96 所示的快捷菜单，选项“交互添加”选项，在视图中选取桩号 3+00.00 处已铺装路肩内侧边缘上的要素线，打开“选择要素线”对话框，选择“铺装路肩边缘”选项，如图 9-97 所示。单击“确定”按钮。

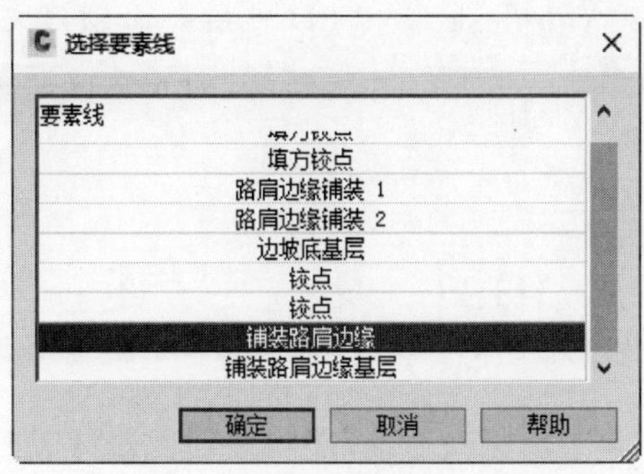

图 9-97　“选择要素线”对话框

(29) 移动光标，沿所选的第一条要素线将出现一条红线，在桩号 10+00.00 处已铺装路肩内侧边缘上的要素线，然后在另一侧拾取已铺装路肩内侧边缘上的要素线，在打开的对话框中选择铺装路肩边缘，然后在命令行中选择“关闭(C)”选项，创建边界线，并更改名称为“铺装外部”。

第10章 横断面

在 Autodesk Civil 3D 中，使用采样线、横断面和横断面图定义和显示横断面数据，它们都通过一个称为采样线编组的集合进行管理。一条路线可以关联多个采样线编组，每个采样线编组有唯一的一组采样线和横断面。

本章将详细介绍 Autodesk Civil 3D 中横断面创建与编辑的基本方法。

10.1 概　　述

在 Autodesk Civil 3D 中创建横断面，必须先创建路线、曲面和纵断面。用户可以沿着一条路线按规定的间距创建一条或多条采样线，并使用编组来管理这些采样线。每根采样线可以同时采样多个曲面，例如原始地形曲面和设计道路曲面。然后，可以由每根采样线创建一个横断面视图。横断面由以下三个不同的部分组成。

采样线：它定义了沿路线方向剖切横断面的位置。

横断面：在横断面视图中显示的剖切设计地形或道路的真实线条。

横断面视图：它控制着横断面周围的栅格和标注栏的显示，类似于纵断面和纵断面图。

通常要在一张图纸上显示多个横断面视图，这时可以用一个组打印样式控制这些横断面视图的排列，包括间距和样式。因此，可以很简单地控制整个横断面图纸的布局，同时它们也是动态关联的。

横断面布置时根据道路等级、规划红线、交通功能、用地、工程造价等因素确定道路横断面。由于沿线的用地规划、交通功能不同，道路断面也有所变化。

Note

横断面设计的一般原则如下。

(1) 满足交通需求。根据设计方案确定的技术标准及工程规模,结合交通分析研究机动车系统、人行系统对道路断面的基本需求。

(2) 兼顾工程建设条件。结合沿线地形、地貌、气象、水文、地址等自然条件,道路征地和建筑物拆迁条件、路基填挖情况,以及施工、养护、营运等因素,因地制宜地进行横断面设计。

(3) 横断面设计满足国家现行技术标准的要求,横断面布置必须与桥梁合理衔接;城市路段满足市政管线布设的要求。

(4) 遵循道路景观设计与环境保护相结合的原则。

(5) 在满足功能要求的前提下,合理压缩断面宽度,尽量节省工程投资。

10.2　采　样　线

采样线用作线性平面对象,可表示切断一组指定曲面的横断面时采用的方向。采样线是用于横跨路线剪切横断面的线性对象。采样线有自己的样式并且可以进行标注。一组采样线可以组成一个称为采样线编组的命名集合。采样线编组可以集中管理多个采样线、横断面、横断面图以及填挖方线和填挖方视图的显示样式和标签样式。

10.2.1　创建采样线

(1) 打开 9.3.4 节创建的文件。单击"常用"选项卡"纵断面图和横断面图"面板中的"采样线"按钮,在图形中选择路线 1,打开"采样线工具"工具栏和"创建采样线编组"对话框,如图 10-1 所示。

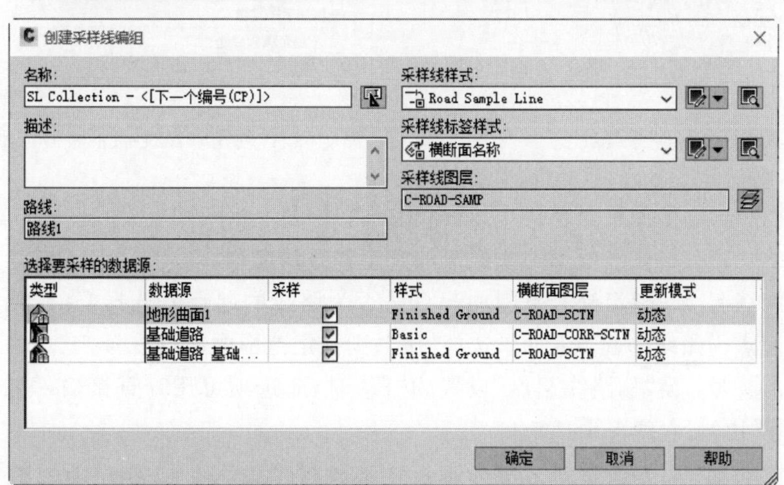

图 10-1　"采样线工具"工具栏和"创建采样线编组"对话框

Note

(2) 在对话框中输入名称为“采样线-<[下一个编号(CP)]>”,其他采用默认设置,单击“确定”按钮。

(3) 根据命令行提示沿基准线指定桩号为 0+100,输入左侧样本宽度为 30 米,输入右侧样本宽度为 100 米,继续沿基准线指定桩号为 0+200,输入左侧/右侧样本宽度为 30 米,右击完成采样线的绘制,如图 10-2 所示。

(4) 在“采样线工具”工具栏中的“采样线创建方式”下拉列表框中单击“按桩号范围”按钮,打开“创建采样线-按照桩号范围”对话框,设置从路线起点和到路线终点为“假”,输入起点桩号为 0+300 米,输入终点桩号为 0+500 米,设置左侧/右侧样本宽度为 50 米,增量相对于为“绝对桩号”,输入沿切线的增量为 50 米,沿曲线的增量为 50 米,沿缓和曲线的增量为 50 米,其他采用默认设置,如图 10-3 所示。右击生成采样线,如图 10-4 所示。

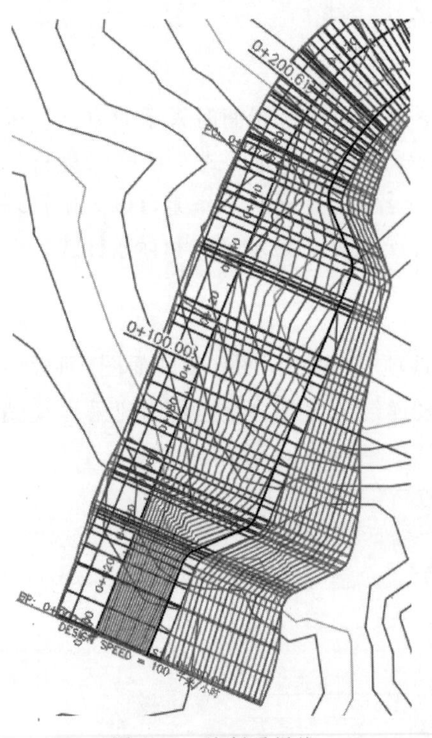

图 10-2　绘制采样线

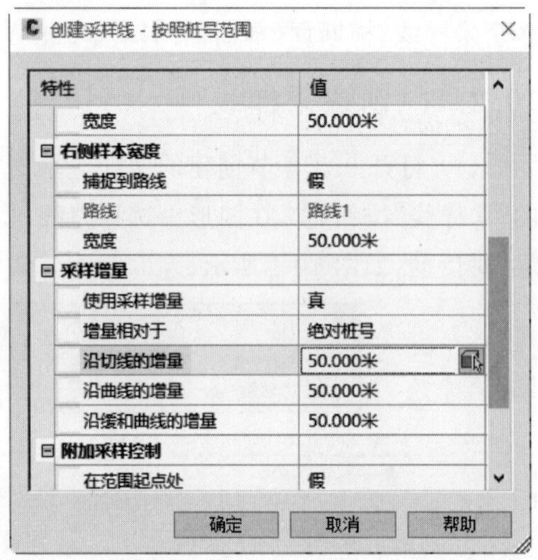

图 10-3　“创建采样线-按照桩号范围”对话框

“创建采样线-按照桩号范围”对话框中的选项说明如下。

- 路线:显示与桩号范围关联的当前选定路线的名称。
- 从路线起点:指定桩号范围的起点是否为路线的起点。选择“真”,则桩号范围的起点为路线的起点;如果选择“假”,则指定范围的起点桩号。
- 起点桩号:当“从路线起点”设置为“假”时,此选项可用。直接输入桩号值或单击按钮,在图形中选取桩号。
- 到路线终点:指定桩号范围的终点是否为路线的终点。选择“真”,则桩号范围的终点为路线的终点;如果选择“假”,则指定范围的终点桩号。

Note

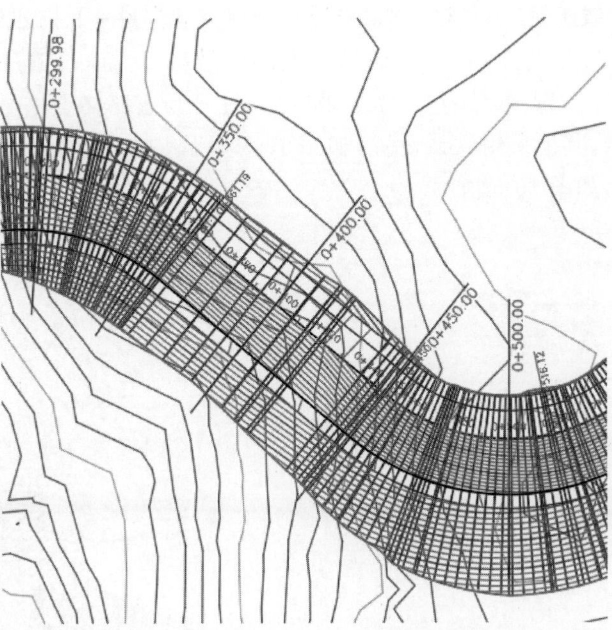

图 10-4 按照桩号范围创建采样线

- 终点桩号：当“到路线终点”设置为“假”时，此选项可用。直接输入桩号值或单击按钮，在图形中选取桩号。
- 捕捉到路线：指定采样线延伸至每个桩号处的路线。选择“真”，通过捕捉到每个桩号处的指定偏移路线创建左侧/右侧样本。如果选择“假”，则不会捕捉到偏移路线。
- 路线：当“捕捉到路线”设置为“真”时，指定左侧/右侧样本延伸至的路线。
- 宽度：指定路线左侧/右侧的样本宽度。
- 使用采样增量：指定是否在路线上的增量桩号处创建采样线。选择“真”，更改切线、曲线和缓和曲线的默认采样增量。如果选择“假”，则不在路线上的桩号处创建采样线。更改采样增量会影响重新生成性能。较小的增量表示有更多采样桩号，因此图形也会更大。
- 增量相对于：指定桩号范围增加的方式，包括绝对桩号和桩号范围起点。
  - 绝对桩号：从路线的桩号 0 开始递增桩号。
  - 桩号范围起点：从路线的起点桩号递增桩号。
- 沿切线的增量：使用实际土地单位指定切线上的采样增量距离。
- 沿曲线的增量：使用实际土地单位指定曲线上的采样增量距离。
- 沿缓和曲线的增量：使用实际土地单位指定缓和曲线上的采样增量距离。
- 在范围起点处：指定是否在指定范围的起点处创建采样线。
- 在范围终点处：指定是否在指定范围的终点处创建采样线。
- 在平曲线点处：指定是否在平曲线点处（例如，缓和曲线起点处或缓圆点处）创建附加采样线。
- 在超高临界桩号处：指定是否在超高临界桩号处创建附加采样线。

Note

(5) 在“采样线工具”工具栏中的“采样线创建方式”下拉列表框中单击“按桩号范围”按钮，打开“创建采样线-起始于道路桩号”对话框，设置从路线起点和到路线终点为“假”，输入起点桩号为 2+100 米，终点桩号为道路终点桩号，设置左侧/右侧样本宽度为 50 米，其他采用默认设置，如图 10-5 所示。右击，在道路模型中的每个桩号处创建采样线，如图 10-6 所示。

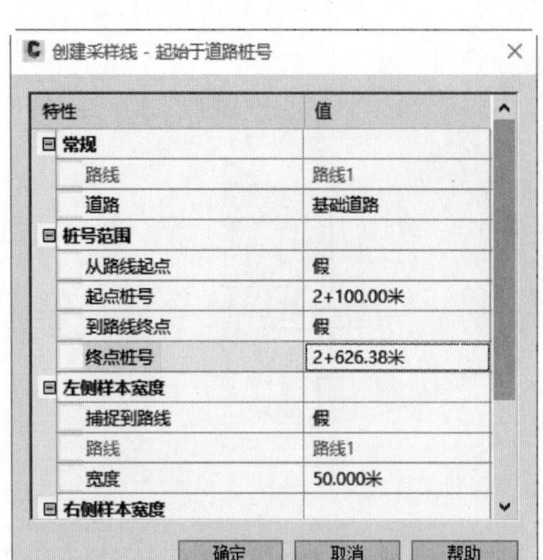

图 10-5 “创建采样线-按照桩号范围”对话框

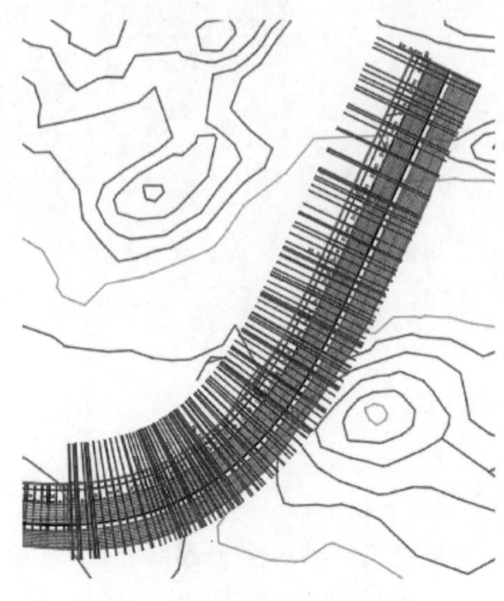

图 10-6 按桩号创建采样线

10.2.2 编辑采样线

自动创建的采样线有时并不能覆盖用户希望创建的每个位置，因此可以在采样线组中指定特定的桩号来增加单个采样线，也可以修改现有采样线的位置。

(1) 打开 10.2.1 节绘制的图形。选择采样线，打开“采样线”上下文选项卡，如图 10-7 所示。

图 10-7 “采样线”上下文选项卡

(2) 单击“编辑采样线”按钮，打开“采样线工具”工具栏，单击“采样线图元视图”按钮和“选取/编辑采样线”按钮，选取桩号为 0+200 的采样线，打开“编辑采样线-0+200”对话框，更改右侧样本宽度为 50 米，其他采用默认设置，如图 10-8 所示。图形中的采样线随之动态更新。可以单击“上一个顶点”和“下一个顶点”按钮来查看采样线每个顶点的参数。

(3) 选取要编辑的采样线，在采样线的各顶点处将显示夹点编辑位置。拖动菱形中心夹点，沿路线将采样线移动到新位置。拖动正方形终端夹点，将拉伸(加长或缩短)、移动或旋转线段。在线段末端使用三角形夹点，拉伸(加长或缩短)每一

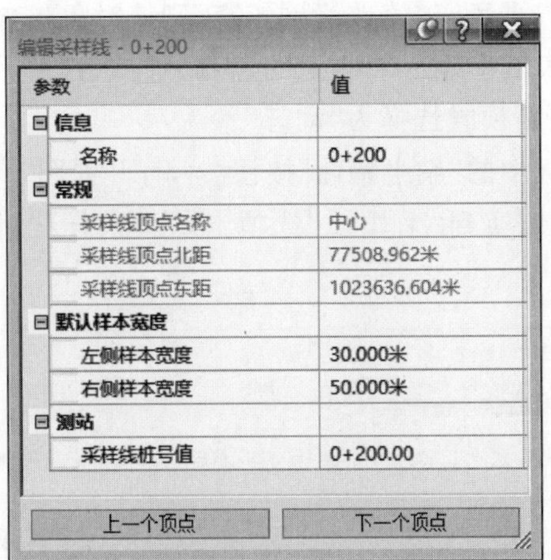

图 10-8 “编辑采样线－0＋200”对话框

条线段。

(4) 单击“修改”面板中的“采样更多源”按钮，打开如图 10-9 所示的“横断面源”对话框，在“可用源”列表框中选择可用源，单击“添加”按钮 添加 >> ，将选择的可用源添加到“采样的源”列表框中；在“采样的源”列表框中选取源，单击“删除”按钮 删除 << ，将其从“采样的源”列表框中放置在“可用源”列表框中。

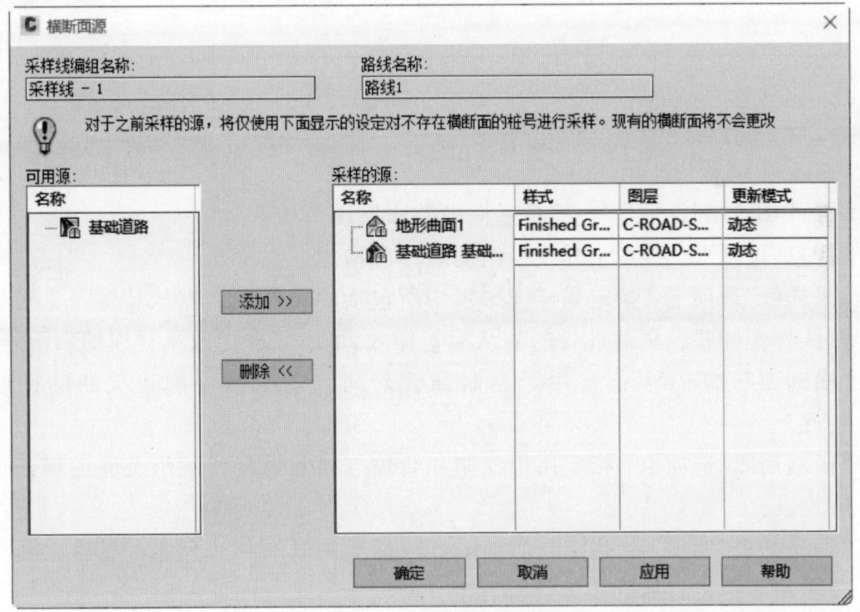

图 10-9 “横断面源”对话框

“横断面源”对话框中的选项说明如下。

➢ 采样线编组名称：显示要重新采样的采样线编组的名称。

➢ 路线名称：显示采样线编组的初始路线的名称。

➢ 可用源：在该列表框中显示可供当前采样线编组采样的对象。如果当前采样线

编组中的采样线与曲面、道路或管网相交，则该对象包含在“可用源”列表框中。

➢ 采样的源：在列表框中显示采样源的名称、样式、图层和更新模式，如果采样线的位置更改，则更新模式选择为“动态”。

（5）单击“修改”面板中的“编组特性”按钮，打开如图 10-10 所示的“采样线编组特性-采样线-1”对话框，切换到“采样线”选项卡，在“采样线”列表框中更改采样线的参数。

编号	名称	测站	图层	样式	左偏移	右偏移	描述
1	0+100.00	0+100.00	C-ROAD-SAMP	Road Samp...	30.000米	100.000米	
2	0+200	0+200.00	C-ROAD-SAMP	Road Samp...	30.000米	50.000米	
3	0+299.98	0+299.98	C-ROAD-SAMP	Road Samp...	50.000米	50.000米	
4	0+350.00	0+350.00	C-ROAD-SAMP	Road Samp...	50.000米	50.000米	
5	0+400.00	0+400.00	C-ROAD-SAMP	Road Samp...	50.000米	50.000米	
6	0+450.00	0+450.00	C-ROAD-SAMP	Road Samp...	50.000米	50.000米	
7	0+500.00	0+500.00	C-ROAD-SAMP	Road Samp...	50.000米	50.000米	
8	2+100.00	2+100.00	C-ROAD-SAMP	Road Samp...	50.000米	50.000米	
9	2+100.72	2+100.72	C-ROAD-SAMP	Road Samp...	50.000米	50.000米	
10	2+104.66	2+104.66	C-ROAD-SAMP	Road Samp...	50.000米	50.000米	
11	2+106.46	2+106.46	C-ROAD-SAMP	Road Samp...	50.000米	50.000米	
12	2+107.17	2+107.17	C-ROAD-SAMP	Road Samp...	50.000米	50.000米	

图 10-10 “采样线编组特性-采样线-1”对话框

“采样线编组特性-采样线-1”对话框中的选项说明如下。

➢ “信息”选项卡：指定采样线编组的名称和描述。

➢ “采样线”选项卡：指定采样线编组中所包括的采样线的默认特性。也可以指定默认标签样式。更改此处的默认标签样式，可以立即更改采样线的显示外观。

➢ “横断面”选项卡：指定用于绘制和管理与当前采样线编组关联的横断面的特性。

➢ “横断面图”选项卡：指定用于绘制和管理与当前采样线编组关联的横断面图的特性。

➢ “材质列表”选项卡：指定与当前采样线编组关联的材质列表的特性。每个列表表示用于指定材质的土方计算标准。

10.3 横断面和横断面图

横断面是包含沿采样线的高程数据的对象。与采样线所定义的垂直平面相交的各个曲面、道路模型或管网将产生截面对象。

横断面图是通过现有的采样线和横断面创建的。横断面图由栅格组成，其中一个或多个横断面显示为图形线。可以在一张指定大小和配置的图纸上打印多个横断面图。横断面图可以显示采样线处一个或多个可用的横断面。

10.3.1 创建横断面图

横断面图与纵断面图十分相似，前者由横断面图样式所控制的具有特定特征的栅格或图形组成。还可以在横断面图之上或之下显示标注栏。

横断面图可以显示原地面曲面横断面、道路横断面和管道横断面。

（1）打开10.2.2节绘制的图形。单击“常用”选项卡“纵断面图和横断面图”面板“横断面图”下拉列表框中的“创建横断面图”按钮，打开“创建横断面图-常规”对话框，在“采样线”下拉列表框中选择桩号0+100.00，其他采用默认设置，如图10-11所示。

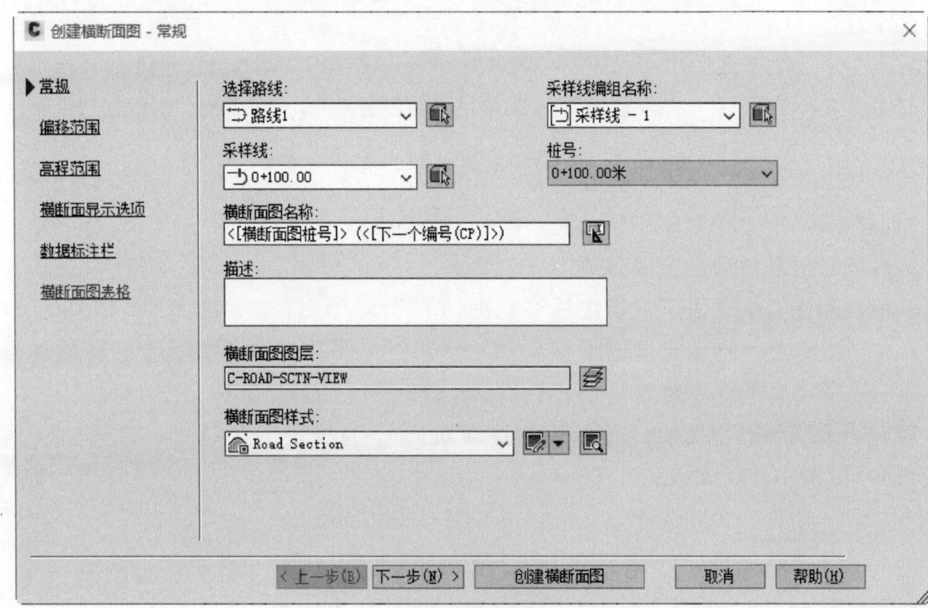

图10-11 “创建横断面图-常规”对话框

“创建横断面图-常规”对话框中的选项说明如下。

➢ 选择路线：指定上级平面路线的名称。从列表中选择名称或单击按钮，从图形中拾取路线。
➢ 采样线编组名称：指定从其创建横断面图的采样线的上级采样线编组。
➢ 采样线：指定从其创建横断面图的采样线。
➢ 桩号：指定从其创建横断面图的采样线的桩号值。
➢ 横断面图名称：指定一个可编辑的、系统生成的名称。
➢ 描述：指定横断面图的可选描述。
➢ 横断面图图层：指定横断面图所在的图形图层。
➢ 横断面图样式：指定横断面图的样式。

（2）单击“下一步”按钮，切换到“创建横断面图-偏移范围”对话框，选择偏移范围

为“自动”,如图 10-12 所示。

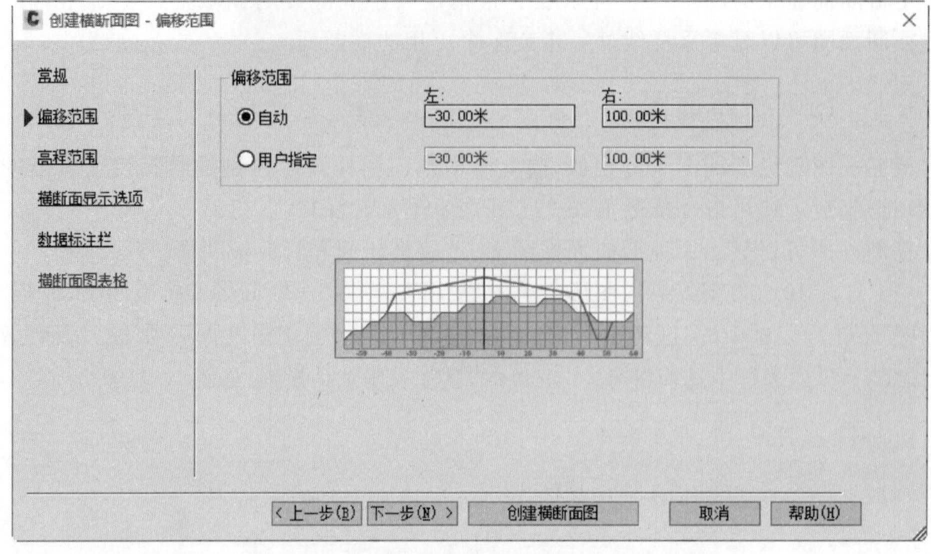

图 10-12 “创建横断面图-偏移范围”对话框

“创建横断面图-偏移范围”对话框中的选项说明如下。

➢ 自动：指定自动设定偏移范围。

➢ 用户指定：指定由用户设定偏移范围。

➢ 左：指定左侧样本宽度的偏移长度。

➢ 右：指定右侧样本宽度的偏移长度。

(3) 单击“下一步”按钮,切换到“创建横断面图-高程范围”对话框,选择高程范围为“自动”,如图 10-13 所示。

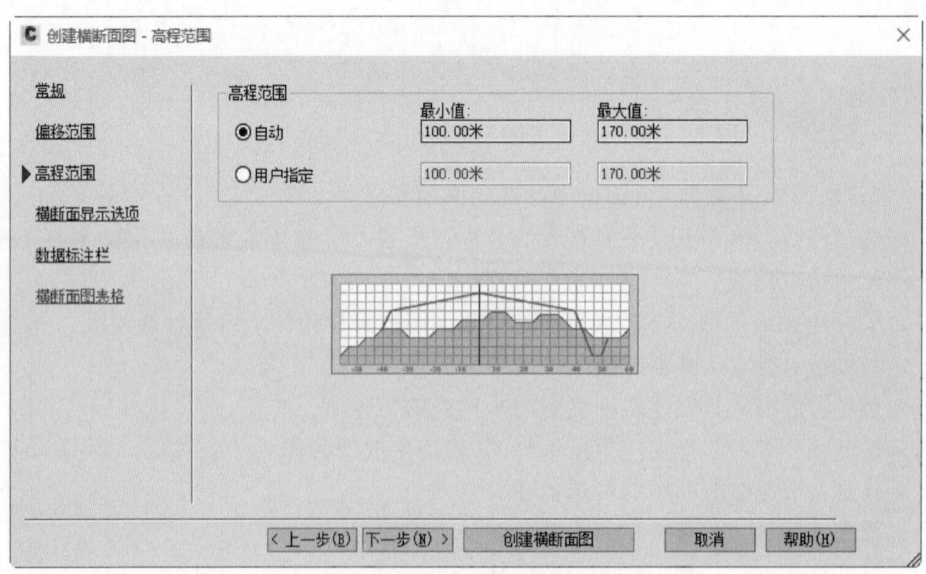

图 10-13 “创建横断面图-高程范围”对话框

“创建横断面图-高程范围”对话框中的选项说明如下。

➢ 自动：指定自动设定高程范围。

➢ 用户指定：指定由用户设定高程范围。

➢ 最小值：指定高程的最小高度。

➢ 最大值：指定高程的最大高度。

（4）单击“下一步”按钮，切换到“创建横断面图-横断面显示选项”对话框，取消选中“基础道路 基础道路-(3)”栏中的“绘制”复选框，如图 10-14 所示。

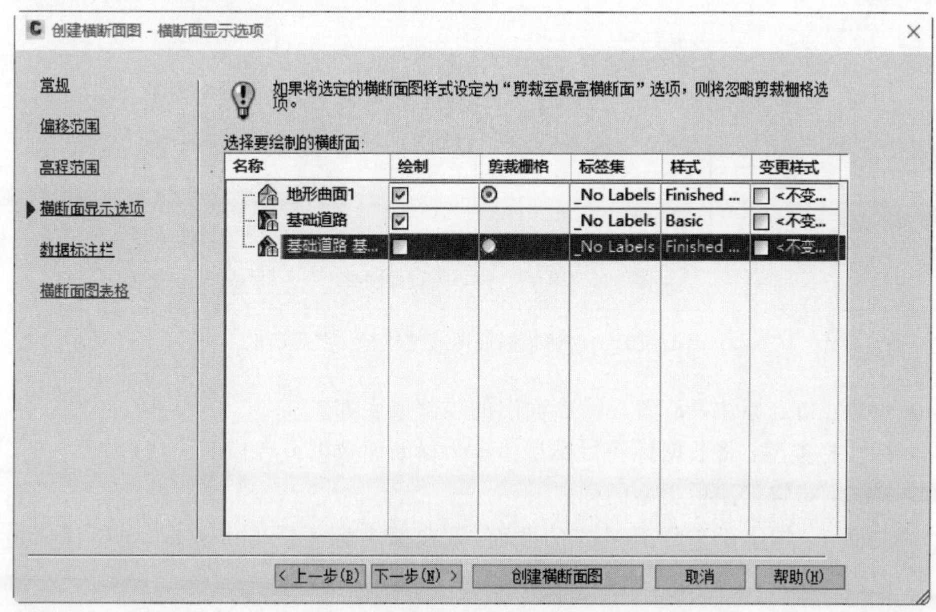

图 10-14 “创建横断面图-横断面显示选项”对话框

“创建横断面图-横断面显示选项”对话框中的选项说明如下。

➢ 名称：显示横断面的名称。

➢ 绘制：指定是否在横断面图中绘制横断面。选中该复选框将在横断面图中绘制横断面。

➢ 剪裁栅格：指定是否将横断面图中的栅格线剪裁至横断面。选择该单选按钮可以将横断面图中的栅格线剪裁至其中一个已命名的横断面。

➢ 标签集：指定将从中绘制横断面标签的样式集。

➢ 样式：指定横断面样式。

➢ 变更样式：指定横断面的样式。选中此复选框可以打开“选择横断面样式”对话框选择横断面的样式。

（5）单击“下一步”按钮，切换到“创建横断面图-数据标注栏”对话框，在“选择标注栏集”下拉列表框中选择 Offsets Only，设置标注栏的位置为“横断面图底部”，如图 10-15 所示。

“创建横断面图-数据标注栏”对话框中的选项说明如下。

➢ 选择标注栏集：指定横断面图的标注栏样式集。

Note

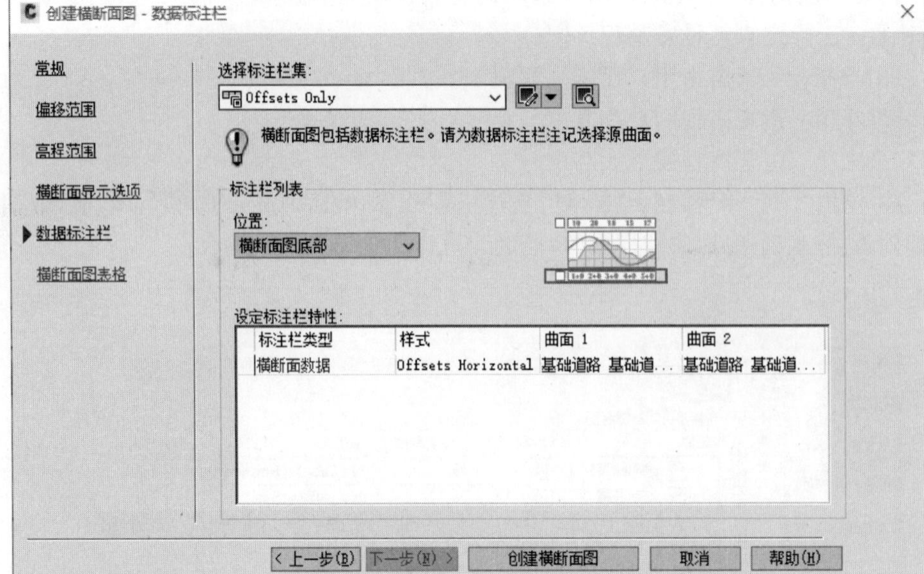

图 10-15 “创建横断面图-数据标注栏”对话框

➢ 位置：指定标注栏放置在横断面图的顶部或底部。

➢ 标注栏类型：将数据标注栏类型指定为横断面数据或者横断面线段。

➢ 样式：指定标注栏类型的样式。

➢ 曲面 1：指定由采样线采样的曲面，该曲面为标注栏提供数据，包括任何道路曲面。

➢ 曲面 2：指定由采样线采样的其他曲面，该曲面为标注栏提供数据，包括任何道路曲面。

（6）单击“创建横断面图”按钮，根据命令行提示“识别横断面图原点：”，在图中适当位置单击放置横断面图，如图 10-16 所示。

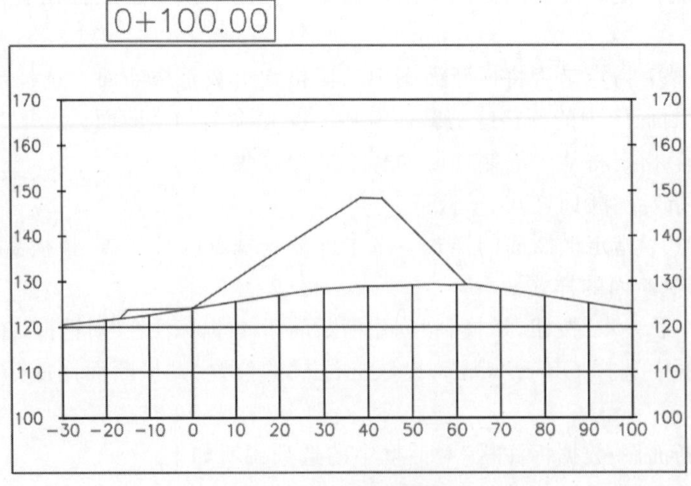

图 10-16 横断面图

Note

10.3.2 创建多个横断面图

(1) 单击"常用"选项卡"纵断面图和横断面图"面板"横断面图"下拉列表框中的"创建多个视图"按钮，打开"创建多个横断面图-常规"对话框，在"桩号范围"选项组中选择"用户指定"选项，指定起点为 0+350.00 米，终点为 0+500.00 米，或单击按钮，在图形中指定桩号的起点和终点，其他采用默认设置，如图 10-17 所示。

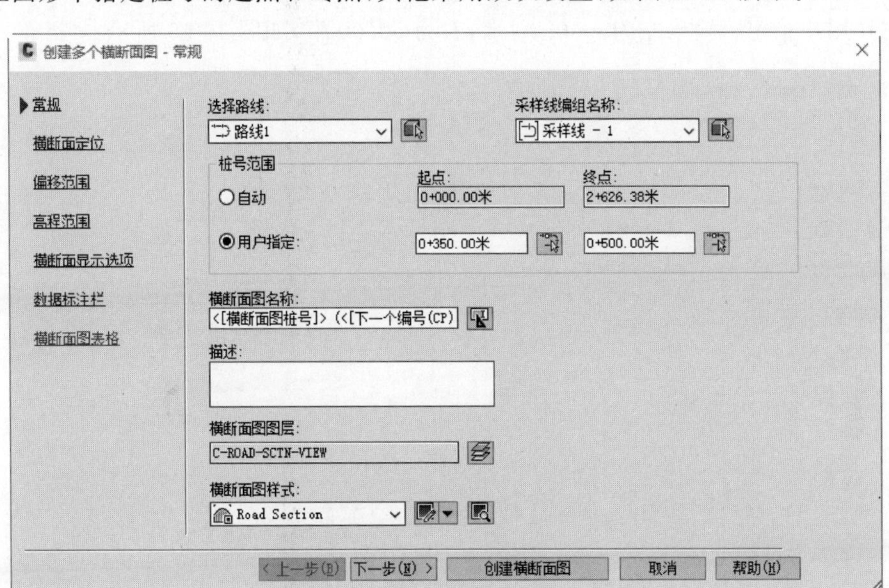

图 10-17 "创建多个横断面图-常规"对话框

(2) 单击"下一步"按钮，切换到"创建多个横断面图-横断面定位"对话框，设置定位选项为"施工图-使用模板文件(.dwt)中的布局在图纸上放置横断面"，如图 10-18 所示。

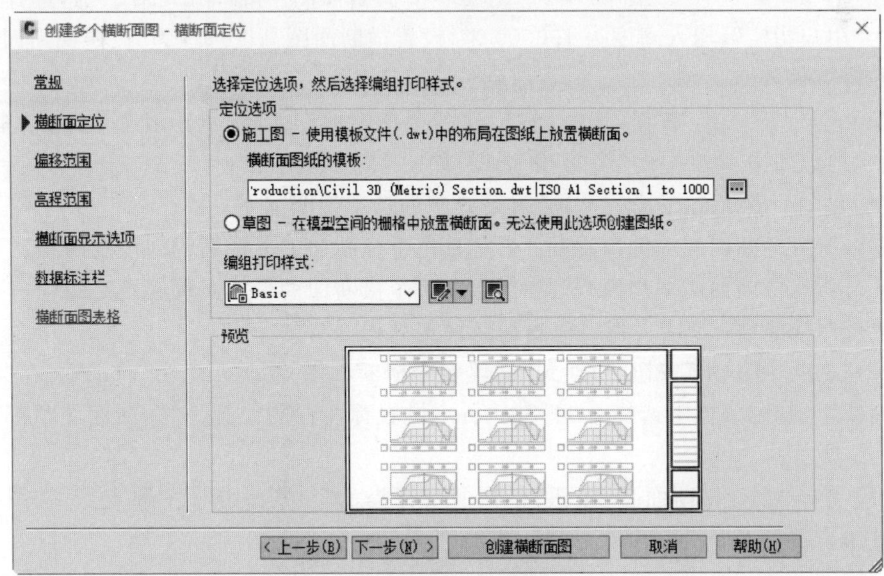

图 10-18 "创建多个横断面图-横断面定位"对话框

“创建多个横断面图-横断面定位”对话框中的选项说明如下。

➢ 施工图：指定用于创建可用作施工图的横断面图纸的图形模板。

➢ 草图：指定将在模型空间的栅格中创建的横断面图，而不使用模板。

➢ 编组打印样式：指定横断面图的编组打印样式。编组打印样式可控制横断面如何在模型空间以及图纸上显示。

(3) 单击“下一步”按钮，切换到“创建多个横断面图-偏移范围”对话框，选择偏移范围为“用户指定”，输入左为－50.00米，右为50.00米，如图10-19所示。

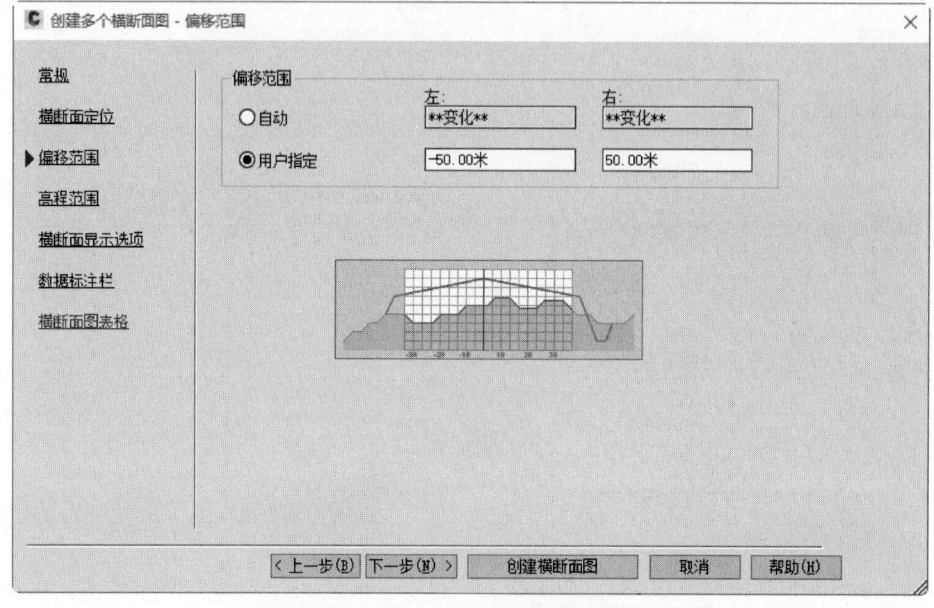

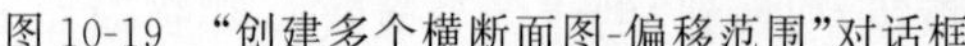
图10-19 “创建多个横断面图-偏移范围”对话框

(4) 单击“下一步”按钮，切换到“创建多个横断面图-高程范围”对话框，选择高程范围为“用户指定”，输入高度为150.00米，设置横断面图高度选项为“按照横断面”，如图10-20所示。

(5) 单击“下一步”按钮，切换到“创建多个横断面图-横断面显示选项”对话框，取消选中“地形曲面1”栏中的“绘制”复选框，如图10-21所示。

“创建多个横断面图-高程范围”对话框中的选项说明如下。

➢ 自所有横断面的最低高程起：指定自每个横断面的最低高程起设定高程。

➢ 自所有横断面的平均高程起：指定自每个横断面的平均高程起设定高程。

➢ 按照横断面：指定自特定横断面起设定高程。

(6) 单击“下一步”按钮，切换到“创建多个横断面图-数据标注栏”对话框，在“选择标注栏集”下拉列表框中选择LDT Sections，设置标注栏的位置为“横断面图顶部”，如图10-22所示。

(7) 单击“创建横断面图”按钮，根据命令行提示“识别横断面图原点：”，在图中适当位置单击放置多个横断面图，如图10-23所示。

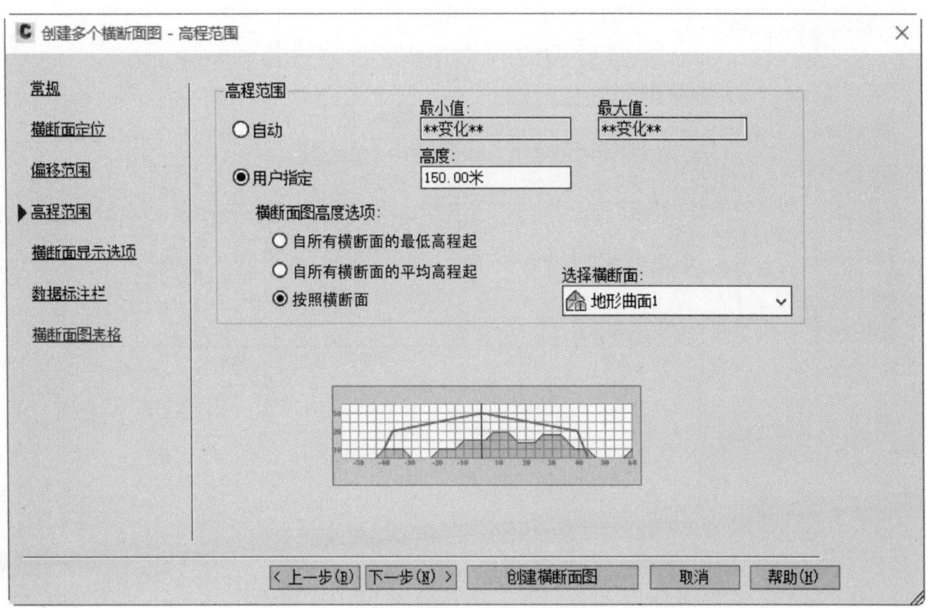

图 10-20　“创建多个横断面图-高程范围”对话框

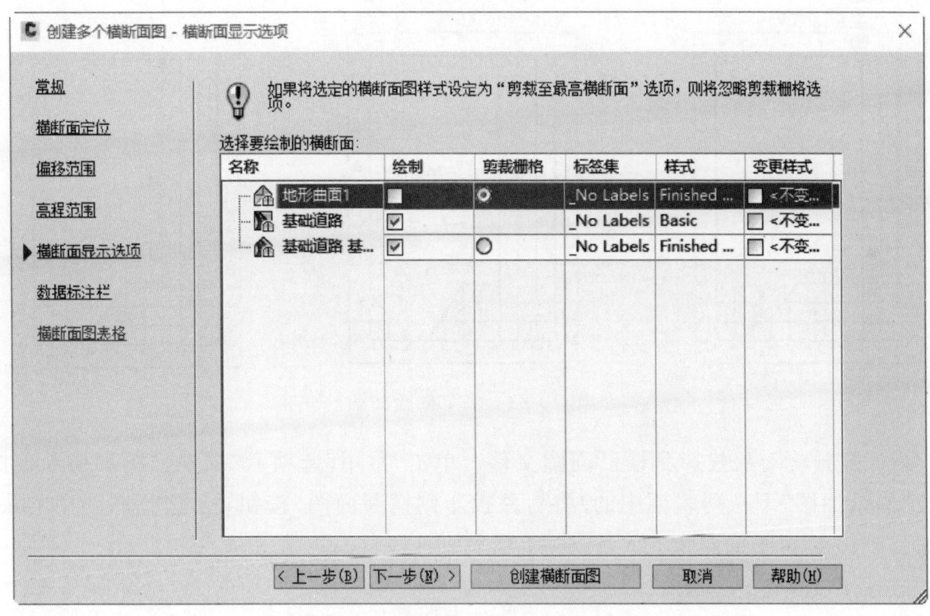

图 10-21　“创建多个横断面图-横断面显示选项”对话框

10.3.3　将对象投影到横断面图

可以将几何空间点、三维实体、块、多视图块、三维多段线、几何空间点、要素线和测量地物投影到横断面图。但是，线性对象，例如三维多段线和要素线，将表示为一个标记，以指示该对象在平面图中与采样线相交的点位置。

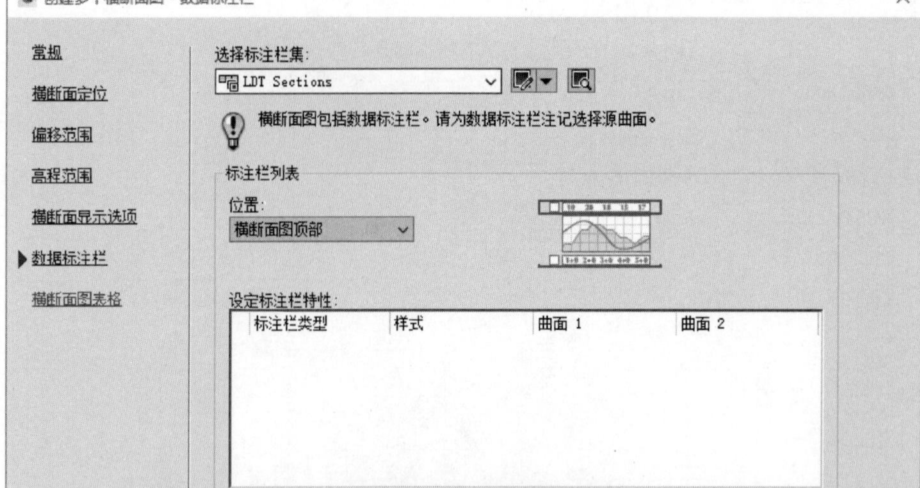

图 10-22 “创建多个横断面图-数据标注栏”对话框

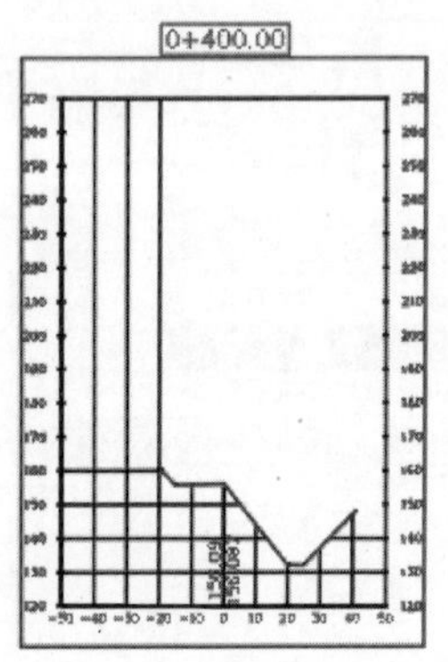

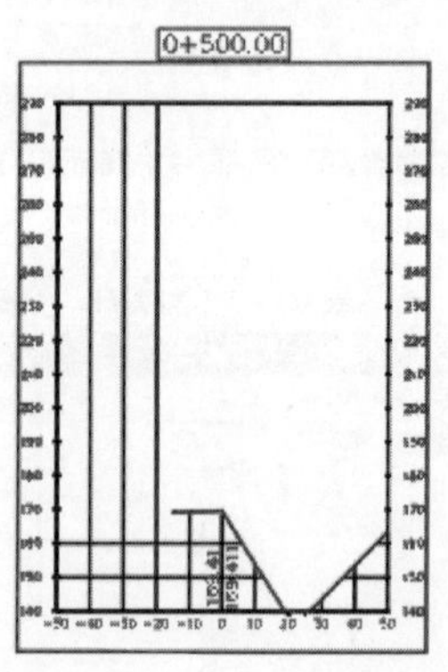

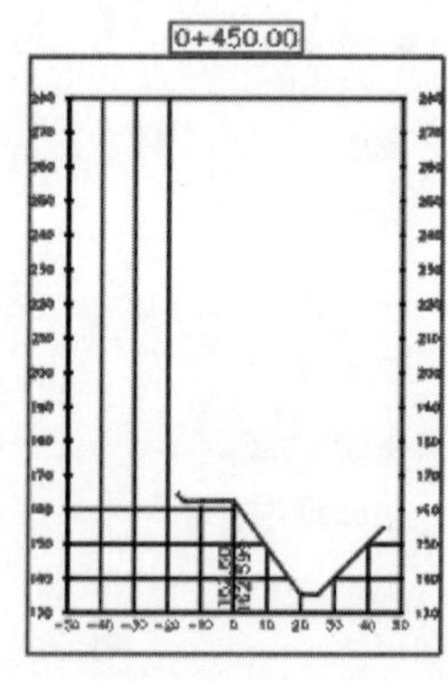

图 10-23 多个横断面图

(1) 打开将对象投影到横断面图文件。单击“常用”选项卡“纵断面图和横断面图”面板“横断面图”下拉列表框中的“将对象投影到横断面图”按钮，选择图形中的块为要添加到横断面图的对象，如图 10-24 所示，右击或按 Enter 键。

(2) 选择 15＋00.00 桩号的横截面图，打开如图 10-25 所示的“将对象投影到横断面图”对话框。

“将对象投影到横断面图”对话框中的选项说明如下。

➢ 绘制相交投影：指定是否在横断面图中添加标记以指示对象与采样线相交的位置。如果选定的对象与采样线根

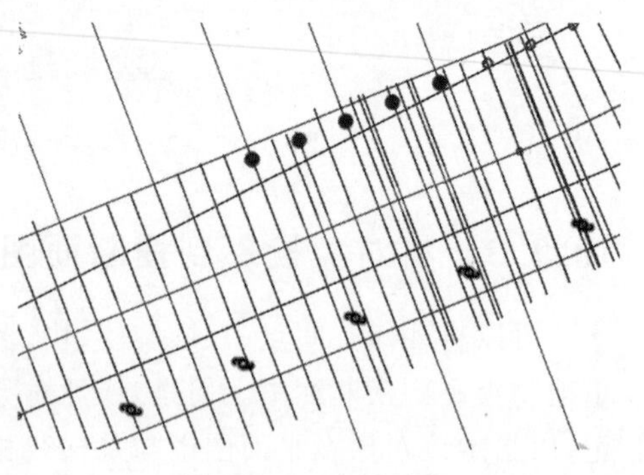

图 10-24 选择对象

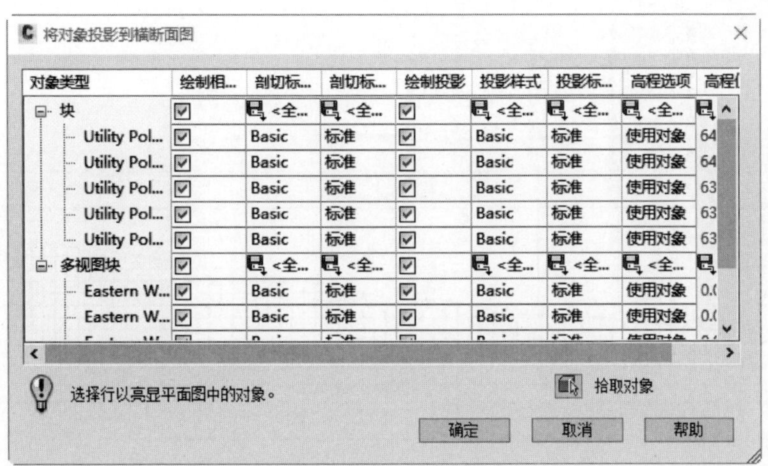

图 10-25 “将对象投影到横断面图”对话框

本不相交，或者不在指定的交叉公差值范围之内，则将不会在横断面图中绘制交叉。

- 剖切标记样式：指定剖切标记样式，单击“全部设定”按钮，打开“选择剖切标记样式”对话框，设置所有对象指定样式。
- 剖切标签样式：指定交叉标签样式。单击“全部设定”按钮，打开“选择标签样式”对话框，设置所有对象指定样式。
- 绘制投影：指定是否在横断面图中添加投影。注意：三维多段线、要素线和测量地物可以显示为交叉，但不显示为投影。
- 投影样式：指定投影对象的样式。
- 投影标签样式：指定投影对象的标签样式。
- 高程选项：指定如何确定每个对象的高程。
- 使用对象：从对象特性中读取高程。
- 曲面：将对象设置为选定曲面的高程。
- 手动：将对象设置为“高程值”列中指定的高程。
- 全部设定：在类别级别处用于为该类别中的所有投影对象指定高程选项。
- 高程值：指定在将“高程选项”特性设定为“手动”时投影对象的实际高程。
- 拾取对象：单击按钮，在图形中选择对象并将其添加到横断面图。

（3）在对话框中设置是否为每个对象绘制交叉和投影，以及是否指定样式和高程选项，这里采用默认设置，单击“确定”按钮。

（4）在断面图中显示投影对象，如图 10-26 所示。

10.3.4 将对象投影到多个横断面图

（1）打开 10.3.3 节绘制的图形。单击“常用”选项卡“纵断面图和横断面图”面板“横断面图”下拉列表框中的“将对象投影至多个横断面图”按钮，在图形中选取任意横断面图。

Note

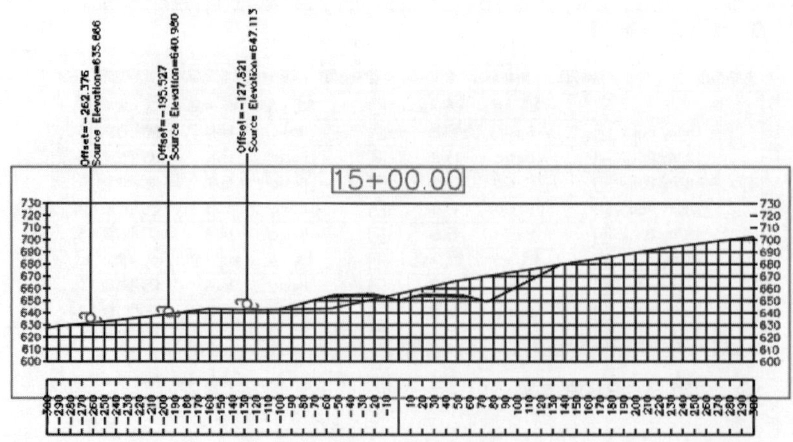

图 10-26　投影对象

（2）打开“将对象投影至多个横断面图”对话框，选择“按距离”选项，输入“以下项目之前的”为 50.00′和“以下项目之后的”为 50.00′，选中“块”和“三维多段线”复选框，如图 10-27 所示。单击“确定”按钮。

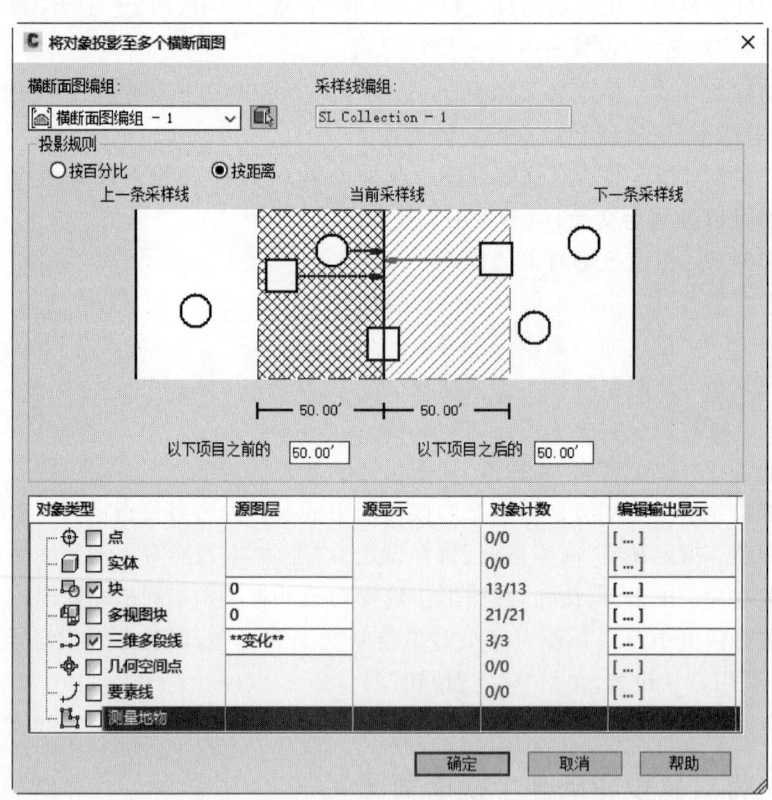

图 10-27　“将对象投影至多个横断面图”对话框

“将对象投影至多个横断面图”对话框中的选项说明如下。

➢ 横断面图编组/采样线编组：指定要将对象投影至的横断面图编组或采样线编组。

- 投影规则：为要投影的对象指定邻近区域。距离或百分比为零时，其投影插入点正好与采样线上的非线性对象。重合投影规则不适用于要素线、测量地物或三维多段线。
- 按百分比：选择该选项并使用滑块指定采样线前后的距离百分比。
- 按距离：选择该选项并输入采样线前后的绝对距离。
- 对象类型：指定投影的对象类型，包括几何空间点、三维实体、块、多视图块、三维多段线、要素线和测量地物。
- 源图层：按图层过滤选择的对象，指定是要投影该对象类型的所有实例，还是仅投影选定图层上存在的实例。
- 源显示：将显示按样式过滤选择的 Autodesk Civil 3D 要素线和测量地物，以及按点编组过滤选择的几何空间点。
- 对象计数：显示在对指定源图层或源显示应用任何过滤后，将投影的该对象类型的对象数量。
- 编辑输出显示：指定是否为该对象类型的每个对象绘制交叉和投影以及关联的样式和标签，并为每个对象指定高程选项。

（3）所选择的对象将投影在图形中所有的横断面上，如图 10-28 所示。

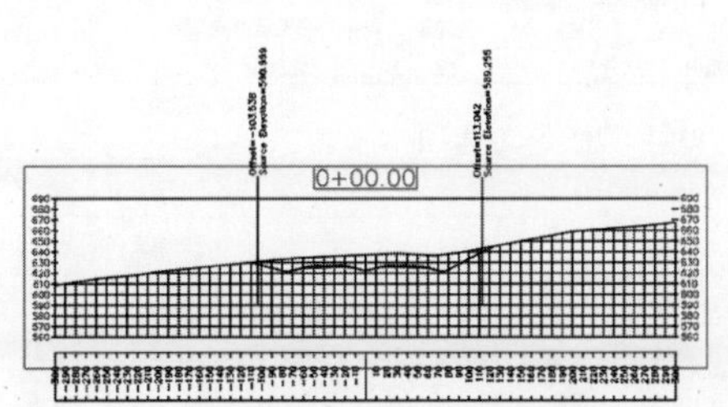

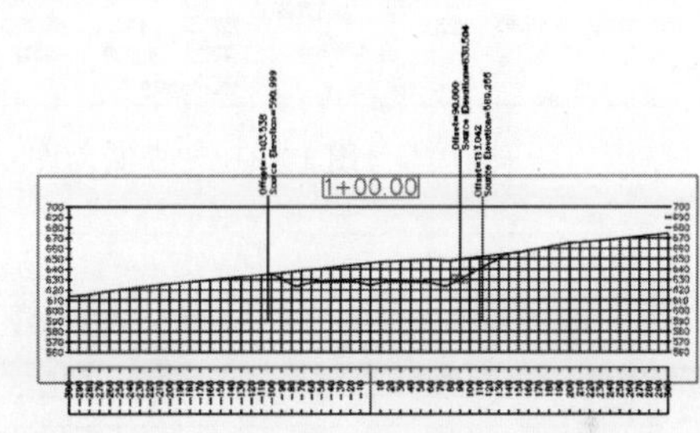

图 10-28 横断面图

10.3.5 添加横断面标签

（1）打开 10.3.1 节绘制的图形。单击“标记”选项卡“标签和表”面板“添加标签”下拉列表框中的“横断面图”→“添加横断面图标签”按钮，打开“添加标签”对话框。

（2）在对话框中设置标签类型为“坡度”，坡度标签样式为“坡度”，如图 10-29 所示。

（3）单击“添加”按钮，根据命令行提示在图形中选择要添加标签的横断面。

（4）拾取第一点和第二点，标注坡度标签，如图 10-30 所示。单击“关闭”按钮，关闭对话框。

10.3.6 编辑横断面图特性

（1）打开 10.3.5 节绘制的图形。选择横断面，打开如图 10-31 所示的“横断面图：0＋100.00(1)”上下文选项卡。

（2）单击“修改视图”面板“横断面图特性”下拉列表框中的“横断面图特性”按钮，打开如图 10-32 所示的“横断面图特性-0＋100.00(1)”对话框，在“信息”选项卡中更改名称为 0＋100.00。

Note

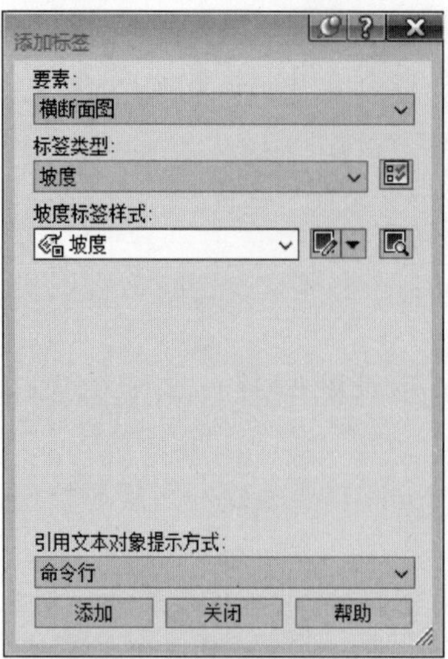

图 10-29 “添加标签”对话框

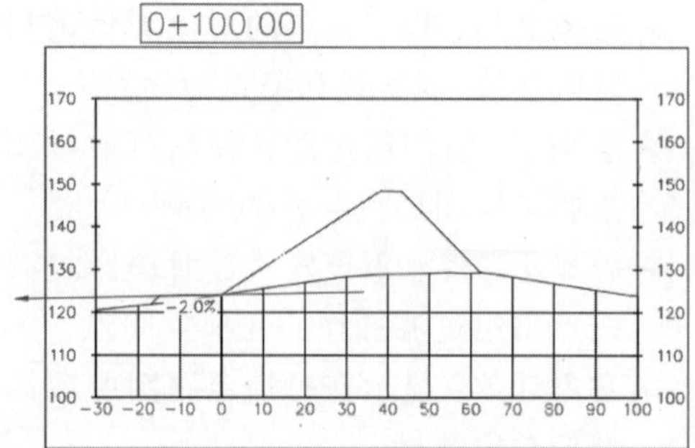

图 10-30 标注标签

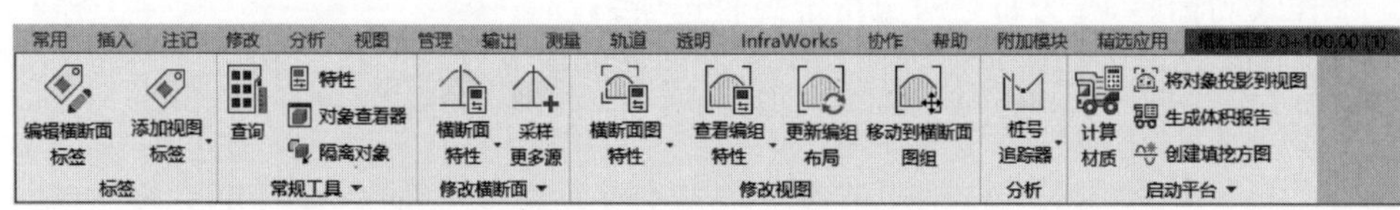

图 10-31 “横断面图：0+100.00(1)”上下文选项卡

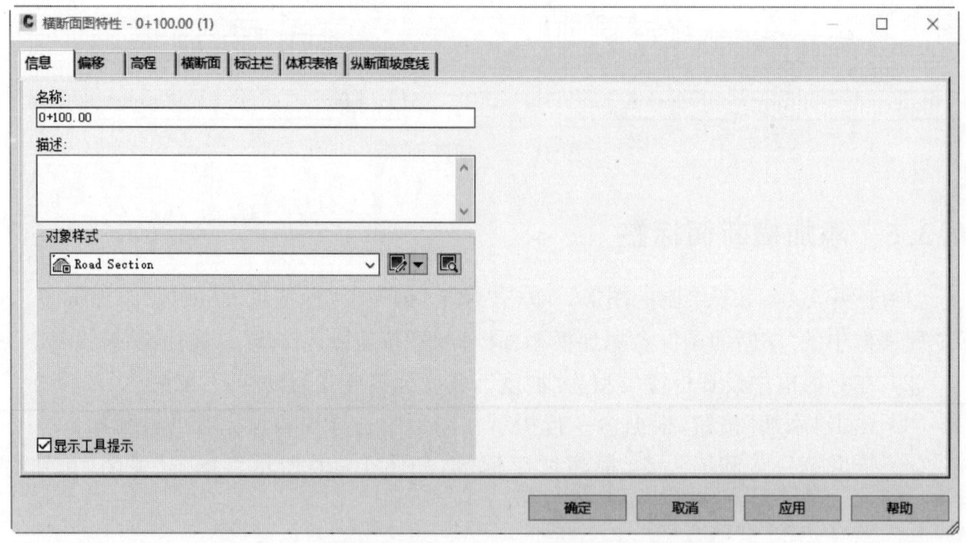

图 10-32 “横断面图特性-0+100.00(1)”对话框

(3) 切换到“偏移”选项卡，在“偏移范围”选项组中选择“用户指定”选项，输入左为－50.00 米，右为 100.00 米，其他采用默认设置，如图 10-33 所示。

(4) 切换到“标注栏”选项卡，设置标注栏的位置为“横断面图顶部”，在“选择标注栏样式”下拉列表框中选择 Offsets Horizontal，然后单击“添加”按钮，将其添加到列表框中，更改间距为－20.00 米，如图 10-34 所示。

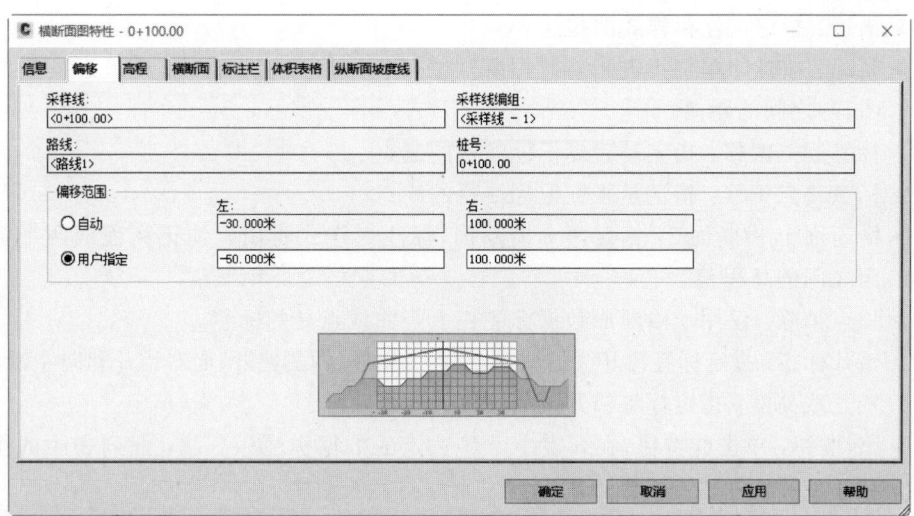

图 10-33 “偏移”选项卡

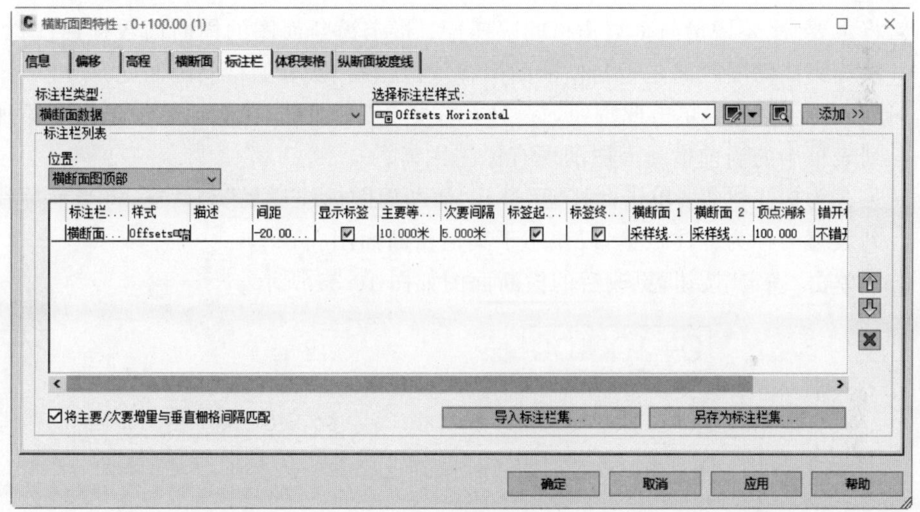

图 10-34 “标注栏”选项卡

“横断面图特性-0＋100.00(1)”对话框“标注栏”选项卡中的选项说明如下。

- 标注栏类型：指定要添加到横断面图中的数据标注栏的类型。在列表中选择标注栏类型：“横断面数据”或“横断面线段”。
- 选择标注栏样式：指定标注栏的样式。
- 添加：单击此按钮，将指定的数据标注栏类型添加到此横断面图的标注栏集中。单击以确认添加之前，请确保数据标注栏类型、样式和位置的设置都是正确的。
- 位置：指定要在相对于当前横断面图的哪个位置绘制数据标注栏。
- 横断面图底部：在当前横断面图底部(下方)绘制数据标注栏。
- 横断面图顶部：在当前横断面图顶部(上方)绘制数据标注栏。
- 标注栏类型：显示使用“标注栏类型”列表添加的当前数据标注栏类型。
- 样式：指定使用“选择标注栏样式”列表添加的标注栏样式的名称。

- 描述：指定标注栏样式的描述。
- 间距：按打印单位指定当前数据标注栏与上一个数据标注栏(或最近的横断面图轴)之间的距离。
- 标签起点偏移：指定是否标记标注栏的起点。
- 标签终点偏移：指定是否标记标注栏的终点。
- 横断面1/横断面2：指定两个横断面，标注栏样式将用以注记高程或两个横断面之间的高程差。
- 顶点消除：仅用于横断面数据标注栏上竖曲线点处的标签。
- 错开标签：指定标签错开线的位置，包括无错开、两侧错开、向右错开和向左错开。
- 错开线高度：指定标签错开线的高度。
- ⇧按钮：单击此按钮，在列表中上移选定的数据标注栏。注：此列表中的排列顺序就是标注栏在横断面图上方或下方的显示顺序。
- ⇩按钮：单击此按钮，在列表中下移选定的数据标注栏。
- ✖按钮：单击此按钮，从列表中及横断面图中删除选定的数据标注栏。
- 将主要/次要增量与垂直栅格间隔匹配：指定横断面图的横断面数据标注栏主/次等高线间隔距离是否与横断面图样式的主要/次要栅格间隔匹配。
- 导入标注栏集：单击此按钮，打开"标注栏集"对话框，在对话框中选择要添加到列表框中的当前横断面图的现有标注栏集。
- 另存为标注栏集：单击此按钮，打开"横断面图标注栏集"对话框，将当前标注栏列表框另存为标注栏集，以便用于其他横断面图。

(5) 单击"确定"按钮，更改后的横断面图如图10-35所示。

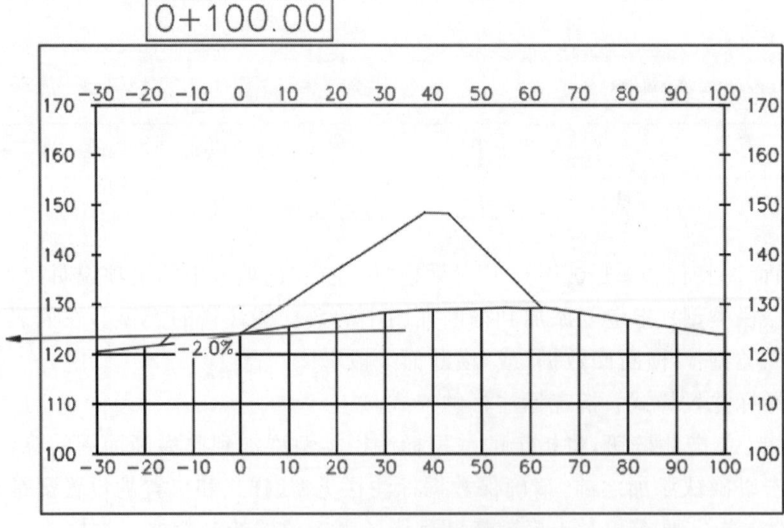

图10-35　更改横断面图

注意：有时该标注栏中不显示任何数据，出现此情况是因为默认的"顶点消除"因子指定长度小于100个图形单位的任何横断面线段不显示在标注栏中。为此，应降低"顶点消除"因子并检查结果。

第11章 管网

使用 Autodesk Civil 3D 管网要素可以绘制公共设施系统(例如雨水管、污水管等)的二维和三维模型。在 Autodesk Civil 3D 中可以进行重力管网和压力管网的设计,它们的创建和编辑操作基本类似,但也存在一些区别。

本章将详细介绍 Autodesk Civil 3D 中管网创建与编辑的基本方法。

11.1 概　　述

管网由管道和结构组成,一个管网可以仅包含管道或仅包含结构,如图 11-1 所示。

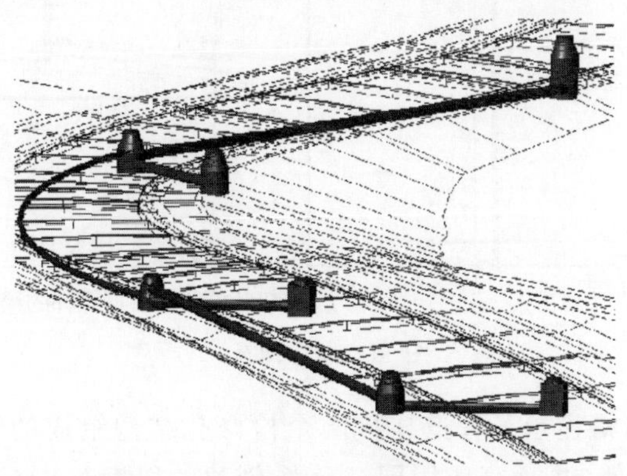

图 11-1　管网

Note

11.1.1 管网组件

下面介绍几种组成管网的组件。

(1) 管网：管网对象被用作容器对象，它用来关联属于同一管道段或管网的管道和结构。管网通常包含管道对象和结构对象。管网对象名称将显示在“浏览”树和“浏览”列表视图中。

(2) 管道：管道对象是用来表示设施网络（例如下水道系统和灌溉系统）中所用的直管或弯管的图形造型。在图形中，三维管道造型通过以下两种方法来定义：①从零件目录中选择的管道零件的二维造型（环形、椭圆形、卵形或矩形）；②通过指定线性路径（用于直管）或弯曲路径（用于弯管）。管道对象名称不显示在“浏览”树中。但是，当单击“浏览”树中某一管网下的“管道”时，它们会显示在“浏览”列表视图中。

(3) 结构：结构对象是指设置网络中所用项目（例如检修孔、滤污器和端壁）的图形造型。结构造型本身比管道造型更加复杂。在图形中，三维结构造型通过从零件目录中选择的结构零件来定义。与管道一样，结构对象名称不显示在“浏览”树中。但是，当单击“浏览”树中某一管网下的“结构”时，它们会显示在“浏览”列表视图中。

(4) 空结构：空结构对象是一种特殊类型的结构对象，将一个管道直接连接到另一个管道时，会自动在两个管道之间插入没有任何结构造型的空对象。就像其他类型的结构对象一样，空结构的对象名称不显示在“浏览”树中，但会显示在“浏览”列表视图中。可以将某个样式指定给空结构，以便使它们在图形中不可见。

(5) 零件目录和零件列表：Autodesk Civil 3D 附带了一个管网零件目录，其中包含以零件族和零件尺寸形式组织的各种管道造型和结构造型。由于零件目录包含很多项目，因此用户可以创建一个仅包含将用于特定管网的零件（管道和结构）的零件列表。使用零件列表，不必浏览整个零件目录就可以找到所需的零件。

(6) 管网视口：图 11-2 显示了三个视口，分别为平面图中的管网、一些网络管道和结构的纵断面图以及横断面图中的相同零件。

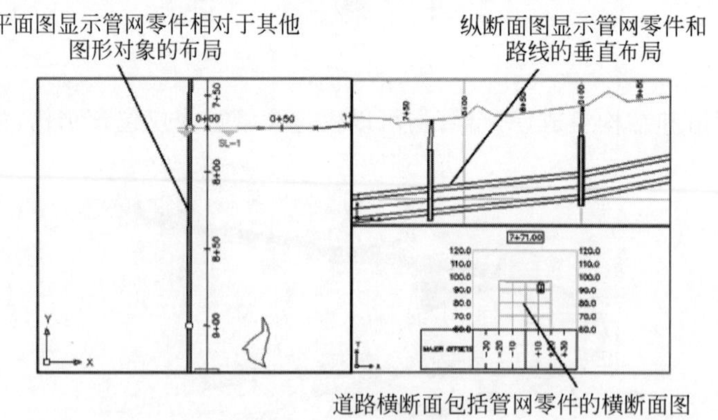

图 11-2 管网视口

图 11-2 中左侧窗格显示了管道连接两个检修孔结构组成的管网段。网络零件放置在距路线指定偏移处，并且在使用同一路线创建的纵断面图（右上方窗格）中绘制。放置在桩号 7+71 的采样线用于创建一个横断面图（右下方窗格），以显示该桩号处的

管网零件的横断面图。

11.1.2　常见的管网零件术语

本节介绍管网零件中常用的术语。

1. 结构术语

(1) 井口：检修孔或集水池(连接)结构的顶部高程。

(2) 框架：检修孔上封盖的支撑物或集水池的格栅。框架的顶部高程通常与插入(井口)高程吻合。

(3) 封盖：检修孔的顶部入口封盖,用于维修或检查检修孔。封盖通常为圆形,也可以为三角形,以便在将其卸下时,其不会落入检修孔中。此封盖位于框架中且通常由铸铁制成。

(4) 格栅：是指集水池的顶部开口,它使曲面上的水可以流入结构。格栅位于框架中且通常由铸铁制成。格栅可以是各种造型,但通常为圆形或正方形。

(5) 井底和井底深度：井底是指连接结构内侧的管道内底区域或小室,例如集水池。井底有时用作收集碎屑的蓄水池。井底深度是指从结构内侧的底部到与其连接的所有管道最低管道内底之间的距离。特定类型结构的井底深度可以根据设计需求变化。

图 11-3 显示出了典型连接结构上组件的位置。

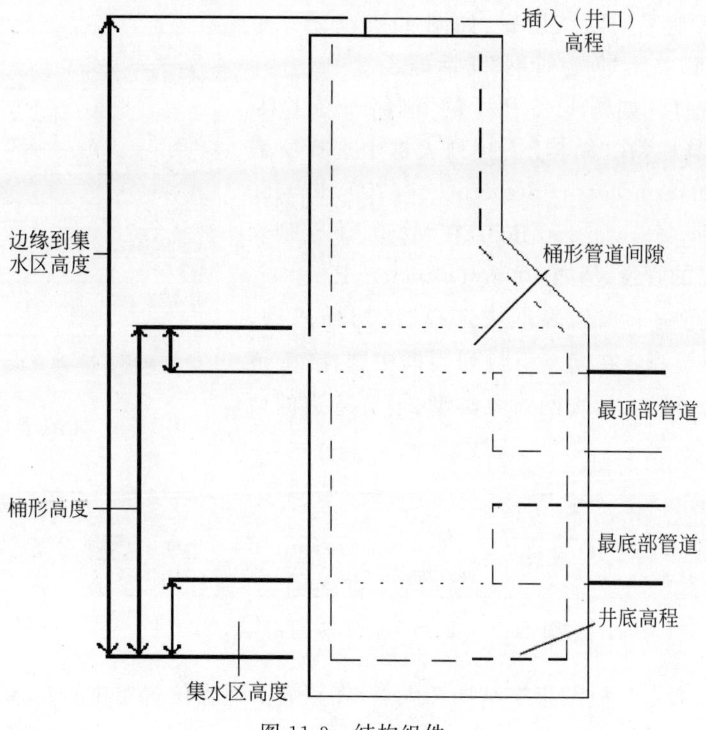

图 11-3　结构组件

2. 管道术语

(1) 管道内底：管道内侧底部的高程,也称为流线。

（2）路拱：管道内侧顶部的高程。

（3）管道中心线高程：管道中心线的高程。

（4）覆土厚度或深度：是指管道最顶部至设计地面的深度。

（5）坡度：用于表示管道的坡度时，它是陡峭程度的测量单位。对于管道，坡度由垂直高度与水平宽度之比来定义，其中垂直高度是指沿管道长度水平宽度的高程差（水平测量）。坡度通常以百分比表示。例如，管道坡度为 2%，表示对于每 100 英尺管道水平长度，管道上升 2 英尺。

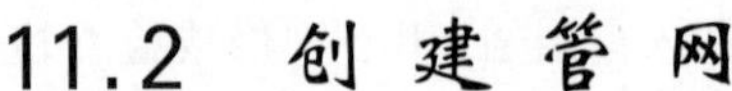

11.2 创建管网

11.2.1 按布局创建管网

（1）打开 10.3.6 节绘制的图形。单击“常用”选项卡“创建设计”面板“管网”下拉列表框中的“管网创建工具”按钮，打开“创建管网”对话框，设置网络名称为“管网－(＜[下一个编号(CP)]＞)”，管网零件列表为“标准”，曲面名称为“基础道路-(3)”，路线名称为“路线 1”，结构标签样式为 Basic，其他采用默认设置，如图 11-4 所示。单击“确定”按钮，关闭“创建管网”对话框。

图 11-4 “创建管网”对话框

（2）系统打开如图 11-5 所示的“网络布局工具-管网-(1)”工具栏，在“结构”下拉列表框中选择所需的结构，例如 Concentric Structure 1,200 dia 450 frame 600 cone 125 wall 150 floor，在“管道”下拉列表框中选择所需的管道，例如 400mm Concrete Pipe。

（3）在下拉列表框中选择“结构插入点”为连接点类型；在下拉列表框中选择“管道和结构”为要插入的管网对象类型，设置管道的坡向为“上坡”。

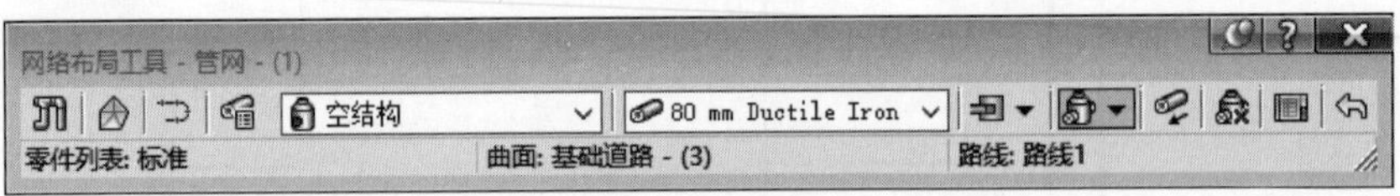

图 11-5 “网络布局工具-管网-(1)”工具栏

（4）根据命令行提示指定结构插入点，在路肩上适当位置单击指定插入点，沿着道路走向继续在路肩上指定一个结构插入点，按 Enter 键结束命令，绘制的管网如图 11-6 所示。

（5）在下拉列表框中选择“结构”为要插入的管网对象类型。

（6）根据命令行提示指定结构插入点，在路肩上适当位置单击指定插入点，沿着道

路走向继续在路肩上指定一个结构插入点，按 Enter 键结束命令，插入的结构如图 11-7 所示。

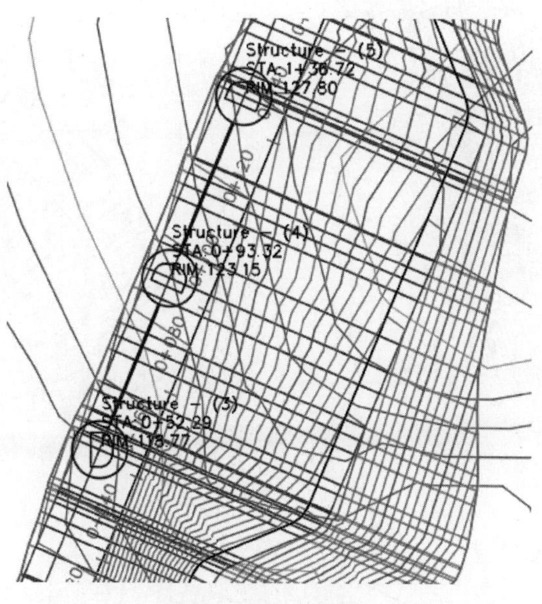

图 11-6 绘制管网

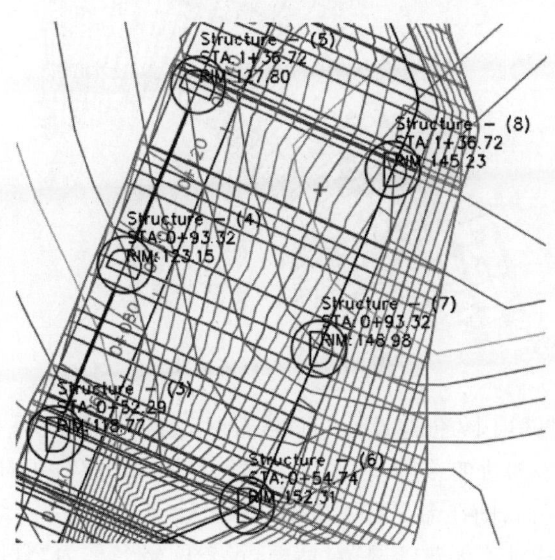

图 11-7 插入结构

(7) 根据命令行提示捕捉第一个结构中心为第一个管道点，继续捕捉下一个结构中心为下一个管道点，按 Enter 键结束命令，绘制管道如图 11-8 所示。

11.2.2 从对象创建管网

(1) 打开 11.2.1 节绘制的图形。单击“常用”选项卡“绘制”面板中的“多段线”按钮 ，沿着路线绘制如图 11-9 所示的图形多段线。单击“偏移”按钮 ，将多段线向外偏移，如图 11-10 所示。

Note

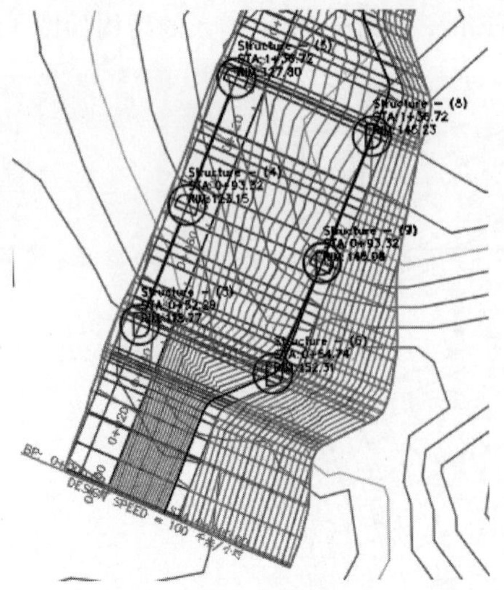

图 11-8　绘制管道

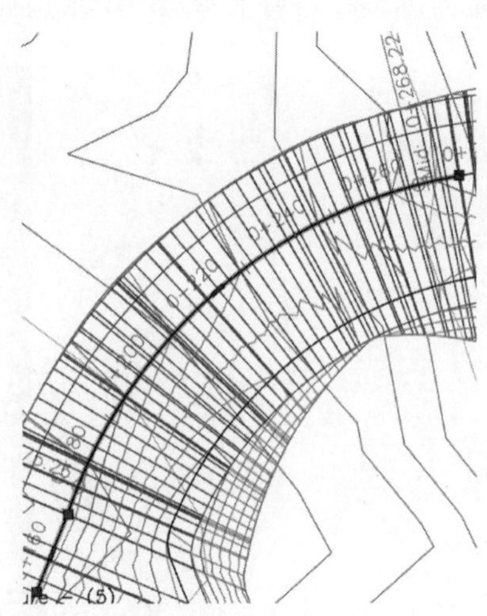

图 11-9　绘制多段线

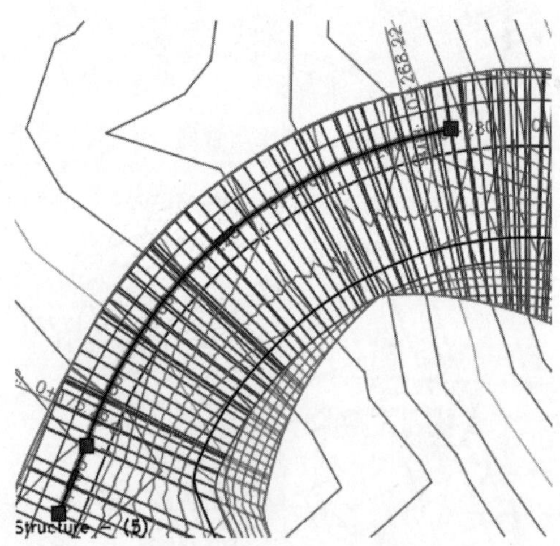

图 11-10　偏移多段线

(2) 单击“常用”选项卡“创建设计”面板“管网”下拉列表框中的“从对象创建管网”按钮，选取上步创建的多段线，图形上显示流向，如图 11-11 所示，按 Enter 键确认。如果要使流向反向，则在命令行中单击“反向”选项。

(3) 系统打开“从对象创建管网”对话框，设置网络名称为“管网-(<[下一个编号(CP)]>)”，管网零件列表为“标准”，要创建的管道为 75mm PVC Pipe，要创建的结构为“1,200mm Cylindrical Structure”，曲面名称为“基础道路-(3)”，路线名称为“路线1”，其他采用默认设置，如图 11-12 所示。单击“确定”按钮。

“从对象创建管网”对话框中的选项说明如下。

- 删除现有图元：指定在创建管网时是否自动删除选定的图元(对象)，选中此复选框，可以在创建管网时自动删除图元。
- 使用顶点高程：选中此复选框，将使用沿选定图元的任意顶点的高程来设置网络中创建的管道的高程。

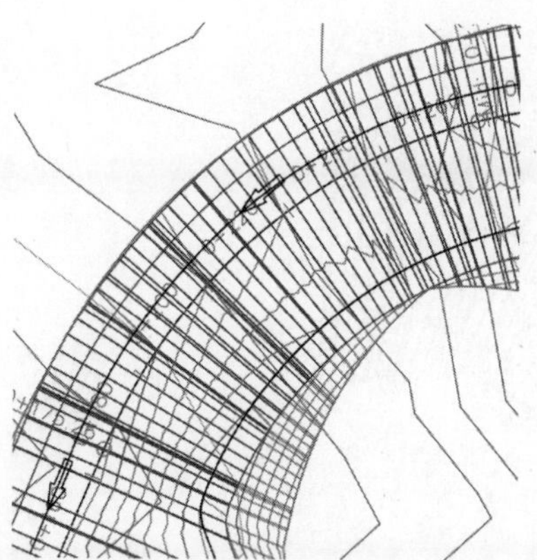

图 11-11　显示流向

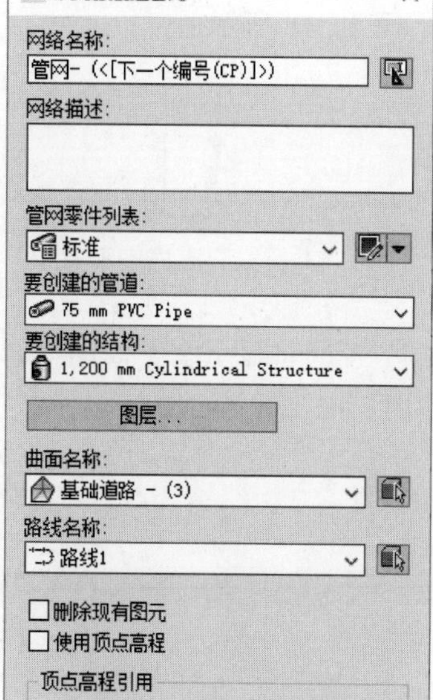
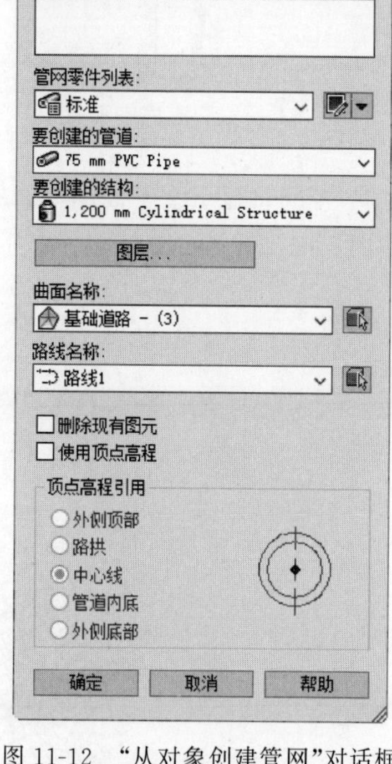

图 11-12　“从对象创建管网”对话框

- 顶点高程引用：在管道上指定顶点高程所处的位置。默认为管道中心线。选择其中一个选项时，在对话框的右侧会显示概念图，指示针对每个选项所使用的管道上的位置。
- 外侧顶部：指定新零件的外侧顶部放置在现有零件外侧顶部的同一标高处，如图 11-13 所示。
- 路拱：指定新零件的管内顶标高放置在现有零件管内顶标高的同一标高处，如图 11-14 所示。

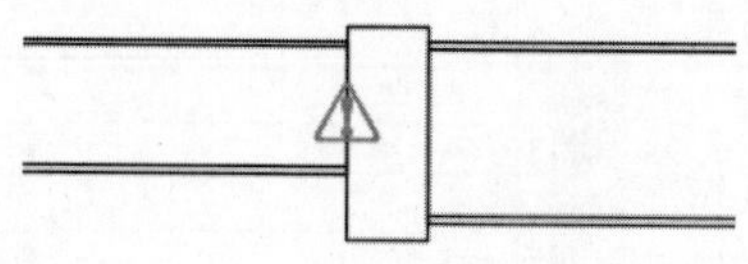

图 11-13　外侧顶部示意图

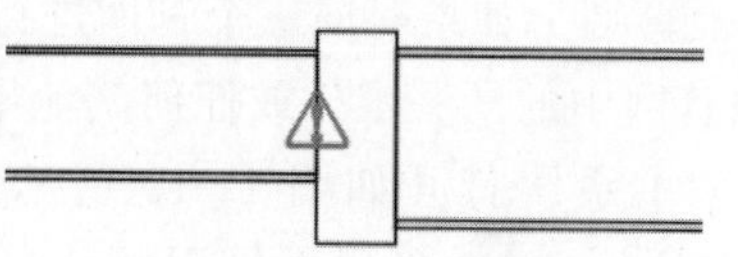

图 11-14　路拱示意图

- 中心线：指定新零件的中心线放置在现有零件中心线的同一标高处，如图 11-15 所示。
- 管道内底：指定新零件的管内底标高放置在现有零件管内底标高的同一标高处，如图 11-16 所示。

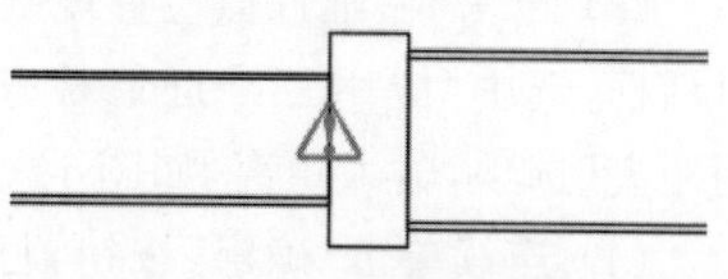

图 11-15　中心线示意图

Note

➢ 外侧底部：指定新零件的外侧底部放置在现有零件外侧底部的同一标高处，如图 11-17 所示。

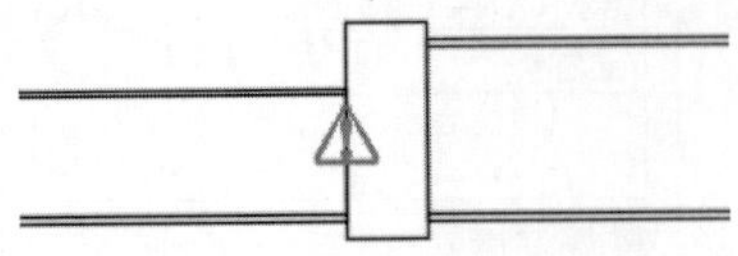

图 11-16　管道内底示意图

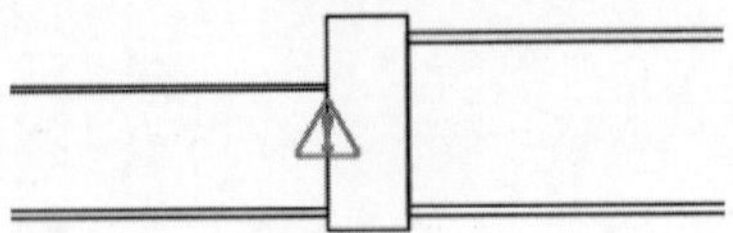

图 11-17　外侧底部示意图

（4）管网将显示在平面图中。在每个多段线顶点创建结构，并在结构之间创建管网，如图 11-18 所示。

图 11-18　创建管网

11.2.3　碰撞检查

（1）单击"分析"选项卡"设计"面板中的"碰撞"按钮，在图形中选取管网中的任意零件，如果要在两个管网之间进行碰撞检查，则单击第二个管网中的任何零件；如果对同一个管网进行碰撞检查，则单击该管网中的同一零件或任何其他零件。

（2）系统打开如图 11-19 所示的"创建碰撞检查"对话框，输入名称或采用默认名称，设置显示碰撞检查结果的图层、碰撞样式和渲染材质。

（3）单击"三维近似检查规则"按钮，打开"标准"对话框，选中"应用三维近似检查"复选框，选择"使用距离"选项，输入距离，如图 11-20 所示。

（4）连续单击"确定"按钮，打开如图 11-21 所示的提示对话框，显示找到的碰撞数目，单击"确定"按钮，关闭对话框。

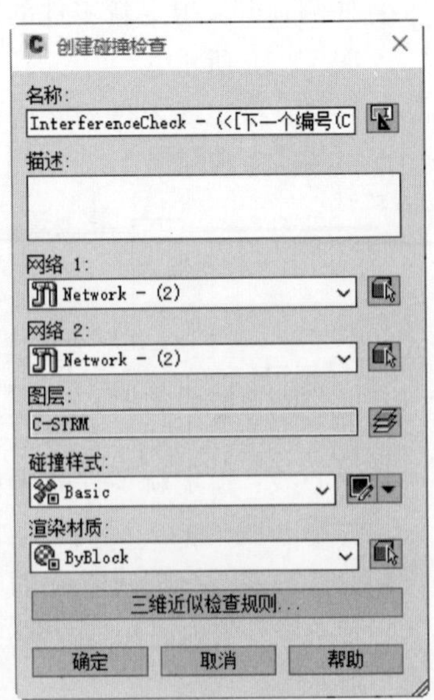

图 11-19　"创建碰撞检查"对话框

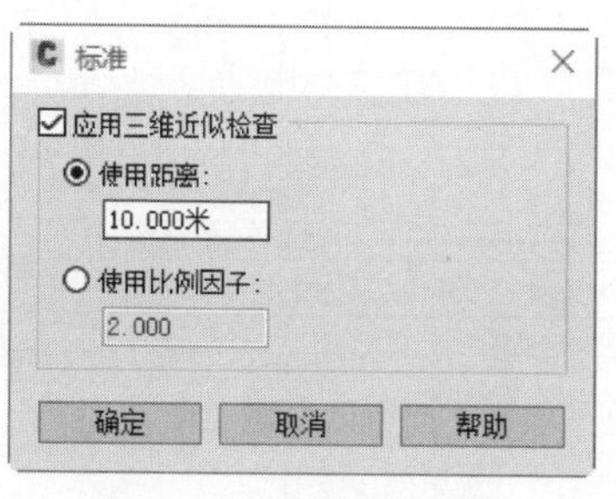

图 11-20 "标准"对话框

图 11-21 提示对话框

(5) 在工具空间的"浏览"选项卡"管网"→"碰撞检查"节点上右击,弹出如图 11-22 所示的快捷菜单,单击"删除"选项,打开如图 11-23 所示的提示对话框。单击"确定"按钮,删除碰撞检查。

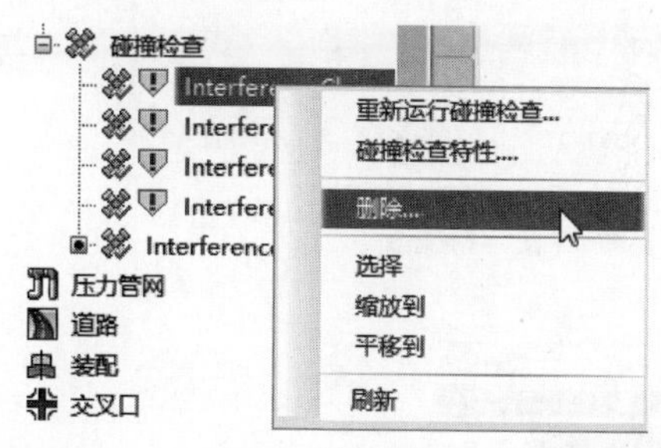

图 11-22 快捷菜单

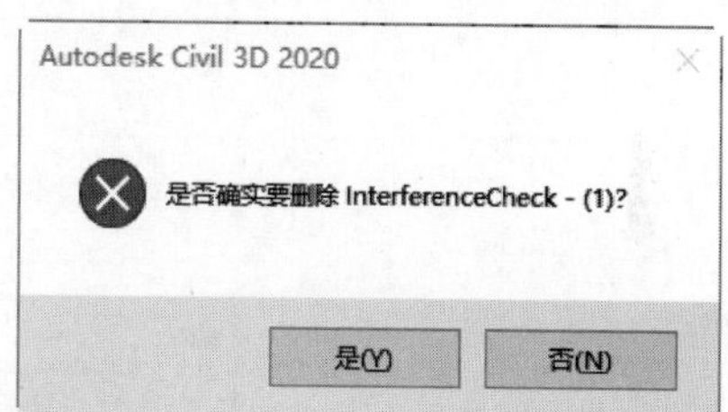

图 11-23 提示对话框

11.3 管网零件列表

零件目录用于对管网项目,例如圆形管道、椭圆形管道、矩形管道、检修孔、滤污器等进行访问。

11.3.1 创建零件列表

(1) 在工具空间的"设定"选项卡"管网"→"零件列表"上右击,在弹出的快捷菜单中单击"创建零件列表"选项,打开"管网零件列表-新建零件列表"对话框,在"信息"选项卡中输入名称为"圆形混凝土管道",其他采用默认设置,如图 11-24 所示。

(2) 切换到"管道"选项卡,在"名称"列表框中的"新建零件列表"上右击,弹出如图 11-25 所示的快捷菜单,单击"添加零件族"选项。

(3) 打开"零件目录"对话框,在"圆形管道"节点中选中"混凝土管道 SI"复选框,如图 11-26 所示。单击"确定"按钮,将圆形混凝土管道族添加到"管网零件列表"对话框中。

(4) 展开"圆形混凝土管道"节点,在"混凝土管道 SI"上右击,弹出如图 11-27 所示的快捷菜单,单击"添加零件尺寸"选项。

Note

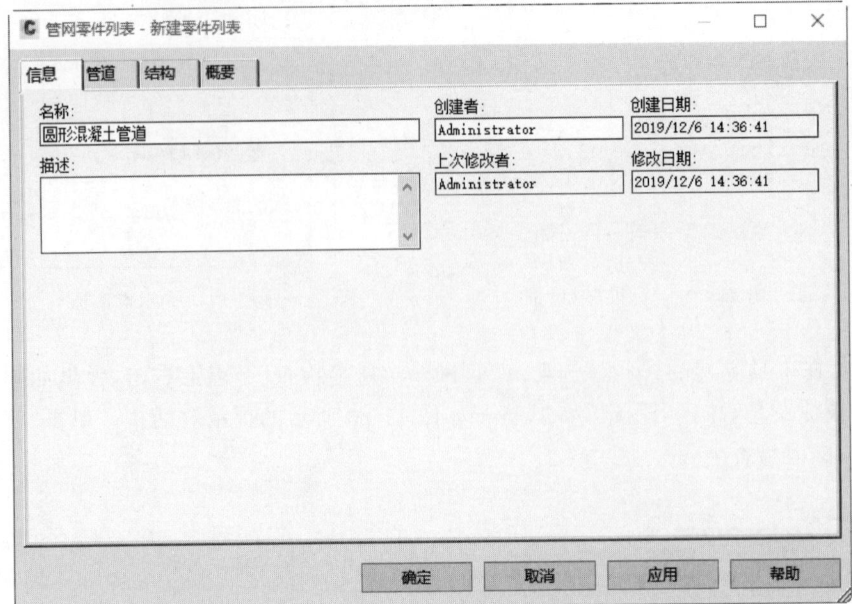

图 11-24 “管网零件列表-新建零件列表”对话框

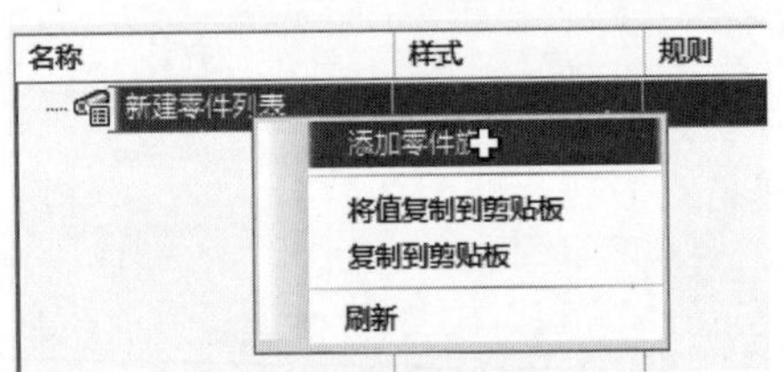

图 11-25 快捷菜单

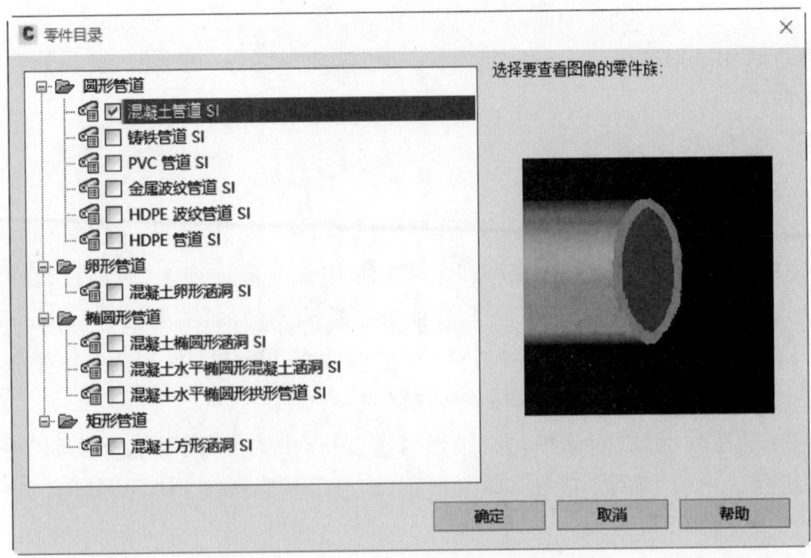

图 11-26 “零件目录”对话框

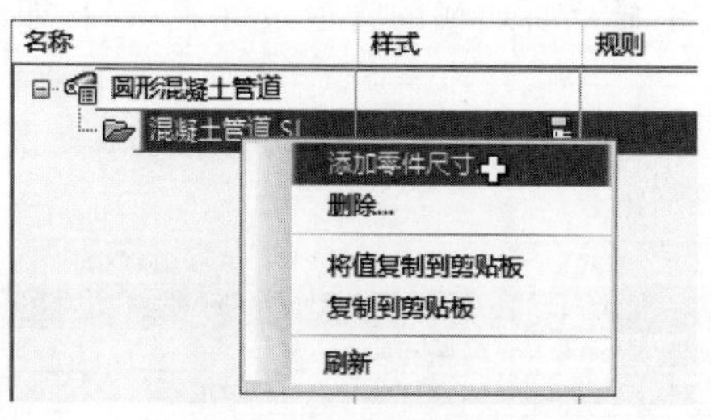

图 11-27 快捷菜单

(5) 打开“零件尺寸创建者”对话框，在“零件尺寸创建者”对话框中选中“壁厚”和“内部管道直径”的“添加所有尺寸”复选框，其他采用默认设置，如图 11-28 所示，单击“确定”按钮。

零件尺寸创建者

特性	值	单位	源	添加所有尺寸
壁厚	25.000000	毫米	表	☑
内部管道直径	100.000000	毫米	表	☑
曼宁系数	0.013000		列表	☐
横断面造型	SweptShape_Circu		常量	
零件类型	Pipe		常量	
零件子类型	未定义		常量	
零件描述	混凝土管道 SI		常量	
零件尺寸名称	100毫米混凝土管道		计算	

确定 取消 帮助

图 11-28 “零件尺寸创建者”对话框

“零件尺寸创建者”对话框中的选项说明如下。

- 特性：每个零件特性均与零件类型相匹配，根据其在零件目录中的发布方式可以选择零件特性或将其作为可选特性添加到零件尺寸。
- 值：指定为特性定义的当前值。
- 单位：指定为特性定义的当前单位。
- 源：指定特性在零件目录中的发布方式，源的类型可以是固定列表、范围、表、常量、计算和可选特性。
  - 固定列表：包含目录零件族中的固定尺寸或项。从下拉列表框中选择尺寸，或复选所有尺寸选项以使用所有尺寸的组合。
  - 范围：零件目录定义了最小/最大范围，用户可以输入该范围内的任何值以创建零件。
  - 表：此类型仅适用于管道。
  - 常量：常量为只读数据类型。此值为零件族中明确定义的值，不能更改。
  - 计算：基于其他一个或多个参数计算所得的只读值。
  - 可选特性：可以从每个定义的零件的可选特性固定列表中添加一个可选特性。
- 添加所有尺寸：此选项仅适用于具有“固定列表”源类型的表。选择此复选框，添加当前特性可用的所有零件尺寸。

Note

(6) 在“管道”选项卡中显示所加载的管道尺寸族系列，如图 11-29 所示。

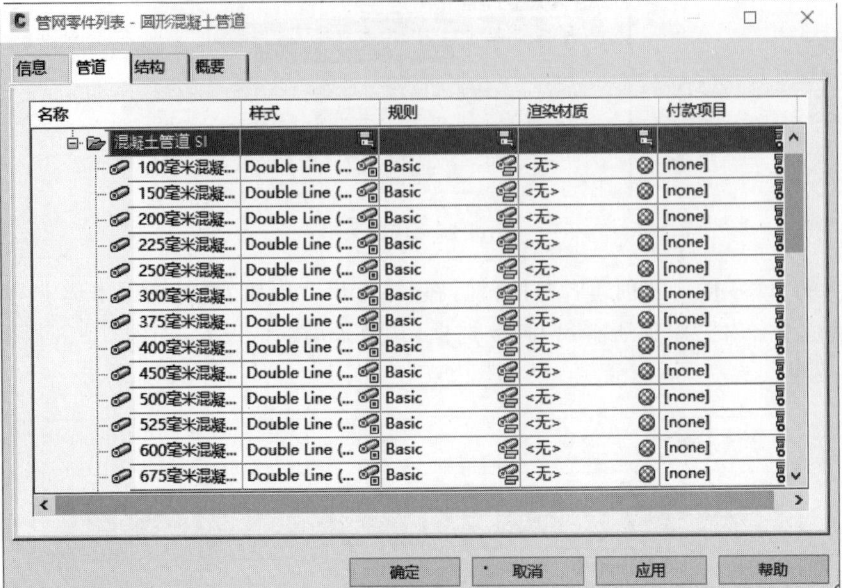

图 11-29　添加管道尺寸

(7) 切换到“结构”选项卡，在名称列表的“圆形混凝土管道”列表上右击，弹出快捷菜单，单击“添加零件族”选项，打开“零件目录”对话框，在“带边框的连接结构”节点下选中“同心圆柱形结构 SI”复选框，如图 11-30 所示。

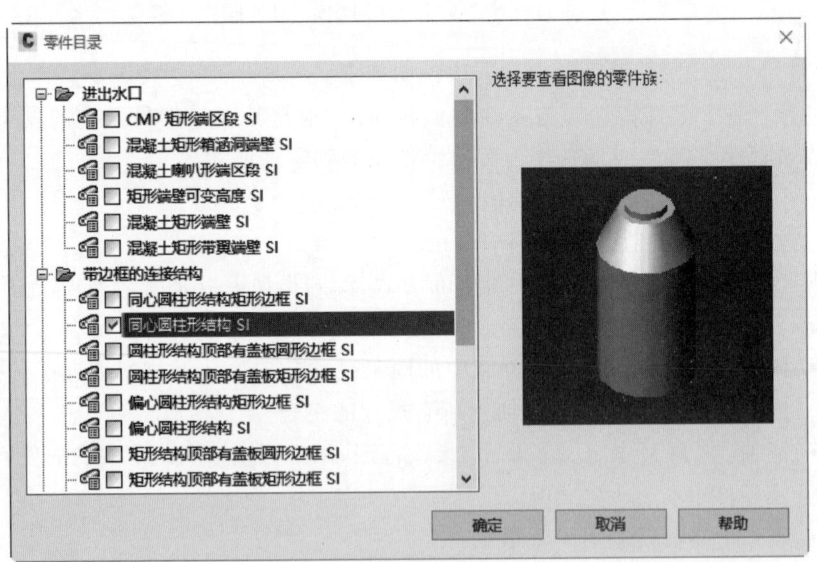

图 11-30　“零件目录”对话框

注意：零件目录中不显示当前零件列表中已包含的项，而仅显示可添加到零件列表中的项。

(8) 展开“圆形混凝土管道”节点，在“同心圆柱形结构 SI”上右击，弹出快捷菜单，

单击“添加零件尺寸”选项，打开“零件尺寸创建者”对话框，选中壁厚、底厚、井框直径、井框高度、圆锥高度和内部结构直径的“添加所有尺寸”复选框，其他采用默认设置，如图 11-31 所示。连续单击“确定”按钮，完成圆形混凝土管道零件列表的创建。

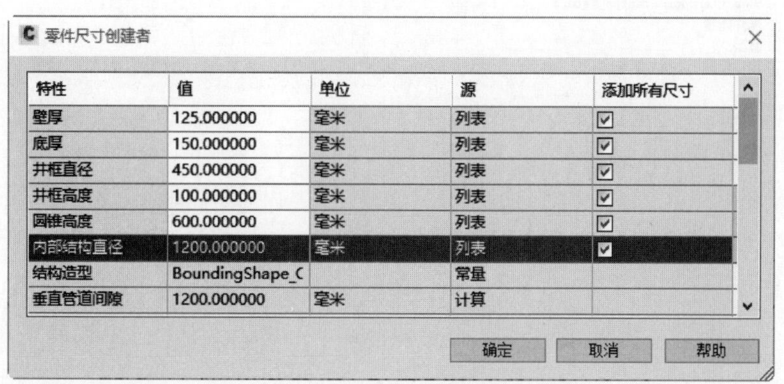

图 11-31　“零件尺寸创建者”对话框

☎ **注意**：*也可以通过复制并编辑现有零件列表或通过将一个图形中的零件列表拖放到另一个图形中来创建零件列表。*

11.3.2　编辑管网零件尺寸

（1）打开上一步创建的图形。在图形中选择管网，打开“管网：管网-(1)”上下文选项卡，单击“管网工具”面板“零件列表”下拉列表框中的“零件生成器”按钮，或在命令行中输入 PARTBUILDER，打开“快速入门-目录屏幕”对话框，在“圆形管道”节点下选择“混凝土管道 SI”，如图 11-32 所示。

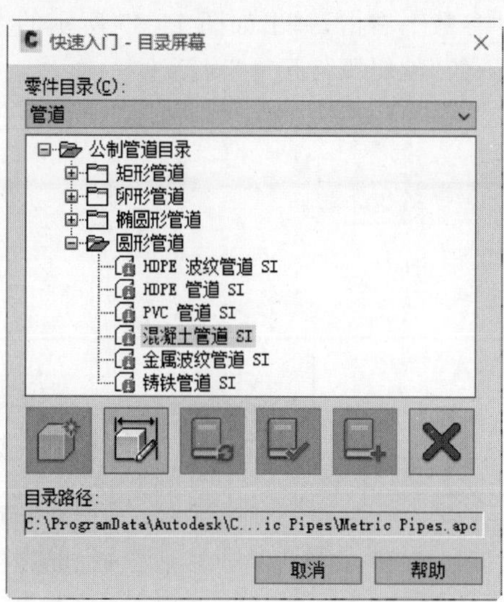

图 11-32　“快速入门-目录屏幕”对话框

（2）单击“修改零件尺寸”按钮，打开所选零件的零件族浏览器和零件截面，如图 11-33 所示。

Note

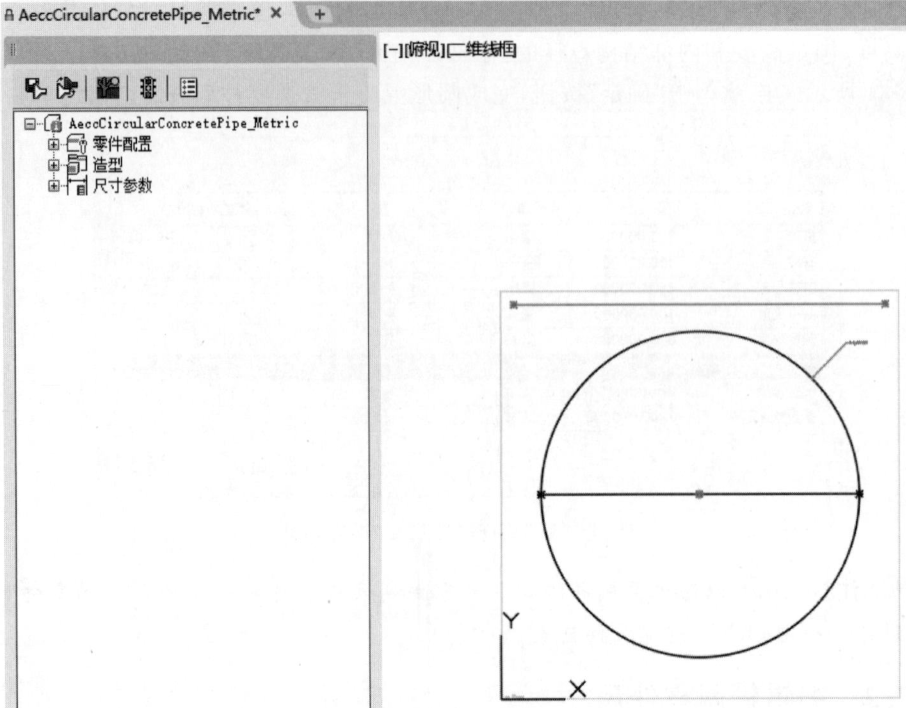

图 11-33　零件截面

(3) 如果是 Autodesk Civil 3D 附带的零件族，则单击浏览器窗口工具栏中的“零件族另存为”按钮，打开“零件族另存为”对话框，输入零件名称为“圆形混凝土管道”，如图 11-34 所示。

(4) 在浏览器的尺寸参数上右击，弹出如图 11-35 所示的快捷菜单，选择“编辑值”选项，打开如图 11-36 所示的“编辑零件尺寸”对话框。

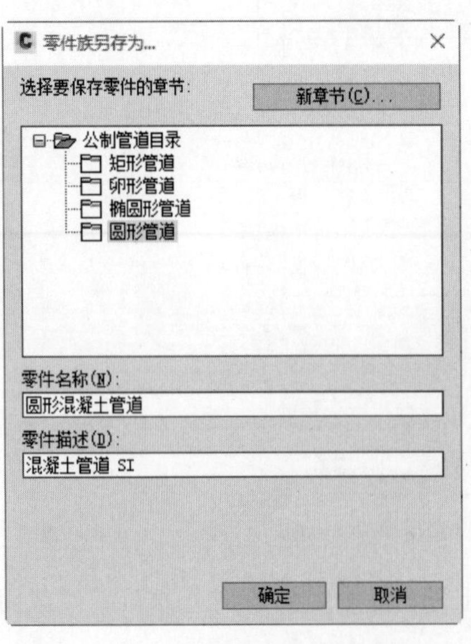

图 11-34　“零件族另存为”对话框

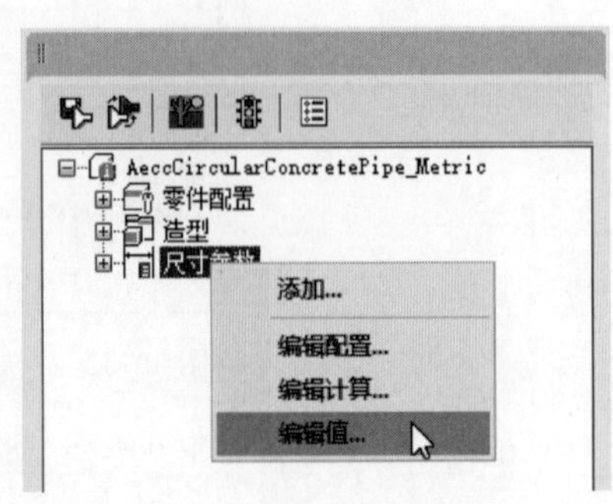

图 11-35　快捷菜单

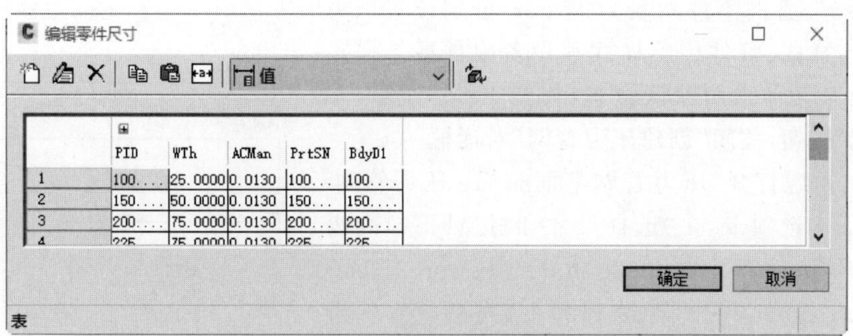

图 11-36 “编辑零件尺寸”对话框

Note

(5) 单击“自动调整列文本的大小”按钮，显示列表中的所有文字。选中某一行，单击“新建”按钮，选定的行将复制到此表中，通过在 PID（管道内部直径）和 WTh(壁厚)值上双击并输入新值来编辑 PID 和 WTh 值，如图 11-37 所示。

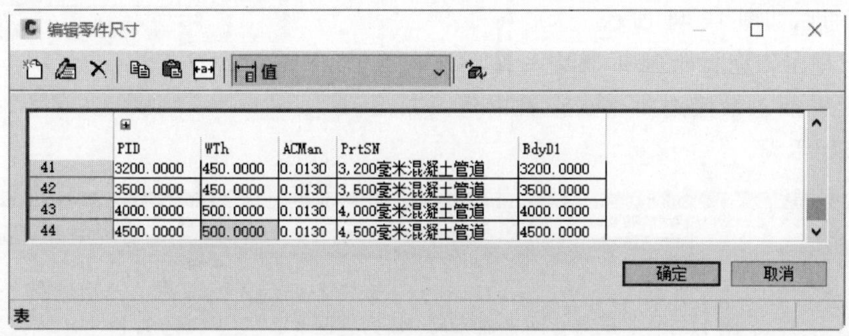

图 11-37 新建尺寸

(6) 选取行，单击“删除”按钮，删除所选取的行，单击“确定”按钮。

(7) 在浏览器中单击“保存”按钮，保存零件族。

(8) 单击浏览器右上角的“关闭”按钮，打开如图 11-38 所示的提示对话框，单击“是”按钮，保存零件并关闭零件族图形文件。

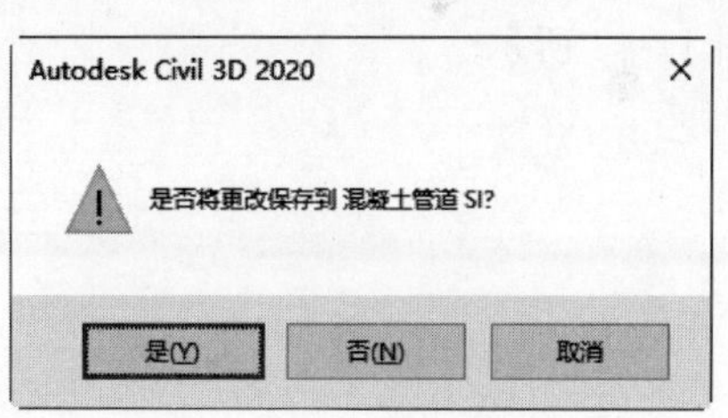

图 11-38 提示对话框

11.4 创建压力管网

可以使用压力管网要素生成压力管网的三维模型，例如水传动系统。

11.4.1 按布局创建压力管网

(1) 单击“常用”选项卡“创建设计”面板“管网”下拉列表框中的“管网创建工具”按钮，打开“创建压力管网”对话框，设置网络名称为“压力管网-(<[下一个编号

Note

(CP)]>)”，管网零件列表为 Water，分别设置压力管道标签样式、管件标签样式和设备附件标签样式为“标准”，其他采用默认设置，如图 11-39 所示，单击“确定”按钮，关闭“创建压力管网”对话框。

(2) 系统打开“压力管网平面布局：压力管网-(1)”上下文选项卡，在“选择尺寸和材质”下拉列表框中选择“pipe-300mm-push on-ductile iron-25 bar-AWWA C151”，单击“管道和弯头”按钮，单击“指南针可见性”按钮，设置指南针颜色为红色，其他采用默认设置，如图 11-40 所示。

(3) 在图形中指定第一个压力管道点和下一个压力管道点，绘制直线段以插入直管道段，然后显示指南针，并显示与零件列表中所选尺寸和材质匹配的弯头角度，如图 11-41 所示。

(4) 单击指南针上靠近其中一个角度的角度，将捕捉到并插入最接近所单击位置的弯头角度，这里选择 90°弯头。

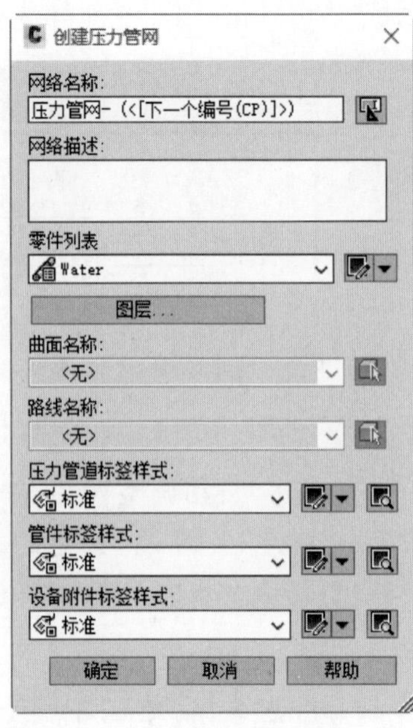

图 11-39 “创建压力管网”对话框

图 11-40 “压力管网平面布局：压力管网-(1)”上下文选项卡

(5) 继续指定下一个压力管道点布置压力管网，按 Enter 键结束命令，结果如图 11-42 所示。

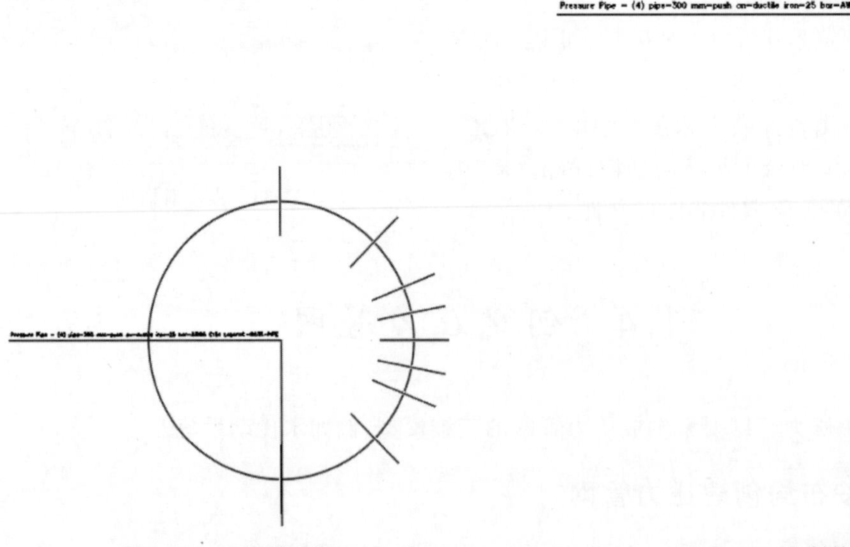

图 11-41 显示指南针

图 11-42 绘制管网

Note

(6) 单击“添加管件”按钮，在“管件”下拉列表框中选择“ductile iron 三通”→“tee-300mm×300mm-push on-ductile iron-25 bar-AWWA C110/C111/C153”。

(7) 捕捉如图 11-43 所示的竖管的中点，放置管件三通，如图 11-44 所示。按 Enter 键结束命令。

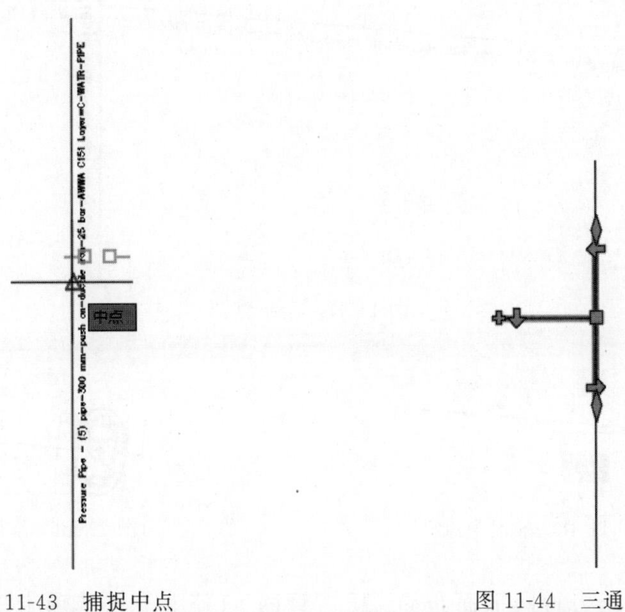

图 11-43　捕捉中点　　　　图 11-44　三通

(8) 单击“仅管道”按钮，捕捉如图 11-45 所示的三通的端点为压力管道点，显示指南针，并显示可以插入下一个管道的允许偏转角度，如图 11-46 所示。

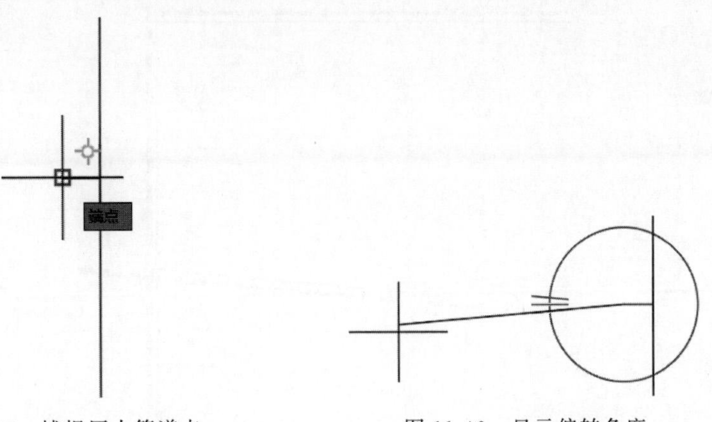

图 11-45　捕捉压力管道点　　　　图 11-46　显示偏转角度

(9) 指定下一个压力管道点，按 Enter 键结束命令，绘制直管如图 11-47 所示。

(10) 单击“添加设备附件”按钮，在“设备附件”下拉列表框中选择“gate valve-300mm-push on-ductile iron-16bar”。

(11) 捕捉如图 11-48 所示管道端点为设备附件的放置点，放置设备附件阀门，如图 11-49 所示。按 Enter 键结束命令。

Note

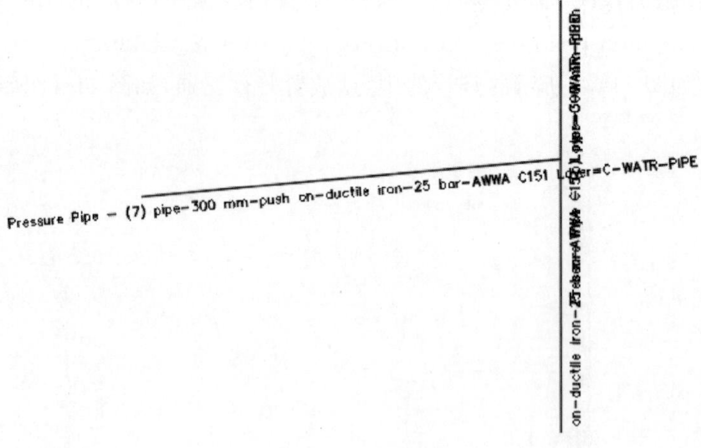

图 11-47　绘制直管

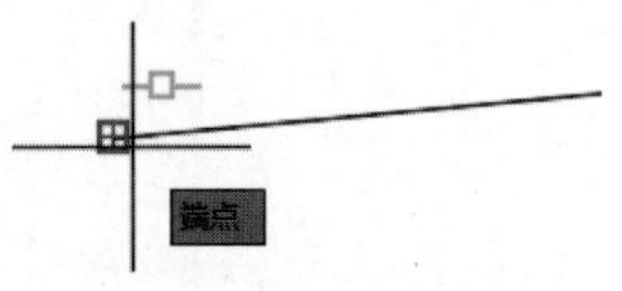

图 11-48　捕捉中点

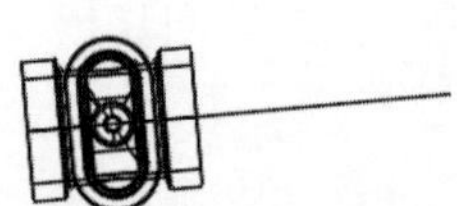

图 11-49　添加阀门

(12) 单击“压力管网平面布局：压力管网-(1)”上下文选项卡中的“关闭”按钮 ✔，完成压力管网的创建，如图 11-50 所示。

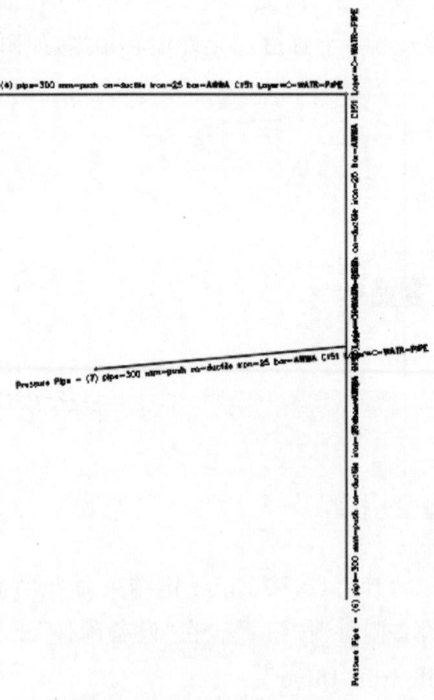

图 11-50　创建压力管网

Note

11.4.2　从对象创建压力管网

可以将直线、圆弧、二维和三维多段线、样条曲线、要素线、路线以及测量地物转换为连接的压力管道和弯头。

(1) 单击“常用”选项卡“绘制”面板中的“多段线”按钮 ，绘制如图 11-51 所示的图形多段线。

(2) 在工具空间“设定”选项卡的“压力管网”→“零件列表”→Water 节点上右击，弹出如图 11-52 所示的快捷菜单，选择“编辑”选项，打开“压力管网零件列表-Water”对话框。

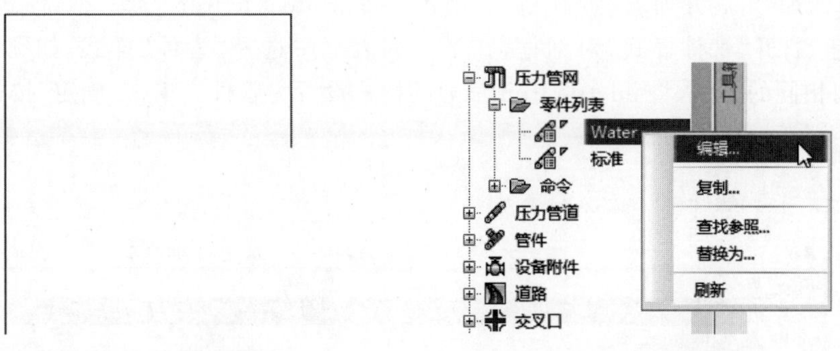

图 11-51　绘制多段线　　　　图 11-52　快捷菜单

(3) 切换到“压力管道”选项卡，单击 Water 前的加号，展开列表，如图 11-53 所示。在 pipe-400 mm-push on-ductile iron-16 bar-AWWA C151 栏的“样式”列表中单击 按钮，打开“压力管道样式”对话框，在下拉列表框中选择“标准”样式，如图 11-54 所示，单击“确定”按钮。

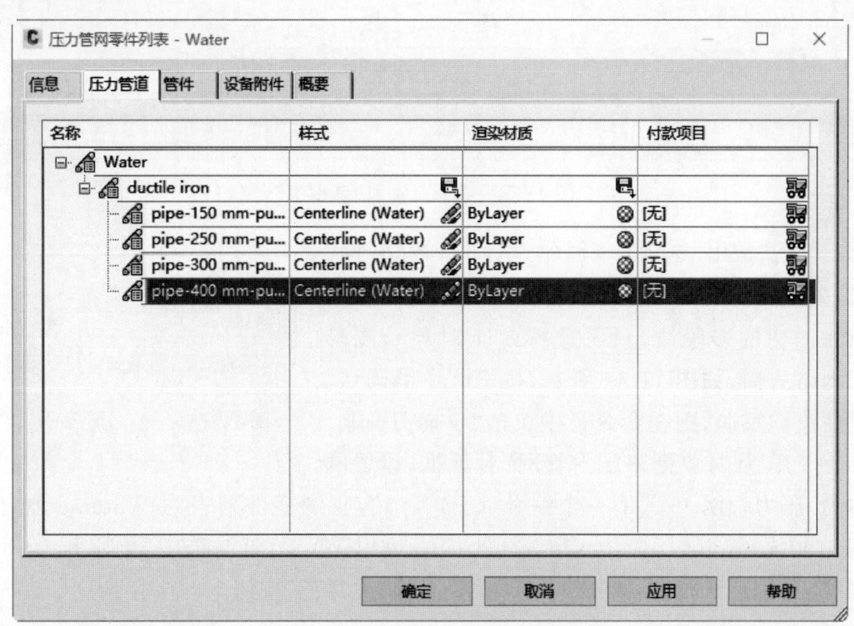

图 11-53　“压力管道”选项卡

Note

“压力管网零件列表-Water”对话框“压力管道”选项卡中的选项说明如下。

➢ 名称：此树状视图在顶层依次显示零件列表的名称、零件列表中包含的零件材质的名称，以及每个零件材质中包含的零件尺寸的名称。
➢ 样式：指定管道插入图形时管道的默认样式。
➢ 渲染材质：指定管道插入到图形中时分配给管道的默认渲染材质。
➢ 付款项目：指定要与零件关联的付款项目。

图 11-54 “压力管道样式”对话框

(4) 返回到“压力管网零件列表-Water”对话框，切换到“压力管道”选项卡，单击Water前的加号，展开列表，如图 11-55 所示。单击“ductile iron 弯头”栏“样式”列表中的按钮，打开“管件样式”对话框，在下拉列表框中选择“管件”样式，如图 11-56 所示。采用相同的方法，将 ductile iron 三通的样式设置为管件。单击“确定”按钮。

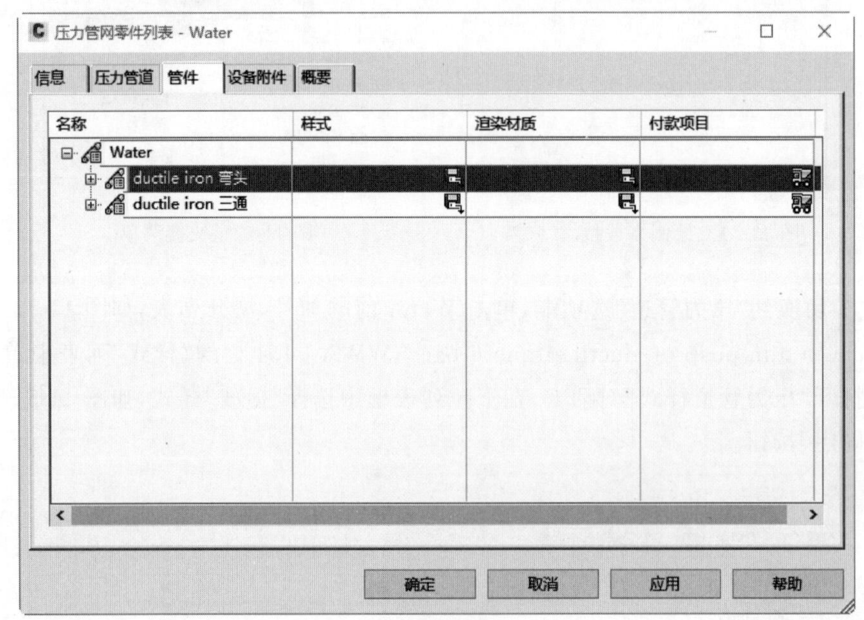

图 11-55 “压力管道”选项卡

(5) 单击“常用”选项卡“创建设计”面板“管网”下拉列表框中的“从对象创建压力管网”按钮，选取前面创建的多段线(只可选择一个对象)，图形上显示网络方向，如图 11-57 所示，按 Enter 键确认。如果要使流向反向，则在命令行中单击“反向”选项。

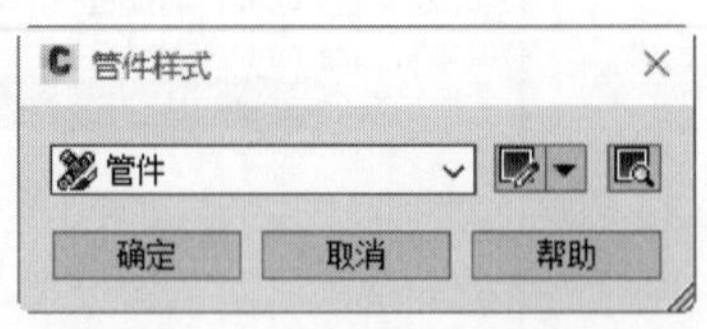

图 11-56 “管件样式”对话框

(6) 打开“从对象创建压力管网”对话框，设置网络名称为“压力管网-(＜[下一个编号(CP)]＞)”，管网零件列表为 Water，尺寸和材质为“pipe-400 mm-push on-ductile iron-16 bar-AWWA C151”，选中“删除现有图元”复选框，其他采用默认设置，如图 11-58 所示。单击“确定”按钮。

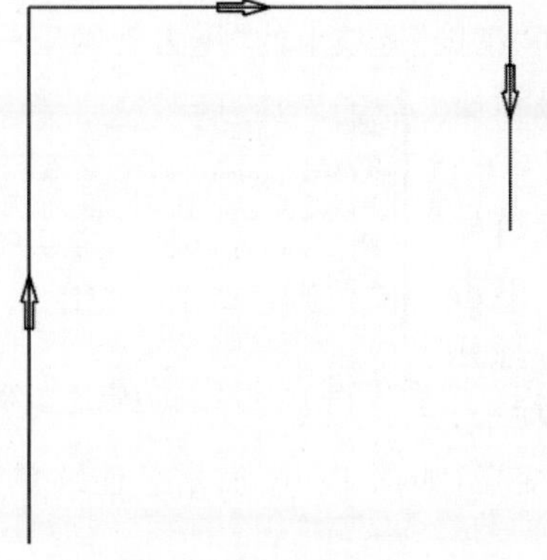

图 11-57 显示流向

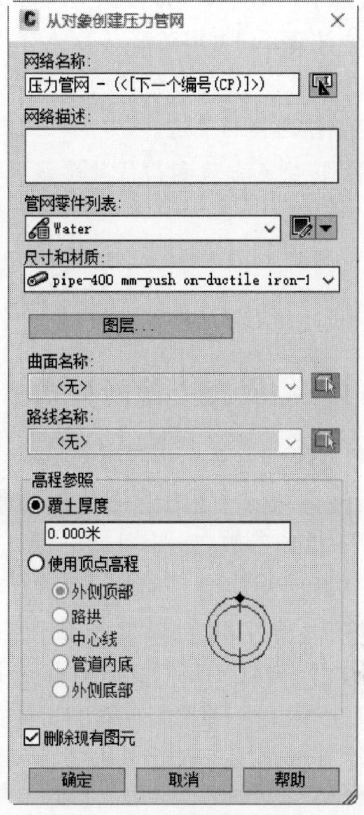

图 11-58 “从对象创建压力管网”对话框

(7) 压力管网将显示在平面图中。在管网的转弯处自动添加弯头，如图 11-59 所示。

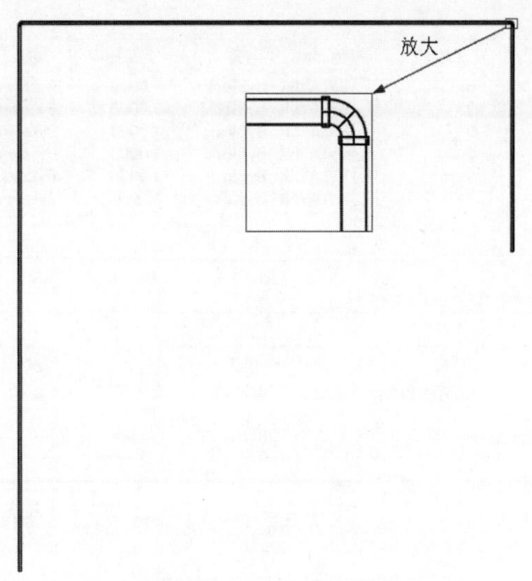

图 11-59 创建压力管网

选择不同的对象，将转换为不同的压力管网部件。

注意：(1) 圆弧将转换为弯管段。

(2) 样条曲线段将转换为与弯头连接的直管段。如果没有可用的弯曲角度，则创建没有管件连接的管道。

(3) 转换包含缓和曲线的路线时，缓和曲线将转换为多个弯管段。

Note

11.5 编辑压力管网

11.5.1 编辑压力管网样式

(1) 打开 11.4.2 节创建的图形。在工具空间“浏览”选项卡的“压力管网”→“压力管网”节点下单击“压力管道”，在工具空间下方显示所选压力管道的参数，如图 11-60 所示。

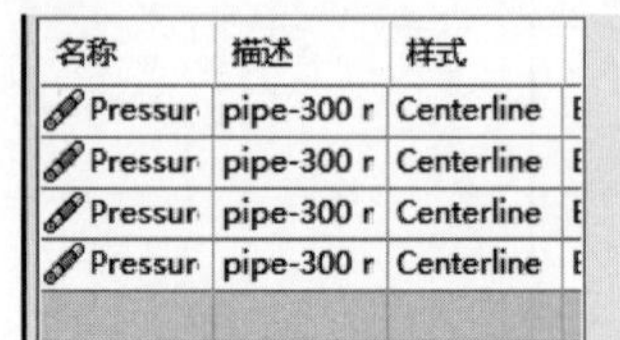

名称	描述	样式	E
Pressur	pipe-300 r	Centerline	E
Pressur	pipe-300 r	Centerline	E
Pressur	pipe-300 r	Centerline	E
Pressur	pipe-300 r	Centerline	E

图 11-60 压力管道参数

(2) 单击对应管道的样式列表，打开“选择管道样式”对话框，在下拉列表框中选择“标准”样式，单击下拉列表框中的“编辑当前选择”按钮，打开“压力管道样式-标准”对话框。切换到“显示”选项卡，单击“管道填充”和“管道实体”的可见图标，使其变亮，如图 11-61 所示。连续单击“确定”按钮。

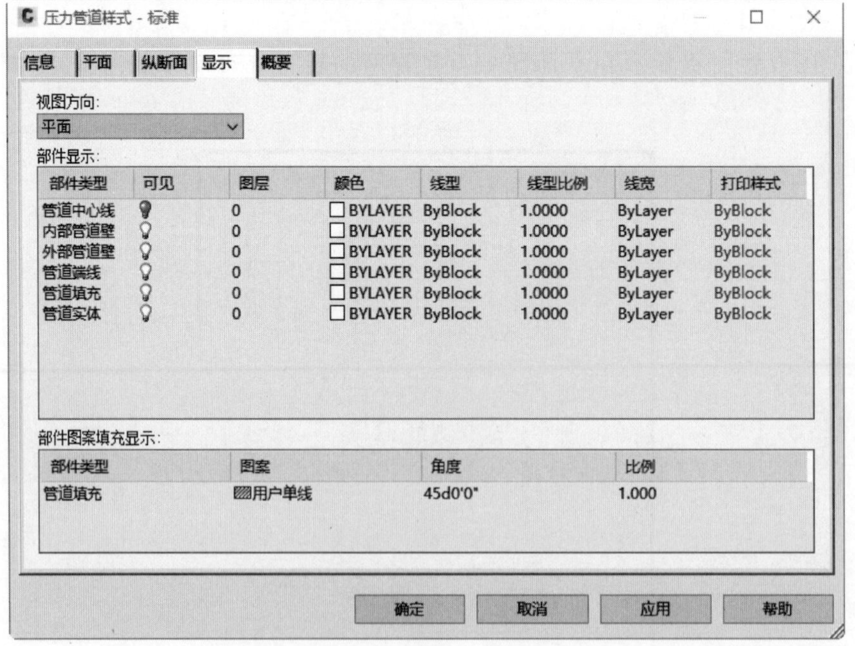

图 11-61 “显示”选项卡

（3）采用相同方法，将其他管道样式更改为“标准”，更改样式后的管道如图 11-62 所示。

（4）在工具空间“浏览”选项卡的“压力管网”→“压力管网”节点中单击“管材”，在工具空间下方显示所选管材的参数，如图 11-63 所示。

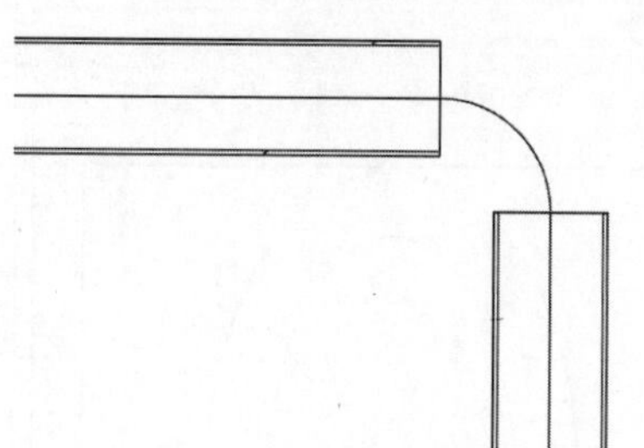

图 11-62 更改管道样式

名称	描述	样式	渲染材
Fitting -	elbow-300	Centerline	ByLaye
Fitting -	tee-300 mı	Centerline	ByLaye

图 11-63 管材参数

（5）单击弯头管材的样式列表，打开“选择管件样式”对话框，在下拉列表框中选择“管件”样式，单击下拉列表框中的“编辑当前选择”按钮，打开“管件样式-管件”对话框。切换到“平面”选项卡，选中“显示为目录定义的块”复选框，如图 11-64 所示。

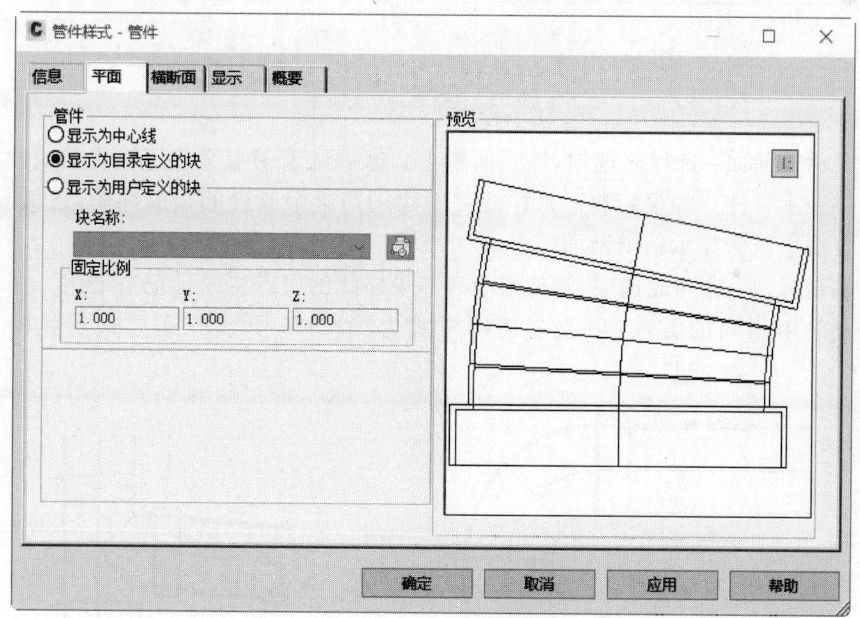

图 11-64 “平面”选项卡

“管件样式-管件”对话框“平面”选项卡中的选项说明如下。

- 显示为中心线：将管件显示为在压力管网目录中定义的块的中心线。
- 显示为目录定义的块：使用压力管网目录中定义的块显示管件。
- 显示为用户定义的块：使用用户指定的块显示管件。
  - 块名称：指定要用作配件符号的块的名称。可以从当前图形中选择块，或通过选择图形文件将块添加到图形中。

Note

• 固定比例：按 X、Y 和 Z 参数缩放管件符号。

(6) 切换到"横断面"选项卡，选择"显示横断面"选项，如图 11-65 所示。连续单击"确定"按钮，完成弯头样式的更改，如图 11-66 所示。

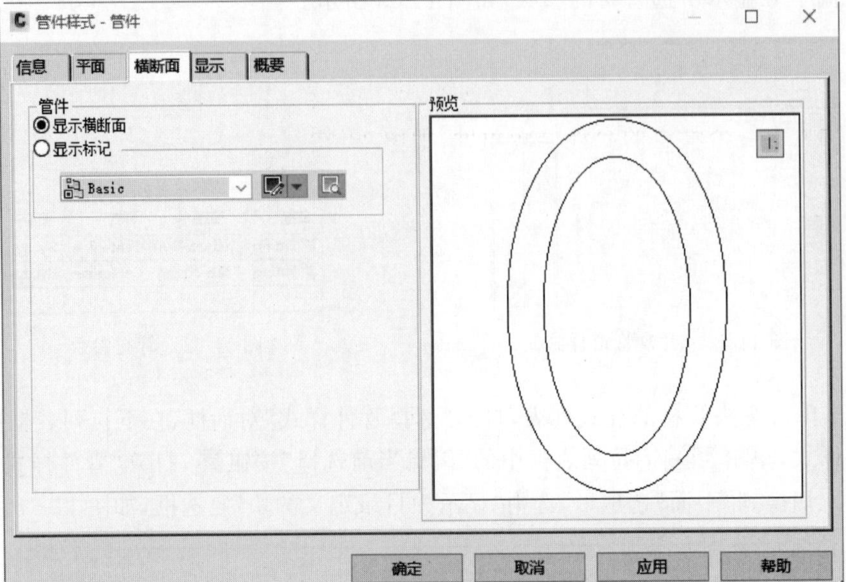

图 11-65 "横断面"选项卡

➤ 显示横断面：选择此选项，横断面图上会显示目录中定义的三维块的横断面，用于表示管件。如果修改了采样线并新建剖切某个管件的横断面图，该横断面会自动更新为显示新横断面图。

➤ 显示标记：选择此选项，管件中心线与采样线的交点将以标记指定。

(7) 采用相同的方法，更改三通的样式为"管件"，更改三通样式后如图 11-67 所示。

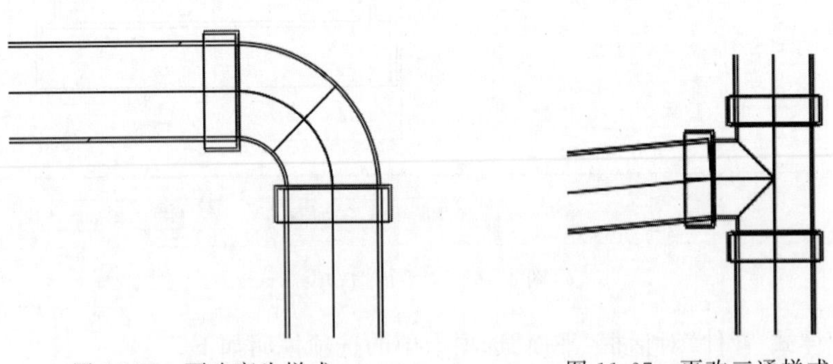

图 11-66 更改弯头样式　　图 11-67 更改三通样式

11.5.2 通过夹点编辑压力管网

(1) 打开 11.5.1 节绘制的图形，选取直线压力管道，显示夹点如图 11-68 所示。

(2) 单击"拉长"夹点◀，拉长压力管道，如图 11-69 所示。

图 11-68　显示压力管道夹点

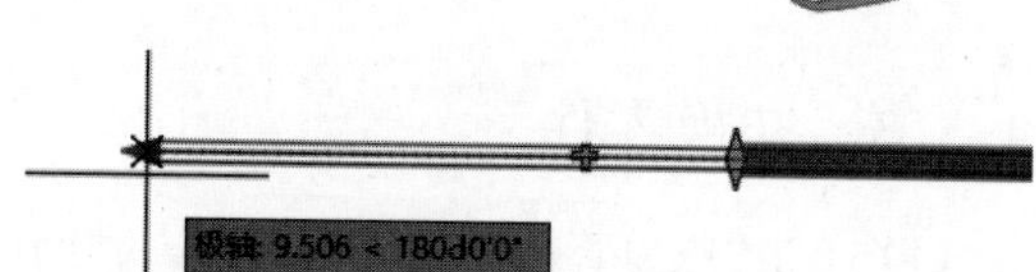

图 11-69　拉长管道

Note

(3) 单击“继续布局”按钮，显示指南针，并显示可以插入下一个管道的允许偏转角度，如图 11-70 所示。指定偏转角度后单击“关闭”按钮。

(4) 单击“偏转角”夹点，拖动鼠标调整管道的偏转角，如图 11-71 所示。

(5) 选取弯头管件，显示弯头夹点如图 11-72 所示。

(6) 单击“翻转”夹点，将围绕管件插入点旋转管件，如图 11-73 所示。如果管件以不允许旋转的方式附着到其他零件，则旋转夹点不出现。

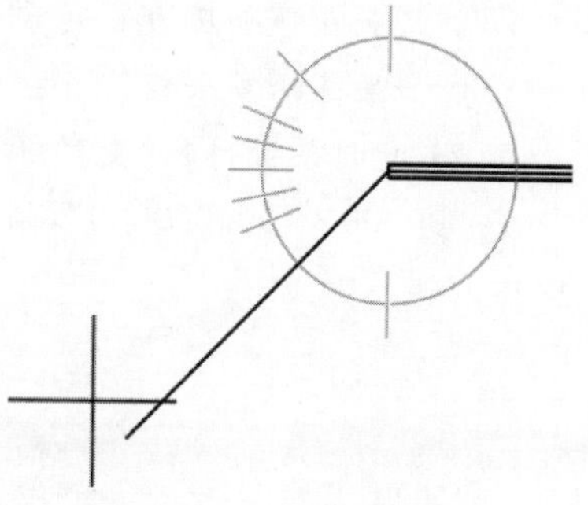

图 11-70　显示偏转角度

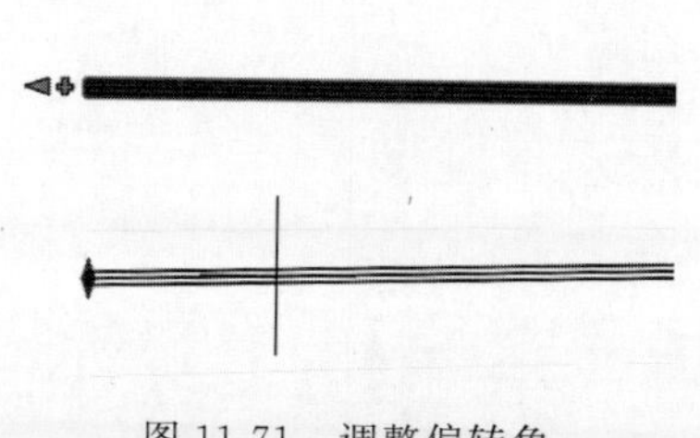

图 11-71　调整偏转角

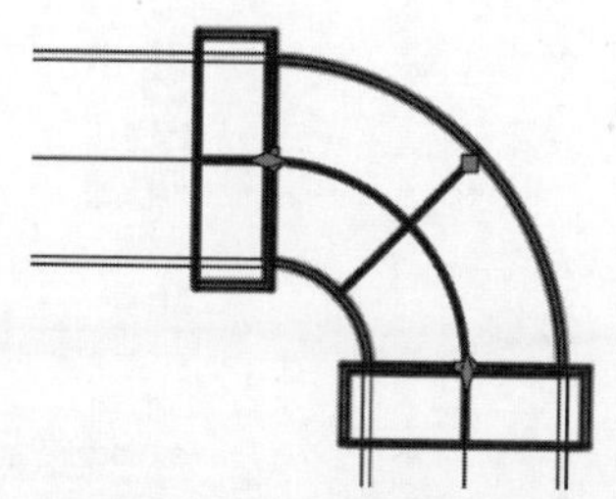

图 11-72　显示弯头夹点

(7) 单击“位置”夹点，拖动此夹点，将更改弯头、T 型三通和其他管件的位置。移动的管件可连接到压力管道；那些管道将缩短、拉长和更改方向，同时保持它们与所移动管件的连接。

(8) 单击“滑动”夹点，可以沿压力管道滑动弯头。

(9) 选取三通管件，显示三通夹点如图 11-74 所示。单击“旋转”夹点，拖动夹点可以围绕设备附件的插入点旋转设备附件。如果设备附件以不允许旋转的方式附着到其他零件，则旋转夹点不出现。

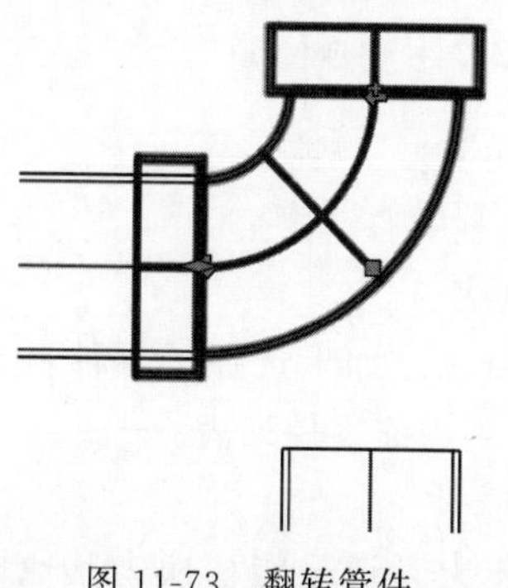

图 11-73　翻转管件

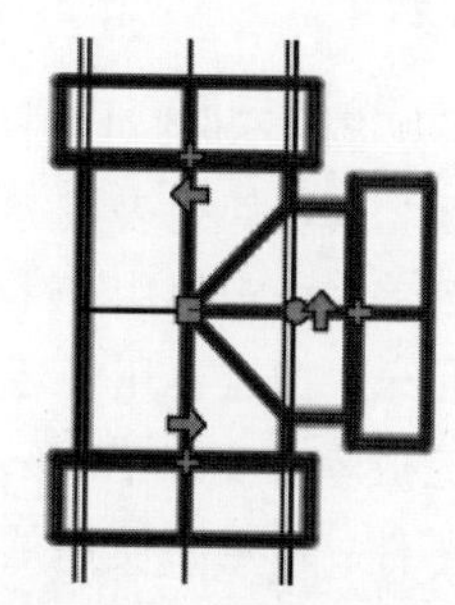

图 11-74　显示三通夹点

11.5.3 交换零件

(1) 单击"压力管网平面布局：压力管网-(1)"上下文选项卡"修改"面板中的"交换零件"按钮，选取弯头为要交换的压力管网零件，按 Enter 键确认。

注意：① 可以在平面图或纵断面图中选择压力管网零件。

② 只能在一个压力管网零件中选择零件。

③ 如果选择多个零件类型或零件族的零件，则在更改零件尺寸时会受到限制。

(2) 此时系统打开"交换压力管网零件"对话框，设置零件类型为"三通"，尺寸为"300.000000×400.000000"，高程参照为"外侧顶部"，其他采用默认设置，如图 11-75 所示。

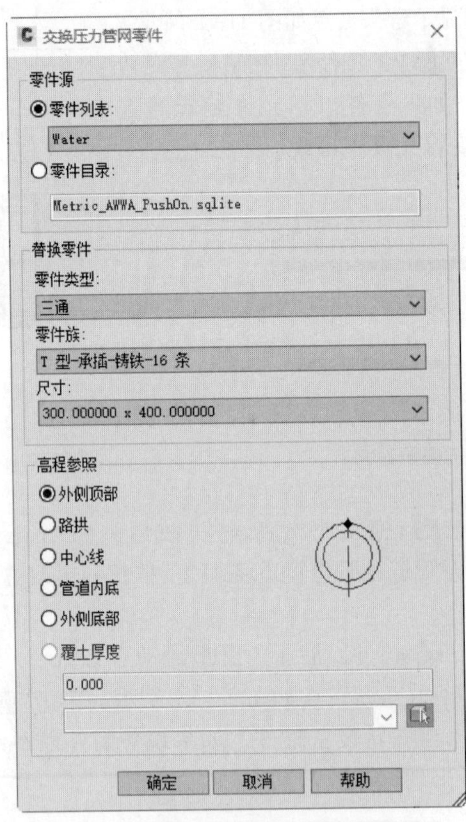

图 11-75 "交换压力管网零件"对话框

"交换压力管网零件"对话框中的选项说明如下。

- 零件源：从零件列表或零件目录中选择替换零件。
- 零件列表：指定要用于零件交换的零件列表。
- 零件目录：指定要用于零件交换的零件目录。如果选择了零件目录中的零件，则在完成零件交换后，该零件会自动添加到当前零件列表。
- 替换零件：指定要使用的替换零件。
- 零件类型：指定替换零件的零件类型。压力管道只能替换为其他压力管道，管

件只能替换为其他管件,并且设备附件只能替换为其他设备附件。但是,分类为弯头、四通、T型三通的管件以及这些子类型的零件可以互相替换。例如,弯头管件可以替换为四通或T型三通管件。

- 零件族:指定要用于替换零件的零件类型的子集。
- 尺寸:指定要用于替换零件的尺寸。
- 高程参照:设置以指定替换零件的标高决定方式。

☎ **注意**:如果选择了类型和族都不同的多个零件,则"零件"列表框中会显示"＊VARIES＊",并且在指定替换零件的尺寸时会受到限制。如果不选择替换零件,那么在指定标高参照并单击"确定"按钮后,不会对现有压力管网产生任何影响。

(3) 单击"确定"按钮,完成零件的交换,如图11-76所示。

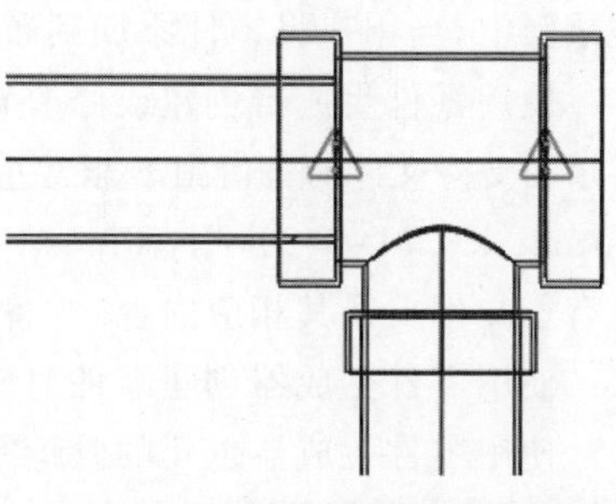

图11-76　弯头交换为三通

11.6　零件生成器

使用零件生成器,可以创建和修改可在Autodesk Civil 3D零件目录中找到的管网零件。使用零件生成器,可以设计和编辑表示真实管网零件(例如管道、检修孔、集水池和端壁)的图形内容的造型。

11.6.1　零件生成器的术语

零件生成器的常用术语如下。

(1) 约束:通过建立模型中要素之间的关系来控制要素的造型。

(2) 自由度:在零件建模中,确定几何对象(例如直线、圆弧或圆)更改造型或尺寸的方式。例如,圆有两个自由度:中心和半径。当这些值是固定值时,称为消除了自由度。

(3) 标注:控制要素的尺寸。更改标注时,将调整要素的大小。标注可以表示为一个常量值、作为表中一部分的值、计算值或值列表。

(4) 域:引用零件类别。默认情况下,仅有两个域类型:管道和结构。每种域类型在Autodesk Civil 3D中具有独特的行为。

(5) 要素:管网零件模型的构造块。可以合并要素以创建管网零件模型。

(6) 模型:表示所有可能尺寸的零件造型,可以通过参数、几何图形、标注和几何约束进行定义。

(7) 参数化:一种使用零件参数的值动态调整零件大小的解决方案。

(8) 零件尺寸:应用于参数化模型以定义单个尺寸的一组特定值。

(9) 工作平面:与模型的一个或多个要素相关的无限平面。工作平面在空间上提供一个定义的位置,在此位置可以生成模型。

Note

11.6.2 从零件生成器生成零件

使用零件生成器时，可以生成管道零件的二维模型和/或结构零件的三维模型，并可以生成要在设计布局中使用的那些零件的二维图形视图。可以根据构成零件的要素的尺寸、造型和位置来定义所创建的模型。零件存储在零件目录(例如“美国英制管道目录”)中，当用户将零件添加到布局中时，可以浏览目录并从中选择零件。

使用零件生成器创建或修改管网零件之前，创建和保存 Autodesk Civil 3D 管网零件目录和支持文件的备份副本非常重要。默认情况下，这些文件安装在 C:\ProgramData\Autodesk\C3D 2020\chs\Pipes Catalog 中。可以创建和保存此文件夹及其内容(包括所有子文件夹及其相应内容)的备份副本。

使用零件生成器创建零件时应遵循以下原则：

使用零件生成器创建的管道零件必须具有宽度、高度和中心线。因此，任何不符合该标准的管道造型在 Autodesk Civil 3D 管网中均不被支持。

管道的横断面、纵断面必须具有闭合回路。因此，无法创建诸如马蹄形或 U 形(明渠)等管道类型。

管道零件定义必须包括均匀的壁厚。因此，无法创建壁厚变化的管道零件。

零件生成器无法创建在内径角点上具有倒角的矩形涵洞造型。

当管道与结构连接时，管道和结构之间有一个连接点。因此，用户不能将管道零件自定义为在管道的一端(连接到结构处)具有两个连接点。

(1) 单击“常用”选项卡“创建设计”面板中的“零件生成器”按钮，打开“快速入门-目录屏幕”对话框，在“零件目录”下拉列表框中选择“结构”，再在列表框中选择“简单造型”，如图 11-77 所示。

(2) 单击“新参数化零件”按钮，打开“新零件”对话框，输入名称为“简单圆柱形2”，其他采用默认设置，如图 11-78 所示。单击“确定”按钮，新零件族将显示在零件浏览器窗口中，如图 11-79 所示。

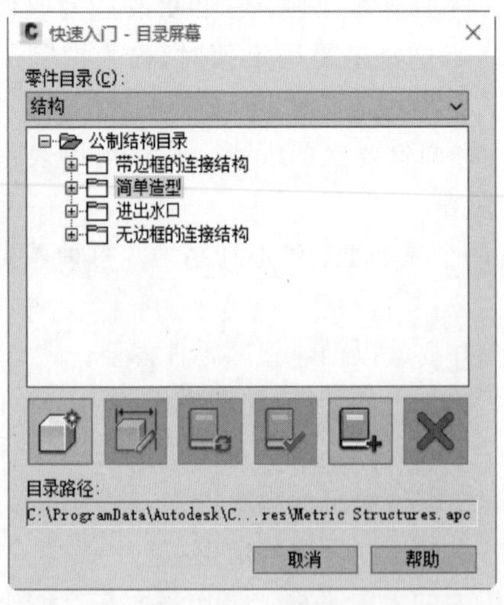

图 11-77 “快速入门-目录屏幕”对话框

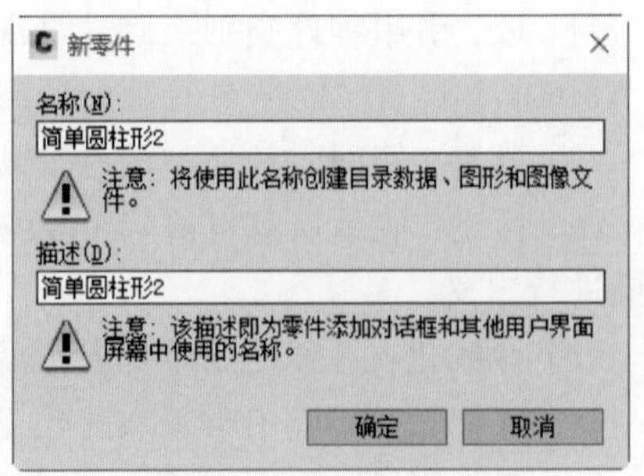

图 11-78 “新零件”对话框

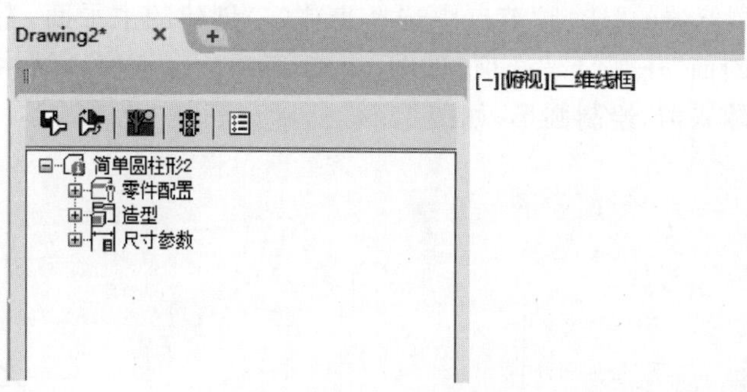

图 11-79 零件浏览器

(3) 在零件浏览器的“零件配置”节点下右击未定义的零件类型，弹出快捷菜单，单击“编辑”选项，选择“常规结构”零件类型，如图 11-80 所示。

(4) 在零件浏览器的“零件配置”节点下右击未定义的边界造型，弹出快捷菜单，单击“编辑”选项，选择“圆柱体”边界造型，如图 11-81 所示。

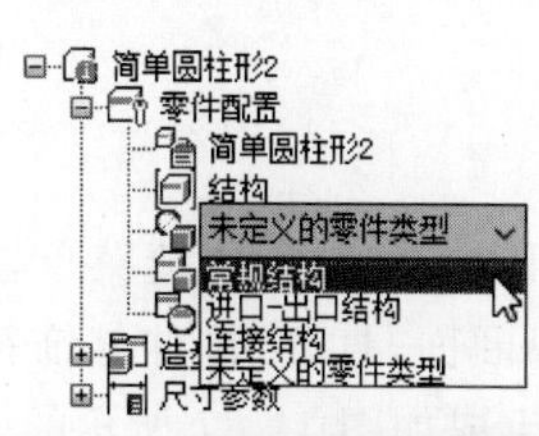

图 11-80 选择零件类型

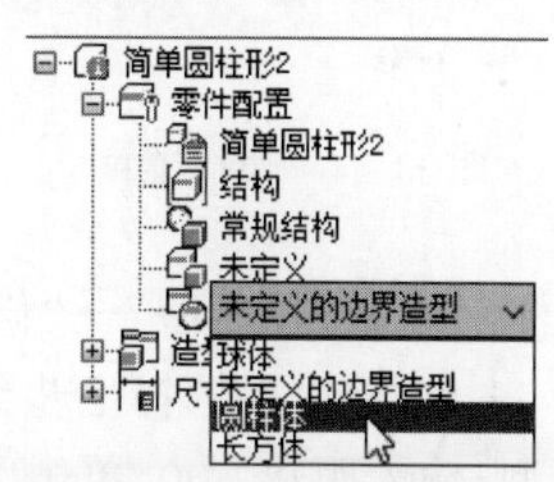

图 11-81 选择边界造型

(5) 在零件浏览器的“造型”节点下右击工作平面，弹出快捷菜单，单击“添加工作平面”选项，打开“创建工作平面”对话框，单击“主视”按钮，添加主平面，如图 11-82 所示。单击“确定”按钮，在视图 XY 平面上创建工作平面，如图 11-83 所示。

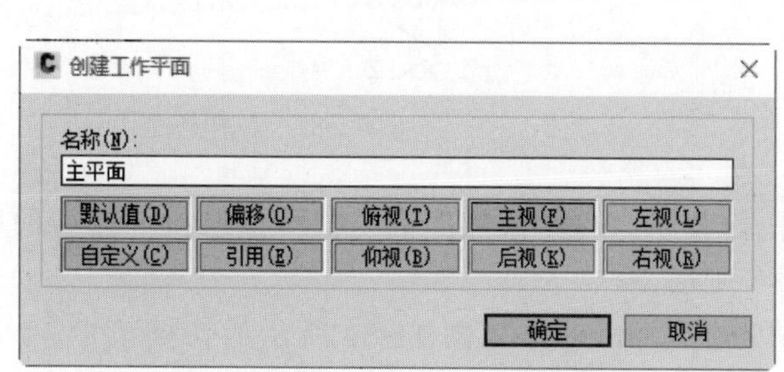

图 11-82 “创建工作平面”对话框

图 11-83 创建工作平面

Note

（6）在零件浏览器的“造型”节点中选择步骤（5）创建的主平面，右击，弹出快捷菜单，选择“添加纵断面”→“圆形”选项，如图 11-84 所示。在建模区域中指定中心点，然后指定第二点或输入值，绘制圆形，如图 11-85 所示。

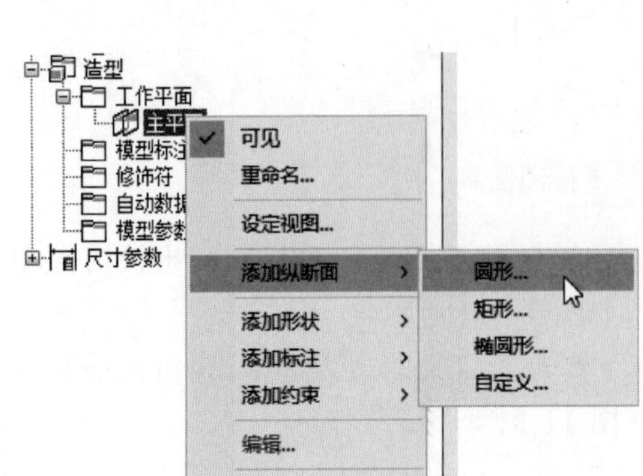

图 11-84　快捷菜单

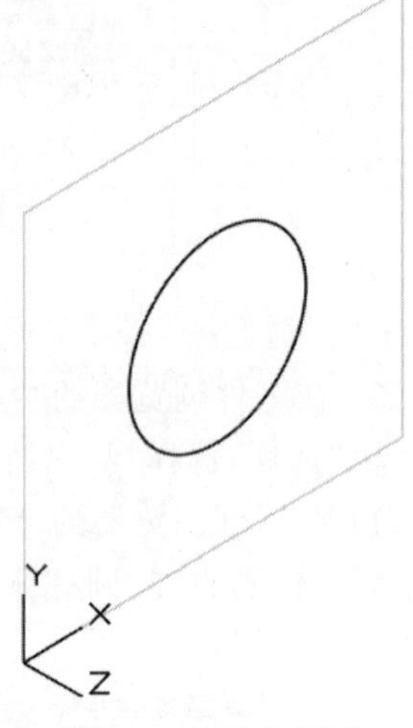

图 11-85　绘制圆形

（7）在零件浏览器的“造型”→“修饰符”节点上右击，弹出快捷菜单，选择“添加拉伸”选项，如图 11-86 所示。选择上步绘制的圆为纵断面，打开“拉伸修饰符”对话框，选择“中平面”类型，输入距离 500，单击“确定”按钮，生成如图 11-87 所示的模型。

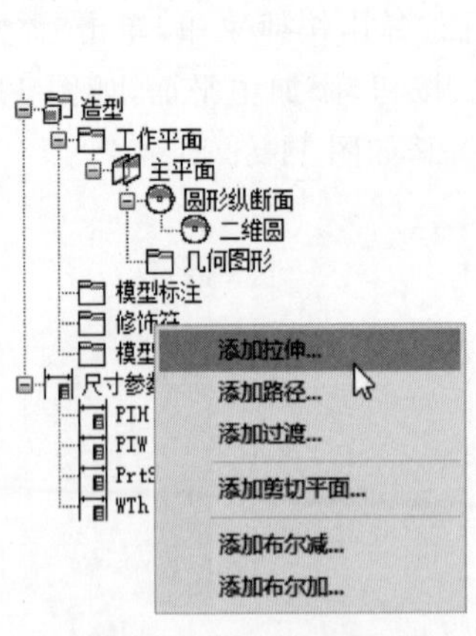

图 11-86　快捷菜单

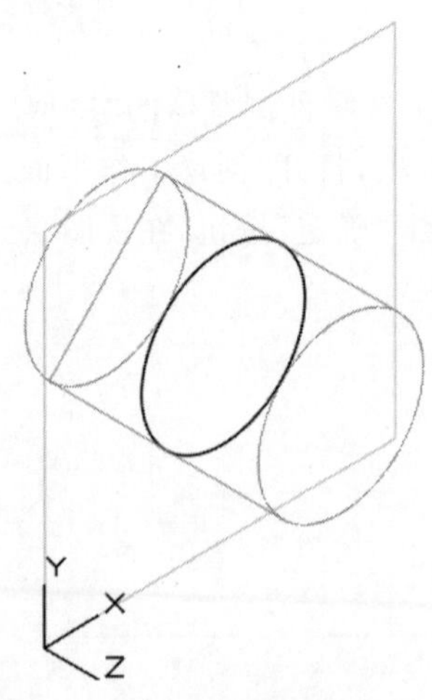

图 11-87　拉伸模型

（8）在模型标注上右击，弹出快捷菜单，单击“添加距离”选项，选取拉伸模型的两端，标注拉伸模型的长度，如图 11-88 所示。

（9）在零件浏览器的“造型”节点上右击，弹出如图 11-89 所示的快捷菜单，单击“编辑配置”选项，打开如图 11-90 所示的“编辑零件尺寸”对话框。

（10）要为零件添加可用尺寸的列表，将尺寸参数的数据存储类型更改为“列表”，如图 11-91 所示。

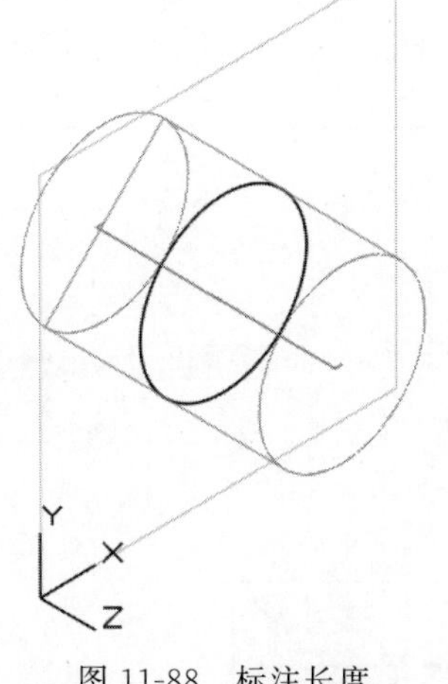

图 11-88 标注长度

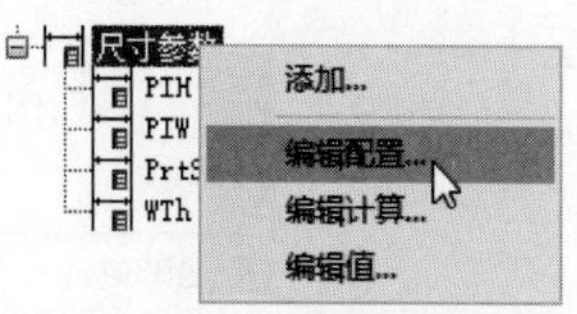

图 11-89 快捷菜单

图 11-90 “编辑零件尺寸”对话框

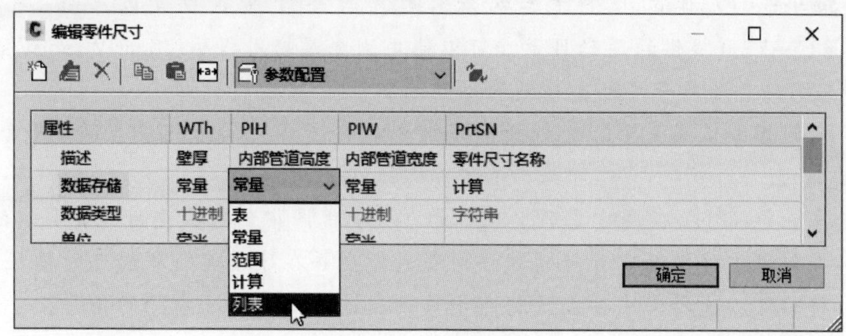

图 11-91 更改存储类型

(11) 在对话框的工具栏中选择“值”，将显示参数，选取值，单击“编辑”按钮，输入数值，如图 11-92 所示，单击“确定”按钮。

(12) 在零件浏览器上单击“生成位图”按钮，打开“位图预览”对话框，单击“西南等轴测视图”按钮，显示创建的零件，如图 11-93 所示。

提示：随着视图的选择，对话框中的预览图像窗口将随之更新。可以在选择之前查看零件所有可用的预览图像。

(13) 在零件浏览器上单击“保存零件族”按钮，保存零件。

Note

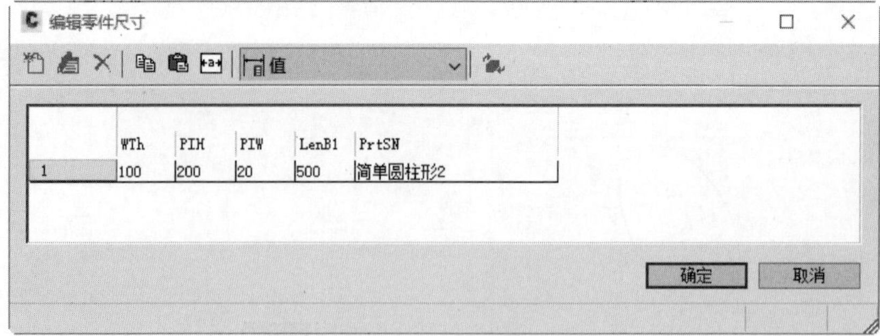

图 11-92　显示参数

图 11-93　“位图预览”对话框

提示：(1) 在使用零件生成器之前保存零件目录的备份副本，以便还原 Autodesk Civil 3D 提供的原始目录。可以使用浏览器应用程序(例如 Windows®资源管理器)来将目录及其子文件夹复制和粘贴到新位置。

(2) 确定模型从属关系。分析模型设计以确定要素之间如何相互关联，然后决定如何创建模型。

(3) 在三维 (3D) 视图中工作。在二维 (2D) 视图中创建模型可能会引起混淆。

(4) 在俯视工作平面中开始创建任何新的模型并在建模前拾取固定的插入点。

(5) 将零件浏览器中文件夹的顺序用作创建过程中所涉及步骤的指导。

(6) 请勿使用 EXPLODE 命令。分解零件将会从目录中删除零件定义。

(7) 零件生成器可以生成管网零件的图形视图。使用 AutoCAD MVIEW 命令不会创建零件的关联视图。

(8) AutoCAD 对象捕捉可以用于帮助对象选择。

11-1

11.6.3　实例——创建圆柱形检修孔零件

(1) 单击“常用”选项卡“创建设计”面板中的“零件生成器”按钮，打开“快速入门-目录屏幕”对话框，在“零件目录”下拉列表框中选择“结构”，在列表框中选择“带边框的连接结构”，如图 11-94 所示。

(2) 单击“新参数化零件”按钮，打开“新零件”对话框，输入名称为“圆柱形检修孔 1”，其他采用默认设置，如图 11-95 所示。单击“确定”按钮，将打开零件生成器参数化建模环境。

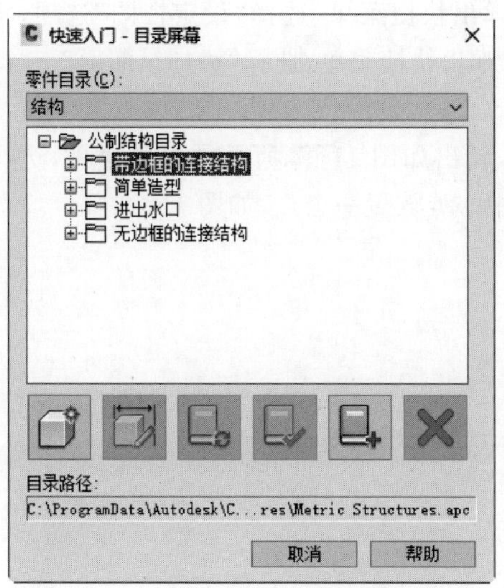

图 11-94 “快速入门-目录屏幕”对话框

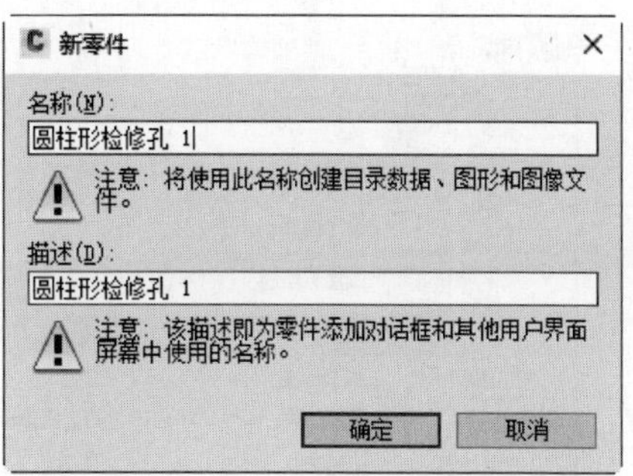

图 11-95 “新零件”对话框

(3) 在“零件配置”节点下将未定义的零件类型更改为“连接结构”，将未定义的边界造型更改为“圆柱形”。

(4) 在零件浏览器的“造型”节点下右击“工作平面”，弹出快捷菜单，单击“添加工作平面”选项，打开“创建工作平面”对话框，单击“俯视”按钮，添加顶平面，如图 11-96 所示。单击“确定”按钮，将创建顶部工作平面。

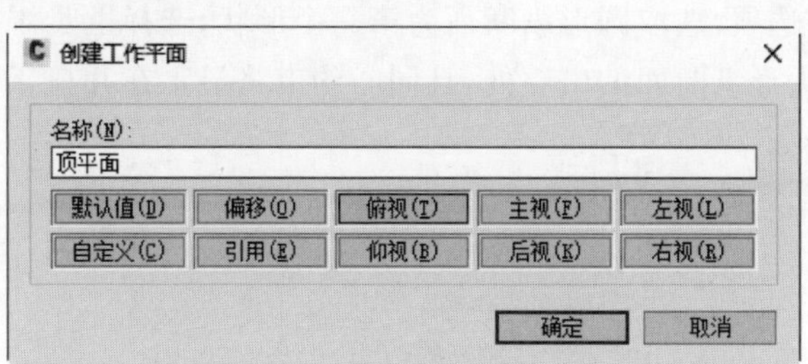

图 11-96 “创建工作平面”对话框

(5) 在零件浏览器的“造型”节点下上步创建的顶平面上右击，在弹出的快捷菜单中选择“重命名”选项，将“顶平面”更改为“井口”，该工作平面将成为新结构的井口高程。

(6) 在“视图”选项卡“命名视图”面板的“视图”下拉列表框中选择“前视”，将视图切换到前视图。

(7) 在零件浏览器的“造型”节点下右击“工作平面”，弹出快捷菜单，单击“添加工作平面”选项，打开“创建工作平面”对话框。单击“偏移”按钮，输入名称为“梯级顶部 1”，单击“确定”按钮，在图形中选取前面创建的井口平面。向下移动鼠标，在 Z 轴的负方向创建距离相差 12 米的梯级顶部 1。

Note

(8) 采用相同的方法，在梯级顶部 1 下方距离 12 米处创建圆锥顶部，在圆锥顶部下方距离 24 米处创建梯级顶部 2，在梯级顶部 2 下方距离 85 米处创建筒体顶部，在筒体顶部下方距离 200 米处创建结构底部。

(9) 在“工作平面”→“井口”节点上右击，弹出快捷菜单，选择“设定视图”选项，将井口平面正视于屏幕，在井口工作平面上右击，弹出快捷菜单，选择“添加纵断面”→“圆形”选项，在图形中近似中心处绘制半径为 12 的圆。

(10) 在“工作平面”→“井口”节点上右击，弹出如图 11-97 所示的快捷菜单，选择“添加形状”→“点”选项，在圆形纵断面的近似中心处放置一个点，如图 11-98 所示。

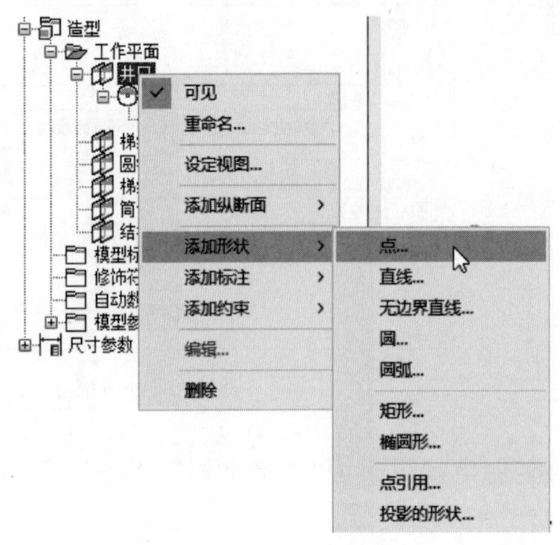

图 11-97 快捷菜单

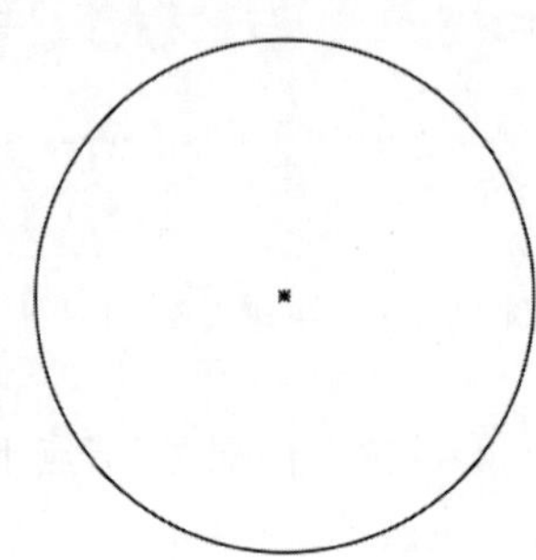

图 11-98 添加点

(11) 在“工作平面”→“井口”节点上右击，弹出如图 11-99 所示的快捷菜单，选择“添加形状”→“点”选项，选取圆形纵断面为第一个形状，选择上步添加的点为第二个形状，点将移动到该圆形纵断面的中心处，且同心约束将显示在井口工作平面的约束下。

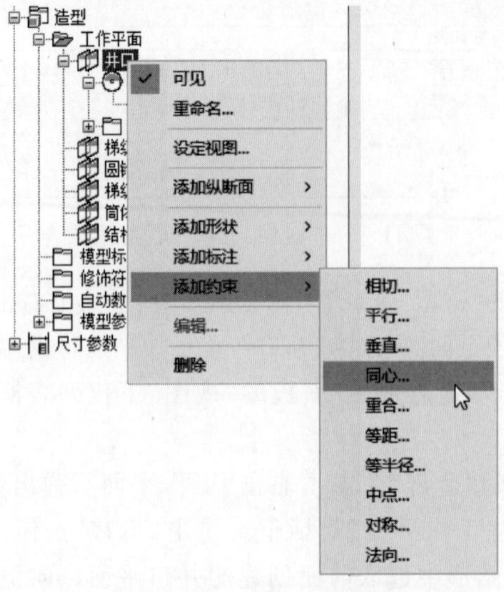

图 11-99 快捷菜单

(12) 在"工作平面"→"井口"节点上右击，弹出快捷菜单，选择"添加标注"→"直径"选项，选取圆形纵断面标注直径尺寸，如图 11-100 所示。

(13) 采用相同的方法，分别在梯级顶部 1、圆锥顶部和梯级顶部 2 上创建圆形纵断面并标注直径尺寸，如图 11-101 所示。梯级顶部 1、圆锥顶部上绘制的圆形略比井口上的圆形大一些即可。

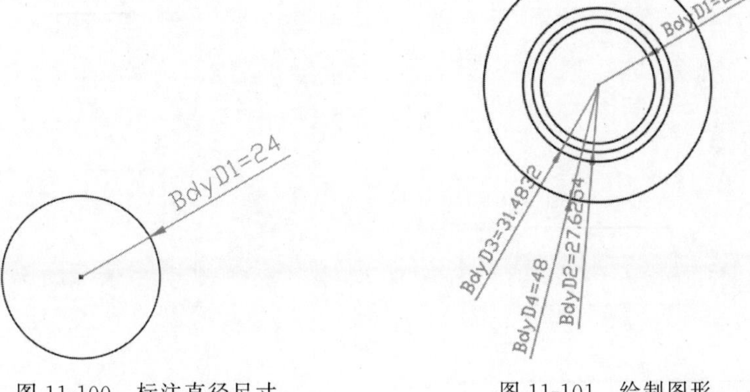

图 11-100 标注直径尺寸　　图 11-101 绘制图形

(14) 将视图切换到前视图，在修饰符上右击，弹出快捷菜单，选择"添加过渡"选项，选择井口上的圆形纵断面为起点纵断面，选择梯级顶部 1 上的圆形纵断面为终点纵断面，添加过渡。

(15) 在步骤(14)创建的过渡上右击，在弹出的快捷菜单中选择"显示顺序"→"后置"选项，如图 11-102 所示，然后继续创建梯级顶部 1 和圆锥顶部之间的过渡以及圆锥顶部与梯级顶部 2 之间的过渡，如图 11-103 所示。

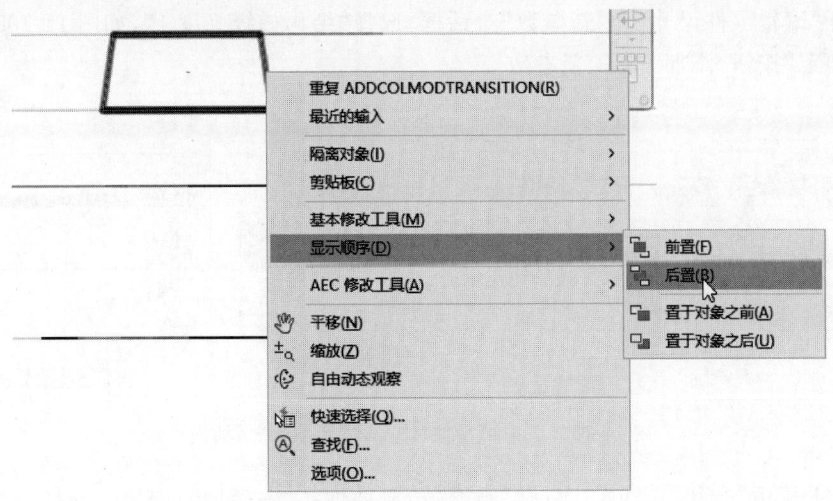

图 11-102 快捷菜单

(16) 将筒体顶部平面设置为当前视图，绘制半径为 24 和 48 的圆形纵断面，并添加直径尺寸。

Note

（17）将结构底部平面设置为当前视图，绘制半径为 48 的圆形纵断面，并添加直径尺寸。

（18）采用上述方法，添加梯级顶部 2 与筒体顶部、筒体顶部与结构底部之间的过渡，结果如图 11-104 所示。

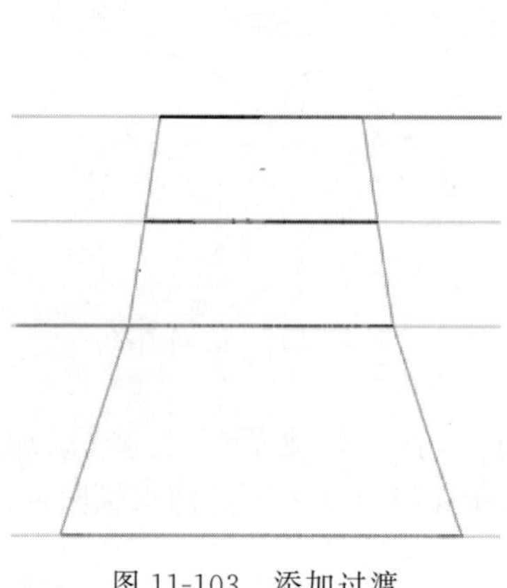

图 11-103　添加过渡

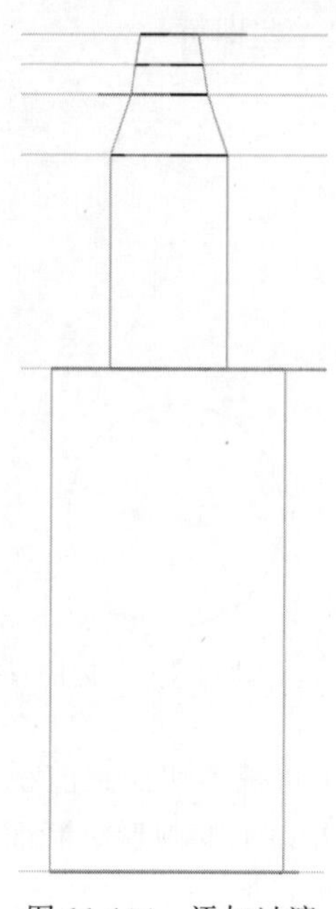

图 11-104　添加过渡

☎ **注意**：使用“绘制顺序”后置某些纵断面，以便为每个过渡选择正确的纵断面。

（19）在零件造型浏览器的“尺寸参数”节点上右击，弹出快捷菜单，选择“添加”选项，打开“编辑零件尺寸”和“新参数”对话框，选择“结构梯级高度 1”，如图 11-105 所示，单击“确定”按钮，添加 SRZ1 新参数。

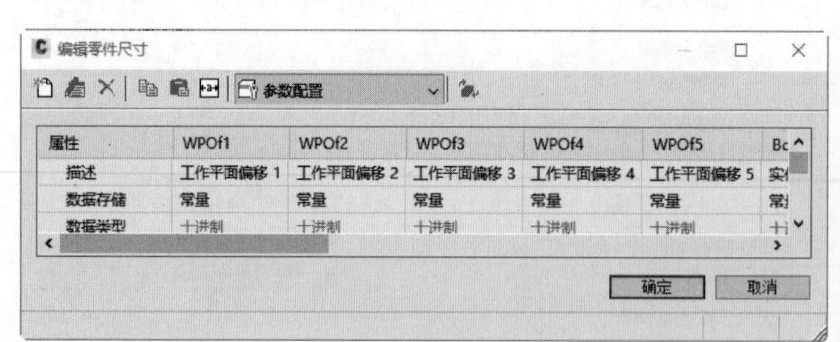

图 11-105　“编辑零件尺寸”和“新参数”对话框

（20）单击“新建”按钮，打开“新参数”对话框，继续添加结构梯级高度 2、内部结构直径、井框直径、井框高度、圆锥高度、盖板厚度、筒体高度和筒体管道净空到“编辑零件尺寸”对话框中，如图 11-106 所示，单击“确定”按钮。

（21）步骤(20)添加的参数默认值为 0，在模型参数的任意参数上右击，弹出快捷菜

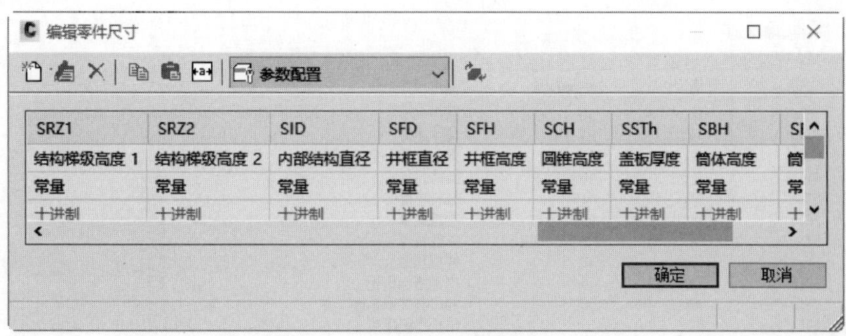

图 11-106　添加参数

单，单击“编辑”选项，打开如图 11-107 所示的“模型参数”对话框，选择 FTh 参数，单击“计算器”按钮，打开“等式助手”对话框，输入 FTh 值为 15，如图 11-108 所示。单击“确定”按钮。

模型参数

名称	值	桩号断链	描述
FTh	0	0.000000	底厚
SBH	0	0.000000	筒体高度
SBPC	0	0.000000	筒体管道净空
SBSD	0	0.000000	结构直径
SBSH	0	0.000000	结构高度
SCH	0	0.000000	圆锥高度
SID	0	0.000000	内部结构直径
SRS	0	0.000000	井口到井底高度
SRZ1	0	0.000000	结构梯级高度 1
SRZ2	0	0.000000	结构梯级高度 2

新建(N)...　删除(D)　计算器(C)...　关闭

图 11-107　“模型参数”对话框

图 11-108　“等式助手”对话框

（22）采用相同的方法，设置模型参数中的值，具体值如图 11-109 所示。

（23）选取 WP0F1，单击“计算器”按钮，打开“等式助手”对话框，单击“变量”按钮，在打开的列表中选择 SRZ1 参数，将 SRZ1 标注映射到 WP0F1；采用相同的方法，更改每个工作平面偏移参数，如图 11-110 所示。

Note

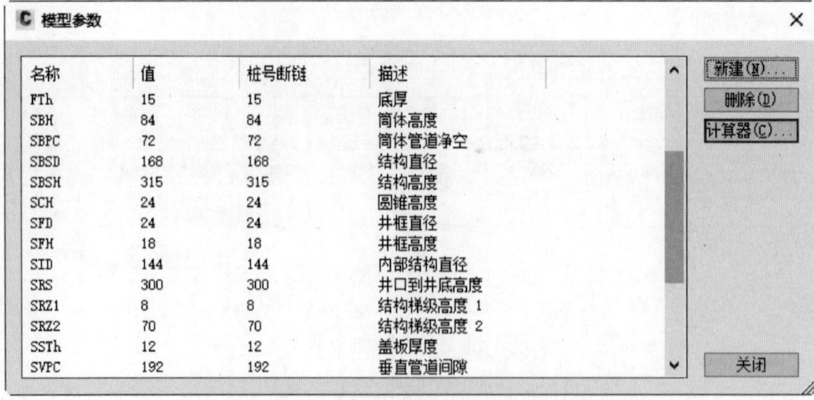

名称	值	桩号断链	描述
FTh	15	15	底厚
SBH	84	84	筒体高度
SBPC	72	72	筒体管道净空
SBSD	168	168	结构直径
SBSH	315	315	结构高度
SCH	24	24	圆锥高度
SFD	24	24	井框直径
SFH	18	18	井框高度
SID	144	144	内部结构直径
SRS	300	300	井口到井底高度
SRZ1	8	8	结构梯级高度 1
SRZ2	70	70	结构梯级高度 2
SSTh	12	12	盖板厚度
SVPC	192	192	垂直管道间隙

图 11-109　设置参数值

(24) 采用相同的方法,更改各个平面上的圆纵断面的直径参数,如图 11-111 所示。将每个实体直径标注映射到相应的结构直径参数,单击“关闭”按钮,退出“模型参数”对话框。

WPOf1	18	SFH	工作平面偏移 1
WPOf2	8	SRZ1	工作平面偏移 2
WPOf3	24	SCH	工作平面偏移 3
WPOf4	70	SRZ2	工作平面偏移 4
WPOf5	315	SBSH	工作平面偏移 5

图 11-110　设置工作平面偏移参数

BdyD1	24	SFD	实体直径 1
BdyD2	24	SFD	实体直径 2
BdyD3	24	SFD	实体直径 3
BdyD4	48	2*SFD	实体直径 4
BdyD5	48	2*SFD	实体直径 5
BdyD6	144	SID	实体直径 6
BdyD7	144	SID	实体直径 7

图 11-111　设置每个实体直径参数

(25) 在零件造型浏览器“自动数据布局”→“布局数据”节点上右击,弹出快捷菜单,选择“选择放置点”选项,选择“井口”工作平面圆形纵断面中心处的点,它标记了结构插入点。

(26) 在零件造型浏览器上单击“保存零件族”按钮,保存零件。

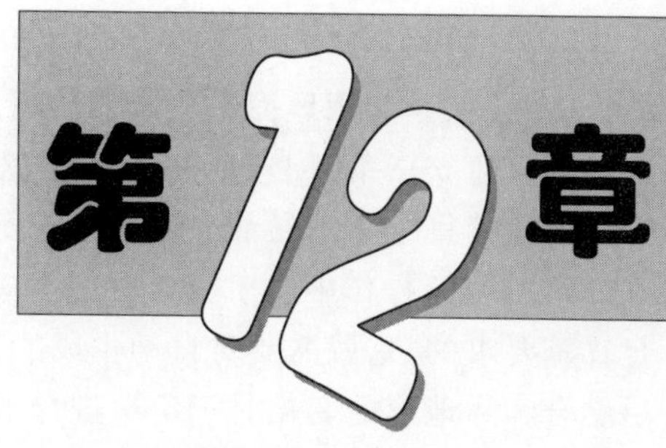

第12章 材质和土方分析

在 Autodesk Civil 3D 中可以使用总体积表、材质体积表、体积报告、概要土方报告、详细土方报告、土方量表和填挖方图输出和渲染土方。将付款项目应用于 Autodesk Civil 3D 对象以分析土方。

本章将详细介绍 Autodesk Civil 3D 中材质和土方分析的相关知识。

12.1 土方计算基础

12.1.1 土方的计算方法

土方量是土方工程施工组织设计的主要数据之一，是采用人工挖掘时组织劳动力或采用机械施工时计算机械台班和工期的依据。

土方量的计算是工程施工的一个重要步骤。工程设计阶段必须对土石方量进行预算，它直接关系到工程的费用概算及方案选优。在现实中，一些工程项目由土方量计算的精确性而产生的纠纷也是比较常见的。因此，如何利用测量单位现场实测出的地形数据或原有的数字地形数据，快速准确地计算出土方量就成了人们日益关心的问题。比较常用的土方量计算方法有：方格网法、断面法、DTM 法、平均高程法(散点法)、等高线法等。

1. 方格网法

方格网法是将现场分成若干正方形方格，确定每个方格顶点的高程，与设计高程比

较，得到每个方格顶点的填、挖的高度，取方格顶点填或挖高度的平均值和方格面积可以计算土方量。

Note

2. DTM 法

DTM 法是利用地面上离散的高程点通过一定的方法连接成空间三角网结构的地面模型。建立三角网 DTM 的原始数据为实地测定的地面点坐标系(x,y,z)，然后连成三角网计算每一个三棱锥的体积，从而得到指定范围内填方和挖方的土方量。使用 DTM 法，实际操作中由于三角网的连接是随机的，不排除有一些三角形的连接是不满足计算要求的，这就需要对自动生成的三角网进行处理，剔除不符合要求的三角形，然后结合实际地形的变化对三角形进行手工修改，使得生成的地面模型更加符合地形实际情况。

3. 等高线法

等高线法是指用等高线表示地形的方法。计算土方量时可以把地形图按等高线划分成几个部分，然后将等高线所夹的体积近似看成椎体，由于两条等高线所围面积可求，两条等高线之间的高差可知，因此可求出这两条等高线之间的土方量，最后计算出填、挖方量。

综上所述，可以针对不同的地形选择不同的土方计算方法。

在对土方量进行计算时，要考虑到地形特征、精度要求以及施工成本等方面的情况，选择合适的计算方法，达到最优的目的。

在较为平坦的平原区和地形起伏不大的场地，宜采用方格网法。这种方法的优点是：计算的数据量小，计算速度快，省却了 DTM 法庞大的数据存储量。

在狭长地带，比如公路、渠道、沟道等，则适宜使用断面法计算土方量。

在地形起伏较大、精度要求高的一些山区，则需要用到 DTM 法的计算方法。但是也要考虑到图件本身数据量和数据储存等问题。

在精度要求不高、地形简单的区域可选择平均高程法。

12.1.2 土方类型

土方计算支持以下土方类型。

1. 挖方

对此种土方类型，应计算要删除的材质。例如，计算结果是原地面(EG)曲面之下和设计地面(FG)曲面之上围成的体积，如图 12-1 所示。

2. 填方

对此种土方类型，应计算要添加的材质。例如，计算结果是原地面(EG)曲面之上和设计地面(FG)曲面之下围成的体积，如图 12-2 所示。

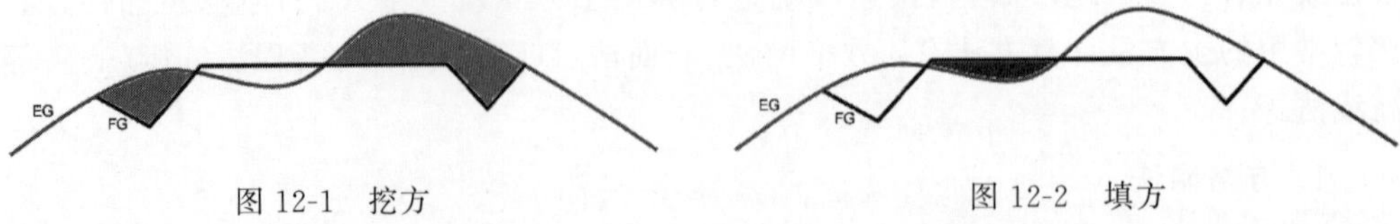

图 12-1 挖方

图 12-2 填方

3. 挖方后重新压实

对此种土方类型，应计算要删除的材质，然后根据重新压实系数添加相应材质。例如，如果道路表面下的现有材质区域由散沙或沼泽地组成，则必须删除该材质区域，然后用其他类型的材质重新压实该区域，以使结构结实牢固。

4. 土方

对此种土方类型，应计算挖方和填方的总体积。例如，计算结果是原地面(EG)曲面和设计地面(FG)曲面的差，如图 12-3 所示。

5. 结构

对此种土方类型，应计算道路造型的体积。例如，在如图 12-4 所示的道路横断面图中，将计算人行道造型的体积。

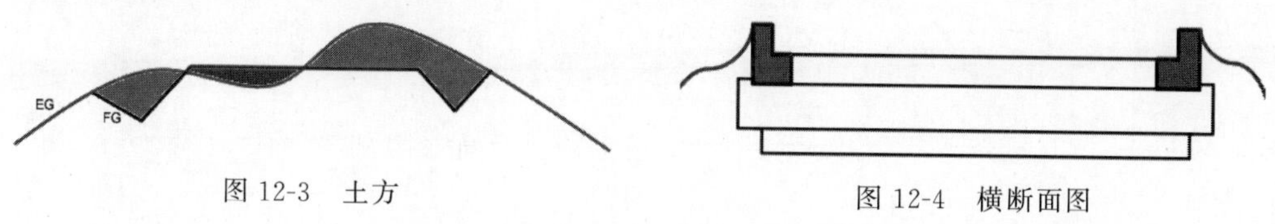

图 12-3 土方　　图 12-4 横断面图

12.2 计算土方体积

12.2.1 计算材质列表

创建材质列表是创建体积表和报告的必需步骤，也是创建填挖方图的先决条件。

(1) 单击“分析”选项卡“体积和材质”面板中的“计算材质”按钮，打开“选择采样线编组”对话框，选择路线和采样线编组，如图 12-5 所示，单击“确定”按钮，关闭“选择采样线编组”对话框。

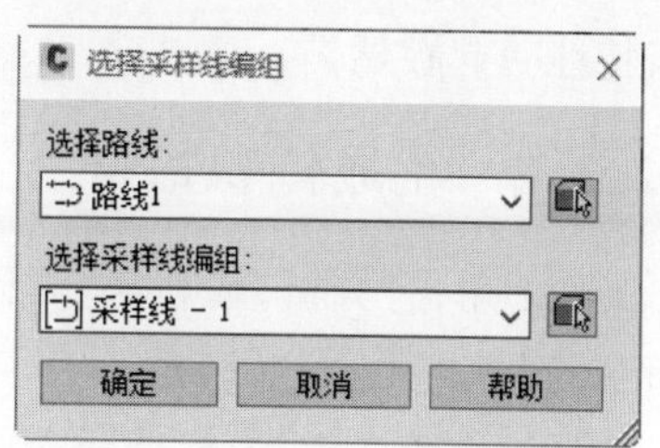

图 12-5 “选择采样线编组”对话框

(2) 系统打开如图 12-6 所示的“计算材质-采样线-1”对话框，设置土方量标准为 Cut and Fill，在 EG 栏的“对象名称”栏中单击“单击此处以全部设定”选项，在打开的下拉列表框中选择“地形曲面”，在 DATUM 栏的“对象名称”栏中单击“单击此处以全部设定”选项，在打开的下拉列表框中选择“道路曲面”。

“计算材质-采样线-1”对话框中的选项说明如下。

- 土方量标准：在下拉列表框中选择要使用的标准，单击按钮编辑或创建标准。
- 体积计算方法：在下拉列表框中选择用于计算体积的方法。
- 曲线更正公差：选中此复选框，在文本框中输入曲线公差的值。如果“体积计算方法”设置为“组合体积”或“棱体”，则该选项不可用。

Note

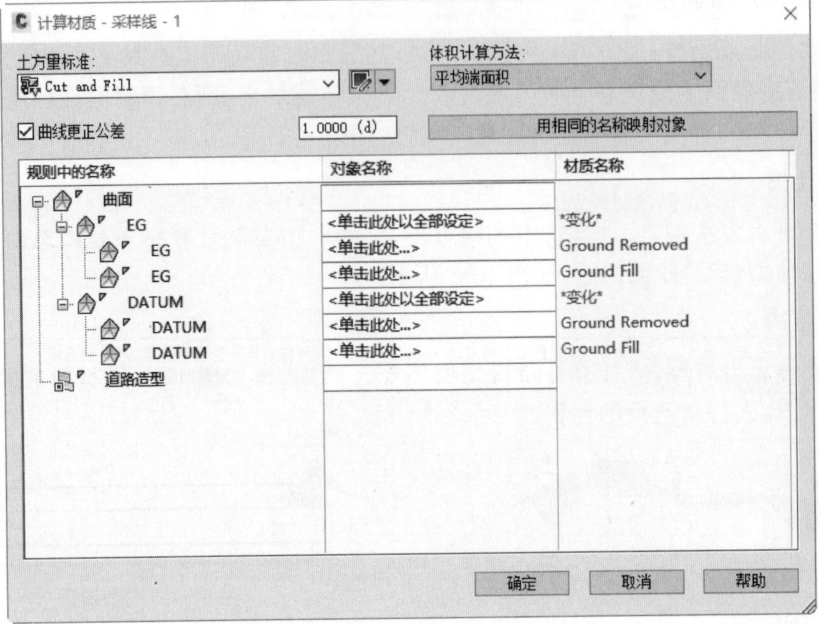

图 12-6 “计算材质-采样线－1”对话框

- 用相同的名称映射对象：用图形中相同的曲面或道路造型名称映射规则曲面或道路造型名称。
- 规则中的名称：显示规则中使用的曲面和道路造型名称。
- 对象名称：指定要映射为规则中的曲面或道路造型名称的实际对象名称。
- 材质名称：显示列表中的对应曲面或道路造型所参考的材质名称。

（3）其他采用默认设置，单击“确定”按钮，将执行计算，并将材质列表与采样线编组特性一起存储。

12.2.2 生成体积报告

（1）单击“分析”选项卡“体积和材质”面板中的“体积报告”按钮，打开如图 12-7 所示的“报告土方”对话框。

（2）选择路线、采样线编组和 12.2.1 节创建的材质列表，单击按钮，打开“选择样式表”对话框，选择需要的样式表。

（3）单击“确定”按钮，生成体积报告，如图 12-8 所示。

注意：“挖方体积”等于挖方处材质的面积乘以在土方计算标准中定义的“松散系数”。“填方体积”等于填方材质的面积乘以“压实系数”。每种材质的面积将在各桩号之间均分并乘以桩号差以生成递增的体积。按桩号到桩号的顺序添加这些体积以生成累计体积。最后，每个桩号处的累计“净体

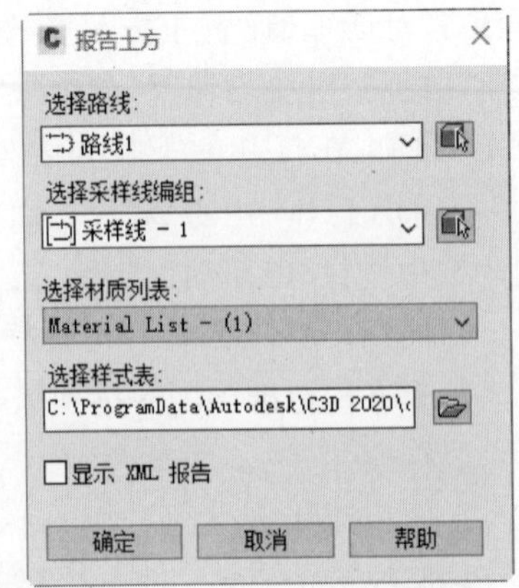

图 12-7 “报告土方”对话框

Note

体积报告

项目：G:\2019\civil\创建材质列表.dwg
路线：路线1
采样线编组：采样线 - 1
起点桩号：0+099.999
终点桩号：2+625.013

桩号	挖方面积（平方米）	挖方体积（立方米）	可重复使用的体积（立方米）	填方面积（平方米）	填方体积（立方米）	累计挖方体积（立方米）	累计可重复使用的体积（立方米）	累计填方体积（立方米）	累计净体积（立方米）
0+099.999	0.00	0.00	0.00	657.66	0.00	0.00	0.00	0.00	0.00
0+200.000	2.26	116.02	116.02	0.00	30144.45	116.02	116.02	30144.45	-30028.43
0+299.978	342.47	13978.42	13978.42	0.00	0.00	14094.44	14094.44	30144.45	-16050.01
0+350.000	542.18	17722.36	17722.36	0.00	0.00	31816.80	31816.80	30144.45	1672.35
0+400.000	472.45	24253.08	24253.08	0.00	0.00	56069.88	56069.88	30144.45	25925.43
0+450.000	597.91	26759.17	26759.17	0.01	0.25	82829.05	82829.05	30144.70	52684.35
0+500.000	968.39	51821.19	51821.19	3.53	76.43	134650.24	134650.24	30221.13	104429.11
2+100.000	0.44	775503.42	775503.42	358.93	290097.41	910153.65	910153.65	320318.53	589835.12
2+100.717	0.32	0.27	0.27	360.98	258.24	910153.93	910153.93	320576.77	589577.15
2+104.657	0.00	0.63	0.63	375.32	1450.20	910154.55	910154.55	322026.98	588127.58
2+106.460	0.00	0.00	0.00	377.66	679.08	910154.55	910154.55	322706.06	587448.49
2+107.169	0.00	0.00	0.00	378.77	268.04	910154.55	910154.55	322974.10	587180.45
2+113.621	0.00	0.00	0.00	394.74	2684.31	910154.55	910154.55	325658.41	584496.14
2+116.746	2.30	3.59	3.59	399.88	1241.70	910158.14	910158.14	326900.11	583258.03
2+117.540	2.29	1.82	1.82	403.31	318.95	910159.96	910159.96	327219.06	582940.90
2+117.915	2.30	0.86	0.86	404.74	151.50	910160.82	910160.82	327370.55	582790.27
2+120.000	2.30	4.78	4.78	410.79	850.15	910165.61	910165.61	328220.71	581944.90
2+120.072	2.29	0.17	0.17	410.96	29.69	910165.77	910165.77	328250.40	581915.38

图 12-8　体积报告

积”值按累计可重复使用的体积减去累计填方体积的方法计算。

12.2.3　创建体积表

单击“分析”选项卡“体积和材质”面板中的“总体积表”按钮，打开如图 12-9 所示的“创建总体积表”对话框，采用默认设置。单击“确定”按钮，生成体积报告，如图 12-10 所示。

“创建总体积表”对话框中的选项说明如下。

- 选择路线：在列表中选择路线，或单击按钮，在图形中选择路线；路线至少与一个采样线编组相关联。
- 选择采样线编组：在列表中选择要使用的采样线编组。
- 选择材质列表：指定要使用的在采样线编组特性中定义的材质列表。
- 拆分表格：选中此复选框，在达到每个表的指定最大行数后，将表拆分为两个或多个部分。取消选中此复选框，则不拆分表。

Note

图 12-9 “创建总体积表”对话框

图 12-10 总体积表

Note

➢ 每个表格内的最大行数：指定每个表格包含的最大行数。如果数据行的数量超过了指定的最大值，表将被拆分成几个部分，这些部分将从左到右依次排列，或垂直堆栈显示。

➢ 每个堆栈内的最大表格数：指定每个堆栈最多可以包含几个部分。

➢ 偏移：指定拆分表之间的间距。

➢ 平铺表：指定表的堆栈方向。

- 横向：按从左到右的顺序将拆分表放在行中。达到每个堆栈允许的最大表数后，开始新的一行。
- 向下：按从上到下的顺序将拆分表放在列中。达到每个堆栈允许的最大表数后，开始新的一列。

➢ 反应模式：指定表是否自动更新。

- 静态：表数据保持不变。
- 动态：更改时动态更新表数据。

12.2.4 创建材质体积表

单击“分析”选项卡“体积和材质”面板中的“材质体积表”按钮，打开如图 12-11 所示的“创建材质体积表”对话框，采用默认设置。单击“确定”按钮，生成体积报告，如图 12-12 所示。

“创建材质体积表”对话框中的选项与“创建总体积表”对话框相同。

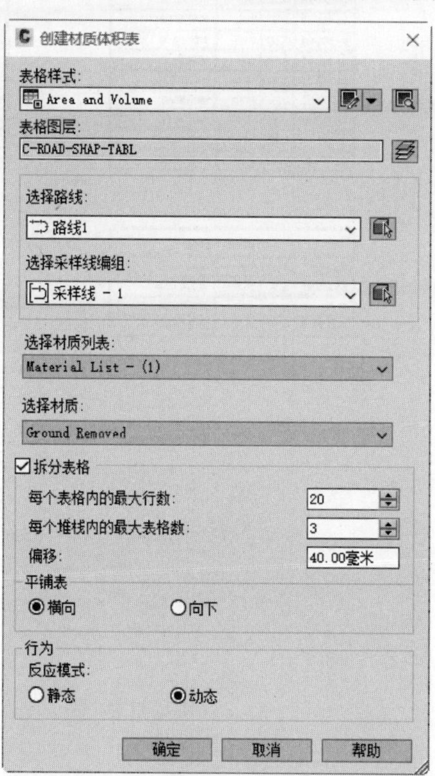

图 12-11 “创建材质体积表”对话框

Note

Material Table			
Station	Area	Volume	Cumulative Volume
[illegible]	[illegible]	[illegible]	[illegible]
[illegible]	[illegible]	[illegible]	[illegible]
[illegible]	[illegible]	[illegible]	[illegible]
[illegible]	[illegible]	[illegible]	[illegible]
[illegible]	[illegible]	[illegible]	[illegible]
[illegible]	[illegible]	[illegible]	[illegible]
[illegible]	[illegible]	[illegible]	[illegible]
[illegible]	[illegible]	[illegible]	[illegible]
[illegible]	[illegible]	[illegible]	[illegible]
[illegible]	[illegible]	[illegible]	[illegible]
[illegible]	[illegible]	[illegible]	[illegible]
[illegible]	[illegible]	[illegible]	[illegible]
[illegible]	[illegible]	[illegible]	[illegible]
[illegible]	[illegible]	[illegible]	[illegible]
[illegible]	[illegible]	[illegible]	[illegible]
[illegible]	[illegible]	[illegible]	[illegible]
[illegible]	[illegible]	[illegible]	[illegible]
[illegible]	[illegible]	[illegible]	[illegible]
[illegible]	[illegible]	[illegible]	[illegible]
[illegible]	[illegible]	[illegible]	[illegible]

Material Table			
Station	Area	Volume	Cumulative Volume
[illegible]	[illegible]	[illegible]	[illegible]
[illegible]	[illegible]	[illegible]	[illegible]
[illegible]	[illegible]	[illegible]	[illegible]
[illegible]	[illegible]	[illegible]	[illegible]
[illegible]	[illegible]	[illegible]	[illegible]
[illegible]	[illegible]	[illegible]	[illegible]
[illegible]	[illegible]	[illegible]	[illegible]
[illegible]	[illegible]	[illegible]	[illegible]
[illegible]	[illegible]	[illegible]	[illegible]
[illegible]	[illegible]	[illegible]	[illegible]
[illegible]	[illegible]	[illegible]	[illegible]
[illegible]	[illegible]	[illegible]	[illegible]
[illegible]	[illegible]	[illegible]	[illegible]
[illegible]	[illegible]	[illegible]	[illegible]
[illegible]	[illegible]	[illegible]	[illegible]
[illegible]	[illegible]	[illegible]	[illegible]
[illegible]	[illegible]	[illegible]	[illegible]
[illegible]	[illegible]	[illegible]	[illegible]
[illegible]	[illegible]	[illegible]	[illegible]
[illegible]	[illegible]	[illegible]	[illegible]

Material Table			
Station	Area	Volume	Cumulative Volume
[illegible]	[illegible]	[illegible]	[illegible]
[illegible]	[illegible]	[illegible]	[illegible]
[illegible]	[illegible]	[illegible]	[illegible]
[illegible]	[illegible]	[illegible]	[illegible]
[illegible]	[illegible]	[illegible]	[illegible]
[illegible]	[illegible]	[illegible]	[illegible]
[illegible]	[illegible]	[illegible]	[illegible]
[illegible]	[illegible]	[illegible]	[illegible]
[illegible]	[illegible]	[illegible]	[illegible]
[illegible]	[illegible]	[illegible]	[illegible]
[illegible]	[illegible]	[illegible]	[illegible]
[illegible]	[illegible]	[illegible]	[illegible]
[illegible]	[illegible]	[illegible]	[illegible]
[illegible]	[illegible]	[illegible]	[illegible]
[illegible]	[illegible]	[illegible]	[illegible]
[illegible]	[illegible]	[illegible]	[illegible]
[illegible]	[illegible]	[illegible]	[illegible]
[illegible]	[illegible]	[illegible]	[illegible]
[illegible]	[illegible]	[illegible]	[illegible]
[illegible]	[illegible]	[illegible]	[illegible]

Material Table			
Station	Area	Volume	Cumulative Volume
[illegible]	[illegible]	[illegible]	[illegible]
[illegible]	[illegible]	[illegible]	[illegible]
[illegible]	[illegible]	[illegible]	[illegible]
[illegible]	[illegible]	[illegible]	[illegible]
[illegible]	[illegible]	[illegible]	[illegible]
[illegible]	[illegible]	[illegible]	[illegible]
[illegible]	[illegible]	[illegible]	[illegible]
[illegible]	[illegible]	[illegible]	[illegible]
[illegible]	[illegible]	[illegible]	[illegible]
[illegible]	[illegible]	[illegible]	[illegible]
[illegible]	[illegible]	[illegible]	[illegible]
[illegible]	[illegible]	[illegible]	[illegible]
[illegible]	[illegible]	[illegible]	[illegible]
[illegible]	[illegible]	[illegible]	[illegible]
[illegible]	[illegible]	[illegible]	[illegible]
[illegible]	[illegible]	[illegible]	[illegible]
[illegible]	[illegible]	[illegible]	[illegible]
[illegible]	[illegible]	[illegible]	[illegible]
[illegible]	[illegible]	[illegible]	[illegible]
[illegible]	[illegible]	[illegible]	[illegible]

Material Table			
Station	Area	Volume	Cumulative Volume
[illegible]	[illegible]	[illegible]	[illegible]
[illegible]	[illegible]	[illegible]	[illegible]
[illegible]	[illegible]	[illegible]	[illegible]
[illegible]	[illegible]	[illegible]	[illegible]
[illegible]	[illegible]	[illegible]	[illegible]
[illegible]	[illegible]	[illegible]	[illegible]
[illegible]	[illegible]	[illegible]	[illegible]
[illegible]	[illegible]	[illegible]	[illegible]
[illegible]	[illegible]	[illegible]	[illegible]
[illegible]	[illegible]	[illegible]	[illegible]
[illegible]	[illegible]	[illegible]	[illegible]
[illegible]	[illegible]	[illegible]	[illegible]
[illegible]	[illegible]	[illegible]	[illegible]
[illegible]	[illegible]	[illegible]	[illegible]
[illegible]	[illegible]	[illegible]	[illegible]
[illegible]	[illegible]	[illegible]	[illegible]
[illegible]	[illegible]	[illegible]	[illegible]
[illegible]	[illegible]	[illegible]	[illegible]
[illegible]	[illegible]	[illegible]	[illegible]
[illegible]	[illegible]	[illegible]	[illegible]

Material Table			
Station	Area	Volume	Cumulative Volume
[illegible]	[illegible]	[illegible]	[illegible]
[illegible]	[illegible]	[illegible]	[illegible]
[illegible]	[illegible]	[illegible]	[illegible]
[illegible]	[illegible]	[illegible]	[illegible]
[illegible]	[illegible]	[illegible]	[illegible]
[illegible]	[illegible]	[illegible]	[illegible]
[illegible]	[illegible]	[illegible]	[illegible]
[illegible]	[illegible]	[illegible]	[illegible]
[illegible]	[illegible]	[illegible]	[illegible]
[illegible]	[illegible]	[illegible]	[illegible]
[illegible]	[illegible]	[illegible]	[illegible]
[illegible]	[illegible]	[illegible]	[illegible]
[illegible]	[illegible]	[illegible]	[illegible]
[illegible]	[illegible]	[illegible]	[illegible]
[illegible]	[illegible]	[illegible]	[illegible]
[illegible]	[illegible]	[illegible]	[illegible]
[illegible]	[illegible]	[illegible]	[illegible]
[illegible]	[illegible]	[illegible]	[illegible]
[illegible]	[illegible]	[illegible]	[illegible]
[illegible]	[illegible]	[illegible]	[illegible]

Material Table			
Station	Area	Volume	Cumulative Volume
[illegible]	[illegible]	[illegible]	[illegible]
[illegible]	[illegible]	[illegible]	[illegible]
[illegible]	[illegible]	[illegible]	[illegible]
[illegible]	[illegible]	[illegible]	[illegible]
[illegible]	[illegible]	[illegible]	[illegible]
[illegible]	[illegible]	[illegible]	[illegible]
[illegible]	[illegible]	[illegible]	[illegible]
[illegible]	[illegible]	[illegible]	[illegible]
[illegible]	[illegible]	[illegible]	[illegible]
[illegible]	[illegible]	[illegible]	[illegible]
[illegible]	[illegible]	[illegible]	[illegible]
[illegible]	[illegible]	[illegible]	[illegible]
[illegible]	[illegible]	[illegible]	[illegible]
[illegible]	[illegible]	[illegible]	[illegible]
[illegible]	[illegible]	[illegible]	[illegible]
[illegible]	[illegible]	[illegible]	[illegible]
[illegible]	[illegible]	[illegible]	[illegible]
[illegible]	[illegible]	[illegible]	[illegible]
[illegible]	[illegible]	[illegible]	[illegible]
[illegible]	[illegible]	[illegible]	[illegible]

Material Table			
Station	Area	Volume	Cumulative Volume
[illegible]	[illegible]	[illegible]	[illegible]
[illegible]	[illegible]	[illegible]	[illegible]
[illegible]	[illegible]	[illegible]	[illegible]

图 12-12 材质体积表

12.3　填 挖 方 表

填挖方图可以帮助设计人员和承包商了解何处发生总体材质移动，并且该图可以作为对可选设计方案的经济预算进行比较的主要指标。这些图通常与设计审阅的纵断面图一起提供。

12.3.1　创建填挖方图

要创建填挖方图，必须具备以下项目：一条路线、两个曲面、一个采样线编组和一个材质列表。

（1）单击“分析”选项卡“体积和材质”面板中的“填挖方”按钮，打开如图 12-13 所示的“创建填挖方图-常规”对话框，输入填挖方视图名称为“填挖方（＜[下一个编号(CP)]＞)”，其他采用默认设置。

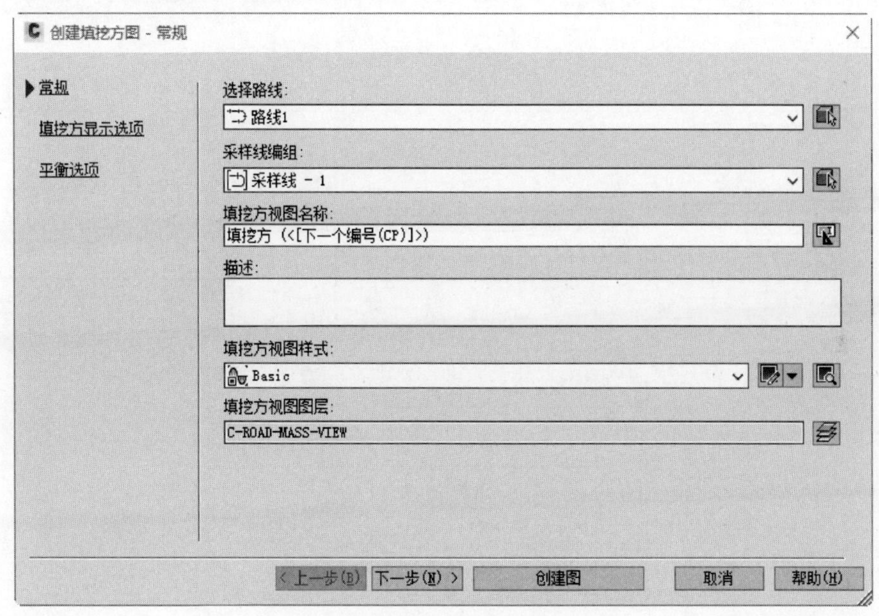

图 12-13　“创建填挖方图-常规”对话框

（2）单击“下一步”按钮，切换到“填挖方显示选项”选项卡，设置“选择要显示为填挖方线的材质”选项为“总体积”，输入填挖方线名称为“填挖方（＜[下一个编号(CP)]＞)”，其他采用默认设置，如图 12-14 所示。

（3）单击“下一步”按钮，切换到“平衡选项”选项卡，选中“纵向调土距离”复选框，输入距离为 200 米，其他采用默认设置，如图 12-15 所示。

“平衡选项”选项卡中的选项说明如下。

- 纵向调土距离：取消选中此复选框，则不会为填挖方图指定任何纵向调土距离。
- “添加取土坑”按钮：单击此按钮，向列表中添加取土坑。

Note

图 12-14 “填挖方显示选项”选项卡

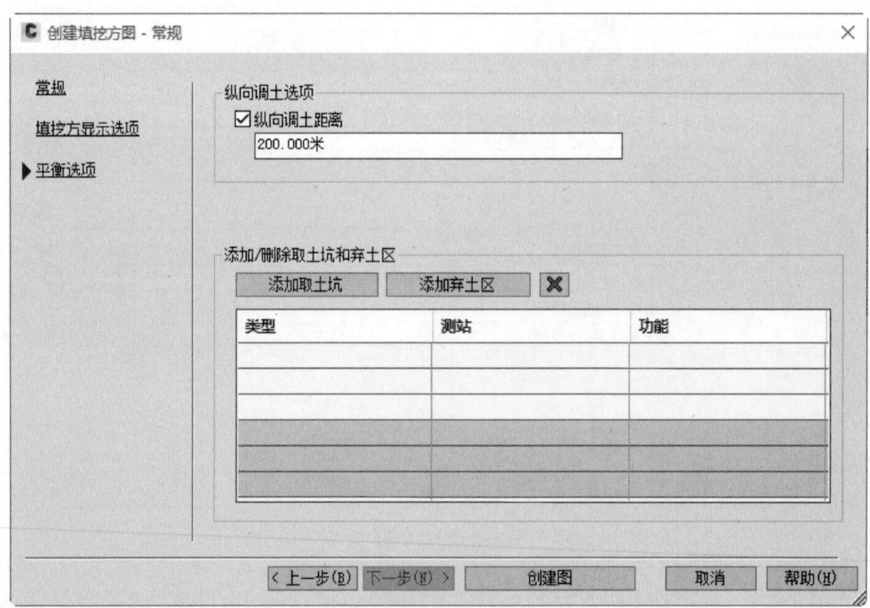

图 12-15 “平衡选项”选项卡

- “添加弃土区”按钮：单击此按钮，向列表中添加弃土区。
- ✖按钮：单击此按钮，从列表中删除所选的取土坑或弃土区。
- 类型：指定平衡要素是取土坑还是弃土区。
- 测站：指定将放置取土坑或弃土区的桩号。可以通过输入一个桩号值或者在视口中选择桩号来指定桩号。
- 功能：指定要在取土坑处取土的体积或在弃土区处弃土的体积。

Note

(4) 单击“创建图”按钮，在图形中适当位置单击放置填挖方图，如图 12-16 所示。

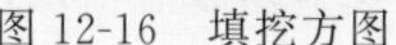

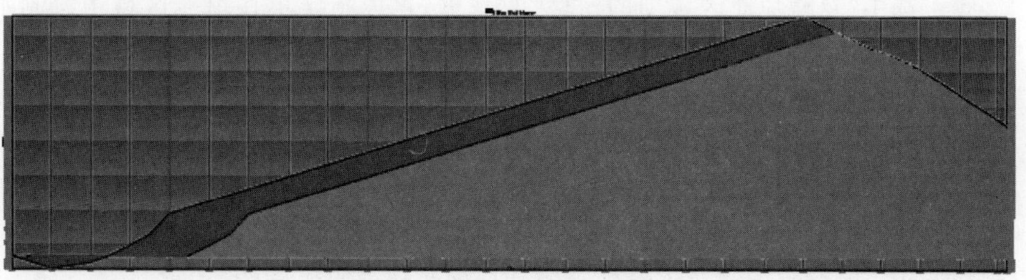

图 12-16 填挖方图

12.3.2 编辑填挖方视图样式

(1) 选取 12.3.1 节创建的填挖方图，打开“土方调配视图：填挖方(1)”上下文选项卡，单击“填挖方视图特性”下拉列表框中的“编辑填挖方视图样式”按钮，或在工具空间“设定”选项卡“填挖方视图”→“填挖方视图样式”→Basic 节点上右击，在弹出的快捷菜单中选择“编辑”选项，打开“填挖方视图样式-Basic”对话框。

(2) 在“栅格”选项卡中选中“剪裁垂直栅格”和“裁剪水平栅格”复选框，其他采用默认设置，如图 12-17 所示。

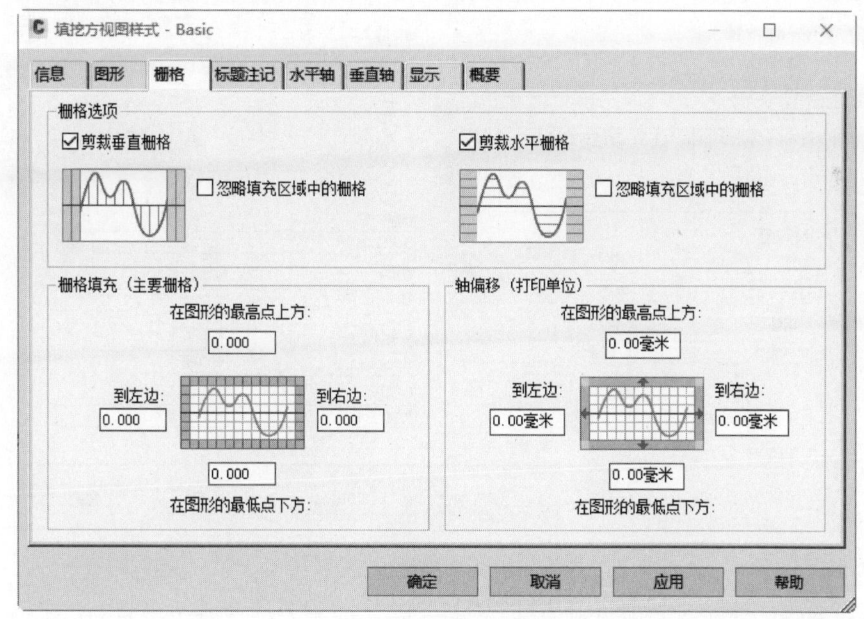

图 12-17 “栅格”选项卡

“栅格”选项卡中的选项说明如下。

- 剪裁垂直格栅：选中此复选框，指定仅在填挖方线和平衡线之间绘制垂直栅格线。选中“忽略填充区域中的栅格”复选框，可以指定不在填充区域中绘制垂直栅格线。

Note

➢ 剪裁水平栅格：选中此复选框，指定仅在填挖方线和平衡线之间绘制水平栅格线。选中“忽略填充区域中的栅格”复选框，可以指定不在填充区域中绘制水平栅格线。

➢ 栅格填充(主要栅格)：指定一个值(在主要栅格块中)，该值要添加到与填挖方图包含的填挖方线相关的范围内。

➢ 在图形的最高点上方/最低点下方：指定填挖方视图在图形的最高点上方/最低点下方延伸的栅格块数。

➢ 到左边：指定要放置在路线最左侧桩号值前的主要栅格数。

➢ 到右边：指定要放置在路线最右侧桩号值后的主要栅格数。

➢ 轴偏移(打印单位)：指定填挖方视图的水平轴和垂直轴要从栅格范围(包括填充)偏移的距离(按打印单位)。

➢ 在图形的最高点上/最低点下方：指定在垂直范围上/下方偏移水平轴的距离。

➢ 到左/右边：指定将水平轴偏移到水平范围左/右边的距离。

(3) 在“标题注记”选项卡中单击标题内容处的按钮，打开“文本部件编辑器-标题文本”对话框，输入图标视图名称为“填挖方图”。单击“确定”按钮，返回到“填挖方视图样式 Basic”对话框，更改文本高度为 10 毫米，其他采用默认设置，如图 12-18 所示。

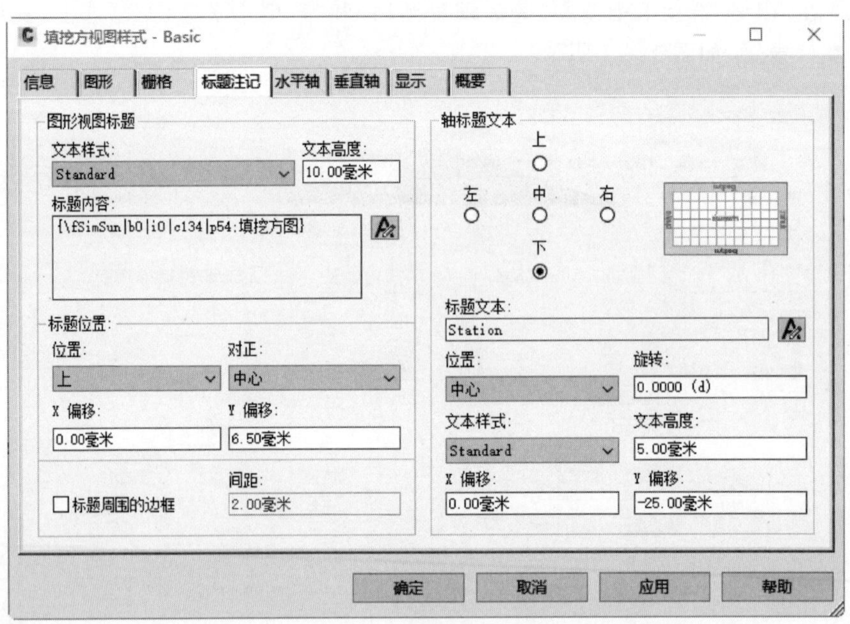

图 12-18 “标题注记”选项卡

(4) 在“显示”选项卡中设置右轴、右轴标题和主要右轴记号不可见，如图 12-19 所示。单击“确定”按钮，完成填挖方视图样式的更改，结果如图 12-20 所示。

12.3.3 编辑填挖方线样式

土方调配线样式可以控制在土方调配视图中纵向调土体积和土方外运体积的直线显示。土方调配线样式中的显示组件，例如颜色、线型和填充图案，与其他对象样式中

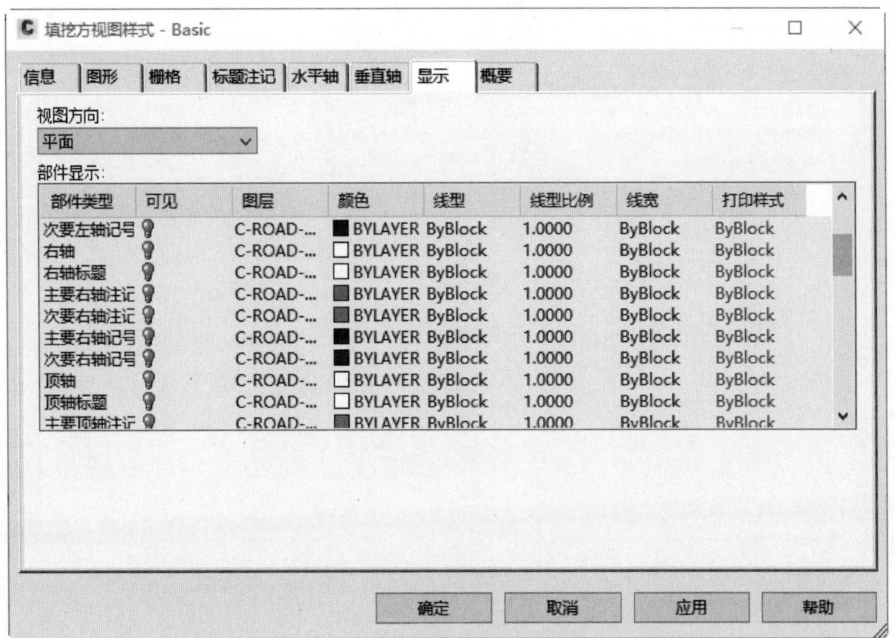

图 12-19　“显示”选项卡

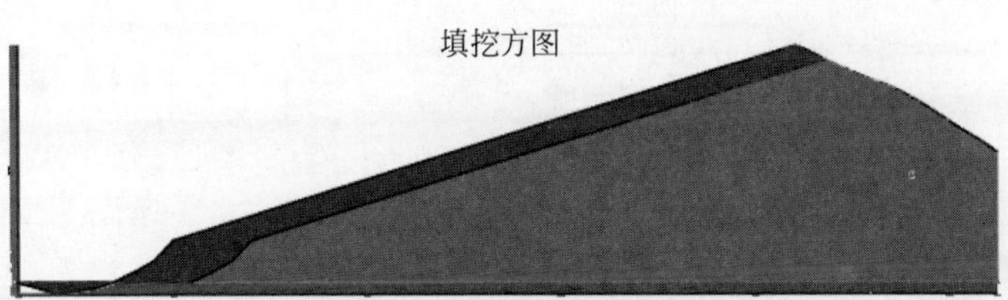

图 12-20　更改后的填挖方图

的组件类似。利用土方调配线样式也可以指定测量纵向调土的方法。

(1) 选取 12.3.2 节创建的填挖方图，打开“土方调配视图：填挖方(1)”上下文选项卡，单击“填挖方视图特性”下拉列表框中的“编辑填挖方视图样式”按钮，或在工具空间“设定”选项卡“填挖方线”→“填挖方线样式”→Basic 节点上右击，在弹出的快捷菜单中选择“编辑”选项，打开“填挖方线样式-Basic”对话框。

(2) 在“纵向调土”选项卡中选择“从坡度点开始测量”选项，如图 12-21 所示。

“纵向调土”选项卡中的选项说明如下。

- 从坡度点开始测量：从坡面点开始的与平衡线平行的线段(长度为纵向调土距离)将下降，以使该线段的端点恰好与填挖方线相交。封闭在该线段和填挖方线内的区域代表纵向调土体积。另外，垂线从该线段的端点开始下降，以与平衡线相交。封闭在这些线(平衡线和填挖方线)内的区域代表土方外运体积，示意图如图 12-22 所示。
- 从平衡点开始测量：在土方调配图中，平衡点位于净体积为零的平衡线上。在测量纵向调土的平衡点方法中，将复制填挖方线并按纵向调土距离水平移动到右侧(项目在该处从挖方过渡为填方)或左侧(项目在该处从填方过渡为挖方)。

Note

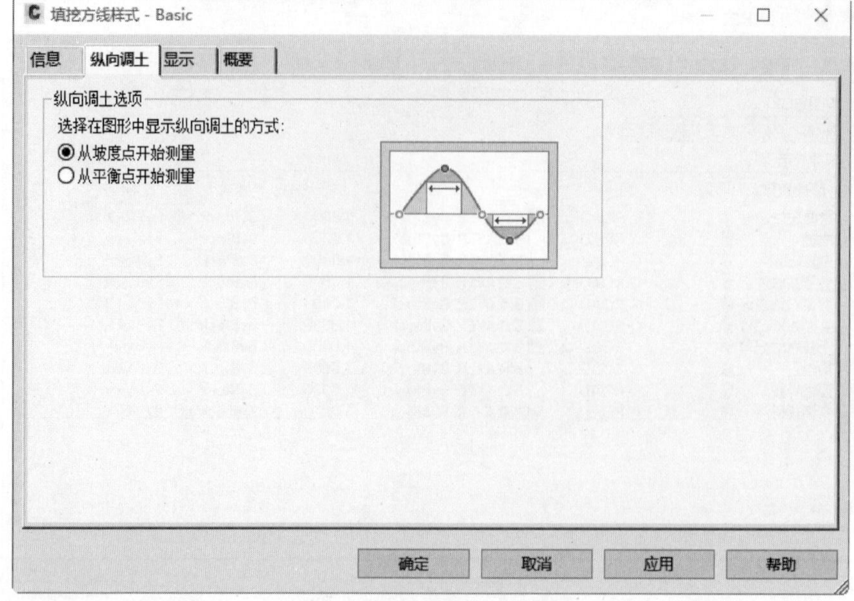

图 12-21 “纵向调土”选项卡

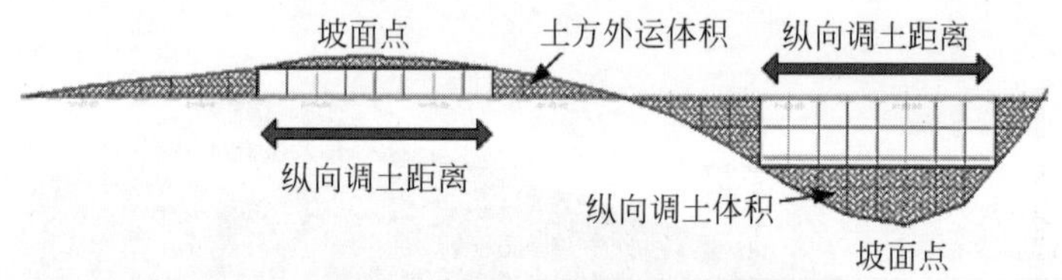

图 12-22 从坡度点开始测量示意图

封闭在两条填挖方线内的区域(如果在平衡线之上,则位于左侧;如果在平衡线之下,则位于右侧)代表纵向调土体积。剩余的相交区域代表土方外运体积,示意图如图 12-23 所示。

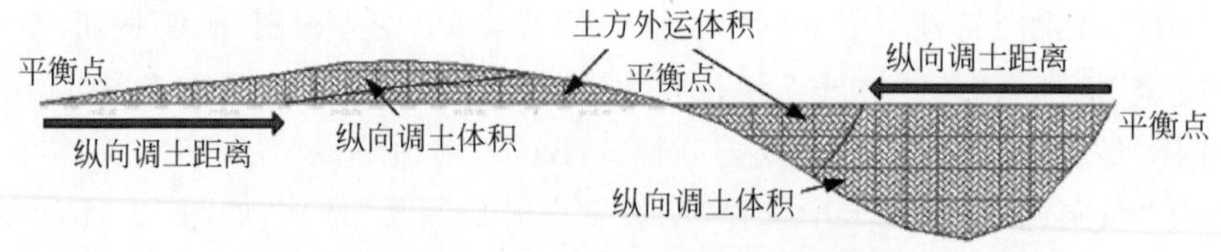

图 12-23 从平衡点开始测量示意图

(3) 在“显示”选项卡中单击“纵向调土区域填充”栏的图案,打开“填充图案”对话框,在“类型”下拉列表框中选择“预定义”,在“图案名称”下拉列表框中选择 NET 图案,如图 12-24 所示,单击“确定”按钮,关闭“填充图案”对话框。

(4) 返回到“填挖方线样式-Basic”对话框,如图 12-25 所示,继续设置土方外运区域填充图案为 STARS,比例为 10,其他采用默认设置。更改后的填挖方线如图 12-26 所示。

Note

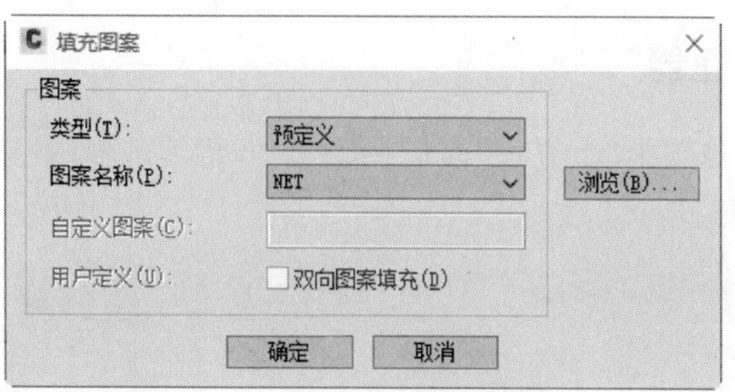

图 12-24　“填充图案”对话框

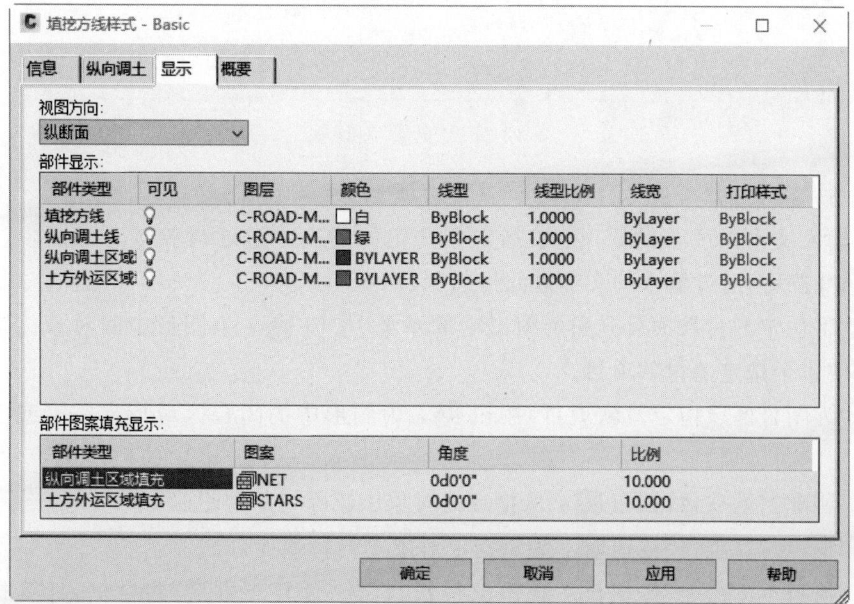

图 12-25　“显示”选项卡

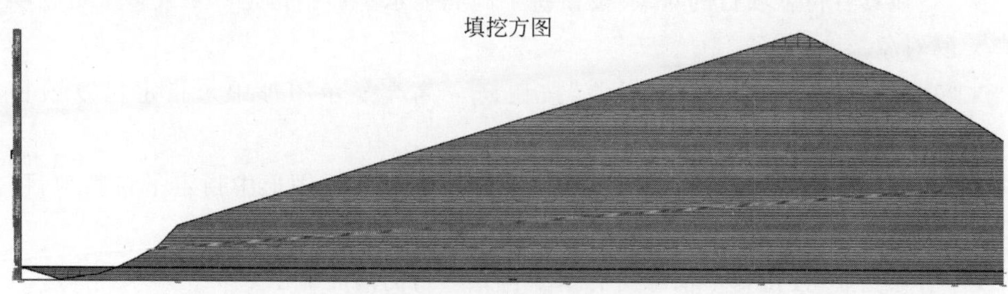

图 12-26　更改后的填挖方线

12.4　使用付款项目分析土方

本节将导入付款项目文件(自承包代理商)、标记对象、闭合区域和集合,并计算土方以创建土方报告和表。

Note

12.4.1 土方管理器

(1) 单击“分析”选项卡“土方量”面板中的“土方量管理器”按钮，打开如图 12-27 所示的“全景”对话框。

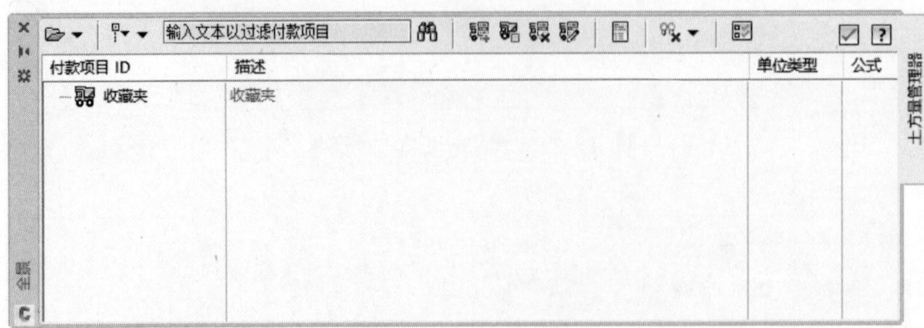

图 12-27 “全景”对话框

土方量管理器“全景”对话框中的选项说明如下。

- 输入文本以过滤付款项目：指定在选定的列表中过滤付款项目的文本。单击按钮，通过输入的文本过滤付款项目。
- “将选定的付款项目分配到图形中的对象”按钮：为图形中的对象指定一个或多个选定的付款项目。
- “为闭合区域指定付款项目”按钮：为图形中的闭合区域指定一个或多个选定的付款项目。
- “删除付款项目”按钮：从指定的对象中删除付款项目。
- “编辑付款项目”按钮：编辑指定对象上的付款项目。
- “执行土方命令”按钮：单击此按钮，打开“计算土方量”对话框，计算材质土方量。
- “亮显具有付款项目的对象”按钮：高亮显示图形中指定一个或多个付款项目的对象。
- “亮显不具有付款项目的对象”按钮：高亮显示图形中未指定付款项目的对象。
- “亮显具有选定付款项目的对象”按钮：高亮显示图形中指定了付款项目(与在“付款项目列表”中选定的付款项目相同)的对象。
- “清除亮显”按钮：清除所有基于付款项目的高亮显示。

(2) 单击“打开”下拉列表框中的“打开付款项目文件”选项，如图 12-28 所示，打开“打开付款项目文件”对话框，单击按钮，载入付款项目文件和付款项目分类文件，如图 12-29 所示。

“打开”下拉列表框中的选项说明如下。

- 打开付款项目文件：单击此选项，打开“打开付款项目文件”对话框，打开付款项目文件及其分类文件。
- 另存为→Autodesk 土方目录：将付款项目文件另存为 Autodesk 土方目录文件。

图 12-28　下拉列表框

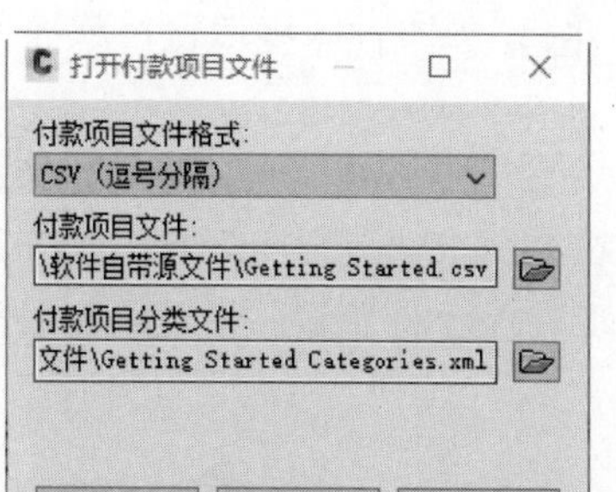

图 12-29　“打开付款项目文件”对话框

➢ 另存为→CSV 文件：将付款项目文件另存为 CSV(逗号分隔变量)文件。
➢ 打开→分类文件：打开用于在付款项目列表中对付款项目进行分类的 XML 文件。
➢ 打开→公式文件：打开用于将公式应用于付款项目列表中付款项目的土方量公式文件。

(3) 单击“确定”按钮，付款项目类别显示在“全景”对话框中，如图 12-30 所示。

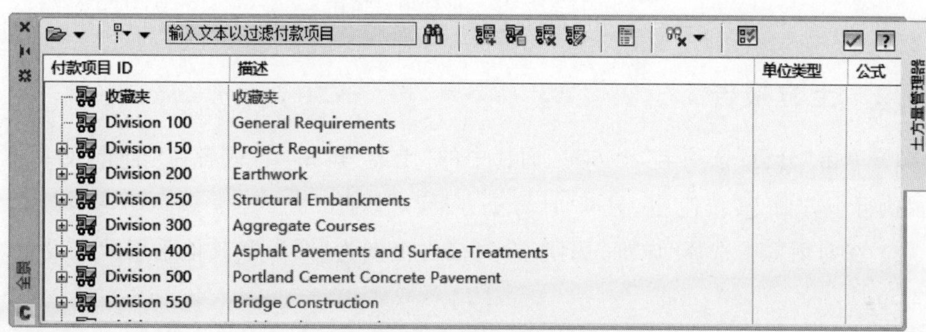

图 12-30　加载付款项目

(4) 单击“将选定的付款项目分配到图形中的对象”按钮，在付款项目 ID 中选择付款项目，按 Enter 键。

(5) 在视图中选择要添加付款项目的对象，按 Enter 键，将光标放置在添加付款项目的对象上，工具提示将显示已指定给该对象的付款项目描述和 ID，如图 12-31 所示。

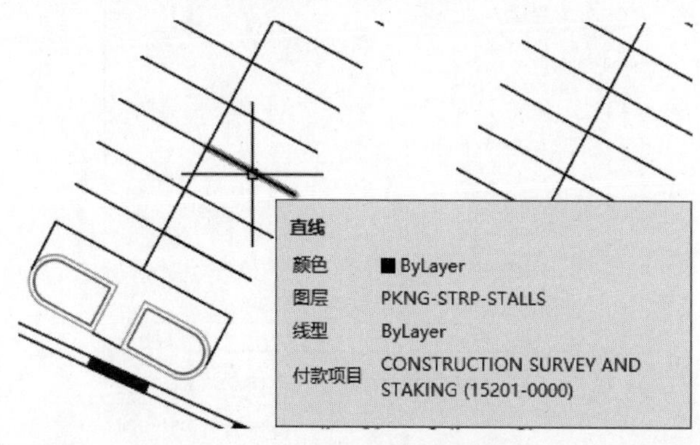

图 12-31　显示付款项目描述

(6) 单击“为闭合区域指定付款项目”按钮，在付款项目 ID 中选择付款项目，按 Enter 键。

Note

(7) 命令行提示“选择点(P)或[选择对象(O)]:”，单击“选择对象(O)”选项，或者输入 O，在视图中选择封闭区域，按 Enter 键结束命令。将光标放置在添加付款项目的区域上，工具提示将显示已指定给该区域的付款项目描述和 ID，如图 12-32 所示。

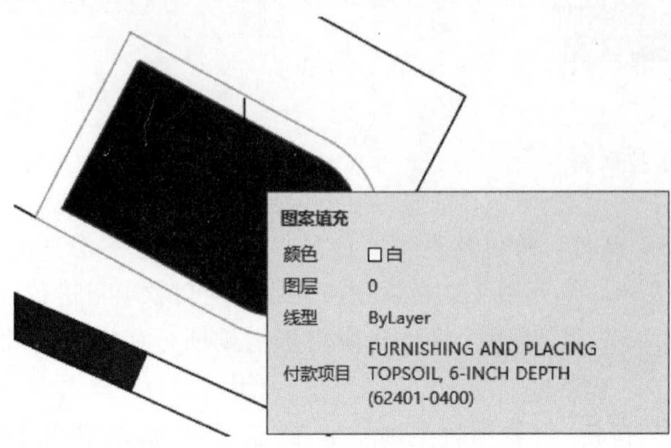

图 12-32　显示付款项目描述

12.4.2　土方报告

(1) 单击“分析”选项卡“土方量”面板中的“土方”按钮，或者在“全景”对话框中单击“执行土方命令”按钮，打开“计算土方量”对话框。

(2) 在对话框中选择“详细”选项，设置报告范围为“图形”，其他采用默认设置，如图 12-33 所示。

图 12-33　“计算土方量”对话框

Note

“计算土方量”对话框中的选项说明如下。

➢ 概要：选择此选项，输出材质土方量的概要报告。
➢ 详细：选择此选项，输出材质土方量的详细报告。
➢ 报告范围：指定土方量报告将涵盖的范围，包括图形、图纸和选择集。
  - 图形：指定报告将涵盖整个图形。
  - 图纸：指定报告将涵盖图纸。
  - 选择集：指定报告将涵盖图形中的选定对象。
➢ 仅报告图纸范围内的数量：选中此复选框可以指定土方量报告仅涵盖图纸中的对象。
➢ 将范围限制为路线桩号范围：选中此复选框，指定报告范围将由选定的路线、起点桩号和终点桩号进行限制。
➢ 路线：指定将从中绘制桩号范围的路线。
➢ 起点/终点桩号：指定桩号范围开始/终点桩号。
➢ 仅报告选定的付款项目：选中此复选框，仅报告在“全景”对话框中选定的付款项目。
➢ 报告桩号和相对于以下对象的偏移：在下拉列表框中选择路线或单击按钮，在图形中选择路线，将为具有付款项目的对象报告相对于该路线的桩号和偏移信息。

(3) 单击“计算”按钮，生成如图 12-34 所示的“土方量报告”对话框，单击“绘制”按钮，在图形中的空白区域单击放置表格。

图 12-34 “土方量报告”对话框

(4) 单击“另存为”按钮，打开“将土方量报告另存为”对话框，设置保存路径和文件名称，如图 12-35 所示。单击“保存”按钮，保存土方量报告；单击“关闭”按钮，关闭对话框。

Note

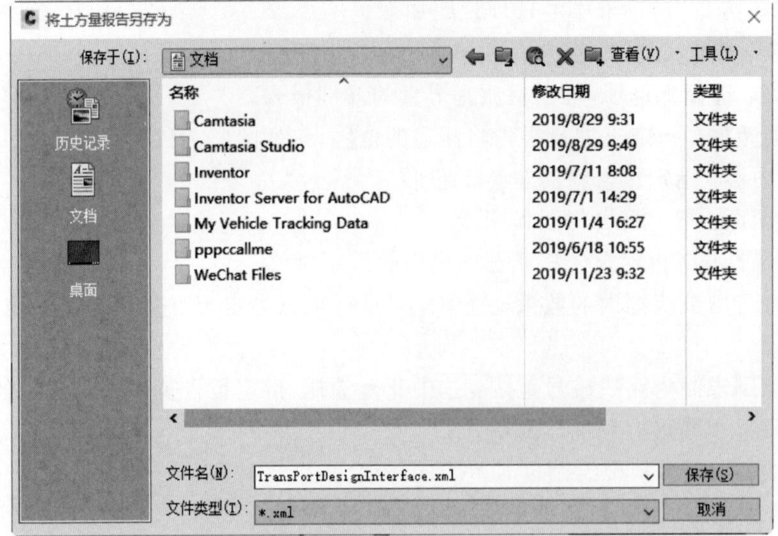

图 12-35 “将土方量报告另存为”对话框

12-1

12.5 实例——创建土方调配图

本实例将为项目场地创建一个显示纵向调土体积和土方外运体积的土方调配图。

（1）打开土方调配图原始文件。

（2）单击“分析”选项卡“体积和材质”面板中的“填挖方”按钮，打开如图 12-36 所示的“创建填挖方图-常规”对话框，输入填挖方视图名称为“土方调配平衡”，设置填挖方视图样式为 Free Haul and Overhaul，其他采用默认设置。

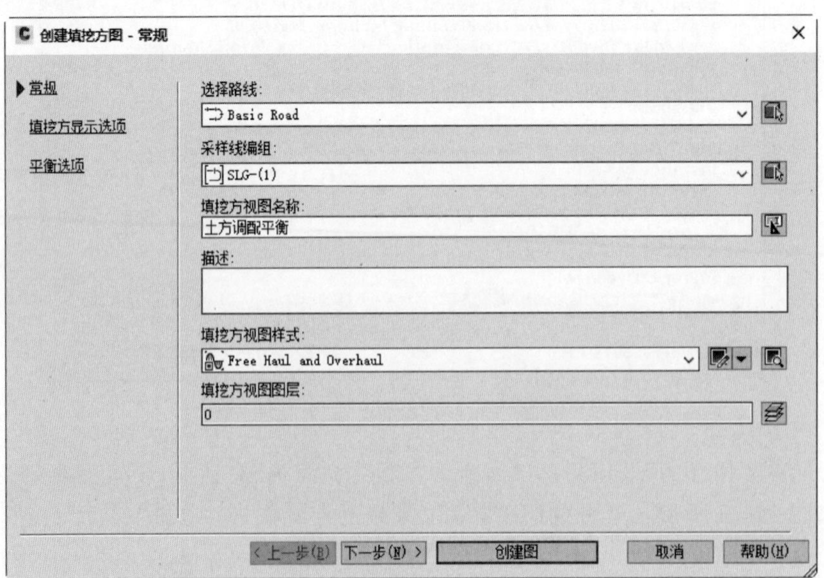

图 12-36 “创建填挖方图-常规”对话框

(3) 单击“下一步”按钮，切换到“填挖方显示选项”选项卡，设置“选择要显示为填挖方线的材质”选项为“总体积”，输入填挖方线名称为“土方调配线总体积”，设置填挖方线样式为 Free Haul and Overhaul-Grade Point，其他采用默认设置，如图 12-37 所示。

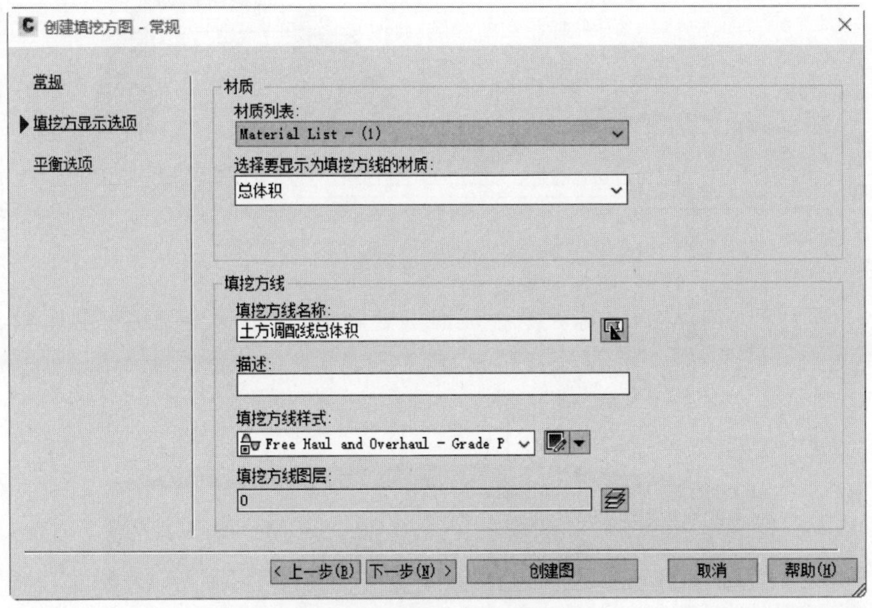

图 12-37　“填挖方显示选项”选项卡

(4) 单击“下一步”按钮，切换到“平衡选项”选项卡，选中“纵向调土距离”复选框，输入距离为 300 英尺，其他采用默认设置，如图 12-38 所示。

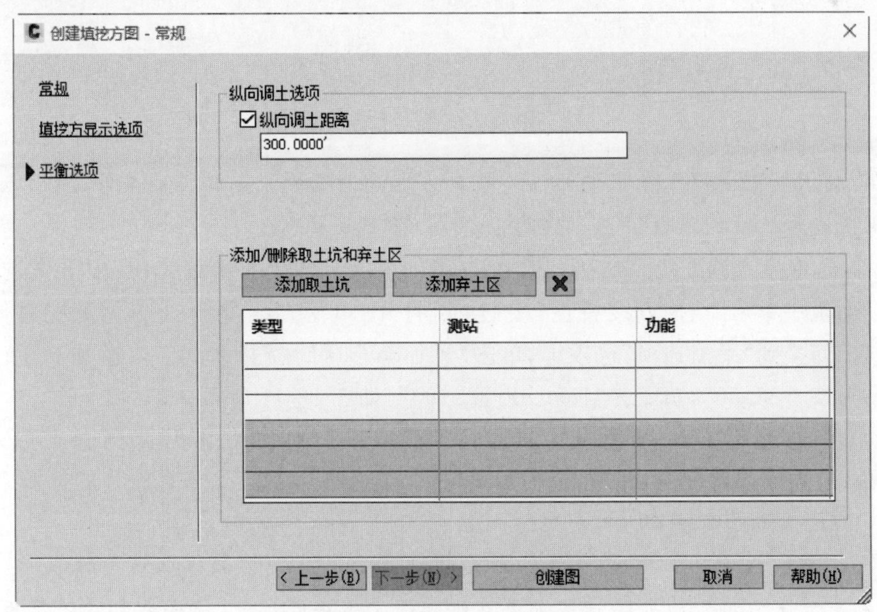

图 12-38　“平衡选项”选项卡

Note

(5) 单击“创建图”按钮，在图形中捕捉纵断面图上方的圆的圆心放置填挖方图(删除圆)，如图 12-39 所示。

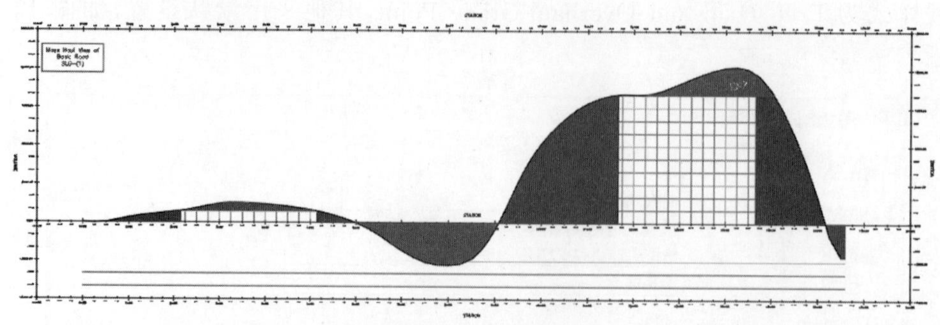

图 12-39　土方调配图

(6) 放大土方调配图，光标在第一坡面点处停留，将显示当前桩号的体积(大约 1500 立方码)，如图 12-40 所示。

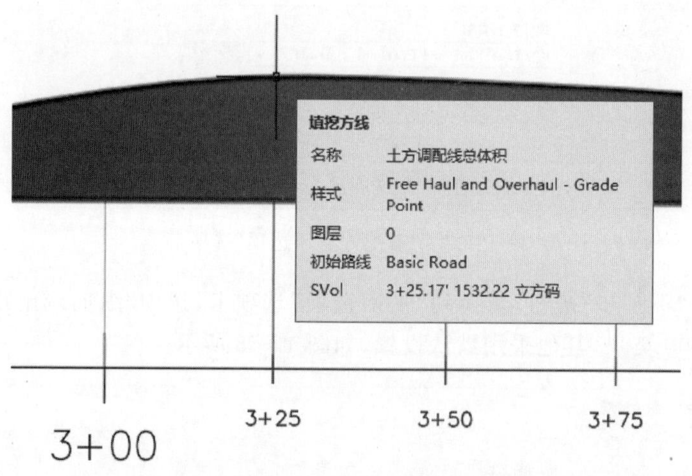

图 12-40　显示信息

注意：纵向调土在该坡面点处从挖方过渡到填方。根据场地条件，坡面点可以是弃土区或取土坑的逻辑位置，它可以减少或消除土方外运。

(7) 选取土方调配线，在打开的“土方调配线：土方调配线总体积”上下文选项卡“修改”面板中单击“填挖方线特性”按钮，打开“填挖方线特性-土方调配线总体积”对话框。切换到“平衡选项”选项卡，单击“添加弃土区”按钮，在列表中添加弃土区，输入测站为“3＋25.00”，功能为“1500.00 立方码”，如图 12-41 所示。

(8) 单击“确定”按钮，平衡线上方的挖方体积全部是纵向调土体积，如图 12-42 所示。

(9) 放大土方调配图，光标在桩号“6＋25”处停留，将显示当前桩号的体积(大约 2000 立方码)，如图 12-43 所示。

注意：桩号“6＋25”靠近土方外运体积(显示为红色)和纵向调土体积(显示为绿色)相交于土方调配线处的点。如果在纵断面上检查此桩号，将会看到它还是原地面曲面的相对平面横断面。平面区域也是非常适合弃土区和取土坑的位置。

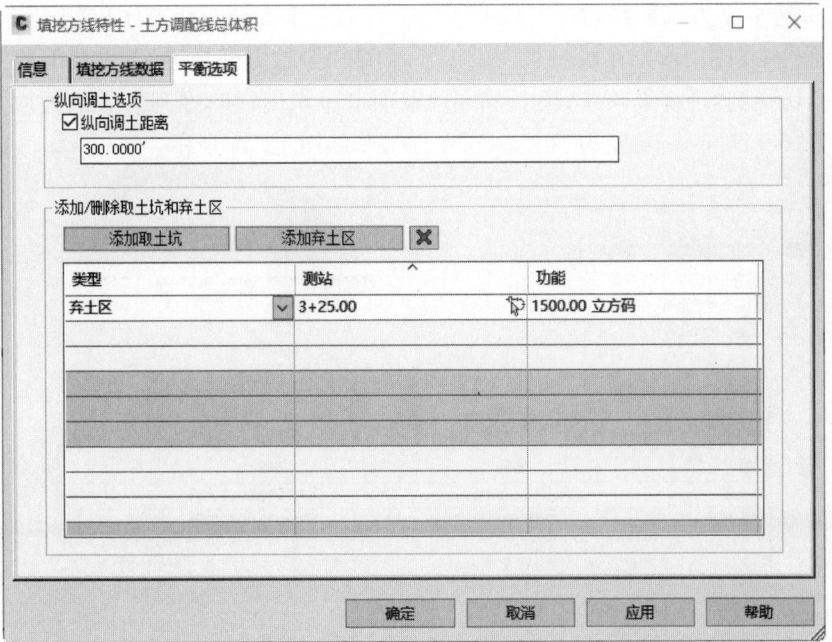

图 12-41 “填挖方线特性-土方调配线总体积”对话框

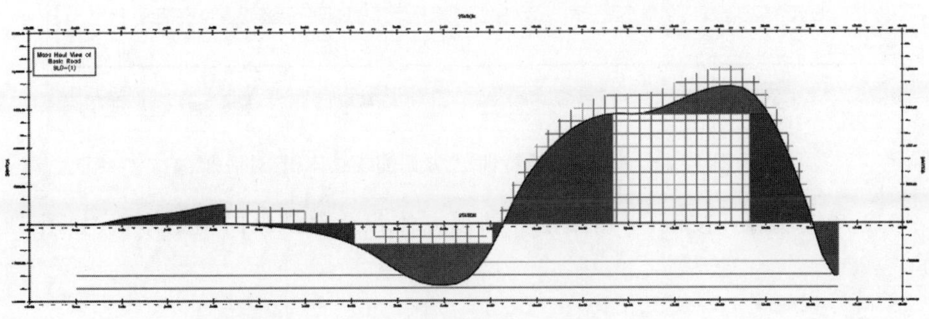

图 12-42 调整调配线

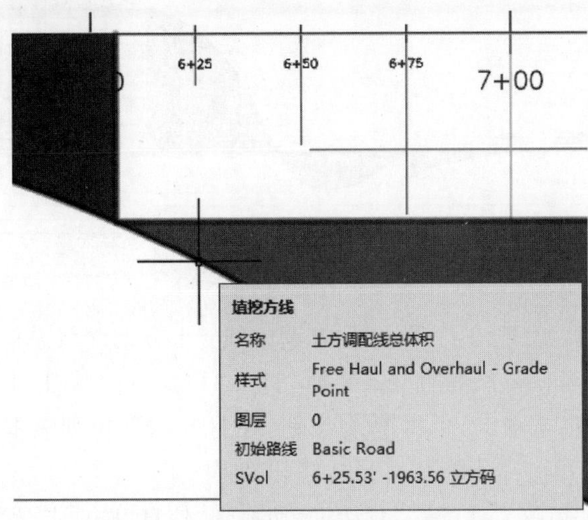

图 12-43 显示信息

Note

（10）选取土方调配线，在打开的“土方调配线：土方调配线总体积”上下文选项卡“修改”面板中单击“填挖方线特性”按钮，打开“填挖方线特性-土方调配线总体积”对话框。切换到“平衡选项”选项卡，单击“添加取土坑”按钮，在列表中添加取土坑，输入测站为“6＋25.00”，功能为“2000.00 立方码”，如图 12-44 所示。

填挖方线特性 - 土方调配线总体积

信息　填挖方线数据　平衡选项

纵向调土选项

☑纵向调土距离

300.0000'

添加/删除取土坑和弃土区

添加取土坑　添加弃土区

类型	测站	功能
弃土区	3+25.00	1500.00 立方码
取土坑	6+25.00	2000.00 立方码

确定　取消　应用　帮助

图 12-44　“填挖方线特性-土方调配线总体积”对话框

（11）单击“确定”按钮，平衡线下方的填方体积全部是纵向调土体积，如图 12-45 所示。

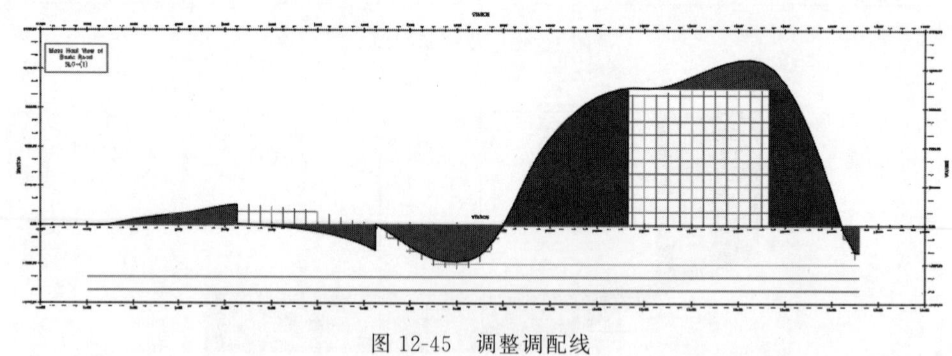

图 12-45　调整调配线

（12）选取土方调配线，在打开的“土方调配线：土方调配线总体积”上下文选项卡“修改”面板中单击“填挖方线特性”按钮，打开“填挖方线特性-土方调配线总体积”对话框，切换到“信息”选项卡，单击按钮，在打开的下拉列表框中单击“复制当前选择”按钮。

（13）系统打开“填挖方线样式”对话框，切换到“信息”选项卡，输入名称为“纵向调

土和土方外运-平衡点”，其他采用默认设置。

(14) 切换到“纵向调土”选项卡，选择“从平衡点开始测量”选项，如图 12-46 所示。

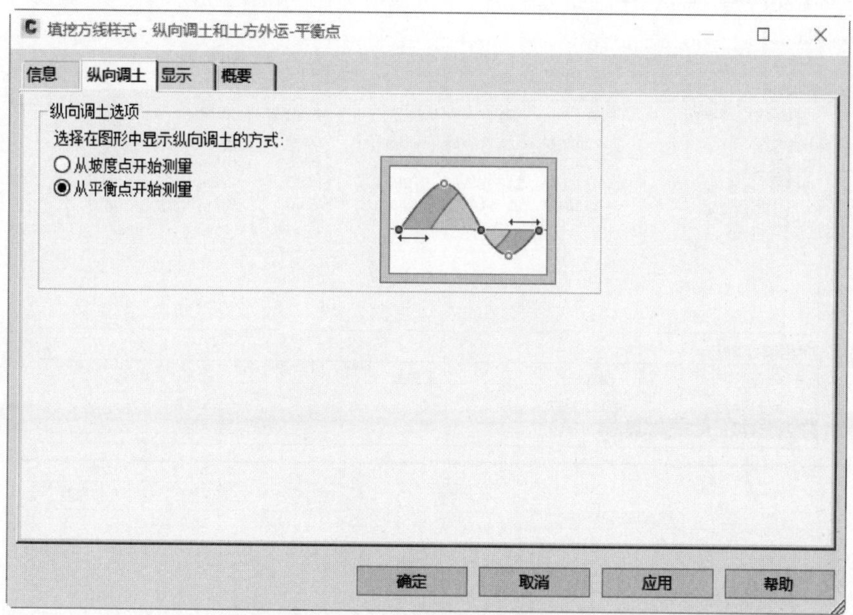

图 12-46 “纵向调土”选项卡

(15) 切换到“显示”选项卡，单击“纵向调土区域填充”栏的图案，打开“填充图案”对话框，单击“浏览”按钮，打开“填充图案选项板”对话框。在 ANSI 选项卡中选择 ANSI37 图案，如图 12-47 所示，连续单击“确定”按钮。

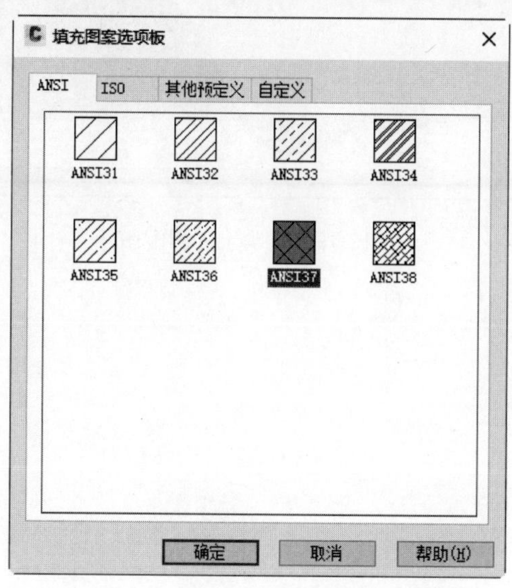

图 12-47 “填充图案选项板”对话框

(16) 返回到“填挖方线样式”对话框，设置纵向调土区域填充的比例为 50。采用相同的方法，设置土方外运区域填充的图案为 DASH，比例为 50，如图 12-48 所示。

Note

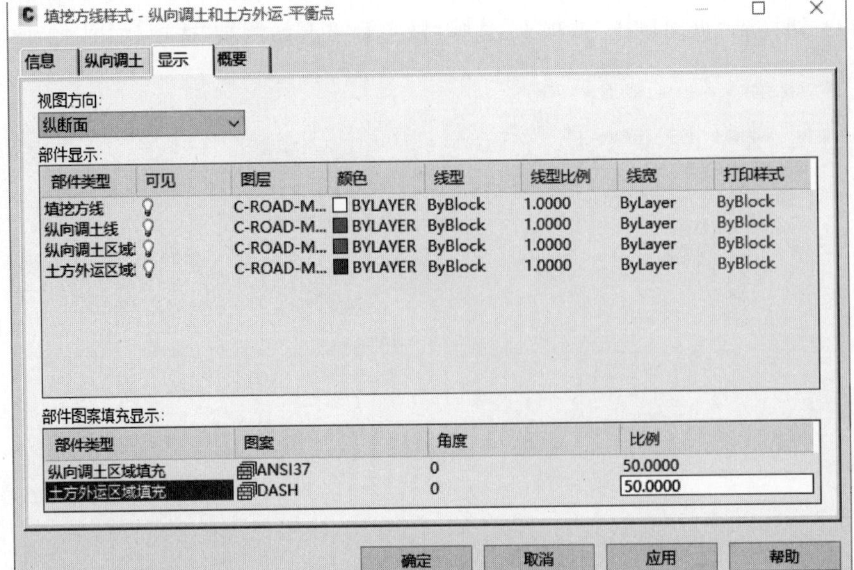

图 12-48 “显示”选项卡

(17) 单击“确定”按钮，土方调配图使用平衡点方法测量纵向调土，如图 12-49 所示。

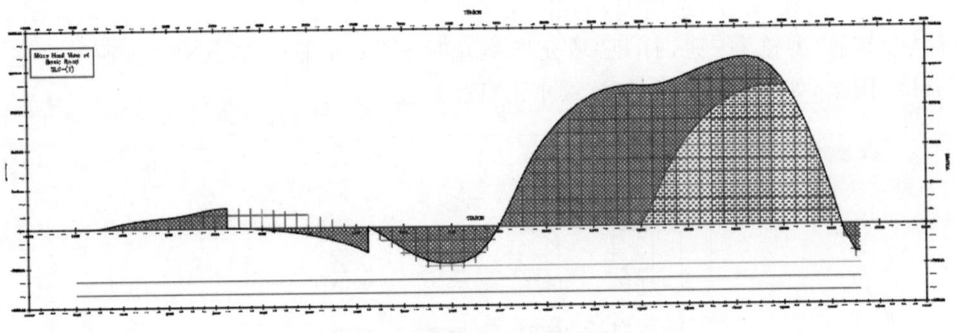

图 12-49 更改土方调配图

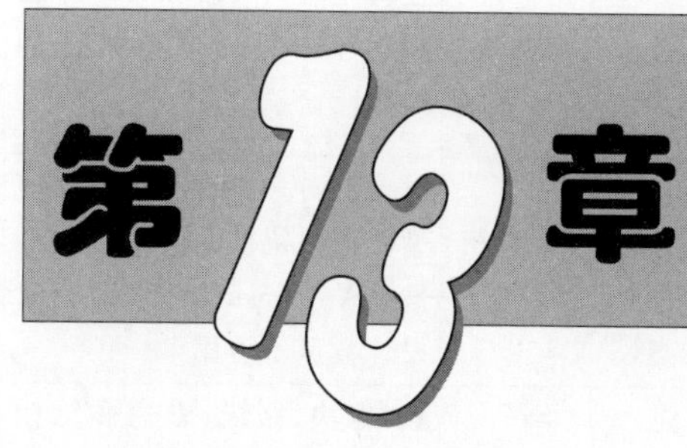

文件和数据共享

在现实工作中，特别是当今的企业中，一个工程设计通常是由多人和多个软件参与完成的，这就涉及数据共享问题。

本章将学习如何根据不同的合作因素，利用 Civil 3D 实现数据的共享和交互协作，从而完成基于 Civil 3D 的工程设计。

13.1 数据共享

在 Autodesk Civil 3D 中提供了多种方法来共享图形数据，包括代理图形、对象激活器、导出 Civil 3D 图形、导出为 SDF、导出到 3D DWF 等，具体使用功能参见表 13-1。

表 13-1 数据共享方法

数据共享方法	在其他基于 AutoCAD 的应用程序中可对对象执行的操作	对象在其他应用程序中的状态	是否在不同视口中执行二维和三维样式显示设置	在 Autodesk Civil 3D 中重新打开时对象是否仍然存在
代理图形	查看/打印对象和设计数据；不操作对象	对象显示为非智能化的代理图形	否	是
对象激活器	查看、打印、复制并操作对象标签。设计数据不可编辑	对象仍然是智能对象	是	是

Note

续表

数据共享方法	在其他基于 AutoCAD 的应用程序中可对对象执行的操作	对象在其他应用程序中的状态	是否在不同视口中执行二维和三维样式显示设置	在 Autodesk Civil 3D 中重新打开时对象是否仍然存在
导出 Civil 3D 图形	对象将分解为 AutoCAD 原型。将保留模型的视觉完整性。Autodesk Civil 3D 对象设计数量不可用	其他应用程序中无对象。仅 AutoCAD 原型	否	否
导出为 SDF	点、地块、路线、管道和结构将导出为 SDF 文件。可以在可读取 SDF 的应用程序中使用。AutoCAD Map 可导入此数据	主要为 AutoCAD Map 3D 的格式	SDF 为单独的文件，原始图形不受影响	SDF 为单独的文件，原始图形不受影响
导出到 3D DWF	使用对象的三维显示模式来显示。某些对象没有三维显示组件，因此不会在 3D DWF 中显示。还存在用 3D DWF 导出的对象元数据。所有对象都将导出原数据	需要 Autodesk Design Review 或 DWF 查看器	需要 Autodesk Design Review 或 DWF 查看器。导出时 3D DWF 将使用三维显示组件	原始图形不受影响

13.1.1 导出 Civil 3D 图形

利用导出 Civil 3D 图形命令可将要素线、地块线和测量地物转换为三维对象。

(1) 单击“输出”选项卡“导出”面板中的“导出 Civil 3D 图形”按钮，打开如图 13-1 所示的“导出 Autodesk Civil 3D 图形”对话框。

(2) 设置“导出为文件类型”为 AutoCAD DWG，单击“导出设定”按钮，打开如图 13-2 所示的“导出设定”对话框，指定用于导出文件的图形版本，并指定是否将要素线、地块线和测量地物转换为二维或三维多段线，单击“确定”按钮，关闭“导出设定”对话框。

(3) 返回到“导出 Autodesk Civil 3D 图形”对话框，设置导出文件的路径，目标文件名前缀和后缀，取消选中“包括图纸”复选框，只导出模型，单击“导出”按钮。

(4) 打开“导出状态”对话框，显示导出信息，如图 13-3 所示。单击“确定”按钮，关闭对话框。

(5) 如果在图 13-1 中设置导出的文件类型为 MicroStation DNG，则单击“导出设定”按钮，打开如图 13-4 所示的“导出设定”对话框。

注意：“导出设定”对话框中将显示不同的选项，具体取决于是否安装了 MicroStation。如果没有安装 MicroStation，可能要首先使用 DGNMAPPING 命令创建一个可在导出图形时选择的映射设置文件。映射设置文件将 AutoCAD 图层、线型、线宽和颜色与其在 MicroStation 中等效的对象相关联。

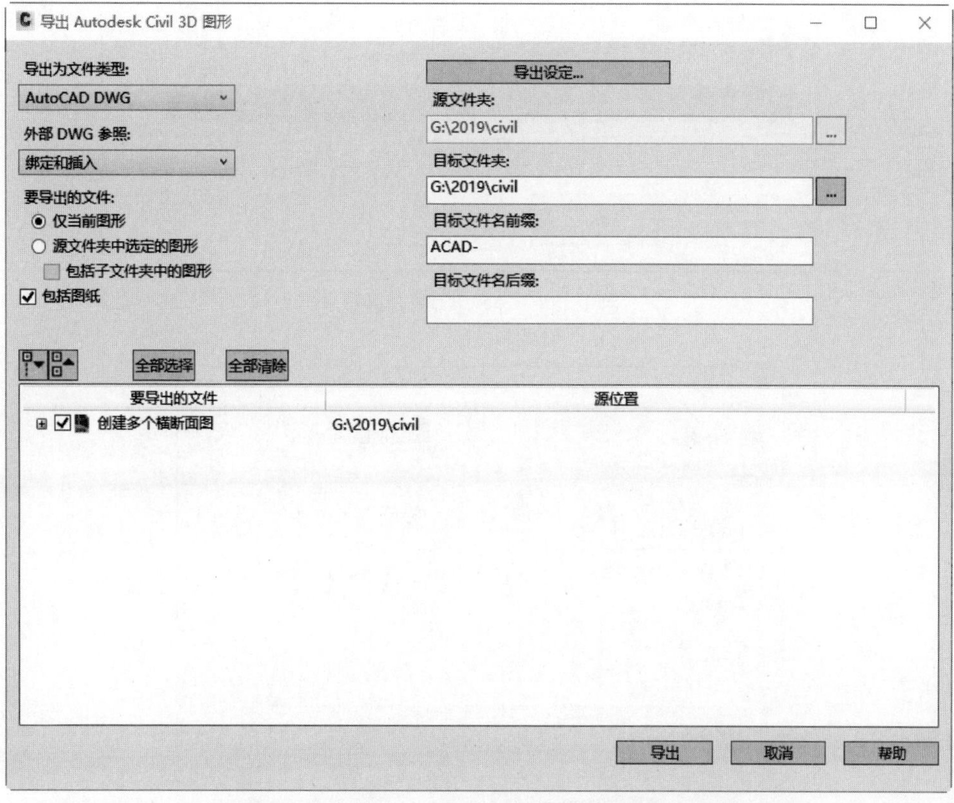

图 13-1 “导出 Autodesk Civil 3D 图形”对话框

图 13-2 “导出设定”对话框

Note

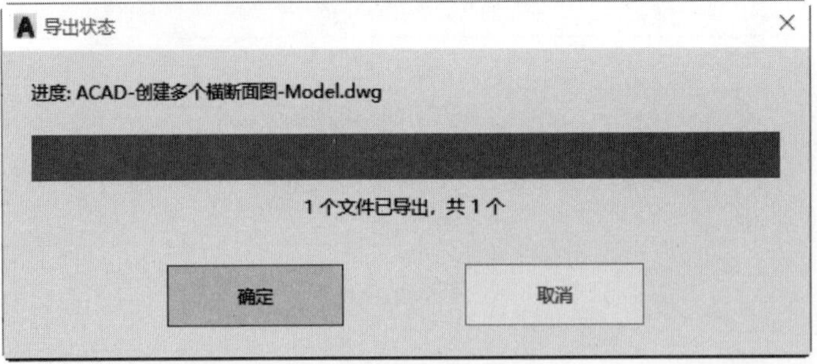

图 13-3 “导出状态”对话框

图 13-4 “导出设定”对话框

13.1.2 导出为 SDF 文件

使用“导出为 SDF”命令可以将 Autodesk Civil 3D 数据导出为空间数据格式(SDF) 文件。Autodesk Civil 3D 路线、点、地块和管网数据将转换为具有属性的数据对象。

(1) 单击“输出”选项卡“导出”面板中的“导出为 SDF 文件”按钮，打开如图 13-5 所示的“导出为 SDF”对话框。

(2) 在“类别”下拉列表框中指定坐标系，如果图形已具有指定的坐标系，则将自动使用该坐标系，并且“导出为 SDF”对话框中的“选择坐标系”选项组将不可用。

13.1.3 将多个图形转换格式或单位

如果有多个图形需要保存为早期版本的图形格式，可以使用 CivilBatchConverter 命令执行多个图形文件的批处理转换，并将其保存为 AutoCAD 图形格式。

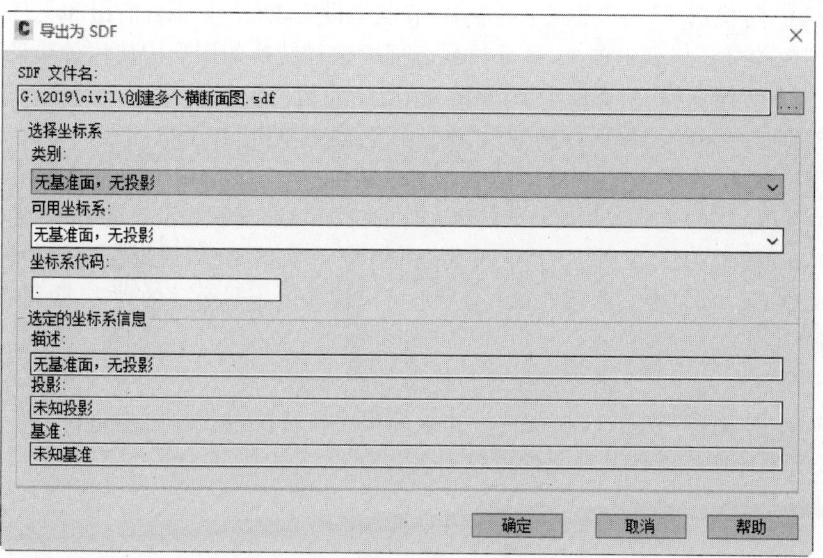

图 13-5 “导出为 SDF”对话框

（1）在命令行中输入 CivilBatchConverter，按 Enter 键，打开如图 13-6 所示的 Civil Batch Drawing Converter 对话框。

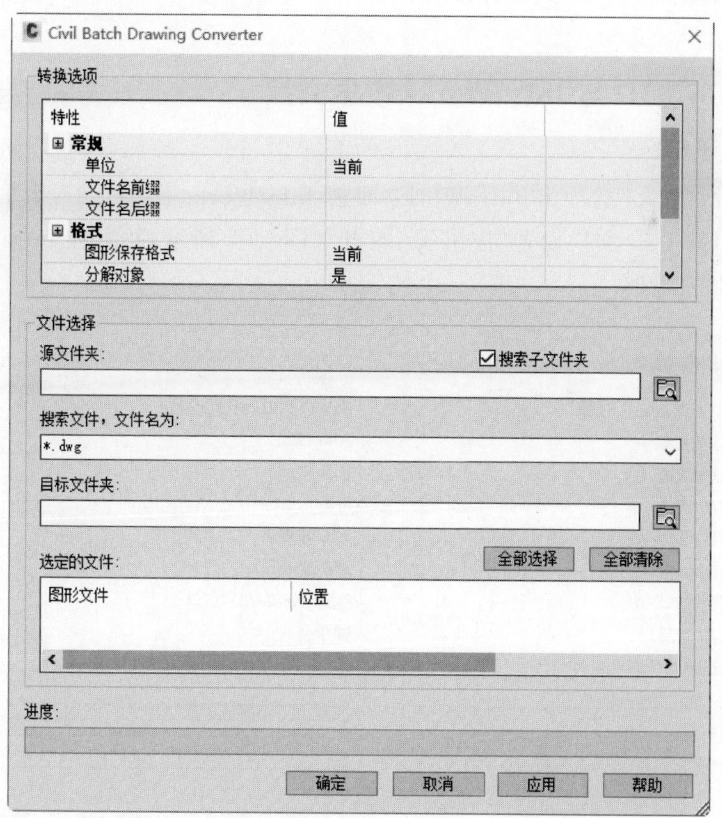

图 13-6 Civil Batch Drawing Converter 对话框

Note

（2）在“转换选项”列表框中的“常规”节点中设置单位、文件名前缀和文件名后缀，在“单位”栏的“值”列表中单击，在下拉列表框中选择转换的图形中使用的单位。

（3）在“转换选项”列表框中的“格式”节点中设置图形保存格式，是否分解对象，是否绑定外部参照，在“图形保存格式”栏的“值”列表中单击，在下拉列表框中选择转换图形的图形格式。

（4）在源文件夹中浏览到要转换的源文件的位置，文件名将显示在选定的文件列表中。

（5）在“搜索文件，文件名为”下拉列表框中选择文件类型，或直接在框中输入文件类型或文件名。如果要搜索多个文件类型，可以输入由逗号分隔的列表，也可以使用星号作为通配符，如 auto＊.dwg。

（6）在目标文件夹下指定要保存转换文件的位置。

（7）单击“确定”按钮，转换文件。如果此程序在转换过程中出现错误，则完成转换后，将显示未转换的文件及其文件位置列表。

13.2 数据交换

可以使用 InfraWorks 完成初始设计，然后将 InfraWorks 模型导入 Autodesk Civil 3D 以继续进行详细设计，再将模型导入 InfraWorks 中创建设计演示或完成更多设计工作。

13.2.1 Civil 3D 与 InfraWorks 数据交换

1. 交换设定

（1）单击“插入”选项卡 InfraWorks 面板 InfraWorks 下拉列表框中的“配置 InfraWorks-Civil 3D 交换设置”按钮，打开如图 13-7 所示的“配置 InfraWorks-Civil 3D 交换设置”对话框。

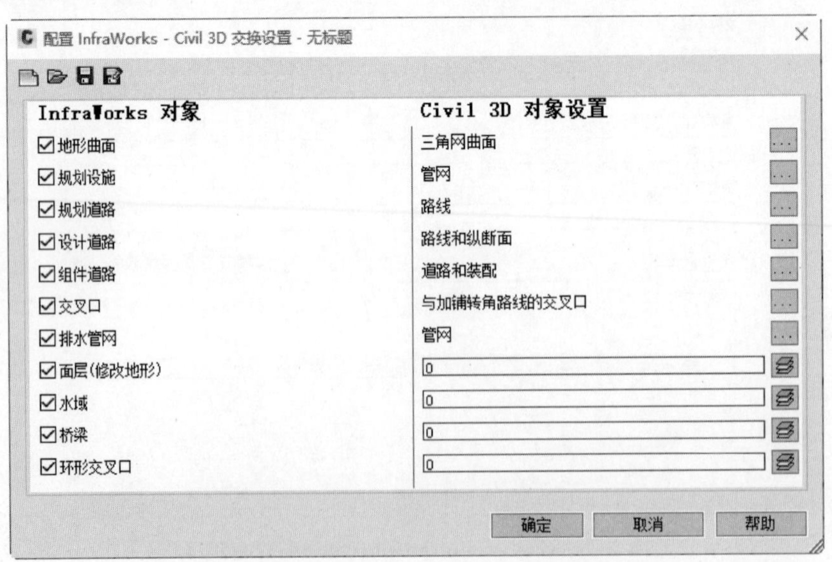

图 13-7 “配置 InfraWorks-Civil 3D 交换设置”对话框

（2）选中“InfraWorks 对象”选项组中的复选框以控制将哪些类型的 InfraWorks 模型对象导入 Autodesk Civil 3D。

（3）在“Civil 3D 对象设置”选项组中单击对应的按钮，打开对应的对话框，指定将对象导入 Autodesk Civil 3D 时对象的设定，如单击“三角网曲面”对应的按钮 ...，打开如图 13-8 所示的“地形曲面到 Civil 3D”对话框，设置曲面样式和图层。

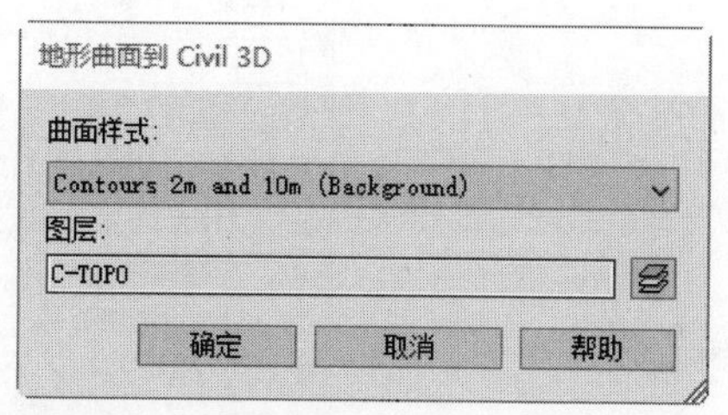

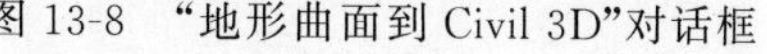
图 13-8　“地形曲面到 Civil 3D”对话框

（4）设置完成后，单击“保存”按钮，打开如图 13-9 所示的“保存配置文件”对话框，设置保存路径和文件名称，单击“保存”按钮，保存配置文件。

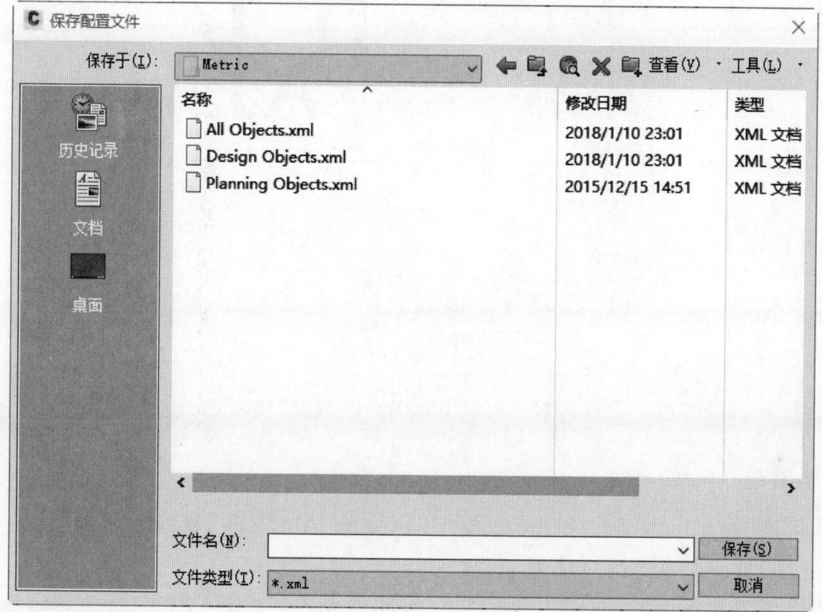

图 13-9　“保存配置文件”对话框

（5）单击“确定”按钮，关闭对话框。

2. 导入 InfraWorks

（1）单击“插入”选项卡 InfraWorks 面板 InfraWorks 下拉列表框中的“打开 InfraWorks 模型”按钮，打开如图 13-10 所示的“打开 InfraWorks 模型”对话框。

（2）单击“打开”按钮，选择本地 InfraWorks 模型，也可以选择从 InfraWorks 导出的 IMX 文件。

（3）在坐标系选项组中显示坐标系的信息，单击“设置坐标系”按钮，指定或更改图形的坐标系。

（4）在“对象设置”下的文本框中选择用户设置的配置文件或系统自带的配置文件。

（5）设置完成后，单击“打开模型”按钮，打开 InfraWorks 模型。

Note

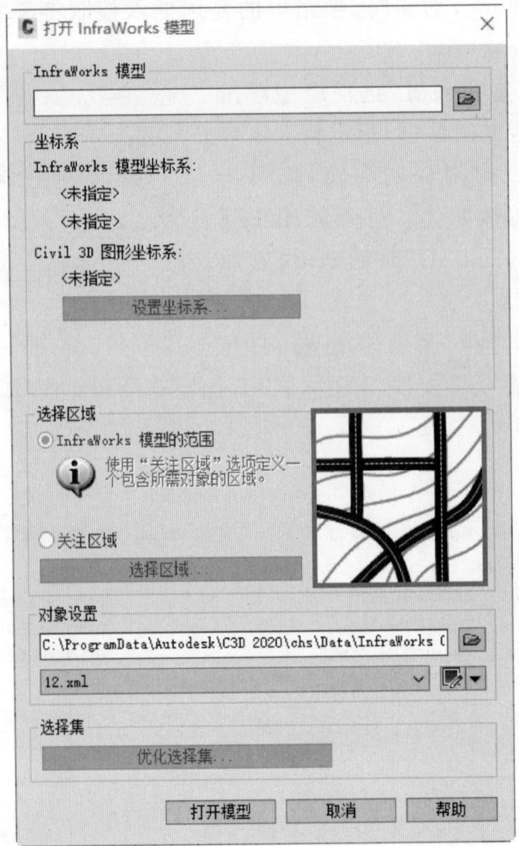

图 13-10 “打开 InfraWorks 模型”对话框

3. 导出到 InfraWorks

（1）单击“输出”选项卡“导出”面板中的“导出 IMX”按钮，打开如图 13-10 所示的“打开 InfraWorks 模型”对话框。

（2）命令行提示“请输入可写的 IMX 文件夹路径：＜G:\2020\civil\＞：”，输入要写入文件夹的路径，如果采用默认设置则直接按 Enter 键。

（3）命令行提示“请输入所需的 IMX 版本 [2.1/2.0]＜2.1＞：”，输入所需版本号，如果采用默认的版本号则直接按 Enter 键。

（4）命令行提示已开始导出，显示导出信息，直到导出完成。

13.2.2 Civil 3D 与 LandXML 数据交换

1. LandXML 设定

（1）在工具空间的“设定”选项卡图形名称（如创建道路曲面）上右击，弹出如图 13-11 所示的快捷菜单，单击“编辑 LandXML 设置”选项，打开如图 13-12 所示的“LandXML 设置-创建道路曲面”对话框，在“导入”选项卡中修改导入设定。

图 13-11 快捷菜单

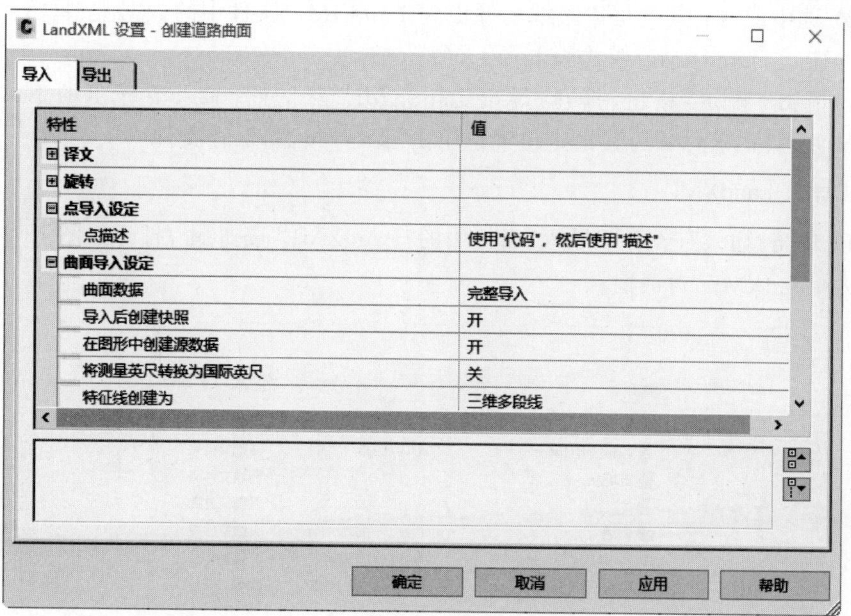

图 13-12　“LandXML 设置-创建道路曲面”对话框

（2）切换到“导出”选项卡，修改导出设定。

（3）单击“确定”按钮，这些设置将作为图形的默认设置保存。

2. 导出到 LandXML

（1）单击“输出”选项卡“导出”面板中的“导出为 LandXML”按钮，打开如图 13-13 所示的“导出为 LandXML”对话框。

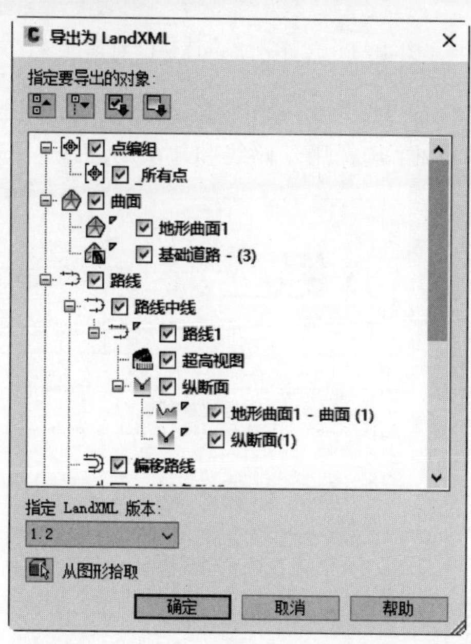

图 13-13　“导出为 LandXML”对话框

（2）选中或清除复选框以过滤要导出到 LandXML 文件中的数据类型。

（3）指定 LandXML 模式版本。

（4）单击“确定”按钮，打开“导出 LandXML”对话框，输入要导出的 LandXML（*.xml）文件的名称并为其指定位置。单击“保存”按钮，保存文件。

Note

3. 导入 LandXML

（1）单击“插入”选项卡“导入”面板中的“LandXML”按钮，打开如图 13-14 所示的“导入 LandXML”对话框。

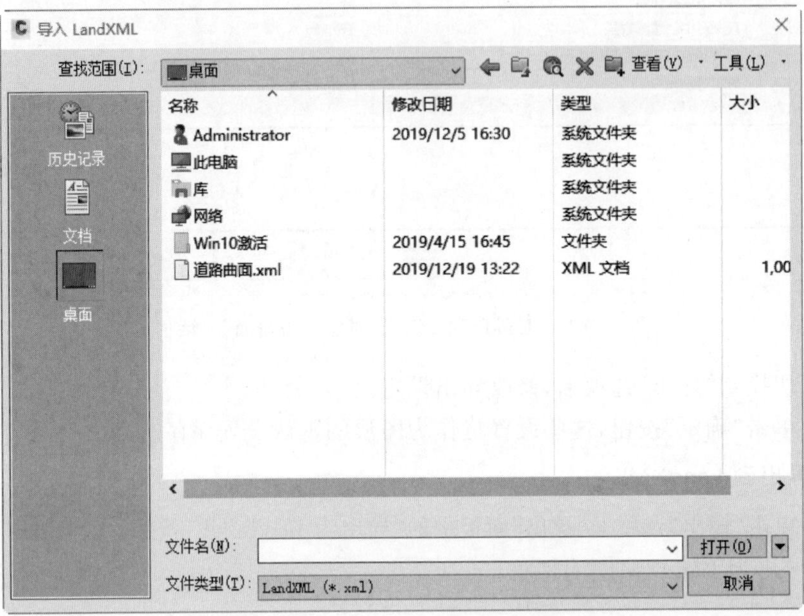

图 13-14　“导入 LandXML”对话框

（2）选择要导入的 LandXML（*.xml）文件，单击“打开”按钮，打开如图 13-15 所示的“导入 LandXML”对话框，选择用于路线和地块的场地。

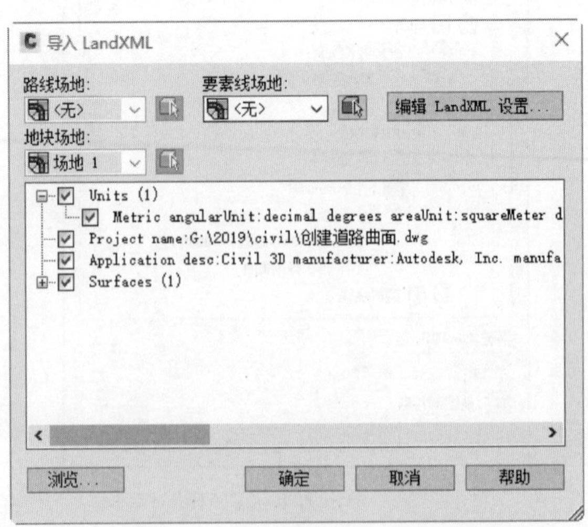

图 13-15　“导入 LandXML”对话框

(3) 单击“编辑 LandXML 设置”按钮，打开如图 13-12 所示的“LandXML 设置”对话框，指定导入设定，单击“确定”按钮，关闭“LandXML 设置”对话框。

(4) 返回到“导入 LandXML”对话框，选中或清除复选框以过滤要导入的数据类型，单击“确定”按钮，导入 LandXML 文件。

13.2.3 Civil 3D 与 Map 3D 数据交换

(1) 在工具空间的“浏览”选项卡“曲面”→“地形曲面 1”节点上右击，弹出如图 13-16 所示的快捷菜单。

(2) 选择“导出为 DEM”选项，打开如图 13-17 所示的“将曲面导出到 DEM”对话框，单击“DEM 文件名”的“值”栏或单击按钮，打开如图 13-18 所示的“将曲面导出到 DEM”对话框，设置保存路径和文件名称，单击“保存”按钮。

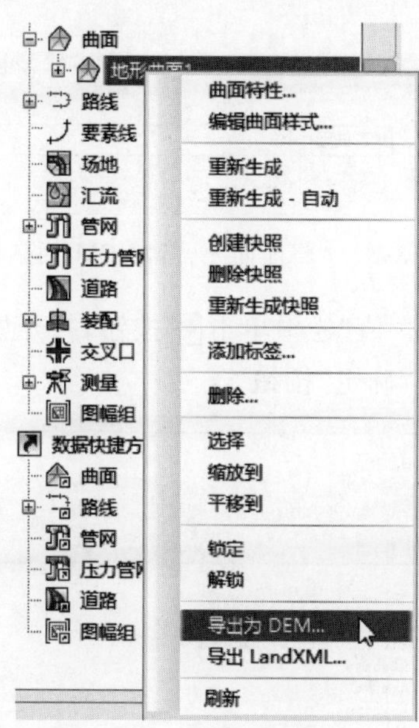

图 13-16 快捷菜单

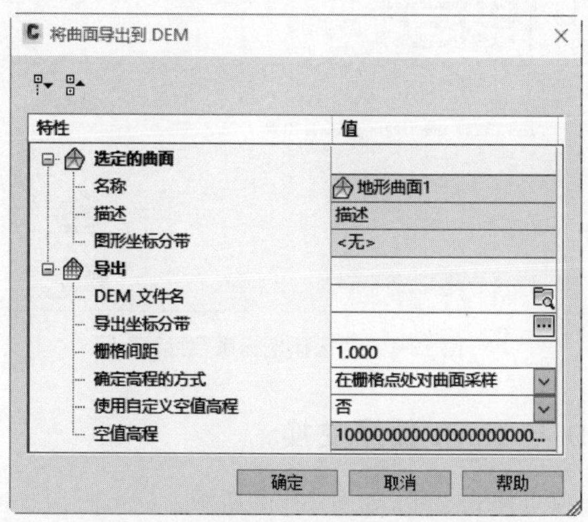

图 13-17 “将曲面导出到 DEM”对话框

Note

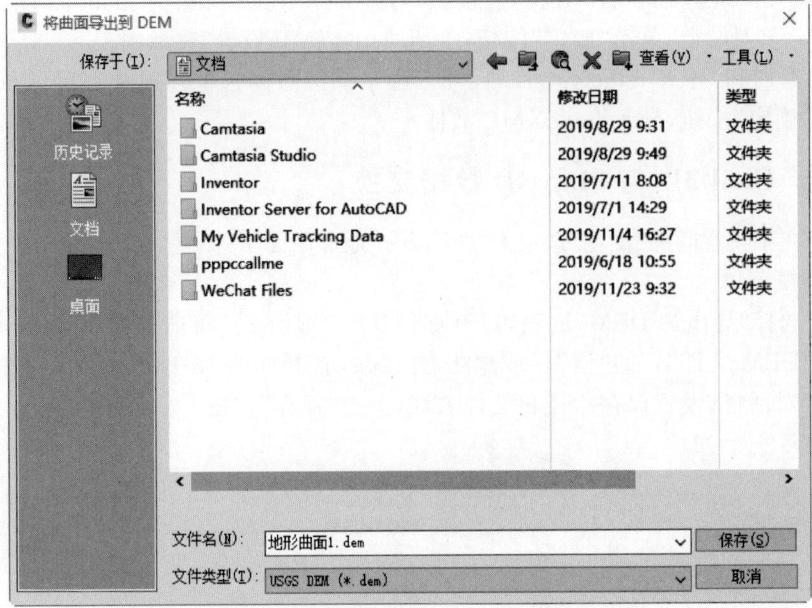

图 13-18 "将曲面导出到 DEM"对话框

(3) 在"导出坐标分带"的"值"栏中单击⋯按钮，打开如图 13-19 所示的"选择坐标系"对话框，选择坐标系，单击"确定"按钮。

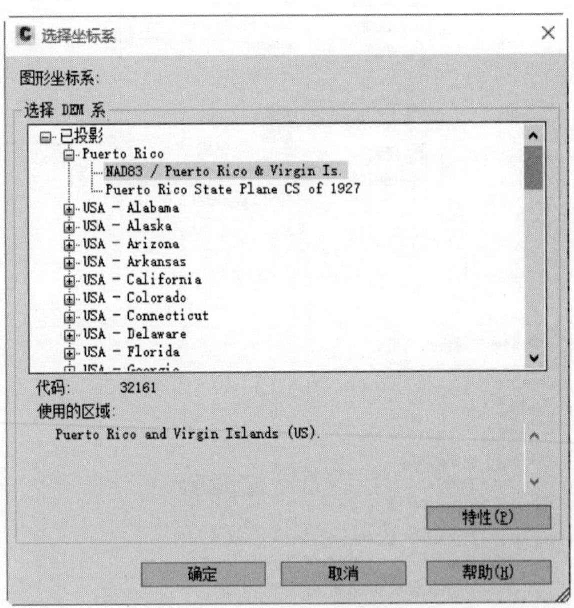

图 13-19 "选择坐标系"对话框

13.2.4 Civil 3D 与 Revit 数据交换

(1) 将地形曲面以点样式显示，如图 13-20 所示。

(2) 选取地形曲面，在打开的"三角网曲面：地形曲面"上下文选项卡中单击"曲面

工具"面板"从曲面提取"下拉列表框中的"提取对象"，打开如图 13-21 所示的"从曲面提取对象-＜地形曲面 1＞"对话框。

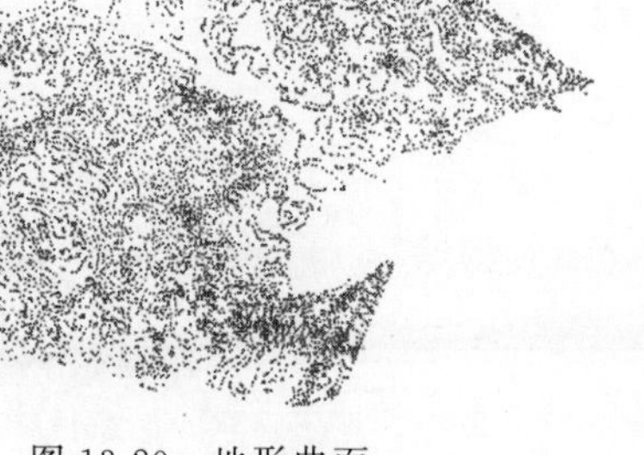

图 13-20　地形曲面

图 13-21　"从曲面提取对象-＜地形曲面 1＞"对话框

(3) 如果在对话框的"点"栏"值"中选择"从图形中选择"选项，则单击按钮，在图形中选择要提取的曲面点，单击"确定"按钮，提取点。

(4) 在工具空间"浏览"选项卡"点编组"→"所有点"节点上右击，弹出如图 13-22 所示的快捷菜单，选择"导出点"选项。

(5) 打开如图 13-23 所示的"导出点"对话框，单击"目标文件"栏中的按钮，打开"选择目标文件"对话框，设置文件路径，在"文件类型"下拉列表框中选择 *.csv 类型，输入文件名为"地形曲面"，如图 13-24 所示，单击"打开"按钮。

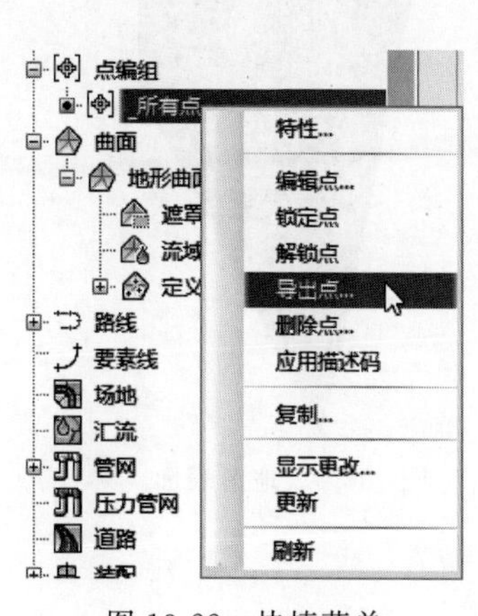

图 13-22　快捷菜单

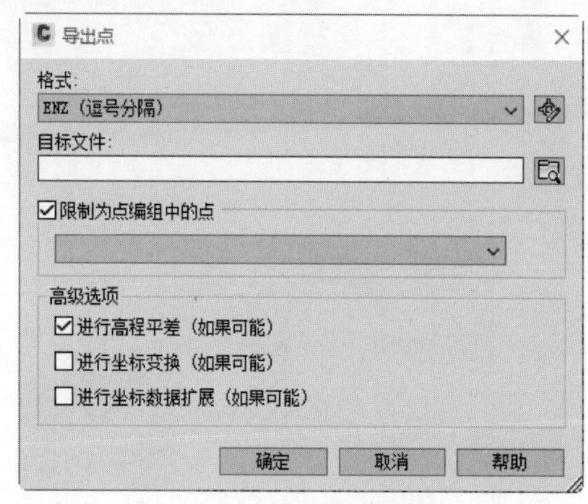

图 13-23　"导出点"对话框

(6) 系统返回到"导出点"对话框，其他采用默认设置，单击"确定"按钮。

(7) 打开 Revit 软件，单击"体量和场地"选项卡"场地建模"面板中的"地形表面"按钮，打开"修改|编辑表面"上下文选项卡。

Note

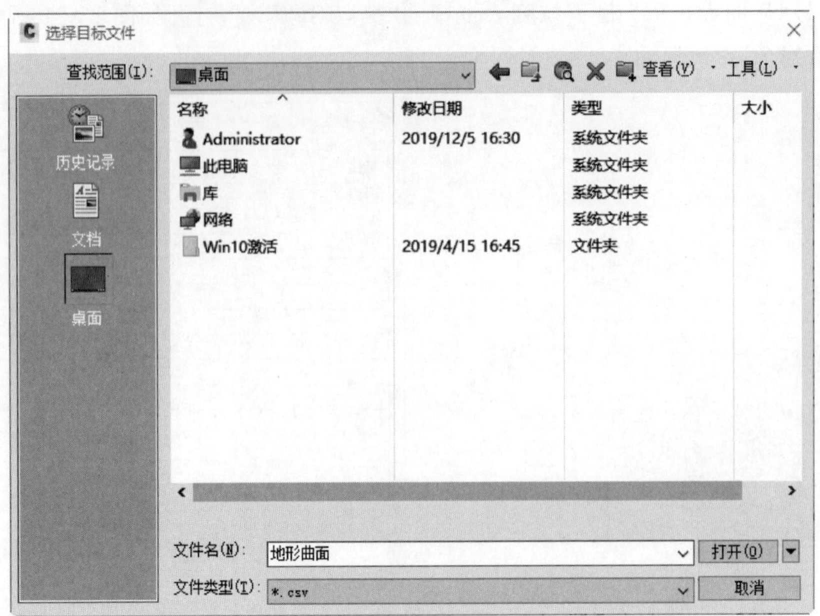

图 13-24 “选择目标文件”对话框

(8) 单击“工具”面板“通过导入创建”下拉列表框中的“指定点文件”按钮，打开“选择文件”对话框，选取前面创建的“地形曲面.csv”文件，单击“打开”按钮，打开如图 13-25 所示的“格式”对话框，设置单位为米，单击“确定”按钮。

(9) 单击“表面”面板中的“完成表面”按钮，生成地形表面，如图 13-26 所示。

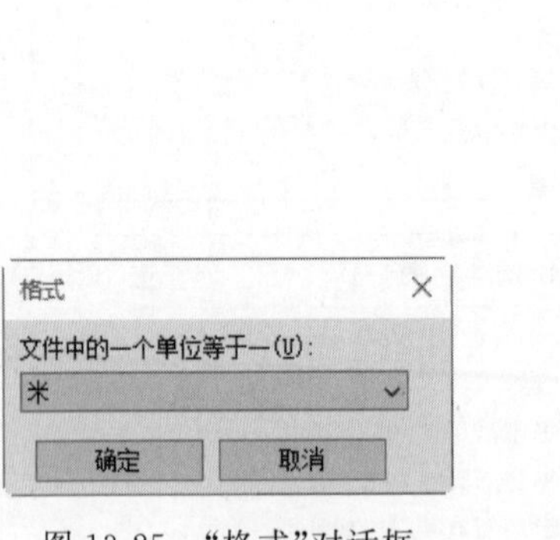

图 13-25 “格式”对话框

图 13-26 地形表面

13.2.5 Civil 3D 与 3D Max 数据交换

(1) 单击“输出”选项卡“导出”面板上的“导出到 3ds Max”按钮，打开如图 13-27 所示的“导出到 Civil View for 3ds Max”对话框。

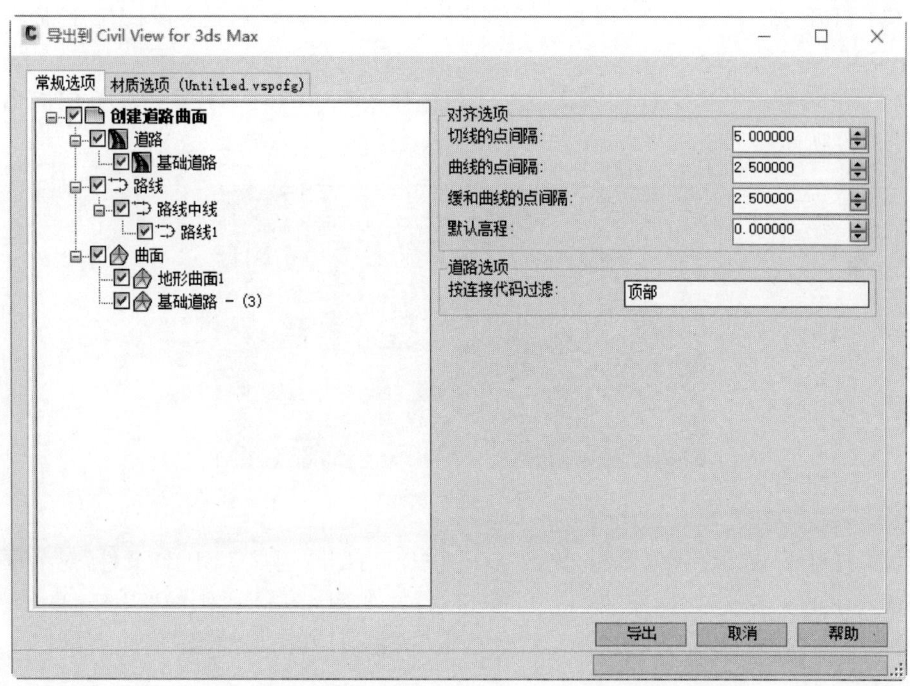

图 13-27　“导出到 Civil View for 3ds Max”对话框

（2）在列表框中选中要导出的对象，在“对齐选项”选项组中设置参数，单击“导出”按钮，打开如图 13-28 所示的“选择 Civil 视图导出文件”对话框。

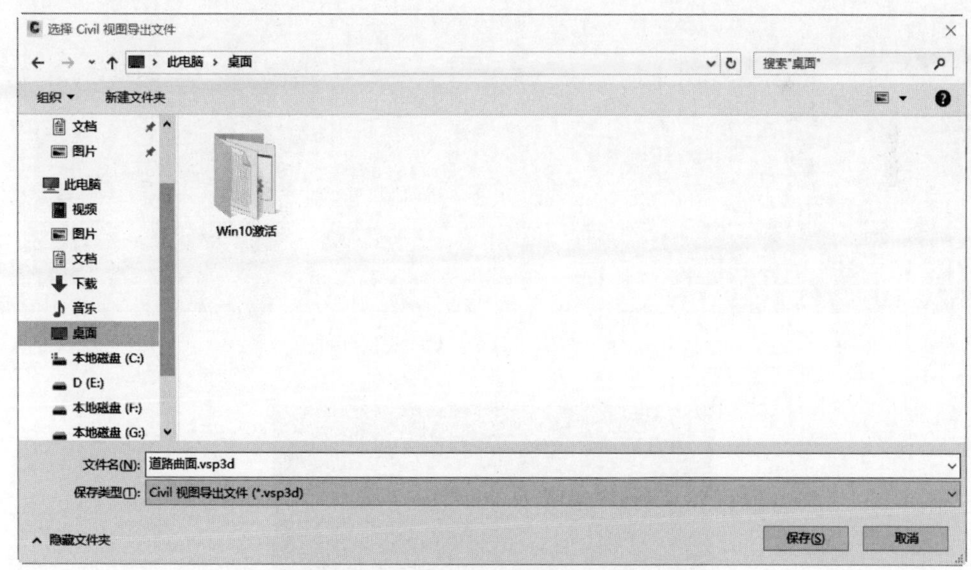

图 13-28　“选择 Civil 视图导出文件”对话框

（3）在对话框中设置保存路径和文件名称，单击“保存”按钮，导出文件。

（4）在“导出到 Civil View for 3ds Max”对话框中显示导出过程，当显示导出成功完成后，单击“关闭”按钮，关闭对话框。

Note

(5) 打开 3ds Max 软件，在菜单栏中选择 Civil View→“启动 Civil View”命令，启动 Civil View。

(6) 在菜单栏中选择 Civil View→“几何体导入”→“Civil 3D(VSP3D)文件”命令，如图 13-29 所示。

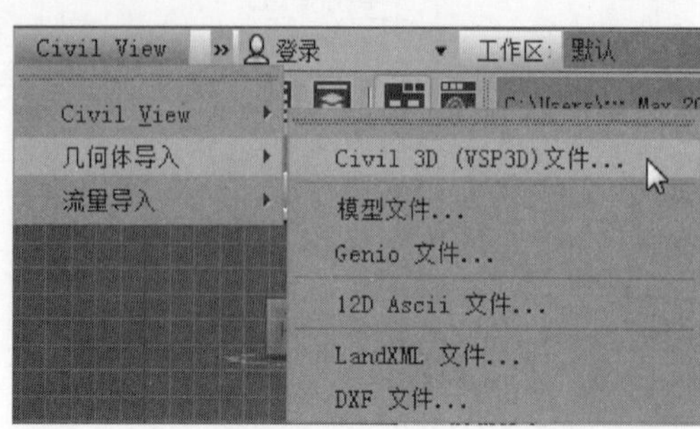

图 13-29　菜单

(7) 打开 Civil 3D 导入面板，单击“打开”按钮，打开“选择 VSP3D 文件”对话框，选择前面导出的 vsp3d 文件，单击“打开”按钮，打开如图 13-30 所示的“Civil 3D 导入面板”对话框。选中需要打开的选项，单击“确定”按钮，打开曲面如图 13-31 所示。

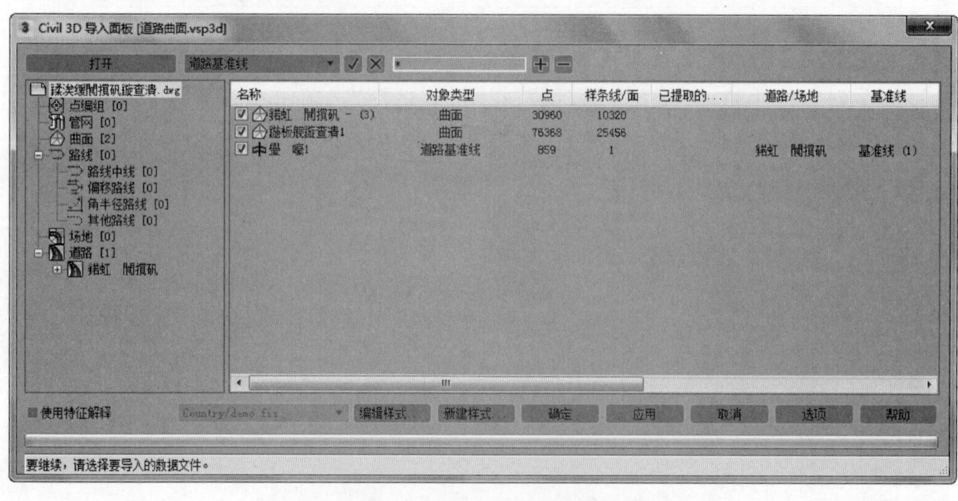

图 13-30　“Civil 3D 导入面板”对话框

图 13-31　曲面

Note

13.2.6　Land Desktop 数据移到 Civil 3D

可以从 Land Desktop 项目或图形将曲面、描述码、路线、纵断面、地块或管道铺设导入 Autodesk Civil 3D。

(1) 单击“插入”选项卡“导入”面板中的 Land Desktop 按钮，打开如图 13-32 所示的“从 Autodesk Land Desktop 项目导入数据”对话框。

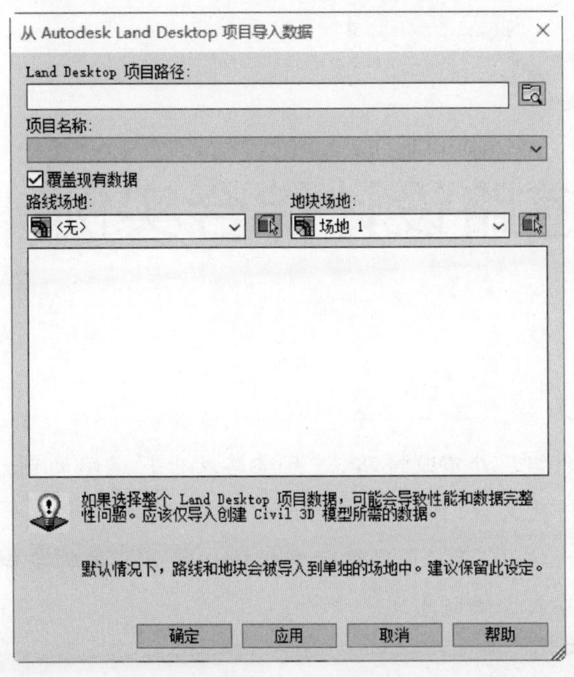

图 13-32　“从 Autodesk Land Desktop 项目导入数据”对话框

(2) 在对话框中输入有效的路径，或者单击按钮浏览到项目根文件夹并选择路径。

(3) 在“项目名称”下拉列表框中选择要从中导入数据的源项目。在选择有效的项目名称后，可以导入的可用数据将显示在对话框中。

(4) 指定路线场地和地块场地。

(5) 在列表框中选择一个或多个要素，要获得最佳效果，一次仅导入一种数据类型。

(6) 单击“应用”按钮迭代导入和检查消息。完成迭代导入过程后，单击“确定”按钮。

厂区外道路设计综合实例

本章主要介绍厂外市政道路、进厂道路及出厂道路的创建过程，进出厂道路与市政道路交叉口的创建过程。

通过本章的学习，可以帮助读者掌握综合利用前面所学知识进行工程设计实践应用的基本方法与思路。

14.1 案例简介

本案例项目位于西南某山区的高程比较大的山坡上，通过进厂道路和出厂道路使厂区与市政道路相连，由于此处山坡比较大，所以进出厂道路弯道多，坡度大。

本案例由一条市政道路、进出道路和厂区内道路组成。其中：

(1) 市政道路采用双向四车道，车行道路拱横坡为 2%，护坡比为 1∶1.5，高度超过 6m，设置多级放坡，每级放坡之间设置 2m 平台。

(2) 进出厂道路采用两车道，车行道路拱横坡为 2%，护坡比为 1∶1.5，高度超过 6m，设置多级放坡，每级放坡之间设置 2m 平台。

(3) 厂区道路采用两车道，车行道路拱横坡为 2%，全线不设超高及加宽。

14.2 厂外道路

Note

14-1

14.2.1 创建原始曲面

(1) 单击快速访问工具栏中的"打开"按钮，打开"选择文件"对话框，选择 AutoCAD Civil 3D 2012 China Standard Style. dwt 样板文件，如图 14-1 所示，单击"打开"按钮，打开样板文件。

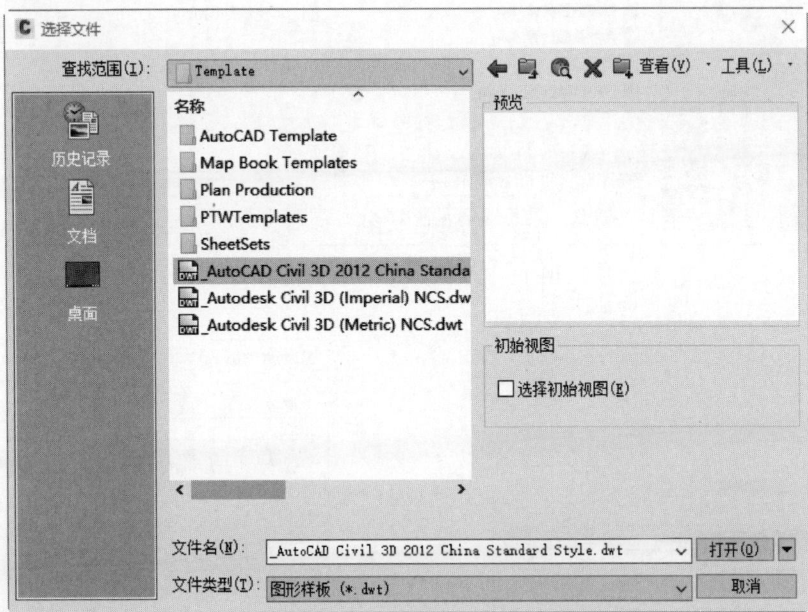

图 14-1 "选择文件"对话框

(2) 单击"主菜单"→"另存为"→"图形"命令，打开"图形另存为"对话框，设置保存路径，输入文件名称为"厂区场地设计"，如图 14-2 所示。单击"保存"按钮，保存文件。

(3) 单击"常用"选项卡"创建地面数据"面板"曲面"下拉列表框中的"创建曲面"按钮，打开"创建曲面"对话框，输入名称为"原始曲面"。

(4) 单击"样式"栏中的按钮，打开"选择曲面样式"对话框，选择"边界，等高线(1 米)"样式，如图 14-3 所示。单击"确定"按钮，返回到"创建曲面"对话框。

(5) 单击"曲面图层"按钮，打开"对象图层"对话框，在"修饰符"下拉列表框中选择"前缀"，输入修饰符值为"原始"，如图 14-4 所示，单击"确定"按钮，关闭"对象图层"对话框。

(6) 返回到"创建曲面"对话框，其他采用默认设置，如图 14-5 所示。单击"确定"按钮，创建空白的原始曲面。

(7) 在工具空间"浏览"选项卡的"曲面"→"点文件"节点上右击，弹出如图 14-6 所示的快捷菜单，单击"添加"选项，打开"添加点文件"对话框。

Note

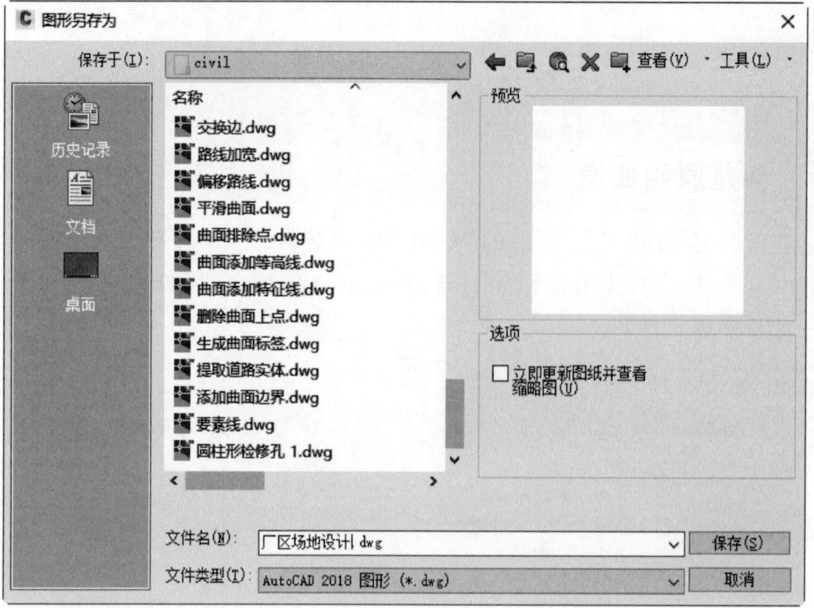

图 14-2 “图形另存为”对话框

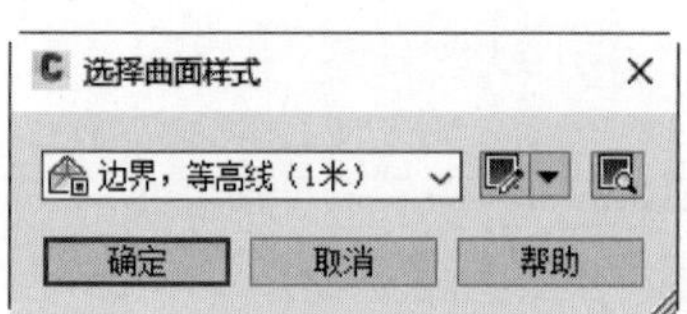

图 14-3 “选择曲面样式”对话框

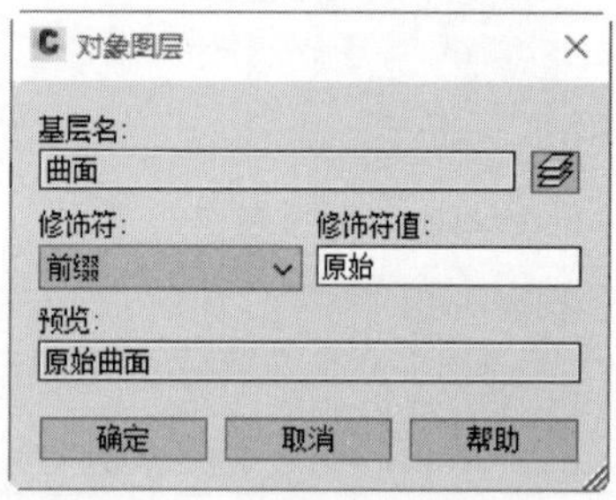

图 14-4 “对象图层”对话框

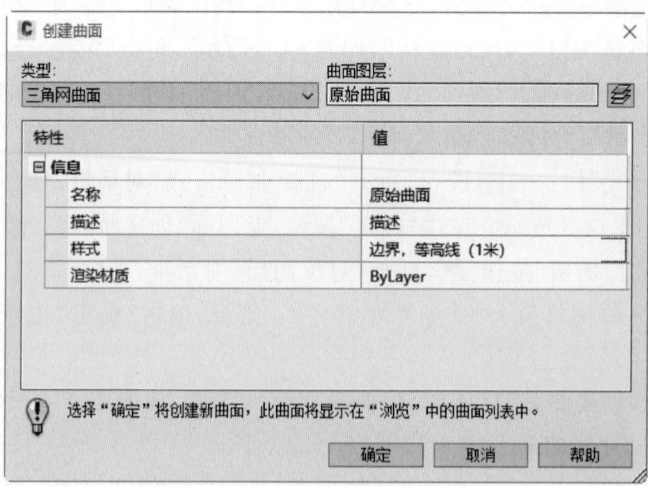

图 14-5 “创建曲面”对话框

Note

(8) 在“指定点文件格式(过滤关闭)”列表框中选择“PENZ(逗号分隔)”,单击“添加文件”按钮 ,打开“选择源文件”对话框。选择原始曲面点文件.txt,单击“打开”按钮,返回到“添加点文件”对话框,对话框中显示状态为“匹配选定的点文件格式”并自动配置点文件格式,在“预览”列表框中显示导入的点数据,如图 14-7 所示。单击“确定”按钮,完成曲面创建。

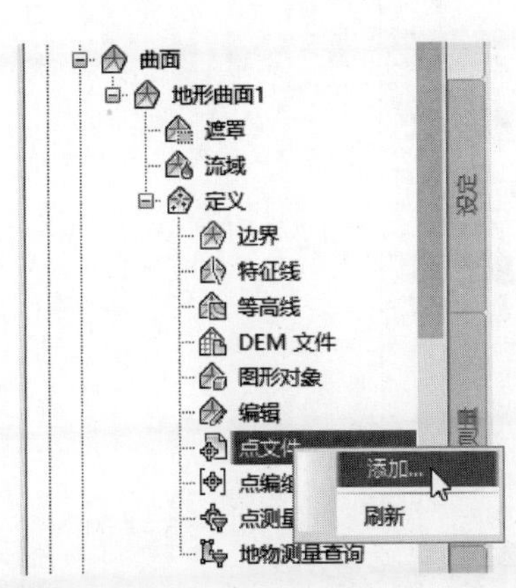

图 14-6　快捷菜单

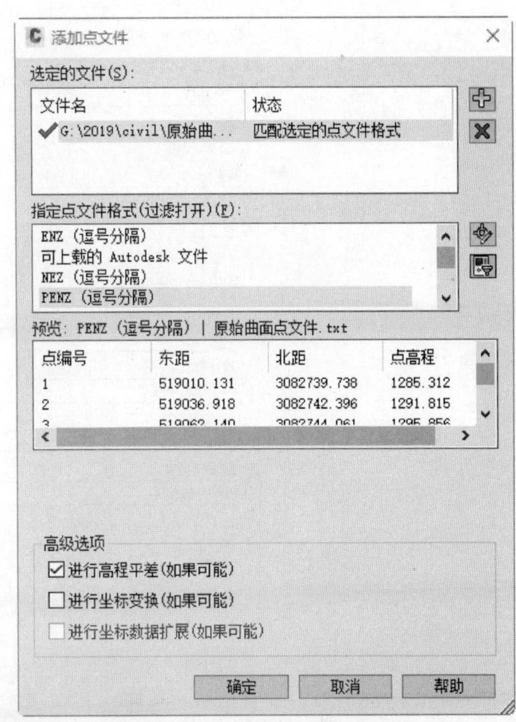

图 14-7　“添加点文件”对话框

(9) 此时视图中没有显示曲面,在命令行中输入 ZE,创建的原始曲面如图 14-8 所示。

图 14-8　原始曲面

14-2

Note

14.2.2 创建路线

(1) 单击“常用”选项卡“创建设计”面板“路线”下拉列表框中的“路线创建工具”按钮，打开“创建路线-布局”对话框，在对话框中输入名称为“厂外路线”，设置类型为“中心线”，路线样式为“道路中线”，其他采用默认设置，如图 14-9 所示。

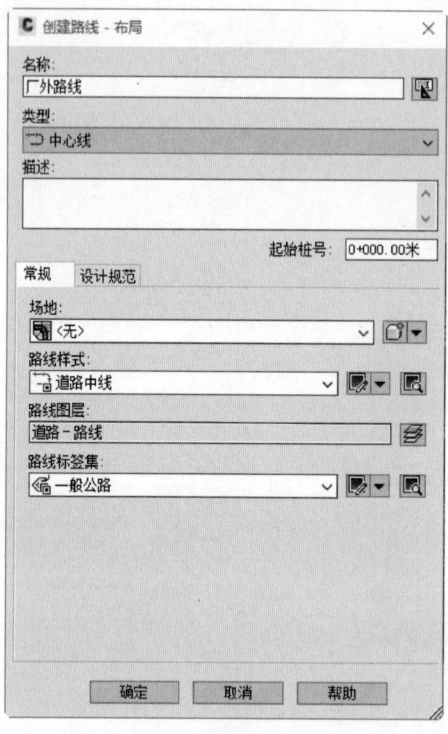

图 14-9 “创建路线-布局”对话框

(2) 在工具空间“浏览”选项卡“曲面”节点下的“地形曲面 1”上右击，弹出快捷菜单，选择“编辑曲面样式”选项，打开“曲面样式-边界，等高线(1 米)”对话框。切换到“显示”选项卡，设置边界和主等高线可见(单击图标变亮)，其他不可见，如图 14-10 所示。单击“确定”按钮，在曲面上只显示边界和主等高线，如图 14-11 所示。

(3) 打开“路线布局工具-厂外路线”工具栏，在下拉列表框中单击“切线-切线(带有曲线)”按钮，在曲面上绘制如图 14-12 所示的水平路线。

14-3

14.2.3 创建纵断面

(1) 单击“常用”选项卡“创建设计”面板“纵断面”下拉列表框中的“创建曲面纵断面”按钮，打开“从曲面创建纵断面”对话框。单击“添加”按钮，在纵断面列表中显示地形曲面和路线信息，如图 14-13 所示。

(2) 单击“在纵断面图中绘制”按钮，打开“创建纵断面图-基本”对话框，显示“常规”选项卡，输入纵断面图名称为“厂外道路纵断面图＜[下一个编号(CP)]＞”，在纵断面图样式中选择“轴线和完整栅格”样式，其他采用默认设置，如图 14-14 所示。

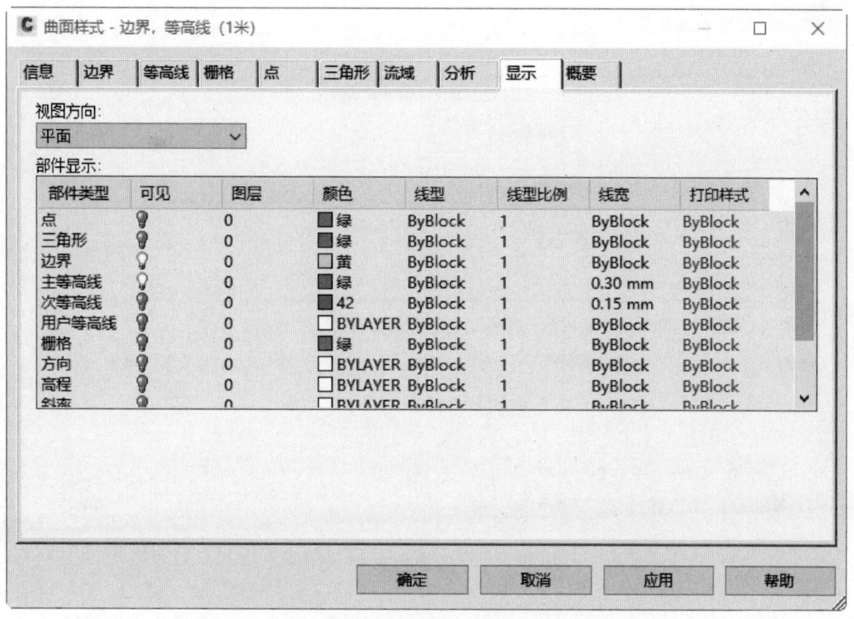

图 14-10　“曲面样式-边界，等高线（1 米）”对话框

图 14-11　显示边界和主等高线

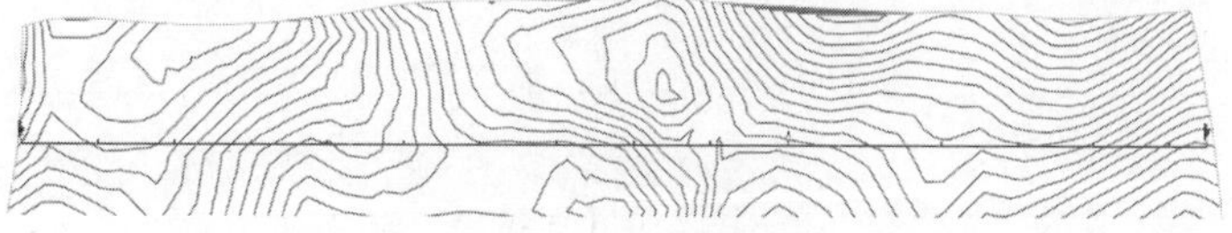

图 14-12　水平路线

（3）直接单击“创建纵断面图”按钮，根据命令行提示在图形中指定纵断面图的放置原点，系统自动生成纵断面图，如图 14-15 所示。

（4）单击“常用”选项卡“创建设计”面板“纵断面”下拉列表框中的“纵断面创建工具”按钮，根据命令行提示选取步骤（3）创建的纵断面图。

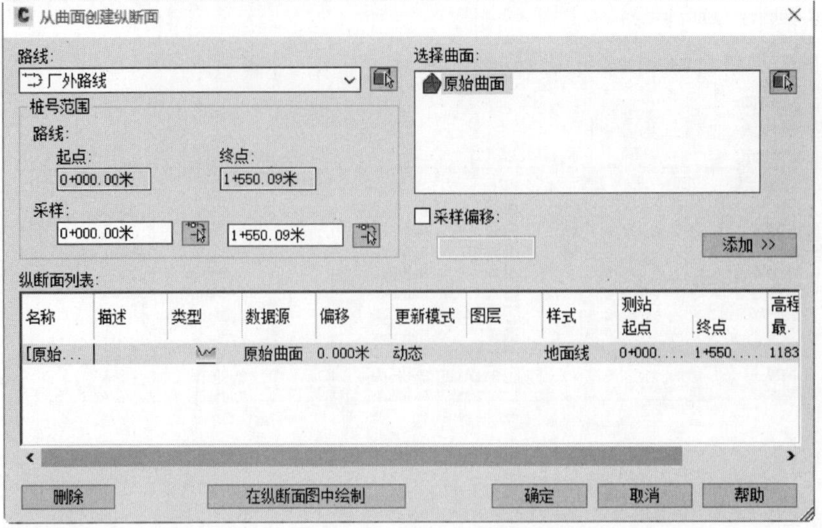

图 14-13　添加路线和曲面

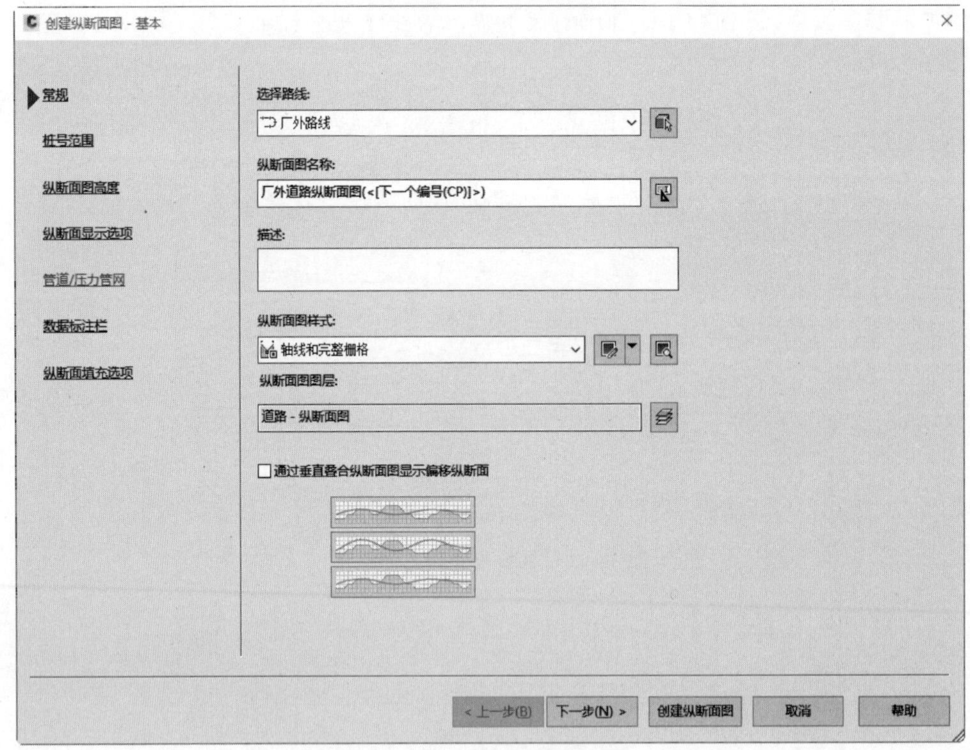

图 14-14　“常规”选项卡

（5）打开“创建纵断面-新绘制”对话框，输入名称为“厂外道路纵断面（<[下一个编号(CP)]>）”，选择纵断面样式为“设计线”，其他采用默认设置，如图 14-16 所示。单击“确定”按钮。

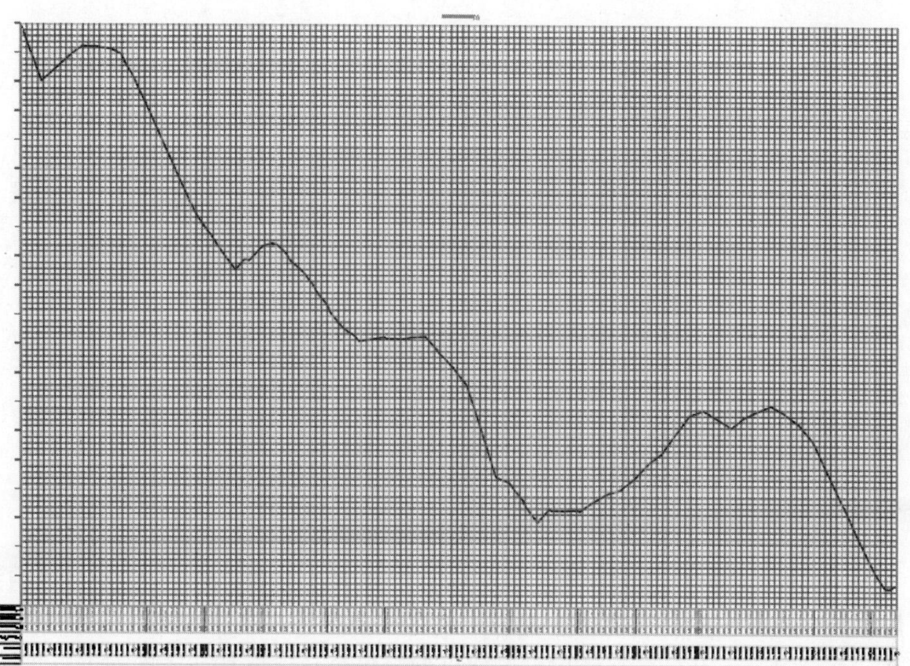

图 14-15　纵断面图

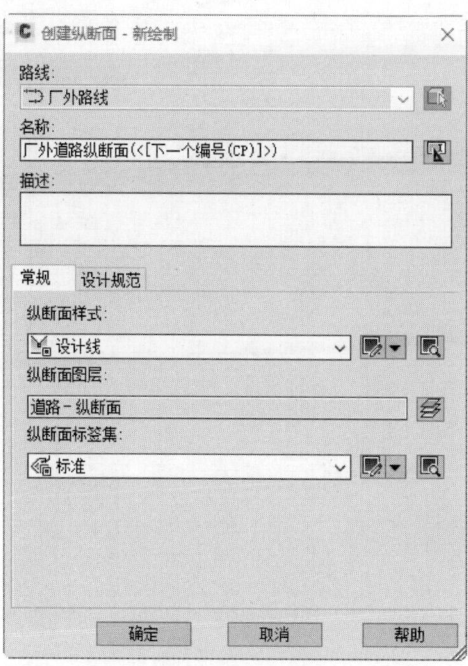

图 14-16　“创建纵断面-新绘制”对话框

(6) 在工具栏单击下拉列表框中的“曲线设定”按钮，打开“竖曲线设定”对话框，选择曲线类型为“抛物线”，分别设置凸曲线和凹曲线的长度为 150，如图 14-17 所示。

Note

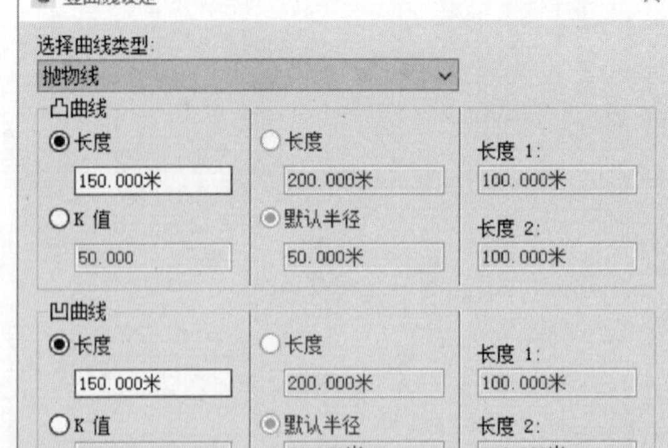

图 14-17 “竖曲线设定”对话框

(7) 在“纵断面布局工具-纵断面(1)”工具栏的下拉列表框中单击“绘制曲线切线”按钮，捕捉纵断面图中的地形线端点作为起点，指定下一点，绘制设计纵断面，结果如图 14-18 所示。在实际项目中可以通过调整道路路线位置和纵断面的坡度，多方案地比较厂外道路的最终走向和坡度，经过调整后得到最终的道路位置和设计纵断面。

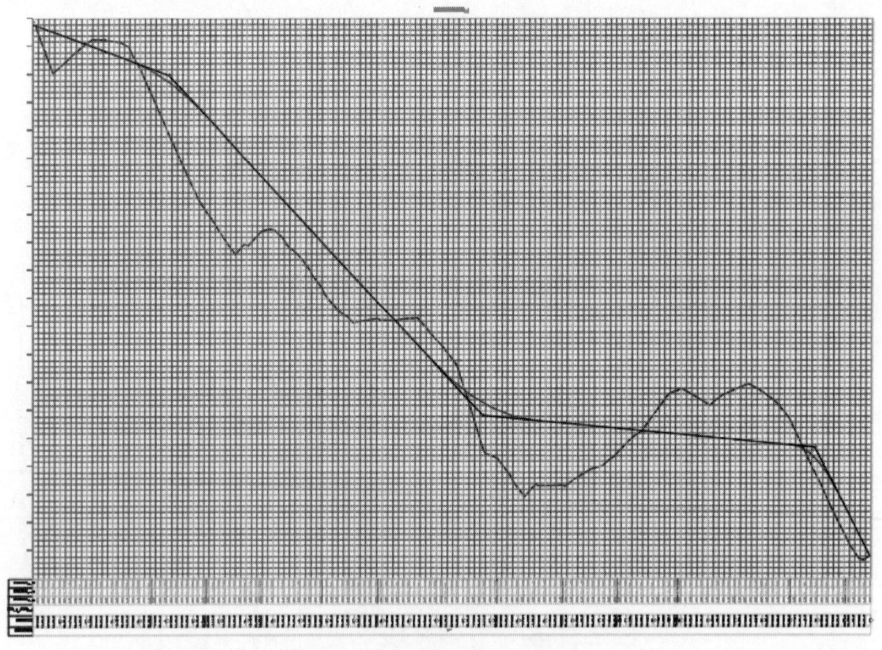

图 14-18 绘制设计纵断面

14-4

14.2.4 创建道路

(1) 单击“常用”选项卡“创建设计”面板“装配”下拉列表框中的“创建装配”按钮，打开“创建装配”对话框，输入名称为“厂外道路装配”，设置装配样式和代码集样

式为“标准”，其他采用默认设置，如图 14-19 所示。单击“确定”按钮，在图中适当位置指定部件基准线位置。

(2) 单击“常用”选项卡“选项板”面板中的“工具选项板”按钮，打开如图 14-20 所示的“TOOL PALETTES-CIVIL 公制部件”工具选项板。在“基本”选项卡中单击“基本车道”按钮，打开“特性”对话框，设置“侧”为“右”，宽度为 7.5 米，斜率为 −2.00%，其他采用默认设置，如图 14-21 所示。在图形中选取装配基准线，在基准线右侧插入行车道部件。

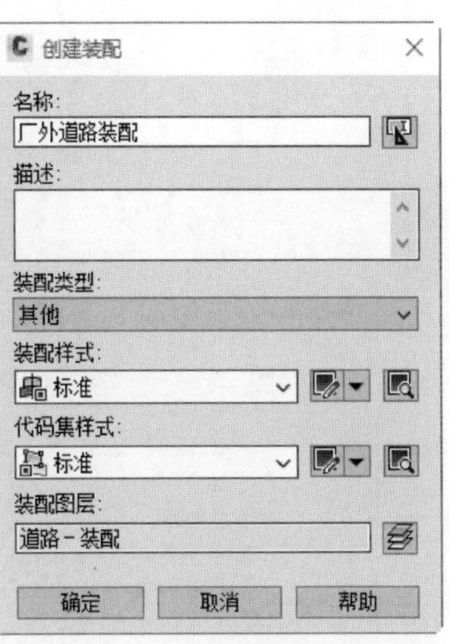

图 14-19 “创建装配”对话框

(3) 继续在“基本”选项卡中单击“基本路肩”按钮，打开“特性”对话框，设置“侧”为“右”，宽度为 2.5 米，斜率为 −4.00%，其他采用默认设置，如图 14-22 所示。在图中选取步骤(2)创建的行车道部件右侧上边缘，在行车道右侧插入路肩部件。

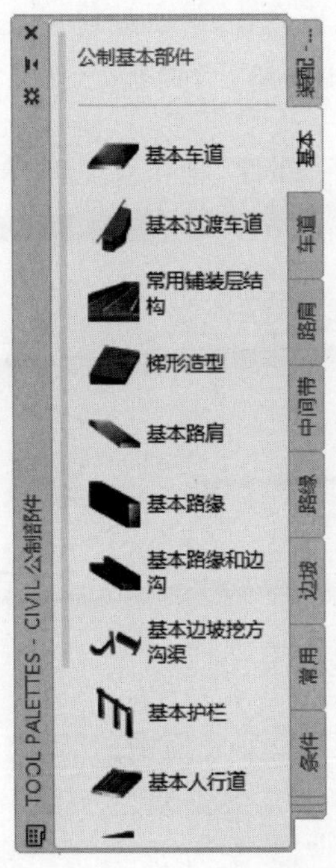

图 14-20 “TOOL PALETTES-CIVIL 公制部件”工具选项板

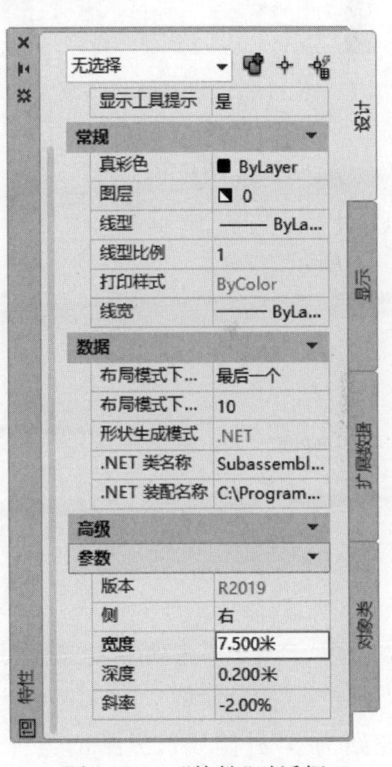

图 14-21 “特性”对话框

(4) 在“边坡”选项卡中单击“边坡台阶”按钮，打开“特性”对话框，设置“侧”为“右”，挖方斜率为 1∶5.00，最大挖方高度为 5 米，填方斜率为 1∶5.00，最大填方高度为 5 米，台阶宽度为 2 米，台阶斜率为 2.00%，其他采用默认设置，如图 14-23 所示。在图形中选取步骤(3)创建的路肩部件上边缘，在路肩右侧插入边坡台阶部件。

Note

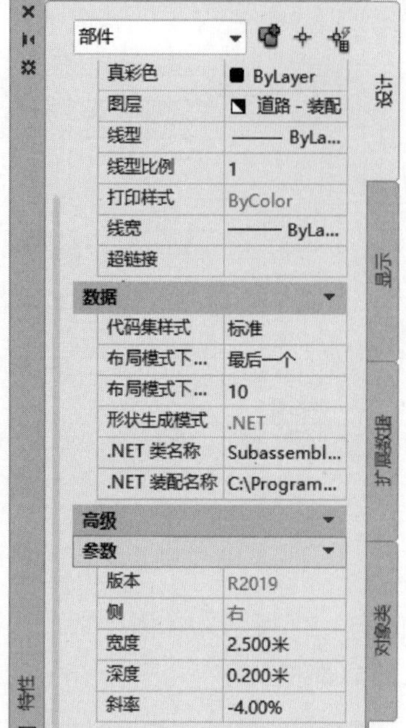

图 14-22　设置路肩参数

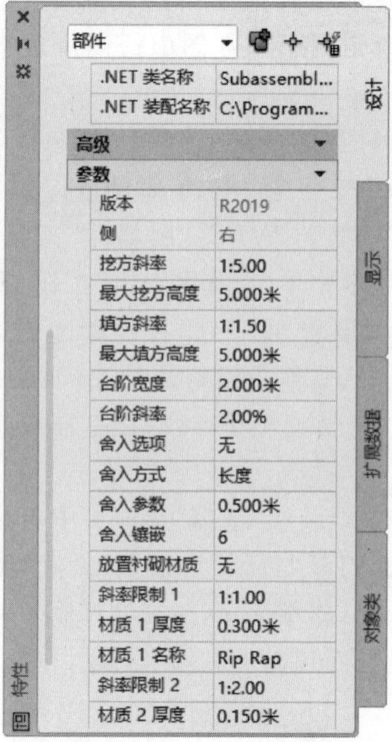

图 14-23　设置边坡台阶参数

(5) 选取装配图中的边坡、路肩和车道部件，打开“部件”上下文选项卡，单击“修改”面板中的“镜像”按钮，选取基准标记点，创建右侧的边坡、路肩和车道部件，如图 14-24 所示。

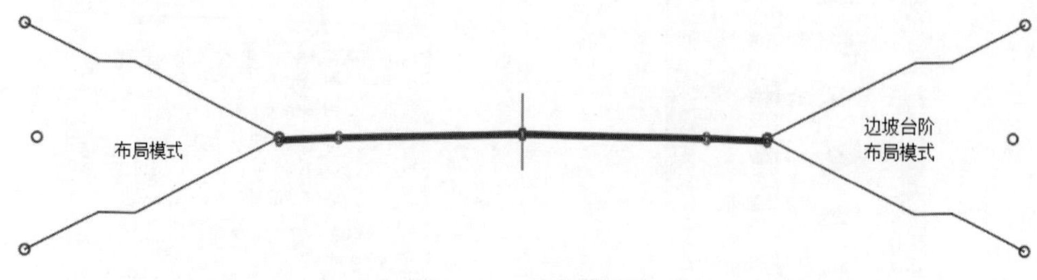

图 14-24　道路装配

(6) 单击“常用”选项卡“创建设计”面板“道路”下拉列表框中的“道路”按钮，打开“创建道路”对话框。输入名称为“厂外道路”，选择基准线类型为“路线和纵断面”，设置路线为“厂外路线”，纵断面为“厂外道路纵断面(1)”，装配为“厂外道路装配”，目标曲面为“原始曲面”，取消选中“设定基准线和区域参数”复选框，其他采用默认设置，如图 14-25 所示。单击“确定”按钮，生成道路模型，如图 14-26 所示。

(7) 选取道路模型，单击“道路：基础道路”选项卡“修改道路横断面”面板中的“横断面编辑器”按钮，打开“横断面编辑器”上下文选项卡，在“选择桩号”下拉列表框中选择 0+125 米桩号，在视图中显示此桩号的横断面图，如图 14-27 所示。

(8) 单击“道路编辑工具”面板中的“参数编辑图”按钮，打开“道路参数”对话框，更改左侧边坡的挖方斜率为 1∶3.00，关闭对话框。

Note

图 14-25　“创建道路”对话框

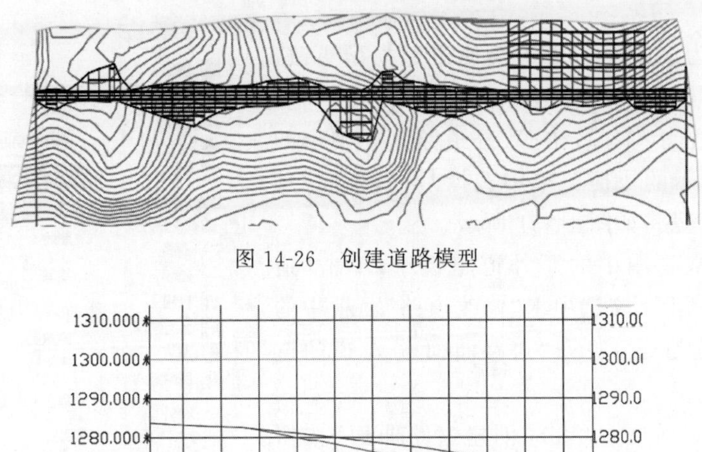

图 14-26　创建道路模型

图 14-27　横断面图

(9) 单击“道路编辑工具”面板中的“应用到桩号范围”按钮，打开“应用到桩号范围”对话框，输入终点桩号为“1＋550.09 米”，如图 14-28 所示，单击“确定”按钮。在“横断面编辑器”上下文选项卡中单击“关闭”按钮，关闭选项卡。

Note

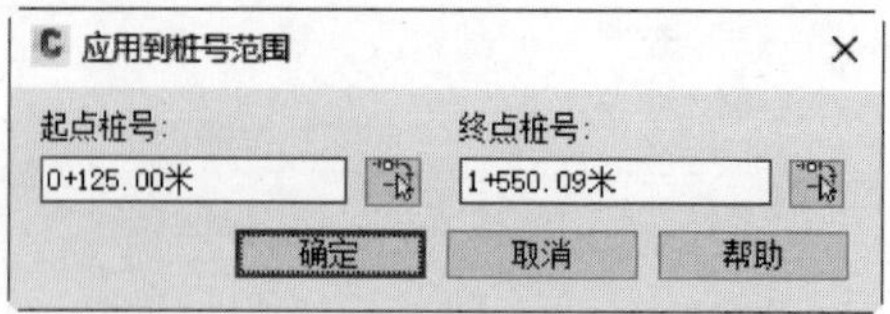

图 14-28 “应用到桩号范围”对话框

（10）在纵断面图中选择纵断面，拖动夹点调整纵断面，如图 14-29 所示。

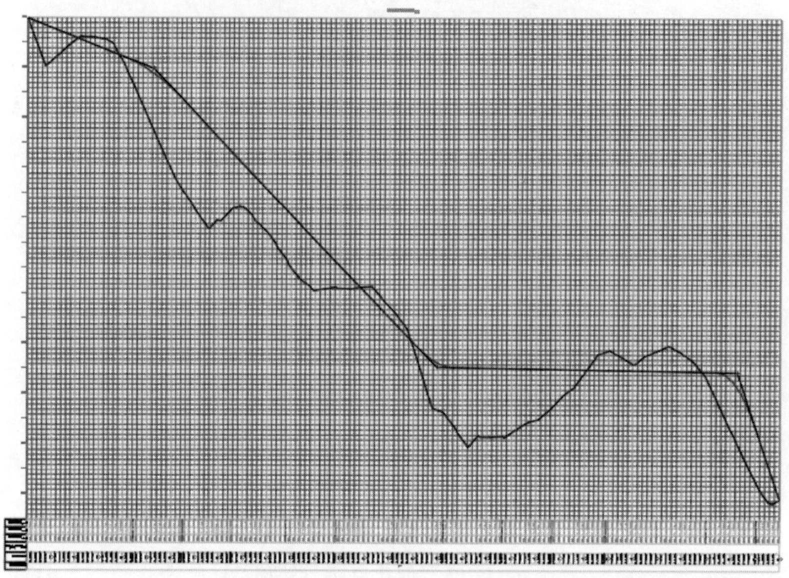

图 14-29 调整纵断面

（11）因为纵断面的变更会使道路模型更改，所以会在工具空间“浏览”选项卡的“道路”→“厂外道路”节点上显示![]，右击“厂外道路”，在弹出的如图 14-30 所示的快捷菜单中选择“重新生成”选项，重新生成道路，如图 14-31 所示。

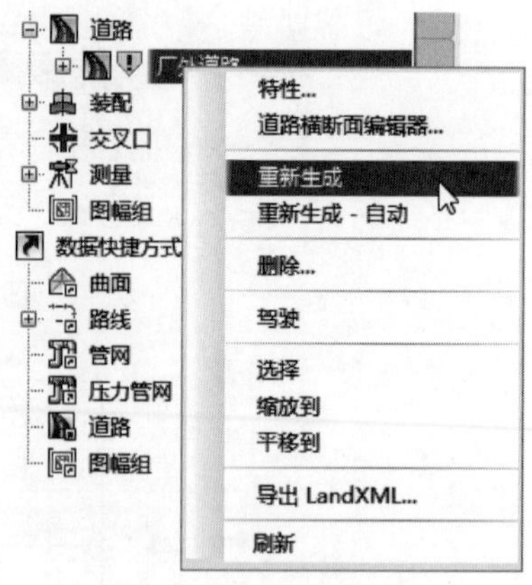

图 14-30 快捷菜单

（12）选取视图中的厂外道路模型，单击“道路：厂外道路”上下文选项卡“修改道路”面板中的“道路曲面”按钮![]，打开“道路曲面-分车道的道路”对话框。

（13）在对话框中单击“创建道路曲面”按钮![]，在列表栏中添加道路曲面，更改曲面名称为“厂外道路-顶部”。单击曲面样式，打开“拾取道路曲面样式”对话框，在下拉列表框中选择“边界，等高线(1 米)”，如图 14-32 所示，单击“确定”按钮。

（14）单击“厂外道路-顶部”栏的渲染材质，打开“选择渲染材质”对话框，在下拉列表框中选择“场地工程.铺装-表面修整.沥青”，如图 14-33 所示，单击“确定”按钮。

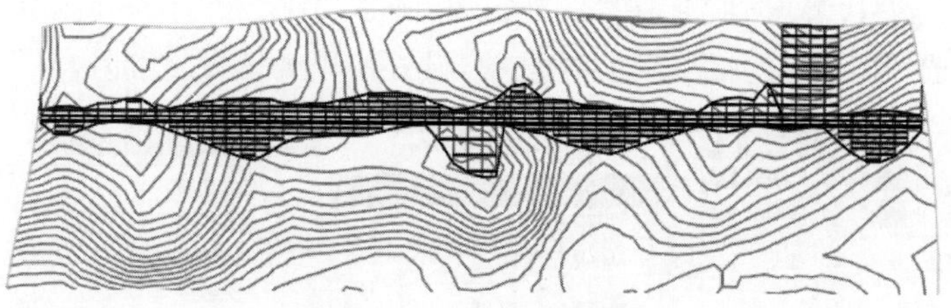

图 14-31　重新生成道路

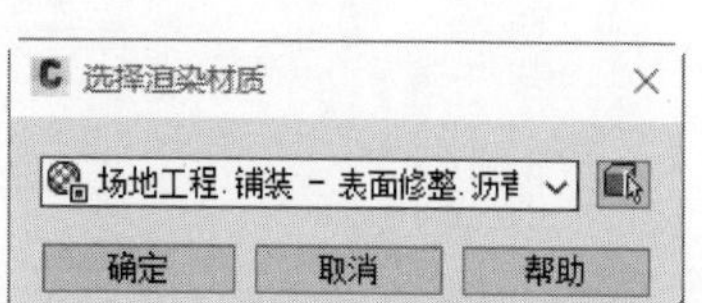

图 14-32　“拾取道路曲面样式”对话框

图 14-33　“选择渲染材质”对话框

（15）单击“厂外道路-顶部”栏的悬垂更正，在下拉列表框中选择“顶部连接”。设置数据类型为“连接”，指定代码为“顶部”，单击“添加曲面项目”按钮，将数据添加到曲面。

（16）单击“创建道路曲面”按钮，添加厂外道路-土基层，设置曲面样式为“等高线(背景)”，材质渲染为“场地工程.夯实.砂砾.粉碎”，悬垂更正为“底部连接”，指定代码为“底基层”，单击“添加曲面项目”按钮，将数据添加到曲面。

（17）单击“创建道路曲面”按钮，添加道路-(1)铺装，设置曲面样式为“边界，等高线(1米)”，渲染材质为“场地工程.铺装-表面修整.沥青”，悬垂更正为“顶部连接”，指定代码为“铺装”，单击“添加曲面项目”按钮，将数据添加到曲面，如图 14-34 所示。

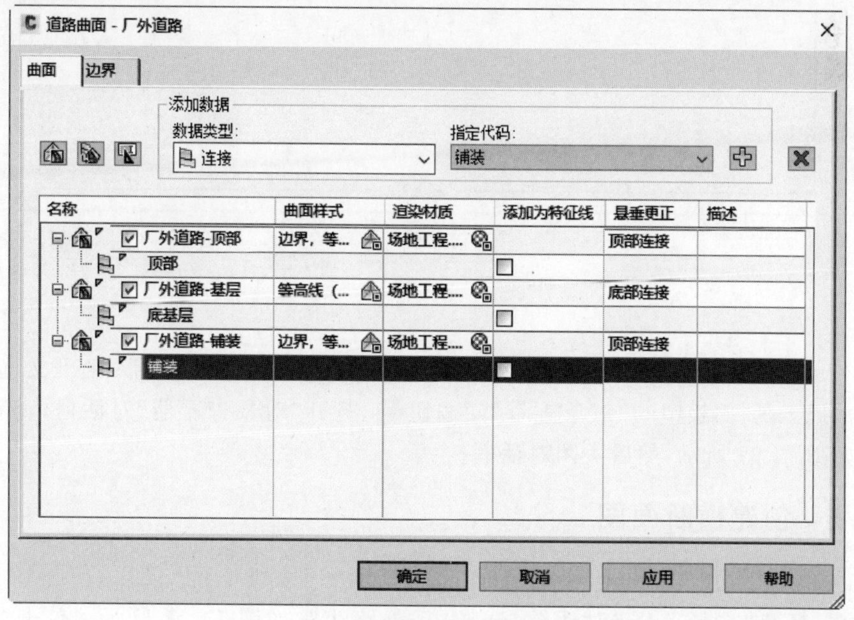

图 14-34　“道路曲面-厂外道路”对话框

Note

（18）切换到“边界”选项卡，在“厂外道路-顶部”节点上右击，弹出如图 14-35 所示的快捷菜单，选项“自动添加”→“边坡”选项，设置使用类型为“外部边界”。

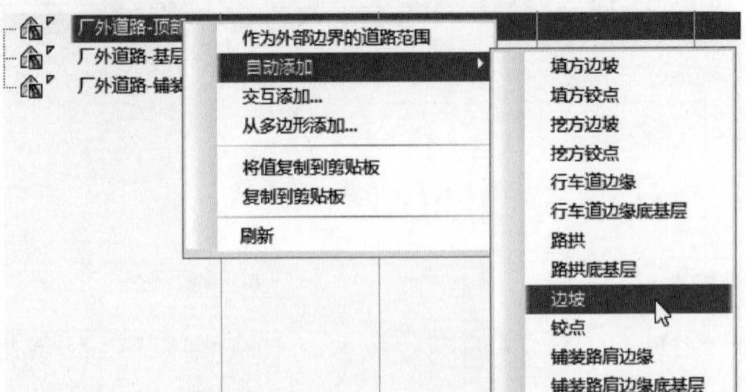

图 14-35　快捷菜单

（19）采用相同的方法为“厂外道路-基层”添加边坡边界，为“厂外道路-铺装”添加铺装路肩边缘，如图 14-36 所示。

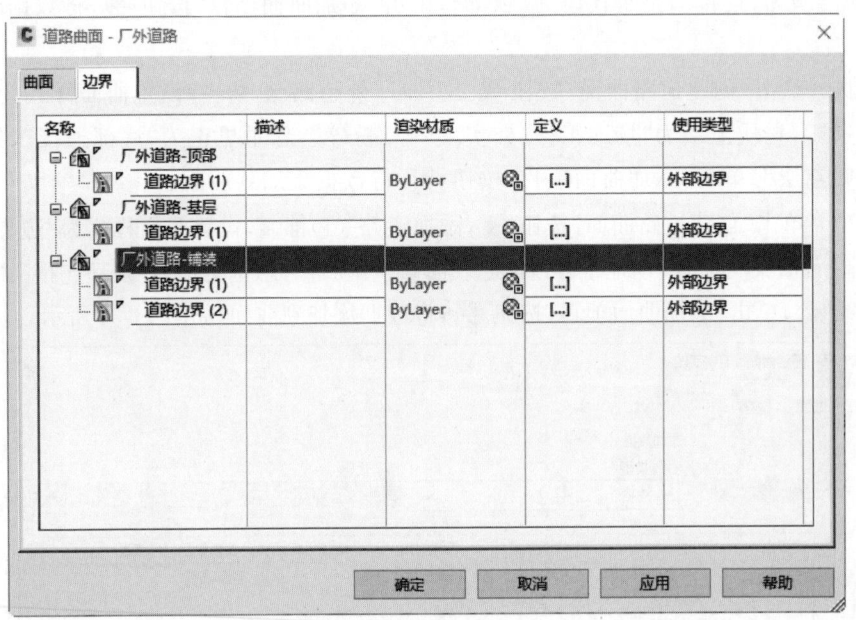

图 14-36　“边界”选项卡

（20）在图形中选取道路曲面，打开“三角网曲面：厂外道路-顶部”上下文选项卡，单击“常规工具”面板中的“对象查看器”按钮，打开“对象查看器”对话框，查看道路曲面，如图 14-37 所示，然后关闭对话框。

14-5

14.2.5　创建横断面图

（1）单击“常用”选项卡“纵断面图和横断面图”面板中的“采样线”按钮，按 Enter 键，打开“选择路线”对话框，选择“厂外路线”，如图 14-38 所示。单击“确定”按钮。

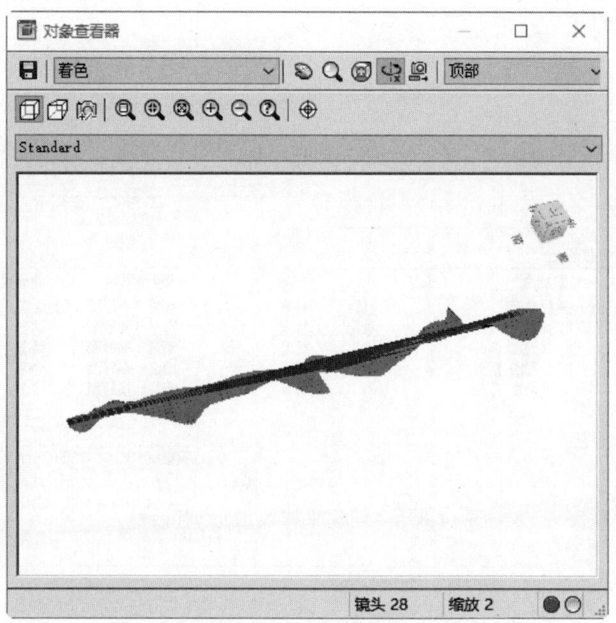

图 14-37　查看曲面

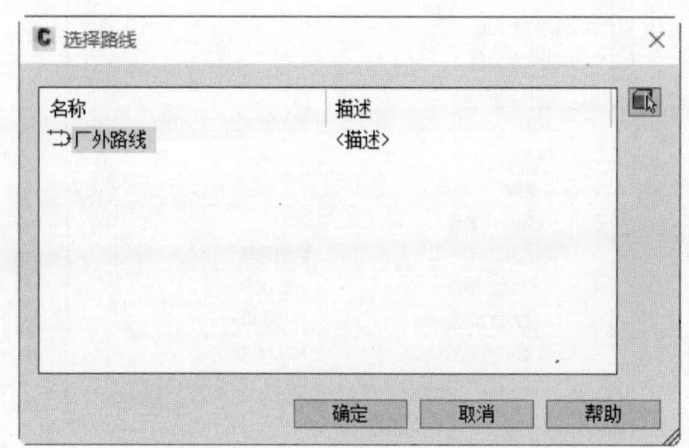

图 14-38　“选择路线”对话框

(2) 打开“采样线工具”工具栏和“创建采样线编组”对话框，在“创建采样线编组”对话框中输入名称为“厂外道路-采样线编组”，如图 14-39 所示，单击“确定”按钮。

(3) 在“采样线工具”工具栏中的“采样线创建方式”下拉列表框中单击“按桩号范围”按钮，打开“创建采样线-按照桩号范围”对话框。

(4) 设置从路线起点和到路线终点为“真”，设置捕捉到路线为“真”，设置左侧/右侧样本宽度为 30 米，增量相对于为“绝对桩号”，输入沿切线的增量为 100 米，沿曲线的增量为 100 米，沿缓和曲线的增量为 100 米，其他采用默认设置，如图 14-40 所示。单击“确定”按钮，生成采样线，如图 14-41 所示。

(5) 单击“常用”选项卡“纵断面图和横断面图”面板“横断面图”下拉列表框中的“创建多个视图”按钮，打开“创建多个横断面图-常规”对话框，在“桩号范围”选项组中选择“自动”选项，输入横断面图名称为“厂外道路[横断面图桩号]”，如图 14-42 所示。

Note

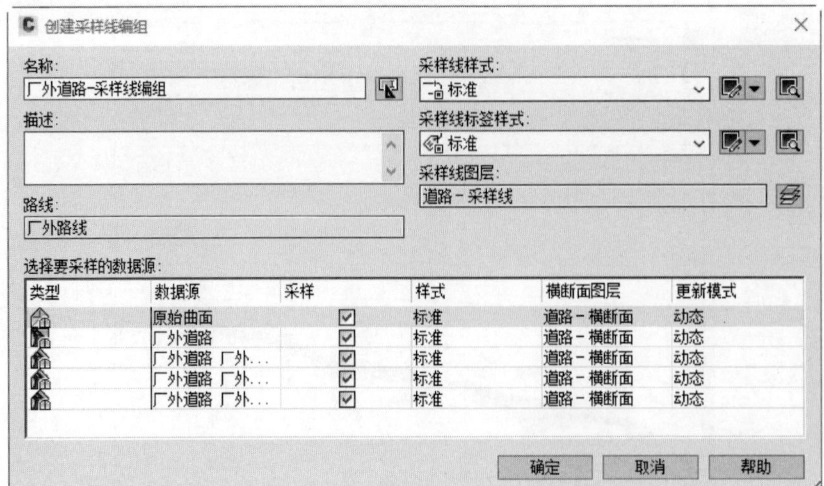

图 14-39 “创建采样线编组”对话框

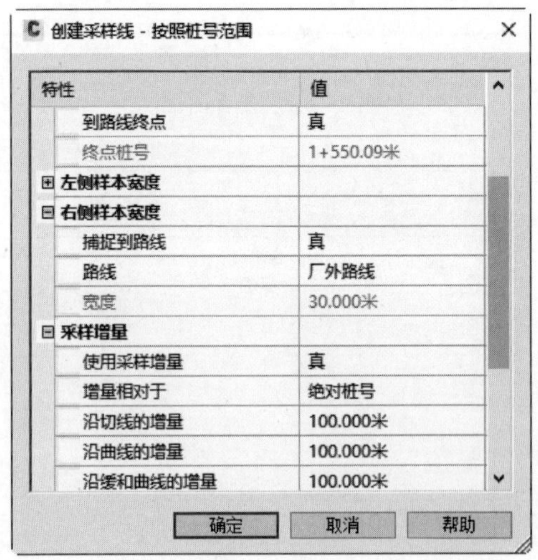

图 14-40 “创建采样线-按照桩号范围”对话框

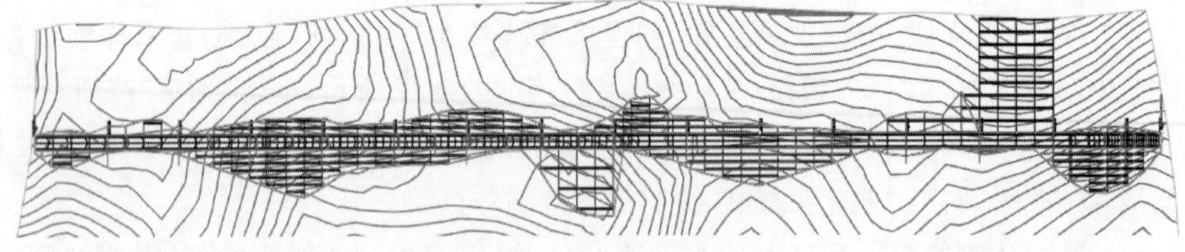

图 14-41 采样线

(6) 单击“下一步”按钮，切换到“创建多个横断面图-横断面定位”对话框，设置定位选项为“施工图-使用模板文件(.dwt)中的布局在图纸上放置横断面”，编组打印样式为“标准”，如图 14-43 所示。

(7) 其他采用默认设置。单击“创建横断面图”按钮，在图中适当位置单击放置横断面图，如图 14-44 所示。

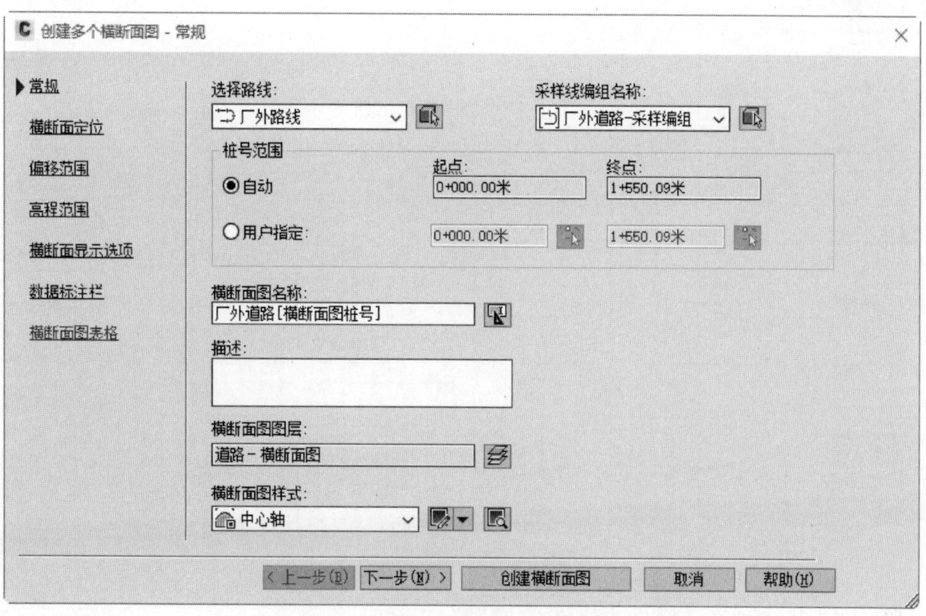

图 14-42　“创建多个横断面图-常规”对话框

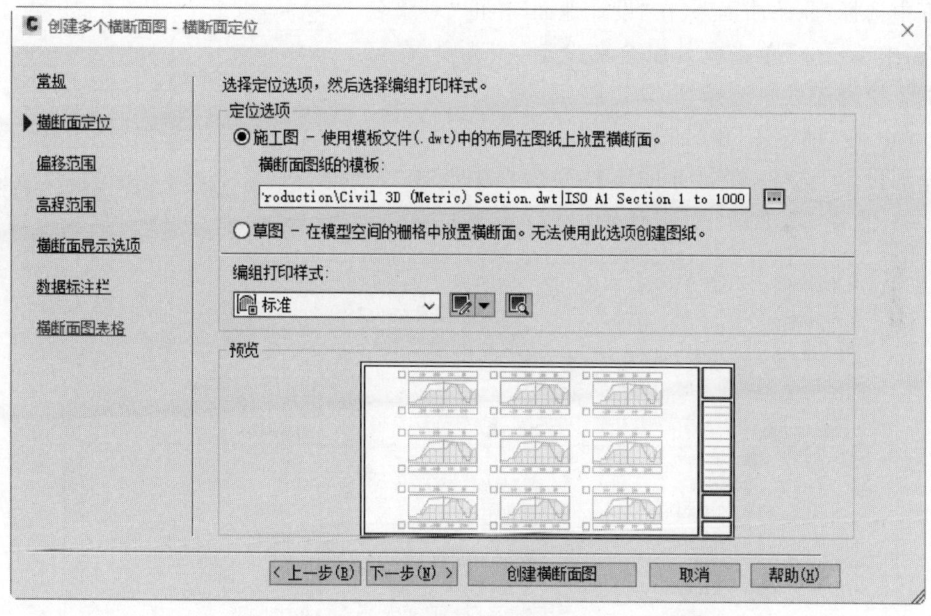

图 14-43　“创建多个横断面图-横断面定位”对话框

14.2.6　计算工程量

（1）单击“分析”选项卡“体积和材质”面板中的“计算材质”按钮，打开“选择采样线编组”对话框，选择路线和采样线编组，如图 14-45 所示，单击“确定”按钮。

（2）打开“计算材质-厂外道路-采样编组”对话框，设置土方量标准为“标准”，体积计算方法为“平均端面积”。

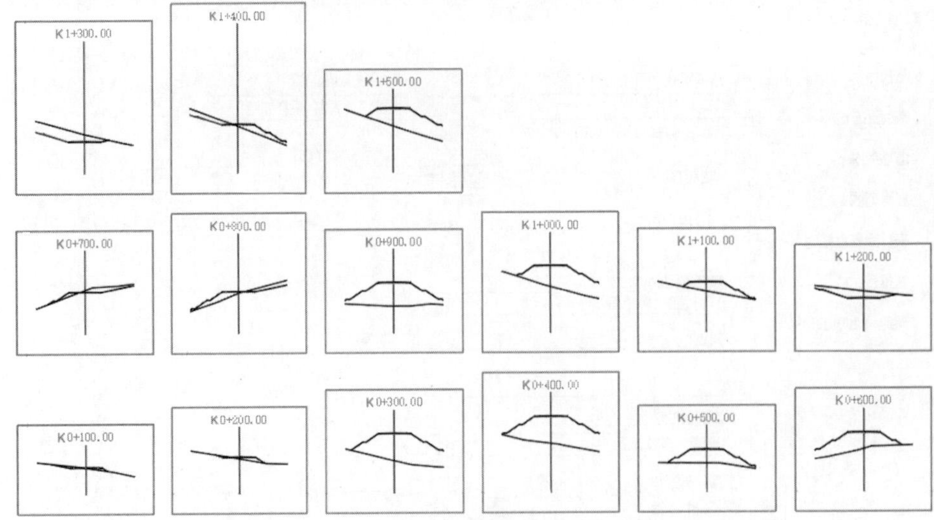

图 14-44 横断面图

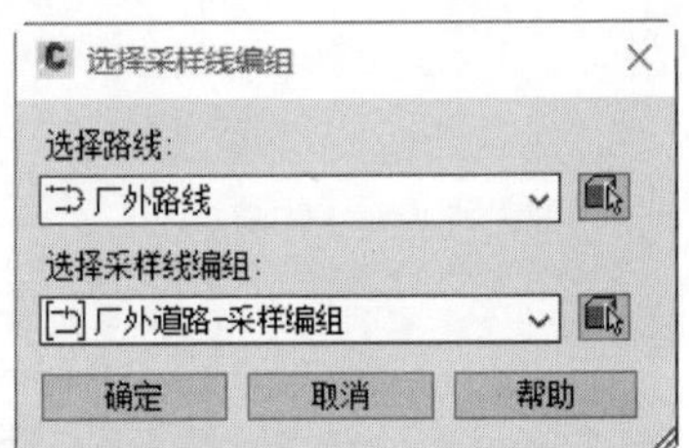

图 14-45 “选择采样线编组”对话框

(3) 在“自然地面”栏的“对象名称”栏中单击“<单击此处以全部设定>”选项，在打开的下拉列表框中选择“原始曲面”；在“设计地面”栏的“对象名称”栏中单击“<单击此处以全部设定>”选项，在打开的下拉列表框中选择“厂外道路-顶部”。

(4) 在“铺装 1”和“铺装 2”栏中单击“单击此处以全部设定”选项，在打开的下拉列表框中选择“厂外道路 铺装 1”，如图 14-46 所示。

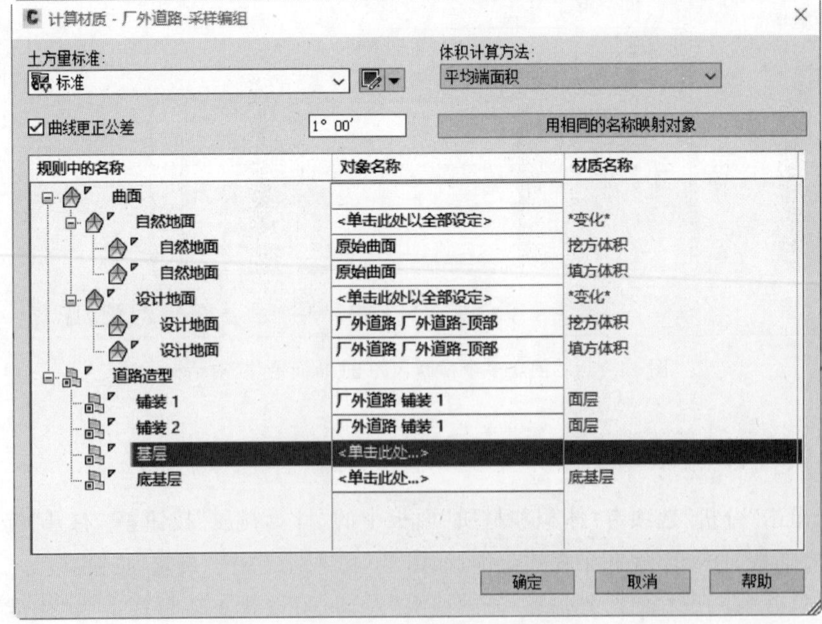

图 14-46 “计算材质-厂外道路-采样编组”对话框

Note

(5) 其他采用默认设置。单击“确定”按钮，系统将进行计算，并将材质列表与采样线编组特性一起存储。

(6) 单击“分析”选项卡“体积和材质”面板中的“总体积表”按钮，打开如图 14-47 所示的“创建总体积表”对话框，采用默认设置。单击“确定”按钮，生成体积报告，如图 14-48 所示。

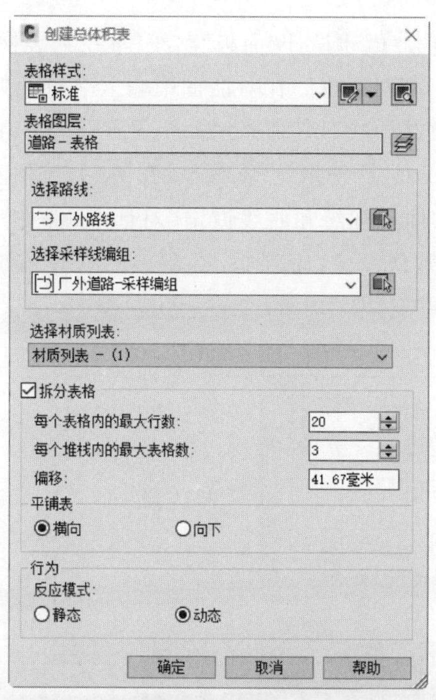

图 14-47　“创建总体积表”对话框

总体积表							
里程	挖方面积	填方面积	挖方体积	填方体积	累计挖方体积	累计填方体积	净体积
1+00.00	10.60	13.33	0.00	0.00	0.00	0.00	0.00
2+00.00	3.52	30.65	705.63	2198.80	705.63	2198.80	-1493.17
3+00.00	0.00	718.39	175.82	37451.66	881.45	39650.47	-38769.02
4+00.00	0.00	750.19	0.00	73428.70	881.45	113079.17	-112197.72
5+00.00	0.00	310.58	0.00	53038.47	881.45	166117.64	-165236.19
6+00.00	0.00	414.51	0.00	36254.67	881.45	202372.31	-201490.86
7+00.00	64.27	21.77	3213.68	21814.28	4095.13	224186.59	-220091.46
8+00.00	51.57	84.65	5792.20	5321.33	9887.33	229507.92	-219620.59
9+00.00	0.00	584.43	2578.52	33453.91	12465.85	262961.83	-250495.98
10+00.00	0.00	539.18	0.00	56180.29	12465.85	319142.12	-306676.27
11+00.00	0.00	189.74	0.00	36446.06	12465.85	355588.17	-343122.33
12+00.00	166.85	0.00	8342.43	9487.10	20808.28	365075.27	-344266.99
13+00.00	91.88	0.00	12936.45	0.00	33744.73	365075.27	-331330.54
14+00.00	9.01	92.80	5044.70	4639.91	38789.43	369715.18	-330925.75
15+00.00	0.00	461.52	450.69	27715.68	39240.12	397430.86	-358190.75

图 14-48　总体积表

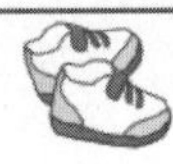

14-7

14.3 进出厂道路

14.3.1 创建路线

(1) 单击“常用”选项卡“创建设计”面板“路线”下拉列表框中的“路线创建工具”按钮，打开“创建路线-布局”对话框。在对话框中输入名称为“进厂路线”，设置类型为“中心线”，路线样式为“道路中线”，其他采用默认设置，如图 14-49 所示。

(2) 打开“路线布局工具-厂外路线”工具栏，在下拉列表框中单击“曲线和缓和曲线设定”按钮，打开“曲线和缓和曲线设定”对话框，选中“曲线”复选框，输入默认半径为 100 米，其他采用默认设置，如图 14-50 所示。单击“确定”按钮。

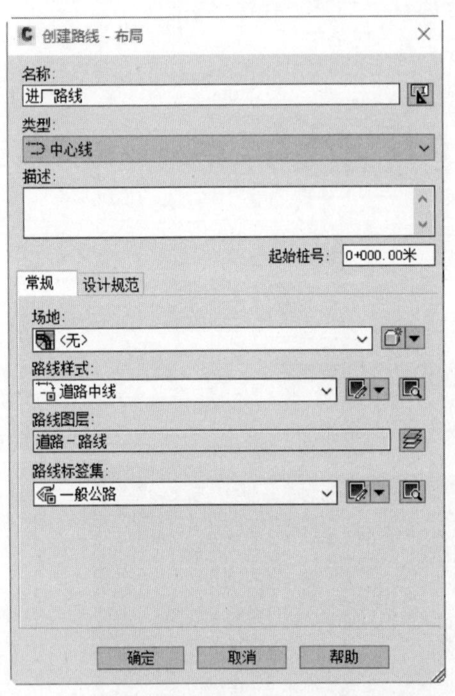

图 14-49 “创建路线-布局”对话框

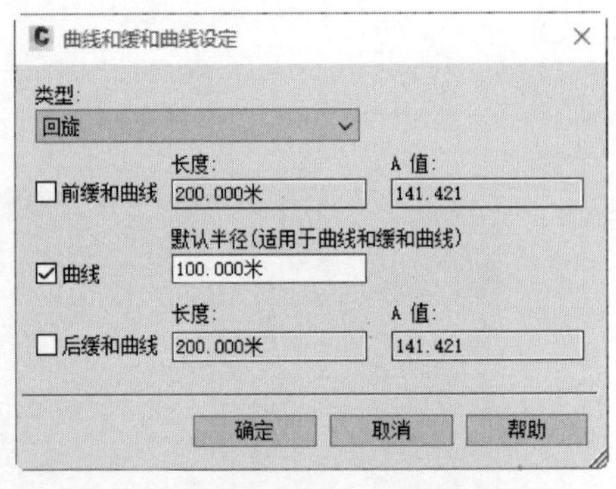

图 14-50 “曲线和缓和曲线设定”对话框

(3) 在下拉列表框中单击“切线-切线(带有曲线)”按钮，捕捉厂外道路线上桩号 K0+100 为路线绘制如图 14-51 所示的进厂路线。

14-8

14.3.2 创建纵断面

(1) 单击“常用”选项卡“创建设计”面板“纵断面”下拉列表框中的“创建曲面纵断面”按钮，打开“从曲面创建纵断面”对话框。在“路线”下拉列表框中选择“进厂路线”，在“选择曲面”列表框中选择“原始曲面”，单击“添加”按钮，在纵断面列表中显示地形曲面和路线信息，如图 14-52 所示。

Note

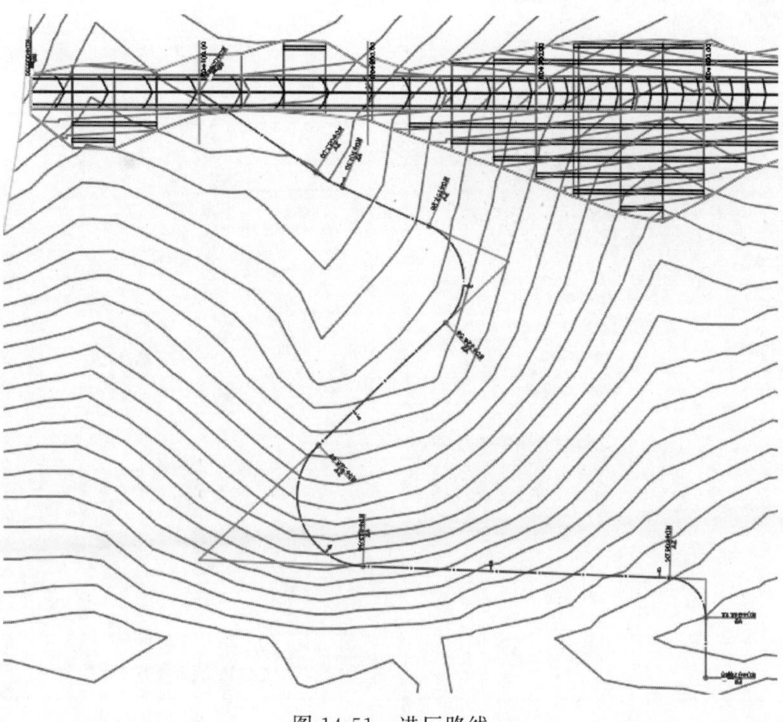

图 14-51 进厂路线

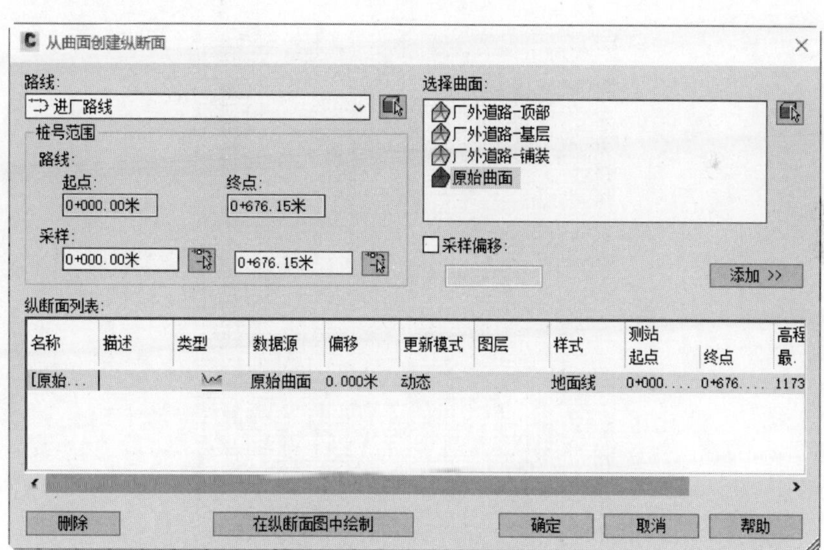

图 14-52 添加路线和曲面

(2) 单击“在纵断面图中绘制”按钮，打开“创建纵断面图-基本”对话框，显示“常规”选项卡，输入纵断面图名称为“进厂道路纵断面图”，在纵断面图样式中选择“轴线和完整栅格”样式，其他采用默认设置，如图 14-53 所示。

(3) 单击“创建纵断面图”按钮，根据命令行提示在图形中指定纵断面图的放置原点，系统自动生成纵断面图，如图 14-54 所示。

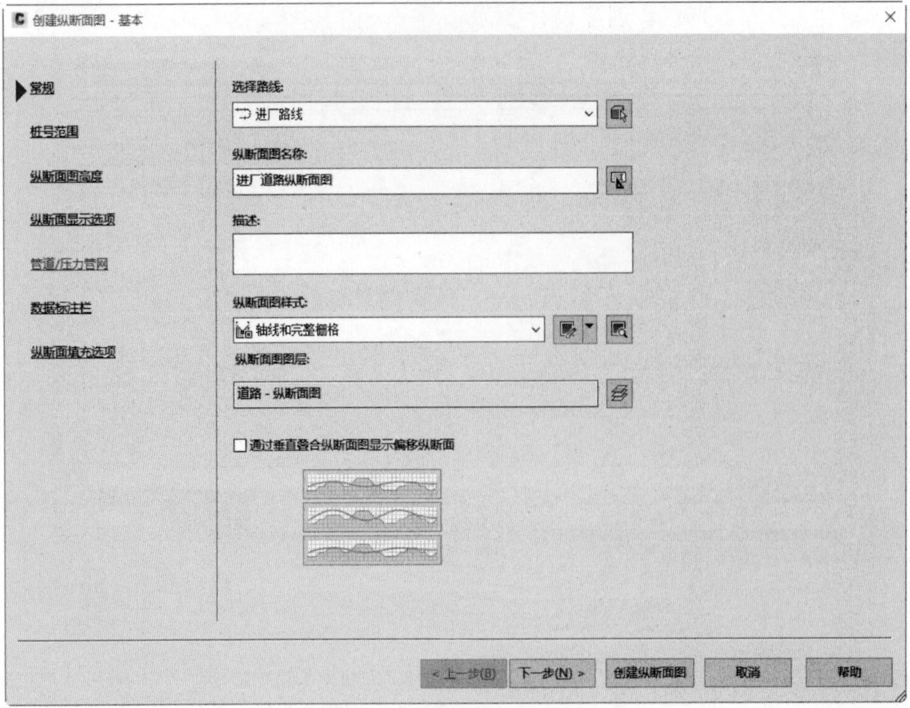

图 14-53 “常规”选项卡

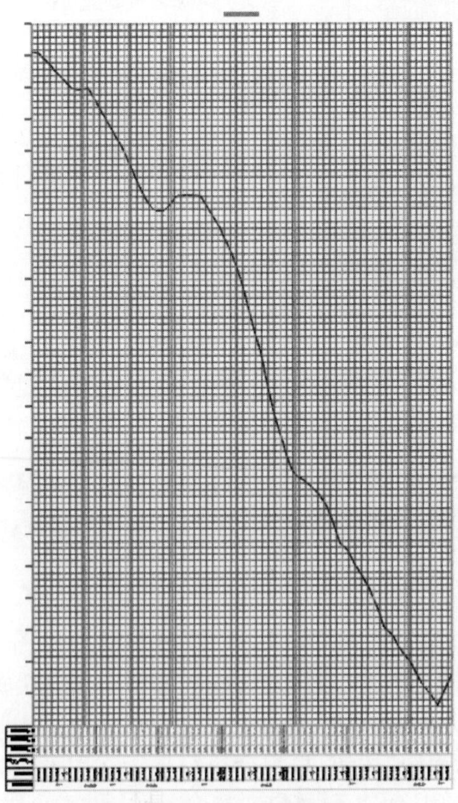

图 14-54 进厂纵断面图

(4) 单击"常用"选项卡"创建设计"面板"纵断面"下拉列表框中的"纵断面创建工具"按钮，根据命令行提示选取上步创建的纵断面图。

(5) 打开"创建纵断面-新绘制"对话框，输入名称为"进厂道路纵曲线"，选择纵断面样式为"设计线"，其他采用默认设置，如图 14-55 所示。单击"确定"按钮。

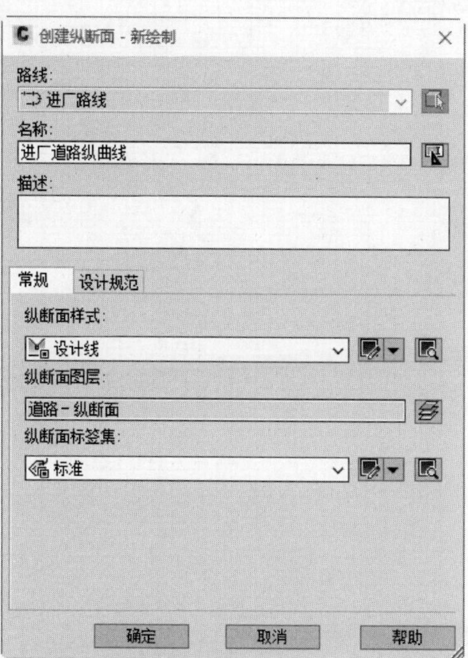

图 14-55　"创建纵断面-新绘制"对话框

(6) 单击工具栏下拉列表框中的"曲线设定"按钮，打开"竖曲线设定"对话框，选择曲线类型为"抛物线"，分别设置 K 值为 50，如图 14-56 所示。

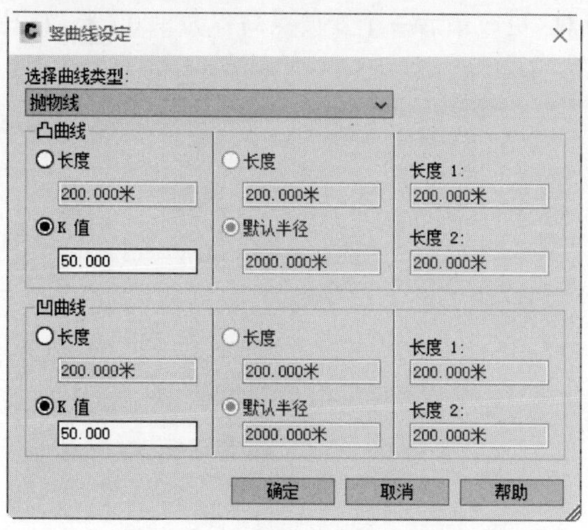

图 14-56　"竖曲线设定"对话框

(7) 在"纵断面布局工具-进厂道路纵曲线"工具栏的下拉列表框中单击"绘制曲线切线"按钮，捕捉纵断面图中的地形线端点作为起点，指定下一点，绘制设计纵断

面，结果如图 14-57 所示。

Note

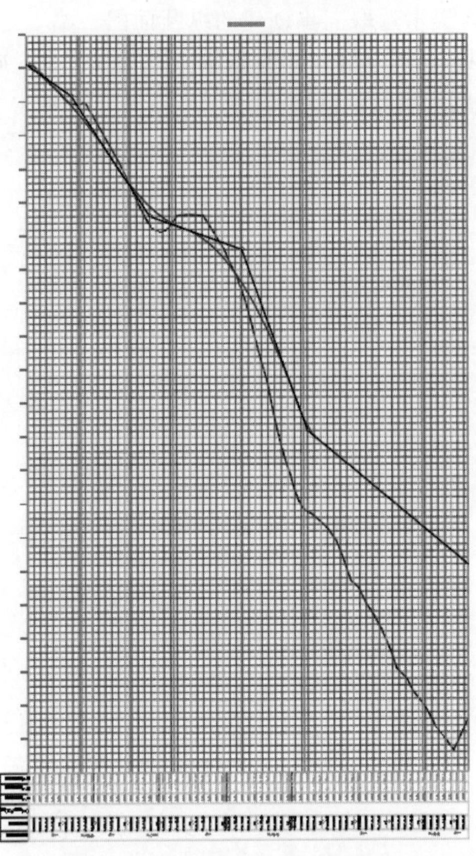

图 14-57　绘制进厂道路纵曲线

(8) 选取步骤(7)绘制的进厂道路纵曲线，在工具栏中单击“纵断面栅格视图”按钮▦，打开“全景”对话框，更改最后一个变坡点高程为 1200 米，如图 14-58 所示。

编号	锁定	变坡点桩号	变坡点高程	前坡度	后坡度	A (坡度变化)	纵断面曲线类型	K 值	子图元类
1		0+000.00米	1275.715米		-6.74%				
2		0+070.00米	1271.000米	-6.74%	-15.00%	8.26%	凸形	16.094	对称抛物
3		0+190.00米	1253.000米	-15.00%	-3.57%	11.43%	凹形	8.894	对称抛物
4		0+330.00米	1248.000米	-3.57%	-27.00%	23.43%	凸形	7.232	对称抛物
5		0+430.00米	1221.000米	-27.00%	-8.53%	18.47%	凹形	1.539	对称抛物
6		0+676.15米	1200.000米	-8.53%					

图 14-58　“全景”对话框

14-9

14.3.3　创建道路装配

(1) 单击“常用”选项卡“创建设计”面板“装配”下拉列表框中的“创建装配”按钮，打开“创建装配”对话框，输入名称为“进出厂道路装配”，设置装配样式和代码集

样式为“标准”，其他采用默认设置，如图 14-59 所示。单击“确定”按钮，在图中适当位置指定部件基准线位置。

Note

（2）单击“常用”选项卡“选项板”面板中的“工具选项板”按钮，打开“TOOL PALETTES-CIVIL 公制部件”工具选项板。在“基本”选项卡中单击“基本车道”按钮，打开“特性”对话框，设置“侧”为“右”，宽度为 3.6 米，斜率为－2.00%，其他采用默认设置，如图 14-60 所示。在图形中选取装配基准线，在基准线右侧插入行车道部件。

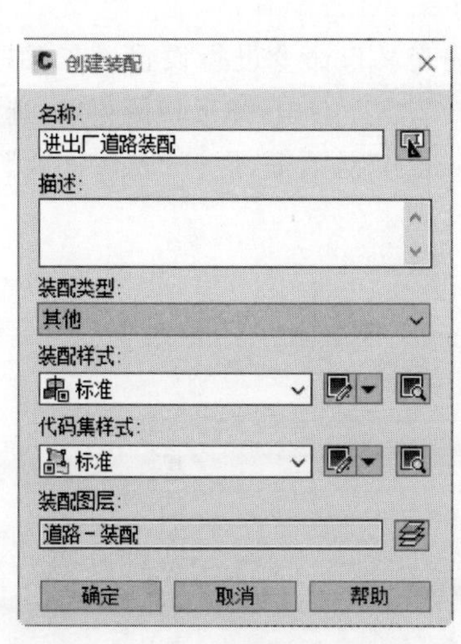

图 14-59　“创建装配”对话框

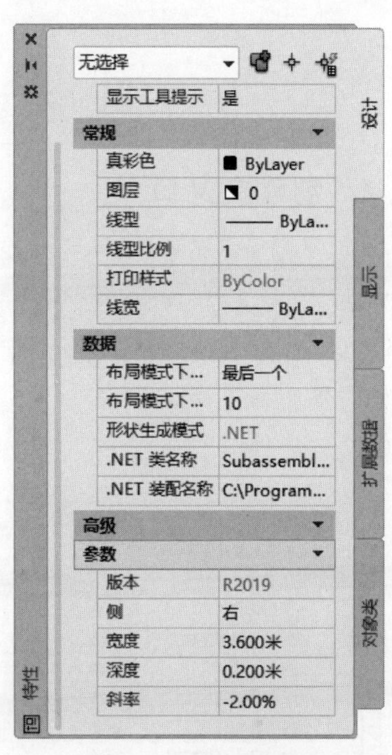

图 14-60　“特性”对话框

（3）在“常用”选项卡中单击“边坡台阶”按钮，打开“特性”对话框，设置“侧”为“右”，挖方斜率为 1∶5.00，最大挖方高度为 5 米，填方斜率为 1∶5.00，最大填方高度为 5 米，台阶宽度为 2 米，台阶斜率为 2.00%，其他采用默认设置。在图形中选取步骤(2)创建的路肩部件上边缘，在路肩右侧插入边坡台阶部件。

（4）选取装配图中的边坡、路肩和车道部件，打开“部件”上下文选项卡，单击“修改”面板中的“镜像”按钮，选取基准标记点，创建右侧的边坡和车道部件，如图 14-61 所示。

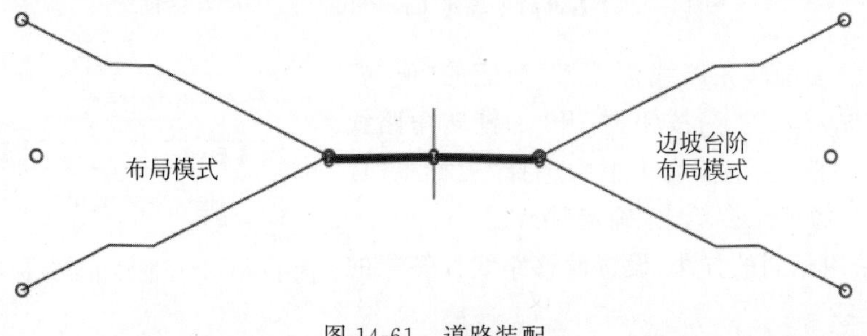

图 14-61　道路装配

（5）采用相同的方法，创建进厂道路左侧装配和右侧装配，如图 14-62 所示。

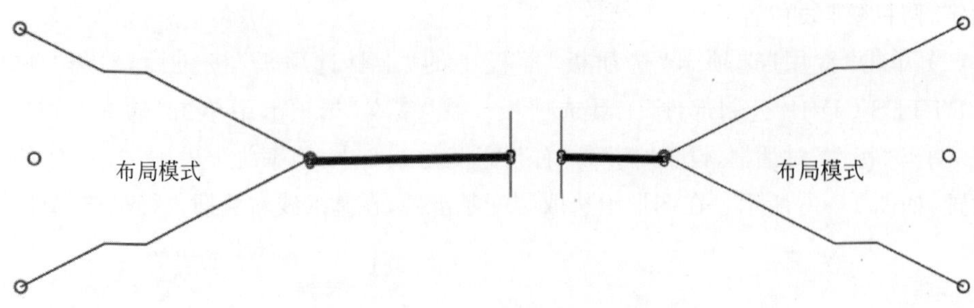

图 14-62　进厂道路左侧和右侧装配

Note

14-10

14.3.4　创建交叉口

（1）为了在创建的交叉口上添加标签，先对创建交叉口命令进行设置。在工具空间“设定”选项卡“交叉口”→“命令”→CreateIntersection 节点上右击，弹出快捷菜单，选择“编辑命令设定”选项，打开“编辑命令设定-CreateIntersection”对话框，展开“默认样式”节点，如图 14-63 所示。

图 14-63　“编辑命令设定-CreateIntersection”对话框

（2）在“加铺转角路线标签集”对应的“值”栏中单击，单击显示的 按钮，打开“加铺转角路线标签集”对话框，在下拉列表框中选择“无标签”选项，如图 14-64 所示。单击“确定”按钮。

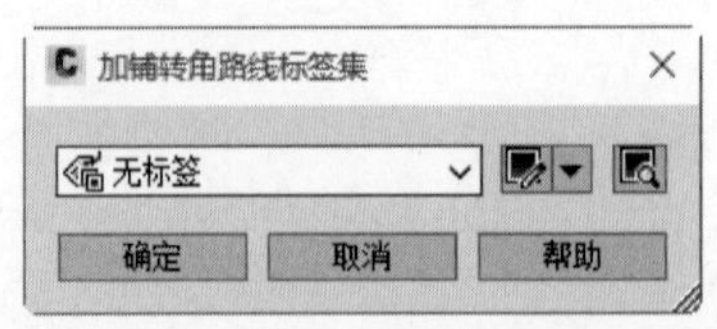

图 14-64　“加铺转角路线标签集”对话框

（3）采用相同的方法，设置偏移路线标签集的值为“无标签”。

Note

(4) 在“交叉口道路标签样式”对应的“值”栏中单击，单击显示的按钮，打开“交叉口道路标签样式”对话框，在下拉列表框中选择“新建”选项，打开“标签样式生成器-无标签”对话框，输入名称为“无标签”，如图 14-65 所示。

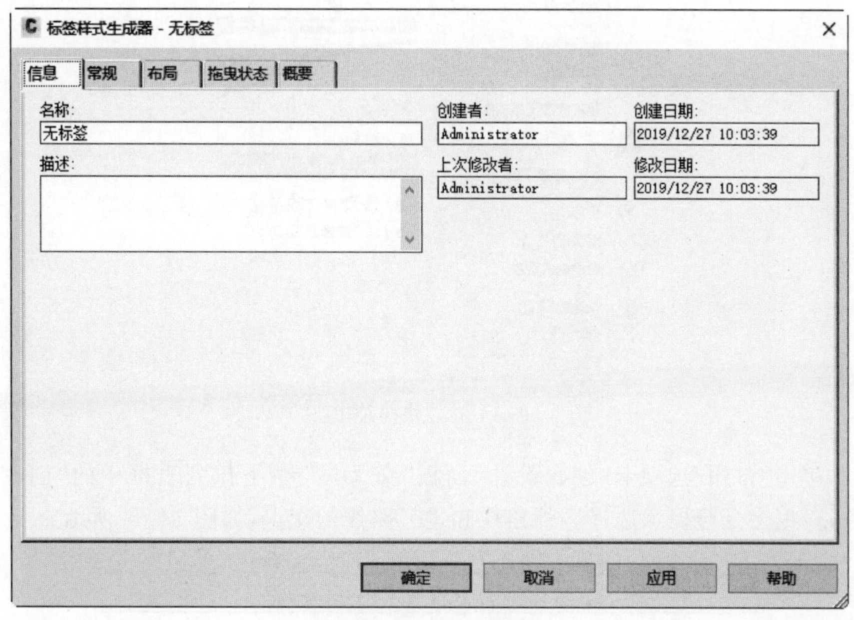

图 14-65　输入名称

(5) 切换到“常规”选项卡，设置标签可见性的值为“假”，其他采用默认设置，如图 14-66 所示。连续单击“确定”按钮，完成 CreateIntersection 命令设定。

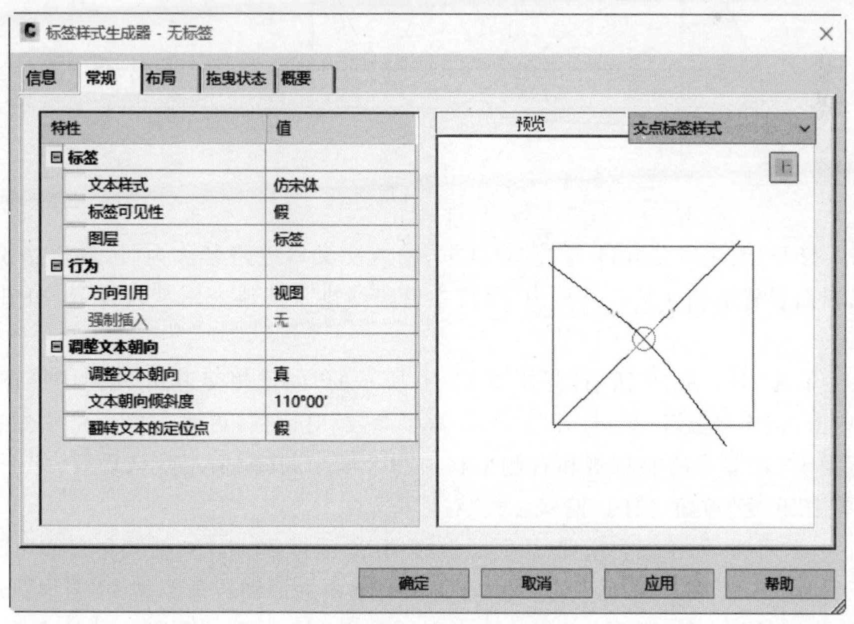

图 14-66　“常规”选项卡

Note

(6) 选取厂外道路后右击，在弹出的快捷菜单中选择“显示顺序”→“后置”选项，如图 14-67 所示，使厂外道路的路线置于上层。

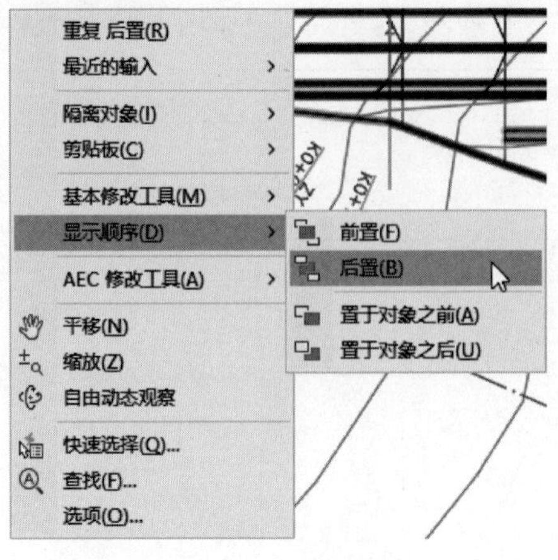

图 14-67　快捷菜单

(7) 单击“常用”选项卡“创建设计”面板“交叉口”下拉列表框中的“创建交点”按钮，根据命令行提示选择厂外路线和进厂路线的交点，如图 14-68 所示。

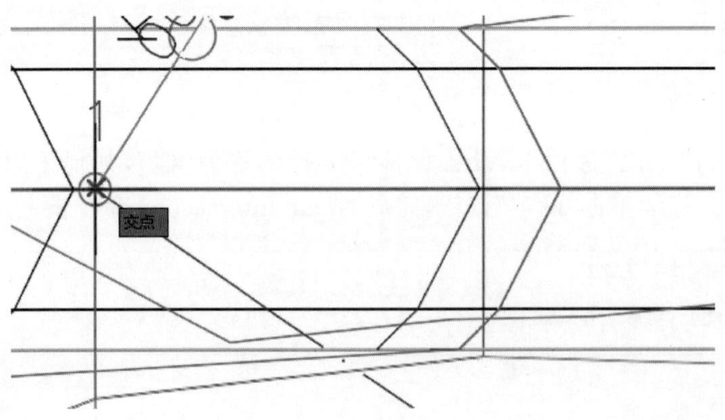

图 14-68　选取交点

(8) 打开“创建相交道路-常规”对话框，输入交叉口道路名称为“厂外道路-进厂道路交叉口”，设置道路交叉口类型为“保持主道路路拱”，其他采用默认设置，如图 14-69 所示。

(9) 单击“下一步”按钮，打开如图 14-70 所示的“创建相交道路-几何图形详情”对话框，单击“偏移参数”按钮，打开“交叉口偏移参数”对话框，更改主要道路左侧和右侧偏移值为 10，次要道路的左侧和右侧偏移值为 3.6 米，其他采用默认设置，如图 14-71 所示，单击“确定”按钮，关闭“偏移参数”对话框。

(10) 返回到“创建相交道路-几何图形详情”对话框，单击“加铺转角参数”按钮，打开“交叉口道路加铺转角参数”对话框，设置所有象限的加铺转角类型为“圆形圆角”，半径为 10 米，如图 14-72 所示。单击“确定”按钮，关闭“交叉口道路加铺转角参数”对话框。

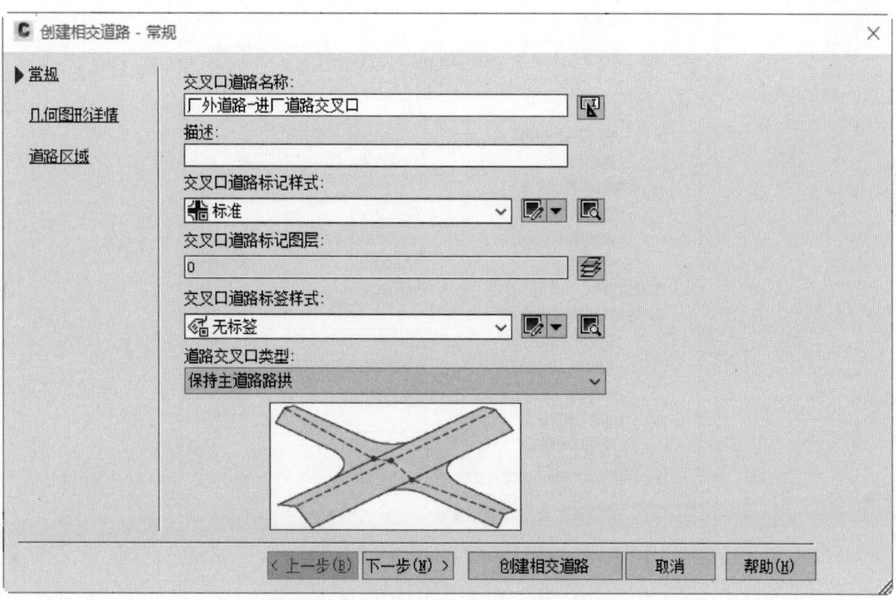

图 14-69　“创建相交道路-常规”对话框

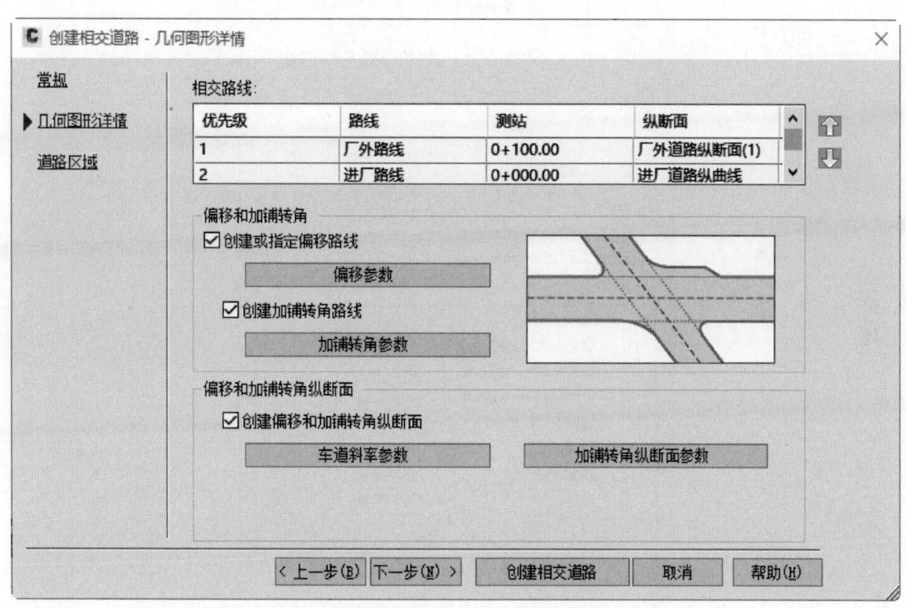

图 14-70　“创建相交道路-几何图形详情”对话框

(11) 单击“下一步”按钮，打开“创建相交道路-道路区域”对话框，设置“为边坡选择曲面”为“原始曲面”，单击 Primary Road Full Section 栏中的 ... 按钮，打开“选择装配”对话框，选择“厂外道路装配”，单击“确定”按钮。

(12) 采用相同的方法，设置主道路的应用装配为“厂外道路装配”，辅助道路的主横断面的应用装配为“进出厂道路装配”，辅助道路右侧横断面的应用装配为“进厂道路右侧装配”，辅助道路左侧横断面的应用装配为“进厂道路左侧装配”，其他采用默认设置，如图 14-73 所示。

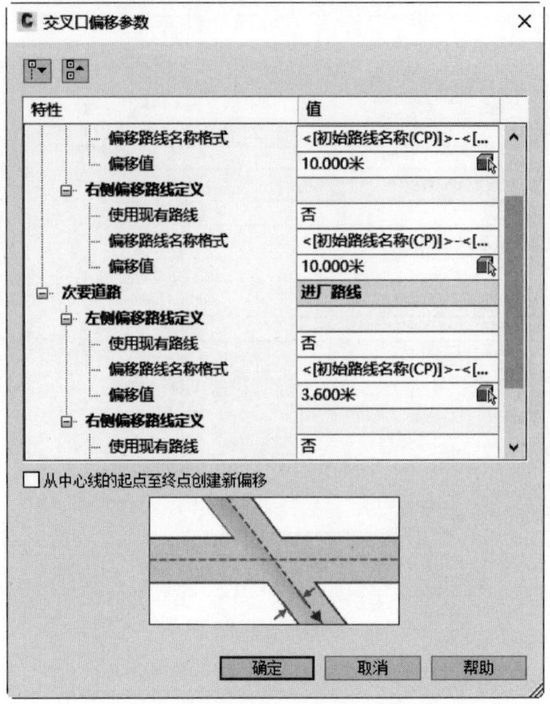

图 14-71 “交叉口偏移参数”对话框

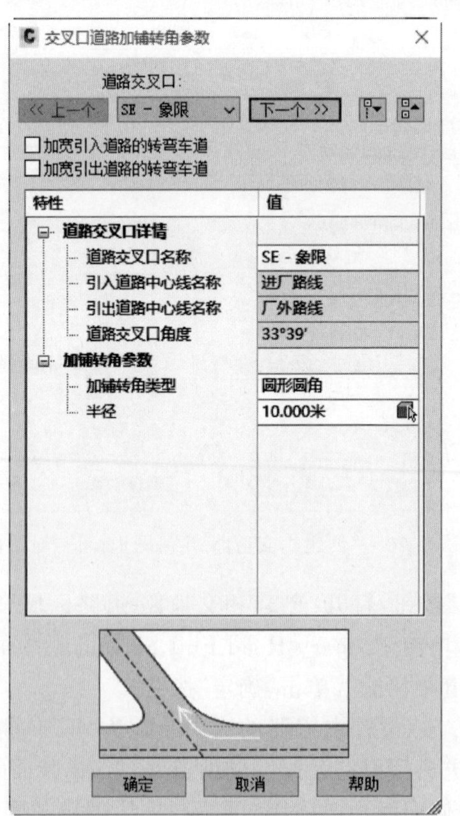

图 14-72 设置加铺转角参数

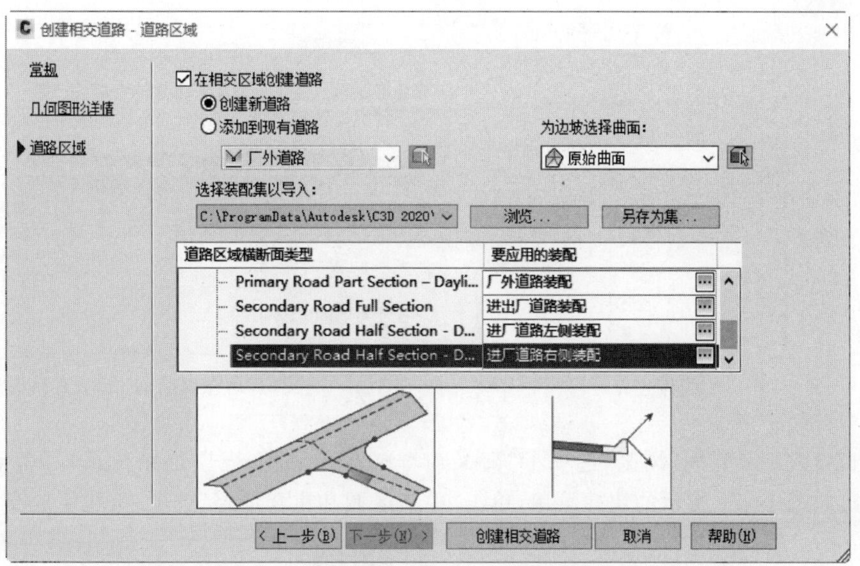

图 14-73 “创建相交道路-道路区域”对话框

（13）单击“创建相交道路”按钮，创建厂外道路与进厂道路的交叉口，如图 14-74 所示。

（14）放大进厂道路的纵断面图，系统根据交叉口的创建自动更改进厂道路的纵曲线，如图 14-75 所示，显示纵曲线的端点和地形线端点没有重合。

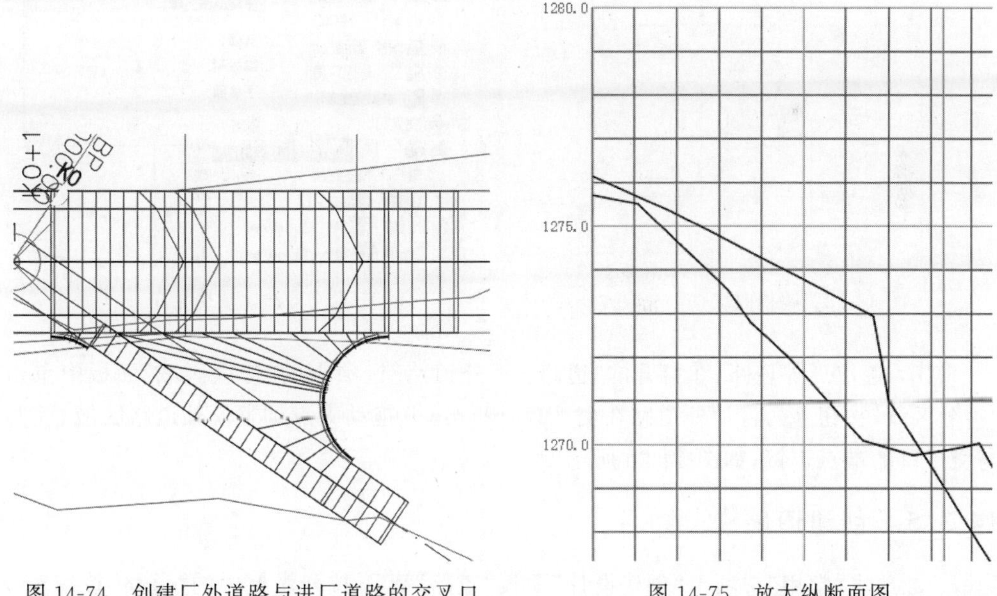

图 14-74 创建厂外道路与进厂道路的交叉口

图 14-75 放大纵断面图

（15）选取进厂道路的纵曲线，显示进厂道路纵曲线的端点是锁定的，如图 14-76 所示。

（16）单击曲线上的🔒图标，打开如图 14-77 所示的“交叉口-动态纵断面”提示对话框，单击“解锁动态变坡点”选项，拖动曲线上的夹点，调整曲线的端点和地形曲线的端点重合，如图 14-78 所示。

Note

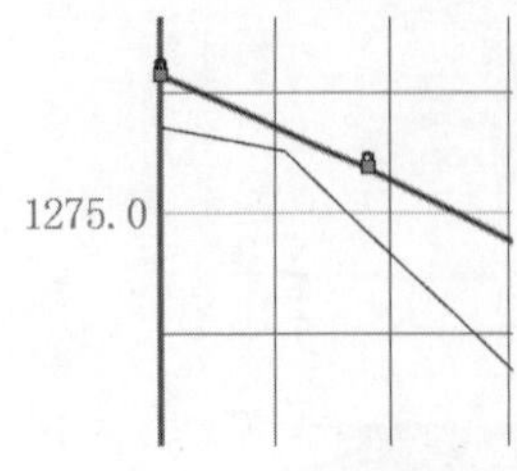

图 14-76　曲线锁定

交叉口 - 动态纵断面

您正尝试解锁由某交点动态锁定的变坡点。要执行什么操作?

解锁动态变坡点可能会导致交点处次要道路纵断面高程与主要道路不同。这可能会导致加辅转角圆角区域中的道路顶面不平坦。

→ 解锁动态变坡点

→ 不解锁动态变坡点

图 14-77　“交叉口-动态纵断面”提示对话框

(17) 在工具空间“浏览”选项卡“交叉口”→“厂外道路-进厂道路交叉口”节点处右击,弹出如图 14-79 所示的快捷菜单,单击“更新区域和重建道路”选项,重建生成交叉口。

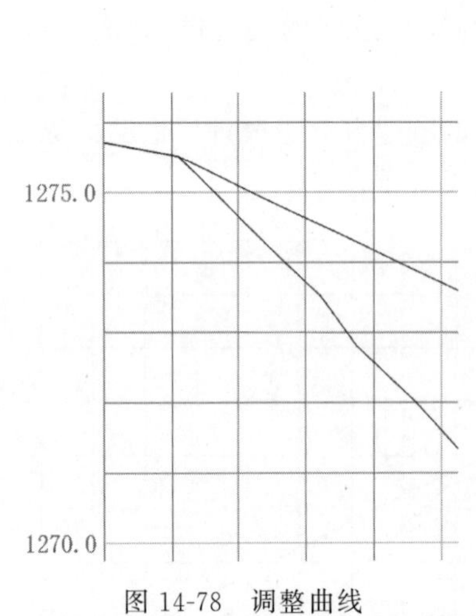

图 14-78　调整曲线

图 14-79　快捷菜单

(18) 选取厂外道路,在打开的“道路:厂外道路”选项卡的“修改区域”面板中单击“拆分区域”按钮,将厂外道路在交叉口处拆分,并拖动夹点调整厂外道路区域,使其与交叉口的端点连接,如图 14-80 所示。

14-11

14.3.5　创建道路

(1) 单击“常用”选项卡“创建设计”面板“道路”下拉列表框中的“道路”按钮,打开“创建道路”对话框。输入名称为“进厂道路”,选择基准线类型为“路线和纵断面”,设置路线为“进厂路线”,纵断面为“进厂道路纵曲线”,装配为“进出厂道路装配”,目标曲面为“原始曲面”,取消选中“设定基准线和区域参数”复选框,其他采用默认设置,如图 14-81 所示。单击“确定”按钮,生成道路模型,如图 14-82 所示。

(2) 选取进厂道路模型,拖动道路端点的夹点,使其与交叉口处的道路连接,如

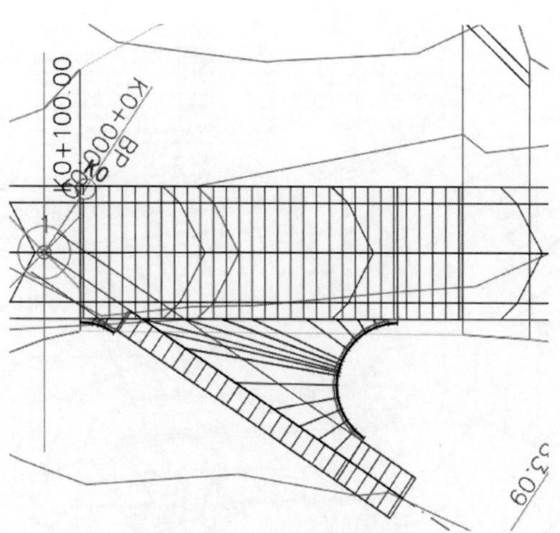

图 14-80 编辑厂外道路

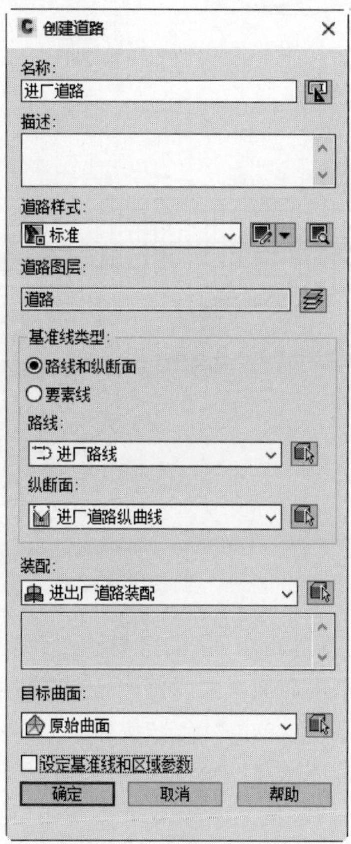

图 14-81 “创建道路”对话框

图 14-83 所示。

(3) 调整道路路线和纵断面,使其符合设计要求。

(4) 选取进厂道路模型,单击“道路: 厂外道路”上下文选项卡“修改道路”面板中的“道路曲面”按钮,打开“道路曲面-进厂道路”对话框。

Note

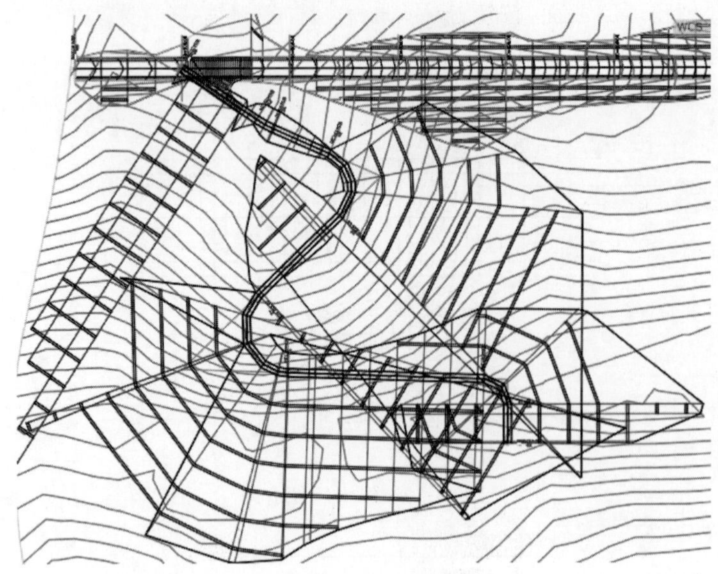

图 14-82　创建道路模型

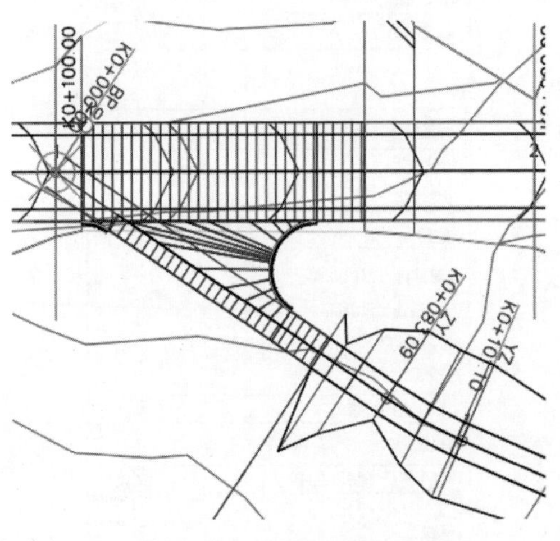

图 14-83　调整道路长度

(5) 在对话框中单击"创建道路曲面"按钮，在列表栏中添加道路曲面，更改曲面名称为"进厂道路-面层"，单击曲面样式，打开"拾取道路曲面样式"对话框，在下拉列表框中选择"边界，等高线(1米)"，单击"确定"按钮。

(6) 单击"进厂道路-顶部"栏的渲染材质，打开"拾取道路曲面样式"对话框，在下拉列表框中选择"场地工程.铺装-表面修整.沥青"，单击"确定"按钮。

(7) 单击"进厂道路-顶部"栏的悬垂更正，在下拉列表框中选择"顶部连接"。设置数据类型为"连接"，指定代码为"顶部"，单击"添加曲面项目"按钮，将数据添加到曲面。

(8) 单击"创建道路曲面"按钮，添加"进厂道路-基层"，设置曲面样式为"等高线(背景)"，材质渲染为"场地工程.夯实.砂砾.粉碎"，悬垂更正为"底部连接"，指定代码为"底基层"，单击"添加曲面项目"按钮，将数据添加到曲面。

(9) 单击"创建道路曲面"按钮，添加"进厂道路-铺装"，设置曲面样式为"边界，等高线(1米)"，渲染材质为"场地工程.铺装-表面修整.沥青"，悬垂更正为"顶部连接"，指定代码为"铺装"，单击"添加曲面项目"按钮，将数据添加到曲面，如图14-84所示。单击"确定"按钮。

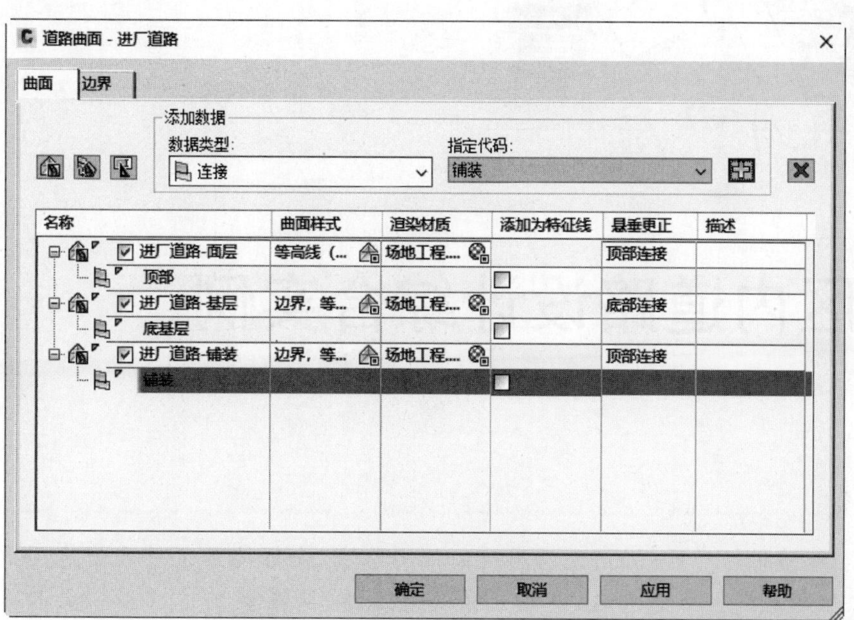

图14-84　"道路曲面-进厂道路"对话框

(10) 采用相同的方法，创建出厂道路，如图14-85所示。

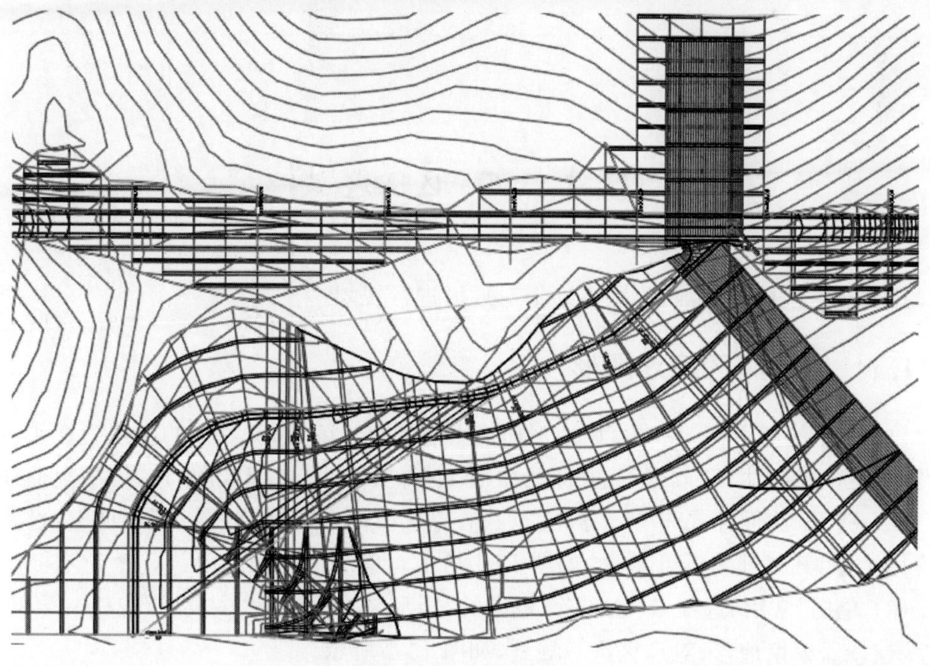

图14-85　出厂道路

第15章 厂区内道路设计综合实例

本章根据厂区规划，先以用地红线为基准，向场地外侧放坡创建厂区场地，然后在厂区创建道路，包括一条环形道路、两条竖直道路和一条水平道路，通过两条竖直道路与进出厂道路相连。

通过本章的学习，读者可以掌握综合利用前面所学知识进行工程设计实践应用的基本方法与思路。

15.1 厂区规划

在创建厂区内道路前，先根据地形对厂区进行规划。

15-1

15.1.1 绘制厂区规划图形

(1) 为了绘图方便，先将原始地形曲面中的等高线隐藏，只显示边界线。在工具空间“浏览”选项卡“曲面”节点下的“原始曲面”上右击，弹出快捷菜单，选择“编辑曲面样式”选项，打开“曲面样式-边界，等高线(1米)”对话框。切换到“显示”选项卡，设置边界为可见💡，其他都为不可见💡，如图15-1所示。单击“确定”按钮。

(2) 单击“常用”选项卡“绘图”面板中的“矩形”按钮、“多段线”按钮和“直线”按钮，根据地形，对厂区进行规划，如图15-2所示。

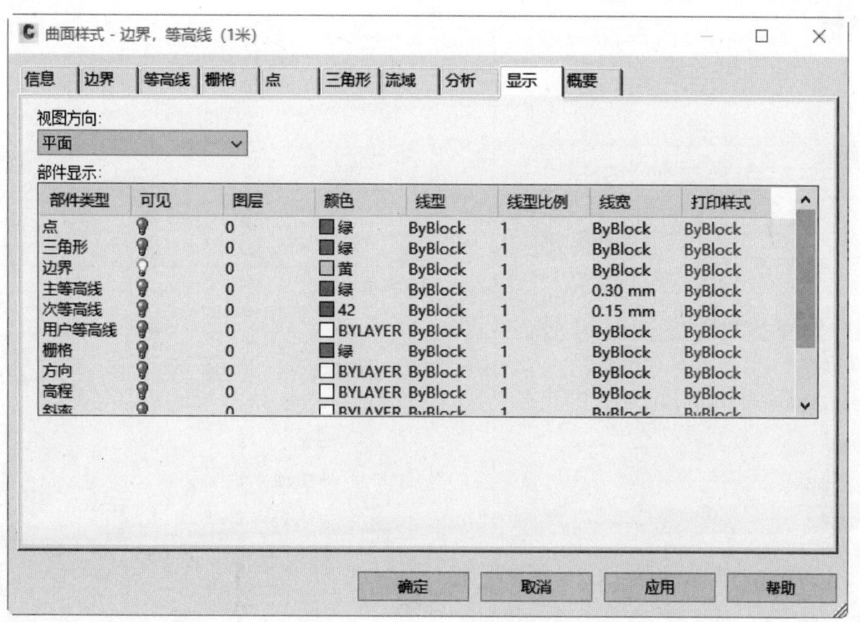

图 15-1 “显示”选项卡

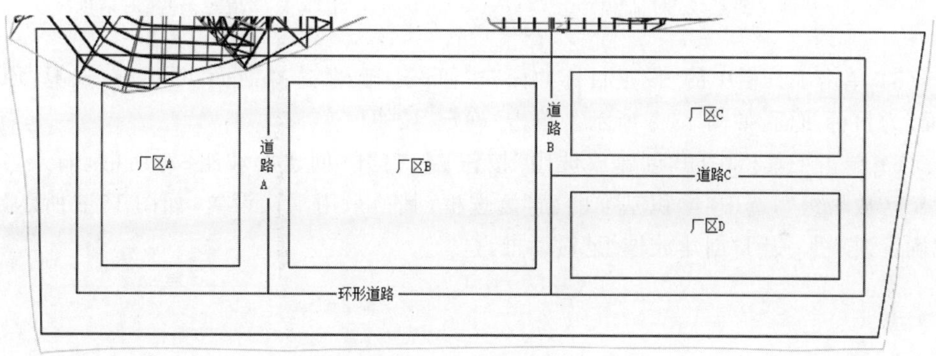

图 15-2 厂区规划

15.1.2 创建厂区内曲面

（1）单击“常用”选项卡“创建设计”面板“要素线”下拉列表框中的“从对象创建要素”按钮，在图形中选取上步创建的外轮廓线，按 Enter 键确认，打开“创建要素线”对话框。

（2）在对话框中选择场地，选中“名称”复选框，输入名称为“厂区要素线”，选中“样式”复选框，在列表中选取要素线样式，选中“指定高程”复选框，其他采用默认设置，如图 15-3 所示，单击“确定”按钮，关闭“创建要素线”对话框。

（3）系统打开“指定高程”对话框，选择“高程”选项，输入高程为 1200 米，如图 15-4 所示，单击“确定”按钮，选定的图形转换为要素线。

（4）单击“常用”选项卡“创建设计”面板“放坡”下拉列表框中的“创建放坡”按钮，打开“放坡创建工具”工具栏，选择“曲面-挖填坡度”。

Note

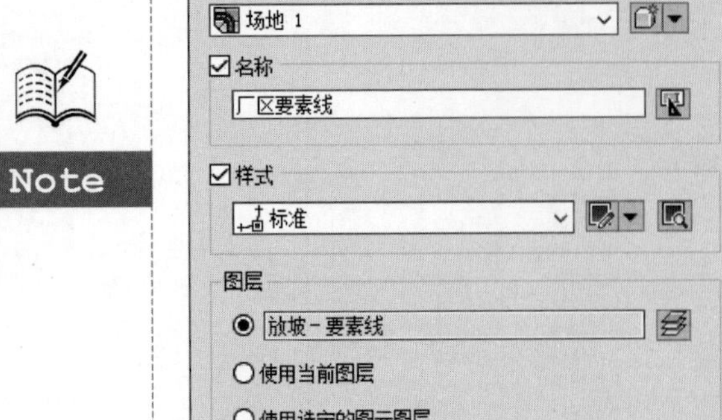

图 15-3 “创建要素线”对话框

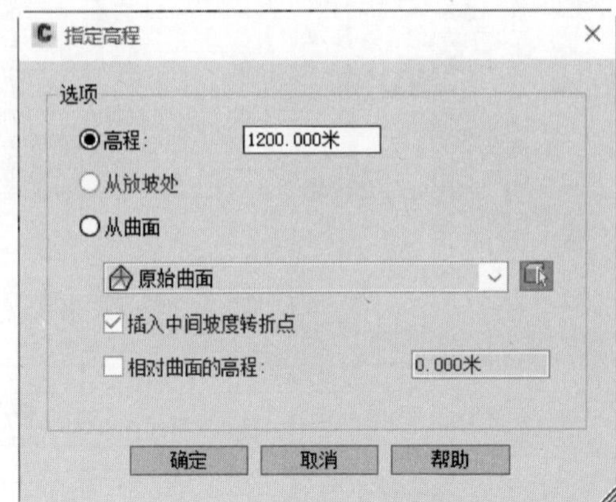

图 15-4 “指定高程”对话框

(5) 单击工具栏中的“设定目标曲面”按钮，打开“选择曲面”对话框，选择“原始曲面”为目标曲面，如图 15-5 所示。单击“确定”按钮。

(6) 单击工具栏中的“创建放坡组”按钮，打开“创建放坡组”对话框，输入名称为“厂区放坡组”，选中“体积基准曲面”复选框，其他采用默认设置，如图 15-6 所示，单击“确定”按钮，关闭“创建放坡组”对话框。

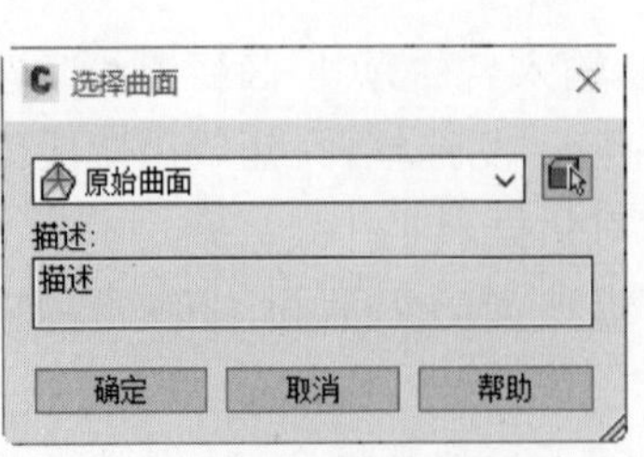

图 15-5 “选择曲面”对话框

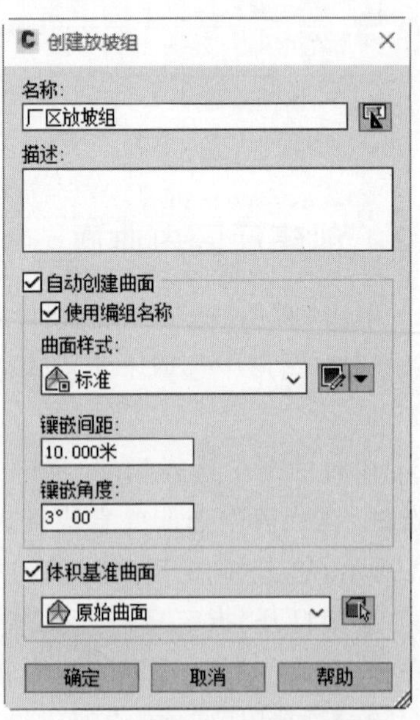

图 15-6 “创建放坡组”对话框

Note

(7) 系统打开“创建曲面”对话框，输入名称为“厂区曲面”，设置渲染材质为“场地工程.夯实.砂砾.粉碎”，其他采用默认设置，如图 15-7 所示。

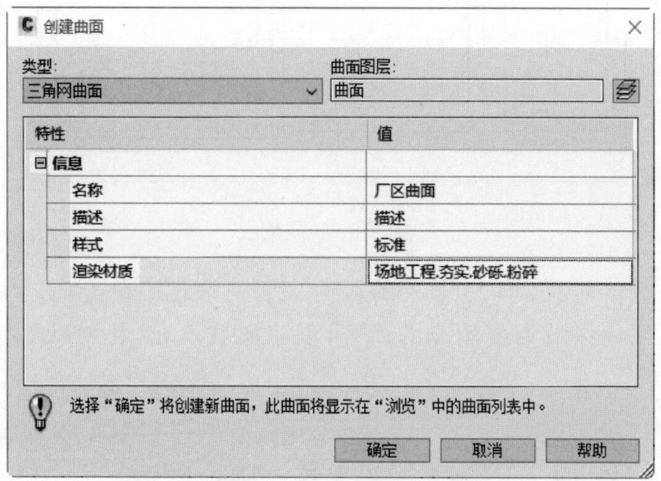

图 15-7　“创建曲面”对话框

(8) 在下拉列表框中选择“编辑当前选择”选项，打开“放坡标准-曲面-挖填坡度”对话框，切换到“标准”选项卡，分别设置挖方斜坡投影（向上）和填方斜坡投影（向下）的格式为“斜率”，斜率为 1：1.5，如图 15-8 所示，单击“确定”按钮。

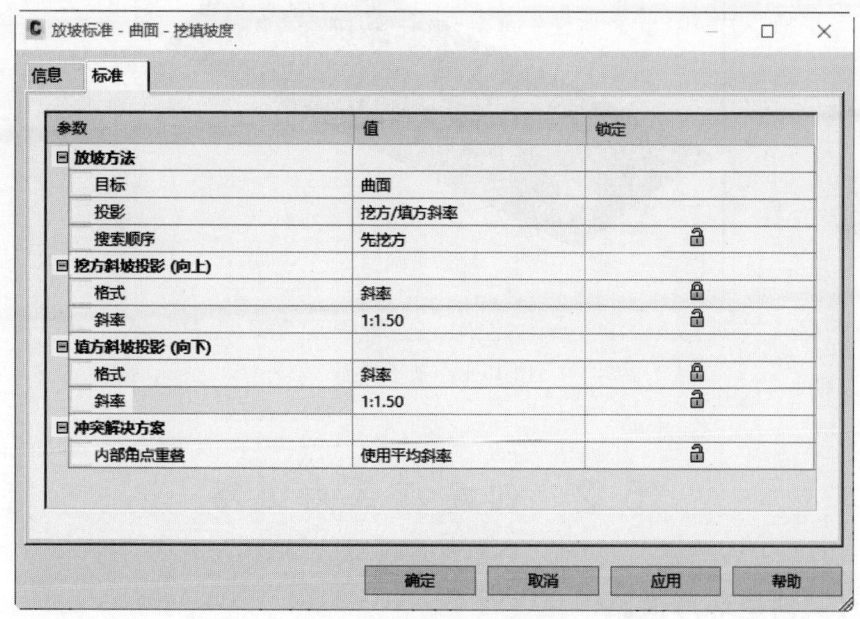

图 15-8　“标准”选项卡

(9) 单击“创建放坡”按钮，选取前面创建的厂区要素线，选取要素线的外侧为放坡边，命令行提示“应用到整个长度？[是(Y)/否(N)] <是(Y)>：”，输入 Y 或直接按 Enter 键，后面都采用默认设置，生成放坡如图 15-9 所示。

(10) 单击“常用”选项卡“创建设计”面板“放坡”下拉列表框中的“创建放坡填充”

Note

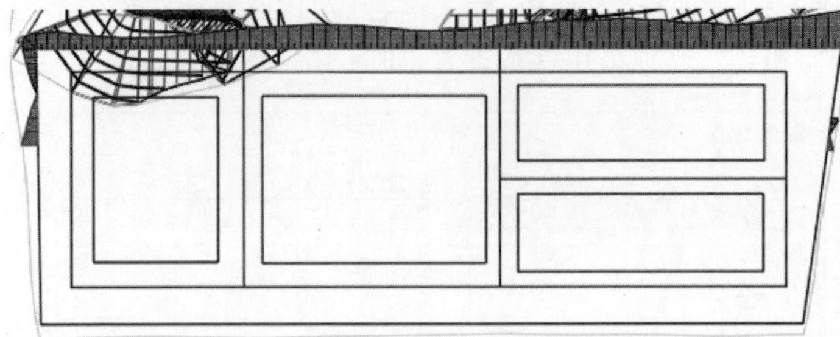

图 15-9　放坡

按钮，或在“放坡创建工具”工具栏的下拉列表框中单击“创建放坡填充”按钮。选取要素线内区域为要填充的面积，创建放坡填充，利用对象查看器查看，如图 15-10 所示。

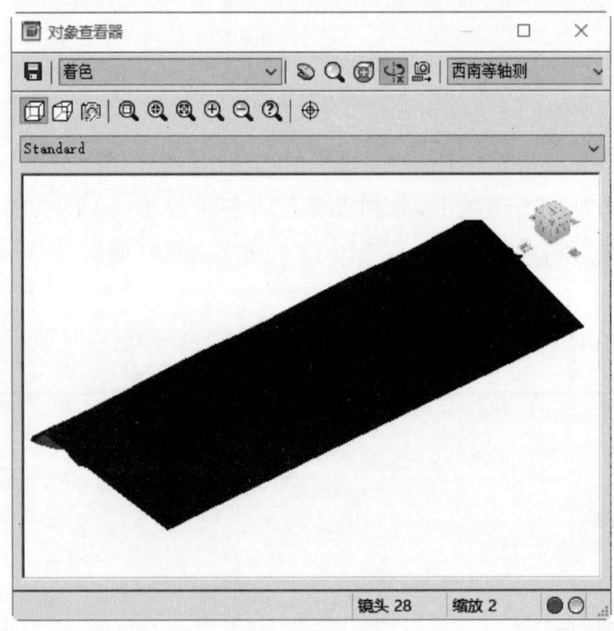

图 15-10　查看曲面

15.2　创建厂区内道路

15.2.1　创建环形道路

15-3

（1）单击“常用”选项卡“创建设计”面板“路线”下拉列表框中的“从对象创建路线”按钮，在图形中选择环形道路线，采用默认的路线方向。

（2）此时系统打开“从对象创建路线”对话框，输入名称为“环形道路路线”，设置类型为“中心线”，路线样式为“道路中线”，设置默认半径为 50 米，其他采用默认设置，如图 15-11 所示。单击“确定”按钮，创建路线，如图 15-12 所示。

Note

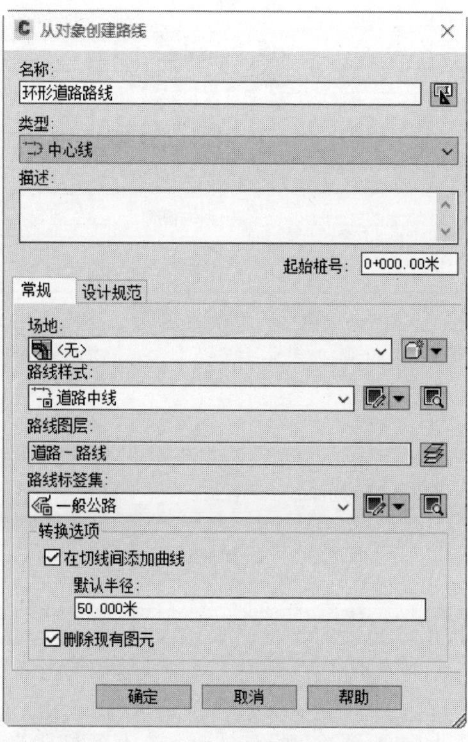

图 15-11　“从对象创建路线”对话框

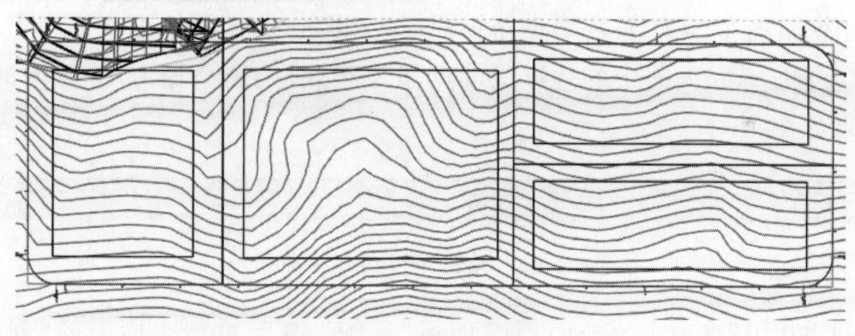

图 15-12　创建路线

(3) 单击“常用”选项卡“创建设计”面板“纵断面”下拉列表框中的“创建曲面纵断面”按钮，打开“从曲面创建纵断面”对话框。在“路线”下拉列表框中选择“环形道路路线”，在“选择曲面”列表框中选择“厂区曲面”，单击“添加”按钮，在纵断面列表中显示地形曲面和路线信息，如图 15-13 所示。

(4) 单击“在纵断面图中绘制”按钮，打开“创建纵断面图-基本”对话框，显示“常规”选项卡，输入纵断面图名称为“环形道路纵断面图”，在纵断面图样式中选择“轴线和完整栅格”样式，其他采用默认设置。

(5) 单击“创建纵断面图”按钮，根据命令行提示在图形中指定纵断面图的放置原点，系统自动生成纵断面图，如图 15-14 所示。

(6) 单击“常用”选项卡“创建设计”面板“纵断面”下拉列表框中的“纵断面创建工具”按钮，根据命令行提示选取步骤(5)创建的纵断面图。

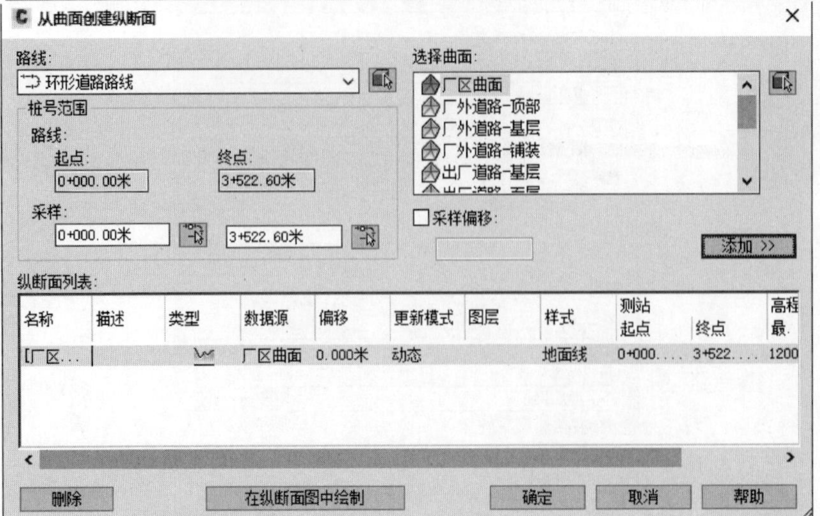

图 15-13　添加路线和曲面

图 15-14　环形道路纵断面图

(7) 系统打开"创建纵断面-新绘制"对话框，输入名称为"环形道路纵曲线"，选择纵断面样式为"设计线"，其他采用默认设置，单击"确定"按钮。

(8) 在"纵断面布局工具-环形道路纵曲线"工具栏的下拉列表框中单击"绘制切线"按钮，捕捉纵断面图中的地形线端点作为起点，绘制高程为1200米的水平设计纵断面，结果如图15-15所示。

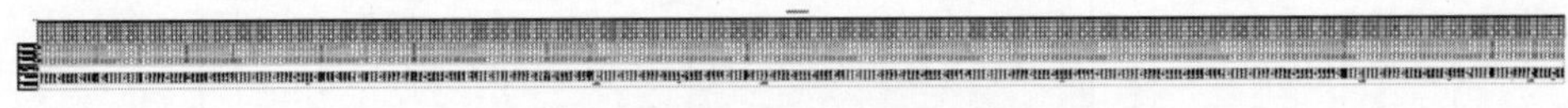

图 15-15　绘制环形道路纵曲线

(9) 单击"常用"选项卡"创建设计"面板"装配"下拉列表框中的"创建装配"按钮，打开"创建装配"对话框，输入名称为"厂内道路装配"，设置装配样式和代码集样式为"标准"，其他采用默认设置。单击"确定"按钮，在图中适当位置指定部件基准线位置。

(10) 单击"常用"选项卡"选项板"面板中的"工具选项板"按钮，打开"TOOL PALETTES-CIVIL 公制部件"工具选项板。在"基本"选项卡中单击"基本车道"按钮，打开"特性"对话框，设置"侧"为"右"，宽度为3.6米，斜率为−2.00%，其他采用默认设置。在图形中选取装配基准线，在基准线右侧插入行车道部件。

(11) 继续在"特性"对话框中设置"侧"为"左"，宽度为3.6米，斜率为−2.00%，其他采用默认设置。在图形中选取装配基准线，在基准线左侧插入行车道部件，结果如图15-16所示。

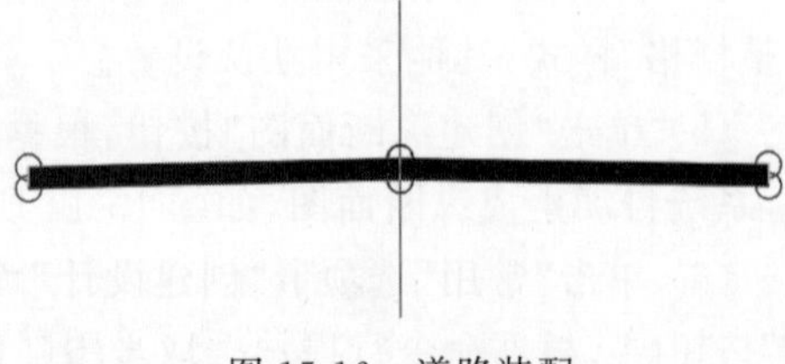

图 15-16　道路装配

(12) 采用相同的方法，创建厂内道路左

侧装配和右侧装配，如图 15-17 所示。

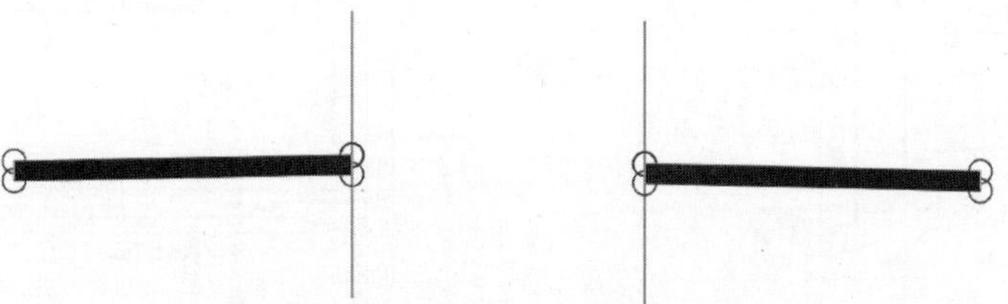

图 15-17　厂内道路左侧和右侧装配

Note

（13）单击“常用”选项卡“创建设计”面板“道路”下拉列表框中的“道路”按钮，打开“创建道路”对话框。输入名称为“环形道路”，选择基准线类型为“路线和纵断面”，设置路线为“环形道路路线”，纵断面为“环形道路纵曲线”，装配为“厂内道路装配”，目标曲面为“厂区曲面”，取消选中“设定基准线和区域参数”复选框，其他采用默认设置，如图 15-18 所示。单击“确定”按钮，生成道路模型，如图 15-19 所示。

图 15-18　“创建道路”对话框

15.2.2　创建水平和竖直道路

15-4

（1）单击“常用”选项卡“创建设计”面板“路线”下拉列表框中的“从对象创建路线”按钮，在图形中选择道路线 A，采用默认的路线方向。

Note

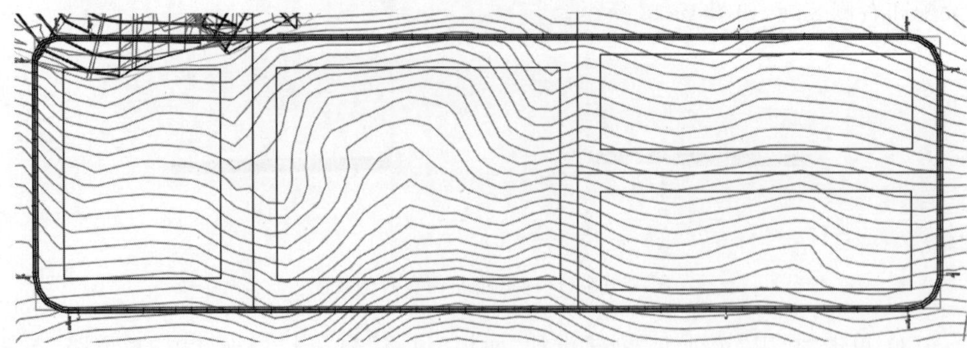

图 15-19　创建道路模型

(2) 此时系统打开“从对象创建路线”对话框，输入名称为“道路 A 路线”，设置类型为“中心线”，路线样式为“道路中线”，设置默认半径为 50 米，其他采用默认设置。单击“确定”按钮，创建路线，如图 15-20 所示。

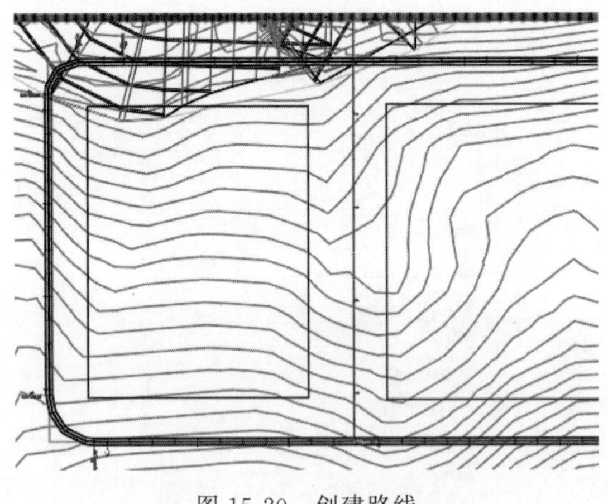

图 15-20　创建路线

(3) 单击“常用”选项卡“创建设计”面板“纵断面”下拉列表框中的“创建曲面纵断面”按钮，打开“从曲面创建纵断面”对话框。在“路线”下拉列表框中选择“道路 A 路线”，在“选择曲面”列表框中选择“厂区曲面”，单击“添加”按钮，在纵断面列表中显示地形曲面和路线信息，如图 15-21 所示。

(4) 单击“在纵断面图中绘制”按钮，打开“创建纵断面图-基本”对话框，显示“常规”选项卡，输入纵断面图名称为“道路 A 纵断面图”，在纵断面图样式中选择“轴线和完整栅格”样式，其他采用默认设置。

(5) 单击“创建纵断面图”按钮，根据命令行提示在图形中指定纵断面图的放置原点，系统自动生成纵断面图，如图 15-22 所示。

(6) 单击“常用”选项卡“创建设计”面板“纵断面”下拉列表框中的“纵断面创建工具”按钮，根据命令行提示选取上步创建的纵断面图。

(7) 此时系统打开“创建纵断面-新绘制”对话框，输入名称为“道路 A 纵曲线”，选择纵断面样式为“设计线”，其他采用默认设置，单击“确定”按钮。

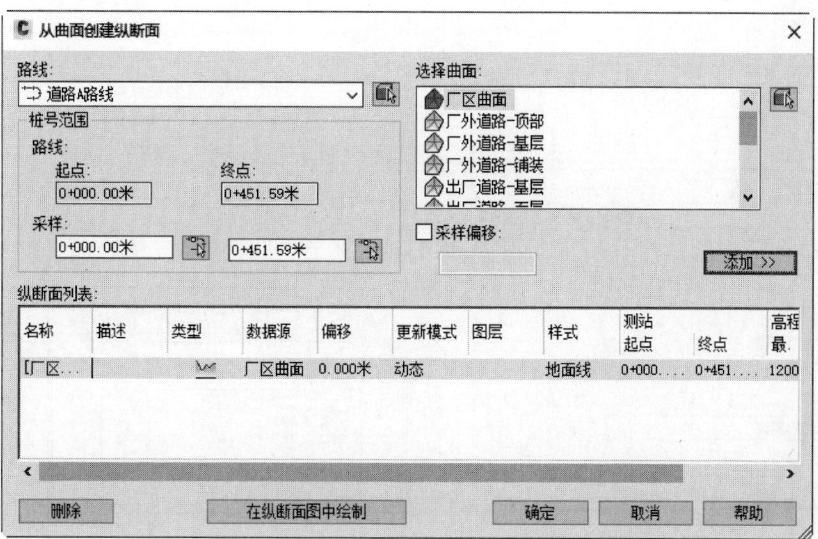

图 15-21　添加路线和曲面

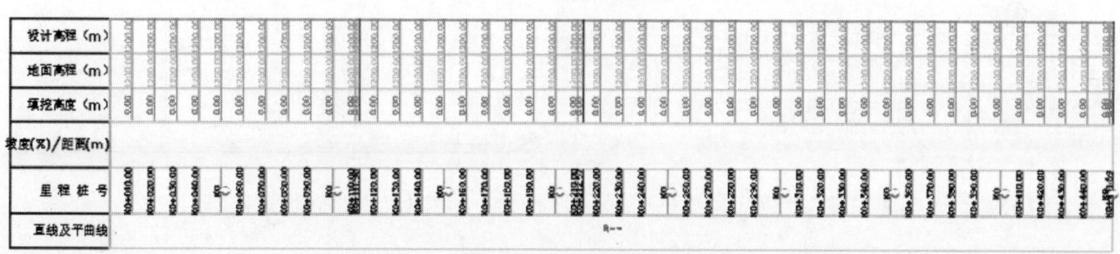

图 15-22　进厂纵断面图

(8) 在“纵断面布局工具-道路 A 纵曲线”工具栏的下拉列表框中单击“绘制切线”按钮，捕捉纵断面图中的地形线端点作为起点，绘制高程为 1200 米的水平设计纵断面，结果如图 15-23 所示。

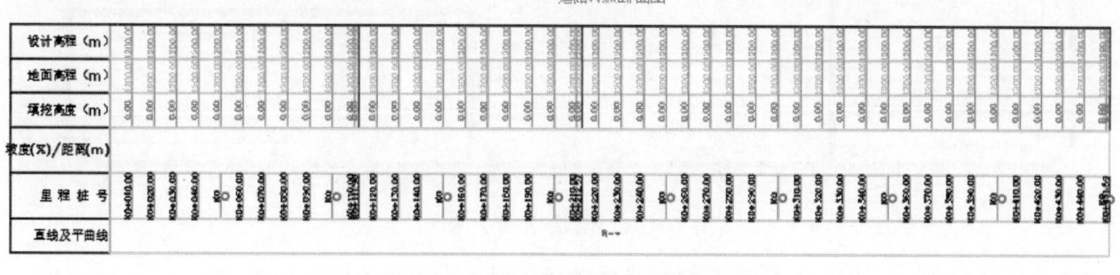

图 15-23　绘制进厂道路纵曲线

(9) 单击“常用”选项卡“创建设计”面板“道路”下拉列表框中的“道路”按钮，打开“创建道路”对话框。输入名称为“道路 A”，选择基准线类型为“路线和纵断面”，设置路线为“道路 A 路线”，纵断面为“道路 A 纵曲线”，装配为“厂内道路装配”，目标曲面为“厂区曲面”，取消选中“设定基准线和区域参数”复选框，其他采用默认设置，如图 15-24 所示。单击“确定”按钮，生成道路模型，如图 15-25 所示。

Note

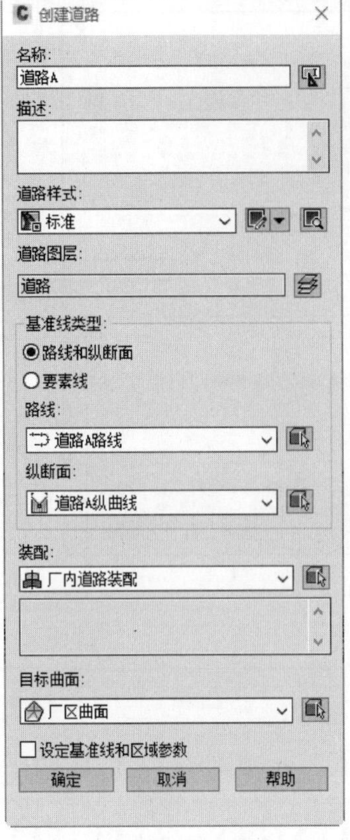

图 15-24 “创建道路”对话框

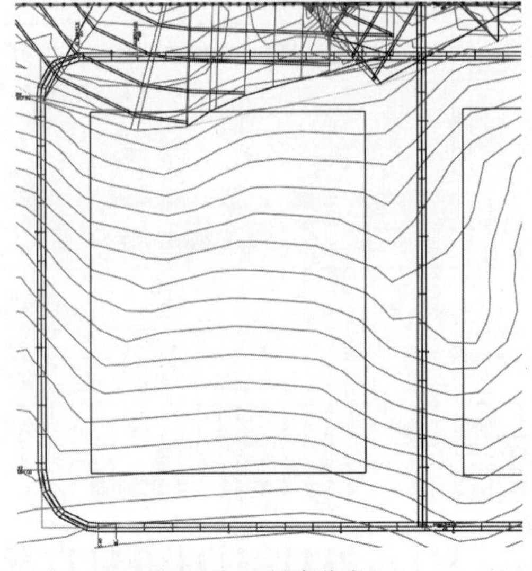

图 15-25 创建道路 A

(10) 采用相同的方法,创建厂区内道路 B 和道路 C,如图 15-26 所示。

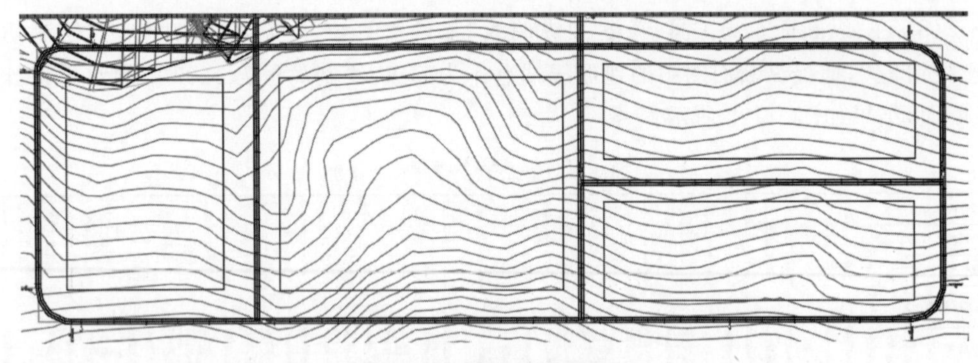

图 15-26 创建道路 B 和 C

15-5

15.2.3 创建交叉口

(1) 选取环形道路后右击,在弹出的快捷菜单中选择“显示顺序”→“后置”选项,使环形道路的路线置于上层。采用相同的方法,将道路 A 的路线置于上层。

(2) 单击“常用”选项卡“创建设计”面板“交叉口”下拉列表框中的“创建交点”按钮,根据命令行提示选择环形道路路线和道路 A 路线的交点,如图 15-27 所示。

(3) 根据命令行提示选取环形道路路线为主要道路路线，打开“创建相交道路-常规”对话框，输入交叉口道路名称为“环形道路-道路 A 上交叉口”，设置道路交叉口类型为“保持主道路路拱”，其他采用默认设置。

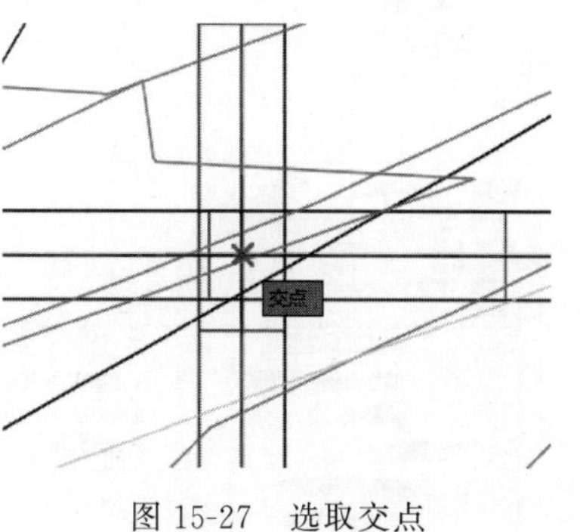

图 15-27　选取交点

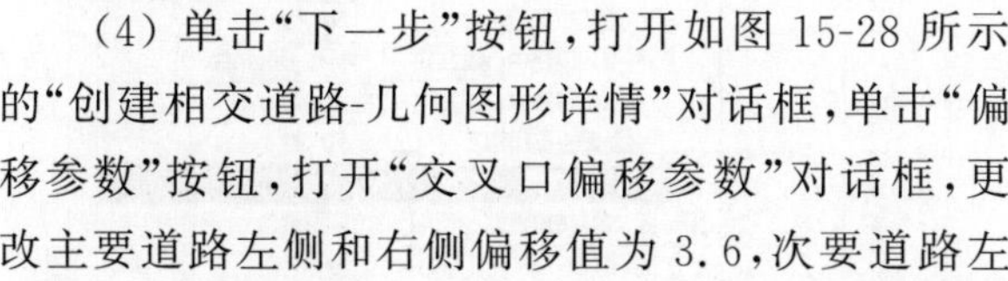

(4) 单击“下一步”按钮，打开如图 15-28 所示的“创建相交道路-几何图形详情”对话框，单击“偏移参数”按钮，打开“交叉口偏移参数”对话框，更改主要道路左侧和右侧偏移值为 3.6，次要道路左侧和右侧偏移值为 3.6 米，其他采用默认设置，如图 15-29 所示，单击“确定”按钮，关闭“交叉口偏移参数”对话框。

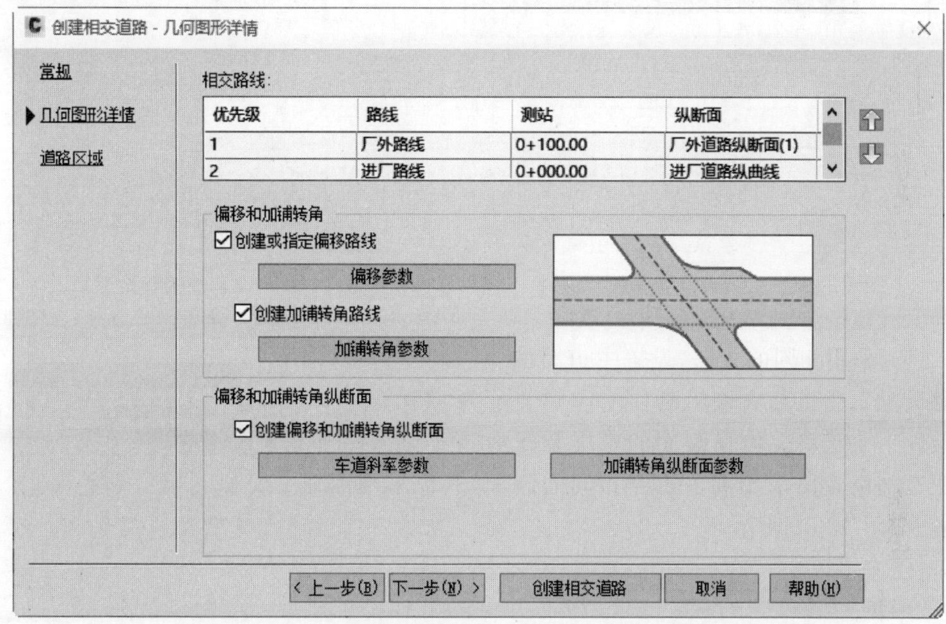

图 15-28　“创建相交道路-几何图形详情”对话框

(5) 返回到“创建相交道路-几何图形详情”对话框，单击“加铺转角参数”按钮，打开“交叉口道路加铺转角参数”对话框，在“NE-象限”中设置加铺转角类型为“圆形圆角”，半径为 7 米，如图 15-30 所示。

(6) 在“加铺转角参数”节点上右击，弹出如图 15-31 所示的快捷菜单，单击“将这些复制到所有象限”选项，将更改所有象限的半径为 7 米。在“交叉口道路加铺转角参数”对话框中单击“下一个”按钮，查看其他象限的加铺转角参数是否符合要求，单击“确定”按钮，关闭“交叉口道路加铺转角参数”对话框。

(7) 系统打开“创建相交道路-道路区域”对话框，设置“为边坡选择曲面”为“厂区曲面”，单击 Primary Road Full Section 栏中的 ... 按钮，打开“选择装配”对话框，选择“厂内道路装配”，单击“确定”按钮。

Note

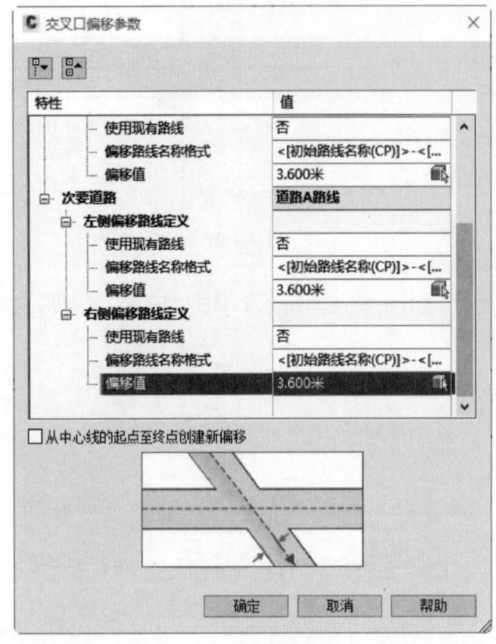

图 15-29 “交叉口偏移参数”对话框

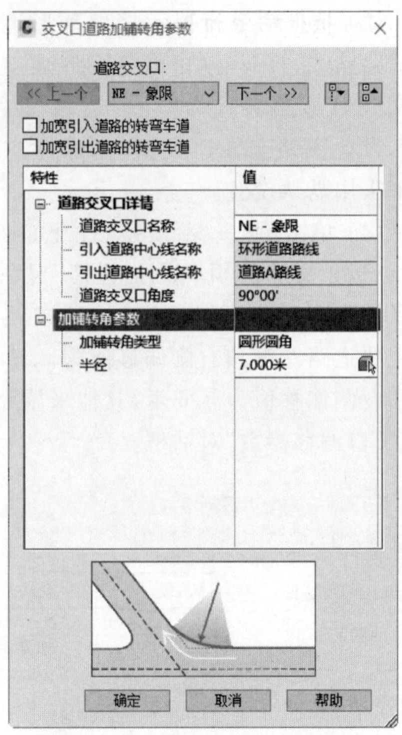

图 15-30 设置加铺转角参数

(8) 采用相同的方法,设置主道路的应用装配为“厂内道路装配”,主道路右侧横断面的应用装配为“厂内道路右侧装配”,主道路左侧横断面的应用装配为“厂内道路左侧装配”,辅助道路采用和主道路相同的装配,其他采用默认设置,如图 15-32 所示。

图 15-31 快捷菜单

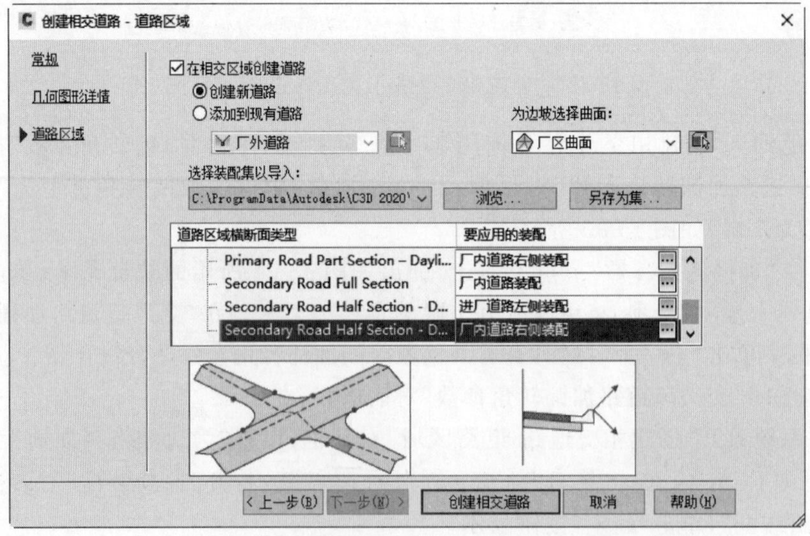

图 15-32 “创建相交道路-道路区域”对话框

(9) 单击“创建相交道路”按钮,创建环形道路与道路 A 的交叉口,如图 15-33 所示。

图 15-33 创建环形道路与道路 A 十字交叉口

(10) 在工具空间“浏览”选项卡“交叉口”→“厂外道路-进厂道路交叉口”节点处右击,弹出如图 15-34 所示的快捷菜单,单击“重建道路区域”选项,重建生成交叉口。

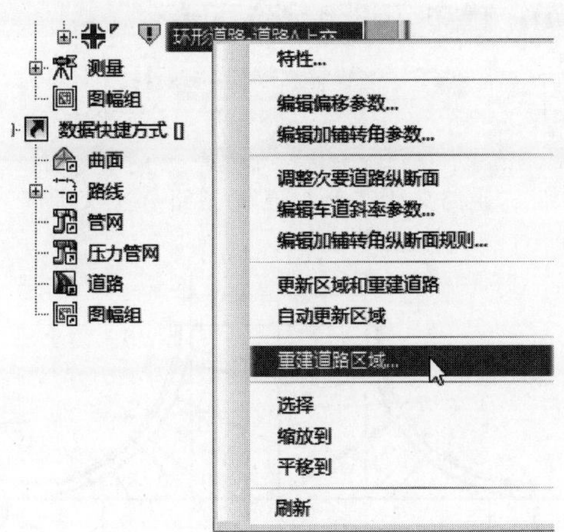

图 15-34 快捷菜单

(11) 此时系统打开“道路交叉口-环形道路-道路 A 上交叉口”对话框,设置 Primary Road-Through Pavement、Primary Road Full Section 和 Secondary Road Full Section 的应用装配都为“厂内道路装配”,其他采用默认设置,如图 15-35 所示。单击“重建”按钮,重新生成交叉口,如图 15-36 所示。

(12) 选取环形道路,在打开的“道路:厂外道路”选项卡“修改区域”面板中单击“拆分区域”按钮,将环形道路在交叉口处拆分,并拖动夹点调整环形道路区域,使其与交叉口的端点连接,如图 15-37 所示。

(13) 采用上述方法,重建环形道路与道路 B 的十字交叉口,如图 15-38 所示。

Note

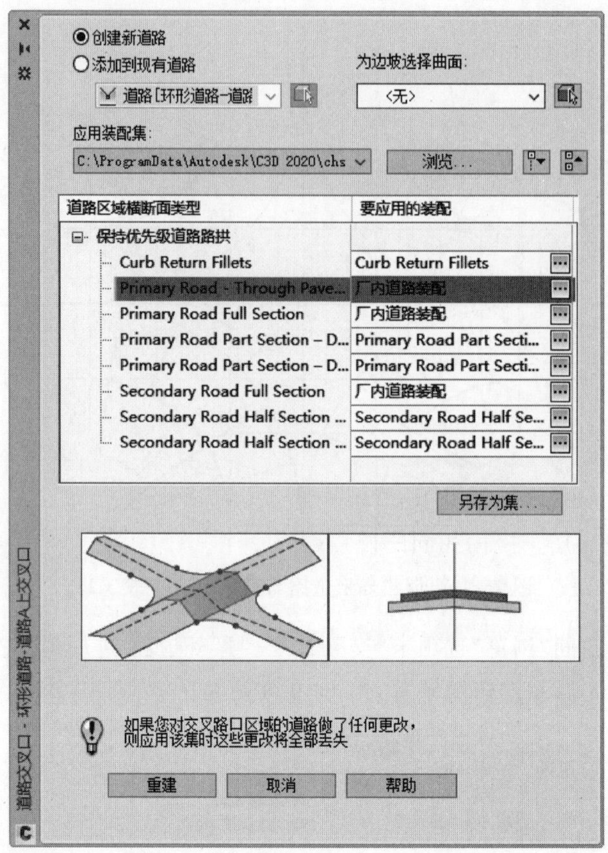

图 15-35　“道路交叉口-环形道路-道路 A 上交叉口”对话框

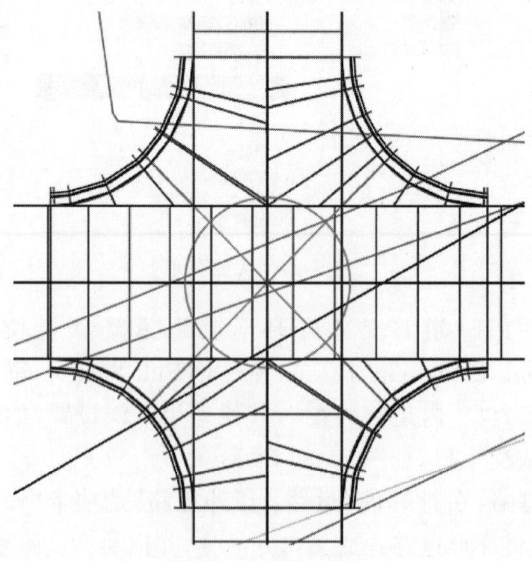

图 15-36　重建交叉口

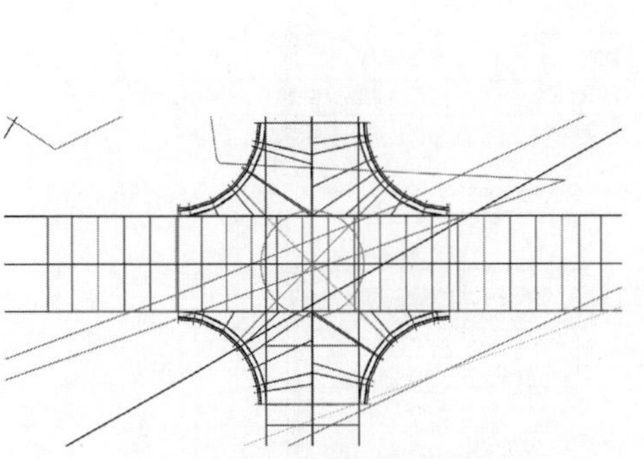

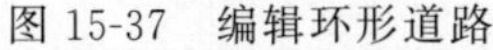

图 15-37　编辑环形道路

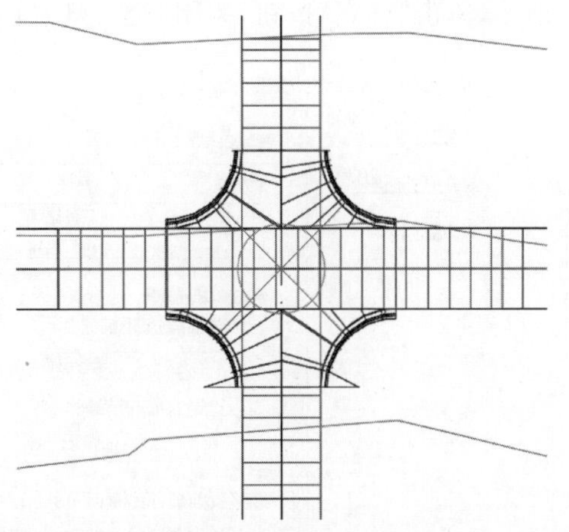

图 15-38　环形道路与道路 B 的十字交叉口

(14) 选取道路 B，右击，在弹出的快捷菜单中选择“显示顺序”→“后置”选项，使道路 B 的路线置于上层。采用相同的方法，将道路 C 的路线置于上层。

(15) 单击“常用”选项卡“创建设计”面板“交叉口”下拉列表框中的“创建交点”按钮，选择道路 B 路线和道路 C 路线的交点。

(16) 根据命令行提示选取道路 B 路线为主要道路路线，打开“创建相交道路-常规”对话框，输入交叉口道路名称为“道路 B-道路 C 交叉口”，设置道路交叉口类型为“保持主道路路拱”，其他采用默认设置，如图 15-39 所示。

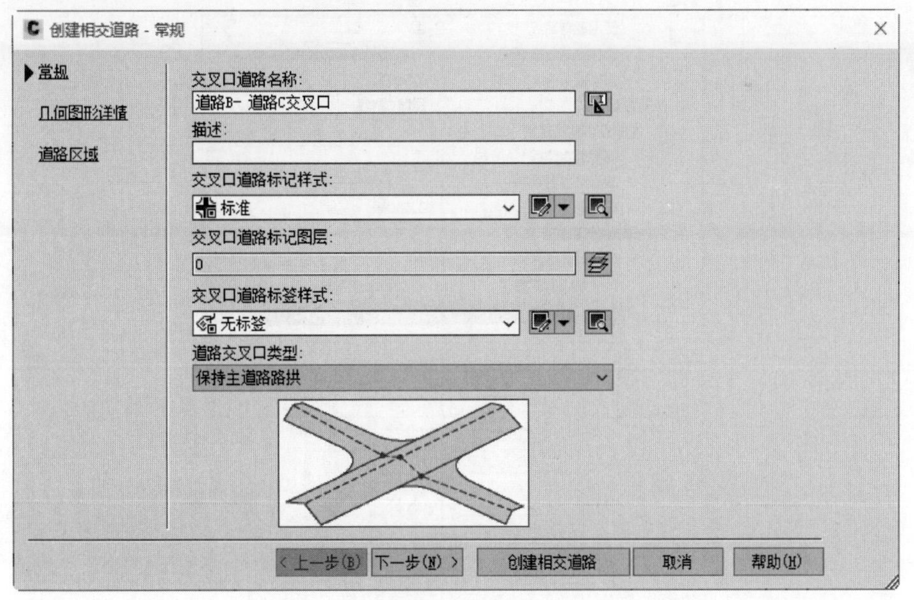

图 15-39　“创建相交道路-常规”对话框

(17) 单击“下一步”按钮，打开如图 15-40 所示的“创建相交道路-几何图形详情”对话框。单击“偏移参数”按钮，打开“交叉口偏移参数”对话框，更改主要道路左侧和右侧偏移值为 3.6 米，次要道路的左侧和右侧偏移值为 3.6 米，其他采用默认设置，如图 15-41

Note

所示，单击“确定”按钮，关闭“交叉口偏移参数”对话框。

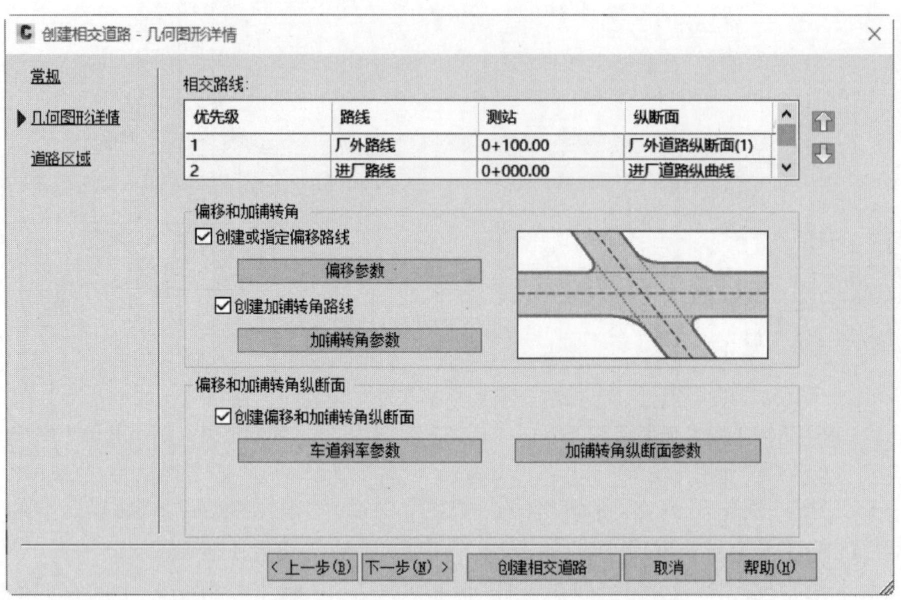

图 15-40 “创建相交道路-几何图形详情”对话框

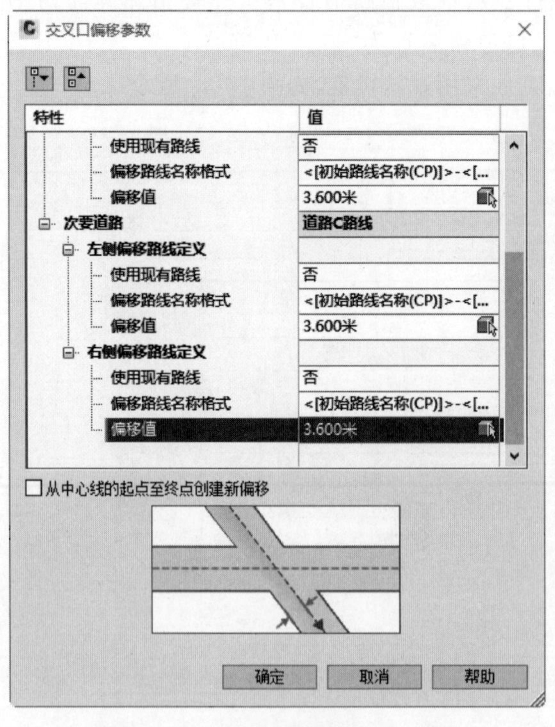

图 15-41 “交叉口偏移参数”对话框

(18) 返回到“创建相交道路-几何图形详情”对话框，单击“加铺转角参数”按钮，打开“交叉口道路加铺转角参数”对话框，在“NE-象限”中设置加铺转角类型为“圆形圆角”，半径为 7 米。单击“下一个”按钮，设置“SE-象限”的加铺转角类型为“圆形圆角”，

半径为 7 米，如图 15-42 所示，单击“确定”按钮，关闭“交叉口道路加铺转角参数”对话框。

(19) 在“创建相交道路-几何图形详情”对话框中单击“下一步”按钮，打开“创建相交道路-道路区域”对话框，设置为边坡选择曲面为“厂区曲面”，单击 Primary Road Full Section 栏中的 按钮，打开“选择装配”对话框，选择“厂内道路装配”，单击“确定”按钮。

(20) 采用相同的方法，设置 Secondary Road Full Section 的应用装配为“厂内道路装配”，其他采用默认设置，如图 15-43 所示。

(21) 单击“创建相交道路”按钮，创建环形道路与道路 A 的交叉口，如图 15-44 所示。

(22) 选取道路 B，在打开的“道路：厂外道路”选项卡“修改区域”面板中单击“拆分区域”按钮 ，将道路 B 在交叉口处拆分，并拖动夹点调整环形道路区域，使其与交叉口的端点连接，然后选取道路 C，拖动端点处的夹点，使其与交叉口的端点连接，如图 15-45 所示。

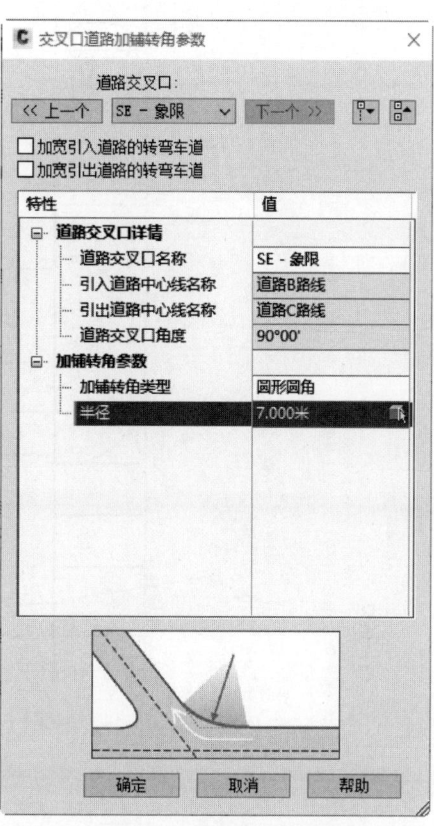

图 15-42 设置加铺转角参数

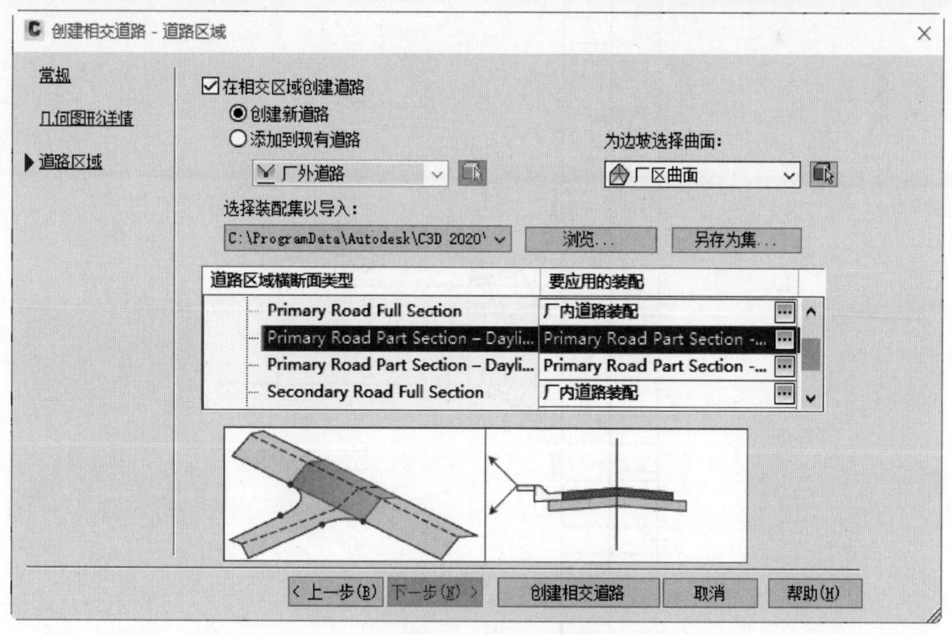

图 15-43 “创建相交道路-道路区域”对话框

Note

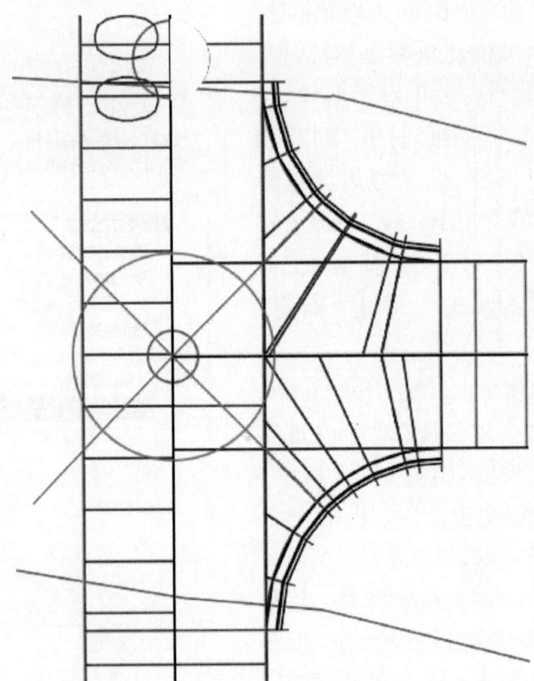

图 15-44　创建厂外道路与进厂道路的交叉口

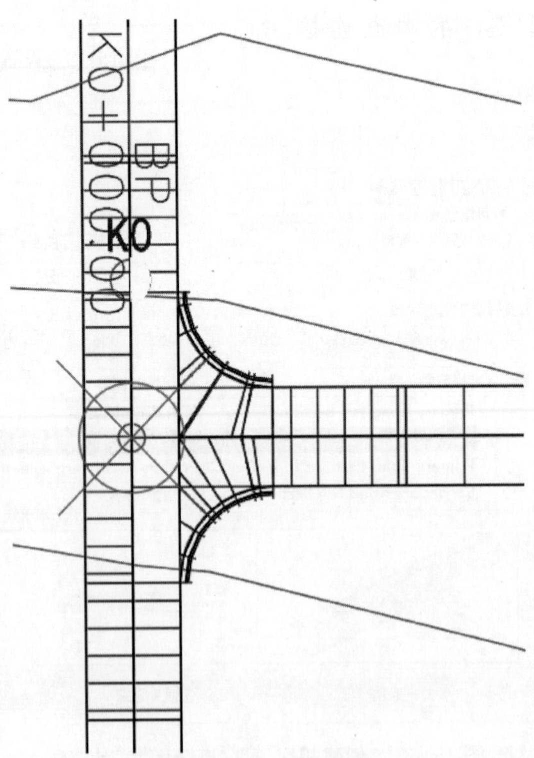

图 15-45　编辑道路

(23) 采用相同的方法创建其他道路之间的交叉口，如图 15-46 所示。

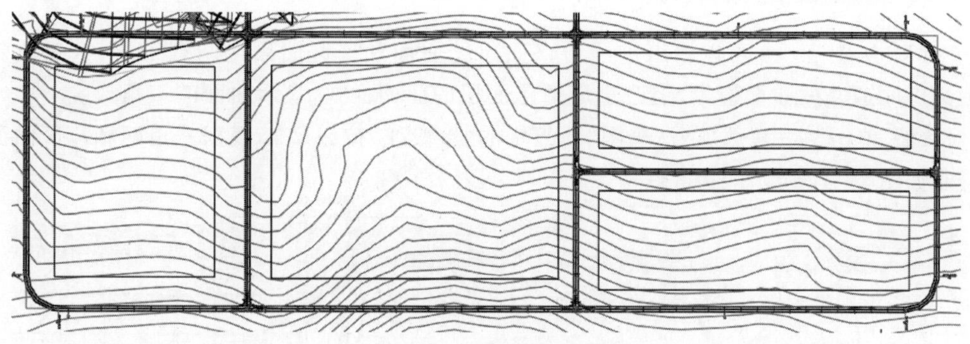

图 15-46　创建交叉口

(24) 也可以先创建交叉口，通过交叉口添加区域来创建道路，例如：

① 删除已创建好的道路 A。

② 选取环形道路-道路 A 上交叉口，在打开的上下文选项卡“修改区域”面板中单击“添加区域”按钮，根据命令行提示选择道路 A 路线为基准线。

③ 捕捉交叉口的上端点为区域起点，捕捉路线的 0+0.00 米桩号为终点桩号，打开“创建道路区域”对话框，输入区域名称为“道路 A 上端”，设置装配为“厂内道路装配”，如图 15-47 所示。

④ 单击“确定”按钮，完成道路 A 上端的创建，采用相同的方法，创建道路 A 下端，如图 15-48 所示，这样创建的道路与交叉口是一体的。

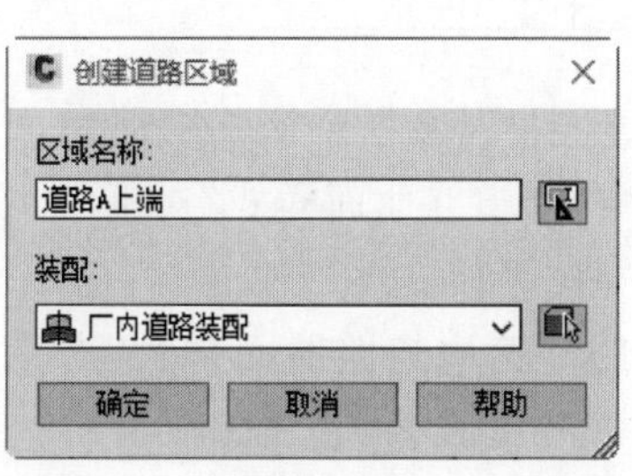

图 15-47　“创建道路区域”对话框

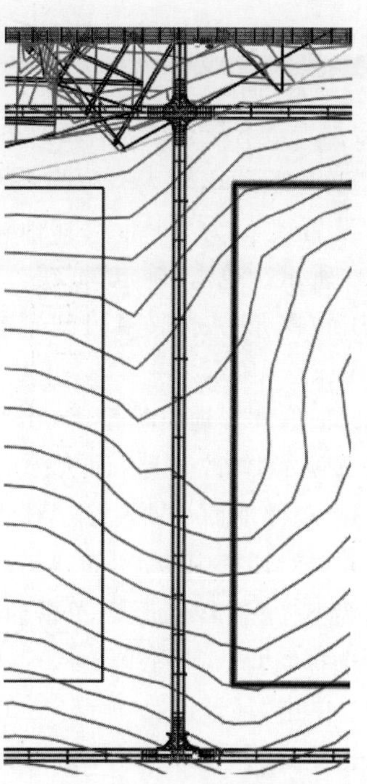

图 15-48　创建道路 A

15-6

Note

15.2.4 创建道路曲面

(1) 从图 15-48 可以看出进厂道路面层的曲面和厂区曲面之间有干涉,这里重新定义进厂道路的曲面边界,更改进厂道路面层的曲面样式,显示曲面的三角形。

(2) 单击“常用”选项卡“绘图”面板中的“多段线”按钮,根据三角网和厂区曲面绘制如图 15-49 所示的边界线。

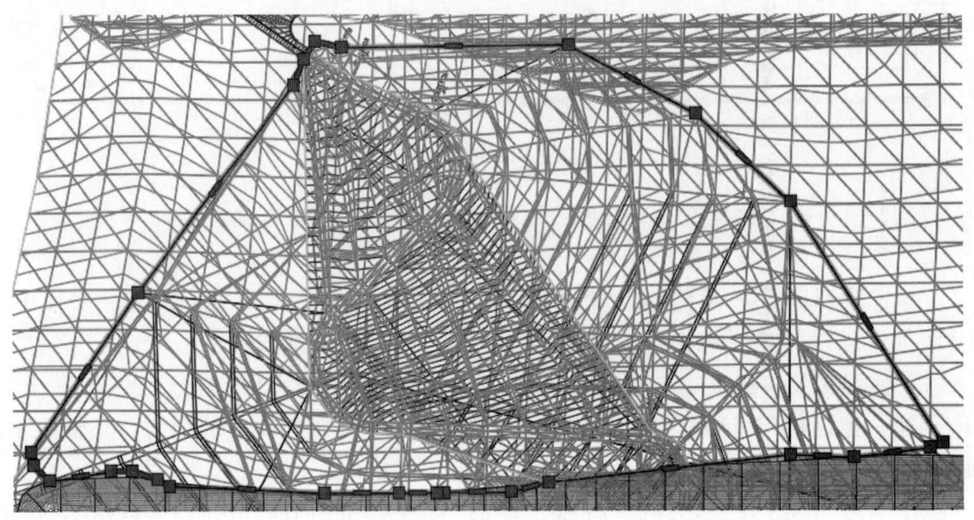

图 15-49 绘制边界线

(3) 选取进厂道路-面层曲面,打开“三角网曲面:进厂道路-面层”上下文选项卡,单击“修改”面板“添加数据”下拉列表框中的“边界”按钮,打开“添加边界”对话框,输入名称为“进厂道路-面层曲面边界”,设置类型为“外部”,其他采用默认设置,如图 15-50 所示。单击“确定”按钮。

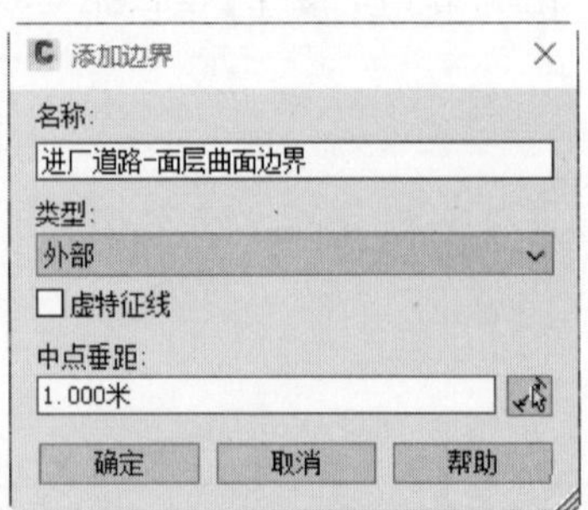

图 15-50 “添加边界”对话框

(4) 在图形中选取多段线,更改进厂道路的边界,如图 15-51 所示。

(5) 选取环形道路模型,单击“道路:厂外道路”上下文选项卡“修改道路”面板中的“道路曲面”按钮,打开“道路曲面-环形道路”对话框。

(6) 在对话框中单击“创建道路曲面”按钮,在列表栏中添加道路曲面,更改曲面名称为“环形道路-面层”,单击曲面样式,打开“拾取道路曲面样式”对话框,在下拉列表框中选择“边界,等高线(1 米)”,单击“确定”按钮。

(7) 单击“环形道路-顶部”栏的渲染材质,打开“拾取道路曲面样式”对话框,在下拉列表框中选择“混凝土.预浇注结构混凝土.光滑”,单击“确定”按钮。

(8) 单击“环形道路-顶部”栏的悬垂更正,在下拉列表框中选择“顶部连接”。设置数据类型为“连接”,指定代码为“顶部”,单击“添加曲面项目”按钮,将数据添加到曲面。

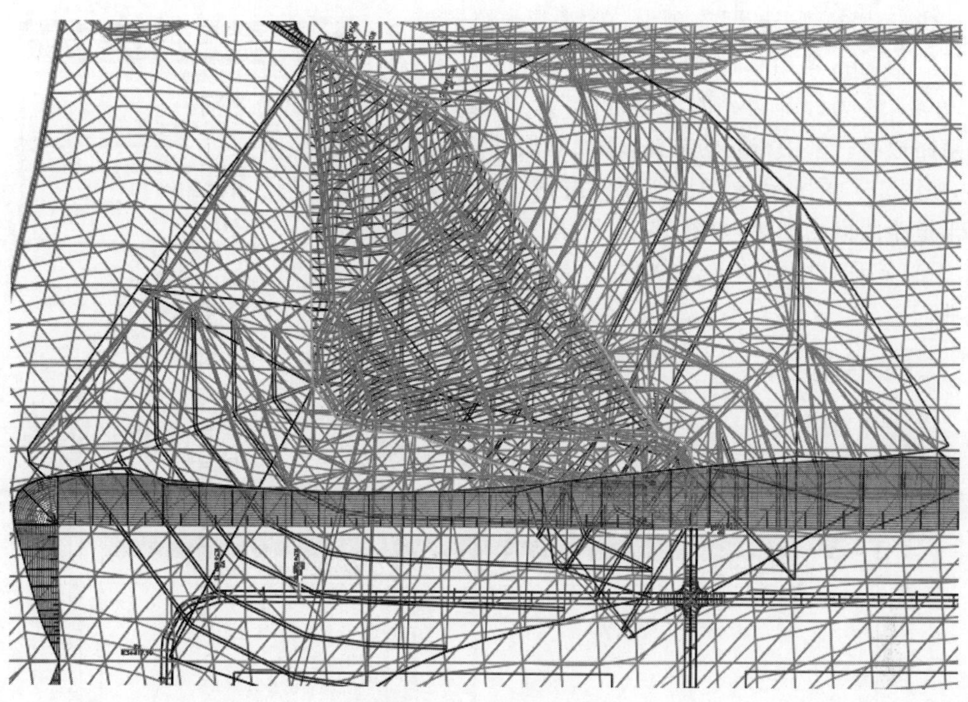

图 15-51　更改曲面边界

(9) 单击“创建道路曲面”按钮，添加“环形道路-基层”，设置曲面样式为“等高线(背景)”，渲染材质为“场地工程.夯实.砂砾.粉碎”，悬垂更正为“底部连接”，指定代码为“底基层”，单击“添加曲面项目”按钮，将数据添加到曲面，如图 15-52 所示。

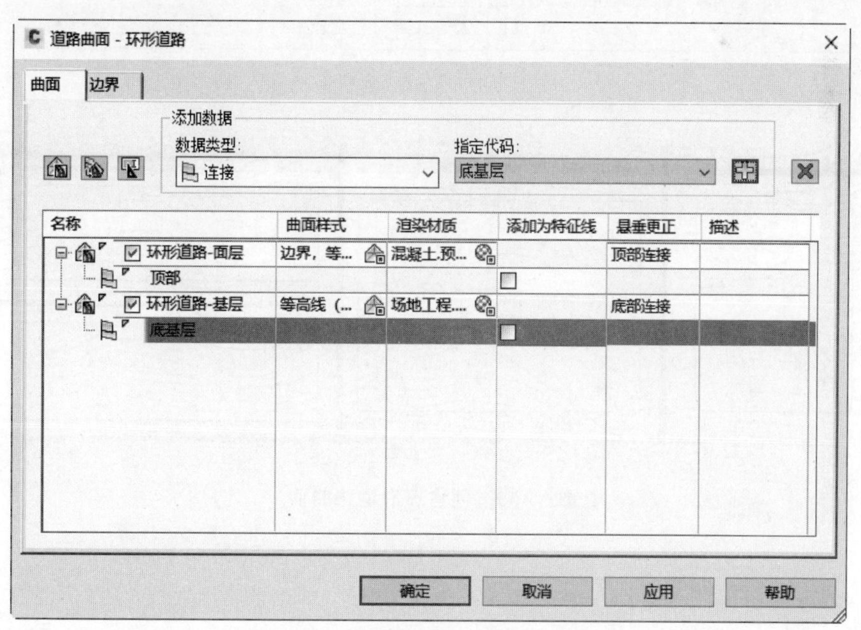

图 15-52　“道路曲面-环形道路”对话框

Note

（10）切换到“边界”选项卡，在“环形道路-面层”上右击，弹出如图 15-53 所示的快捷菜单，单击“作为外部边界的道路范围”选项，添加道路边界。采用相同的方法，添加基层的边界，如图 15-54 所示。单击“确定”按钮，完成环形道路曲面的创建，如图 15-55 所示。

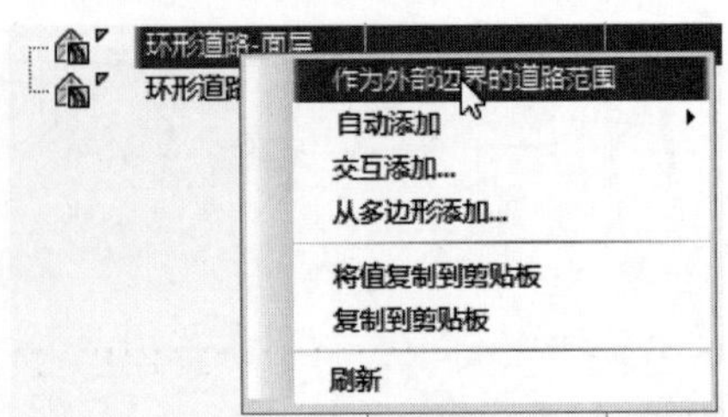

图 15-53　快捷菜单

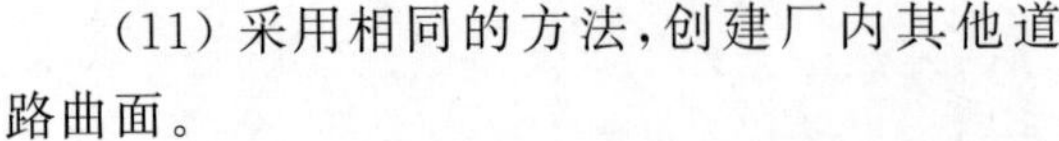

（11）采用相同的方法，创建厂内其他道路曲面。

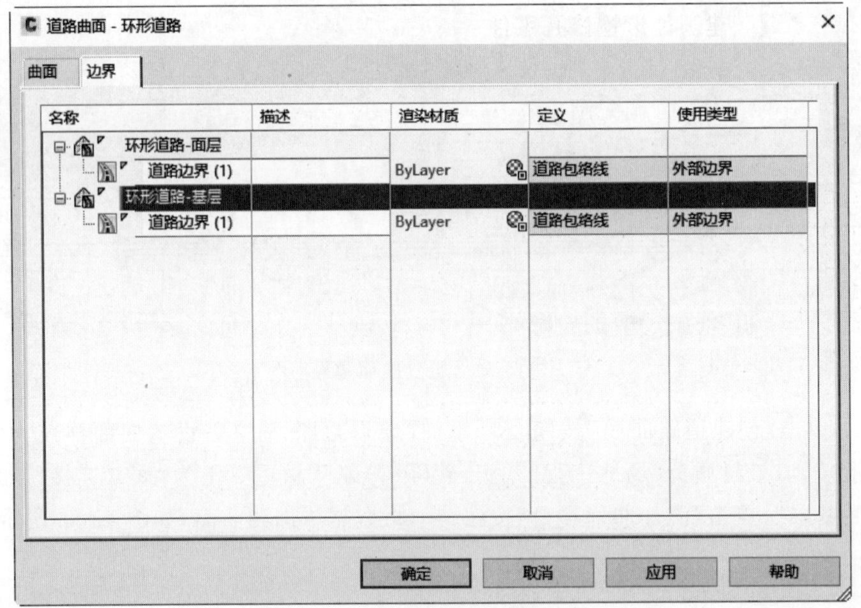

图 15-54　“边界”选项卡

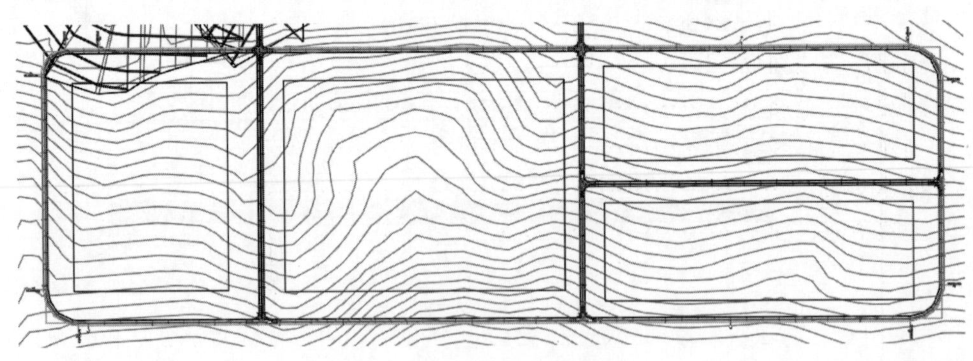

图 15-55　创建环形道路曲面

二维码索引

参考文献

[1] 赵晓光，党春红. 民用建筑场地设计[M]. 2 版. 北京：中国建筑工业出版社，2012.

[2] 重庆市设计院 BIM 设计研究中心. AutoCAD Civil 3D 2018 市政 BIM 应用[M]. 北京：中国建筑工业出版社，2018.

[3] 武卫平. AutoCAD Civil 3D 2018 场地设计实例教程[M]. 北京：机械工业出版社，2018.

[4] 四川省交通勘察设计研究院有限公司. 公路工程技术 BIM 标准构件应用指南[M]. 北京：机械工业出版社，2020.

[5] 张建平. 信息化土木工程设计：Autodesk Civil 3D[M]. 北京：中国建筑工业出版社，2015.

[6] 王磊. AutoCAD Civil 3D. NET 二次开发[M]. 上海：同济大学出版社，2018.

[7] 黄涛，张洪. 地形图识图与应用[M]. 北京：测绘出版社，2016.

[8] 裴玉龙. 道路勘测设计[M]. 北京：人民交通出版社，2009.

[9] 雷明. 场地竖向设计[M]. 北京：中国建筑工业出版社，2017.